| 大学数学基础丛书 |

高等数学学习指导

（下册）

袁学刚　张　友　主编

清華大学出版社
北京

内容简介

本书是与高等学校理工科各专业高等数学课程同步的学习指导书，全书分为上、下两册。上册内容包括函数、数列及其极限、函数的极限与连续、导数与微分、微分中值定理及其应用、不定积分、定积分及其应用、常微分方程；下册内容包括向量代数与空间解析几何、多元函数微分学及其应用、重积分、曲线积分与曲面积分、无穷级数。每节包括知识要点、疑难解析、经典题型详解和课后习题选解四个模块。每章的开始列出了本章的基本要求和知识网络图，最后部分是复习题解答和自测题。编写本书的主要目的是为了帮助学生更好地理解“高等数学”课程的内容，掌握课程的基本理论、解题方法及技巧。

本书可以作为高等学校理科、工科和技术学科等非数学专业的高等数学课程的学习指导书，也可作为青年教师的教学参考书和考研学生的复习用书。

图书在版编目(CIP)数据

高等数学学习指导. 下册/袁学刚，张友主编. —北京：清华大学出版社，2018(2025.1 重印)
(大学数学基础丛书)
ISBN 978-7-302-50925-7

Ⅰ. ①高… Ⅱ. ①袁… ②张… Ⅲ. ①高等数学—高等学校—教学参考资料 Ⅳ. ①O13

中国版本图书馆 CIP 数据核字(2018)第 189218 号

责任编辑：刘　颖
封面设计：傅瑞学
责任校对：刘玉霞
责任印制：丛怀宇

出版发行：清华大学出版社
网　　址：https://www.tup.com.cn，https://www.wqxuetang.com
地　　址：北京清华大学学研大厦 A 座　　**邮　　编**：100084
社 总 机：010-83470000　　**邮　　购**：010-62786544
投稿与读者服务：010-62776969，c-service@tup.tsinghua.edu.cn
质量反馈：010-62772015，zhiliang@tup.tsinghua.edu.cn
印 装 者：三河市春园印刷有限公司
经　　销：全国新华书店
开　　本：185mm×260mm　　**印　　张**：16.75　　**字　　数**：407 千字
版　　次：2018 年 9 月第 1 版　　**印　　次**：2025 年 1 月第 6 次印刷
定　　价：48.00 元

产品编号：077725-02

众所周知，初等数学以常量为研究对象，而高等数学则以变量为研究对象，二者在研究内容、解题方法及技巧上存在许多本质上的差异。对于高等学校的理工科大学生，学习高等数学的重要性是不言而喻的，但要完成从初等数学到高等数学的思维跨越需要一个过程，想学好这门课程并不容易。编者认为，学好高等数学的第一要素是学习并用好“规则”，这些“规则”包括：教材内容涵盖的定义、性质、定理、推论及一些重要的结论等。学习并用好“规则”可分为三个阶段：初级阶段是规范并合理使用“规则”，即能够使用基本概念和基本结论解决一些较为直观的问题；中级阶段是掌握并灵活运用“规则”，随着学习的深入，“规则”越来越多，需要解决的问题亦是如此，此阶段要求学生能够解决具有一定难度的问题；高级阶段是熟知并综合利用“规则”，通过规范的培养训练，使学生能够解决一些启发性和综合性较强的问题。

编写本部学习指导书源于以下两方面的考虑：

一是加强教材内容的认知。目前已出版并正在使用的《高等数学》教材都有各自的特点和优势，但限于篇幅，不可能完全覆盖并诠释每个知识点的内涵和适用范围。想要达到“以人为本、因材施教、夯实基础、创新应用”的指导思想，任重道远。

二是弥补课堂教学的不足。学生在学习高等数学时，课堂教学只是其中的一部分。由于教学时数的限制，导致课堂教学密度大、速度快，多数大一新生不能适应高等数学教学方式和方法，并且许多解题方法与技巧不可能在课堂上得到完整的讲解与演练，当然更谈不上让学生系统掌握这些方法与技巧。

为此，本书对教材的各个知识要点进行了必要的提炼、释疑、分析、串联，目的是帮助初学者理解、熟悉并规范使用“规则”，掌握必要的解题方法与技巧，使其能够对各知识要点有更好的理解和参悟，达到融会贯通的效果，进而提升综合解题能力和自主学习能力。

本部学习指导书的章节与普通高等教育“十三五”规划教材《高等数学》（清华大学出版社，袁学刚和张友主编）同步，与其他版本《高等数学》教材的内容并行，可以作为大一学生的学习指导书，与课堂教学同步使用，也可作为备考硕士研究生的考生进行总结性复习或专题性研究的学习资料。本书各章节的基本框架如下：

知识要点：列出本节必须掌握的知识点，包括定义、性质、定理、推论、一些重要的结论，并配以必要的说明。

疑难解析：根据多年教学的经验，选择一些容易出现理解不到位和混淆的知识点进行解答，帮助读者正确理解并合理使用这些“规则”。

经典题型详解：每节精选了一些基础类、提高类和综合类的经典题型，给出有针对性的分析、归纳和总结，引领读者分析问题的内涵、定位所用的知识点、指出使用的方法和技巧，进而提高读者对相关“规则”的认知能力和综合应用能力。

课后习题选解及复习题解答：针对配套教材的课后习题和复习题中具有一定难度的题目给出了部分解答，更重要的是体现解题的标准步骤和解题的方法及技巧。

自测题：在经典题型和课后习题基础上，精选了一些难度适中及较高的题目，其中包括一些考研真题。

本书由大连民族大学理学院组织编写。袁学刚和张友任主编，负责全书的统稿及定稿。参与编写本书的教师有：谢丛波（第1章）、张文正（第2章）、董丽（第3、4章）、楚振艳（第5章）。

感谢大连民族大学各级领导在编写本书时给予的关心和支持。感谢清华大学出版社的刘颖编审在编写本书时给予的具体指导及宝贵建议。本书在编写过程中，参阅了一些同行专家编写的辅导书，在此一并表示感谢。

由于编者水平有限，成书仓促，书中一定存在某些不足或错误，恳请广大同行和读者批评指正。

编　者

2018年6月

目
录
CONTENTS

向量代数与空间解析几何

一、基本要求

1. 理解向量的概念，掌握向量的坐标表示法，会求单位向量、方向余弦、向量在坐标轴上的投影.

2. 会求向量的数量积、向量积和混合积，掌握两向量平行、垂直的条件.

3. 会求平面的点法式方程、一般式方程，会判定两个平面的垂直、平行.

4. 会求直线的对称式方程、参数方程，会判定两条直线是否平行、垂直，会判定直线与平面间的关系(垂直、平行、直线在平面上).

5. 理解二次曲面的方程及其图形.

二、知识网络图

- 空间解析几何与向量代数
  - 向量代数
    - 与向量相关的定义
      - 向量的定义（定义1.1）
      - 向量的模（定义1.2）
      - 向量的夹角（定义1.3）
    - 向量的线性运算
      - 三角形法则（定义1.4）
      - 负向量（定义1.5）
      - 数乘运算（定义1.6）
    - 平行向量（定理1.1）
    - 向量在轴上的投影（定义1.7及性质1、性质2）
    - 向量的坐标表示
    - 向量间的运算
      - 数量积的定义（定义1.8）及坐标表示（定理1.2）
      - 向量积的定义（定义1.9）及坐标表示（定理1.3）
      - 混合积的定义（定义1.10）及坐标表示（定理1.4）
  - 空间平面方程的表示形式：点法式、一般式、截距式
  - 空间直线方程的表示形式：一般式、对称式、参数式、两点式
  - 位置关系
    - 平面与平面（定理1.5、定理1.6）
    - 直线与直线（定理1.7）
    - 直线与平面（定理1.8、定理1.9）
  - 夹角：两个平面、两条直线、直线与平面
  - 有轴平面束（定理1.10）、平行平面束（定理1.11）
  - 曲面方程的表示形式：一般式、参数式
  - 特殊曲面及其方程：母线平行于坐标轴的柱面、旋转曲面、二次曲面
  - 空间曲线方程的表示形式：一般式、参数式
  - 特殊曲线及其方程：在坐标平面上的投影曲线

1.1 空间直角坐标系和向量

一、知识要点

1. 空间直角坐标系

在空间中取一个定点 O,过 O 点作相互垂直的三条数轴.这三条数轴依次被指定为 x 轴(横轴)、y 轴(纵轴)、z 轴(竖轴),并且规定这三个轴正向的顺序满足**右手法则**,如图 1.1 所示.如此确定的坐标系称为**空间直角坐标系**或笛卡儿**直角坐标系**,按右手法则建立的坐标系称为**右手系**.

点 O 称为**坐标原点**;x 轴、y 轴、z 轴称为**坐标轴**;这三条坐标轴中的每两条坐标轴所确定的平面称为**坐标面**,依次为 xOy 坐标面、yOz 坐标面、zOx 坐标面.三个坐标面把空间分成八个部分,每一部分称为一个**卦限**,共 8 个卦限,如图 1.2 所示,其中第Ⅰ、Ⅱ、Ⅲ、Ⅳ卦限在 xOy 坐标面上方;第Ⅴ、Ⅵ、Ⅶ、Ⅷ卦限在 xOy 坐标面下方.

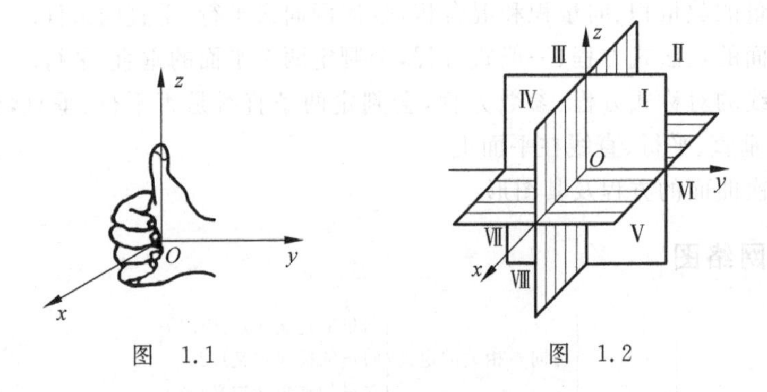

图 1.1　　图 1.2

空间中任意一点 P 与三元有序数组 (x,y,z) 之间存在一一对应关系.有序数组 (x,y,z) 称为点 P 的**坐标**,记作 $P(x,y,z)$,并依次称 x,y,z 为点 P 的**横坐标**、**纵坐标**和**竖坐标**.由三个坐标轴张成的卦限与坐标轴方向的对应关系、各卦限内点的坐标 (x,y,z) 的符号见表 1.1.在空间直角坐标系中,一些特殊点的坐标表示汇总为表 1.2.

表 1.1

卦限	Ⅰ	Ⅱ	Ⅲ	Ⅳ	Ⅴ	Ⅵ	Ⅶ	Ⅷ
x 轴	正半轴	负半轴	负半轴	正半轴	正半轴	负半轴	负半轴	正半轴
y 轴	正半轴	正半轴	负半轴	负半轴	正半轴	正半轴	负半轴	负半轴
z 轴	正半轴	正半轴	正半轴	正半轴	负半轴	负半轴	负半轴	负半轴
坐标符号	(+,+,+)	(−,+,+)	(−,−,+)	(+,−,+)	(+,+,−)	(−,+,−)	(−,−,−)	(+,−,−)

表 1.2

特殊点	坐标原点 O	x 轴	y 轴	z 轴	xOy 坐标面	yOz 坐标面	zOx 坐标面
坐标	$(0,0,0)$	$(x,0,0)$	$(0,y,0)$	$(0,0,z)$	$(x,y,0)$	$(0,y,z)$	$(x,0,z)$

2. 空间中两点间的距离公式

空间中的两点 $P_1(x_1,y_1,z_1)$ 与 $P_2(x_2,y_2,z_2)$ 间的距离公式为

$$|P_1P_2| = \sqrt{(x_2-x_1)^2+(y_2-y_1)^2+(z_2-z_1)^2}. \tag{1.1}$$

特别地，空间中任意一点 $P(x,y,z)$ 与坐标原点 $O(0,0,0)$ 的距离为

$$|OP| = \sqrt{x^2+y^2+z^2}. \tag{1.2}$$

3. 向量的概念及其性质

定义 1.1 既有大小又有方向的量称为**向量**或者**矢量**. 如图 1.3 所示，以 A 为起点，B 为终点的向量记作 $\overrightarrow{AB}$. 为简便起见，常用小写的粗体字母表示.

注意，如果两个向量 $\boldsymbol{a},\boldsymbol{b}$ 的大小相等且方向相同，则称这两个向量**相等**，记作 $\boldsymbol{a}=\boldsymbol{b}$. 进一步地，与起点无关的向量称为**自由向量**，简称**向量**. 由此可知，不论向量 $\boldsymbol{a},\boldsymbol{b}$ 的起点是否一致，只要大小相等，方向相同，即为相等的向量，也就是说，一个向量和它经过平行移动(方向不变，起点和终点位置改变)所得的向量都是相等的.

定义 1.2 向量的大小称为向量的**模**，将向量 $\overrightarrow{AB}$ 和 $\boldsymbol{a}$ 的模分别记作 $|\overrightarrow{AB}|$ 和 $|\boldsymbol{a}|$. 特别地，模为 1 的向量称为**单位向量**，将向量 $\overrightarrow{AB}$ 和 $\boldsymbol{a}$ 的单位向量分别记作 $\overrightarrow{AB}^\circ$ 和 $\boldsymbol{a}^\circ$. 模为 0 的向量称为**零向量**，记作 $\mathbf{0}$. 注意，零向量没有规定方向，其方向是任意的.

定义 1.3 若将两个非零向量 $\boldsymbol{a}$ 与 $\boldsymbol{b}$ 经过平行移动，则它们的起点重合后会形成两个角 θ 和 γ，如图 1.4 所示，不妨设 $\theta\leqslant\gamma$. 将向量 $\boldsymbol{a}$ 与 $\boldsymbol{b}$ 之间所夹的较小的角 θ 定义为**两向量的夹角**，记作 $(\widehat{\boldsymbol{a},\boldsymbol{b}})$，显然 $\theta\in[0,\pi]$. 特别地，当 $\boldsymbol{a}$ 与 $\boldsymbol{b}$ 同向时，$\theta=0$；当 $\boldsymbol{a}$ 与 $\boldsymbol{b}$ 反向时，$\theta=\pi$.

4. 向量的线性运算

定义 1.4 设 $\boldsymbol{a}$ 与 $\boldsymbol{b}$ 为两个给定的向量. 任取一点 A，作 $\overrightarrow{AB}=\boldsymbol{a}$，再以 B 为起点，作 $\overrightarrow{BC}=\boldsymbol{b}$，连结 AC，如图 1.5 所示，则向量 $\overrightarrow{AC}=\boldsymbol{c}$ 称为向量 $\boldsymbol{a}$ 与 $\boldsymbol{b}$ 的**和**，记作 $\boldsymbol{c}=\boldsymbol{a}+\boldsymbol{b}$. 这种求两个向量和的方法称为**三角形法则**.

对于两个不平行的非零向量 $\boldsymbol{a}$ 与 $\boldsymbol{b}$，将 $\boldsymbol{a}$ 和 $\boldsymbol{b}$ 的起点移至同一点，以 $\boldsymbol{a}$ 和 $\boldsymbol{b}$ 为邻边的平行四边形的对角线所表示的向量称为 $\boldsymbol{a}$ 与 $\boldsymbol{b}$ 的和，记作 $\boldsymbol{a}+\boldsymbol{b}$，如图 1.6 所示. 这种求和的方法称为**平行四边形法则**.

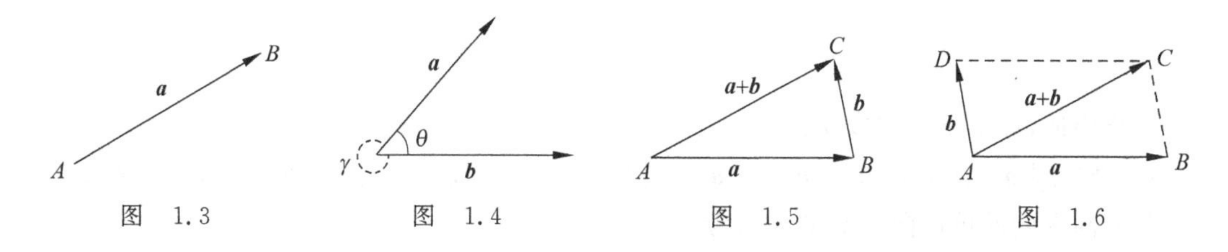

图 1.3　图 1.4　图 1.5　图 1.6

定义 1.5 对于给定的向量 $\boldsymbol{a}$，与 $\boldsymbol{a}$ 的模相等而方向相反的向量称为 $\boldsymbol{a}$ 的**负向量**，记作 $-\boldsymbol{a}$.

两个向量 $\boldsymbol{b}$ 与 $\boldsymbol{a}$ 的差(或称**减法**)可以定义为 $\boldsymbol{b}-\boldsymbol{a}=\boldsymbol{b}+(-\boldsymbol{a})$. 如图 1.7 所示，将向量 $\boldsymbol{a}$ 和 $\boldsymbol{b}$ 移至公共的始点 O，且 $\boldsymbol{a}=\overrightarrow{OA}$，$\boldsymbol{b}=\overrightarrow{OB}$，则有

$$\boldsymbol{b}-\boldsymbol{a}=\boldsymbol{b}+(-\boldsymbol{a})=\overrightarrow{OB}-\overrightarrow{OA}=\overrightarrow{AB}.$$

特别地，当向量 $\boldsymbol{a}$ 与 $\boldsymbol{b}$ 平行时，若 $\boldsymbol{a}$ 与 $\boldsymbol{b}$ 方向相同，则 $\boldsymbol{a}+\boldsymbol{b}$ 的方向与 $\boldsymbol{a}$ 和 $\boldsymbol{b}$ 的方向相同，

$\boldsymbol{a}+\boldsymbol{b}$ 的长度等于两向量的长度之和；若 $\boldsymbol{a}$ 与 $\boldsymbol{b}$ 方向相反，$\boldsymbol{a}+\boldsymbol{b}$ 的方向与 $\boldsymbol{a}$ 和 $\boldsymbol{b}$ 中长度较长的向量的方向相同，$\boldsymbol{a}+\boldsymbol{b}$ 的长度等于两向量长度之差.

定义 1.6 设 $\boldsymbol{a}$ 是一个给定的向量，λ 是一个实数，规定数 λ 与 $\boldsymbol{a}$ 的乘积是一个向量，记作 $\lambda\boldsymbol{a}$. 该向量的模为 $|\lambda\boldsymbol{a}|=|\lambda||\boldsymbol{a}|$. 当 $\lambda>0$ 时，$\lambda\boldsymbol{a}$ 与 $\boldsymbol{a}$ 的方向相同；当 $\lambda<0$ 时，$\lambda\boldsymbol{a}$ 与 $\boldsymbol{a}$ 的方向相反；当 $\lambda=0$ 时，$\lambda\boldsymbol{a}=\boldsymbol{0}$. 特别地，当 $\lambda>0$ 时，$\lambda\boldsymbol{a}$ 的大小是 $\boldsymbol{a}$ 的大小的 λ 倍，方向不变；当 $\lambda<0$ 时，$\lambda\boldsymbol{a}$ 的大小是 $\boldsymbol{a}$ 的大小的 $|\lambda|$ 倍，方向相反，如图 1.8 所示.

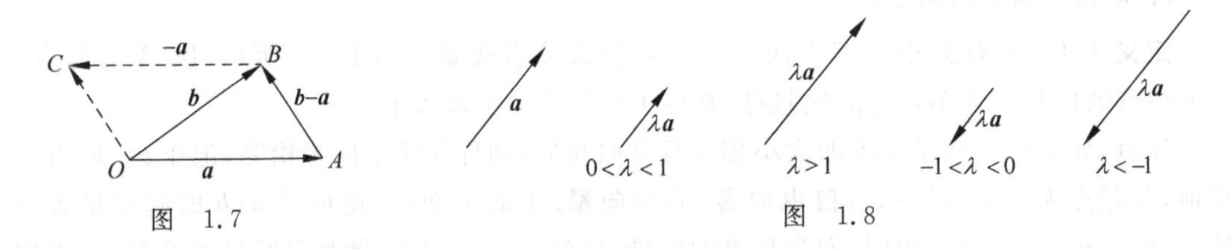

图 1.7　　图 1.8

对于任意的实数 λ 和 μ，向量的线性运算满足如下性质：

(i) 交换律 $\boldsymbol{a}+\boldsymbol{b}=\boldsymbol{b}+\boldsymbol{a}$；

(ii) 结合律 $(\boldsymbol{a}+\boldsymbol{b})+\boldsymbol{c}=\boldsymbol{a}+(\boldsymbol{b}+\boldsymbol{c})$（参见图 1.9）；

(iii) 零元素 $\boldsymbol{a}+\boldsymbol{0}=\boldsymbol{a}$；

(iv) 负元素 $\boldsymbol{a}+(-\boldsymbol{a})=\boldsymbol{0}$；

(v) 单位元 $1\boldsymbol{a}=\boldsymbol{a}$；

(vi) 结合律 $\lambda(\mu\boldsymbol{a})=\mu(\lambda\boldsymbol{a})=(\lambda\mu)\boldsymbol{a}$；

(vii) 分配率 $(\lambda+\mu)\boldsymbol{a}=\lambda\boldsymbol{a}+\mu\boldsymbol{a}$；

(viii) $\lambda(\boldsymbol{a}+\boldsymbol{b})=\lambda\boldsymbol{a}+\lambda\boldsymbol{b}$（参见图 1.10）.

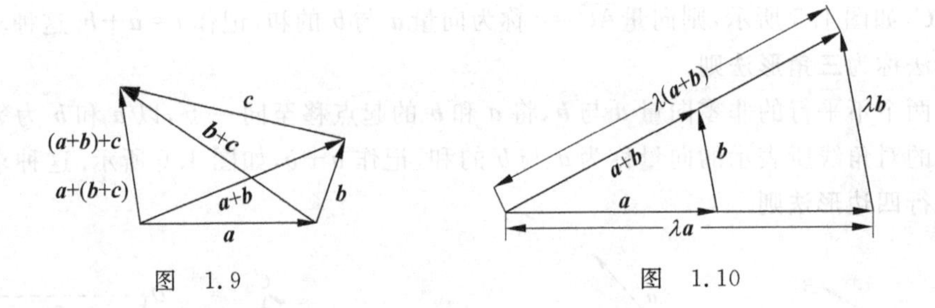

图 1.9　　图 1.10

不难验证，如下不等式成立：

$$|\boldsymbol{a}+\boldsymbol{b}|\leqslant|\boldsymbol{a}|+|\boldsymbol{b}|,\ |\boldsymbol{a}-\boldsymbol{b}|\leqslant|\boldsymbol{a}|+|\boldsymbol{b}|,\ ||\boldsymbol{a}|-|\boldsymbol{b}||\leqslant|\boldsymbol{a}\pm\boldsymbol{b}|\leqslant|\boldsymbol{a}|+|\boldsymbol{b}|.$$

与 $\boldsymbol{a}$ 同方向的单位向量 $\boldsymbol{a}^{\circ}$ 的关系为

$$\boldsymbol{a}^{\circ}=\frac{\boldsymbol{a}}{|\boldsymbol{a}|}\text{ 或写成 }\boldsymbol{a}=|\boldsymbol{a}|\boldsymbol{a}^{\circ}.$$

5. 向量的共线与共面

对于两个非零向量 $\boldsymbol{a}$ 与 $\boldsymbol{b}$，如果它们的方向相同或相反，则称这两个向量平行，记作 $\boldsymbol{a}/\!/\boldsymbol{b}$. 因为零向量的方向是任意的，所以认为零向量平行于任何向量. 若将两个平行向量的起点放在同一点，它们的终点和公共起点将在同一条直线上，所以两个向量平行也称为两向量共线.

定理 1.1 设向量 $\boldsymbol{a}\neq\boldsymbol{0}$,那么向量 $\boldsymbol{b}$ 平行于 $\boldsymbol{a}$ 的充分必要条件是:存在唯一实数 λ,使得 $\boldsymbol{b}=\lambda\boldsymbol{a}$.

对于 $k(k\geqslant 3)$ 个向量,当把它们的起点放在同一点时,如果这 k 个向量的终点和它们的公共起点在一个平面内,则称这 k 个向量**共面**.

6. 向量在轴上的投影

定义 1.7 设有一个数轴 u,它由单位向量 $\boldsymbol{e}$ 及定点 O 确定,如图 1.11 所示.对任给的向量 $\boldsymbol{a}$,作$\overrightarrow{OP}=\boldsymbol{a}$,并由点 P 作与 u 轴垂直的平面交 u 轴于点 P',则称点 P'为点 P 在 u 轴上的**投影**,向量$\overrightarrow{OP'}$称为向量 $\boldsymbol{a}$ 在 u 轴上的分向量.设$\overrightarrow{OP'}=\lambda\boldsymbol{e}$,则数 λ 称为向量 $\boldsymbol{a}$ 在 u 轴上的投影,记作 $\mathrm{Prj}_u\boldsymbol{a}$ 或$(\boldsymbol{a})_u$.

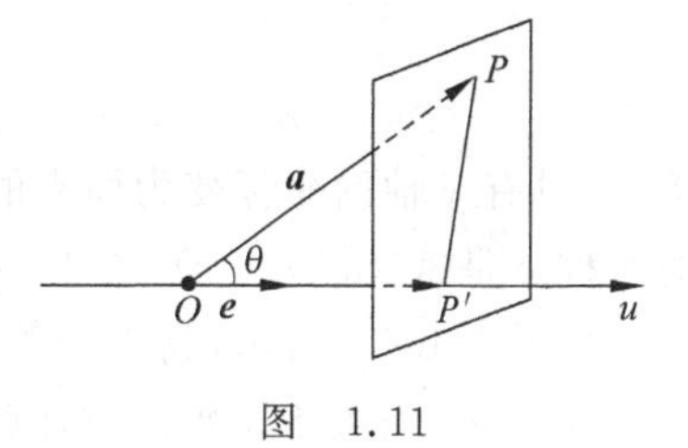

图 1.11

向量及其线性运算在轴上的投影具有如下性质:

性质 1 设 u 轴与向量 $\boldsymbol{a}$ 的夹角为 θ,如图 1.11 所示,则向量 $\boldsymbol{a}$ 在 u 轴上的投影等于向量 $\boldsymbol{a}$ 的模乘以 $\cos\theta$,即 $\mathrm{Prj}_u\boldsymbol{a}=|\boldsymbol{a}|\cos\theta$.

性质 2 (1) $\mathrm{Prj}_u(\boldsymbol{a}+\boldsymbol{b})=\mathrm{Prj}_u\boldsymbol{a}+\mathrm{Prj}_u\boldsymbol{b}$;(2) $\mathrm{Prj}_u(\lambda\boldsymbol{a})=\lambda\mathrm{Prj}_u\boldsymbol{a}$($\lambda$ 为任意实数).两个运算的图示分别如图 1.12(a)和图 1.12(b)所示.

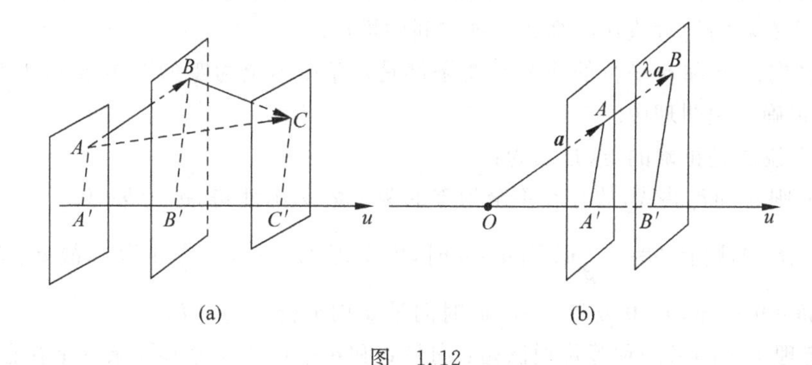

图 1.12

二、疑难解析

1. 在空间直角坐标系中,某一点关于原点、坐标面及坐标轴对称的点特征分别是什么?如何确定对称点?

答 如图 1.13(a)所示,对于给定的点 $A(a,b,c)$,它关于原点对称的点的特征是:这两个点到原点的距离相等,且到坐标轴的距离相等,到坐标平面的距离也相等;如图 1.13(b)所示,点 A 关于某一坐标面对称的点的特征是:这两个点到该坐标平面的距离相等;如图 1.13(c)所示,点 A 关于某一坐标轴对称的点的特征是:这两个点到该坐标轴的距离相等.

如图 1.13(a)所示,利用全等三角形原理,不难验证,点 $A(a,b,c)$关于坐标原点的对称点是 $A_1(-a,-b,-c)$.

如图 1.13(b)所示,若求点 $A(a,b,c)$关于 zOx 面的对称点,则点 A 在 zOx 面上的坐标

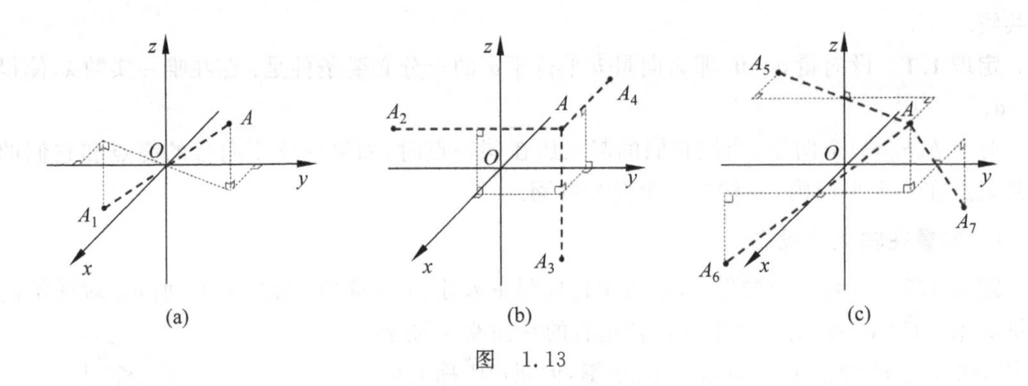

图　1.13

不变，只有 y 轴的坐标变为原来的相反数，因此 $A_2(a,-b,c)$ 即为所求；类似地，关于 xOy 面的对称点是 $A_3(a,b,-c)$；关于 yOz 面的对称点是 $A_4(-a,b,c)$.

如图 1.13(c)所示，利用全等三角形原理，不难验证，点 $A(a,b,c)$ 关于 z 轴的对称点是 $A_5(-a,-b,c)$；关于 x 轴的对称点是 $A_6(a,-b,-c)$；关于 y 轴的对称点是 $A_7(-a,b,-c)$.

2. 向量的模和实数的绝对值有何联系和区别？

答　易见，模和绝对值所指的对象是不一样的. 对于向量而言，它的模指的是向量的长度，是一个非负实数；实数的绝对值是一个非负实数. 在几何上，实数的绝对值表示数轴上的点到原点的距离. 若将向量的起点移至原点，则向量的模亦为终点到原点的距离. 因此，向量的模可认为是实数的绝对值在二维和三维空间的推广.

3. 说法"向量 $\boldsymbol{a}$ 和 $\boldsymbol{b}$ 平行的充分必要条件是：存在不全为零的两个数 α,β，使得 $\alpha\boldsymbol{a}+\beta\boldsymbol{b}=\boldsymbol{0}$"是否正确？说明理由.

答　这个说法是正确的. 这是因为：

若 $\boldsymbol{a}/\!/\boldsymbol{b}$，则 $\boldsymbol{a}$ 和 $\boldsymbol{b}$ 共线，故存在不全为零的两个数 α,β，使得 $\alpha\boldsymbol{a}+\beta\boldsymbol{b}=\boldsymbol{0}$.

反之，若 $\beta\neq0$，则有 $\boldsymbol{b}=-\dfrac{\alpha}{\beta}\boldsymbol{a}$. 当 $\boldsymbol{a}\neq\boldsymbol{0}$ 时，由定理 1.1 知，$-\dfrac{\alpha}{\beta}$ 即为 λ，故 $\boldsymbol{a}/\!/\boldsymbol{b}$；当 $\boldsymbol{a}=\boldsymbol{0}$ 时，由 $\alpha\boldsymbol{a}+\beta\boldsymbol{b}=\boldsymbol{0}$ 可知，$\boldsymbol{b}=\boldsymbol{0}$ 或者 $\beta=0$，此时向量 $\boldsymbol{a}$ 均平行于向量 $\boldsymbol{b}$.

因此，定理 1.1 的另一种等价说法是：向量 $\boldsymbol{a}$ 和 $\boldsymbol{b}$ 平行的充分必要条件是存在不全为零的两个数 α,β，使得 $\alpha\boldsymbol{a}+\beta\boldsymbol{b}=\boldsymbol{0}$.

三、课后习题选解(习题 1.1)

1. 在空间直角坐标系中，指出下列各点所在的卦限.

(1) $(1,-5,3)$；(2) $(2,4,-1)$；(3) $(1,-5,-6)$；(4) $(-1,-2,1)$.

分析　对照表 1.1 进行定位.

解　(1) 第Ⅳ卦限；(2) 第Ⅴ卦限；(3) 第Ⅷ卦限；(4) 第Ⅲ卦限.

2. 求点 $M(3,-5,4)$ 与原点及各坐标轴之间的距离.

分析　根据要求，利用两点间距离公式及勾股定理计算.

解　如图 1.14 所示，容易求得，

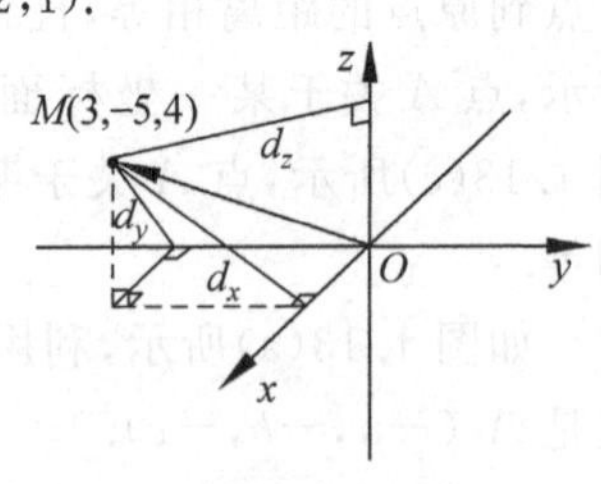

图　1.14

$$|\overrightarrow{OM}|=\sqrt{3^2+(-5)^2+4^2}=5\sqrt{2}.$$

故点 M 到 x,y,z 轴的距离分别为

$$d_x=\sqrt{(5\sqrt{2})^2-3^2}=\sqrt{41};\quad d_y=\sqrt{(5\sqrt{2})^2-(-5)^2}=5;\quad d_z=\sqrt{(5\sqrt{2})^2-4^2}=\sqrt{34}.$$

或用如下方法计算可得：

$$d_x=\sqrt{(-5)^2+4^2}=\sqrt{41};\quad d_y=\sqrt{3^2+4^2}=5;\quad d_z=\sqrt{3^2+(-5)^2}=\sqrt{34}.$$

3. 在 x 轴上，求与点 $A(-4,1,7)$ 和点 $B(3,5,-2)$ 等距离的点的坐标.

分析 先依题意设出所求点的坐标，然后利用两点间的距离公式计算.

解 设所求点 P 坐标为 $(x,0,0)$，因为 $|\overrightarrow{PA}|=|\overrightarrow{PB}|$，所以

$$\sqrt{(-4-x)^2+(1)^2+(7)^2}=\sqrt{(3-x)^2+(5)^2+(-2)^2},$$

两边平方得 $x=-2$，故所求点 P 为 $(-2,0,0)$.

4. 在 yOz 坐标面上，求与三个点 $A(3,1,2)$，$B(4,-2,-2)$，$C(0,5,-1)$ 等距离的点的坐标.

分析 先依题意设出所求点的坐标，然后利用两点间的距离公式计算.

解 设所求点为 P，其坐标为 $(0,y,z)$，按题意有 $|\overrightarrow{PA}|=|\overrightarrow{PB}|=|\overrightarrow{PC}|$，所以

$$\begin{cases}3^2+(1-y)^2+(2-z)^2=0^2+(5-y)^2+(-1-z)^2,\\ 4^2+(-2-y)^2+(-2-z)^2=0^2+(5-y)^2+(-1-z)^2,\end{cases}$$

即 $\begin{cases}8y-6z=12,\\ 14y+2z=2.\end{cases}$ 解得 $y=\dfrac{9}{25}$，$z=-\dfrac{38}{25}$. 故所求点 P 的坐标为 $\left(0,\dfrac{9}{25},-\dfrac{38}{25}\right)$.

5. 已知菱形 $ABCD$ 的对角线 $\overrightarrow{AC}=\boldsymbol{a}$，$\overrightarrow{BD}=\boldsymbol{b}$，试用向量 $\boldsymbol{a},\boldsymbol{b}$ 表示 $\overrightarrow{AB}$，$\overrightarrow{BC}$，$\overrightarrow{CD}$，$\overrightarrow{DA}$.

分析 如图 1.15 所示，由于 $\overrightarrow{BC}=-\overrightarrow{DA}$，$\overrightarrow{AB}=-\overrightarrow{CD}$，可以先利用平行四边形法则建立方程组，然后求解方程组得到所求向量.

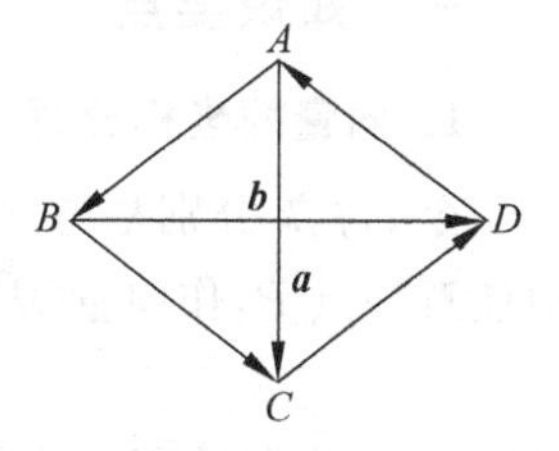

图 1.15

解 由菱形的性质可知：$\overrightarrow{BC}=-\overrightarrow{DA}$，$\overrightarrow{AB}=-\overrightarrow{CD}$. 因为

$$\begin{cases}\overrightarrow{AB}+\overrightarrow{BC}=\overrightarrow{AC}=\boldsymbol{a},\\ \overrightarrow{BC}+\overrightarrow{CD}=\overrightarrow{BD}=\boldsymbol{b},\end{cases}\quad 即\begin{cases}\overrightarrow{AB}+\overrightarrow{BC}=\boldsymbol{a},\\ \overrightarrow{BC}+\overrightarrow{CD}=\boldsymbol{b}.\end{cases}$$

解得

$$\overrightarrow{AB}=\frac{\boldsymbol{a}-\boldsymbol{b}}{2},\quad \overrightarrow{BC}=\frac{\boldsymbol{a}+\boldsymbol{b}}{2},\quad \overrightarrow{CD}=\frac{\boldsymbol{b}-\boldsymbol{a}}{2},\quad \overrightarrow{DA}=-\frac{\boldsymbol{a}+\boldsymbol{b}}{2}.$$

B类题

1. 证明：以 $A(4,3,1)$，$B(7,1,2)$，$C(5,2,3)$ 三点为顶点的三角形是等腰三角形.

分析 利用两点间距离公式分别求出三条边的长度即可.

证 因为

$$|\overrightarrow{AB}|=\sqrt{(7-4)^2+(1-3)^2+(2-1)^2}=\sqrt{14},\quad |\overrightarrow{AC}|=\sqrt{(5-4)^2+(2-3)^2+(3-1)^2}=\sqrt{6},$$

$$|\overrightarrow{BC}|=\sqrt{(5-7)^2+(2-1)^2+(3-2)^2}=\sqrt{6},$$

易见，$|\overrightarrow{AC}|=|\overrightarrow{BC}|$，结论得证. **证毕**

2. 利用向量证明：

(1) 对角线互相平分的四边形是平行四边形.

(2) 三角形两边的中点的连线平行于底边，并且其长度等于第三边的一半.

分析 根据要求，利用向量的线性运算证明.

证 (1) 如图 1.16(a)所示，已知四边形 $ABCD$ 的对角线向量为 $\overrightarrow{AC}$，$\overrightarrow{DB}$，且 $\overrightarrow{DO}=\overrightarrow{OB}$，$\overrightarrow{AO}=\overrightarrow{OC}$. 问题转化为，已知：$\overrightarrow{DO}=\overrightarrow{OB}$，$\overrightarrow{AO}=\overrightarrow{OC}$. 求证：$\overrightarrow{AB}=\overrightarrow{DC}$.

因为

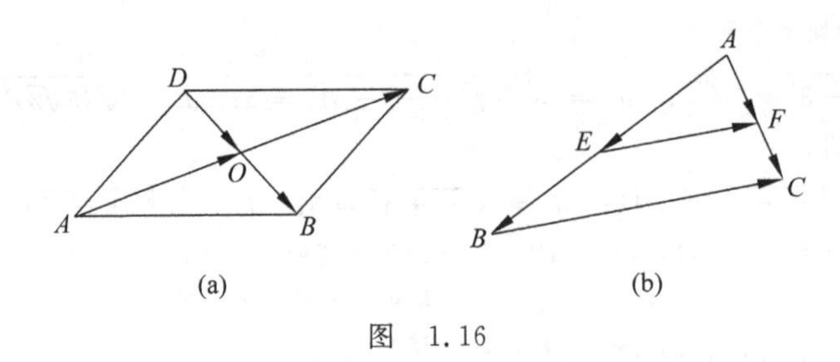

图 1.16

$\left.\begin{array}{l}\overrightarrow{AB}=\overrightarrow{AO}+\overrightarrow{OB}\\\overrightarrow{DC}=\overrightarrow{DO}+\overrightarrow{OC}\end{array}\right\}\Rightarrow\overrightarrow{AB}=\overrightarrow{DC}\Rightarrow ABCD$ 为平行四边形(因为两个向量相等,意味着这两个向量平行且相等).

(2) 如图1.16(b)所示,因为$\overrightarrow{EF}=\overrightarrow{AF}-\overrightarrow{AE}$,所以

$$\overrightarrow{BC}=\overrightarrow{AC}-\overrightarrow{AB}=2\overrightarrow{AF}-2\overrightarrow{AE}=2(\overrightarrow{AF}-\overrightarrow{AE})=2\overrightarrow{EF},$$

所以$\overrightarrow{EF}\parallel\overrightarrow{BC}$,且$|\overrightarrow{EF}|=\frac{1}{2}|\overrightarrow{BC}|$. **证毕**

1.2 向量的坐标表示

一、知识要点

1. 向量的坐标分解

令 $\boldsymbol{i},\boldsymbol{j},\boldsymbol{k}$ 分别是与 x 轴、y 轴、z 轴的正方向同向的单位向量,如图1.17所示.对于空间中任意一点 P,作向量$\overrightarrow{OP}$,若存在唯一的实数 x,y,z,使得$\overrightarrow{OA}=x\boldsymbol{i}$,$\overrightarrow{OB}=y\boldsymbol{j}$,$\overrightarrow{OC}=z\boldsymbol{k}$,则有

$$\overrightarrow{OP}=x\boldsymbol{i}+y\boldsymbol{j}+z\boldsymbol{k}. \tag{1.3}$$

式(1.3)称为向量$\overrightarrow{OP}$在空间中的**坐标分解式**,有序实数组(x,y,z)称为点 P 的**坐标**,记作$\overrightarrow{OP}=(x,y,z)$.

2. 向量及其运算的坐标表示

(1) 向量的坐标表示

设向量$\overrightarrow{P_1P_2}$的起点和终点分别为 $P_1(x_1,y_1,z_1)$,$P_2(x_2,y_2,z_2)$,如图1.18所示,则有

$$\overrightarrow{P_1P_2}=(x_2-x_1,y_2-y_1,z_2-z_1).$$

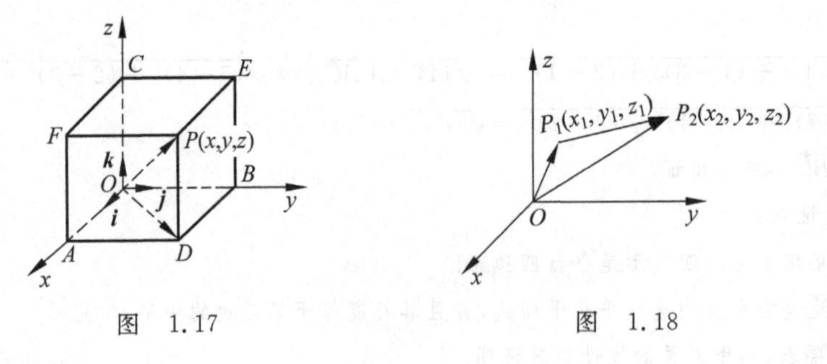

图 1.17　　　　图 1.18

对于任意给定的向量 $\boldsymbol{a}$,它在三个坐标轴(x 轴、y 轴、z 轴)上的投影分别记作

$$a_x=\mathrm{Prj}_x\boldsymbol{a},\quad a_y=\mathrm{Prj}_y\boldsymbol{a},\quad a_z=\mathrm{Prj}_z\boldsymbol{a}$$

或

$$a_x=(\boldsymbol{a})_x,\quad a_y=(\boldsymbol{a})_y,\quad a_z=(\boldsymbol{a})_z,$$

则向量 $\boldsymbol{a}$ 的坐标分解式为 $\boldsymbol{a}=a_x\boldsymbol{i}+a_y\boldsymbol{j}+a_z\boldsymbol{k}$，坐标表示为 $\boldsymbol{a}=(a_x,a_y,a_z)$.

(2) 向量的线性运算的坐标表示

对于空间向量 $\boldsymbol{a}=(a_x,a_y,a_z)$ 和 $\boldsymbol{b}=(b_x,b_y,b_z)$，有：

(i) $\boldsymbol{a}\pm\boldsymbol{b}=(a_x\pm b_x,a_y\pm b_y,a_z\pm b_z)$；　(ii) $\lambda\boldsymbol{a}=(\lambda a_x,\lambda a_y,\lambda a_z)$.

(3) 平行向量的坐标表示

两个非零向量 $\boldsymbol{a}=(a_x,a_y,a_z)$ 和 $\boldsymbol{b}=(b_x,b_y,b_z)$ 平行的充要条件是：两个向量的对应坐标成比例，即

$$\boldsymbol{a}\,/\!/\,\boldsymbol{b}\Leftrightarrow\frac{a_x}{b_x}=\frac{a_y}{b_y}=\frac{a_z}{b_z}.\tag{1.4}$$

3. 向量的模和方向余弦的坐标表示

起点在坐标原点，终点为 $P(x,y,z)$ 的向量 $\overrightarrow{OP}$ 的模为

$$|\overrightarrow{OP}|=\sqrt{x^2+y^2+z^2}.\tag{1.5}$$

向量 $\overrightarrow{OP}$ 的方向角为向量 $\overrightarrow{OP}$ 与三条坐标轴正向之间的夹角，用 $\alpha,\beta,\gamma\in[0,\pi]$ 来表示，如图 1.19 所示. 对应的 $\cos\alpha,\cos\beta,\cos\gamma$ 称为向量 $\overrightarrow{OP}$ 的**方向余弦**，即

$$\cos\alpha=\frac{x}{|\overrightarrow{OP}|}=\frac{x}{\sqrt{x^2+y^2+z^2}};$$

$$\cos\beta=\frac{y}{|\overrightarrow{OP}|}=\frac{y}{\sqrt{x^2+y^2+z^2}};$$

$$\cos\gamma=\frac{z}{|\overrightarrow{OP}|}=\frac{z}{\sqrt{x^2+y^2+z^2}}.\tag{1.6}$$

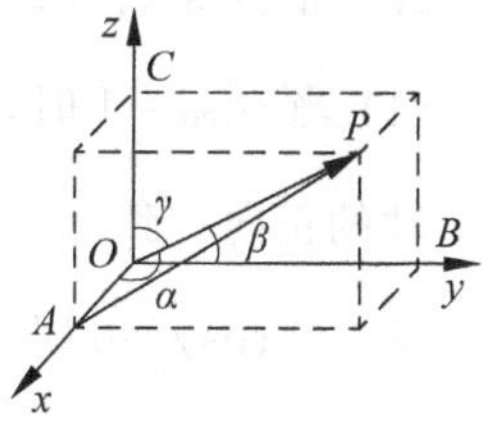

图 1.19

易见，$\cos^2\alpha+\cos^2\beta+\cos^2\gamma=1$. 由此可知，以方向余弦为坐标分量的向量 $(\cos\alpha,\cos\beta,\cos\gamma)$ 必是单位向量，其方向与向量 $\overrightarrow{OP}$ 相同，即

$$\overrightarrow{OP}^\circ=\frac{\overrightarrow{OP}}{|\overrightarrow{OP}|}=(\cos\alpha,\cos\beta,\cos\gamma).\tag{1.7}$$

对于任意给定的向量 $\boldsymbol{a}=(a_x,a_y,a_z)$，它的模和方向余弦分别为

$$|\boldsymbol{a}|=\sqrt{a_x^2+a_y^2+a_z^2};\tag{1.5$'$}$$

$$\cos\alpha=\frac{a_x}{|\boldsymbol{a}|}=\frac{a_x}{\sqrt{a_x^2+a_y^2+a_z^2}},\quad\cos\beta=\frac{a_y}{|\boldsymbol{a}|}=\frac{a_y}{\sqrt{a_x^2+a_y^2+a_z^2}},$$

$$\cos\gamma=\frac{a_z}{|\boldsymbol{a}|}=\frac{a_z}{\sqrt{a_x^2+a_y^2+a_z^2}}.\tag{1.6$'$}$$

与向量 $\boldsymbol{a}$ 同方向的单位向量为

$$\boldsymbol{a}^\circ=\frac{\boldsymbol{a}}{|\boldsymbol{a}|}=(\cos\alpha,\cos\beta,\cos\gamma)\tag{1.7$'$}$$

二、疑难解析

1. 对于向量 $\overrightarrow{OP}$ 和 $\boldsymbol{a}$，它们的坐标表示有什么区别和联系？

答 向量 $\overrightarrow{OP}$ 的坐标刻画了点 P 相对于坐标原点的位置，其各坐标分量即为点 P 的各坐标. 若点 P 的坐标为 (x,y,z)，则向量 $\overrightarrow{OP}$ 的坐标表示为 $\overrightarrow{OP}=(x,y,z)$.

向量$\boldsymbol{a}$为自由向量,其坐标表示是终点和起点的相对位置.若$\boldsymbol{a}$的起点为$A(x_1,y_1,z_1)$,终点为$B(x_2,y_2,z_2)$,则$\boldsymbol{a}=\overrightarrow{AB}=(x_2-x_1,y_2-y_1,z_2-z_1)$.若将$\boldsymbol{a}$的起点移至原点,则向量$\boldsymbol{a}$的坐标表示也同其终点$M$的坐标.

2. 判断下列说法是否正确,并给出理由:

(1) $\boldsymbol{i}+\boldsymbol{j}+\boldsymbol{k}$是单位向量; (2) $-\boldsymbol{i}$不是单位向量;

(3) 空间中点的坐标和向量的坐标表示在表示形式是不同的.

答 (1) 错误.因为向量$\boldsymbol{i}+\boldsymbol{j}+\boldsymbol{k}$的模为$\sqrt{3}$,所以它不是单位向量.

(2) 错误.因为向量$-\boldsymbol{i}$的模是1,故$-\boldsymbol{i}$是单位向量.

(3) 正确.在空间直角坐标系中,任意一点P的坐标表示形式为$P(x,y,z)$,其中x,y,z分别表示点P的横坐标、纵坐标和竖坐标;任意一个向量$\boldsymbol{a}$的坐标表示可写为$\boldsymbol{a}=(x_2-x_1,y_2-y_1,z_2-z_1)$,它说明$\boldsymbol{a}$是以点$A(x_1,y_1,z_1)$为起点,点$B(x_2,y_2,z_2)$为终点的向量.

3. 若三个向量的方向余弦$\cos\alpha,\cos\beta,\cos\gamma$分别具有如下特征:

(1) $\cos\alpha=1$; (2) $\cos\gamma=0$; (3) $\cos\alpha=\cos\beta=0$,

则这些向量与坐标轴或坐标面有何关系?

答 根据等式$\cos^2\alpha+\cos^2\beta+\cos^2\gamma=1$可得:

(1) 当$\cos\alpha=1$时,$\cos\beta=\cos\gamma=0$,于是有,$\alpha=0,\beta=\gamma=\frac{\pi}{2}$.故此向量平行于$x$轴,方向与$x$轴的正向一致.

(2) 当$\cos\gamma=0$时,$\gamma=\frac{\pi}{2}$.故该向量平行于xOy坐标面.

(3) 当$\cos\alpha=\cos\beta=0$时,$\cos\gamma=\pm1$,于是有$\alpha=\beta=\frac{\pi}{2}$,$\gamma=0$或$\pi$.则此向量平行于$z$轴.

三、经典题型详解

题型1 利用向量及其线性运算的坐标分解式或坐标表示计算

例1.1 已知$\boldsymbol{m}=3\boldsymbol{i}-2\boldsymbol{j}+2\boldsymbol{k}$,$\boldsymbol{n}=\boldsymbol{i}+3\boldsymbol{j}-\boldsymbol{k}$和$\boldsymbol{p}=2\boldsymbol{i}-\boldsymbol{j}+3\boldsymbol{k}$,求$\boldsymbol{m}-\boldsymbol{n}+3\boldsymbol{p}$.

分析 易见,给定的向量是坐标分解式的形式,直接利用向量的线性运算计算即可.

解 根据向量的线性运算的坐标分解式,有

$$\boldsymbol{m}-\boldsymbol{n}+3\boldsymbol{p}=3\boldsymbol{i}-2\boldsymbol{j}+2\boldsymbol{k}-(\boldsymbol{i}+3\boldsymbol{j}-\boldsymbol{k})+3(2\boldsymbol{i}-\boldsymbol{j}+3\boldsymbol{k})=8\boldsymbol{i}-8\boldsymbol{j}+12\boldsymbol{k}.$$

例1.2 已知两点$M_1(2,0,1)$和$M_2(1,\sqrt{3},1)$,计算向量$\overrightarrow{M_1M_2}$的模、方向余弦和方向角.

分析 先写出向量$\overrightarrow{M_1M_2}$的坐标表示;然后利用式(1.5)′~式(1.7)′求解.

解 易见,$\overrightarrow{M_1M_2}=(1-2,\sqrt{3}-0,1-1)=(-1,\sqrt{3},0)$.于是,向量$\overrightarrow{M_1M_2}$的模、方向余弦和方向角分别为

$$|\overrightarrow{M_1M_2}|=\sqrt{(-1)^2+(\sqrt{3})^2+0^2}=2;$$

$$\cos\alpha=-\frac{1}{2},\quad \cos\beta=\frac{\sqrt{3}}{2},\quad \cos\gamma=0;$$

$$\alpha=\frac{2}{3}\pi,\quad \beta=\frac{\pi}{6},\quad \gamma=\frac{\pi}{2}.$$

题型 2　综合应用题

例 1.3　已知向量 $\boldsymbol{a}=(a_x,a_y,a_z)$，回答下列问题：

(1) 用 $\boldsymbol{a}$ 的模及方向余弦表示 $\boldsymbol{a}$；

(2) 求与向量 $\boldsymbol{a}=(12,0,16)$ 平行、方向相反、且长度为 40 的向量.

分析　根据式(1.5)′～式(1.7)′求解.

解　(1) 依题意，有

$$\boldsymbol{a}=(a_x,a_y,a_z)=a_x\boldsymbol{i}+a_y\boldsymbol{j}+a_z\boldsymbol{k}=|\boldsymbol{a}|\left(\frac{a_x}{|\boldsymbol{a}|}\boldsymbol{i}+\frac{a_y}{|\boldsymbol{a}|}\boldsymbol{j}+\frac{a_z}{|\boldsymbol{a}|}\boldsymbol{k}\right)$$
$$=|\boldsymbol{a}|(\cos\alpha\boldsymbol{i}+\cos\beta\boldsymbol{j}+\cos\gamma\boldsymbol{k}).$$

(2) 按题意，设所求向量为

$$\boldsymbol{b}=\lambda\boldsymbol{a}=(12\lambda,0,16\lambda),\quad \lambda<0,$$

且 $|\boldsymbol{b}|=\sqrt{(12\lambda)^2+0+(16\lambda)^2}=20|\lambda|=40$，解得 $\lambda=-2$. 于是，$\boldsymbol{b}=(-24,0,-32)$.

例 1.4　已知三个非零向量 $\boldsymbol{a},\boldsymbol{b},\boldsymbol{c}$ 中任意两个向量都不平行，但向量 $\boldsymbol{a}+\boldsymbol{b}$ 与 $\boldsymbol{c}$ 平行，$\boldsymbol{b}+\boldsymbol{c}$ 与 $\boldsymbol{a}$ 平行. 证明：$\boldsymbol{a}+\boldsymbol{b}+\boldsymbol{c}=\boldsymbol{0}$.

分析　利用向量平行的充要条件.

证　因为向量 $\boldsymbol{a}+\boldsymbol{b}$ 与 $\boldsymbol{c}$ 平行、$\boldsymbol{b}+\boldsymbol{c}$ 与 $\boldsymbol{a}$ 平行，根据定理 1.1 知，存在常数 λ 和 μ，使得 $\boldsymbol{a}+\boldsymbol{b}=\lambda\boldsymbol{c}$，$\boldsymbol{b}+\boldsymbol{c}=\mu\boldsymbol{a}$. 将两式相减可得：$\boldsymbol{a}-\boldsymbol{c}=\lambda\boldsymbol{c}-\mu\boldsymbol{a}$，即 $(1+\mu)\boldsymbol{a}=(1+\lambda)\boldsymbol{c}$. 由于向量 $\boldsymbol{a}$ 与 $\boldsymbol{c}$ 不平行，必有 $1+\mu=1+\lambda=0$，所以 $\lambda=\mu=-1$. 从而 $\boldsymbol{a}+\boldsymbol{b}=-\boldsymbol{c}$，故 $\boldsymbol{a}+\boldsymbol{b}+\boldsymbol{c}=\boldsymbol{0}$.　**证毕**

四、课后习题选解(习题 1.2)

A 类题

1. 设有向量 $\boldsymbol{m}=\boldsymbol{i}+2\boldsymbol{j}+3\boldsymbol{k}$，$\boldsymbol{n}=2\boldsymbol{i}+\boldsymbol{j}-3\boldsymbol{k}$ 和 $\boldsymbol{p}=3\boldsymbol{i}-4\boldsymbol{j}+\boldsymbol{k}$，计算下列向量：

(1) $2\boldsymbol{m}+3\boldsymbol{n}-\boldsymbol{p}$；　　　　(2) $\boldsymbol{m}-3\boldsymbol{n}+2\boldsymbol{p}$.

分析　参考经典题型详解中例 1.1.

解　容易求得，

(1) $2\boldsymbol{m}+3\boldsymbol{n}-\boldsymbol{p}=2(\boldsymbol{i}+2\boldsymbol{j}+3\boldsymbol{k})+3(2\boldsymbol{i}+\boldsymbol{j}-3\boldsymbol{k})-(3\boldsymbol{i}-4\boldsymbol{j}+\boldsymbol{k})=5\boldsymbol{i}+11\boldsymbol{j}-4\boldsymbol{k}$.

(2) $\boldsymbol{m}-3\boldsymbol{n}+2\boldsymbol{p}=\boldsymbol{i}-9\boldsymbol{j}+14\boldsymbol{k}$.

2. 已知 $\boldsymbol{m}=(2,3,1)$，$\boldsymbol{n}=(1,-4,0)$，求下列向量的模、方向余弦以及方向角：

(1) $\boldsymbol{m}+2\boldsymbol{n}$；　　　　(2) $2\boldsymbol{m}-3\boldsymbol{n}$.

分析　参考经典题型详解中例 1.1 和例 1.2.

解　(1) 容易求得，$\boldsymbol{m}+2\boldsymbol{n}=(2,3,1)+2(1,-4,0)=(4,-5,1)$. 于是

$$|\boldsymbol{m}+2\boldsymbol{n}|=\sqrt{4^2+(-5)^2+1^2}=\sqrt{42}.$$

进一步地，有

$$\cos\alpha=\frac{4}{\sqrt{42}};\quad \cos\beta=-\frac{5}{\sqrt{42}};\quad \cos\gamma=\frac{1}{\sqrt{42}}.$$

$$\alpha=\arccos\frac{4}{\sqrt{42}};\quad \beta=\pi-\arccos\frac{5}{\sqrt{42}};\quad \gamma=\arccos\frac{1}{\sqrt{42}}.$$

(2) 容易求得，$2\boldsymbol{m}-3\boldsymbol{n}=2(2,3,1)-3(1,-4,0)=(1,18,2)$. 于是 $|2\boldsymbol{m}-3\boldsymbol{n}|=\sqrt{329}$.

进一步地，

$$\cos\alpha=\frac{1}{\sqrt{329}};\quad \cos\beta=\frac{18}{\sqrt{329}};\quad \cos\gamma=\frac{2}{\sqrt{329}}.$$

$$\alpha=\arccos\frac{1}{\sqrt{329}};\quad \beta=\arccos\frac{18}{\sqrt{329}};\quad \gamma=\arccos\frac{2}{\sqrt{329}}.$$

3. 已知向量 $\boldsymbol{m}=\alpha\boldsymbol{i}+5\boldsymbol{j}-\boldsymbol{k}$ 和 $\boldsymbol{n}=3\boldsymbol{i}+\boldsymbol{j}+\gamma\boldsymbol{k}$ 平行，求 α 和 γ 的值.

分析 利用定理1.1的坐标表示式(1.4)求解.

解 依题意，由式(1.4)可得 $\frac{\alpha}{3}=\frac{5}{1}=\frac{-1}{\gamma}$，即 $\alpha=15,\gamma=-\frac{1}{5}$.

B类题

1. 设有向线段 $\overrightarrow{P_1P_2}$ 的起点为 $P_1(x_1,y_1,z_1)$，终点为 $P_2(x_2,y_2,z_2)$. 若点 $P(x,y,z)$ 分有向线段 $\overrightarrow{P_1P_2}$ 成定比 $\lambda(\lambda\neq 1)$，即 $\overrightarrow{P_1P}=\lambda\overrightarrow{PP_2}$，证明：分点 P 的坐标为

$$x=\frac{x_1+\lambda x_2}{1+\lambda},\quad y=\frac{y_1+\lambda y_2}{1+\lambda},\quad z=\frac{z_1+\lambda z_2}{1+\lambda}.$$

分析 根据平行向量的坐标表示即可证得.

证 由于 $\overrightarrow{P_1P}=(x-x_1,y-y_1,z-z_1)$，$\overrightarrow{PP_2}=(x_2-x,y_2-y,z_2-z)$，及 $\overrightarrow{P_1P}=\lambda\overrightarrow{PP_2}$，故 $\frac{x-x_1}{x_2-x}=\frac{y-y_1}{y_2-y}=\frac{z-z_1}{z_2-z}=\lambda$. 整理得

$$x=\frac{x_1+\lambda x_2}{1+\lambda},\quad y=\frac{y_1+\lambda y_2}{1+\lambda},\quad z=\frac{z_1+\lambda z_2}{1+\lambda}.$$

证毕

2. 已知向量 $\boldsymbol{m}=2\boldsymbol{i}+2\boldsymbol{j}-\boldsymbol{k}$、$\boldsymbol{n}=3\boldsymbol{i}+\boldsymbol{j}-2\boldsymbol{k}$ 和 $\boldsymbol{p}=2\boldsymbol{i}-4\boldsymbol{j}+3\boldsymbol{k}$，求向量 $\boldsymbol{a}=2\boldsymbol{m}-\boldsymbol{n}+\boldsymbol{p}$ 的坐标表示、在各坐标轴上的投影.

分析 根据向量的坐标表示及向量在坐标轴上的投影定义即可求得.

解 易见，向量 $\boldsymbol{m},\boldsymbol{n},\boldsymbol{p}$ 的坐标表示分别为 $\boldsymbol{m}=(2,2,-1)$，$\boldsymbol{n}=(3,1,-2)$ 和 $\boldsymbol{p}=(2,-4,3)$. 容易求得，

$$\boldsymbol{a}=2\boldsymbol{m}-\boldsymbol{n}+\boldsymbol{p}=2(2,2,-1)-(3,1,-2)+(2,-4,3)=(3,-1,3).$$

于是

$$\mathrm{Prj}_x\boldsymbol{a}=|\boldsymbol{a}|\cos\theta=|\boldsymbol{a}|\frac{a_x}{|\boldsymbol{a}|}=a_x=3,\quad \mathrm{Prj}_y\boldsymbol{a}=a_y=-1,\quad \mathrm{Prj}_z\boldsymbol{a}=a_z=3.$$

3. 若 $A(x,y,z)$ 为空间中一点，$|\overrightarrow{OA}|=4$，且 $\overrightarrow{OA}$ 与 x 轴和 y 轴的夹角分别为 $\frac{\pi}{4}$ 和 $\frac{\pi}{3}$，求点 A 的坐标.

分析 根据方向余弦的性质求出与向量 z 轴的夹角的余弦；再利用模和夹角来表示向量.

解 设 $\overrightarrow{OA}$ 与 z 轴的夹角为 γ，由于 $\cos^2\frac{\pi}{4}+\cos^2\frac{\pi}{3}+\cos^2\gamma=1$，解得 $\cos\gamma=\pm\frac{1}{2}$.

由于 $\overrightarrow{OA}=|\overrightarrow{OA}|\left(\cos\frac{\pi}{4},\cos\frac{\pi}{3},\cos\gamma\right)=4\left(\frac{\sqrt{2}}{2},\frac{1}{2},\pm\frac{1}{2}\right)$，故

$$A(2\sqrt{2},2,2)\quad 或\quad A(2\sqrt{2},2,-2).$$

1.3 向量的数量积、向量积和混合积

一、知识要点

1. 向量的数量积

定义 1.8 设有两个向量 $\boldsymbol{a}$ 和 $\boldsymbol{b}$，它们的夹角为 θ，称 $|\boldsymbol{a}||\boldsymbol{b}|\cos\theta$ 为向量 $\boldsymbol{a}$ 与 $\boldsymbol{b}$ 的数量积，也称为内积或点积，记作 $\boldsymbol{a}\cdot\boldsymbol{b}$，即 $\boldsymbol{a}\cdot\boldsymbol{b}=|\boldsymbol{a}||\boldsymbol{b}|\cos\theta$.

注意到，两个向量的数量积的结果是一个数，其值与向量的模和夹角有关. 不难验证，向量的数量积有如下运算规律：

(1) 交换律 $\boldsymbol{a}\cdot\boldsymbol{b}=\boldsymbol{b}\cdot\boldsymbol{a}$；

(2) 结合律 $(\lambda\boldsymbol{a})\cdot\boldsymbol{b}=\lambda(\boldsymbol{a}\cdot\boldsymbol{b})=\boldsymbol{a}\cdot(\lambda\boldsymbol{b})$；

(3) 分配律 $(\boldsymbol{a}+\boldsymbol{b})\cdot\boldsymbol{c}=\boldsymbol{a}\cdot\boldsymbol{c}+\boldsymbol{b}\cdot\boldsymbol{c}$；

(4) $\boldsymbol{a}\cdot\boldsymbol{a}=|\boldsymbol{a}|^2$；

(5) $\boldsymbol{a}\perp\boldsymbol{b}\Leftrightarrow\boldsymbol{a}\cdot\boldsymbol{b}=0$；

(6) $\boldsymbol{a}\cdot\boldsymbol{b}=|\boldsymbol{b}|\mathrm{Prj}_{\boldsymbol{b}}\boldsymbol{a}=|\boldsymbol{a}|\mathrm{Prj}_{\boldsymbol{a}}\boldsymbol{b}\quad(\boldsymbol{a},\boldsymbol{b}\neq\boldsymbol{0})$；

(7) $\cos(\widehat{\boldsymbol{a},\boldsymbol{b}})=\dfrac{\boldsymbol{a}\cdot\boldsymbol{b}}{|\boldsymbol{a}||\boldsymbol{b}|}\quad(\boldsymbol{a},\boldsymbol{b}\neq\boldsymbol{0})$.

特别地，在空间直角坐标系下，对于两两互相垂直的单位向量 $\boldsymbol{i},\boldsymbol{j},\boldsymbol{k}$，有

$$\boldsymbol{i}\cdot\boldsymbol{i}=\boldsymbol{j}\cdot\boldsymbol{j}=\boldsymbol{k}\cdot\boldsymbol{k}=1,\quad \boldsymbol{i}\cdot\boldsymbol{j}=\boldsymbol{i}\cdot\boldsymbol{k}=\boldsymbol{j}\cdot\boldsymbol{i}=\boldsymbol{j}\cdot\boldsymbol{k}=\boldsymbol{k}\cdot\boldsymbol{i}=\boldsymbol{k}\cdot\boldsymbol{j}=0.$$

定理 1.2 对于向量 $\boldsymbol{a}=a_x\boldsymbol{i}+a_y\boldsymbol{j}+a_z\boldsymbol{k}$ 和 $\boldsymbol{b}=b_x\boldsymbol{i}+b_y\boldsymbol{j}+b_z\boldsymbol{k}$，向量 $\boldsymbol{a}$ 和 $\boldsymbol{b}$ 的数量积的坐标表示为

$$\boldsymbol{a}\cdot\boldsymbol{b}=a_xb_x+a_yb_y+a_zb_z. \tag{1.8}$$

推论 对于两个给定的向量 $\boldsymbol{a}=a_x\boldsymbol{i}+a_y\boldsymbol{j}+a_z\boldsymbol{k}$ 和 $\boldsymbol{b}=b_x\boldsymbol{i}+b_y\boldsymbol{j}+b_z\boldsymbol{k}$，$\boldsymbol{a}\perp\boldsymbol{b}$ 的充分必要条件是：$a_xb_x+a_yb_y+a_zb_z=0$.

向量的模和夹角的坐标表示公式如下：

(4)′ $\boldsymbol{a}\cdot\boldsymbol{a}=|\boldsymbol{a}|^2=a_x^2+a_y^2+a_z^2$；

(7)′ $\cos(\widehat{\boldsymbol{a},\boldsymbol{b}})=\dfrac{\boldsymbol{a}\cdot\boldsymbol{b}}{|\boldsymbol{a}||\boldsymbol{b}|}=\dfrac{a_xb_x+a_yb_y+a_zb_z}{\sqrt{a_x^2+a_y^2+a_z^2}\sqrt{b_x^2+b_y^2+b_z^2}}$.

2. 向量的向量积

定义 1.9 若两个向量 $\boldsymbol{a}$ 与 $\boldsymbol{b}$ 按照如下条件确定了向量 $\boldsymbol{c}$：

(1) 向量 $\boldsymbol{c}$ 的模为 $|\boldsymbol{c}|=|\boldsymbol{a}||\boldsymbol{b}|\sin(\widehat{\boldsymbol{a},\boldsymbol{b}})$；

(2) 向量 $\boldsymbol{c}$ 的方向垂直于向量 $\boldsymbol{a}$ 与 $\boldsymbol{b}$ 所在的平面（既垂直于 $\boldsymbol{a}$，又垂直于 $\boldsymbol{b}$），且向量 $\boldsymbol{c}$ 的正方向按照右手法则从向量 $\boldsymbol{a}$ 转向 $\boldsymbol{b}$ 来确定，如图 1.20 所示，则称向量 $\boldsymbol{c}$ 为向量 $\boldsymbol{a}$ 和 $\boldsymbol{b}$ 的**向量积**（也称**外积**或**叉积**），记作 $\boldsymbol{a}\times\boldsymbol{b}$，即

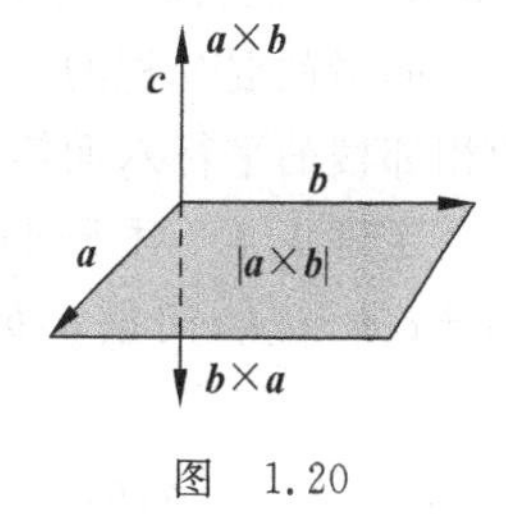

图 1.20

$$\boldsymbol{c}=\boldsymbol{a}\times\boldsymbol{b}.$$

向量 $\boldsymbol{a}$ 和 $\boldsymbol{b}$ 的向量积 $\boldsymbol{c}$ 的几何解释：向量 $\boldsymbol{c}$ 的模等于以 $\boldsymbol{a},\boldsymbol{b}$ 为邻边的平行四边形的面积. 进一步地，向量的向量积有如下的性质和运算规律：

(1) $\boldsymbol{a}\times\boldsymbol{a}=\boldsymbol{0}$；

(2) $\boldsymbol{a}/\!/\boldsymbol{b}\Leftrightarrow\boldsymbol{a}\times\boldsymbol{b}=\boldsymbol{0}$；

(3) 反交换律 $\boldsymbol{a}\times\boldsymbol{b}=-\boldsymbol{b}\times\boldsymbol{a}$；

(4) 分配律 $(\boldsymbol{a}+\boldsymbol{b})\times\boldsymbol{c}=\boldsymbol{a}\times\boldsymbol{c}+\boldsymbol{b}\times\boldsymbol{c}$；

(5) 结合律 $\lambda(\boldsymbol{a}\times\boldsymbol{b})=(\lambda\boldsymbol{a})\times\boldsymbol{b}=\boldsymbol{a}\times(\lambda\boldsymbol{b})$ （λ 为实数）.

在空间直角坐标系下，对于两两互相垂直的单位向量 $\boldsymbol{i},\boldsymbol{j}$ 和 $\boldsymbol{k}$，有

$$\boldsymbol{i}\times\boldsymbol{i}=\boldsymbol{j}\times\boldsymbol{j}=\boldsymbol{k}\times\boldsymbol{k}=\boldsymbol{0};\ \boldsymbol{i}\times\boldsymbol{j}=\boldsymbol{k},\ \boldsymbol{j}\times\boldsymbol{k}=\boldsymbol{i},\ \boldsymbol{k}\times\boldsymbol{i}=\boldsymbol{j};$$
$$\boldsymbol{j}\times\boldsymbol{i}=-\boldsymbol{k},\ \boldsymbol{k}\times\boldsymbol{j}=-\boldsymbol{i},\ \boldsymbol{i}\times\boldsymbol{k}=-\boldsymbol{j}.$$

定理 1.3 对于向量 $\boldsymbol{a}=a_x\boldsymbol{i}+a_y\boldsymbol{j}+a_z\boldsymbol{k}$ 和 $\boldsymbol{b}=b_x\boldsymbol{i}+b_y\boldsymbol{j}+b_z\boldsymbol{k}$，向量 $\boldsymbol{a}$ 和 $\boldsymbol{b}$ 的向量积 $\boldsymbol{a}\times\boldsymbol{b}$ 的坐标表示为

$$\boldsymbol{a}\times\boldsymbol{b}=(a_yb_z-a_zb_y)\boldsymbol{i}+(a_zb_x-a_xb_z)\boldsymbol{j}+(a_xb_y-a_yb_x)\boldsymbol{k}. \tag{1.9}$$

或

$$\boldsymbol{a}\times\boldsymbol{b}=\begin{vmatrix}a_y & a_z\\ b_y & b_z\end{vmatrix}\boldsymbol{i}+\begin{vmatrix}a_z & a_x\\ b_z & b_x\end{vmatrix}\boldsymbol{j}+\begin{vmatrix}a_x & a_y\\ b_x & b_y\end{vmatrix}\boldsymbol{k}, \tag{1.10}$$

或

$$\boldsymbol{a}\times\boldsymbol{b}=\begin{vmatrix}\boldsymbol{i} & \boldsymbol{j} & \boldsymbol{k}\\ a_x & a_y & a_z\\ b_x & b_y & b_z\end{vmatrix}. \tag{1.10$'$}$$

推论 对于两个给定的向量 $\boldsymbol{a}=a_x\boldsymbol{i}+a_y\boldsymbol{j}+a_z\boldsymbol{k}$ 和 $\boldsymbol{b}=b_x\boldsymbol{i}+b_y\boldsymbol{j}+b_z\boldsymbol{k}$，$\boldsymbol{a}/\!/\boldsymbol{b}$ 的充分必要条件是：$\dfrac{a_x}{b_x}=\dfrac{a_y}{b_y}=\dfrac{a_z}{b_z}$.

说明 若 $\boldsymbol{a}/\!/\boldsymbol{b}$，则当 b_x,b_y,b_z 中出现零时，约定相应的分子也为零，例如当 $b_x=0$ 时，规定 $a_x=0$，且有 $\dfrac{a_x}{0}=\dfrac{a_y}{b_y}=\dfrac{a_z}{b_z}$.

3. 向量的混合积

定义 1.10 对于三个给定的向量 $\boldsymbol{a},\boldsymbol{b}$ 和 $\boldsymbol{c}$，若先作两个向量 $\boldsymbol{a}$ 和 $\boldsymbol{b}$ 的向量积 $\boldsymbol{a}\times\boldsymbol{b}$，把所得的向量与向量 $\boldsymbol{c}$ 再作数量积 $(\boldsymbol{a}\times\boldsymbol{b})\cdot\boldsymbol{c}$，如此得到的数值称为向量 $\boldsymbol{a},\boldsymbol{b}$ 和 $\boldsymbol{c}$ 的**混合积**，记作 $[\boldsymbol{a},\boldsymbol{b},\boldsymbol{c}]$，即 $[\boldsymbol{a},\boldsymbol{b},\boldsymbol{c}]=(\boldsymbol{a}\times\boldsymbol{b})\cdot\boldsymbol{c}$.

向量的混合积的几何解释：$[\boldsymbol{a},\boldsymbol{b},\boldsymbol{c}]$ 的绝对值表示以向量 $\boldsymbol{a},\boldsymbol{b}$ 和 $\boldsymbol{c}$ 为相邻棱的平行六面体的体积，如图 1.21 所示.

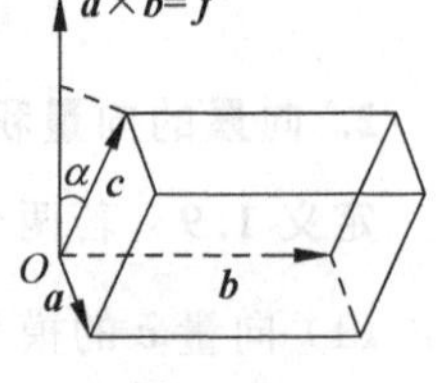

图 1.21

定理 1.4 对于向量 $\boldsymbol{a}=a_x\boldsymbol{i}+a_y\boldsymbol{j}+a_z\boldsymbol{k}$，$\boldsymbol{b}=b_x\boldsymbol{i}+b_y\boldsymbol{j}+b_z\boldsymbol{k}$ 和 $\boldsymbol{c}=c_x\boldsymbol{i}+c_y\boldsymbol{j}+c_z\boldsymbol{k}$，向量 $\boldsymbol{a},\boldsymbol{b}$ 和 $\boldsymbol{c}$ 的混合积的坐标表示为

$$[\boldsymbol{a},\boldsymbol{b},\boldsymbol{c}]=(\boldsymbol{a}\times\boldsymbol{b})\cdot\boldsymbol{c}=\begin{vmatrix}a_x & a_y & a_z\\ b_x & b_y & b_z\\ c_x & c_y & c_z\end{vmatrix}. \tag{1.11}$$

推论 向量 $\boldsymbol{a},\boldsymbol{b}$ 和 $\boldsymbol{c}$ 共面的充分必要条件是：它们的混合积 $[\boldsymbol{a},\boldsymbol{b},\boldsymbol{c}]=0$.

二、疑难解析

1. 向量的数量积、向量积和混合积的运算特点是什么？

答 向量的数量积和混合积的运算结果都是数；向量的向量积的运算结果是一个向量. 两个向量的数量积表示其中一个向量的模乘以其在另一个向量上的投影；两个向量的向量积的模是以两向量为边的平行四边形的面积，方向垂直于这两个向量所在的平面；混合积的绝对值是以三个向量为棱的平行六面体的体积.

2. 等式 $|\boldsymbol{a}|\boldsymbol{a}=\boldsymbol{a}$ 和 $(\boldsymbol{a}\cdot\boldsymbol{b})^2=|\boldsymbol{a}|^2|\boldsymbol{b}|^2$ 是否成立？说明理由.

答 (1) 当 $\boldsymbol{a}=\boldsymbol{0}$ 或 $\boldsymbol{a}$ 为单位向量时，等式 $|\boldsymbol{a}|\boldsymbol{a}=\boldsymbol{a}$ 成立，其他情况不成立.

(2) 因为$(\boldsymbol{a}\cdot\boldsymbol{b})^2=(|\boldsymbol{a}||\boldsymbol{b}|\cos\theta)^2=|\boldsymbol{a}|^2|\boldsymbol{b}|^2\cos^2\theta$,所以当 $\theta=0$ 或 $\theta=\pi$,即 $\boldsymbol{a}/\!/\boldsymbol{b}$ 时,$(\boldsymbol{a}\cdot\boldsymbol{b})^2=|\boldsymbol{a}|^2|\boldsymbol{b}|^2$,否则结论不成立.

3. 若 $\boldsymbol{a}\neq\boldsymbol{0}$,能否由 $\boldsymbol{a}\cdot\boldsymbol{b}=\boldsymbol{a}\cdot\boldsymbol{c}$ 或 $\boldsymbol{a}\times\boldsymbol{b}=\boldsymbol{a}\times\boldsymbol{c}$ 推出 $\boldsymbol{b}=\boldsymbol{c}$? 说明理由.

答 (1) 若 $\boldsymbol{a}\cdot\boldsymbol{b}=\boldsymbol{a}\cdot\boldsymbol{c}$,则有

$$|\boldsymbol{a}||\boldsymbol{b}|\cos(\widehat{\boldsymbol{a},\boldsymbol{b}})=|\boldsymbol{a}||\boldsymbol{c}|\cos(\widehat{\boldsymbol{a},\boldsymbol{c}}),$$

因 $\boldsymbol{a}\neq\boldsymbol{0}$,所以

$$|\boldsymbol{b}|\cos(\widehat{\boldsymbol{a},\boldsymbol{b}})=|\boldsymbol{c}|\cos(\widehat{\boldsymbol{a},\boldsymbol{c}}).$$

显然,由上面的等式无法直接确定 $\boldsymbol{b}=\boldsymbol{c}$.

(2) 同理,由等式 $\boldsymbol{a}\times\boldsymbol{b}=\boldsymbol{a}\times\boldsymbol{c}$ 也无法直接确定 $\boldsymbol{b}=\boldsymbol{c}$.

4. 验证等式$(\boldsymbol{a}\times\boldsymbol{b})\cdot\boldsymbol{c}=(\boldsymbol{b}\times\boldsymbol{c})\cdot\boldsymbol{a}$ 是否成立? 若成立,是否还有其他类似形式的等式?

答 成立. 在空间直角坐标系中引入向量 $\boldsymbol{a}=a_x\boldsymbol{i}+a_y\boldsymbol{j}+a_z\boldsymbol{k}$,$\boldsymbol{b}=b_x\boldsymbol{i}+b_y\boldsymbol{j}+b_z\boldsymbol{k}$ 和 $\boldsymbol{c}=c_x\boldsymbol{i}+c_y\boldsymbol{j}+c_z\boldsymbol{k}$. 根据向量混合积的坐标表示式(1.11),利用行列式的性质可得

$$(\boldsymbol{a}\times\boldsymbol{b})\cdot\boldsymbol{c}=\begin{vmatrix}a_x & a_y & a_z\\ b_x & b_y & b_z\\ c_x & c_y & c_z\end{vmatrix}=-\begin{vmatrix}c_x & c_y & c_z\\ b_x & b_y & b_z\\ a_x & a_y & a_z\end{vmatrix}=\begin{vmatrix}b_x & b_y & b_z\\ c_x & c_y & c_z\\ a_x & a_y & a_z\end{vmatrix}=(\boldsymbol{b}\times\boldsymbol{c})\cdot\boldsymbol{a}.$$

事实上,根据混合积的定义,并利用行列式的性质还可证明:

$$[\boldsymbol{a},\boldsymbol{b},\boldsymbol{c}]=[\boldsymbol{b},\boldsymbol{c},\boldsymbol{a}]=[\boldsymbol{c},\boldsymbol{a},\boldsymbol{b}]=-[\boldsymbol{a},\boldsymbol{c},\boldsymbol{b}]=-[\boldsymbol{b},\boldsymbol{a},\boldsymbol{c}]=-[\boldsymbol{c},\boldsymbol{b},\boldsymbol{a}].$$

请读者自行证明.

三、经典题型详解

题型 1 利用向量的数量积、向量积、混合积的定义、性质或坐标表示化简或计算

例 1.5 已知 $\boldsymbol{a}=3\boldsymbol{c}+\boldsymbol{d}$,$\boldsymbol{b}=\boldsymbol{c}-2\boldsymbol{d}$,其中 $\boldsymbol{c}=(1,2,1)$,$\boldsymbol{d}=(2,-1,2)$. 求 $\boldsymbol{a}\cdot\boldsymbol{b}$,$\boldsymbol{a}\times\boldsymbol{b}$ 及 $\cos(\widehat{\boldsymbol{a},\boldsymbol{b}})$:

分析 根据数量积、向量积定义的坐标表示形式即可求得.

解 容易求得

$$\boldsymbol{a}=3(1,2,1)+(2,-1,2)=(5,5,5),\quad \boldsymbol{b}=(1,2,1)-2(2,-1,2)=(-3,4,-3).$$

于是

$$\boldsymbol{a}\cdot\boldsymbol{b}=5\times(-3)+5\times4+5\times(-3)=-10,$$

$$\boldsymbol{a}\times\boldsymbol{b}=\begin{vmatrix}5 & 5\\ 4 & -3\end{vmatrix}\boldsymbol{i}+\begin{vmatrix}5 & 5\\ -3 & -3\end{vmatrix}\boldsymbol{j}+\begin{vmatrix}5 & 5\\ -3 & 4\end{vmatrix}\boldsymbol{k}=-35\boldsymbol{i}+35\boldsymbol{k},$$

$$\cos(\widehat{\boldsymbol{a},\boldsymbol{b}})=\frac{\boldsymbol{a}\cdot\boldsymbol{b}}{|\boldsymbol{a}||\boldsymbol{b}|}=\frac{-10}{5\sqrt{3}\times\sqrt{34}}=-\frac{2}{\sqrt{102}}.$$

例 1.6 已知向量 $\boldsymbol{a},\boldsymbol{b},\boldsymbol{c}$ 满足 $\boldsymbol{a}+2\boldsymbol{b}=\boldsymbol{c}$,$|\boldsymbol{a}|=1$,$|\boldsymbol{b}|=2$,$|\boldsymbol{c}|=3$,求 $2\boldsymbol{a}\cdot\boldsymbol{b}-2\boldsymbol{b}\cdot\boldsymbol{c}-\boldsymbol{a}\cdot\boldsymbol{c}$.

分析 利用向量的数量积建立等式,然后求解.

解 依题意,$|\boldsymbol{a}|=1$,$|\boldsymbol{b}|=2$,$|\boldsymbol{c}|=3$. 由 $\boldsymbol{a}+2\boldsymbol{b}=\boldsymbol{c}$,得

$$0=(\boldsymbol{a}+2\boldsymbol{b}-\boldsymbol{c})\cdot(\boldsymbol{a}+2\boldsymbol{b}-\boldsymbol{c})=|\boldsymbol{a}|^2+4|\boldsymbol{b}|^2+|\boldsymbol{c}|^2+4\boldsymbol{a}\cdot\boldsymbol{b}-4\boldsymbol{b}\cdot\boldsymbol{c}-2\boldsymbol{a}\cdot\boldsymbol{c},$$

从而求得,$2\boldsymbol{a}\cdot\boldsymbol{b}-2\boldsymbol{b}\cdot\boldsymbol{c}-\boldsymbol{a}\cdot\boldsymbol{c}=-13$.

题型2 综合应用题

例1.7 已知向量 a,b,c 满足 $a\perp b$，$|a|=2$，$|b|=|c|=1$，$(\widehat{a,c})=\frac{\pi}{3}$，$(\widehat{b,c})=\frac{\pi}{6}$. 求向量 $a+b+c$ 的模.

分析 利用向量的模与数量积之间的关系求解，即 $|a|^2=a\cdot a$.

解 由向量 a,b 的关系 $a\perp b$ 可知，$\cos(\widehat{a,b})=0$. 于是，

$$\begin{aligned}|a+b+c|^2&=(a+b+c)\cdot(a+b+c)=|a|^2+|b|^2+|c|^2+2a\cdot b+2b\cdot c+2a\cdot c\\&=|a|^2+|b|^2+|c|^2+2|a||b|\cos(\widehat{a,b})+\\&\quad 2|b||c|\cos(\widehat{b,c})+2|a||c|\cos(\widehat{a,c})\\&=4+1+1+0+\sqrt{3}+2=8+\sqrt{3}.\end{aligned}$$

因此，

$$|a+b+c|=\sqrt{8+\sqrt{3}}.$$

例1.8 已知向量 a,b 为非零向量，且 $(a-b)\perp(a+b)$，$(a+b)\perp(3a-b)$. 求 $\cos(\widehat{a,b})$.

分析 根据结论 $a\perp b\Leftrightarrow a\cdot b=0$ 建立方程组，然后计算 $\frac{a\cdot b}{|a||b|}$，即得 $\cos(\widehat{a,b})$.

解 由已知可得，$(a-b)\cdot(a+b)=0$，$(a+b)\cdot(3a-b)=0$. 于是

$$\begin{cases}(a-b)\cdot(a+b)=|a|^2-|b|^2=0,\\(a+b)\cdot(3a-b)=3|a|^2-|b|^2+2a\cdot b\\=|b|^2\left(3\frac{|a|^2}{|b|^2}-1+2\frac{|a|}{|b|}\frac{a\cdot b}{|a||b|}\right)=0.\end{cases}$$

解得 $\frac{|a|}{|b|}=1$，$\frac{a\cdot b}{|a||b|}=-1$，即 $\cos(\widehat{a,b})=-1$.

四、课后习题选解(习题1.3)

1. 设向量 $a=(1,1,-4)$，$b=(2,-2,1)$. 计算下列各题：

(1)$a\cdot b$；　(2)a 与 b 的夹角；　(3)$\mathrm{Prj}_a b$.

分析 参考经典题型详解中例1.5.

解 (1) $a\cdot b=1\times2+1\times(-2)+(-4)\times1=-4$；

(2) $\cos\theta=\frac{a\cdot b}{|a||b|}=\frac{-4}{\sqrt{18}\cdot\sqrt{9}}=-\frac{2\sqrt{2}}{9}$，所以 $\theta=\pi-\arccos\frac{2\sqrt{2}}{9}$；

(3) $\mathrm{Prj}_a b=|b|\cos\theta=3\times\left(-\frac{2\sqrt{2}}{9}\right)=-\frac{2}{3}\sqrt{2}$.

2. 求下列给定的向量的数量积 $a\cdot b$、向量积 $a\times b$ 及 $\cos(\widehat{a,b})$：

(1)$a=(1,2,3)$，$b=(1,-1,0)$；　(2) $a=(3,2,-1)$，$b=3a$.

分析 参考经典题型详解中例1.5.

解 (1) 容易求得

$$a\cdot b=-1,\quad a\times b=\begin{vmatrix}2&3\\-1&0\end{vmatrix}i+\begin{vmatrix}3&1\\0&1\end{vmatrix}j+\begin{vmatrix}1&2\\1&-1\end{vmatrix}k=3i+3j-3k,$$

$$\cos(\widehat{\boldsymbol{a},\boldsymbol{b}})=\frac{\boldsymbol{a}\cdot\boldsymbol{b}}{|\boldsymbol{a}||\boldsymbol{b}|}=\frac{-1}{\sqrt{14}\sqrt{2}}=-\frac{\sqrt{7}}{14}.$$

(2) 由于 $\boldsymbol{b}=3\boldsymbol{a}$，$\boldsymbol{a}=(3,2,-1)$，因此，$\boldsymbol{b}=(9,6,-3)$，且 $\boldsymbol{a}/\!/\boldsymbol{b}$. 于是

$\boldsymbol{a}\cdot\boldsymbol{b}=|\boldsymbol{a}||\boldsymbol{b}|\cos\theta=42$，$\boldsymbol{a}\times\boldsymbol{b}=\boldsymbol{0}$，$\cos(\widehat{\boldsymbol{a},\boldsymbol{b}})=1$.

3. 设 $|\boldsymbol{a}|=5$，$|\boldsymbol{b}|=2$，$(\widehat{\boldsymbol{a},\boldsymbol{b}})=\frac{\pi}{3}$，计算下列各题：

(1) $|(2\boldsymbol{a}-3\boldsymbol{b})\times(\boldsymbol{a}+2\boldsymbol{b})|$；　　(2) $(2\boldsymbol{a}-3\boldsymbol{b})\cdot(2\boldsymbol{a}-3\boldsymbol{b})$.

分析 先利用向量积和数量积的线性运算规律将两个式子化简，再根据定义计算.

解 (1) 容易求得

$$(2\boldsymbol{a}-3\boldsymbol{b})\times(\boldsymbol{a}+2\boldsymbol{b})=2\boldsymbol{a}\times\boldsymbol{a}+4\boldsymbol{a}\times\boldsymbol{b}-3\boldsymbol{b}\times\boldsymbol{a}-6\boldsymbol{b}\times\boldsymbol{b}=7\boldsymbol{a}\times\boldsymbol{b},$$

所以

$$|(2\boldsymbol{a}-3\boldsymbol{b})\times(\boldsymbol{a}+2\boldsymbol{b})|=|7\boldsymbol{a}\times\boldsymbol{b}|=7|\boldsymbol{a}||\boldsymbol{b}|\sin(\widehat{\boldsymbol{a},\boldsymbol{b}})=7\times5\times2\times\frac{\sqrt{3}}{2}=35\sqrt{3}.$$

(2) 不难求得

$$\begin{aligned}(2\boldsymbol{a}-3\boldsymbol{b})\cdot(2\boldsymbol{a}-3\boldsymbol{b})&=4\boldsymbol{a}\cdot\boldsymbol{a}-6\boldsymbol{a}\cdot\boldsymbol{b}-6\boldsymbol{b}\cdot\boldsymbol{a}+9\boldsymbol{b}\cdot\boldsymbol{b}=4|\boldsymbol{a}|^2-12\boldsymbol{a}\cdot\boldsymbol{b}+9|\boldsymbol{b}|^2\\&=4\times5^2-12|\boldsymbol{a}||\boldsymbol{b}|\cos(\widehat{\boldsymbol{a},\boldsymbol{b}})+9\times2^2=100-60+36=76.\end{aligned}$$

4. 在 xOy 坐标面内求一单位向量，使其与向量 $\boldsymbol{r}=(-2,1,3)$ 垂直.

分析 依题意可设出单位向量，再根据两向量垂直点积为零计算.

解 设 $\boldsymbol{e}=(x,y,0)$，且 $x^2+y^2=1$. 因为 $\boldsymbol{e}\perp\boldsymbol{r}$，所以 $\boldsymbol{e}\cdot\boldsymbol{r}=-2x+y=0$.

求解由 $x^2+y^2=1$ 和 $-2x+y=0$ 组成的方程组，得 $x=\pm\frac{1}{\sqrt{5}}$，$y=\pm\frac{2}{\sqrt{5}}$. 从而

$$\boldsymbol{e}=\pm\left(\frac{1}{\sqrt{5}},\frac{2}{\sqrt{5}},0\right).$$

5. 已知平行四边形 $ABCD$ 的两条边对应的向量分别为 $\overrightarrow{AB}=(2,1,4)$ 和 $\overrightarrow{AD}=(3,2,2)$，求平行四边形的面积.

分析 由于平行四边形的面积等于以其两邻边作为向量的向量积的模，故本题可先求两向量的向量积，再求其模.

解 因为

$$\overrightarrow{AB}\times\overrightarrow{AD}=\begin{vmatrix}1&4\\2&2\end{vmatrix}\boldsymbol{i}+\begin{vmatrix}4&2\\2&3\end{vmatrix}\boldsymbol{j}+\begin{vmatrix}2&1\\3&2\end{vmatrix}\boldsymbol{k}=-6\boldsymbol{i}+8\boldsymbol{j}+\boldsymbol{k},$$

所以

$$S_{ABCD}=|\overrightarrow{AB}\times\overrightarrow{AD}|=\sqrt{(-6)^2+8^2+1^2}=\sqrt{101}.$$

B类题

1. 求与向量 $\boldsymbol{a}=2\boldsymbol{i}-\boldsymbol{j}+2\boldsymbol{k}$ 共线，且满足方程 $\boldsymbol{a}\cdot\boldsymbol{r}=-18$ 的单位向量 $\boldsymbol{r}^\circ$.

分析 根据两向量共线的充要条件，可设 $\boldsymbol{r}=k\boldsymbol{a}$，再根据向量的数量积求出 $\boldsymbol{k}$，即得 $\boldsymbol{r}$.

解 因为 $\boldsymbol{r}$ 与 $\boldsymbol{a}$ 共线，设 $\boldsymbol{r}=k\boldsymbol{a}$. 由已知条件可得 $-18=\boldsymbol{a}\cdot\boldsymbol{r}=\boldsymbol{a}\cdot k\boldsymbol{a}=k|\boldsymbol{a}|^2$. 由于 $|\boldsymbol{a}|=3$，所以 $-18=9k$，即 $k=-2$. 于是 $\boldsymbol{r}=-2\boldsymbol{a}=(-4,2,-4)$，且 $\boldsymbol{r}^\circ=\frac{1}{3}(-2,1,-2)$.

2. 已知 $|\boldsymbol{a}|=1$，$|\boldsymbol{b}|=5$，$\boldsymbol{a}\cdot\boldsymbol{b}=-3$，求 $|\boldsymbol{a}\times\boldsymbol{b}|$.

分析 先根据数量积求两向量夹角的余弦,再求向量积的模.

解 容易求得 $\cos(\widehat{\boldsymbol{a},\boldsymbol{b}})=\dfrac{\boldsymbol{a}\cdot\boldsymbol{b}}{|\boldsymbol{a}||\boldsymbol{b}|}=\dfrac{-3}{1\times5}=-\dfrac{3}{5}$. 所以有 $|\sin(\widehat{\boldsymbol{a},\boldsymbol{b}})|=\dfrac{4}{5}$. 于是

$$|\boldsymbol{a}\times\boldsymbol{b}|=|\boldsymbol{a}||\boldsymbol{b}||\sin(\widehat{\boldsymbol{a},\boldsymbol{b}})|=1\times5\times\frac{4}{5}=4.$$

3. 已知向量 $\boldsymbol{a}=2\boldsymbol{i}-3\boldsymbol{j}+\boldsymbol{k},\boldsymbol{b}=\boldsymbol{i}-\boldsymbol{j}+3\boldsymbol{k}$ 和 $\boldsymbol{c}=\boldsymbol{i}-2\boldsymbol{j}$,计算下列各题:

(1) $(\boldsymbol{a}\cdot\boldsymbol{b})\boldsymbol{c}-(\boldsymbol{a}\cdot\boldsymbol{c})\boldsymbol{b}$; (2) $(\boldsymbol{a}+\boldsymbol{b})\times(\boldsymbol{b}+\boldsymbol{c})$; (3) $(\boldsymbol{a}\times\boldsymbol{b})\cdot\boldsymbol{c}$.

分析 本题可根据向量及其数量积、向量积及混合积的坐标表示公式进行计算.

解 (1) 由向量的数量积及其线性运算的坐标表示公式可得

$$\begin{aligned}(\boldsymbol{a}\cdot\boldsymbol{b})\boldsymbol{c}-(\boldsymbol{a}\cdot\boldsymbol{c})\boldsymbol{b}&=[2\times1+(-3)\times(-1)+1\times3]\boldsymbol{c}-[2\times1+(-3)\times(-2)+1\times0]\boldsymbol{b}\\&=8\boldsymbol{c}-8\boldsymbol{b}=8(0,-1,-3).\end{aligned}$$

(2) 由向量的向量积及其线性运算的坐标表示公式可得

$$\begin{aligned}(\boldsymbol{a}+\boldsymbol{b})\times(\boldsymbol{b}+\boldsymbol{c})&=(3\boldsymbol{i}-4\boldsymbol{j}+4\boldsymbol{k})\times(2\boldsymbol{i}-3\boldsymbol{j}+3\boldsymbol{k})\\&=\begin{vmatrix}-4&4\\-3&3\end{vmatrix}\boldsymbol{i}+\begin{vmatrix}4&3\\3&2\end{vmatrix}\boldsymbol{j}+\begin{vmatrix}3&-4\\2&-3\end{vmatrix}\boldsymbol{k}=-\boldsymbol{j}-\boldsymbol{k}.\end{aligned}$$

(3) 由向量的混合积的坐标表示公式可得

$$(\boldsymbol{a}\times\boldsymbol{b})\cdot\boldsymbol{c}=\begin{vmatrix}2&-3&1\\1&-1&3\\1&-2&0\end{vmatrix}=2.$$

4. 化简下列运算:

(1) $(2\boldsymbol{a}+\boldsymbol{b})\times(\boldsymbol{a}+5\boldsymbol{b})$; (2) $[\boldsymbol{a}+\boldsymbol{b}+2\boldsymbol{c},2\boldsymbol{a}+\boldsymbol{b}-\boldsymbol{c},\boldsymbol{a}+5\boldsymbol{b}+\boldsymbol{c}]$.

分析 (1)可根据向量积的运算性质进行化简;(2)根据混合积的定义及向量积的性质进行化简.

解 (1) $(2\boldsymbol{a}+\boldsymbol{b})\times(\boldsymbol{a}+5\boldsymbol{b})=2\boldsymbol{a}\times\boldsymbol{a}+10\boldsymbol{a}\times\boldsymbol{b}+\boldsymbol{b}\times\boldsymbol{a}+5\boldsymbol{b}\times\boldsymbol{b}=9\boldsymbol{a}\times\boldsymbol{b}$;

(2) 易知,$\boldsymbol{a}\times\boldsymbol{a}=\boldsymbol{b}\times\boldsymbol{b}=\boldsymbol{c}\times\boldsymbol{c}=\boldsymbol{0}$ 以及 $\boldsymbol{a}\times\boldsymbol{b}=-\boldsymbol{b}\times\boldsymbol{a},\boldsymbol{a}\times\boldsymbol{c}=-\boldsymbol{c}\times\boldsymbol{a},\boldsymbol{b}\times\boldsymbol{c}=-\boldsymbol{c}\times\boldsymbol{b}$.

根据行列式的性质,易证

$$(\boldsymbol{a}\times\boldsymbol{b})\cdot\boldsymbol{a}=(\boldsymbol{a}\times\boldsymbol{b})\cdot\boldsymbol{b}=(\boldsymbol{a}\times\boldsymbol{c})\cdot\boldsymbol{a}=(\boldsymbol{a}\times\boldsymbol{c})\cdot\boldsymbol{c}=(\boldsymbol{b}\times\boldsymbol{c})\cdot\boldsymbol{b}=(\boldsymbol{b}\times\boldsymbol{c})\cdot\boldsymbol{c}=0.$$

于是

$$\begin{aligned}[\boldsymbol{a}+\boldsymbol{b}+2\boldsymbol{c},2\boldsymbol{a}+\boldsymbol{b}-\boldsymbol{c},\boldsymbol{a}+5\boldsymbol{b}+\boldsymbol{c}]&=(\boldsymbol{a}+\boldsymbol{b}+2\boldsymbol{c})\times(2\boldsymbol{a}+\boldsymbol{b}-\boldsymbol{c})\cdot(\boldsymbol{a}+5\boldsymbol{b}+\boldsymbol{c})\\&=(\boldsymbol{a}\times\boldsymbol{b}-\boldsymbol{a}\times\boldsymbol{c}+2\boldsymbol{b}\times\boldsymbol{a}-\boldsymbol{b}\times\boldsymbol{c}+4\boldsymbol{c}\times\boldsymbol{a}+2\boldsymbol{c}\times\boldsymbol{b})\cdot(\boldsymbol{a}+5\boldsymbol{b}+\boldsymbol{c})\\&=(-\boldsymbol{a}\times\boldsymbol{b}-5\boldsymbol{a}\times\boldsymbol{c}-3\boldsymbol{b}\times\boldsymbol{c})\cdot(\boldsymbol{a}+5\boldsymbol{b}+\boldsymbol{c})\\&=-(\boldsymbol{a}\times\boldsymbol{b})\cdot\boldsymbol{c}-25(\boldsymbol{a}\times\boldsymbol{c})\cdot\boldsymbol{b}-3(\boldsymbol{b}\times\boldsymbol{c})\cdot\boldsymbol{a}\\&=-[\boldsymbol{a},\boldsymbol{b},\boldsymbol{c}]+25[\boldsymbol{a},\boldsymbol{b},\boldsymbol{c}]-3[\boldsymbol{a},\boldsymbol{b},\boldsymbol{c}]=21[\boldsymbol{a},\boldsymbol{b},\boldsymbol{c}].\end{aligned}$$

1.4 平面及其方程

一、知识要点

1. 平面方程

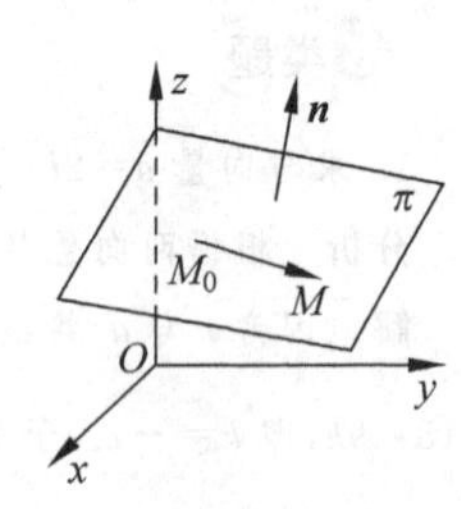

图 1.22

已知平面的法向量 $\boldsymbol{n}=(A,B,C)$ 以及平面内的一点 $M_0(x_0,y_0,z_0)$,如图 1.22 所示,则该平面的**点法式方程**为

$$A(x-x_0)+B(y-y_0)+C(z-z_0)=0. \qquad (1.12)$$

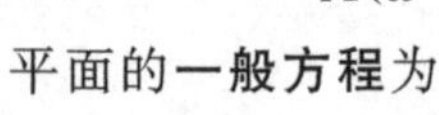

平面的**一般方程**为

$$Ax+By+Cz+D=0, \tag{1.13}$$

其中 $\boldsymbol{n}=(A,B,C)$ 是平面的法向量，D 为参数.

平面的**截距式方程**为

$$\frac{x}{a}+\frac{y}{b}+\frac{z}{c}=1, \tag{1.14}$$

其中 a,b,c 分别称为平面在 x 轴，y 轴，z 轴上的截距.

2. 空间中点与平面的位置关系

空间中的点与平面的位置关系有两种：点在平面内或者点在平面外.

若已知平面 π 的方程为 $Ax+By+Cz+D=0$，平面外的**点 $\boldsymbol{P}(x_0,y_0,z_0)$ 到平面的距离公式**为

$$d=\frac{|Ax_0+By_0+Cz_0+D|}{\sqrt{A^2+B^2+C^2}}. \tag{1.15}$$

3. 平面与平面的位置关系

设空间两个平面方程分别为

$$\pi_1: A_1x+B_1y+C_1z+D_1=0, \quad \pi_2: A_2x+B_2y+C_2z+D_2=0.$$

定理 1.5 平面 π_1 和 π_2 平行（$\pi_1 /\!/ \pi_2$）的充分必要条件是：$\dfrac{A_1}{A_2}=\dfrac{B_1}{B_2}=\dfrac{C_1}{C_2}\neq\dfrac{D_1}{D_2}$.

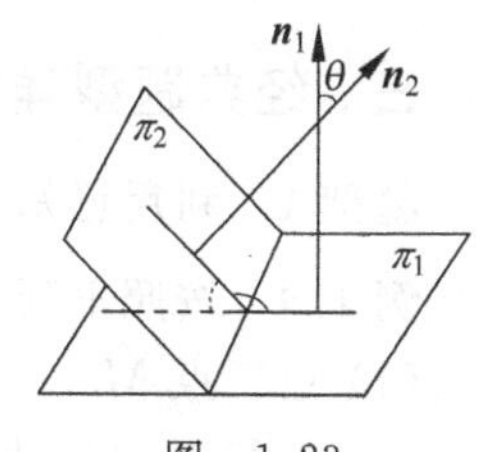

图 1.23

定理 1.6 平面 π_1 和 π_2 垂直（$\pi_1 \perp \pi_2$）的充分必要条件是：$A_1A_2+B_1B_2+C_1C_2=0$.

当两平面相交时，两平面的夹角定义为这两个平面的法向量所夹的锐角，如图 1.23 所示，用 θ 表示 $\left(0<\theta<\dfrac{\pi}{2}\right)$，根据向量的数量积的定义，计算两平面的夹角问题可转化为计算其法向量间的夹角，于是有

$$\cos\angle(\pi_1,\pi_2)=\cos\theta=\frac{|\boldsymbol{n}_1\cdot\boldsymbol{n}_2|}{|\boldsymbol{n}_1||\boldsymbol{n}_2|}=\frac{|A_1A_2+B_1B_2+C_1C_2|}{\sqrt{A_1^2+B_1^2+C_1^2}\sqrt{A_2^2+B_2^2+C_2^2}}. \tag{1.16}$$

二、疑难解析

1. 平面的点法式方程、一般式方程及截距式方程是如何相互转化的？

答 若已知平面的法向量 $\boldsymbol{n}=(A,B,C)$ 以及平面内的一点 $M_0(x_0,y_0,z_0)$，则该平面的点法式方程为 $A(x-x_0)+B(y-y_0)+C(z-z_0)=0$，整理即得一般式方程，即 $Ax+By+Cz+D=0$，其中 $D=-Ax_0-By_0-Cz_0$. 当平面不通过坐标原点时，$D\neq0$. 将一般式方程两端同除以 $-D$，并整理得 $\dfrac{x}{-\frac{D}{A}}+\dfrac{y}{-\frac{D}{B}}+\dfrac{z}{-\frac{D}{C}}=1$，即为截距式方程 $\dfrac{x}{a}+\dfrac{y}{b}+\dfrac{z}{c}=1$ 的形式；若再将截距式方程变形为 $\dfrac{1}{a}(x-0)+\dfrac{1}{b}(y-0)+\dfrac{1}{c}(z-c)=0$，即得到点法式方程.

2. 讨论当平面方程 $Ax+By+Cz+D=0$ 的各参数 A,B,C,D 中至少有一个为零时，对应的平面各有什么特点？

答 当参数 A,B,C,D 中至少有一个为零时，平面方程对应一些特殊平面，列表如下：

表 1.3

$D=0$	$Ax+By+Cz=0$	平面过原点
$A=0$	$By+Cz+D=0$	平面平行于 x 轴
$B=0$	$Ax+Cz+D=0$	平面平行于 y 轴
$C=0$	$Ax+By+D=0$	平面平行于 z 轴
$A=B=0$	$Cz+D=0$	平面平行于 xOy 坐标面
$B=C=0$	$Ax+D=0$	平面平行于 yOz 坐标面
$A=C=0$	$By+D=0$	平面平行于 zOx 坐标面

3. 如何判断两个平面的位置关系？

答 设空间两个平面方程分别为

$$\pi_1: A_1x+B_1y+C_1z+D_1=0, \quad \pi_2: A_2x+B_2y+C_2z+D_2=0,$$

当$\frac{A_1}{A_2}=\frac{B_1}{B_2}=\frac{C_1}{C_2}=\frac{D_1}{D_2}$时，两平面重合；当$\frac{A_1}{A_2}=\frac{B_1}{B_2}=\frac{C_1}{C_2}\neq\frac{D_1}{D_2}$时，两平面平行；当 $A_1:B_1:C_1\neq A_2:B_2:C_2$ 时，两平面相交，夹角公式为式(1.16).

三、经典题型详解

题型1 利用已知条件求平面方程

例 1.9 按照下列条件求平面的方程：

(1) 过三点 $M_1(1,1,0)$，$M_2(-2,2,-1)$和 $M_3(1,2,1)$；

(2) 平行于 zOx 坐标面且经过点$(2,-5,3)$的平面方程；

(3) 平行向量 $\boldsymbol{v}_1=(1,0,1)$，$\boldsymbol{v}_2=(2,-1,3)$且过点 $P(3,-1,4)$的平面方程.

解 (1) 设平面的一般方程为 $Ax+By+Cz+D=0$，将三点的坐标代入到平面方程，得如下的线性方程组

$$\begin{cases}A+B+D=0,\\ -2A+2B-C+D=0,\\ A+2B+C+D=0.\end{cases}$$

解得 $A=-\frac{2}{5}D$，$B=-\frac{3}{5}D$，$C=\frac{3}{5}D$. 于是，所求平面的方程为

$$2x+3y-3z-5=0.$$

(2) 设平行于 zOx 坐标面的平面方程为：$By+D=0$. 将点$(2,-5,3)$代入方程得$-5B+D=0$，即 $D=5B$. 故平面方程为 $y=-5$.

(3) 由向量的向量积的定义可知，平面的法线向量为

$$\boldsymbol{n}=\boldsymbol{v}_1\times\boldsymbol{v}_2=\begin{vmatrix}\boldsymbol{i}&\boldsymbol{j}&\boldsymbol{k}\\1&0&1\\2&-1&3\end{vmatrix}=\boldsymbol{i}-\boldsymbol{j}-\boldsymbol{k},$$

故平面方程为$(x-3)-(y+1)-(z-4)=0$，即 $x-y-z=0$.

题型2 综合应用题

例 1.10 求与平面 $8x+y+2z+5=0$ 平行且与三个坐标平面所构成的四面体体积为

1 的平面方程.

分析 利用平面的截距式方程求解.

解 设所求平面方程为 $8x+y+2z+D=0$,且 $D\neq0$. 平面的截距式方程为

$$\frac{x}{-D/8}+\frac{y}{-D}+\frac{z}{-D/2}=1,$$

所以截距分别为 $-\frac{D}{8},-D,-\frac{D}{2}$. 于是,所构成的四面体体积为

$$V=\frac{1}{6}\left|-\frac{D}{8}\right|\cdot|-D|\cdot\left|-\frac{D}{2}\right|=\frac{|D|^3}{96}=1,$$

解得 $D=\pm2\sqrt[3]{12}$. 故得两平面方程为 $8x+y+2z\pm2\sqrt[3]{12}=0$.

例 1.11 求平面 $2x-y+z=7$ 与 $x+y+2z=11$ 构成的两个二面角的角平分面的方程.

分析 利用角平分面的特点(即角平分面上的点到两平面的距离相等)进行求解.

解 设角平分面上的点为 $M(x,y,z)$. 由于二面角的角平分面上的点到两平面距离相等,根据点到平面的距离公式(1.15),有

$$\frac{|2x-y+z-7|}{\sqrt{2^2+(-1)^2+1^2}}=\frac{|x+y+2z-11|}{\sqrt{1^2+1^2+2^2}}.$$

不难得到所求平面的方程为

$$x+z-6=0 \text{ 或 } x-2y-z+4=0.$$

四、课后习题选解(习题 1.4)

1. 按照下列条件求平面的方程:

(1) 过三点 $A(1,1,-1)$,$B(2,-1,3)$和 $C(3,3,1)$;

(2) 过点 $A(1,-3,3)$和点 $B(2,5,3)$且垂直于 $x+y-z=0$.

分析 参考经典题型详解中例 1.9. (1)本小题为已知三点确定平面问题,可设平面的一般方程,将三点代入即可确定 A,B,C,D 的关系,从而确定平面方程;(2)因所求平面与已知平面垂直,故两平面的法向量相互垂直,可设平面一般方程,将已知两点代入,得到两个方程,再与两法向量垂直所得的方程联立,求出 A,B,C,D 的关系,从而确定平面方程.

解 (1) 设平面方程为 $Ax+By+Cz+D=0$,将三点代入得

$$\begin{cases}A+B-C+D=0,\\2A-B+3C+D=0,\\3A+3B+C+D=0.\end{cases}$$

解得 $A=-2B,C=B,D=2B$. 所以所求方程为 $-2x+y+z+2=0$.

(2) 设所求平面方程为 $Ax+By+Cz+D=0$,因其与已知平面垂直,又过 A,B 两点,所以可得

$$\begin{cases}A\cdot1+B\cdot1+C\cdot(-1)=0,\\A-3B+3C+D=0,\\2A+5B+3C+D=0.\end{cases}$$

解得 $A=-8B,C=-7B,D=32B$. 所以所求平面为 $-8x+y-7z+32=0$.

2. 求下列平面之间夹角的余弦:

(1) 平面 $x-3y+2z=4$ 与坐标面 xOy、yOz 及 zOx;

(2) 平面 $x+y+z=1$ 和平面 $3x-y-z=3$.

分析 根据两平面的夹角公式(1.16),只需写出各平面的法向量即可.

解 (1)下面以平面与 xOy 面的夹角 θ 为例说明. 因为平面 $x-3y+2z=4$ 和 xOy 面的法向量分别为 $\boldsymbol{n}=(1,-3,2)$ 和 $\boldsymbol{k}=(0,0,1)$,所以

$$\cos\theta=\left|\frac{\boldsymbol{n}\cdot\boldsymbol{k}}{|\boldsymbol{n}||\boldsymbol{k}|}\right|=\frac{2}{\sqrt{14}\times 1}=\frac{2}{\sqrt{14}}=\frac{|\boldsymbol{n}_z|}{|\boldsymbol{n}|};$$

同理:与 yOz 面的夹角的余弦为 $\frac{|\boldsymbol{n}_x|}{|\boldsymbol{n}|}=\frac{1}{\sqrt{14}}$;与 zOx 面的夹角的余弦为 $\frac{|\boldsymbol{n}_y|}{|\boldsymbol{n}|}=\frac{3}{\sqrt{14}}$.

(2) 易见,两个平面的法线向量分别为 $\boldsymbol{n}_1=(1,1,1)$,$\boldsymbol{n}_2=(3,-1,-1)$. 根据两平面的夹角公式,有

$$\cos\theta=\left|\frac{\boldsymbol{n}_1\cdot\boldsymbol{n}_2}{|\boldsymbol{n}_1||\boldsymbol{n}_2|}\right|=\left|\frac{1}{\sqrt{3}\cdot\sqrt{11}}\right|=\frac{1}{\sqrt{33}}.$$

3. 求点(1,2,4)到平面 $x-2y+2z=3$ 的距离.

分析 代入点到平面的距离公式即可.

解 根据点到平面的距离公式(1.15),有

$$d=\frac{|1\times1-2\times2+2\times4-3|}{\sqrt{1^2+(-2)^2+2^2}}=\frac{2}{3}.$$

4. 求一平面垂直且平分点(1,-3,3)和点(2,5,3)的连线段.

分析 因为所求平面垂直于两点的连线,所以平面的法向量即为以这两点为起点和终点的向量;又因为平面平分这两点的连线,所以两点的中点为平面上的点,即可求平面的点法式方程.

解 容易求得,平面的法线向量为 $\boldsymbol{n}=(1,8,0)$,两点连线的中点 M 的坐标为 $\left(\frac{1+2}{2},\frac{-3+5}{2},\frac{3+3}{2}\right)=\left(\frac{3}{2},1,3\right)$. 由平面的点法式方程可知

$$1\cdot\left(x-\frac{3}{2}\right)+8\cdot(y-1)+0\cdot(z-3)=0,\quad 即\quad x+8y=\frac{19}{2}.$$

B类题

1. 按照下列条件求平面的方程:

(1) 过点 $P(-2,0,4)$ 且与两平面 $2x+y-z=0$,$x+3y+1=0$ 都垂直;

(2) 过点 A(1,3,3)和点 B(2,5,3),且与 yOz 坐标面夹角为 $\theta=\frac{\pi}{4}$.

分析 参考经典题型详解中例 1.9. (1)因所求平面与两个已知平面都垂直,所以其法向量即为两已知平面法向量的向量积,再由点法式即可求得. (2)可设平面的一般方程,由两平面的夹角公式,可得到关于法向量各坐标的关系;再将两点的坐标代入平面的一般方程,得到系数的另外两个方程,三个方程联立,即可确定系数,求出一般方程.

解 (1) 易见,两平面的法线向量分别为 $\boldsymbol{n}_1=(2,1,-1)$,$\boldsymbol{n}_2=(1,3,0)$. 因此所求平面的法线向量为

$$\boldsymbol{n}=\boldsymbol{n}_1\times\boldsymbol{n}_2=\begin{vmatrix}1&-1\\3&0\end{vmatrix}\boldsymbol{i}+\begin{vmatrix}-1&2\\0&1\end{vmatrix}\boldsymbol{j}+\begin{vmatrix}2&1\\1&3\end{vmatrix}\boldsymbol{k}=3\boldsymbol{i}-\boldsymbol{j}+5\boldsymbol{k}.$$

于是所求方程为

$$3(x+2)-y+5(z-4)=0,\quad 即\quad 3x-y+5z-14=0.$$

(2) 设所求平面为 π: $Ax+By+Cz+D=0$,因为 π 与 yOz 坐标面夹角为 $\frac{\pi}{4}$,而 yOz 坐标面的法向量为(1,0,0),所以

$$\cos\frac{\pi}{4}=\frac{A}{\sqrt{A^2+B^2+C^2}\cdot 1}=\frac{\sqrt{2}}{2},$$

即 $A^2=B^2+C^2$. 又因为所求平面通过点 A(1,3,3)和点 B(2,5,3),所以有

$$\begin{cases} A+3B+3C+D=0, \\ 2A+5B+3C+D=0. \end{cases}$$

解得 $A=-2B$. 进一步地,有 $\begin{cases} C^2=3B^2, \\ D=(-1\mp 3\sqrt{3})B. \end{cases}$ 于是,所求平面为

$$-2x+y\pm\sqrt{3}z=1\pm 3\sqrt{3}.$$

2. 设平面的截距式方程为 $\frac{x}{a}+\frac{y}{b}+\frac{z}{c}=1$,$d$ 为原点到该平面的距离. 证明:

$$\frac{1}{a^2}+\frac{1}{b^2}+\frac{1}{c^2}=\frac{1}{d^2}.$$

分析 根据点到平面的距离公式(1.15)直接可证.

证明 由点到平面的距离公式得到

$$d=\left|\frac{-1}{\sqrt{\left(\frac{1}{a}\right)^2+\left(\frac{1}{b}\right)^2+\left(\frac{1}{c}\right)^2}}\right| \Rightarrow \frac{1}{a^2}+\frac{1}{b^2}+\frac{1}{c^2}=\frac{1}{d^2}.$$ 证毕

1.5 空间直线及其方程

一、知识要点

1. 空间直线的方程

(1) 一般式方程

$$\begin{cases} A_1x+B_1y+C_1z+D_1=0, \\ A_2x+B_2y+C_2z+D_2=0. \end{cases} \tag{1.17}$$

它表示两个不平行的平面 π_1 和 π_2(即 $A_1:B_1:C_1\neq A_2:B_2:C_2$)的交线,如图 1.24 所示.

(2) 点向式方程

已知直线 L 通过定点 $M_0(x_0,y_0,z_0)$,且与非零向量 $\boldsymbol{s}=(m,n,p)$平行,如图 1.25 所示,在直线的**点向式方程**,也称为直线的**对称式方程**或**标准方程**为

$$\frac{x-x_0}{m}=\frac{y-y_0}{n}=\frac{z-z_0}{p}, \tag{1.18}$$

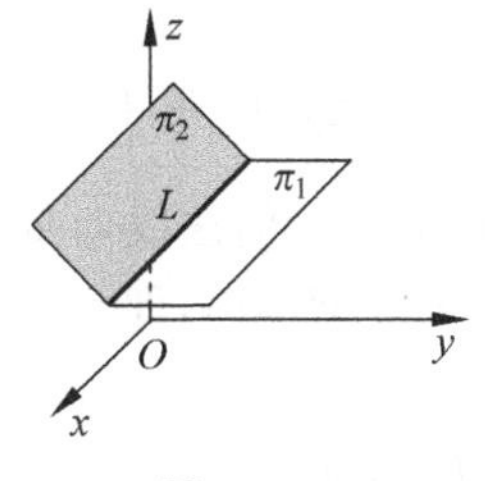

图 1.24

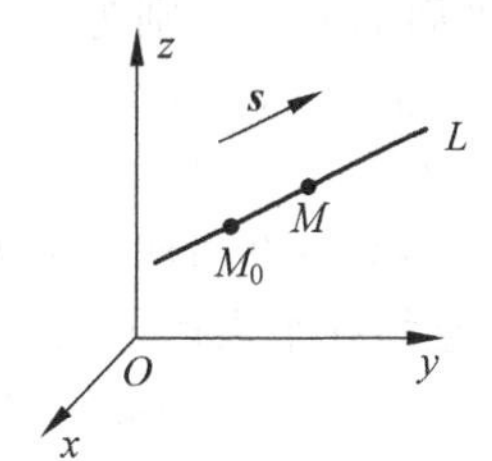

图 1.25

其中,向量 $\boldsymbol{s}$ 称为直线 L 的**方向向量**. 特别地,对于方程(1.18),若方向向量 $\boldsymbol{s}$ 的某一分量为零,则规定对应的分子为零. 例如,$m=0$,则 $x-x_0=0$,对应的直线方程为

$$\frac{x-x_0}{0}=\frac{y-y_0}{n}=\frac{z-z_0}{p},$$

或写为

$$\begin{cases}x-x_0=0,\\ \dfrac{y-y_0}{n}=\dfrac{z-z_0}{p}.\end{cases}$$

它表示该直线是由平面 $x-x_0=0$(过 $x=x_0$,且平行于 yOz 的平面)和平行于 x 轴的平面 $\frac{y-y_0}{n}=\frac{z-z_0}{p}$ 相交而成.

(3) 参数式方程

通过点 $M_0(x_0,y_0,z_0)$ 且与非零向量 $\boldsymbol{s}=(m,n,p)$ 平行的直线的参数式方程为

$$\begin{cases}x=x_0+mt,\\ y=y_0+nt,\quad (t\text{ 为参数}).\\ z=z_0+pt\end{cases}\tag{1.19}$$

(4) 两点式方程

若已知空间直线 L 经过两点 $M_1(x_1,y_1,z_1)$ 和 $M_2(x_2,y_2,z_2)$,则直线 L 的**两点式方程**为

$$\frac{x-x_1}{x_2-x_1}=\frac{y-y_1}{y_2-y_1}=\frac{z-z_1}{z_2-z_1}.\tag{1.20}$$

2. 空间中直线间的位置关系

在空间直角坐标系中,两条共面直线 L_1 和 L_2 包含三种位置关系,即平行、重合和相交. 设两条直线的方程分别为

$$L_1:\frac{x-x_1}{m_1}=\frac{y-y_1}{n_1}=\frac{z-z_1}{p_1};\quad L_2:\frac{x-x_2}{m_2}=\frac{y-y_2}{n_2}=\frac{z-z_2}{p_2}.$$

两条直线的方向向量所夹的角称为**两条直线的夹角**,即 $\angle(\widehat{\boldsymbol{s}_1,\boldsymbol{s}_2})=\theta(0\leqslant\theta\leqslant\pi)$,且夹角余弦为

$$\cos\theta=\frac{m_1m_2+n_1n_2+p_1p_2}{\sqrt{m_1^2+n_1^2+p_1^2}\,\sqrt{m_2^2+n_2^2+p_2^2}}.\tag{1.21}$$

定理 1.7 两条直线 L_1 和 L_2 垂直,即 $L_1\perp L_2$ 的充分必要条件是:$m_1m_2+n_1n_2+p_1p_2=0$;若两条直线平行,则 $\frac{m_1}{m_2}=\frac{n_1}{n_2}=\frac{p_1}{p_2}$;若两条直线相交,则应有 $m_1:n_1:p_1\neq m_2:n_2:p_2$.

3. 直线与平面的位置关系

设空间直线与平面的方程分别为

$$L:\frac{x-x_0}{m}=\frac{y-y_0}{n}=\frac{z-z_0}{p},\quad \pi:Ax+By+Cz+D=0,$$

其中 L 过点 $M_0(x_0,y_0,z_0)$,方向向量为 $\boldsymbol{s}=(m,n,p)$,平面 π 的法线向量为 $\boldsymbol{n}=(A,B,C)$.

定理 1.8 (1) 直线在平面内的充要条件是:$\boldsymbol{s}\perp\boldsymbol{n}$ 且 $M_0\in\pi$,即

$$\begin{cases}Am+Bn+Cp=0,\\ Ax_0+By_0+Cz_0+D=0.\end{cases}$$

(2) 直线与平面平行的充要条件是:$\boldsymbol{s}\perp\boldsymbol{n}$ 且 $M_0\notin\pi$,即

$$\begin{cases}Am+Bn+Cp=0,\\ Ax_0+By_0+Cz_0+D\neq 0.\end{cases}$$

(3) 直线与平面相交的充要条件是:

$$Am + Bn + Cp \neq 0.$$

进一步地,当直线与平面相交时,将直线和它在该平面内的投影所成的锐角称为**直线与平面的夹角**,如图 1.26 所示,φ 即为直线 L 与平面 π 的夹角,则有

$$\sin\varphi = |\cos\theta| = \frac{|\boldsymbol{s} \cdot \boldsymbol{n}|}{|\boldsymbol{s}||\boldsymbol{n}|} = \frac{|mA + nB + pC|}{\sqrt{m^2 + n^2 + p^2}\sqrt{A^2 + B^2 + C^2}}. \quad (1.22)$$

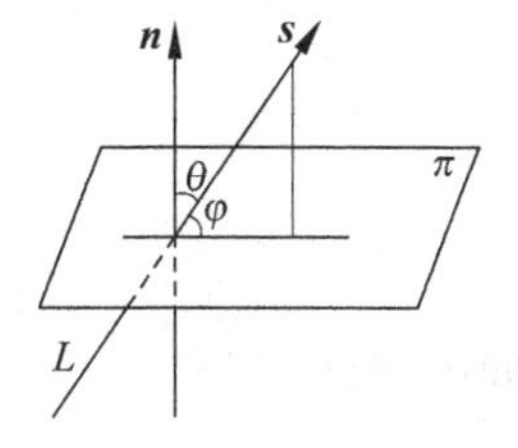

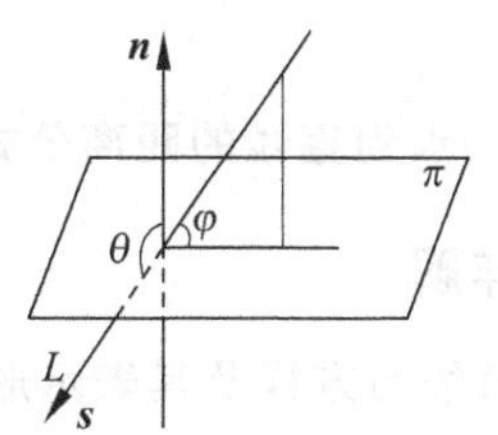

图 1.26

定理 1.9 直线 L 与平面 π 垂直,即 $L \perp \pi(\boldsymbol{s} /\!/ \boldsymbol{n})$ 的充分必要条件是:$\frac{m}{A} = \frac{n}{B} = \frac{p}{C}$.

4. 平面束

将通过空间中同一直线的所有平面的集合称为**有轴平面束**,这条直线称为平面束的轴. 类似地,将空间中平行于同一平面的所有平面的集合称为**平行平面束**.

定理 1.10 设直线 L 的一般方程为$\begin{cases} A_1x + B_1y + C_1z + D = 0, \\ A_2x + B_2y + C_2z + D = 0, \end{cases}$ 则过 L 的平面束方程为

$$(A_1x + B_1y + C_1z + D_1) + \lambda(A_2x + B_2y + C_2z + D_2) = 0 \quad (\lambda \text{ 为参数}).$$

该方程包含了除平面 $A_2x + B_2y + C_2z + D_2 = 0$ 外的所有过 L 的平面.

定理 1.11 所有与平面 π:$Ax + By + Cz + D = 0$ 平行的平面束方程为

$$Ax + By + Cz + \lambda = 0 \quad (\lambda \text{ 为参数}).$$

二、疑难解析

1. 如何将直线的一般方程转化为点向式方程?

答 设直线 L 的一般方程为$\begin{cases} A_1x + B_1y + C_1z + D = 0, \\ A_2x + B_2y + C_2z + D = 0. \end{cases}$它表示两个不平行的平面 π_1 和 π_2(即 $A_1 : B_1 : C_1 \neq A_2 : B_2 : C_2$)的交线. 易见,两个平面的法线向量分别为 $\boldsymbol{n}_1 = (A_1, B_1, C_1)$和 $\boldsymbol{n}_2 = (A_2, B_2, C_2)$. 注意到,直线的点向式方程的方向向量可以通过 $\boldsymbol{s} = \boldsymbol{n}_1 \times \boldsymbol{n}_2$ 得到,然后通过解方程组可求得直线上的一点,由此可以得到直线的点向式方程.

2. 如何求不在直线上的点到该直线的距离?

答 设直线 L 的方向向量为 $\boldsymbol{s}$,过点 M;P 为直线外一点,如图 1.27 所示. 由向量积的几何意义可知,$S_{\square MNQP} = |\overrightarrow{MP} \times \boldsymbol{s}| = |\boldsymbol{s}|d$,故 $d = \frac{|\overrightarrow{MP} \times \boldsymbol{s}|}{|\boldsymbol{s}|}$.

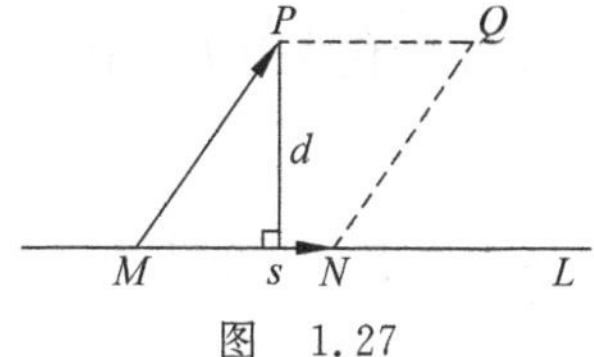

图 1.27

下面给出点到直线的距离的坐标表示. 设直线 L 上一点为 $M(x_1, y_1, z_1)$,方向向量为 $\boldsymbol{s} = (m, n, p)$,点 $P(x_0, y_0, z_0)$ 为直线 L 外一点,如图 1.27 所示,则点 P 到直线的距离 d 应为

平行四边形 $MNQP$ 的面积除以 MN 的长度. 由向量积的定义可知,

$$S_{\square MNQP}=|\overrightarrow{MN}\times\overrightarrow{MP}|=d|\overrightarrow{MN}|.$$

注意到,$\overrightarrow{MN}=\boldsymbol{s}$,$\overrightarrow{MP}=(x_0-x_1,y_0-y_1,z_0-z_1)$,于是有

$$d=\frac{|\overrightarrow{MP}\times\boldsymbol{s}|}{|\boldsymbol{s}|}=\frac{\sqrt{\begin{vmatrix}n & p\\ y_0-y_1 & z_0-z_1\end{vmatrix}^2+\begin{vmatrix}p & m\\ z_0-z_1 & x_0-x_1\end{vmatrix}^2+\begin{vmatrix}m & n\\ x_0-x_1 & y_0-y_1\end{vmatrix}^2}}{\sqrt{m^2+n^2+p^2}}. \tag{1.23}$$

式(1.23)即为直线外一**点到直线的距离公式**.

三、经典题型详解

题型1 求空间直线的方程及其表示形式之间的转化

例1.12 将直线方程 $\begin{cases}x-y+z-1=0\\ 2x+y+z-4=0\end{cases}$,转化为点向式方程及参数式方程.

分析 利用向量的向量积找到直线的方向向量,然后通过解方程组找到直线上的一点即可得到直线的点向式方程,再将其转化为参数式方程.

解 令 $x=1$,由线性方程组解得 $y=1,z=1$,即直线通过点 $M(1,1,1)$. 由于直线的方向向量垂直于两平面的法线向量,根据两向量的向量积的定义可得

$$\boldsymbol{s}=\boldsymbol{n}_1\times\boldsymbol{n}_2=\begin{vmatrix}\boldsymbol{i} & \boldsymbol{j} & \boldsymbol{k}\\ 1 & -1 & 1\\ 2 & 1 & 1\end{vmatrix}=-2\boldsymbol{i}+\boldsymbol{j}+3\boldsymbol{k},$$

因此,直线的点向式方程为 $\frac{x-1}{-2}=\frac{y-1}{1}=\frac{z-1}{3}$. 进一步地,参数式方程为

$$\begin{cases}x=1-2t,\\ y=1+t,\\ z=1+3t\end{cases}\quad(t\text{ 为参数}).$$

例1.13 求过点(1,2,1),垂直于直线 $L_1:\frac{x-1}{3}=\frac{y}{2}=\frac{z+1}{1}$,又与直线 $L_2:\frac{x}{2}=y=-z$ 相交的直线 L 的方程.

分析 根据已知条件,利用直线的参数式方程求解.

解 设所求直线 L 的方向向量为 $\boldsymbol{s}=(m,n,p)$,则通过点(1,2,1)的直线方程为

$$\begin{cases}x=1+mt,\\ y=2+nt,\\ z=1+pt\end{cases}\quad(t\text{ 为参数}).$$

因为 $L\perp L_1$,所以有 $3m+2n+p=0$;又因为 L 与 L_2 相交,则在 L 上存在满足 L_2 的点,将 L 的参数坐标代入到 L_2,消去 t,可得 $m+p=n$. 联立并求解,可得 $m=-\frac{3}{5}p,n=\frac{2}{5}p$. 不妨令 $p=5$,则所求直线的方程为 $\begin{cases}x=1-3t,\\ y=2+2t,\\ z=1+5t\end{cases}$ (t 为参数).

题型2 综合应用题

例1.14 求点$M(4,3,0)$关于直线L：$\frac{x-1}{2}=\frac{y-2}{4}=\frac{z-3}{5}$对称的点.

分析 设M的对称点为M_1，则$\overrightarrow{MM_1}$与已知直线垂直，且MM_1连线的中点在直线上，从而得到三元一次方程组，由此可求得点M_1的坐标.

解 设点$M(4,3,0)$关于直线L对称点为$M_1(x,y,z)$. 依题意，$\overrightarrow{MM_1}\perp \boldsymbol{s}$，即得方程

$$2(x-4)+4(y-3)+5z=0. \quad ①$$

由于MM_1连线的中点在已知直线L上，即点$\left(\frac{x+4}{2},\frac{y+3}{2},\frac{z}{2}\right)$在直线上，所以有

$$\frac{\frac{x+4}{2}-1}{2}=\frac{\frac{y+3}{2}-2}{4}=\frac{\frac{z}{2}-3}{5}. \quad ②$$

将方程①与②联立，即可解得$M\left(-\frac{22}{9},\frac{1}{9},\frac{44}{9}\right)$.

例1.15 已知直线L：$\frac{x-1}{2}=\frac{y+2}{-1}=\frac{z+1}{m}$在平面$\pi$：$-px+2y-z+4=0$上，试求$m$，$p$的值.

分析 要使直线L在平面π上，首先要求直线L的方向向量垂直于平面π的法线向量，然后要求直线上的任意一点都在平面上.

解 易见，直线L的方向向量为$\boldsymbol{s}=(2,-1,m)$，平面π的法线向量为$\boldsymbol{n}=(-p,2,-1)$. 依题意，有$\boldsymbol{s}\cdot\boldsymbol{n}=0$，即$-2p-2-m=0$. 显然$M_0(1,-2,-1)$为直线$L$上的点，将此点的坐标代入平面方程，解得$-p+1=0$. 因此，$m=-4$，$p=1$.

例1.16 证明：空间三点$M_1(x_1,y_1,z_1)$，$M_2(x_2,y_2,z_2)$，$M_3(x_3,y_3,z_3)$共线的充要条件是：$\frac{x_3-x_1}{x_2-x_1}=\frac{y_3-y_1}{y_2-y_1}=\frac{z_3-z_1}{z_2-z_1}$.

分析 三点共线问题可转化为两个向量共线问题.

证 依题意，$\overrightarrow{M_1M_2}=(x_2-x_1,y_2-y_1,z_2-z_1)$和$\overrightarrow{M_1M_3}=(x_3-x_1,y_3-y_1,z_3-z_1)$.

由于向量$\overrightarrow{M_1M_2}$和$\overrightarrow{M_1M_3}$共线，所以有$\frac{x_3-x_1}{x_2-x_1}=\frac{y_3-y_1}{y_2-y_1}=\frac{z_3-z_1}{z_2-z_1}$.

反之，若已知$\frac{x_3-x_1}{x_2-x_1}=\frac{y_3-y_1}{y_2-y_1}=\frac{z_3-z_1}{z_2-z_1}$，则有$\overrightarrow{M_1M_3}\,/\!/\,\overrightarrow{M_1M_2}$，且两向量过同一点$M_1$，故$M_1$，$M_2$，$M_3$三点共线.

证毕

四、课后习题选解（习题1.5）

1. 按照下列条件求直线的方程：

(1) 过点$M(2,1,3)$且与直线$\frac{x+1}{3}=\frac{y-1}{2}=\frac{z}{-1}$平行；

(2) 过点$A(2,-3,2)$和点$B(1,4,3)$；

(3) 过点$M(1,-3,2)$且与y轴垂直相交.

分析 (1)利用点向式方程求解；(2)和(3)利用两点式方程求解.

解 (1) 依题意，可设 $\boldsymbol{s}=(3,2,-1)$，由点向式方程可得 $\dfrac{x-2}{3}=\dfrac{y-1}{2}=\dfrac{z-3}{-1}$.

(2) 利用两点式方程(1.20)可得$\dfrac{x-2}{2-1}=\dfrac{y+3}{-3-4}=\dfrac{z-2}{2-3}$，即$\dfrac{x-2}{1}=\dfrac{y+3}{-7}=\dfrac{z-2}{-1}$.

(3) 由于所求直线与 y 轴垂直相交，故可设该直线过点 $P(0,y,0)$，且$\overrightarrow{MP}\perp \boldsymbol{j}$. 因此$\overrightarrow{MP}\cdot \boldsymbol{j}=0$，即$(-3-y)\cdot 1=0$. 解得 $y=-3$. 于是所求的直线方程为$\dfrac{x}{1}=\dfrac{y+3}{0}=\dfrac{z}{2}$.

2. 判断下列直线和平面的位置关系，若不平行，求直线和平面的夹角的余弦：

(1) 直线 L：$\dfrac{x+2}{1}=\dfrac{y+2}{1}=\dfrac{z-1}{3}$和平面 π：$x+2y-z-3=0$；

(2) 直线 L：$\dfrac{x-3}{1}=\dfrac{y+2}{-2}=\dfrac{z-1}{1}$和平面 π：$2x-4y+2z+1=0$；

(3) 直线 L：$\dfrac{x-2}{2}=\dfrac{y+1}{-1}=\dfrac{z+1}{1}$和平面 π：$2x+2y+z+5=0$.

分析 直线与平面的位置关系可根据定理1.8判断，即只需考虑平面法向量与直线的方向向量的位置关系，及直线上的点是否属于平面. 此外，若不平行，根据式(1.22)可求得直线与平面的夹角的正弦.

解 (1) 易见，$\boldsymbol{s}=(1,1,3)$，$\boldsymbol{n}=(1,2,-1)$. 由于 $\boldsymbol{s}\cdot\boldsymbol{n}=0$，即 $\boldsymbol{s}\perp\boldsymbol{n}$，且点 $M(-2,-2,1)\notin\pi$，所以 $L\parallel\pi$.

(2) 易见，$\boldsymbol{s}=(1,-2,1)$，$\boldsymbol{n}=(2,-4,2)$. 由于 $\boldsymbol{s}\cdot\boldsymbol{n}\neq 0$，所以 L 与 π 相交. 但显然有 $\boldsymbol{n}=2\boldsymbol{s}$，即 $\boldsymbol{s}/\!/\boldsymbol{n}$，故 L 与 π 垂直相交.

(3) 易见，$\boldsymbol{s}=(2,-1,1)$，$\boldsymbol{n}=(2,2,1)$. 由于 $\boldsymbol{s}\cdot\boldsymbol{n}\neq 0$，所以 L 与 π 相交. 根据公式(1.22)可得 $\sin\varphi=|\cos\theta|=\dfrac{|4-2+1|}{\sqrt{6}\times\sqrt{9}}=\dfrac{1}{\sqrt{6}}$，故

$$\cos\varphi=\sqrt{1-\sin^2\varphi}=\sqrt{\frac{5}{6}}.$$

3. 将直线$\begin{cases}x+2y+z-1=0,\\x-2y+z+1=0\end{cases}$转化为点向式方程.

分析 参考经典题型详解中例1.12.

解 易见，$\boldsymbol{n}_1=(1,2,1)$，$\boldsymbol{n}_2=(1,-2,1)$. 不难求得两个向量的向量积为

$$\boldsymbol{s}=\boldsymbol{n}_1\times\boldsymbol{n}_2=\begin{vmatrix}2 & 1\\-2 & 1\end{vmatrix}\boldsymbol{i}+\begin{vmatrix}1 & 1\\1 & 1\end{vmatrix}\boldsymbol{j}+\begin{vmatrix}1 & 2\\1 & -2\end{vmatrix}\boldsymbol{k}=4\boldsymbol{i}-4\boldsymbol{k}.$$

解线性方程组可得$\begin{cases}x+z=0,\\y=\dfrac{1}{2},\end{cases}$，即直线过点$\left(1,\dfrac{1}{2},-1\right)$. 故直线的点向式方程为

$$\frac{x-1}{4}=\frac{y-\dfrac{1}{2}}{0}=\frac{z+1}{-4}.$$

4. 证明：直线 L_1：$\begin{cases}x+y-3z-3=0,\\x-y+z+2=0\end{cases}$和直线 L_2：$\begin{cases}x=1+t,\\y=2t,\\z=2+t\end{cases}$ 平行.

分析 由直线的一般方程可求直线的方向向量($\boldsymbol{s}_1=\boldsymbol{n}_1\times\boldsymbol{n}_2$)，注意到由参数方程表示的直线的方向向量 $\boldsymbol{s}_2=(1,2,1)$，若 $\boldsymbol{s}_1=\lambda\boldsymbol{s}_2$，则两直线平行.

证 不难求得直线 L_1 的方向向量为

$$\boldsymbol{s}_1=\left(\begin{vmatrix}1 & -3\\-1 & 1\end{vmatrix},\begin{vmatrix}-3 & 1\\1 & 1\end{vmatrix},\begin{vmatrix}1 & 1\\1 & -1\end{vmatrix}\right)=(-2,-4,-2)=-2(1,2,1),$$

而直线 L_2 的方向向量为 $\boldsymbol{s}_2=(1,2,1)$. 所以有 $\boldsymbol{s}_1/\!/\boldsymbol{s}_2$，故两直线平行. **证毕**

B类题

1. 求过点 $M(2,1,3)$ 且与直线 L_0：$\dfrac{x+1}{3}=\dfrac{y-1}{2}=\dfrac{z}{-1}$ 垂直相交的直线 L 的方程.

分析 本题只需找到所求直线的方向向量 $\boldsymbol{s}=(m,n,p)$. 一方面，由 $\boldsymbol{s}_0\perp\boldsymbol{s}$ 可得到关于 m,n,p 的一个等式；另一方面，因为两直线相交，及已知直线过点 $P_0(-1,1,0)$，所以两直线共面，所以 $\overrightarrow{P_0M},\boldsymbol{s}_0,\boldsymbol{s}$ 三向量共面，根据定理1.4的推论可得到关于 m,n,p 的另一个等式. 联立两个方程可得到 m,n,p 的关系，从而确定直线的方向向量，再根据点向式即可求得直线方程.

解 已知直线 L_0 过点 $P_0(-1,1,0)$，方向向量 $\boldsymbol{s}_0=(3,2,-1)$. 设所求直线 L 方向向量 $\boldsymbol{s}=(m,n,p)$. 因为 $\boldsymbol{s}_0\perp\boldsymbol{s}$，所以有

$$3m+2n-p=0. \quad ①$$

又因为 L_0 与 L 垂直相交，所以 $\overrightarrow{P_0M},\boldsymbol{s}_0,\boldsymbol{s}$ 三向量共面，根据定理1.4的推论可得，$[\overrightarrow{P_0M},\boldsymbol{s}_0,\boldsymbol{s}]=0$，即 $\begin{vmatrix}2+1 & 1-1 & 3-0\\ 3 & 2 & -1\\ m & n & p\end{vmatrix}=0$. 化简得

$$-m+2n+p=0. \quad ②$$

联立方程①和②，可解得 $\begin{cases}m=-2n,\\ 2m=p.\end{cases}$ 不妨令 $m=-2$，则有 $\boldsymbol{s}=(-2,1,-4)$. 故所求直线的方程为 $\dfrac{x-2}{-2}=\dfrac{y-1}{1}=\dfrac{z-3}{-4}$.

2. 求点 $M(1,2,3)$ 到直线 $\dfrac{x}{1}=\dfrac{y-4}{-3}=\dfrac{z-3}{-2}$ 的距离.

分析 根据点到直线的距离公式(1.23)计算.

解 因直线过 $P(0,4,3)$，其方向向量 $\boldsymbol{s}=(1,-3,-2)$，所以 $\overrightarrow{MP}=(-1,2,0)$. 利用点到直线的距离公式(1.23)可得

$$d=\frac{|\overrightarrow{MP}\times\boldsymbol{s}|}{|\boldsymbol{s}|}=\frac{\sqrt{\begin{vmatrix}2 & 0\\ -3 & -2\end{vmatrix}^2+\begin{vmatrix}0 & -1\\ -2 & 1\end{vmatrix}^2+\begin{vmatrix}-1 & 2\\ 1 & -3\end{vmatrix}^2}}{\sqrt{1+9+4}}=\frac{\sqrt{6}}{2}.$$

3. 求过点 $M(1,1,1)$，与已知平面 π：$3x-y+2z-1=0$ 平行，且与直线 L_0：$\dfrac{x-1}{2}=\dfrac{y+1}{2}=\dfrac{z-1}{1}$ 相交的直线方程.

分析 只需找到所求直线 L 的方向向量 $\boldsymbol{s}=(m,n,p)$. 一方面，由 $L/\!/\pi$ 可知，$\boldsymbol{s}\cdot\boldsymbol{n}=0$；另一方面，因已知直线 L_0 过点 $P_0(1,-1,1)$，$\boldsymbol{s}_0=(2,2,1)$，又因为两直线相交，所以 $\overrightarrow{P_0M},\boldsymbol{s}_0,\boldsymbol{s}$ 三向量共面，根据定理1.4的推论即可知其混合积为零. 由两方面可得到 $\boldsymbol{s}=(m,n,p)$，再根据点向式即可求得直线方程.

解 设所求直线 L 方向向量为 $\boldsymbol{s}=(m,n,p)$. 由于 $L/\!/\pi$ 且平面 π 的法线向量为 $\boldsymbol{n}=(3,-1,2)$，所以有

$$\boldsymbol{s}\cdot\boldsymbol{n}=3m-n+2p=0. \quad ①$$

又因为所求直线 L 与已知直线 L_0 相交，而已知 L_0 过点 $P_0(1,-1,1)$，方向向量为 $\boldsymbol{s}_0=(2,2,1)$，所以有 $\overrightarrow{P_0M}=(0,2,0)$，且 $\overrightarrow{P_0M},\boldsymbol{s}_0,\boldsymbol{s}$ 三向量共面. 根据定理1.4的推论即可知

$$[\overrightarrow{P_0M},\boldsymbol{s}_0,\boldsymbol{s}]=\begin{vmatrix}0 & 2 & 0\\ 2 & 2 & 1\\ m & n & p\end{vmatrix}=2(m-2p)=0,$$

即 $m=2p$. 将其代入①，得 $\begin{cases}m=2p,\\ n=8p.\end{cases}$ 取 $p=1$ 可得 $\boldsymbol{s}=(2,8,1)$. 因此，所求直线的方程为 $\dfrac{x-1}{2}=\dfrac{y-1}{8}=\dfrac{z-1}{1}$.

4. 求过点 $M(1,1,0)$ 且同时垂直于直线 $\frac{x-2}{2}=\frac{y+1}{2}=\frac{z-2}{1}$ 和直线 $\frac{x-2}{2}=\frac{y-1}{0}=\frac{z}{1}$ 的直线方程.

分析 因所求直线与两已知直线均垂直,故其方向向量与两已知直线的方向向量的向量积平行,再根据点向式即可求得直线方程.

解 易见,两条已知直线的方向向量分别为 $\boldsymbol{s}_1=(2,2,1)$,$\boldsymbol{s}_2=(2,0,1)$,故所求直线的方向向量为

$$\boldsymbol{s}=\boldsymbol{s}_1\times\boldsymbol{s}_2=\begin{vmatrix}\boldsymbol{i} & \boldsymbol{j} & \boldsymbol{k}\\ 2 & 2 & 1\\ 2 & 0 & 1\end{vmatrix}=2\boldsymbol{i}+0\boldsymbol{j}-4\boldsymbol{k}=(2,0,-4).$$

故所求直线方程为 $\frac{x-1}{2}=\frac{y-1}{0}=\frac{z}{-4}$.

1.6 空间曲面、曲线及其方程

一、知识要点

1. 空间曲面及其方程

(1) 一般方程

定义 1.11 一般地,如果空间曲面 S 与三元方程 $F(x,y,z)=0$ 之间存在如下关系:

(1) 空间曲面 S 上任一点的坐标都满足方程 $F(x,y,z)=0$;

(2) 满足方程 $F(x,y,z)=0$ 的点都在空间曲面 S 上.

则称 $F(x,y,z)=0$ 为空间曲面 S 的一般方程,空间曲面 S 为方程的图形,如图 1.28 所示.

球心在 $M_0(x_0,y_0,z_0)$,半径为 R 的**球面方程**为

$$(x-x_0)^2+(y-y_0)^2+(z-z_0)^2=R^2. \tag{1.24}$$

特别地,当球心为原点 $O(0,0,0)$ 时,球面方程为 $x^2+y^2+z^2=R^2$.

(2) 参数方程

空间曲面的**参数方程**通常记作

$$\begin{cases}x=x(u,v),\\ y=y(u,v),\quad (u,v\text{ 为参数}).\\ z=z(u,v)\end{cases} \tag{1.25}$$

球心在原点,半径为 R 的球面(如图 1.29 所示)的参数方程为

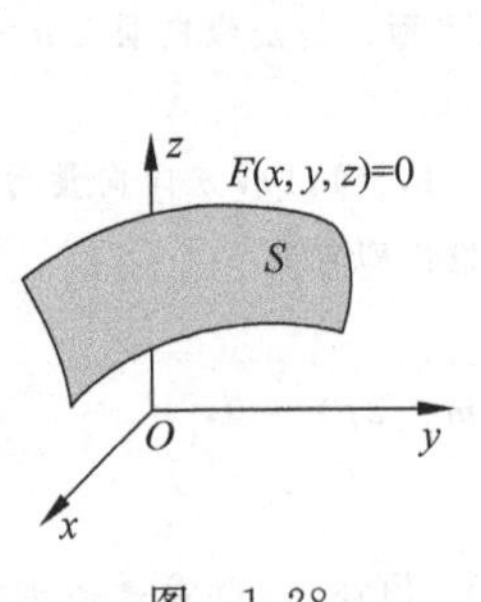

图 1.28

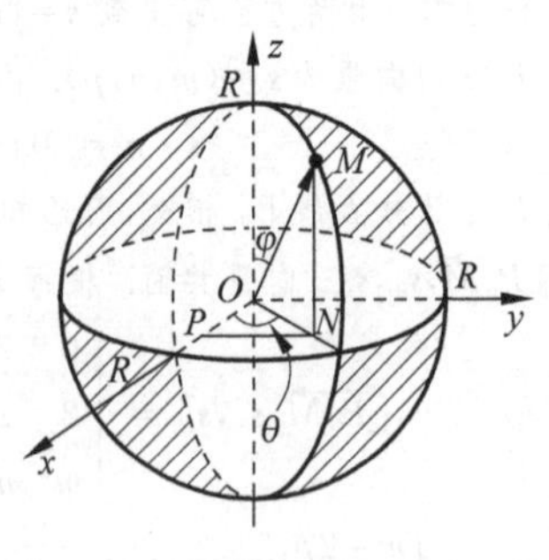

图 1.29

$$\begin{cases}x = R\sin\varphi\cos\theta,\\ y = R\sin\varphi\sin\theta, \quad (\theta,\varphi \text{ 为参数}),\\ z = R\cos\varphi\end{cases} \tag{1.26}$$

其中 $0\leqslant\varphi\leqslant\pi$，$0\leqslant\theta\leqslant2\pi$.

以 z 轴为对称轴，底面半径为 R 的圆柱面(如图 1.30 所示)的参数方程为

$$\begin{cases}x = R\cos\theta,\\ y = R\sin\theta, \quad (\theta,u \text{ 为参数}),\\ z = u\end{cases} \tag{1.27}$$

其中 $0\leqslant\theta\leqslant2\pi$，$-\infty<u<\infty$.

2. 空间曲线及其方程

(1) 一般方程

在空间直角坐标系中，空间曲线可看做两个空间曲面的交线. 设两个曲面 $F(x,y,z)=0$ 和 $G(x,y,z)=0$ 的交线为空间曲线 C，其**一般方程**为

$$\begin{cases}F(x,y,z) = 0,\\ G(x,y,z) = 0.\end{cases} \tag{1.28}$$

(2) 参数方程

曲线 C 的**参数方程**为

$$\begin{cases}x = x(t),\\ y = y(t), \quad (t \text{ 为参数}).\\ z = z(t)\end{cases} \tag{1.29}$$

当 t 取遍其变化范围的所有值时，就会得到 C 的全部点.

如图 1.31 所示，**螺旋线的参数方程**为

$$\begin{cases}x = a\cos\omega t,\\ y = a\sin\omega t, \quad (t \text{ 为参数}),\\ z = vt\end{cases} \tag{1.30}$$

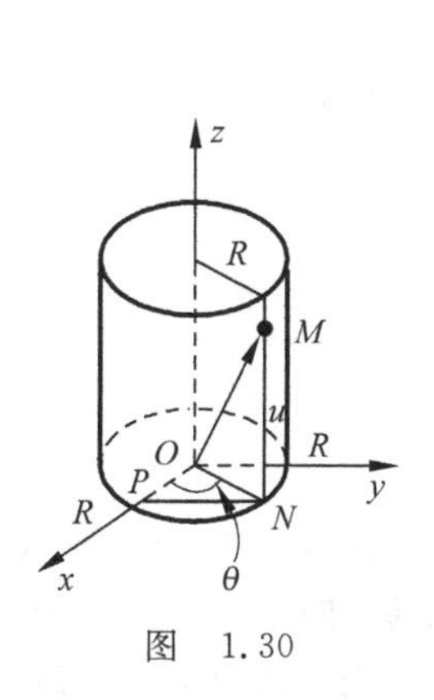

图 1.30

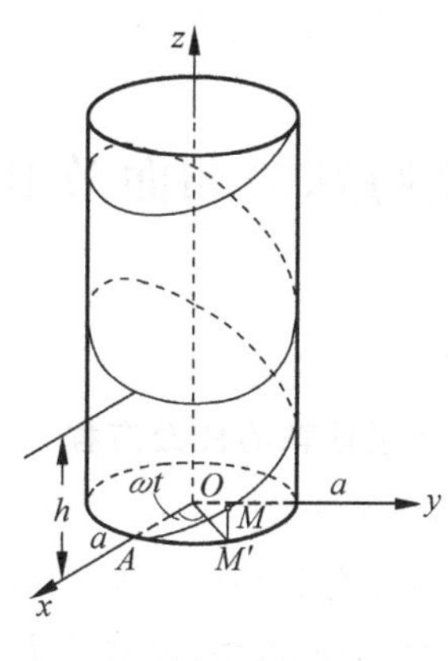

图 1.31

它表示：空间一点 M 在圆柱面方程 $x^2+y^2=a^2$ 上以角速度 ω 绕 z 轴旋转，同时又以线速度 v 沿平行于 z 轴的正方向上升(其中 ω，v 均为常数)的轨迹.

二、课后习题选解(习题1.6)

1. 求到点 $M_1(-1,2,0)$ 和点 $M_2(2,-1,3)$ 等距离的动点的全体所构成的曲面方程.

分析 设动点坐标,根据两点间距离公式求得.

解 设动点 $P(x,y,z)$,则由 $|PM_1|=|PM_2|$ 可得

$$\sqrt{(x+1)^2+(y-2)^2+(z-0)^2}=\sqrt{(x-2)^2+(y+1)^2+(z-3)^2}.$$

两边平方并整理,得 $2x-2y+2z-3=0$,它表示该动点的轨迹为一个平面.

2. 求过点 $(2,1,5)$ 且与三个坐标平面相切的球面方程.

分析 由于球面与三个坐标面都相切,说明该球面一定在某一卦限内,又因为球面过点 $(2,1,5)$,可以断定该球面在第一卦限内. 若设球心为 (a,b,c),半径为 R,则球心到 xOy 面的距离 c 即为半径,同理可知 $R=a=b=c>0$.

解 设所求球面方程为 $(x-a)^2+(y-b)^2+(z-c)^2=R^2$. 依题意,显然球心在第Ⅰ卦限,且有 $R=a=b=c>0$. 由于球面过点 $(2,1,5)$,所以 $R^2=(a-2)^2+(b-1)^2+(c-5)^2$,解得 $a=b=c=3$ 或者 $a=b=c=5$. 于是,所求球面方程为

$$(x-3)^2+(y-3)^2+(z-3)^2=9 \text{ 或 } (x-5)^2+(y-5)^2+(z-5)^2=25.$$

3. 动点 M 到平面 $x=4$ 的距离为到点 $(1,0,0)$ 的距离的2倍,求动点 M 的轨迹方程.

分析 根据点到平面的距离及两点间距离列等式即可.

解 设动点坐标为 $M(x,y,z)$. 依题意得,$|x-4|=2\sqrt{(x-1)^2+y^2+z^2}$,所以

$$\frac{x^2}{4}+\frac{y^2}{3}+\frac{z^2}{3}=1.$$

4. 求曲线方程 $\begin{cases}x^2+y^2+z^2=9,\\ y=x\end{cases}$ 的参数方程.

分析 所要表示的曲线是由一个球心在原点的球面被过 z 轴的平面所截的圆.

解 将 $y=x$ 代入 $x^2+y^2+z^2=9$ 得,$\frac{2x^2}{9}+\frac{z^2}{9}=1$,于是参数方程为

$$x=\frac{3}{2}\sqrt{2}\cos t,\ y=\frac{3}{2}\sqrt{2}\cos t,\ z=3\sin t \quad (t \text{ 为参数}).$$

1.7 几类特殊的曲面及其方程

一、知识要点

1. 母线平行于坐标轴的柱面方程

(1) 柱面的一般方程

定义1.12 动直线 L 平行于某一给定方向,且沿定曲线 C 移动所形成的轨迹称为**柱面**. 定曲线 C 称为柱面的**准线**,动直线 L 称为柱面的**母线**. 例图如图1.32所示.

母线平行于 z 轴,半径为 R 的**圆柱面方程**为 $x^2+y^2=R^2$,如图1.33所示.

在空间直角坐标系中,方程 $H(x,y)=0$ 表示母线平行于 z 轴,以 xOy 坐标面上的曲线 $H(x,y)=0$ 为准线的柱面;方程 $I(y,z)=0$ 表示母线平行于 x 轴,以 yOz 坐标面上的曲线

$I(y,z)=0$ 为准线的柱面；方程 $J(x,z)=0$ 表示母线平行于 y 轴，以 zOx 坐标面上的曲线 $J(x,z)=0$ 为准线的柱面.

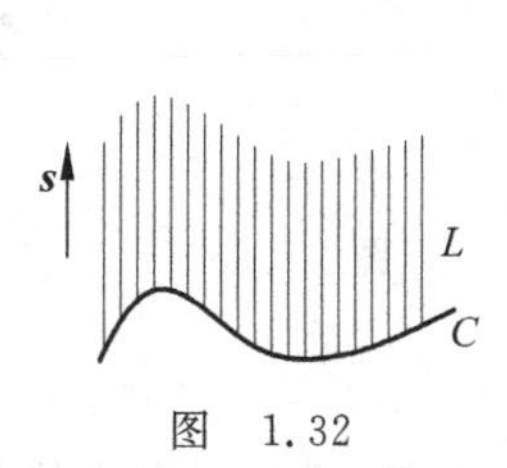

图 1.32

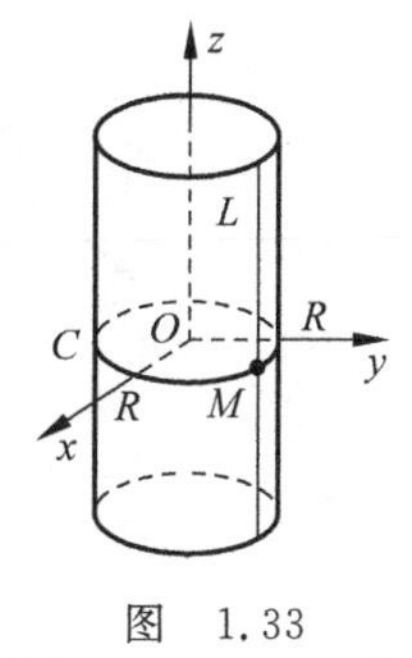

图 1.33

(2) 投影柱面的方程

设空间曲线 C 的一般方程为

$$C:\begin{cases}F(x,y,z)=0,\\G(x,y,z)=0.\end{cases}\tag{1.31}$$

如果将方程(1.31)中的 z 消去，得到的方程为

$$H(x,y)=0.\tag{1.32}$$

它表示一个以 C 为准线，母线平行于 z 轴的**投影柱面**. 曲线

$$\begin{cases}H(x,y)=0,\\z=0\end{cases}$$

称为空间曲线 C 在 xOy 坐标面内的**投影曲线**.

类似地，将方程(1.31)中的 x 和 y 分别消去得到的投影柱面方程为

$$I(y,z)=0 \quad 和 \quad J(x,z)=0,$$

进一步，空间曲线 C 在 yOz 坐标面和在 zOx 坐标面内的投影曲线分别为

$$\begin{cases}I(y,z)=0,\\x=0\end{cases} \quad 和 \quad \begin{cases}J(x,z)=0,\\y=0.\end{cases}$$

2. 旋转曲面

定义 1.13 在空间直角坐标系中，一条曲线 C 绕一条定直线 L 旋转一周所生成的曲面称为**旋转曲面**. 曲线 C 称为旋转曲面的**母线**，定直线 L 称为**旋转轴**.

以 yOz 坐标面上的曲线 $\begin{cases}I(y,z)=0,\\x=0\end{cases}$ 为例，如图 1.34 所示，绕 z 轴旋转得到的曲面方程为 $I(\pm\sqrt{x^2+y^2},z)=0$. 该方程的特点是：只需将方程 $I(y,z)=0$ 中旋转轴 z 的坐标保留，而将另一个坐标 y 换成除旋转轴 z 之外的 $\pm\sqrt{x^2+y^2}$ 即可. 再如，该平面曲线绕 y 轴旋转得到的曲面方程为 $I(y,\pm\sqrt{x^2+z^2})=0$. 类似可得其他形式的旋转曲面方程.

旋转抛物面和**圆锥面**是较为常见的旋转曲面，例图如图 1.35(a)和图 1.35(b)所示，它们的方程分别为 $y=a(x^2+z^2)$ 和 $z=\pm k\sqrt{x^2+y^2}$.

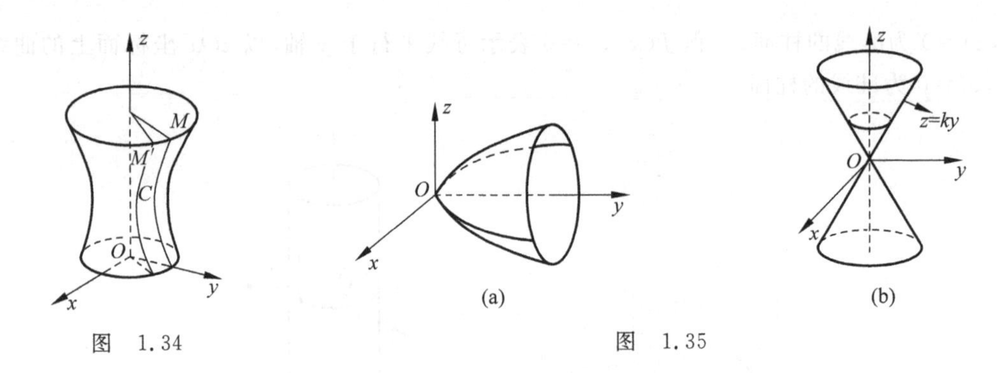

图　1.34　　　　　　　　　　　图　1.35

3. 二次曲面

截痕法：用一系列平行于坐标面的平面去截割曲面，通过考察交线的形状和性质，进而了解曲面的形状和性质.

(1) 椭球面

由方程

$$\frac{x^2}{a^2}+\frac{y^2}{b^2}+\frac{z^2}{c^2}=1 \quad (a,b,c>0) \tag{1.33}$$

所确定的曲面称为**椭球面**，如图 1.36 所示. 易见，分别用平行于坐标面的平面截椭球面时，得到的截痕都是椭圆. 特别地，分别用平面 $z=0$，$y=0$ 和 $x=0$ 截得的椭圆称为**主椭圆**.

(2) 双曲面

(i) 单叶双曲面

由方程

$$\frac{x^2}{a^2}+\frac{y^2}{b^2}-\frac{z^2}{c^2}=1 \quad (a,b,c>0) \tag{1.34}$$

所确定的曲面称为**单叶双曲面**，如图 1.37(a)所示. 易见，用平行于坐标面的平面截该曲面，得到的截痕是两族双曲线和一族椭圆.

(ii) 双叶双曲面

由方程

$$\frac{x^2}{a^2}+\frac{y^2}{b^2}-\frac{z^2}{c^2}=-1 \quad (a,b,c>0,\text{且}\ |z|\geqslant c) \tag{1.35}$$

所确定的曲面称为**双叶双曲面**，如图 1.37(b)所示，用平行于坐标面的平面截该曲面，得到的截痕是两族双曲线和一族椭圆.

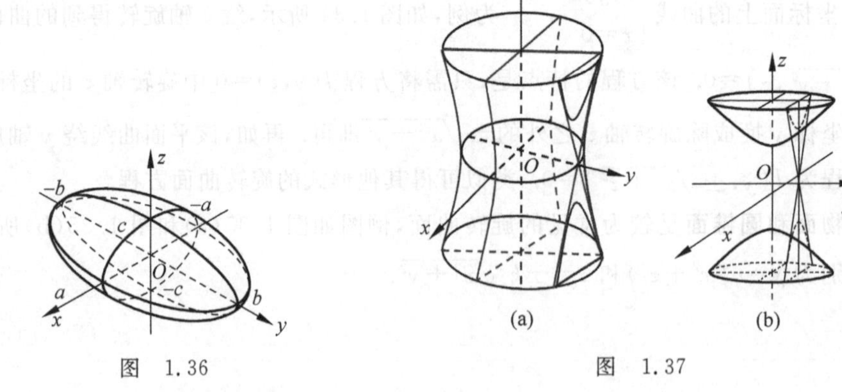

图　1.36　　　　　　　　　　　图　1.37

(3) 抛物面

(i) 椭圆抛物面

由方程

$$z=\frac{x^2}{2p}+\frac{y^2}{2q}\quad (p,q\ \text{同号}) \tag{1.36}$$

所确定的曲面称为**椭圆抛物面**. 当 p,q 均大于 0 时,椭圆抛物面的开口朝上,如图 1.38 所示;当 p,q 均小于 0 时,椭圆抛物面的开口朝下. 用平行于坐标面的平面截该曲面,得到的截痕是两族抛物线和一族椭圆.

(ii) 双曲抛物面

由方程

$$z=-\frac{x^2}{2p}+\frac{y^2}{2q}\quad (p,q\ \text{同号}) \tag{1.37}$$

所表示的曲面称为**双曲抛物面**,如图 1.39 所示. 双曲抛物面也称马鞍面或鞍形曲面,同样可以用截痕法对该曲面进行讨论.

(4) 二次锥面

由方程

$$\frac{x^2}{a^2}+\frac{y^2}{b^2}-\frac{z^2}{c^2}=0 \tag{1.38}$$

所确定的曲面称为**二次锥面**,如图 1.40 所示.

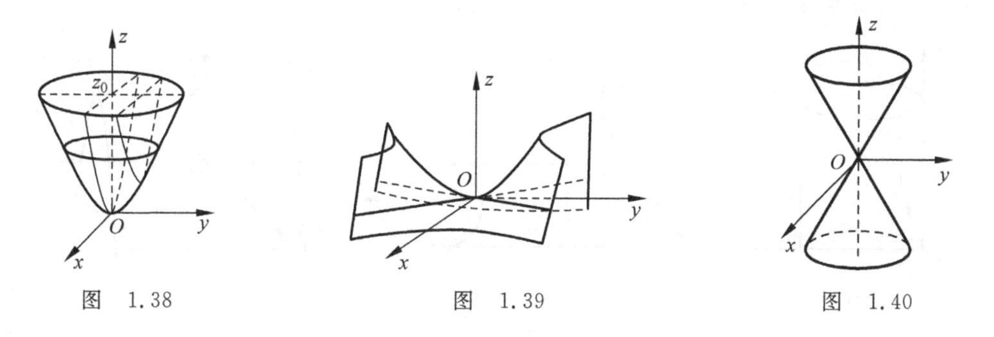

图 1.38　　图 1.39　　图 1.40

二、课后习题选解(习题 1.7)

1. 指出下列方程在平面解析几何中和空间解析几何中分别表示什么图形.

(1)$x=2$;(2)$y=x+1$;(3)$x^2+y^2=4$;(4)$x^2-y^2=1$.

分析 根据方程的特点,根据情况对号解答.

解 见下表

方　程	$x=2$	$y=x+1$	$x^2+y^2=4$	$x^2-y^2=1$
平面几何图形	平行于 y 轴的直线	斜率为 1 的直线	圆心在 $(0,0)$ 半径为 2 的圆	双曲线
空间几何图形	平行于 yOz 坐标面	平行于 z 轴的平面	母线平行于 z 轴的圆柱面	母线平行于 z 轴的双曲柱面

2. 求通过曲线$\begin{cases}2x^2+y^2+z^2=16,\\ x^2+z^2-y^2=0\end{cases}$且母线分别平行于 x 轴和 y 轴的柱面方程.

分析 由母线平行于坐标轴的柱面方程的特征直接可得.

解 消去变量 x,得 $3y^2-z^2=16$,该曲面为母线平行于 x 轴的双曲柱面. 消去变量 y,得 $3x^2+2z^2=16$,该曲面为母线平行于 y 轴的椭圆柱面.

3. 求曲线$\begin{cases}x^2+y^2+z^2=4,\\ y=z\end{cases}$在各坐标面上的投影方程.

分析 消去相应的变量,由投影柱面的定义直接可得,但要注意方程的特点.

解 在 xOy 面上的投影方程为$\begin{cases}x^2+2y^2=4,\\ z=0.\end{cases}$在 yOz 面上的投影方程为$\begin{cases}y=z,\\ x=0.\end{cases}$在 xOz 面上的投影方程为$\begin{cases}x^2+2z^2=4,\\ y=0.\end{cases}$

4. 求将曲线$\begin{cases}z=-y^2+1,\\ x=0\end{cases}$绕 z 轴旋转一周所得的旋转曲面方程.

分析 由坐标面内的曲线绕坐标轴旋转所得旋转曲面方程的特点直接可得.

解 依题意,旋转曲面方程为 $z=-(x^2+y^2)+1$.

5. 画出下列方程所表示的曲面.

(1) $\left(x-\frac{a}{2}\right)^2+y^2=\left(\frac{a}{2}\right)^2$;　(2) $\frac{x^2}{9}+\frac{z^2}{4}=1$;　(3) $z=2-x^2$.

分析 根据方程的特点,均缺少某一变量,因此这三个方程的几何图形都是柱面.

解 这三个方程描述的几何图形分别如图 1.41 所示.

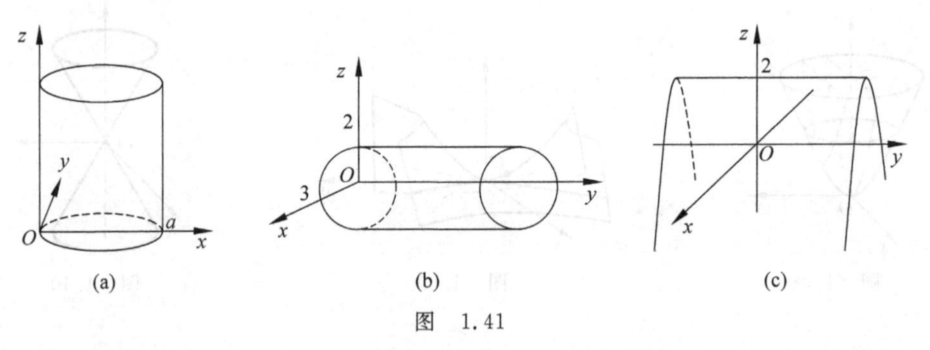

图 1.41

6. 画出由曲面 $z=6-x^2-y^2$ 和 $z=\sqrt{x^2+y^2}$ 所围成的空间区域.

分析 根据方程的特点画出草图.

解 易见,方程 $z=6-x^2-y^2$ 的几何图形是由 zOx 坐标面上开口向下的抛物线 $z=6-x^2$ 绕 z 轴旋转而成的旋转抛物面;方程 $z=\sqrt{x^2+y^2}$ 的几何图形是 zOx 坐标面上直线 $z=x$ 绕 z 轴旋转而成的圆锥面. 草图如图 1.42 所示.

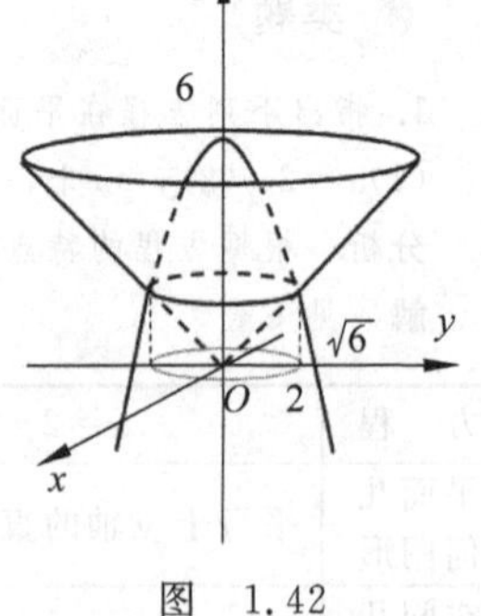

图 1.42

1. 求曲线$\begin{cases}x^2+y^2+4z^2=1,\\ z^2=x^2+y^2\end{cases}$在 xOy 坐标面内的投影柱面和投影曲线方程.

分析 由投影柱面和投影曲线的定义直接可得.

解 在 xOy 坐标面内的投影柱面方程为 $5x^2+5y^2=1$；投影曲线 $\begin{cases}5x^2+5y^2=1,\\z=0.\end{cases}$

2. 求曲线 $\begin{cases}y^2+z^2-2x=0,\\z=3\end{cases}$ 在 xOy 坐标面内的投影曲线方程，并指出原曲线是何种曲线.

分析 由投影曲线的定义直接可得. 为判断原曲线，须将 $z=3$ 代入到第一个方程中，得到在 xOy 坐标面的投影曲线为 $\begin{cases}y^2+9=2x,\\z=0.\end{cases}$ 显然，原曲线是 $z=3$ 平面上的一条抛物线.

解 易知，投影曲线方程为 $\begin{cases}y^2+9=2x,\\z=0.\end{cases}$ 因原曲线也可表示为 $\begin{cases}y^2+9=2x,\\z=3,\end{cases}$ 显然它是 $z=3$ 平面内，顶点在 $\left(\frac{9}{2},0,3\right)$ 开口朝向 x 轴正半轴的抛物线.

3. 求将曲线 $\begin{cases}4x^2-9y^2=36,\\z=0\end{cases}$ 分别绕 x 轴和 y 轴旋转一周所得的旋转曲面方程.

分析 由坐标面内的曲线绕坐标轴旋转所得旋转曲面方程的特点直接可得.

解 根据旋转曲面方程的特点可知，曲线绕 x 轴旋转一周所得的旋转曲面方程 $4x^2-9y^2-9z^2=36$；绕 y 轴旋转一周所得的旋转曲面方程 $4x^2+4z^2-9y^2=36$.

4. 画出由曲面 $x=0,y=0,z=0,x+y=1,y^2+z^2=1$ 在第Ⅰ卦限所围成的空间区域.

解 该区域如图 1.43 所示.

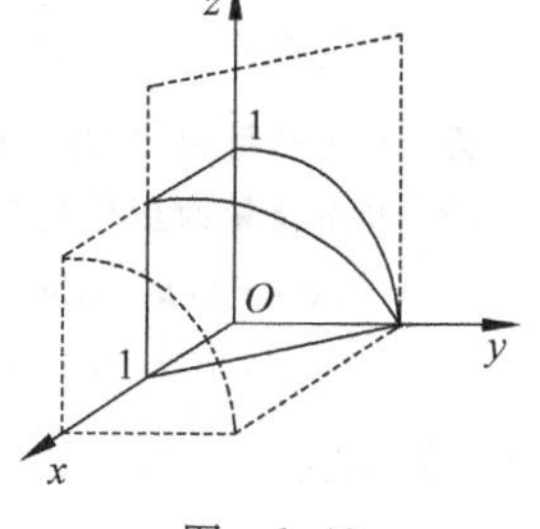

图 1.43

5. 已知椭球面的三轴分别与三坐标轴重合，且通过椭圆 $\begin{cases}\frac{x^2}{9}+\frac{y^2}{16}=1,\\z=0\end{cases}$ 和点 $M(1,2,\sqrt{23})$，求该椭球面的方程.

分析 因所求的椭球面的三轴分别与三坐标轴重合，故其为标准方程；又因为题中已知的椭圆方程是其 xOy 面上的主椭圆，故可设所求方程为 $\frac{x^2}{9}+\frac{y^2}{16}+\frac{z^2}{c^2}=1$，将点 M 的坐标代入即可确定方程.

解 依题意，设椭球面方程为 $\frac{x^2}{9}+\frac{y^2}{16}+\frac{z^2}{c^2}=1$. 因为椭球面过点 $M(1,2,\sqrt{23})$，将其代入椭球面方程，求得 $c^2=36$. 于是所求的椭球面方程为 $\frac{x^2}{9}+\frac{y^2}{16}+\frac{z^2}{36}=1$.

复习题1解答

1. 是非题

(1) 平行于向量 $\boldsymbol{a}=(1,2,-2)$ 的单位向量为 $\boldsymbol{a}^\circ=\frac{1}{3}(1,2,-2)$. (　　)

(2) 设 $\boldsymbol{a},\boldsymbol{b}$ 为非零向量，且 $\boldsymbol{a}\perp\boldsymbol{b}$，则必有 $|\boldsymbol{a}+\boldsymbol{b}|=|\boldsymbol{a}-\boldsymbol{b}|$. (　　)

(3) 设 $\boldsymbol{a},\boldsymbol{b}$ 为非零向量，则 $\boldsymbol{a}\times\boldsymbol{b}=\boldsymbol{0}$ 是 $\boldsymbol{a}/\!/\boldsymbol{b}$ 的必要不充分的条件. (　　)

(4) 设空间直线的对称式方程为 $\frac{x}{0}=\frac{y}{1}=\frac{z}{2}$，则该直线必过原点且垂直于 x 轴. (　　)

(5) 曲面 $x^2+y^2+z^2=a^2$ 与 $x^2+y^2=2az(a>0)$ 的交线是双曲线. (　　)

答 (1) 错. 正确答案应该为 $\boldsymbol{a}^\circ=\pm\frac{1}{3}(1,2,-2)$.

(2) 对. 因为 $\boldsymbol{a},\boldsymbol{b}$ 为非零向量，且 $\boldsymbol{a}\perp\boldsymbol{b}$，则必有 $\boldsymbol{a}\cdot\boldsymbol{b}=0$. 进一步地，由于

$$|\boldsymbol{a}+\boldsymbol{b}|=\sqrt{(\boldsymbol{a}+\boldsymbol{b})\cdot(\boldsymbol{a}+\boldsymbol{b})}=\sqrt{|\boldsymbol{a}|^2+|\boldsymbol{b}|^2+2\boldsymbol{a}\cdot\boldsymbol{b}}=\sqrt{|\boldsymbol{a}|^2+|\boldsymbol{b}|^2},$$

$$|\boldsymbol{a}-\boldsymbol{b}|=\sqrt{(\boldsymbol{a}-\boldsymbol{b})\cdot(\boldsymbol{a}-\boldsymbol{b})}=\sqrt{|\boldsymbol{a}|^2+|\boldsymbol{b}|^2-2\boldsymbol{a}\cdot\boldsymbol{b}}=\sqrt{|\boldsymbol{a}|^2+|\boldsymbol{b}|^2},$$

所以有 $|\boldsymbol{a}+\boldsymbol{b}|=|\boldsymbol{a}-\boldsymbol{b}|$.

(3) 错. 正确答案应该为充分必要条件.

(4) 对. 空间直线和 x 轴的方向向量分别为 $(0,1,2)$ 和 $(1,0,0)$. 易见它们的数量积为零，因此它们是垂直关系.

(5) 错. 曲面 $x^2+y^2+z^2=a^2$ 表示球心在原点半径为 a 的球面，曲面 $x^2+y^2=2az(a>0)$ 表示开口向上的旋转抛物面，它们的交线应该是圆.

2. 填空题

(1) 设 $\boldsymbol{u}=\boldsymbol{a}-2\boldsymbol{b}-\boldsymbol{c},\boldsymbol{v}=2\boldsymbol{a}-3\boldsymbol{b}+2\boldsymbol{c}$，则 $3\boldsymbol{u}-2\boldsymbol{v}=$ ________.

(2) 已知向量 $\boldsymbol{a}=(1,-3,2)$ 和 $\boldsymbol{b}=(2,1,-2)$，向量 $\boldsymbol{c}=2\boldsymbol{b}-\lambda\boldsymbol{a}$，且 $\boldsymbol{a}\perp\boldsymbol{c}$，则 $\lambda=$ ________.

(3) 点 $M(3,-2,1)$ 关于坐标原点的对称点是________.

(4) 动点 $M(x,y,z)$ 到 xOy 坐标面的距离与其到点 $(2,1,-2)$ 的距离相等，则点 M 的轨迹方程是________________.

(5) 旋转曲面 $\dfrac{x^2}{4}+\dfrac{y^2}{4}+\dfrac{z^2}{9}=1$ 的旋转轴是________轴.

答 (1) 利用向量的线性运算. $3\boldsymbol{u}-2\boldsymbol{v}=3(\boldsymbol{a}-2\boldsymbol{b}-\boldsymbol{c})-2(2\boldsymbol{a}-3\boldsymbol{b}+2\boldsymbol{c})=-\boldsymbol{a}-7\boldsymbol{c}$.

(2) 利用向量的线性运算和数量积为零的条件. 由条件 $\boldsymbol{a}\perp\boldsymbol{c}$ 可得

$$\begin{aligned}\boldsymbol{a}\cdot\boldsymbol{c}&=\boldsymbol{a}\cdot(2\boldsymbol{b}-\lambda\boldsymbol{a})=2\boldsymbol{a}\cdot\boldsymbol{b}-\lambda\boldsymbol{a}\cdot\boldsymbol{a}\\&=2(1,-3,2)\cdot(2,1,-2)-\lambda(1,-3,2)\cdot(1,-3,2)=-10-14\lambda=0.\end{aligned}$$

解得 $\lambda=-\dfrac{5}{7}$.

(3) 点 $M(3,-2,1)$ 关于坐标原点的对称点是 $(-3,2,-1)$.

(4) 依题意，建立的方程为 $|z|=\sqrt{(x-2)^2+(y-1)^2+(z+2)^2}$，化简可得

$$(x-2)^2+(y-1)^2+4z+4=0.$$

(5) 易见，旋转曲面 $\dfrac{x^2}{4}+\dfrac{y^2}{4}+\dfrac{z^2}{9}=1$ 是由曲线 $\begin{cases}\dfrac{x^2}{4}+\dfrac{z^2}{9}=1,\\ y=0\end{cases}$ 绕 z 轴旋转而成的.

3. 选择题

(1) 设向量 $\boldsymbol{a}$ 与 $\boldsymbol{b}$ 平行且方向相反，又 $|\boldsymbol{a}|>|\boldsymbol{b}|>0$，则有(　　).

A. $|\boldsymbol{a}+\boldsymbol{b}|=|\boldsymbol{a}|-|\boldsymbol{b}|$　　B. $|\boldsymbol{a}+\boldsymbol{b}|>|\boldsymbol{a}|-|\boldsymbol{b}|$

C. $|\boldsymbol{a}+\boldsymbol{b}|<|\boldsymbol{a}|-|\boldsymbol{b}|$　　D. $|\boldsymbol{a}+\boldsymbol{b}|=|\boldsymbol{a}|+|\boldsymbol{b}|$

(2) 平面 $\pi_1: Ax+By+Cz+D_1=0$ 与 $\pi_2: Ax+By+Cz+D_2=0$ 的距离为(　　).

A. $|D_1-D_2|$　　B. $|D_1+D_2|$

C. $\dfrac{|D_1-D_2|}{\sqrt{A^2+B^2+C^2}}$　　D. $\dfrac{|D_1+D_2|}{\sqrt{A^2+B^2+C^2}}$

(3) 直线 $\dfrac{x+3}{-2}=\dfrac{y+4}{-7}=\dfrac{z}{3}$ 与平面 $4x-2y-2z=3$ 的关系为(　　).

A. 平行但直线不在平面内　　B. 直线在平面内

C. 垂直相交　　D. 相交但不垂直

(4) 曲面 $x^2-y^2=z$ 在 zOx 坐标面内的截线方程为(　　).

A. $x^2=z$　　B. $\begin{cases}y^2=-z,\\ x=0\end{cases}$　　C. $\begin{cases}x^2-y^2=0,\\ z=0\end{cases}$　　D. $\begin{cases}x^2=z,\\ y=0\end{cases}$

(5) 曲面 $2(x-1)^2+(y-2)^2-(z-3)^2=0$ 在空间直角坐标系中表示(　　).

A. 球面　　B. 椭圆锥面　　C. 抛物面　　D. 圆锥面

答 (1) 选A. 依题意,向量 $\boldsymbol{a}$ 与 $\boldsymbol{b}$ 的夹角为 π. 不难验证

$|\boldsymbol{a}+\boldsymbol{b}|^2=(\boldsymbol{a}+\boldsymbol{b})\cdot(\boldsymbol{a}+\boldsymbol{b})=|\boldsymbol{a}|^2+|\boldsymbol{b}|^2+2\boldsymbol{a}\cdot\boldsymbol{b}=|\boldsymbol{a}|^2+|\boldsymbol{b}|^2-2|\boldsymbol{a}||\boldsymbol{b}|=(|\boldsymbol{a}|-|\boldsymbol{b}|)^2$.

又因为 $|\boldsymbol{a}|>|\boldsymbol{b}|>0$,因此选A.

(2) 选C. 利用点到平面的距离公式(1.15). 在 π_1 上任取一点 (x_0,y_0,z_0),因此它满足 $Ax_0+By_0+Cz_0+D_1=0$. 根据点到平面的距离公式(1.15),点 (x_0,y_0,z_0) 到平面 π_2 的距离为

$$d=\frac{|Ax_0+By_0+Cz_0+D_2|}{\sqrt{A^2+B^2+C^2}}=\frac{|D_2-D_1|}{\sqrt{A^2+B^2+C^2}}.$$

因此选C.

(3) 选A. 易见,直线的方向向量和平面的法线向量分别为 $\boldsymbol{s}=(-2,-7,3)$ 和 $\boldsymbol{n}=(4,-2,-2)$. 由于 $\boldsymbol{s}\cdot\boldsymbol{n}=(-2,-7,3)\cdot(4,-2,-2)=0$. 容易验证,点 $(-3,-4,0)$ 在直线上,但是不在平面内,说明直线与平面平行但直线不在平面内,因此选A.

(4) 选D. 依题意,在 zOx 坐标面内,有 $y=0$,因此选D.

(5) 选B. 利用坐标变换 $\begin{cases}X=x-1,\\Y=y-2,\\Z=z-3,\end{cases}$ 曲面方程 $2(x-1)^2+(y-2)^2-(z-3)^2=0$ 化为 $2X^2+Y^2-Z^2=0$. 利用截痕法可知,它是一个椭圆锥面,因此原方程也表示一个椭圆锥面,选B.

4. 已知 $|\boldsymbol{a}|=2,|\boldsymbol{b}|=5,(\widehat{\boldsymbol{a},\boldsymbol{b}})=\frac{2\pi}{3}$,问 λ 为何值时,向量 $\boldsymbol{u}=\lambda\boldsymbol{a}+17\boldsymbol{b}$ 与 $\boldsymbol{v}=3\boldsymbol{a}-\boldsymbol{b}$ 互相垂直.

分析 依题意,问题可以转化为向量内积的线性运算.

解 若 $\boldsymbol{u}\perp\boldsymbol{v}$,则 $\boldsymbol{u}\cdot\boldsymbol{v}=0$. 于是

$$\boldsymbol{u}\cdot\boldsymbol{v}=(\lambda\boldsymbol{a}+17\boldsymbol{b})\cdot(3\boldsymbol{a}-\boldsymbol{b})=3\lambda|\boldsymbol{a}|^2-\lambda\boldsymbol{a}\cdot\boldsymbol{b}+51\boldsymbol{b}\cdot\boldsymbol{a}-17|\boldsymbol{b}|^2=0,$$

即 $12\lambda+(51-\lambda)2\times5\times\cos\frac{2}{3}\pi-17\times25=0$. 解之得 $\lambda=40$.

5. 求以 $A(1,2,3),B(3,4,5),C(-1,-2,7)$ 为顶点的三角形的面积 S.

分析 利用向量的向量积的几何意义求解,即三角形面积应为以两向量为邻边的平行四边形面积的一半,而平行四边形的面积恰为这两个向量的向量积的模.

解 易知,$\overrightarrow{AB}=(2,2,2),\overrightarrow{AC}=(-2,-4,4)$,根据两个向量的向量积的几何意义,有

$$S_{\triangle ABC}=\frac{1}{2}|\overrightarrow{AB}\times\overrightarrow{AC}|=\frac{1}{2}\sqrt{\begin{vmatrix}2&2\\-4&4\end{vmatrix}^2+\begin{vmatrix}2&2\\4&-2\end{vmatrix}^2+\begin{vmatrix}2&2\\-2&-4\end{vmatrix}^2}=\frac{1}{2}\sqrt{416}=2\sqrt{26}.$$

6. 求过点 $M_1(x_1,y_1,z_1),M_2(x_2,y_2,z_2)$ 且垂直于平面 $x+y+z=0$ 的平面的法向量 $\boldsymbol{n}$.

分析 显然所求的法向量 $\boldsymbol{n}$ 应垂直于 $\overrightarrow{M_1M_2}$,且垂直于已知平面的法向量.

解 设 $\boldsymbol{n}=(A,B,C)$. 平面 $x+y+z=0$ 的法线向量为 $\boldsymbol{n}_0=(1,1,1)$. 由 $\boldsymbol{n}\perp\boldsymbol{n}_0$ 可知

$$A+B+C=0. \qquad ①$$

又因为 $\boldsymbol{n}\perp\overrightarrow{M_1M_2}$,所以有

$$A(x_2-x_1)+B(y_2-y_1)+C(z_2-z_1)=0. \qquad ②$$

联立式①和式②可以求得

$$\boldsymbol{n}=\left(\frac{(z_2-z_1)-(y_2-y_1)}{(y_2-y_1)-(x_2-x_1)},\frac{(z_2-z_1)-(x_2-x_1)}{(x_2-x_1)-(y_2-y_1)},1\right).$$

7. 求过点 $P(1,0,-3)$ 且过直线 $\frac{x+3}{-2}=\frac{y-2}{1}=\frac{z-1}{-3}$ 的平面方程.

分析 利用向量的向量积求平面的法线向量.

解 已知直线的方向向量为 $\boldsymbol{s}=(-2,1,-3)$,且过点 $M(-3,2,1)$. 已知平面过点 $P(1,0,-3)$,所以

有$\overrightarrow{PM}=(-4,2,4)$. 于是所求平面的法线向量为

$$\boldsymbol{n}=\boldsymbol{s}\times\overrightarrow{PM}=\left(\begin{vmatrix}1 & -3\\ 2 & 4\end{vmatrix},\begin{vmatrix}-3 & -2\\ 4 & -4\end{vmatrix},\begin{vmatrix}-2 & 1\\ -4 & 2\end{vmatrix}\right)=10(1,2,0).$$

故平面的点法式方程为$1(x-1)+2(y-0)+0(z+3)=0$,即$x+2y-1=0$.

8. 求过点$(4,-1,3)$且平行于直线$\frac{x-3}{2}=y=\frac{z-1}{5}$的直线方程.

分析 因两条平行直线的方向向量相同,由直线的点向式方程直接可得.

解 易见,直线的方向向量为$\boldsymbol{s}=(2,1,5)$,且过点$(4,-1,3)$,故所求直线的点向式方程为

$$\frac{x-4}{2}=\frac{y+1}{1}=\frac{z-3}{5}.$$

9. 求直线$\begin{cases}x+y+3z=0\\ x-y-z=0\end{cases}$与平面$x-y-z+3=0$间的夹角.

分析 因直线方程由一般式给出,可通过计算两个平面法向量的向量积得到直线的方向向量,再利用定理1.8判断.

解 不难求得直线的方向向量为$\boldsymbol{s}=\left(\begin{vmatrix}1 & 3\\ -1 & -1\end{vmatrix},\begin{vmatrix}3 & 1\\ -1 & 1\end{vmatrix},\begin{vmatrix}1 & 1\\ 1 & -1\end{vmatrix}\right)=2(1,2,-1)$,平面的法线向量为$\boldsymbol{n}=(1,-1,-1)$. 显然$\boldsymbol{s}\cdot\boldsymbol{n}=0$. 又因为点$(1,2,-1)$在直线上,但不在平面内,所以直线与平面平行,即直线与平面的夹角为0.

10. 判断下列各组中的直线和平面间的位置关系:

(1) $\frac{x+1}{2}=\frac{y-1}{-2}=\frac{z-2}{-1}$和$2x+3y-2z=1$;

(2) $\frac{x+3}{-1}=\frac{y+2}{-2}=\frac{z-3}{1}$和$x+2y-z=3$;

(3) $\frac{x-3}{-2}=\frac{y-1}{2}=\frac{z+2}{3}$和$x+y-z=4$.

分析 直线与平面的位置关系见定理1.8.

解 (1) 易见,$\boldsymbol{s}=(2,-2,-1)$,$\boldsymbol{n}=(2,3,-2)$. 所以$\boldsymbol{s}\cdot\boldsymbol{n}=0$. 又因为直线上点$(-1,1,2)$不在平面内,所以直线与平面平行.

(2) 易见,$\boldsymbol{s}=(-1,-2,1)$,$\boldsymbol{n}=(1,2,-1)$,所以$\boldsymbol{s}/\!/\boldsymbol{n}$,故直线与平面垂直相交.

(3) 易见$\boldsymbol{s}=(-2,2,3)$,$\boldsymbol{n}=(1,1,-1)$,所以$\boldsymbol{s}\cdot\boldsymbol{n}\neq 0$,即直线与平面相交. 利用直线与平面的夹角公式(1.22)不难求得,$\sin\varphi=|\cos\theta|=\frac{|\boldsymbol{s}\cdot\boldsymbol{n}|}{|\boldsymbol{s}||\boldsymbol{n}|}=\left|\frac{-3}{\sqrt{17}\times\sqrt{3}}\right|=\frac{\sqrt{51}}{17}$. 于是

$$\varphi=\arcsin\frac{\sqrt{51}}{17}.$$

11. 求点$P(-1,2,0)$在平面$x+2y-z+1=0$上的投影点的坐标.

分析 注意到P点与其投影点的连线垂直于平面,且投影点落在平面上.

解 设P点在平面π上的投影点的坐标为$M(x_0,y_0,z_0)$. 显然$\overrightarrow{PM}$垂直于平面,即$\overrightarrow{PM}/\!/\boldsymbol{n}$,所以有

$$\frac{x_0+1}{1}=\frac{y_0-2}{2}=\frac{z_0}{-1}. \qquad ①$$

又因为点M在平面内,所以有

$$x_0+2y_0-z_0+1=0. \qquad ②$$

联立式①与式②,可解得$\left(-\frac{5}{3},\frac{2}{3},\frac{2}{3}\right)$.

12. 将zOx坐标面上的抛物线$z^2=5x$分别绕x轴和z轴旋转一周,求所生成的两个旋转曲面的方程.

分析 由坐标面内的曲线绕坐标轴旋转所得旋转曲面方程的特点直接可得.

解 抛物线绕 x 轴旋转一周所得旋转曲面为 $y^2+z^2=5x$；绕 z 轴旋转一周所得旋转曲面为 $z^2=\pm5\sqrt{x^2+y^2}$.

13. 判断下列方程表示哪种曲面：

(1) $\frac{x^2+y^2}{4}-\frac{z^2}{9}=1$；　(2) $\frac{x^2}{4}+\frac{y^2}{9}-\frac{z^2}{9}=1$；　(3) $\frac{x^2}{4}+\frac{y^2}{9}+\frac{z^2}{8}=1$；

(4) $\frac{x^2}{4}+\frac{y^2}{6}-\frac{z^2}{9}=-1$；(5) $\frac{x^2}{2}+\frac{y^2}{3}=1$；　(6) $4x^2+3y^2-z=1$.

分析 对于柱面、旋转曲面及二次曲面的方程对照进行判断.

解 (1) 以 z 轴为旋转轴的旋转单叶双曲面. (2)单叶双曲面. (3)椭球面. (4)双叶双曲面. (5)母线平行于 z 轴的椭圆柱面. (6)椭圆抛物面.

1. 设△ABC 的三边为$\overrightarrow{BC}=\boldsymbol{a},\overrightarrow{CA}=\boldsymbol{b},\overrightarrow{AB}=\boldsymbol{c}$,$D,E,F$ 分别为三边的中点. 证明：$\overrightarrow{AD}+\overrightarrow{BE}+\overrightarrow{CF}=\boldsymbol{0}$.

2. 设 $M_i(x_i,y_i,z_i)(i=1,2,3,4)$是空间中的四个点，试给出这四个点共面的条件.

3. 已知向量$\overrightarrow{AB}$的始点 $A(4,0,5)$，$|AB|=2\sqrt{14}$，$\overrightarrow{AB}$的方向余弦为 $\cos\alpha=\frac{3}{\sqrt{14}}$，$\cos\beta=\frac{1}{\sqrt{14}}$，$\cos\gamma=-\frac{2}{\sqrt{14}}$. 求点 B 的坐标.

4. 求通过直线$\begin{cases}x-2z-4=0,\\3y-z+8=0,\end{cases}$且与直线$\begin{cases}x-y-4=0,\\z-y+6=0\end{cases}$平行的平面方程.

5. 设一平面垂直于平面 $z=0$，并通过从点$(1,-1,1)$到直线$\begin{cases}y-z+1=0,\\x=0\end{cases}$的垂线，求该平面的方程.

6. 求点 $P(3,-1,2)$到直线$\begin{cases}x+y-z+1=0\\2x-y+z-4=0\end{cases}$的距离.

7. 求过点$(0,2,4)$且与两平面 $x+2z=1$ 和 $y-3z=2$ 平行的直线方程.

8. 求与坐标原点 O 及点$(1,2,2)$的距离之比为 $1:2$ 的点的全体所组成的曲面的方程，它表示怎样的曲面？

9. 证明：方程 $x^2+y^2+z^2+2x+6y-4z=0$ 表示的几何图形是一个球面，并求出球心和半径.

10. 求 zOx 坐标面上的双曲线 $9x^2-4z^2=36$ 分别绕 x 轴和 z 轴旋转所得旋转曲面方程.

第2章 多元函数微分学及其应用

一、基本要求

1. 理解多元函数的概念,理解二元函数的几何解释,了解二元函数的极限与连续性的概念,以及有界闭区域上连续函数的性质.

2. 理解多元函数偏导数和全微分的概念,会求偏微分、全微分,了解全微分存在的必要条件和充分条件,了解全微分形式的不变性,了解全微分在近似计算中的应用.

3. 理解方向导数与梯度的概念并掌握其计算方法.

4. 掌握多元复合函数偏导数的求法,会求隐函数(包括由方程组确定的隐函数)的偏导数.

5. 了解曲线的切线和法平面及曲面的切平面和法线的概念,会求对应的方程.

6. 理解多元函数极值和条件极值的概念,掌握多元函数极值存在的必要条件,了解二元函数极值存在的充分条件,会求二元函数的极值,会用拉格朗日乘数法求条件极值,会求简单多元函数的最大值和最小值,并会解决一些简单的应用问题.

二、知识网络图

- 多元函数微分学
  - 基本概念
    - 邻域(定义2.1)
    - 内点、外点、边界点、孤立点、聚点(定义2.2)
    - 开集、闭集(定义2.3)
    - 开区域、闭区域(定义2.4)、有界区域(定义2.5)
    - 二元函数及其相关概念(定义2.6)
    - 极限的定义(定义2.7)
    - 连续的定义(定义2.8)
    - n元函数的定义(定义2.9)、极限(定义2.10)及连续(定义2.11)
    - 偏导数的定义(定义2.12)
    - 全微分的定义(定义2.13)
  - 性质
    - 初等函数的连续性(定理2.1)
    - 闭区域上连续函数的性质(定理2.2)
    - 可微分的条件(定理2.3、定理2.4)
    - 偏导数;连续性与全微分之间的关系

- 偏导数求法
  - 定义法
  - 多元复合函数的链式法则（定理2.5、推论1~5）
  - 隐函数定理
    - 一个方程的情形（定理2.6、定理2.7）
    - 方程组的情形（定理2.8、定理2.9）
  - 高阶偏导数的计算
  - 混合偏导数与求偏导顺序无关的条件（定理2.10）
- 应用
  - 几何应用
    - 空间曲线的切线与法平面
    - 空间曲面的切平面与法线
  - 极值
    - 极值的定义（定义2.14）
    - 必要条件（定理2.11）和充分条件（定理2.12）
    - 条件极值：拉格朗日乘数法
  - 方向导数（定义2.15）及其存在条件（定理2.13）
  - 梯度

2.1 多元函数的极限与连续

一、知识要点

1. 平面点集及相关概念

平面点集是指在平面直角坐标系中满足某种条件的点的集合，记作

$$E=\{(x,y)\mid(x,y)\text{ 满足条件 }P\}.$$

例如，坐标平面 xOy 上所有点的集合为 $\mathbf{R}^2=\{(x,y)\mid-\infty<x<+\infty,-\infty<y<+\infty\}$；平面上以坐标原点为圆心，$r$ 为半径的圆的内部所有点的集合为 $C=\{(x,y)\mid x^2+y^2<r^2\}$.

定义 2.1 设 $P_0(x_0,y_0)$ 是 xOy 坐标面上的一点，δ 是某一正数，与点 $P_0(x_0,y_0)$ 的距离小于 δ 的所有点 $P(x,y)$ 组成的集合称为点 P_0 的 **δ 邻域**，如图 2.1(a)所示，记作 $U(P_0,\delta)$，即

$$U(P_0,\delta)=\{P\mid|PP_0|<\delta\}=\{(x,y)\mid\sqrt{(x-x_0)^2+(y-y_0)^2}<\delta\}.$$

进一步地，点 P_0 的**去心δ邻域**，记作 $\mathring{U}(P_0,\delta)$，即 $\mathring{U}(P_0,\delta)=\{P\mid 0<|P_0P|<\delta\}$. 特别地，在不需要强调邻域半径 δ 时，用 $U(P_0)$ 表示点 P_0 的邻域，用 $\mathring{U}(P_0)$ 表示点 P_0 的去心邻域.

在几何上，$U(P_0,\delta)$ 是坐标平面 xOy 上以点 $P_0(x_0,y_0)$ 为圆心，δ 为半径的圆的所有内部点组成的集合，因此也称之为点 P_0 的圆形邻域，如图 2.1(a)所示. 事实上，点 P_0 的邻域也可以定义为**方形邻域**，如图 2.1(b)所示，即以点 $P_0(x_0,y_0)$ 为中心，2δ 为边长的正方形内所有点的集合 $\{(x,y)\mid|x-x_0|<\delta,|y-y_0|<\delta\}$. 这两种邻域只是形式上的不同，没有本质区别. 这是因为以点 P_0 为圆心的圆形邻域内总存在以点 P_0 为中心的方形邻域；反之亦然. 如图 2.1(c)所示.

定义 2.2 对于平面上的一般点集 E 和平面上的任意一点 P，当它们的从属关系满足某些特定条件时，则有

内点：若存在点 P 的某一邻域 $U(P)$，使得 $U(P)\subset E$，则称点 P 为 E 的**内点**.

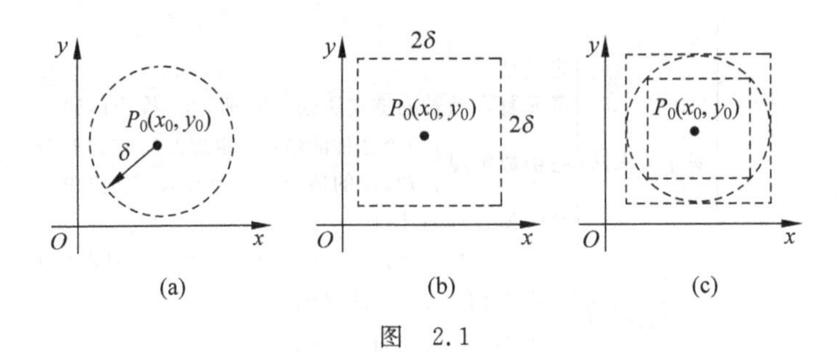

图 2.1

外点：若存在点 P 的某一邻域 $U(P)$，使得 $U(P)\cap E=\varnothing$，则称点 P 为 E 的**外点**.

边界点：点 P 的任意邻域内既有属于 E 的点，又有不属于 E 的点，则称点 P 为 E 的**边界点**.

孤立点：如果点 P 属于 E，但存在点 P 的某一去心邻域，使得 $\mathring{U}(P)\cap E=\varnothing$，则称点 P 是 E 的**孤立点**.

聚点：如果点 P 的任何一个邻域内总有无限多个点属于 E，则称点 P 为 E 的**聚点**.

内点、外点、边界点、孤立点的例图如图 2.2 所示.

定义 2.3 如果点集 E 中的所有点都是 E 的内点，则称 E 为**开集**；如果 E 中的所有点都是 E 的聚点，则称 E 为**闭集**.

定义 2.4 若非空的开集 E 是连通的，即如果 E 中任意两点均可用 E 中折线连结起来，如图 2.3 所示，则称 E 是一个**开区域**，或**连通的开集**；开区域连同其边界（不包括孤立点）所构成的点集称为**闭区域**；开区域、闭区域或者开区域连同其一部分边界点（不包括孤立点）构成的点集，统称为**区域**.

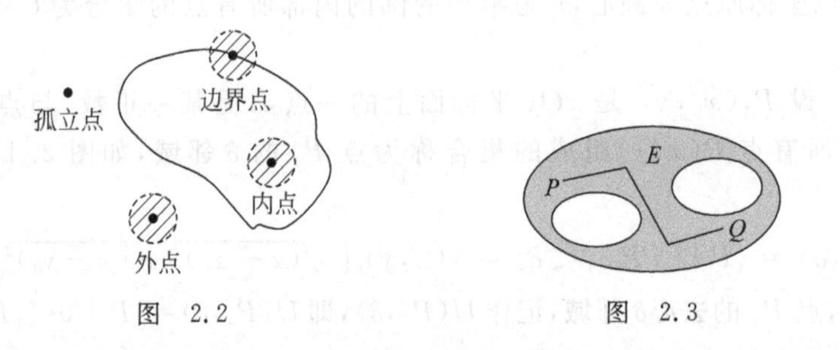

图 2.2 图 2.3

定义 2.5 对于平面区域 E，如果存在以坐标原点 O 为圆心，r 为半径的圆完全包含区域 E，即 $E\subset U(O,r)$，则称 E 为**有界区域**. 否则称之为**无界区域**.

例如，集合 $\mathbf{R}^2=\{(x,y)\mid -\infty<x<+\infty,-\infty<y<+\infty\}$ 既是开区域，又是闭区域，但它是无界的；集合 $C=\{(x,y)\mid x^2+y^2<r^2\}$ 是有界的开区域；集合 $\{(x,y)\mid y\geqslant 0,x\in\mathbf{R}\}$ 构成了无界闭区域，$\{(x,y)\mid x+y>0\}$ 构成了无界开区域，如图 2.4(a)，(b)所示.

2. 二元函数的概念

定义 2.6 设 D 是平面上的一个非空点集，如果按照某对应法则 f，D 内的每一点 $P(x,y)$ 都有唯一确定的实数 z 与之对应，则称 f 是定义在 D 上的**二元函数**，记作

$$z=f(x,y),\quad (x,y)\in D,$$

其中，x,y 称为**自变量**，z 称为**因变量**. 点集 D 称为函数的**定义域**，数集 $R=\{z\mid z=f(x,y),$

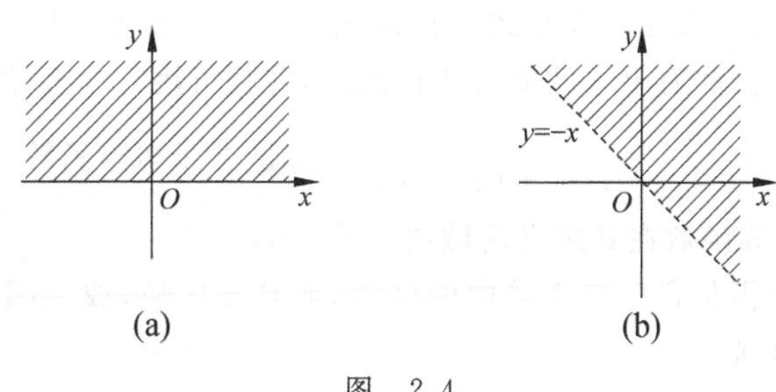

图 2.4

$(x,y)\in D\}$称为函数的**值域**.

由空间解析几何的知识知道,二元函数 $z=f(x,y)$ 在其定义域 D 内表示空间曲面,即 $\forall(x,y)\in D$ 和对应的函数值 $z=f(x,y)$ 一起组成三维数组 (x,y,z) 时,空间点集

$$S=\{(x,y,z)\mid z=f(x,y),(x,y)\in D\}$$

就是二元函数 $z=f(x,y)$ 的**图像**.也就是说,函数 $z=f(x,y)$ 在空间直角坐标系中表示空间曲面,它的定义域 D 便是该曲面在坐标面 xOy 上的投影,如图 2.5 所示.

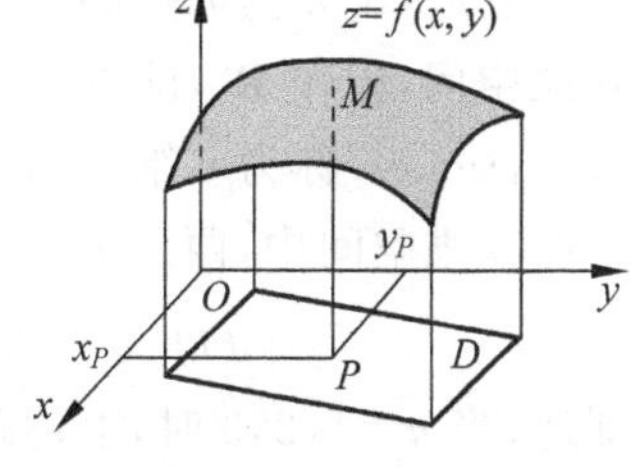

图 2.5

3. 二元函数的极限

定义 2.7 设有函数 $z=f(x,y)$,定义域为 D,点 $P_0(x_0,y_0)$ 为 D 的聚点,A 是一个实常数.如果 $\forall\varepsilon>0$,$\exists\delta>0$,当 $P(x,y)\in\mathring{U}(P_0,\delta)\cap D$ 时,有 $|f(x,y)-A|<\varepsilon$,则称 A 为函数 $z=f(x,y)$ 当 $(x,y)\to(x_0,y_0)$ 时的**极限**,记作

$$\lim_{\substack{x\to x_0\\y\to y_0}}f(x,y)=A \quad 或 \quad f(x,y)\to A\ ((x,y)\to(x_0,y_0)),$$

也记作

$$\lim_{P\to P_0}f(P)=A \quad 或 \quad f(P)\to A\ (P\to P_0).$$

二元函数极限的四则运算法则和复合函数的极限法则与一元函数极限的结论相仿,在此不再详述.为了区别于一元函数的极限,通常称二元函数的极限为**二重极限**.

在定义中,点 $P_0(x_0,y_0)$ 是 D 的聚点.这个条件说明:当点 $P_0(x_0,y_0)$ 是 D 的内点时,它一定属于 D;当点 $P_0(x_0,y_0)$ 是 D 的非孤立边界点时,它可能属于 D,也可能不属于 D.

4. 二元函数的连续性

定义 2.8 设二元函数 $z=f(x,y)$ 在点 (x_0,y_0) 的某一邻域内有定义,如果

$$\lim_{\substack{x\to x_0\\y\to y_0}}f(x,y)=f(x_0,y_0),$$

则称函数 $z=f(x,y)$ 在点 (x_0,y_0) 处**连续**.否则,称函数 $z=f(x,y)$ 在点 (x_0,y_0) 处**间断**.

如果 $z=f(x,y)$ 在其定义区域 D 内每一点都连续,则称该函数在 D 内连续.从几何角度看,若二元函数在其定义区域 D 上连续,则它的图形在区域 D 上是一张连续曲面,即曲面上没有洞,也没有裂纹.

与一元函数类似,二元连续函数经过四则运算和复合运算后仍为二元连续函数.因此,判断二元函数的连续性的方法和步骤与一元函数的相同.

与一元初等函数类似，**二元初等函数**是指由关于不同自变量（如 x 和 y）的基本初等函数经过有限次的四则运算和有限次的复合所构成的，并且可用一个表达式表示的二元函数. 例如，$\frac{x+y}{2+x^2+y^2}$，$\sin(x+y)$，$\frac{x^2y^4}{1+x^2y^4+(x^2-y)^2}$等都是二元初等函数.

定理 2.1 二元初等函数在其**定义区域**内是连续的.

这里的**定义区域**是指包含在定义域内的区域，或是开区域，或是闭区域，或是开区域连同其部分边界组成的区域.

定理 2.2 设二元函数 $z=f(x,y)$在有界闭区域 D 上连续，则它在 D 上一定有界，一定有最大值和最小值，并且可以取得最大值与最小值之间的所有值.

5. *n* 元函数的概念、极限与连续

一般地，设 n 为取定的一个正整数，n 元有序实数组$(x_1,x_2,\cdots,x_n)$的全体构成的集合称为 ***n* 维空间**，记作 $\mathbf{R}^n$，即 $\mathbf{R}^n=\{(x_1,x_2,\cdots,x_n)\mid x_i\in\mathbf{R},i=1,2,\cdots,n\}$，其中，每个 n 元数组$(x_1,x_2,\cdots,x_n)$称为 n 维空间中的一个点，数 x_i 称为该点的第 i 个坐标.

在 n 维空间中，两点 $P(x_1,x_2,\cdots,x_n)$和 $Q(y_1,y_2,\cdots,y_n)$之间的距离定义为

$$|PQ|=\sqrt{(y_1-x_1)^2+(y_2-x_2)^2+\cdots+(y_n-x_n)^2}.$$

特别地，当 $n=1,2,3$ 时，上述距离分别表示数轴上、平面上、空间上两点间的距离.

若给定点 $P_0\in\mathbf{R}^n$，δ 是某一正数，则点 P_0 在 n 维空间中的邻域和去心邻域可分别定义为

$$U(P_0,\delta)=\{P\mid |PP_0|<\delta,P\in\mathbf{R}^n\},\quad \mathring{U}(P_0,\delta)=\{P\mid 0<|PP_0|<\delta,P\in\mathbf{R}^n\}.$$

定义 2.9 设 D 是 n 维空间中的一个非空点集，如果按照某对应法则 f，D 内的每一点 $P(x_1,x_2,\cdots,x_n)$都有唯一确定的实数 u 与之对应，则称 f 是定义在 D 上的 ***n* 元函数**，记作

$$u=f(x_1,x_2,\cdots,x_n),\quad (x_1,x_2,\cdots,x_n)\in D,$$

或记作

$$u=f(P),\quad P(x_1,x_2,\cdots,x_n)\in D.$$

注意，二元及二元以上的函数统称为**多元函数**.

一般情况下，当 $n=1,2,3$ 时，为了便于讨论，对应的一元函数、二元函数和三元函数分别表示为 $y=f(x)$，$z=f(x,y)$，$u=f(x,y,z)$.

定义 2.10 设有函数 $u=f(x_1,x_2,\cdots,x_n)$，定义域为 D，点 $P_0(x_1^0,x_2^0,\cdots,x_n^0)$为 D 的聚点，A 是一个实常数. 如果 $\forall\varepsilon>0$，$\exists\delta>0$，当 $P(x_1,x_2,\cdots,x_n)\in\mathring{U}(P_0,\delta)\cap D$ 时，有 $|f(P)-A|<\varepsilon$，则称 A 为函数 $u=f(P)$ 当 $P\to P_0((x_1,x_2,\cdots,x_n)\to(x_1^0,x_2^0,\cdots,x_n^0))$时的**极限**，记作

$$\lim_{P\to P_0}f(P)=A\quad 或\quad f(P)\to A\ (P\to P_0).$$

定义 2.11 设 n 元函数 $u=f(x_1,x_2,\cdots,x_n)$在点 $P_0(x_1^0,x_2^0,\cdots,x_n^0)$的某一邻域内有定义，如果$\lim\limits_{P\to P_0}f(P)=f(P_0)$，则称函数 $u=f(x_1,x_2,\cdots,x_n)$在点 $P_0(x_1^0,x_2^0,\cdots,x_n^0)$处**连续**. 否则，称函数在点 P_0 处**间断**.

二、疑难解析

1. 在平面点集中，内点、外点、边界点、孤立点、聚点是否存在某种关系？

答 由定义 2.2 可知，这些点都是通过邻域定义的，如图 2.2 所示.(1)首先，由平面点

集 E 的**内点**、**外点**和**边界点**的定义不难理解，E 的内点必属于 E；外点必不属于 E；边界点可能属于 E，也可能不属于 E.（2）由**孤立点**的定义可知，孤立点一定属于 E，并且孤立点一定是 E 的边界点，但边界点不一定是孤立点. E 的边界点的全体构成了 E 的**边界**.（3）由**聚点**的定义可知，E 的内点一定是聚点，不是孤立点的边界点一定是聚点. 点集 E 的聚点可以属于 E，也可以不属于 E.

2. 一元函数的极限与二元函数的极限有什么区别与联系？

答 一元函数与二元函数的极限都是求函数在自变量的某一变化过程的极限，描述方式上没有本质区别. 然而，二元函数的自变量变化过程要比一元函数复杂得多. 例如，对于一元函数而言，$x\to x_0$ 表示自变量 x 沿 x 轴最多只能以两个方向（左或右）趋近于 x_0；对于二元函数而言，$(x,y)\to(x_0,y_0)$ 表示自变量 (x,y) 以任何方式无限趋近于点 (x_0,y_0)，它可以沿着某条直线趋近于 (x_0,y_0)，也可以沿着某条曲线趋近于 (x_0,y_0)，总之，趋近方式是任意的. 受此启发，若可以沿着特殊路径趋近于 (x_0,y_0)，而函数 $f(x,y)$ 不存在极限或极限不唯一，则可断定 $f(x,y)$ 在点 (x_0,y_0) 的极限不存在，参见习题 2.1 中 A6(1).

3. 若点 (x,y) 沿着无数多条平面曲线趋近于点 (x_0,y_0) 时，函数 $f(x,y)$ 都趋近于 A，能否断定 $\lim\limits_{\substack{x\to x_0\\ y\to y_0}} f(x,y)=A$？

答 不能. 严格的说法是：如果当点 (x,y) 以**任何方式**无限趋近于点 (x_0,y_0) 时，函数 $f(x,y)$ 无限趋近于 A，则称 A 是函数 $z=f(x,y)$ 当 $(x,y)\to(x_0,y_0)$ 时的极限.

三、经典题型详解

题型 1 求函数的定义域

例 2.1 求下列二元函数的定义域：

(1) $z=x+\arcsin\dfrac{y}{x}$； (2) $z=\dfrac{\sqrt{4x-y^2}}{\ln(1-x^2-y^2)}$.

分析 联立不等式写出使二元函数的表达式有意义的自变量取值范围；然后求解不等式.

解 (1) 由题意得 $\left|\dfrac{y}{x}\right|\leqslant 1$，于是函数定义域为 $D=\{(x,y)\,|\,|y|\leqslant|x|，且\ x\neq 0\}$.

(2) 根据函数的表达式，自变量必须同时满足如下的不等式：

$$4x-y^2\geqslant 0,\quad 1-x^2-y^2>0,\quad 1-x^2-y^2\neq 1.$$

求解不等式，得 $0<x^2+y^2<1$，且 $y^2\leqslant 4x$. 故函数定义域为

$$D=\{(x,y)\mid 0<x^2+y^2<1,y^2\leqslant 4x\}.$$

题型 2 求二元函数的极限及证明极限不存在

例 2.2 求下列函数的极限：

(1) $\lim\limits_{\substack{x\to 0\\ y\to 0}}(1-xy)^{\frac{1}{x}}$； (2) $\lim\limits_{\substack{x\to 0\\ y\to 0}}\left(xy\sin\dfrac{1}{x^2+y}\right)$； (3) $\lim\limits_{\substack{x\to 0\\ y\to 0}}\dfrac{1-\cos\sqrt{x^2+y^2}}{\arctan(x^2+y^2)}$.

分析 (1) 属于 1^∞ 型未定式，先利用配项方法将其配成一元函数的重要极限形式，再利用复合函数的极限法则计算；(2) 属于“无穷小乘有界函数”的典型算例；(3) 表达式中含有 x^2+y^2 项，可以先用极坐标变换，然后用一元函数的等价无穷小替换进行简化.

解 (1) 利用配项方法可得

$$\lim_{\substack{x\to 0\\y\to 0}}(1-xy)^{\frac{1}{x}}=\lim_{\substack{x\to 0\\y\to 0}}\left[(1-xy)^{-\frac{1}{xy}}\right]^{-y}=e^0=1.$$

(2) 因为 $0\leqslant\left|xy\sin\dfrac{1}{x^2+y}\right|\leqslant|xy|$，且 $\lim\limits_{\substack{x\to 0\\y\to 0}}|xy|=0$. 由夹逼准则知

$$\lim_{\substack{x\to 0\\y\to 0}}\left(xy\sin\frac{1}{x^2+y}\right)=0.$$

(3) 令 $x=r\cos\theta, y=r\sin\theta, r=\sqrt{x^2+y^2}$，则当 $x\to 0, y\to 0$ 时，$r\to 0^+$. 进一步地，由于当 $r\to 0^+$ 时，$\arctan r^2\sim r^2$，$1-\cos r\sim\dfrac{1}{2}r^2$. 于是

$$\lim_{\substack{x\to 0\\y\to 0}}\frac{1-\cos\sqrt{x^2+y^2}}{\arctan(x^2+y^2)}=\lim_{r\to 0^+}\frac{1-\cos r}{\arctan r^2}=\lim_{r\to 0^+}\left[\frac{1}{2}r^2\cdot\frac{1}{r^2}\right]=\frac{1}{2}.$$

例 2.3 判断下列极限是否存在？说明理由：

(1) $\lim\limits_{\substack{x\to 0\\y\to 0}}\dfrac{2x-y^2}{|x|+|y|}$；　　(2) $\lim\limits_{\substack{x\to 0\\y\to 0}}\dfrac{x^2y}{x^4+y^2}$.

分析 根据二重极限的定义，只要证明当 (x,y) 沿不同路径(直线或曲线)趋于 $(0,0)$ 时，求得的极限不同或极限不存在即可.

解 (1) 取 $y=kx$(k 为常数)，当 $x\to 0$ 时，$y\to 0$，且有

$$\lim_{\substack{x\to 0\\y\to 0}}\frac{2x-y^2}{|x|+|y|}=\lim_{\substack{x\to 0\\y=kx}}\frac{2x-k^2x^2}{|x|+|k||x|}=\pm\frac{2}{1+|k|}.$$

易见，当 k 取不同值时，对应的极限值不同，所以该极限不存在.

(2) 取 $y=kx^2$(k 为常数)，当 $x\to 0$ 时，$y\to 0$，且有

$$\lim_{\substack{x\to 0\\y\to 0}}\frac{x^2y}{x^4+y^2}=\lim_{\substack{x\to 0\\y=kx^2}}\frac{x^2kx^2}{x^4+k^2x^4}=\frac{k}{1+k^2}.$$

易见，当 k 取不同值时，对应的极限值不同，所以该极限不存在.

题型 3　讨论多元函数的连续性

例 2.4 讨论下列函数的连续性：

(1) $f(x,y)=\begin{cases}\dfrac{x^3+y^4}{x^2+y^2}, & (x,y)\neq(0,0),\\ 0, & (x,y)=(0,0);\end{cases}$　(2) $f(x,y)=\begin{cases}\sqrt{4-x^2-y^2}, & x^2+y^2<4,\\ x^2+y^2, & x^2+y^2\geqslant 4.\end{cases}$

分析 (1) 函数在点 $(0,0)$ 处有定义，需要讨论点 $(0,0)$ 处极限与点 $(0,0)$ 处的函数值的关系. (2) 需要讨论函数在圆周 $x^2+y^2=4$ 上的连续性.

解 (1) 令 $x=r\cos\theta, y=r\sin\theta$，则当 $x\to 0, y\to 0$ 时，$r\to 0^+$，且有

$$\lim_{\substack{x\to 0\\y\to 0}}f(x,y)=\lim_{r\to 0^+}(r\cos^3\theta+r^2\sin^4\theta)=\lim_{r\to 0^+}r(\cos^3\theta+r\sin^4\theta).$$

根据结论“有界函数与无穷小的乘积仍为无穷小”可知，上式的极限存在且为 0，即

$$\lim_{\substack{x\to 0\\y\to 0}}f(x,y)=0=f(0,0),$$

所以函数 $f(x,y)$ 在点 $(0,0)$ 处连续.

(2) 易见，当 $x^2+y^2<4$ 时，函数 $f(x,y)=\sqrt{4-x^2-y^2}$ 是二元初等函数，因而是连续

的；当 $x^2+y^2>4$ 时，函数 $f(x,y)=x^2+y^2$ 也是连续的. 因此只需要讨论函数在圆周 $x^2+y^2=4$ 上的连续性即可.

设 (x_0,y_0) 是圆周 $x^2+y^2=4$ 上的一点，即 $x_0^2+y_0^2=4$. 根据定义，有 $f(x_0,y_0)=4$，但是当 $x^2+y^2<4$ 时，显然有 $\lim\limits_{\substack{x\to x_0\\y\to y_0}}f(x,y)=0$. 因此 $f(x,y)$ 在点 (x_0,y_0) 处不连续. 由于 (x_0,y_0) 是圆周 $x^2+y^2=4$ 上的一点，所以函数在圆周 $x^2+y^2=4$ 上不连续.

四、课后习题选解（习题 2.1）

1. 描绘下列平面区域的图像，并指出是开区域、闭区域、有界区域、无界区域：

(1) $\{(x,y)\mid 2x^2>y\}$；(2) $\{(x,y)\mid |x|+|y|\leqslant 1\}$；(3) $\{(x,y)\mid |x+y|<1\}$.

分析 画出图形，利用区域的定义进行分类判断.

解 这些集合的图像分别如图 2.6 所示.

(1)无界开区域. (2)有界闭区域. (3)无界开区域.

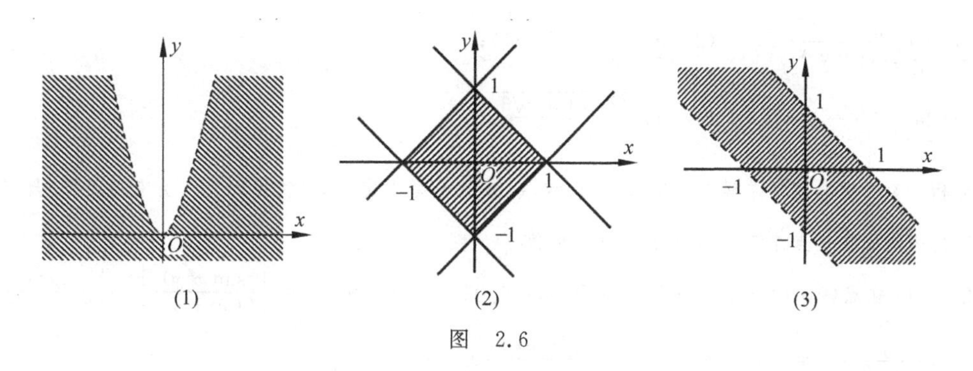

图 2.6

2. 描绘下列空间区域的图像，并指出是开区域、闭区域：

(1) $\{(x,y,z)\mid x^2+y^2+z^2\leqslant 4\}$； (2) $\left\{(x,y,z)\mid \dfrac{x^2}{4}+\dfrac{y^2}{9}+z^2<1\right\}$；

(3) $\{(x,y,z)\mid x^2+y^2\leqslant 1, |z|\leqslant 2\}$； (4) $\{(x,y,z)\mid x^2+y^2<z, z<2\}$.

分析 画出图形，利用区域的定义判断类型.

解 这些集合的图像分别如图 2.7 所示.

(1)闭区域. (2) 开区域. (3) 闭区域. (4) 开区域.

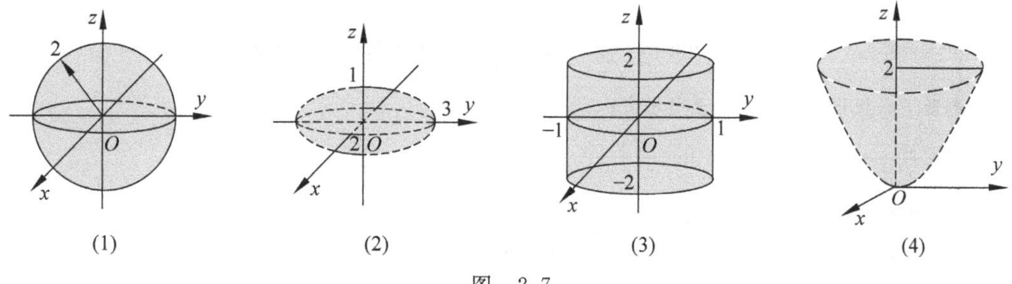

图 2.7

3. 已知函数 $f(x+y,xy)=x^2+y^2$，求 $f(x,y)$.

分析 利用配项方法进行配项,然后进行变量替换.

解 易见,$f(x+y,xy)=x^2+y^2=(x+y)^2-2xy$.令 $x+y=u,xy=v$,则有

$$f(x+y,xy)=f(u,v)=u^2-2v.$$

因此,$f(x,y)=x^2-2y$.

4. 求下列函数的定义域:

(1) $z=\sqrt{1-\frac{x^2}{4}-\frac{y^2}{9}}$; (2) $z=\ln(4-xy)$; (3) $z=\sqrt{x^2-4}+\sqrt{1-y^2}$.

分析 参考经典题型详解中例2.1.

解 (1) 由题意得 $1-\frac{x^2}{4}-\frac{y^2}{9}\geqslant 0$,容易求得,函数的定义域为

$$D=\{(x,y)\mid 9x^2+4y^2\leqslant 36\}.$$

(2) 由题意得 $4-xy>0$,容易求得函数的定义域为 $D=\{(x,y)\mid xy<4\}$.

(3) 由题意得,$\begin{cases}x^2-4\geqslant 0,\\1-y^2\geqslant 0.\end{cases}$ 容易求得,函数的定义域为

$$D=\{(x,y)\mid x^2\geqslant 4,y^2\leqslant 1\}.$$

5. 求下列函数的极限:

(1) $\lim\limits_{\substack{x\to 0\\y\to 0}}\frac{\sin(x^2y)}{2(x^2+y^2)}$; (2) $\lim\limits_{\substack{x\to 2\\y\to\infty}}\arctan(x^3+y^2)$;

(3) $\lim\limits_{\substack{x\to 1\\y\to 0}}\frac{2xy}{x^2+3y^2}$; (4) $\lim\limits_{\substack{x\to 0\\y\to 0}}\frac{\sqrt{2xy+3}-\sqrt{3}}{xy}$.

分析 参考经典题型详解中例2.2.题(1)和(4)属于$\frac{0}{0}$型未定式,但使用的方法会有所不同;题(3)所求极限的表达式在该点连续,可以直接代入函数值.

解 (1) 在点(0,0)的充分小邻域内由于$|\sin(x^2y)|\leqslant|x^2y|$,所以 $0\leqslant\left|\frac{\sin(x^2y)}{2(x^2+y^2)}\right|\leqslant\left|\frac{x^2y}{2(x^2+y^2)}\right|$.

易见,$\lim\limits_{\substack{x\to 0\\y\to 0}}\frac{x^2y}{x^2+y^2}=0$.由夹逼准则可得,$\lim\limits_{\substack{x\to 0\\y\to 0}}\frac{\sin(x^2y)}{2(x^2+y^2)}=0$.

(2) 函数 $f(x,y)=\arctan(x^3+y^2)$在任意点处连续,故$\lim\limits_{\substack{x\to 2\\y\to\infty}}\arctan(x^3+y^2)=\frac{\pi}{2}$.

(3) 显然 $f(x,y)=\frac{2xy}{x^2+3y^2}$在点(1,0)处连续,故$\lim\limits_{\substack{x\to 1\\y\to 0}}\frac{2\times 1\times 0}{1^2+3\times 0^2}=0$.

(4) 令 $u=xy$,则当 $x\to 0,y\to 0$,有 $u\to 0$.利用配项方法可得

$$\lim_{\substack{x\to 0\\y\to 0}}\frac{\sqrt{2xy+3}-\sqrt{3}}{xy}=\lim_{u\to 0}\frac{\sqrt{2u+3}-\sqrt{3}}{u}=\lim_{u\to 0}\frac{(\sqrt{2u+3}-\sqrt{3})(\sqrt{2u+3}+\sqrt{3})}{u(\sqrt{2u+3}+\sqrt{3})}$$

$$=\lim_{u\to 0}\frac{2u}{u(\sqrt{2u+3}+\sqrt{3})}=\lim_{u\to 0}\frac{2}{\sqrt{2u+3}+\sqrt{3}}=\frac{\sqrt{3}}{3}.$$

6. 判断下列极限是否存在?说明理由:

(1) $\lim\limits_{\substack{x\to 0\\y\to 0}}\frac{2x^2-y^2}{x^2+y^2}$; (2) $\lim\limits_{\substack{x\to 0\\y\to 0}}\frac{x^2y^3}{x^4+y^4}$.

分析 参考经典题型详解中例2.3.

解 (1) 取 $y=kx$(k为常数),当 $x\to 0$ 时,$y\to 0$,且有

$$\lim_{\substack{x\to 0\\y\to 0}}\frac{2x^2-y^2}{x^2+y^2}=\lim_{\substack{x\to 0\\y=kx}}\frac{2x^2-k^2x^2}{x^2+k^2x^2}=\frac{2-k^2}{1+k^2}.$$

易见,当 k 取不同值时,对应的极限值不同,所以该极限不存在.

(2) 由于 $x^4+y^4\geqslant 2x^2y^2$，所以有 $0\leqslant\left|\dfrac{x^2y^3}{x^4+y^4}\right|=\left|\dfrac{x^2y^2}{x^4+y^4}\right|\cdot|y|\leqslant\dfrac{1}{2}|y|$. 易见，$\lim\limits_{\substack{x\to 0\\y\to 0}}|y|=0$. 根据夹逼准则，有 $\lim\limits_{\substack{x\to 0\\y\to 0}}\dfrac{x^2y^3}{x^4+y^4}=0$.

7. 讨论函数 $f(x,y)$ 在点(0,0)处的连续性，其中

$$f(x,y)=\begin{cases}x\sin\dfrac{1}{y}+y\sin\dfrac{1}{x}, & xy\neq 0,\\ 0, & xy=0.\end{cases}$$

分析 参考经典题型详解中例 2.4.

解 根据"无穷小乘有界函数仍为无穷小"的结论，有

$$\lim_{\substack{x\to 0\\y\to 0}}\left(x\sin\frac{1}{y}+y\sin\frac{1}{x}\right)=0=f(0,0),$$

因此函数在点(0,0)处连续.

B类题

1. 已知函数 $f\left(x+y,\dfrac{y}{x}\right)=x^2-y^2$，求 $f(x,y)$.

分析 先利用变量替换，求出 x,y 的表达式，进而给出 $f(x,y)$.

解 令 $x+y=u,\dfrac{y}{x}=v$，则 $x=\dfrac{u}{1+v},y=\dfrac{uv}{1+v}$，因此有

$$f\left(x+y,\frac{y}{x}\right)=f(u,v)=\left(\frac{u}{1+v}\right)^2-\left(\frac{uv}{1+v}\right)^2=\frac{u^2(1-v^2)}{(1+v)^2}=\frac{u^2(1-v)}{1+v}.$$

于是

$$f(x,y)=\frac{x^2(1-y)}{1+y}.$$

2. 求下列函数的极限：

(1) $\lim\limits_{\substack{x\to 0\\y\to 0}}\dfrac{\sin(x^2+y^2)}{\ln(1+3x^2+3y^2)}$；　　(2) $\lim\limits_{\substack{x\to +\infty\\y\to +\infty}}\left(\dfrac{xy}{x^2+y^2}\right)^x$；

(3) $\lim\limits_{\substack{x\to 0\\y\to 0}}\dfrac{\tan(2xy)}{\sqrt{3xy+1}-1}$；　　(4) $\lim\limits_{\substack{x\to 0\\y\to 0}}(x^2+\sqrt{y^2-2x^3})\cos\dfrac{1}{x}\sin\dfrac{1}{y}$.

分析 参考经典题型详解中例 2.2. 题(1)、(3)先用变量替换，然后利用一元函数的等价无穷小替换；题(2)利用夹逼准则；题(4)利用"无穷小乘有界函数仍是无穷小".

解 (1) 令 $x^2+y^2=u$，则当 $x\to 0,y\to 0$，有 $u\to 0^+$. 因此

$$\lim_{\substack{x\to 0\\y\to 0}}\frac{\sin(x^2+y^2)}{\ln(1+3x^2+3y^2)}=\lim_{u\to 0^+}\frac{\sin u}{\ln(1+3u)}=\lim_{u\to 0^+}\frac{u}{3u}=\frac{1}{3}.$$

(2) 因为 $0\leqslant\left|\left(\dfrac{xy}{x^2+y^2}\right)^x\right|\leqslant\left|\left(\dfrac{1}{2}\right)^x\right|$，且 $\lim\limits_{x\to+\infty}\left(\dfrac{1}{2}\right)^x=0$，所以 $\lim\limits_{\substack{x\to +\infty\\y\to +\infty}}\left(\dfrac{xy}{x^2+y^2}\right)^x=0$.

(3) 令 $xy=u$，则当 $x\to 0,y\to 0$，有 $u\to 0$. 因此

$$\lim_{\substack{x\to 0\\y\to 0}}\frac{\tan(2xy)}{\sqrt{3xy+1}-1}=\lim_{u\to 0}\frac{\tan(2u)}{\sqrt{3u+1}-1}=\lim_{u\to 0}\frac{2u}{\sqrt{1+3u}-1}=\lim_{u\to 0}\frac{2u}{\frac{1}{2}3u}=\frac{4}{3}.$$

(4) 利用"无穷小乘有界函数仍是无穷小"可以快速给出结果，

$$\lim_{\substack{x\to 0\\y\to 0}}(x^2+\sqrt{y^2-2x^3})\cos\frac{1}{x}\sin\frac{1}{y}=0.$$

2.2 偏导数与全微分

一、知识要点

1. 偏导数的定义及其计算方法

定义 2.12 设 $z=f(x,y)$是定义在区域 D 上的二元函数，$(x_0,y_0)\in D$ 为一定点.当自变量 y 固定在 y_0，x 在 x_0 处取得增量 Δx，即 $x=x_0+\Delta x$，相应的函数值的增量为

$$f(x_0+\Delta x,y_0)-f(x_0,y_0)\quad(\text{或写为 } f(x,y_0)-f(x_0,y_0)),$$

如果

$$\lim_{\Delta x\to 0}\frac{f(x_0+\Delta x,y_0)-f(x_0,y_0)}{\Delta x}\quad\left(\text{或写为}\lim_{x\to x_0}\frac{f(x,y_0)-f(x_0,y_0)}{x-x_0}\right)\tag{2.1}$$

存在，则称函数 $z=f(x,y)$在点(x_0,y_0)处关于 x 可求偏导，并称此极限为函数在该点处关于 x 的**偏导数**，记作$\left.\frac{\partial z}{\partial x}\right|_{\substack{x=x_0\\y=y_0}}$，$\left.\frac{\partial f}{\partial x}\right|_{\substack{x=x_0\\y=y_0}}$，$\left.z_x\right|_{\substack{x=x_0\\y=y_0}}$ 或 $f_x(x_0,y_0)$.

如果函数 $z=f(x,y)$在区域 D 内任一点(x,y)处关于 x 的偏导数都存在，则 D 内每一点(x,y)与这个偏导数 $f_x(x,y)$构成了一种对应关系，即二元函数关系，因此称 $f_x(x,y)$为函数 $z=f(x,y)$关于自变量 x 的偏导函数(也称为偏导数)，也可以记作$\frac{\partial z}{\partial x}$，$\frac{\partial f}{\partial x}$，$z_x$.

类似地，函数 $z=f(x,y)$在点(x_0,y_0)处关于自变量 y 的**偏导数**定义为

$$f_y(x_0,y_0)=\lim_{\Delta y\to 0}\frac{f(x_0,y_0+\Delta y)-f(x_0,y_0)}{\Delta y},\tag{2.2}$$

也可以记作$\left.\frac{\partial z}{\partial y}\right|_{\substack{x=x_0\\y=y_0}}$，$\left.\frac{\partial f}{\partial y}\right|_{\substack{x=x_0\\y=y_0}}$，$\left.z_y\right|_{\substack{x=x_0\\y=y_0}}$.同理也可以定义函数 $z=f(x,y)$关于自变量 y 的偏导(函)数，记作$\frac{\partial z}{\partial y}$，$\frac{\partial f}{\partial y}$，$z_y$ 或 $f_y(x,y)$.

二元函数的偏导数可以推广到三元及以上的多元函数.例如，三元函数 $u=f(x,y,z)$在点(x,y,z)处的偏导数定义为

$$f_x(x,y,z)=\lim_{\Delta x\to 0}\frac{f(x+\Delta x,y,z)-f(x,y,z)}{\Delta x};\tag{2.3a}$$

$$f_y(x,y,z)=\lim_{\Delta y\to 0}\frac{f(x,y+\Delta y,z)-f(x,y,z)}{\Delta y};\tag{2.3b}$$

$$f_z(x,y,z)=\lim_{\Delta z\to 0}\frac{f(x,y,z+\Delta z)-f(x,y,z)}{\Delta z}.\tag{2.3c}$$

由定义 2.12 可见，在式(2.1)、式(2.2)中，各极限表达式的分子都是函数关于某一自变量的增量，称之为关于对应自变量的**偏增量**，分别记作 $\Delta_x z$ 和 $\Delta_y z$，即

$$\Delta_x z=f(x_0+\Delta x,y_0)-f(x_0,y_0)\quad \text{和}\quad \Delta_y z=f(x_0,y_0+\Delta y)-f(x_0,y_0).$$

根据式(2.3a，b，c)，可以类似地定义函数 $u=f(x,y,z)$在点(x_0,y_0,z_0)处的偏增量 $\Delta_x u$，$\Delta_y u$ 和 $\Delta_z u$.

2. 全微分

(1) 定义

假设二元函数 $z=f(x,y)$在点 $P_0(x_0,y_0)$处的某邻域内有定义，$P_1(x_0+\Delta x,y_0+\Delta y)$为邻域内的任意一点，称 $f(x_0+\Delta x,y_0+\Delta y)-f(x_0,y_0)$为函数在点 $P_0(x_0,y_0)$处对应于自变量 x，y 的**全增量**，记作 Δz，即

$$\Delta z = f(x_0 + \Delta x, y_0 + \Delta y) - f(x_0, y_0). \tag{2.4}$$

定义 2.13 如果函数 $z=f(x,y)$ 在点 $P_0(x_0,y_0)$ 处的全增量(2.4)可以表示为

$$\Delta z = A\Delta x + B\Delta y + o(\rho), \tag{2.5}$$

其中 A,B 为不依赖于 $\Delta x,\Delta y$ 的常数，$\rho=\sqrt{(\Delta x)^2+(\Delta y)^2}$，则称函数 $z=f(x,y)$ 在点 $P_0(x_0,y_0)$ 处可微，$A\Delta x+B\Delta y$ 称为函数 $z=f(x,y)$ 在点 $P_0(x_0,y_0)$ 处的**全微分**，记作 $\mathrm{d}z$，即 $\mathrm{d}z\big|_{(x_0,y_0)}=A\Delta x+B\Delta y$.

注意到，全增量 Δz 与自变量的增量 $\Delta x,\Delta y$ 是线性关系；当 $\Delta x,\Delta y$ 都趋于零时，全增量 Δz 与全微分 $\mathrm{d}z$ 的差是比 ρ 的高阶无穷小，它是用定义判断二元函数在某一点可微的必备条件. 此外，根据多元函数在某一点处连续的定义(定义 2.8)，容易验证：若二元函数 $z=f(x,y)$ 在点 $P_0(x_0,y_0)$ 处可微，则函数在该点处一定连续.

进一步地，若函数在区域 D 内每点 (x,y) 都可微，则称函数在 D 内**可微**.

(2) 函数可微的条件

定理 2.3(可微的必要条件) 若二元函数 $z=f(x,y)$ 在点 $(x,y)\in D$ 处可微，则函数在该点处的偏导数 $\frac{\partial z}{\partial x},\frac{\partial z}{\partial y}$ 存在，且 $z=f(x,y)$ 在点 (x,y) 处的全微分为

$$\mathrm{d}z = \frac{\partial z}{\partial x}\Delta x + \frac{\partial z}{\partial y}\Delta y. \tag{2.6}$$

定理 2.4(可微的充分条件) 若二元函数 $z=f(x,y)$ 的偏导数 $\frac{\partial z}{\partial x},\frac{\partial z}{\partial y}$ 在点 $(x,y)\in D$ 处连续，则函数在该点处可微.

与一元函数类似，习惯上将自变量的增量 Δx 和 Δy 分别记为 $\mathrm{d}x,\mathrm{d}y$. 于是函数 $z=f(x,y)$ 在点 (x,y) 处的全微分可重新记作

$$\mathrm{d}z = \frac{\partial z}{\partial x}\mathrm{d}x + \frac{\partial z}{\partial y}\mathrm{d}y. \tag{2.7}$$

类似地，三元函数 $u=f(x,y,z)$ 的全微分可表示为

$$\mathrm{d}u = \frac{\partial u}{\partial x}\mathrm{d}x + \frac{\partial u}{\partial y}\mathrm{d}y + \frac{\partial u}{\partial z}\mathrm{d}z. \tag{2.8}$$

3. 偏导数和全微分的几何解释

对于给定的二元函数 $z=f(x,y)((x,y)\in D)$，它在空间直角坐标系中表示的曲面如图 2.8 所示. 设点 $M_0(x_0,y_0,f(x_0,y_0))$ 是该曲面上的一点，过点 M_0 作平面 $y=y_0$，与曲面相交成一条曲线，参数方程为 $\begin{cases} x=x, \\ y=y_0, \\ z=f(x,y_0), \end{cases}$ (x 为参数)，则偏导数 $f_x(x_0,y_0)$ 表示上述曲线在点 M_0 处的切线 M_0T_x 关于 x 轴正向的斜率. 同理，偏导数 $f_y(x_0,y_0)$ 是曲面被平面 $x=x_0$ 所截得的曲线在点 M_0 处的切线 M_0T_y 关于 y 轴正向的斜率.

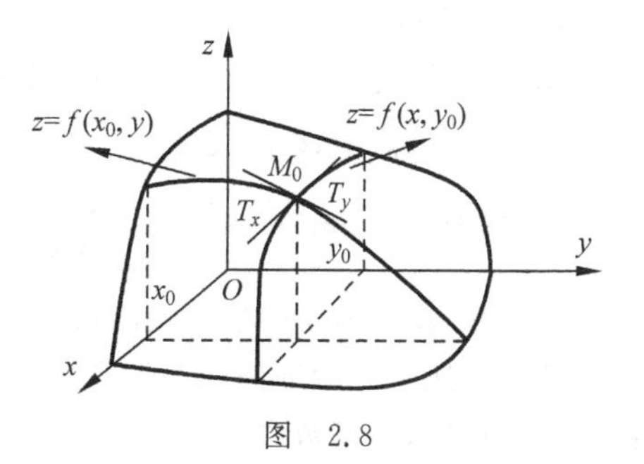

图 2.8

如果二元函数 $z=f(x,y)$ 在点 $P(x_0,y_0)$ 处的可微，则曲面在点 $M_0(x_0,y_0,f(x_0,y_0))$ 处存在切平面，方程为

$$z-z_0=f_x(x_0,y_0)(x-x_0)+f_y(x_0,y_0)(y-y_0). \tag{2.9}$$

注意到，式(2.9)的左边为切平面上点的竖坐标的增量，右边为函数 $z=f(x,y)$ 在点 $P(x_0,y_0)$ 处的全微分. 故函数 $z=f(x,y)$ 在点 $P(x_0,y_0)$ 处的全微分在几何上表示曲面 $z=f(x,y)$ 在点 $M_0(x_0,y_0,f(x_0,y_0))$ 处的切平面上的点的竖坐标的增量，如图 2.9 所示.

二、疑难解析

1. 函数 $z=f(x,y)$ 在点 (x_0,y_0) 处连续、偏导数存在、可微的关系是什么？并对它们之间的关系举例说明.

答 对于多元函数，连续、偏导数存在与可微之间的关系如图 2.10 所示.

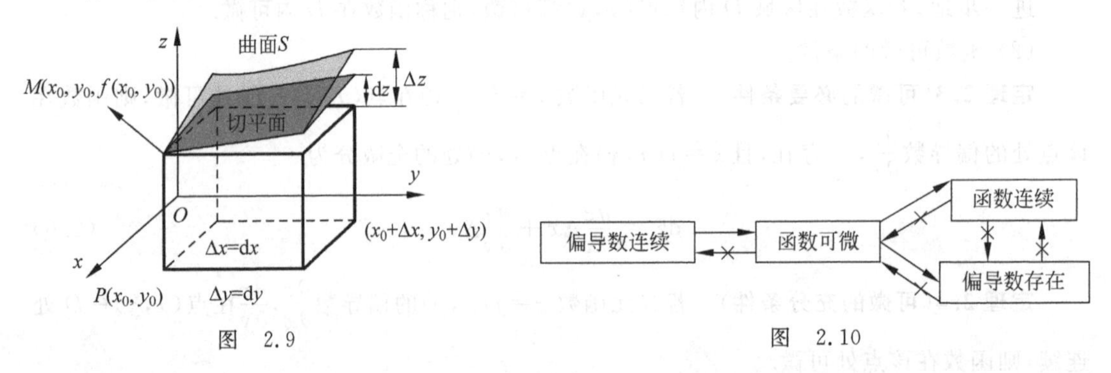

图 2.9　　　　图 2.10

例如，函数 $f(x,y)=\sqrt{x^2+y^2}$ 在点(0,0)处连续，但偏导数不存在，且不可微；函数 $f(x,y)=\begin{cases}\dfrac{xy}{x^2+y^2}, & x^2+y^2\neq 0,\\ 0, & x^2+y^2=0\end{cases}$ 在点(0,0)处偏导数存在，但是不连续，且不可微；函数 $f(x,y)=\begin{cases}\dfrac{xy}{\sqrt{x^2+y^2}}, & x^2+y^2\neq 0,\\ 0, & x^2+y^2=0\end{cases}$ 在点(0,0)处连续，偏导数存在，不可微；函数 $f(x,y)=\begin{cases}(x^2+y^2)\sin\dfrac{1}{x^2+y^2}, & x^2+y^2\neq 0,\\ 0, & x^2+y^2=0\end{cases}$ 在点(0,0)处连续，偏导数存在但是不连续，函数仍然是可微的.

2. 说法"函数 $z=f(x,y)$ 在点 (x_0,y_0) 处可微的充分必要条件是：当 $\sqrt{(\Delta x)^2+(\Delta y)^2}\to 0$ 时，$\Delta z-f_x(x,y)\Delta x-f_y(x,y)\Delta y$ 是无穷小量"是否正确？说明理由.

答 不正确. 应该是：$\Delta z-f_x(x,y)\Delta x-f_y(x,y)\Delta y$ 是 $\sqrt{(\Delta x)^2+(\Delta y)^2}\to 0$ 时的高阶无穷小量，即要求 $\lim\limits_{\substack{\Delta x\to 0\\ \Delta y\to 0}}\dfrac{\Delta z-f_x(x,y)\Delta x-f_y(x,y)\Delta y}{\sqrt{(\Delta x)^2+(\Delta y)^2}}=0$.

3. 验证多元函数在某一点的可微性有哪些方法？

答 方法一 验证函数在该点是否连续. 根据结论"可微必连续"的逆否结论，即若函数在该点不连续，则函数在该点一定不可微.

方法二　验证$\lim\limits_{\substack{\Delta x\to 0\\ \Delta y\to 0}}\dfrac{\Delta z-f_x(x,y)\Delta x-f_y(x,y)\Delta y}{\sqrt{(\Delta x)^2+(\Delta y)^2}}$是否为0.根据定义2.13,若该极限为0,函数在该点一定可微.

方法三　验证函数的偏导数在该点是否连续.根据定理2.4验证,即若函数的偏导数在该点连续,函数在该点一定可微.

三、经典题型详解

题型1　求多元函数的偏导数和全微分

例2.5　求下列函数的偏导数:

(1)$z=2^y-y^x$;　(2)$u=e^{yz}\sin(x^2+xyz)$;(3)$z=\int_0^{\sqrt{xy}}e^{-t^2}dt\quad(x>0,y>0)$.

分析　注意到,在求多元函数关于某一自变量的偏导数时,把其余自变量暂时看作常数,然后利用一元函数的求导法则计算.(1)中用到了求指数函数的导数和幂函数的导数的方法;(2)中用到了求基本初等函数的导数、两个函数乘积的导数和求复合函数的导数的方法;(3)中用到了求积分上限函数的导数的方法.

解　可以求得:

(1) $\dfrac{\partial z}{\partial x}=-y^x\ln|y|,\dfrac{\partial z}{\partial y}=2^y\ln 2-xy^{x-1}$;

(2) $\dfrac{\partial u}{\partial x}=e^{yz}\cos(x^2+xyz)(2x+yz),\dfrac{\partial u}{\partial y}=ze^{yz}\sin(x^2+xyz)+xze^{yz}\cos(x^2+xyz)$,

$\dfrac{\partial u}{\partial z}=ye^{yz}\sin(x^2+xyz)+xye^{yz}\cos(x^2+xyz)$;

(3) $\dfrac{\partial z}{\partial x}=\dfrac{y}{2\sqrt{xy}}e^{-xy},\dfrac{\partial z}{\partial y}=\dfrac{x}{2\sqrt{xy}}e^{-xy}$.

例2.6　求下列函数的全微分:

(1)$z=\ln(x^3+y^4)$;　(2)$z=(x+y)^y$;　(3)$u=\arctan(xyz)$.

分析　先计算相应的偏导数,再将它们代入全微分公式.

解　(1) 不难求得,$\dfrac{\partial z}{\partial x}=\dfrac{3x^2}{x^3+y^4},\dfrac{\partial z}{\partial y}=\dfrac{4y^3}{x^3+y^4}$.因此,函数全微分为

$$dz=\frac{3x^2}{x^3+y^4}dx+\frac{4y^3}{x^3+y^4}dy.$$

(2) 不难求得,$\dfrac{\partial z}{\partial x}=y(x+y)^{y-1},\dfrac{\partial z}{\partial y}=\left(\ln(x+y)+\dfrac{y}{x+y}\right)(x+y)^y$.因此

$$dz=y(x+y)^{y-1}dx+\left(\ln(x+y)+\frac{y}{x+y}\right)(x+y)^y dy.$$

(3) 不难求得,$\dfrac{\partial u}{\partial x}=\dfrac{yz}{1+(xyz)^2},\dfrac{\partial u}{\partial y}=\dfrac{xz}{1+(xyz)^2},\dfrac{\partial u}{\partial z}=\dfrac{xy}{1+(xyz)^2}$.因此

$$du=\frac{yz}{1+(xyz)^2}dx+\frac{xz}{1+(xyz)^2}dy+\frac{xy}{1+(xyz)^2}dz.$$

题型2　判断多元函数的连续性、可偏导性与可微性

例2.7　讨论函数$f(x,y)=\begin{cases}\dfrac{xy(x-y)}{x^2+y^2}, & x^2+y^2\neq 0,\\ 0, & x^2+y^2=0\end{cases}$在点(0,0)处的连续性、可偏导

性、可微性.

分析 利用二元函数的连续性、偏导数以及全微分的定义讨论.

解 令 $x=r\cos\theta, y=r\sin\theta$,则有

$$\lim_{\substack{x\to0\\y\to0}}\frac{xy(x-y)}{x^2+y^2}=\lim_{r\to0^+}\frac{r^3\cos\theta\cdot\sin\theta(\cos\theta-\sin\theta)}{r^2}=0.$$

由已知 $f(0,0)=0$,所以函数在点(0,0)处连续.

易见,对任意的 x 和 y,有 $f(x,0)=f(0,y)=0$. 由偏导数的定义,有

$$f_x(0,0)=\lim_{\Delta x\to0}\frac{f(0+\Delta x,0)-f(0,0)}{\Delta x}=\lim_{\Delta x\to0}\frac{0}{\Delta x}=0;$$

$$f_y(0,0)=\lim_{\Delta y\to0}\frac{f(0,0+\Delta y)-f(0,0)}{\Delta y}=\lim_{\Delta y\to0}\frac{0}{\Delta y}=0,$$

因此,函数在点(0,0)处关于 x 和 y 的偏导数存在,且有 $f_x(0,0)=f_y(0,0)=0$. 进一步地

$$\Delta z-[f_x(0,0)\Delta x+f_y(0,0)\Delta y]=\frac{\Delta x\cdot\Delta y(\Delta x-\Delta y)}{(\Delta x)^2+(\Delta y)^2}.$$

根据二元函数可微的定义,若令 $\Delta y=k\Delta x$,容易验证

$$\lim_{\rho\to0}\frac{\dfrac{\Delta x\Delta y(\Delta x-\Delta y)}{(\Delta x)^2+(\Delta y)^2}}{\rho}=\lim_{\substack{\Delta x\to0\\\Delta y\to0}}\frac{\Delta x\Delta y(\Delta x-\Delta y)}{((\Delta x)^2+(\Delta y)^2)^{\frac{3}{2}}}$$

不存在($\rho=\sqrt{(\Delta x)^2+(\Delta y)^2}$). 因此,函数在点(0,0)处不可微.

四、课后习题选解(习题 2.2)

1. 求下列函数关于各个自变量的偏导数:

(1) $z=x^4+2y^3+3xy^2-2$; (2) $z=\dfrac{x}{x^2+y^3}$;

(3) $z=\sqrt{x}+\sqrt{xy}+\ln(xy+1)$; (4) $u=\tan(x^2+2y+3e^z)$.

分析 参考经典题型详解中例 2.5.

解 (1) $\dfrac{\partial z}{\partial x}=4x^3+3y^2, \dfrac{\partial z}{\partial y}=6y^2+6xy$.

(2) $\dfrac{\partial z}{\partial x}=\dfrac{x^2+y^3-2x^2}{(x^2+y^3)^2}=\dfrac{y^3-x^2}{(x^2+y^3)^2}, \dfrac{\partial z}{\partial y}=-\dfrac{3xy^2}{(x^2+y^3)^2}$.

(3) $\dfrac{\partial z}{\partial x}=\dfrac{1}{2}x^{-\frac{1}{2}}+\dfrac{1}{2}y(xy)^{-\frac{1}{2}}+\dfrac{y}{xy+1}, \dfrac{\partial z}{\partial y}=\dfrac{1}{2}x(xy)^{-\frac{1}{2}}+\dfrac{x}{xy+1}$.

(4) $\dfrac{\partial u}{\partial x}=2x\sec^2(x^2+2y+3e^z), \dfrac{\partial u}{\partial y}=2\sec^2(x^2+2y+3e^z), \dfrac{\partial u}{\partial z}=3e^z\sec^2(x^2+2y+3e^z)$.

2. 设 $f(x,y)=\sqrt{16-x^2-y^2}$,求 $f_x(2,\sqrt{3}), f_y(2,\sqrt{3})$.

分析 先求偏导数再代值.

解 不难求得,$f_x(x,y)=\dfrac{-x}{\sqrt{16-x^2-y^2}}$, $f_y(x,y)=\dfrac{-y}{\sqrt{16-x^2-y^2}}$,于是

$f_x(2,\sqrt{3})=-\dfrac{2}{3}$, $f_y(2,\sqrt{3})=-\dfrac{\sqrt{3}}{3}$.

3. 求下列函数的全微分：

(1) $z=\sqrt{x^2+y^3+1}$；(2) $z=\mathrm{e}^x\cos(x+y^2)$；(3) $z=\mathrm{e}^{\frac{y}{x}}$；(4) $u=x^{y^2z}$.

分析 参考经典题型详解中例 2.6.

解 (1) 不难求得，$\frac{\partial z}{\partial x}=\frac{x}{\sqrt{x^2+y^3+1}}$，$\frac{\partial z}{\partial y}=\frac{3y^2}{2\sqrt{x^2+y^3+1}}$. 因此，函数的全微分为

$$\mathrm{d}z=\frac{x}{\sqrt{x^2+y^3+1}}\mathrm{d}x+\frac{3y^2}{2\sqrt{x^2+y^3+1}}\mathrm{d}y.$$

(2) 不难求得，$\frac{\partial z}{\partial x}=\mathrm{e}^x\cos(x+y^2)-\mathrm{e}^x\sin(x+y^2)$，$\frac{\partial z}{\partial y}=-2y\mathrm{e}^x\sin(x+y^2)$. 因此，函数的全微分为

$$\mathrm{d}z=(\mathrm{e}^x\cos(x+y^2)-\mathrm{e}^x\sin(x+y^2))\mathrm{d}x-2y\mathrm{e}^x\sin(x+y^2)\mathrm{d}y.$$

(3) 不难求得，$\frac{\partial z}{\partial x}=-\frac{y}{x^2}\mathrm{e}^{\frac{y}{x}}$，$\frac{\partial z}{\partial y}=\frac{1}{x}\mathrm{e}^{\frac{y}{x}}$. 因此，函数的全微分为

$$\mathrm{d}z=-\frac{y}{x^2}\mathrm{e}^{\frac{y}{x}}\mathrm{d}x+\frac{1}{x}\mathrm{e}^{\frac{y}{x}}\mathrm{d}y.$$

(4) 不难求得，$\frac{\partial u}{\partial x}=y^2zx^{y^2z-1}$，$\frac{\partial u}{\partial y}=2x^{y^2z}yz\ln x$，$\frac{\partial u}{\partial z}=x^{y^2z}y^2\ln x$. 因此，函数的全微分为

$$\mathrm{d}u=x^{y^2z-1}y^2z\mathrm{d}x+2x^{y^2z}yz\ln x\mathrm{d}y+x^{y^2z}y^2\ln x\mathrm{d}z.$$

4. 求函数 $z=2x^3+3y^2$ 在点(1,2)处当 $\Delta x=0.2,\Delta y=0.1$ 时的全增量及全微分.

分析 利用公式计算全增量；然后先计算相应的偏导数，再将它们代入全微分公式计算.

解 由公式可得 $\Delta z=f(1+0.2,2+0.1)-f(1,2)=2.686$. 因为$\frac{\partial z}{\partial x}=6x^2$，$\frac{\partial z}{\partial y}=6y$，因此

$$\mathrm{d}z\big|_{(1,2)}=(6x^2\Delta x+6y\Delta y)\big|_{(1,2)}=6\times1^2\times0.2+6\times2\times0.1=2.4.$$

5. 求函数 $z=\mathrm{e}^{xy}(x^2+y^3-2)$在点(2,1)处的全微分.

分析 先计算相应的偏导数，再将点代入计算.

解 因为

$$\frac{\partial z}{\partial x}=y\mathrm{e}^{xy}(x^2+y^3-2)+2x\mathrm{e}^{xy}=\mathrm{e}^{xy}(x^2y+y^4-2y+2x),$$

$$\frac{\partial z}{\partial y}=x\mathrm{e}^{xy}(x^2+y^3-2)+3y^2\mathrm{e}^{xy}=\mathrm{e}^{xy}(x^3+xy^3-2x+3y^2),$$

因此，点(2,1)处的全微分为 $\mathrm{d}z=7\mathrm{e}^2\mathrm{d}x+9\mathrm{e}^2\mathrm{d}y$.

B类题

1. 求下列函数的一阶偏导数：

(1) $z=\sin\frac{x}{y}\cos\frac{y}{x}$；(2) $u=\sin\frac{y}{z}\cdot\ln(x+z)$.

分析 参考经典题型详解中例 2.5.

解 (1) $\frac{\partial z}{\partial x}=\frac{1}{y}\cos\frac{x}{y}\cos\frac{y}{x}+\frac{y}{x^2}\sin\frac{x}{y}\sin\frac{y}{x}$，$\frac{\partial z}{\partial y}=-\frac{x}{y^2}\cos\frac{x}{y}\cos\frac{y}{x}-\frac{1}{x}\sin\frac{x}{y}\sin\frac{y}{x}$.

(2) $\frac{\partial u}{\partial x}=\frac{1}{x+z}\sin\frac{y}{z}$，$\frac{\partial u}{\partial y}=\frac{1}{z}\cos\frac{y}{z}\ln(x+z)$，$\frac{\partial u}{\partial z}=-\frac{y}{z^2}\cos\frac{y}{z}\ln(x+z)+\frac{1}{x+z}\sin\frac{y}{z}$.

2. 设 $z=\mathrm{e}^{-\frac{1}{x}-\frac{1}{y}}$，验证：$x^2\frac{\partial z}{\partial x}+y^2\frac{\partial z}{\partial y}=2z$.

分析 先求出$\frac{\partial z}{\partial x}$和$\frac{\partial z}{\partial y}$，然后代入验证即可.

证 因为$\frac{\partial z}{\partial x}=\frac{1}{x^2}e^{-\frac{1}{x}-\frac{1}{y}}$，$\frac{\partial z}{\partial y}=\frac{1}{y^2}e^{-\frac{1}{x}-\frac{1}{y}}$，则

$$x^2\frac{\partial z}{\partial x}+y^2\frac{\partial z}{\partial y}=x^2\frac{1}{x^2}e^{-\frac{1}{x}-\frac{1}{y}}+y^2\frac{1}{y^2}e^{-\frac{1}{x}-\frac{1}{y}}=2e^{-\frac{1}{x}-\frac{1}{y}}=2z.$$

证毕

3. 求函数$z=\ln(\sqrt[3]{x}+\sqrt[4]{y}-1)$当$\Delta x=0.03,\Delta y=-0.02$时在点(1,1)处的全微分.

分析 先求出偏导数，然后代入全微分计算公式计算.

解 因为$\frac{\partial z}{\partial x}=\frac{1}{3\sqrt[3]{x^2}}\frac{1}{(\sqrt[3]{x}+\sqrt[4]{y}-1)}$，$\frac{\partial z}{\partial y}=\frac{1}{4\sqrt[4]{y^3}}\frac{1}{(\sqrt[3]{x}+\sqrt[4]{y}-1)}$，则

$$dz\Big|_{(1,1)}=\left(\frac{1}{3\sqrt[3]{x^2}}\frac{1}{(\sqrt[3]{x}+\sqrt[4]{y}-1)}\Delta x+\frac{1}{4\sqrt[4]{y^3}}\frac{1}{(\sqrt[3]{x}+\sqrt[4]{y}-1)}\Delta y\right)\Bigg|_{(1,1)}=0.005.$$

4. 讨论函数$f(x,y)=\begin{cases}\frac{x^2y}{x^2+y^2}, & x^2+y^2\neq 0,\\ 0, & x^2+y^2=0\end{cases}$在点(0,0)处的是否可微？

分析 参考经典题型详解中例2.7.

解 由偏导数的定义，有

$$f_x(0,0)=\lim_{\Delta x\to 0}\frac{f(0+\Delta x,0)-f(0,0)}{\Delta x}=\lim_{\Delta x\to 0}\frac{0}{\Delta x}=0,$$

$$f_y(0,0)=\lim_{\Delta y\to 0}\frac{f(0,0+\Delta y)-f(0,0)}{\Delta y}=\lim_{\Delta y\to 0}\frac{0}{\Delta y}=0,$$

即$f_x(0,0)=f_y(0,0)=0$. 进一步地，有

$$\Delta z-[f_x(0,0)\Delta x+f_y(0,0)\Delta y]=\frac{(\Delta x)^2\Delta y}{(\Delta x)^2+(\Delta y)^2}.$$

根据二元函数可微的定义，不难验证，$\lim_{\rho\to 0}\frac{\frac{(\Delta x)^2\Delta y}{(\Delta x)^2+(\Delta y)^2}}{\rho}=\lim_{\substack{\Delta x\to 0\\ \Delta y\to 0}}\frac{(\Delta x)^2\Delta y}{((\Delta x)^2+(\Delta y)^2)^{\frac{3}{2}}}$不存在($\rho=\sqrt{(\Delta x)^2+(\Delta y)^2}$)，所以函数在点(0,0)处不可微.

5. 求函数$u=\frac{x}{x^2+y^2+z^2}$关于各个自变量的偏导数.

分析 参考经典题型详解中例2.5.

解 u关于各个自变量的偏导数为

$$\frac{\partial u}{\partial x}=\frac{x^2+y^2+z^2-x\cdot 2x}{(x^2+y^2+z^2)^2}=\frac{-x^2+y^2+z^2}{(x^2+y^2+z^2)^2},$$

$$\frac{\partial u}{\partial y}=-\frac{2xy}{(x^2+y^2+z^2)^2},\quad \frac{\partial u}{\partial z}=-\frac{2xz}{(x^2+y^2+z^2)^2}.$$

6. 求函数$u=2x^3-\tan(xy)+\arctan\frac{z}{y}$的全微分.

分析 参考经典题型详解中例2.6.

解 不难求得

$$\frac{\partial u}{\partial x}=6x^2-y\sec^2(xy),\quad \frac{\partial u}{\partial y}=-x\sec^2(xy)-\frac{z}{y^2+z^2},\frac{\partial u}{\partial z}=\frac{y}{y^2+z^2}.$$

因此，函数的全微分为

$$du=[6x^2-y\sec^2(xy)]dx+\left[-x\sec^2(xy)-\frac{z}{y^2+z^2}\right]dy+\frac{y}{y^2+z^2}dz.$$

2.3 多元复合函数的微分法

一、知识要点

1. 多元复合函数的求导法则

(1) 经典形式的多元复合函数

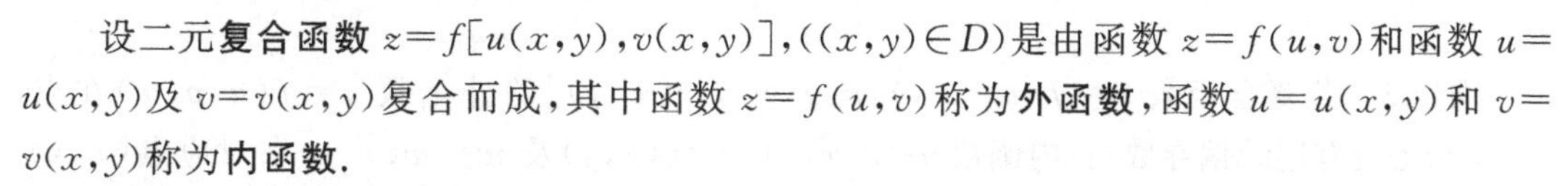

设二元**复合函数** $z=f[u(x,y),v(x,y)]$,$((x,y)\in D)$是由函数 $z=f(u,v)$和函数 $u=u(x,y)$及 $v=v(x,y)$复合而成,其中函数 $z=f(u,v)$称为**外函数**,函数 $u=u(x,y)$和 $v=v(x,y)$称为**内函数**.

定理 2.5 若二元复合函数 $z=f[u(x,y),v(x,y)]$的外函数 $z=f(u,v)$在点(u,v)处具有连续偏导数,且内函数 $u=u(x,y)$及 $v=v(x,y)$都在点(x,y)处可微,则复合函数在点(x,y)处可微,且它关于 x 和 y 的偏导数分别为

$$\frac{\partial z}{\partial x}=\frac{\partial z}{\partial u}\frac{\partial u}{\partial x}+\frac{\partial z}{\partial v}\frac{\partial v}{\partial x},\quad \frac{\partial z}{\partial y}=\frac{\partial z}{\partial u}\frac{\partial u}{\partial y}+\frac{\partial z}{\partial v}\frac{\partial v}{\partial y}. \tag{2.10}$$

公式(2.10)也称为“链式法则”,“链条”如图 2.11 所示.

(2) 其他形式的多元复合函数

推论 1 若复合函数 $z=f(u,v)$的外函数 $z=f(u,v)$在点(u,v)处具有连续偏导数,内函数 $u=u(t)$和 $v=v(t)$都只是 t 的函数,且均关于 t 可导,则复合函数 $z=f[u(t),v(t)]$关于 t 可导,且其导数的计算公式为

$$\frac{\mathrm{d}z}{\mathrm{d}t}=\frac{\partial z}{\partial u}\frac{\mathrm{d}u}{\mathrm{d}t}+\frac{\partial z}{\partial v}\frac{\mathrm{d}v}{\mathrm{d}t}. \tag{2.11}$$

公式(2.11)称为函数 $z=f[u(t),v(t)]$关于 t 的**全导数**,“链条”如图 2.12(a)所示.推论 1 的结论可推广到中间变量多于两个的情况.如函数 $z=f[u(t),v(t),w(t)]$关于 t 的**全导数为**

$$\frac{\mathrm{d}z}{\mathrm{d}t}=\frac{\partial z}{\partial u}\frac{\mathrm{d}u}{\mathrm{d}t}+\frac{\partial z}{\partial v}\frac{\mathrm{d}v}{\mathrm{d}t}+\frac{\partial z}{\partial w}\frac{\mathrm{d}w}{\mathrm{d}t}.$$

图 2.11

(a) (b)

图 2.12

求偏导的“链条”如图 2.12(b)所示.

推论 2 若复合函数 $z=f[u(x,y)]$的外函数 $z=f(u)$在对应点 u 具有连续导数,且内函数 $u=u(x,y)$在点(x,y)处关于 x 和 y 的偏导数存在,则复合函数 $z=f[u(x,y)]$在对应点(x,y)的两个偏导数存在,且有如下计算公式

$$\frac{\partial z}{\partial x}=\frac{\mathrm{d}z}{\mathrm{d}u}\frac{\partial u}{\partial x},\quad \frac{\partial z}{\partial y}=\frac{\mathrm{d}z}{\mathrm{d}u}\frac{\partial u}{\partial y}. \tag{2.12}$$

求偏导的“链条”如图 2.13(a)所示.

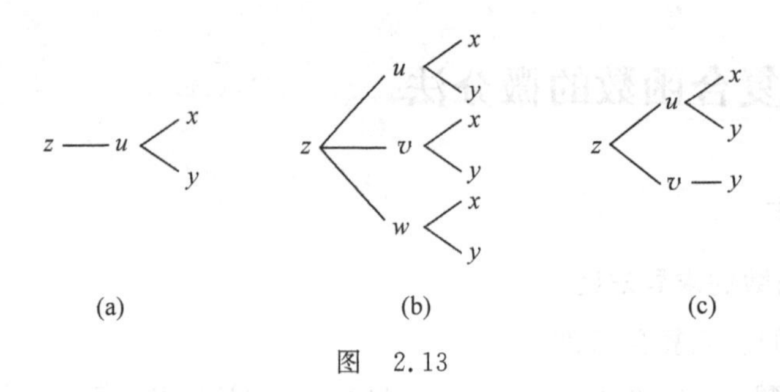

图 2.13

推论 3 若复合函数 $z=f[u(x,y),v(x,y),w(x,y)]$ 的外函数 $z=f(u,v,w)$ 在点 (u,v,w) 处具有连续偏导数，且内函数 $u=u(x,y)$，$v=v(x,y)$ 及 $w=w(x,y)$ 在对应点 (x,y) 处关于 x 和 y 的偏导数均存在，则复合函数在点 (x,y) 处关于 x 和 y 的偏导数存在，计算公式为

$$\frac{\partial z}{\partial x}=\frac{\partial z}{\partial u}\frac{\partial u}{\partial x}+\frac{\partial z}{\partial v}\frac{\partial v}{\partial x}+\frac{\partial z}{\partial w}\frac{\partial w}{\partial x},\quad \frac{\partial z}{\partial y}=\frac{\partial z}{\partial u}\frac{\partial u}{\partial y}+\frac{\partial z}{\partial v}\frac{\partial v}{\partial y}+\frac{\partial z}{\partial w}\frac{\partial w}{\partial y}. \tag{2.13}$$

求偏导的“链条”如图 2.13(b)所示.

推论 4 若复合函数 $z=f[u(x,y),v(y)]$ 的外函数 $z=f(u,v)$ 在点 (u,v) 具有连续偏导数，且内函数 $u=u(x,y)$ 在点 (x,y) 处关于 x 和 y 的偏导数存在，$v=v(y)$ 关于 y 可导，则复合函数在对应点 (x,y) 的两个偏导数存在，计算公式为

$$\frac{\partial z}{\partial x}=\frac{\partial z}{\partial u}\frac{\partial u}{\partial x},\quad \frac{\partial z}{\partial y}=\frac{\partial z}{\partial u}\frac{\partial u}{\partial y}+\frac{\partial z}{\partial v}\frac{\mathrm{d}v}{\mathrm{d}y}. \tag{2.14}$$

求偏导的“链条”如图 2.13(c)所示.

推论 5 若复合函数 $z=f[\varphi(x,y),x,y]$ 的外函数 $z=f(u,x,y)$ 具有连续偏导数，且内函数 $u=\varphi(x,y)$ 关于 x 和 y 的偏导数存在，则复合函数在对应点 (x,y) 的两个偏导数存在，计算公式为

$$\frac{\partial z}{\partial x}=f_1'\frac{\partial u}{\partial x}+f_2';\quad \frac{\partial z}{\partial y}=f_1'\frac{\partial u}{\partial y}+f_3'. \tag{2.15}$$

求偏导的“链条”如图 2.14 所示.

注意到，这里针对复合函数的外函数的偏导数采用了记号 f_1',f_2'，目的很明确，它们表示对复合函数中第几个中间变量的偏导数. 这种表示方法的好处是条理清晰，不易产生混淆.

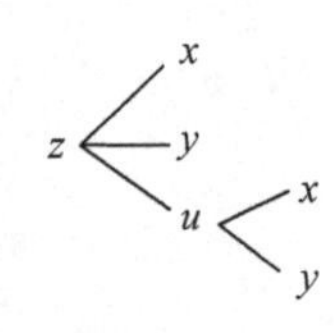

图 2.14

2. 全微分形式不变性

对于给定的二元复合函数 $z=f[u(x,y),v(x,y)]$，不论 u,v 是自变量，还是中间变量，函数的全微分 $\mathrm{d}z$ 具有相同的形式，即

$$\mathrm{d}z=\frac{\partial z}{\partial x}\mathrm{d}x+\frac{\partial z}{\partial y}\mathrm{d}y=\frac{\partial z}{\partial u}\mathrm{d}u+\frac{\partial z}{\partial v}\mathrm{d}v.$$

这个性质称为**全微分形式不变性**. 进一步地，有

$$\mathrm{d}(u\pm v)=\mathrm{d}u\pm\mathrm{d}v;\quad \mathrm{d}(uv)=u\mathrm{d}v+v\mathrm{d}u;\quad \mathrm{d}\left(\frac{u}{v}\right)=\frac{v\mathrm{d}u-u\mathrm{d}v}{v^2}\quad (v\neq 0).$$

二、疑难解析

1. 在定理 2.5 中，求复合函数 $z=f[u(x,y),v(x,y)]$ 关于 x 和 y 的偏导数时，对定理中内函数 $u=u(x,y)$，$v=v(x,y)$ 的条件是否可以适当放宽为“函数关于 x 和 y 的偏导数存在”？说明理由.

答 可以. 可参见教材中关于定理 2.5 的证明过程.

2. 在定理 2.5 中，如果将条件“外函数 $z=f(u,v)$ 在点 (u,v) 处可微”减弱为“外函数 $z=f(u,v)$ 在点 (u,v) 处关于 u 和 v 的偏导数存在”，定理的结论是否成立？说明理由.

答 不可以. 例如，设有复合函数 $F(t)=f[x(t),y(t)]$，内函数为 $x=t$，$y=t$，外函数为

$$f(x,y)=\begin{cases}\dfrac{x|y|}{\sqrt{x^2+y^2}}, & x^2+y^2\neq 0,\\ 0, & x^2+y^2=0.\end{cases}$$

不难验证：外函数 $f(x,y)$ 在点 $(0,0)$ 处不可微，且有 $f_x(0,0)=f_y(0,0)=0$. 复合函数可约化为 $F(t)=f[x(t),y(t)]=\dfrac{t|t|}{\sqrt{t^2+t^2}}=\dfrac{t}{\sqrt{2}}$. 于是 $F'(t)=\dfrac{1}{\sqrt{2}}$，特别地，$F'(0)=\dfrac{1}{\sqrt{2}}$.

然而，若利用复合函数求导公式(2.11)，有 $F'(0)=f_x(0,0)\cdot 1+f_y(0,0)\cdot 1=0$. 因此，复合函数的求导公式(2.11)不成立.

3. 设 $z=f(u,v,x)$，而 $u=\varphi(x)$，$v=\psi(x)$，则 $\dfrac{\mathrm{d}z}{\mathrm{d}x}=\dfrac{\partial f}{\partial u}\dfrac{\mathrm{d}u}{\mathrm{d}x}+\dfrac{\partial f}{\partial v}\dfrac{\mathrm{d}v}{\mathrm{d}x}+\dfrac{\partial f}{\partial x}$，试问 $\dfrac{\mathrm{d}z}{\mathrm{d}x}$ 与 $\dfrac{\partial f}{\partial x}$ 是否相同？为什么？

答 不相同. $\dfrac{\mathrm{d}z}{\mathrm{d}x}$ 表示复合函数 $z=f(u,v,x)$ 关于自变量 x 的导数；$\dfrac{\partial f}{\partial x}$ 表示复合函数 $z=f(u,v,x)$ 关于第三个中间变量 x 的偏导数.

三、经典题型详解

题型 1 求多元复合函数的偏导数

例 2.8 求下列多元复合函数关于各自变量的偏导数：

(1) $z=u^2v-uv^2$，其中 $u=x\cos y$，$v=x\sin y$；(2) $z=\mathrm{e}^{2x-3y+u}$，其中 $u=\sin(xy)$；

(3) $z=f(x^2-y^2,\mathrm{e}^{xy})$；(4) $u=f\left(\dfrac{z}{y},2x-y,\sin z\right)$；

(5) $z=(3x^2+y^2)^{4x+2y}$.

分析 利用复合函数求导公式求偏导数时，首先将复合函数的层次结构划分清楚，求偏导数的口诀是：分段用乘，分叉用加，单路全导，叉路偏导. 其中，(3)和(4)使用记号 f'_1，f'_2 较为方便；(5) 综合使用了一元函数的对数求导法和全微分形式的不变性.

解 (1) 根据复合函数的求导公式(2.10)，有

$$\frac{\partial z}{\partial x}=\frac{\partial z}{\partial u}\frac{\partial u}{\partial x}+\frac{\partial z}{\partial v}\frac{\partial v}{\partial x}=(2uv-v^2)\cos y+(u^2-2uv)\sin y$$
$$=3x^2\sin y\cos y(\cos y-\sin y);$$

$$\frac{\partial z}{\partial y}=\frac{\partial z}{\partial u}\frac{\partial u}{\partial y}+\frac{\partial z}{\partial v}\frac{\partial v}{\partial y}=(2uv-v^2)(-x\sin y)+(u^2-2uv)(x\cos y)$$
$$=x^3[\sin^3 y+\cos^3 y-\sin 2y(\sin y+\cos y)].$$

(2) $\frac{\partial z}{\partial x}=\frac{\partial(\mathrm{e}^{2x-3y+u})}{\partial x}+\frac{\partial(\mathrm{e}^{2x+3y+u})}{\partial u}\frac{\partial u}{\partial x}=\mathrm{e}^{2x-3y+\sin(xy)}[2+y\cos(xy)]$；

$$\frac{\partial z}{\partial y}=\frac{\partial(\mathrm{e}^{2x-3y+u})}{\partial y}+\frac{\partial(\mathrm{e}^{2x+3y+u})}{\partial u}\frac{\partial u}{\partial y}=\mathrm{e}^{2x-3y+\sin(xy)}[-3+x\cos(xy)].$$

(3) $\frac{\partial z}{\partial x}=2xf_1'(x^2-y^2,\mathrm{e}^{xy})+y\mathrm{e}^{xy}f_2'(x^2-y^2,\mathrm{e}^{xy})$；

$$\frac{\partial z}{\partial y}=-2yf_1'(x^2-y^2,\mathrm{e}^{xy})+x\mathrm{e}^{xy}f_2'(x^2-y^2,\mathrm{e}^{xy}).$$

(4) $\frac{\partial u}{\partial x}=2f_2'\left(\frac{z}{y},2x-y,\sin z\right)$；$\frac{\partial u}{\partial y}=-\frac{z}{y^2}f_1'\left(\frac{z}{y},2x-y,\sin z\right)-f_2'\left(\frac{z}{y},2x-y,\sin z\right)$；

$$\frac{\partial u}{\partial z}=\frac{1}{y}f_1'\left(\frac{z}{y},2x-y,\sin z\right)+\cos z f_3'\left(\frac{z}{y},2x-y,\sin z\right).$$

(5) 对函数 $z=(3x^2+y^2)^{4x+2y}$ 的两边取对数，有

$$\ln z=(4x+2y)\ln(3x^2+y^2).$$

对上式两边求全微分，有

$$\frac{\mathrm{d}z}{z}=(4\mathrm{d}x+2\mathrm{d}y)\ln(3x^2+y^2)+(4x+2y)\frac{6x\mathrm{d}x+2y\mathrm{d}y}{3x^2+y^2}.$$

对上式进行整理，得

$$\begin{aligned}\mathrm{d}z&=z\left[(4\mathrm{d}x+2\mathrm{d}y)\ln(3x^2+y^2)+(4x+2y)\frac{6x\mathrm{d}x+2y\mathrm{d}y}{3x^2+y^2}\right]\\&=(3x^2+y^2)^{4x+2y}\left\{\left[4\ln(3x^2+y^2)+\frac{6x(4x+2y)}{3x^2+y^2}\right]\mathrm{d}x+\right.\\&\qquad\left.\left[2\ln(3x^2+y^2)+\frac{2y(4x+2y)}{3x^2+y^2}\right]\mathrm{d}y\right\}.\end{aligned}$$

于是

$$\frac{\partial z}{\partial x}=\left[4\ln(3x^2+y^2)+\frac{6x(4x+2y)}{3x^2+y^2}\right](3x^2+y^2)^{4x+2y};$$

$$\frac{\partial z}{\partial y}=\left[2\ln(3x^2+y^2)+\frac{2y(4x+2y)}{3x^2+y^2}\right](3x^2+y^2)^{4x+2y}.$$

题型 2　综合应用题

例 2.9　设 $z=xy+xF(u)$，而 $u=\frac{y}{x}$，$F(u)$为可导函数. 证明：$x\frac{\partial z}{\partial x}+y\frac{\partial z}{\partial y}=z+xy$.

分析　求出$\frac{\partial z}{\partial x},\frac{\partial z}{\partial y}$，然后将它们代入等式验证.

证　不难求得

$$\frac{\partial z}{\partial x}=y+F(u)+xF'(u)\left(-\frac{y}{x^2}\right)=y+F(u)-\frac{y}{x}F'(u),$$

$$\frac{\partial z}{\partial y}=x+xF'(u)\frac{1}{x}=x+F'(u).$$

将它们代入等式的左端，得

$$x\frac{\partial z}{\partial x}+y\frac{\partial z}{\partial y}=x\left(y+F(u)-\frac{y}{x}F'(u)\right)+y(x+F'(u))=2xy+xF(u)=z+xy.$$

证毕

四、课后习题选解(习题 2.3)

A类题

1. 求下列函数关于各个自变量的偏导数(其中 f 是可微函数):

(1) $z=(x+y)^2\sin(xy^2)$; (2) $z=e^{xy}\sin(x+y)$;

(3) $z=\left(\dfrac{y}{x}\right)^2\ln(2x-y)$; (4) $z=xyf(xy^2)$.

分析 参考经典题型详解中例 2.8.

解 (1) $\dfrac{\partial z}{\partial x}=2(x+y)\sin(xy^2)+y^2(x+y)^2\cos(xy^2)$;

$$\frac{\partial z}{\partial y}=2(x+y)\sin(xy^2)+2xy(x+y)^2\cos(xy^2).$$

(2) $\dfrac{\partial z}{\partial x}=ye^{xy}\sin(x+y)+e^{xy}\cos(x+y)$; $\dfrac{\partial z}{\partial y}=xe^{xy}\sin(x+y)+e^{xy}\cos(x+y)$.

(3) $\dfrac{\partial z}{\partial x}=-2\dfrac{y^2}{x^3}\ln(2x-y)+\left(\dfrac{y}{x}\right)^2\dfrac{2}{2x-y}$; $\dfrac{\partial z}{\partial y}=2\dfrac{y}{x^2}\ln(2x-y)+\left(\dfrac{y}{x}\right)^2\dfrac{-1}{2x-y}$.

(4) $\dfrac{\partial z}{\partial x}=yf(xy^2)+xy^3f'(xy^2)$; $\dfrac{\partial z}{\partial y}=xf(xy^2)+2x^2y^2f'(xy^2)$.

2. 求下列函数的全导数:

(1) $z=\sin\dfrac{x}{y}$,其中 $x=e^t,y=t^2$; (2) $z=\arcsin(u-v)$,其中 $u=t^3$, $v=3t^2$;

(3) $z=\arctan(2xy)$,其中 $x=t^2,y=e^t$;

(4) $z=u\cos t+\sin 2v$,其中 $u=e^t,v=\ln t$.

分析 利用全导数的公式(2.11)计算.

解 (1) 不难求得,$\dfrac{\partial z}{\partial x}=\dfrac{1}{y}\cos\dfrac{x}{y}$,$\dfrac{\partial z}{\partial y}=-\dfrac{x}{y^2}\cos\dfrac{x}{y}$,$\dfrac{dx}{dt}=e^t$,$\dfrac{dy}{dt}=2t$. 因此

$$\frac{dz}{dt}=\frac{1}{y}\cos\frac{x}{y}e^t-\frac{x}{y^2}\cos\frac{x}{y}2t=\frac{(t-2)e^t}{t^3}\cos\frac{e^t}{t^2}.$$

(2) 易见,$\dfrac{\partial z}{\partial u}=\dfrac{1}{\sqrt{1-(u-v)^2}}$,$\dfrac{\partial z}{\partial v}=-\dfrac{1}{\sqrt{1-(u-v)^2}}$,$\dfrac{du}{dt}=3t^2$,$\dfrac{dv}{dt}=6t$. 因此

$$\frac{dz}{dt}=\frac{1}{\sqrt{1-(u-v)^2}}3t^2-\frac{1}{\sqrt{1-(u-v)^2}}6t=\frac{1}{\sqrt{1-(t^3-3t^2)^2}}(3t^2-6t).$$

(3) 不难求得,$\dfrac{\partial z}{\partial x}=2y\dfrac{1}{1+4x^2y^2}$,$\dfrac{\partial z}{\partial y}=2x\dfrac{1}{1+4x^2y^2}$,$\dfrac{dx}{dt}=2t$,$\dfrac{dy}{dt}=e^t$. 因此

$$\frac{dz}{dt}=2y\frac{1}{1+4x^2y^2}2t+2x\frac{1}{1+4x^2y^2}e^t=\frac{2te^t}{1+4t^4e^{2t}}(2+t).$$

(4) 不难求得,$\dfrac{\partial z}{\partial u}=\cos t$,$\dfrac{\partial z}{\partial v}=2\cos 2v$,$\dfrac{du}{dt}=e^t$,$\dfrac{dv}{dt}=\dfrac{1}{t}$. 因此

$$\frac{dz}{dt}=\frac{\partial z}{\partial u}\frac{du}{dt}+u(-\sin t)+\frac{\partial z}{\partial v}\frac{dv}{dt}=e^t(\cos t-\sin t)+\frac{2}{t}\cos(2\ln t).$$

3. 设 $z=\dfrac{y}{f(x^2-y^2)}$,其中 $f(t)$ 具有连续导数,且 $f(t)\neq 0$,求 $\dfrac{1}{x}\dfrac{\partial z}{\partial x}+\dfrac{1}{y}\dfrac{\partial z}{\partial y}$.

分析 参考经典题型详解中例 2.9.

解 不难求得,$\dfrac{\partial z}{\partial x}=-\dfrac{2xyf'(x^2-y^2)}{f^2(x^2-y^2)}$,$\dfrac{\partial z}{\partial y}=\dfrac{f(x^2-y^2)+2y^2f'(x^2-y^2)}{f^2(x^2-y^2)}$. 因此

$$\frac{1}{x}\frac{\partial z}{\partial x}+\frac{1}{y}\frac{\partial z}{\partial y}=-\frac{1}{x}\frac{2xyf'(x^2-y^2)}{f^2(x^2-y^2)}+\frac{1}{y}\frac{f(x^2-y^2)+2y^2f'(x^2-y^2)}{f^2(x^2-y^2)}=\frac{1}{yf(x^2-y^2)}.$$

4. 设 $z=\arctan\dfrac{x+y}{x-y}$,证明:$\dfrac{\partial z}{\partial x}+\dfrac{\partial z}{\partial y}=\dfrac{x-y}{x^2+y^2}$.

分析 参考经典题型详解中例2.9.

证 不难求得

$$\frac{\partial z}{\partial x}=\frac{1}{1+\left(\dfrac{x+y}{x-y}\right)^2}\frac{(x-y)-(x+y)}{(x-y)^2}=\frac{-2y}{(x+y)^2+(x-y)^2},$$

$$\frac{\partial z}{\partial y}=\frac{1}{1+\left(\dfrac{x+y}{x-y}\right)^2}\frac{(x-y)-(x+y)(-1)}{(x-y)^2}=\frac{2x}{(x+y)^2+(x-y)^2},$$

因此

$$\frac{\partial z}{\partial x}+\frac{\partial z}{\partial y}=\frac{-2y}{(x+y)^2+(x-y)^2}+\frac{2x}{(x+y)^2+(x-y)^2}=\frac{x-y}{x^2+y^2}.$$

证毕

5. 已知 $z=\arctan\dfrac{y}{x}$,利用全微分形式不变性求$\dfrac{\partial z}{\partial x}$和$\dfrac{\partial z}{\partial y}$.

分析 求出函数的全微分,然后对应给出$\dfrac{\partial z}{\partial x}$和$\dfrac{\partial z}{\partial y}$.

解 对上式两边求全微分,有 $\mathrm{d}z=\dfrac{-\dfrac{y}{x^2}\mathrm{d}x+\dfrac{1}{x}\mathrm{d}y}{1+\left(\dfrac{y}{x}\right)^2}=\dfrac{-y}{x^2+y^2}\mathrm{d}x+\dfrac{x}{x^2+y^2}\mathrm{d}y$. 于是

$$\frac{\partial z}{\partial x}=\frac{-y}{x^2+y^2},\quad \frac{\partial z}{\partial y}=\frac{x}{x^2+y^2}.$$

B类题

1. 求下列函数的关于各个自变量的偏导数:

(1) $z=f[\mathrm{e}^{xy},\tan(x+y)]$;　　(2) $z=f(x+y,xy,x-y)$;

(3) $u=\mathrm{e}^{x^2+y^2+z^2}$,其中 $z=\sin(xy^2)$.

分析 参考经典题型详解中例2.8.

解 (1) $\dfrac{\partial z}{\partial x}=y\mathrm{e}^{xy}f_1'[\mathrm{e}^{xy},\tan(x+y)]+\sec^2(x+y)f_2'[\mathrm{e}^{xy},\tan(x+y)]$,

$\dfrac{\partial z}{\partial y}=x\mathrm{e}^{xy}f_1'[\mathrm{e}^{xy},\tan(x+y)]+\sec^2(x+y)f_2'[\mathrm{e}^{xy},\tan(x+y)]$.

(2) $\dfrac{\partial z}{\partial x}=f_1'(x+y,xy,x-y)+yf_2'(x+y,xy,x-y)+f_3'(x+y,xy,x-y)$,

$\dfrac{\partial z}{\partial y}=f_1'(x+y,xy,x-y)+xf_2'(x+y,xy,x-y)-f_3'(x+y,xy,x-y)$.

(3) 因为$\dfrac{\partial u}{\partial x}=2x\mathrm{e}^{x^2+y^2+z^2}+2z\mathrm{e}^{x^2+y^2+z^2}\dfrac{\partial z}{\partial x}$,$\dfrac{\partial u}{\partial y}=2y\mathrm{e}^{x^2+y^2+z^2}+2z\mathrm{e}^{x^2+y^2+z^2}\dfrac{\partial z}{\partial y}$,$\dfrac{\partial u}{\partial z}=2z\mathrm{e}^{x^2+y^2+z^2}$,$\dfrac{\partial z}{\partial x}=y^2\cos(xy^2)$,$\dfrac{\partial z}{\partial y}=2xy\cos(xy^2)$. 所以

$$\frac{\partial u}{\partial x}=[2x+2y^2\cos(xy^2)\sin(xy^2)]\mathrm{e}^{x^2+y^2+\sin^2(xy^2)},$$

$$\frac{\partial u}{\partial y}=[2y+4xy\cos(xy^2)\sin(xy^2)]\mathrm{e}^{x^2+y^2+\sin^2(xy^2)}.$$

2. 设函数 $z=f(x,y)$具有连续偏导数,且 $f(x,x^2)=1$,$f_1'(x,x^2)=x$,求 $f_2'(x,x^2)$.

分析 根据定理2.4,先写出函数 $z=f(x,y)$的微分表达式,然后令 $y=x^2$,对应求出 $f_2{}'(x,x^2)$.

解 由于 $z=f(x,y)$具有连续偏导数,所以它一定可微. 函数 $z=f(x,y)$的微分表达式为 $\mathrm{d}z=f_1'(x,y)\mathrm{d}x+f_2'(x,y)\mathrm{d}y$. 令 $y=x^2$,由已知条件可得

$$0=f_1'(x,x^2)\mathrm{d}x+f_2'(x,x^2)\mathrm{d}(x^2)=f_1'(x,x^2)\mathrm{d}x+2xf_2'(x,x^2)\mathrm{d}x=x\mathrm{d}x+2xf_2'(x,x^2)\mathrm{d}x.$$

因此，$f_2'(x,x^2)=-\dfrac{1}{2}$.

3. 验证函数 $u=x^k f\left(\dfrac{z}{y},\dfrac{y}{x}\right)$ 满足等式 $x\dfrac{\partial u}{\partial x}+y\dfrac{\partial u}{\partial y}+z\dfrac{\partial u}{\partial z}=ku$.

分析 参考经典题型详解中例 2.9.

证 因为

$$\frac{\partial u}{\partial x}=kx^{k-1}f\left(\frac{z}{y},\frac{y}{x}\right)+x^k\left(-\frac{y}{x^2}\right)f_2'\left(\frac{z}{y},\frac{y}{x}\right)=kx^{k-1}f\left(\frac{z}{y},\frac{y}{x}\right)-x^{k-2}yf_2'\left(\frac{z}{y},\frac{y}{x}\right),$$

$$\frac{\partial u}{\partial y}=x^k\left(-\frac{z}{y^2}\right)f_1'\left(\frac{z}{y},\frac{y}{x}\right)+x^k\left(\frac{1}{x}\right)f_2'\left(\frac{z}{y},\frac{y}{x}\right)=x^k\left(-\frac{z}{y^2}\right)f_1'\left(\frac{z}{y},\frac{y}{x}\right)+x^{k-1}f_2'\left(\frac{z}{y},\frac{y}{x}\right),$$

$$\frac{\partial u}{\partial z}=x^k\frac{1}{y}f_1'\left(\frac{z}{y},\frac{y}{x}\right),$$

将上式代入 $x\dfrac{\partial u}{\partial x}+y\dfrac{\partial u}{\partial y}+z\dfrac{\partial u}{\partial z}$ 可得 $x\dfrac{\partial u}{\partial x}+y\dfrac{\partial u}{\partial y}+z\dfrac{\partial u}{\partial z}=ku$. **证毕**

4. 设 $u=f(r,\theta)$，$r=\sqrt{x^2+y^2}$，$\theta=\arctan\dfrac{y}{x}$. 证明：

$$\left(\frac{\partial u}{\partial x}\right)^2+\left(\frac{\partial u}{\partial y}\right)^2=\left(\frac{\partial u}{\partial r}\right)^2+\frac{1}{r^2}\left(\frac{\partial u}{\partial \theta}\right)^2.$$

分析 参考经典题型详解中例 2.9.

证 因为

$$\frac{\partial u}{\partial x}=f_1'(r,\theta)\frac{\partial r}{\partial x}+f_2'(r,\theta)\frac{\partial \theta}{\partial x}=f_1'(r,\theta)\frac{x}{\sqrt{x^2+y^2}}+f_2'(r,\theta)\frac{-y}{x^2+y^2},$$

$$\frac{\partial u}{\partial y}=f_1'(r,\theta)\frac{\partial r}{\partial y}+f_2'(r,\theta)\frac{\partial \theta}{\partial y}=f_1'(r,\theta)\frac{y}{\sqrt{x^2+y^2}}+f_2'(r,\theta)\frac{x}{x^2+y^2},$$

$$\frac{\partial u}{\partial r}=f_1'(r,\theta),\frac{\partial u}{\partial \theta}=f_2'(r,\theta),$$

代入上式可得

$$\left(\frac{\partial u}{\partial x}\right)^2+\left(\frac{\partial u}{\partial y}\right)^2=f_1'^2(r,\theta)+\frac{1}{x^2+y^2}f_2'^2(r,\theta)=\left(\frac{\partial u}{\partial r}\right)^2+\frac{1}{r^2}\left(\frac{\partial u}{\partial \theta}\right)^2.$$ **证毕**

2.4 隐函数求导法则

一、知识要点

1. 一个方程的情形

定理 2.6（隐函数存在定理Ⅰ） 若函数 $F(x,y)$ 满足下列条件：

(1) $F(x_0,y_0)=0$；

(2) $F(x,y)$ 在点 (x_0,y_0) 的某一邻域内具有连续的偏导数；

(3) $F_y(x_0,y_0)\neq 0$.

则：(i) 在点 (x_0,y_0) 的某一邻域内由方程 $F(x,y)=0$ 可以唯一确定隐函数 $y=y(x)$，$x\in U(x_0)$，使得 $F(x,y(x))\equiv 0$，并且满足条件 $y_0=y(x_0)$；

(ii) 隐函数 $y=y(x)$ 在 $U(x_0)$ 上连续；

(iii) 隐函数 $y=y(x)$ 在 $U(x_0)$ 上具有连续的导数，且

$$\frac{\mathrm{d}y}{\mathrm{d}x}=-\frac{F_x}{F_y}. \tag{2.16}$$

定理 2.7（隐函数存在定理Ⅱ） 若函数 $F(x,y,z)$ 满足下列条件：

(1) $F(x_0,y_0,z_0)=0$；

(2) $F(x,y,z)$在点(x_0,y_0,z_0)的某一邻域内关于各个自变量有连续的偏导数；

(3) $F_z(x_0,y_0,z_0)\neq 0$.

则：(i) 在点(x_0,y_0,z_0)的某一邻域内由方程$F(x,y,z)=0$可以唯一确定隐函数$z=f(x,y)$，$(x,y)\in U((x_0,y_0))$，并且满足条件$z_0=f(x_0,y_0)$；

(ii) 隐函数$z=f(x,y)$在$U((x_0,y_0))$上连续；

(iii) 隐函数$z=f(x,y)$在$U((x_0,y_0))$上具有连续偏导数，且有

$$\frac{\partial z}{\partial x}=-\frac{F_x}{F_z},\quad \frac{\partial z}{\partial y}=-\frac{F_y}{F_z}. \tag{2.17}$$

2. 方程组的情形

定理 2.8(**隐函数存在定理Ⅲ**) 若函数$F(x,y,z)$,$G(x,y,z)$满足如下条件：

(1) $F(x_0,y_0,z_0)=0,G(x_0,y_0,z_0)=0$；

(2) $F(x,y,z)$,$G(x,y,z)$在点(x_0,y_0,z_0)处的某邻域内关于各变量具有连续偏导数；

(3) 在点(x_0,y_0,z_0)处，雅可比行列式$J=\frac{\partial(F,G)}{\partial(y,z)}=\begin{vmatrix}\frac{\partial F}{\partial y} & \frac{\partial F}{\partial z}\\ \frac{\partial G}{\partial y} & \frac{\partial G}{\partial z}\end{vmatrix}$不等于零.

则：(i) 方程组$\begin{cases}F(x,y,z)=0,\\ G(x,y,z)=0\end{cases}$在点$(x_0,y_0,z_0)$的某一邻域内能唯一确定隐函数组$\begin{cases}y=y(x),\\ z=z(x)\end{cases}(x\in U(x_0))$，并且满足条件$\begin{cases}y_0=y(x_0),\\ z_0=z(x_0)\end{cases}$；

(ii) 隐函数组$\begin{cases}y=y(x),\\ z=z(x)\end{cases}$在$U(x_0)$上连续；

(iii) 隐函数组$\begin{cases}y=y(x),\\ z=z(x)\end{cases}$在$U(x_0)$上具有连续导数，且有

$$\frac{\mathrm{d}y}{\mathrm{d}x}=-\frac{1}{J}\frac{\partial(F,G)}{\partial(x,z)}=-\frac{\begin{vmatrix}F_x & F_z\\ G_x & G_z\end{vmatrix}}{\begin{vmatrix}F_y & F_z\\ G_y & G_z\end{vmatrix}},\quad \frac{\mathrm{d}z}{\mathrm{d}x}=-\frac{1}{J}\frac{\partial(F,G)}{\partial(y,x)}=-\frac{\begin{vmatrix}F_y & F_x\\ G_y & G_x\end{vmatrix}}{\begin{vmatrix}F_y & F_z\\ G_y & G_z\end{vmatrix}}. \tag{2.18}$$

定理 2.9(**隐函数存在定理Ⅳ**) 若函数$F(x,y,u,v)$,$G(x,y,u,v)$满足如下条件：

(1) $F(x_0,y_0,u_0,v_0)=0,G(x_0,y_0,u_0,v_0)=0$；

(2) $F(x,y,u,v)$,$G(x,y,u,v)$在点(x_0,y_0,u_0,v_0)处的某一邻域内关于各个变量具有连续偏导数；

(3) 在点(x_0,y_0,u_0,v_0)处，雅可比行列式$J=\frac{\partial(F,G)}{\partial(u,v)}=\begin{vmatrix}\frac{\partial F}{\partial u} & \frac{\partial F}{\partial v}\\ \frac{\partial G}{\partial u} & \frac{\partial G}{\partial v}\end{vmatrix}$不等于零.

则：

(i) 方程组$\begin{cases}F(x,y,u,v)=0,\\ G(x,y,u,v)=0\end{cases}$在点$(x_0,y_0,u_0,v_0)$的某一邻域内唯一确定隐函数组$\begin{cases}u=u(x,y),\\ v=v(x,y)\end{cases}((x,y)\in U((x_0,y_0)))$，并且满足条件$\begin{cases}u_0=u(x_0,y_0),\\ v_0=v(x_0,y_0)\end{cases}$；

(ii) 隐函数组$\begin{cases}u=u(x,y),\\ v=v(x,y)\end{cases}$在$U((x_0,y_0))$上连续；

(iii) 隐函数组$\begin{cases}u=u(x,y),\\ v=v(x,y)\end{cases}$在$U((x_0,y_0))$上具有连续偏导数,且有

$$\frac{\partial u}{\partial x}=-\frac{1}{J}\frac{\partial(F,G)}{\partial(x,v)}=-\frac{\begin{vmatrix}F_x & F_v\\ G_x & G_v\end{vmatrix}}{\begin{vmatrix}F_u & F_v\\ G_u & G_v\end{vmatrix}},\quad \frac{\partial v}{\partial x}=-\frac{1}{J}\frac{\partial(F,G)}{\partial(u,x)}=-\frac{\begin{vmatrix}F_u & F_x\\ G_u & G_x\end{vmatrix}}{\begin{vmatrix}F_u & F_v\\ G_u & G_v\end{vmatrix}},$$

$$\frac{\partial u}{\partial y}=-\frac{1}{J}\frac{\partial(F,G)}{\partial(y,v)}=-\frac{\begin{vmatrix}F_y & F_v\\ G_y & G_v\end{vmatrix}}{\begin{vmatrix}F_u & F_v\\ G_u & G_v\end{vmatrix}},\quad \frac{\partial v}{\partial y}=-\frac{1}{J}\frac{\partial(F,G)}{\partial(u,y)}=-\frac{\begin{vmatrix}F_u & F_y\\ G_u & G_y\end{vmatrix}}{\begin{vmatrix}F_u & F_v\\ G_u & G_v\end{vmatrix}}. \tag{2.19}$$

二、经典题型详解

题型 1 求隐函数的导数

例 2.10 求由方程$\sin(xy)-e^{xy}-x^2y+1=0$确定的函数$y(x)$的导数$\frac{dy}{dx}$.

分析 该问题可用两种方法求解:一种是公式法,即利用公式(2.16)直接求解;另一种是直接法,即利用推导公式(2.16)的过程求解.

解 方法一 令$F(x,y)=\sin(xy)-e^{xy}-x^2y+1$,则有

$$F_x=y\cos(xy)-ye^{xy}-2xy,\quad F_y=x\cos(xy)-xe^{xy}-x^2.$$

代入公式(2.16)可得,$\frac{dy}{dx}=-\frac{F_x}{F_y}=-\frac{y\cos(xy)-ye^{xy}-2xy}{x\cos(xy)-xe^{xy}-x^2}\quad(x\neq0)$.

方法二 将方程中的y看作隐函数$y(x)$,则原方程变为恒等式,然后对恒等式两端关于x求导数,得$(y+xy')\cos(xy)-(y+xy')e^{xy}-2xy-x^2y'=0$. 由此解得

$$\frac{dy}{dx}=-\frac{y\cos(xy)-ye^{xy}-2xy}{x\cos(xy)-xe^{xy}-x^2}\quad(x\neq0).$$

例 2.11 求由方程$\cos^2x+\cos^2y+\cos^2z=1$确定的隐函数$z=z(x,y)$的一阶偏导数$\frac{\partial z}{\partial x},\frac{\partial z}{\partial y}$.

分析 该问题可用三种方法求解:(1)公式法,即利用公式(2.17)直接求解;(2)直接法,即利用推导公式(2.17)的过程求解;(3)微分法,即利用一阶全微分形式的不变性求解.

解 方法一 令$F(x,y)=\cos^2x+\cos^2y+\cos^2z-1$,容易求得

$$F_x=2\cos x(-\sin x)=-\sin2x,\quad F_y=2\cos y(-\sin y)=-\sin2y,$$

$$F_z=2\cos z(-\sin z)=-\sin2z.$$

因此有

$$\frac{\partial z}{\partial x}=-\frac{F_x}{F_z}=-\frac{\sin2x}{\sin2z},\frac{\partial z}{\partial y}=-\frac{F_y}{F_z}=-\frac{\sin2y}{\sin2z}.$$

方法二 将方程中的z看作隐函数$z=z(x,y)$,则原方程变为恒等式,然后对恒等式两端关于x求偏导数,可得$-2\sin x\cos x-2\frac{\partial z}{\partial x}\sin z\cos z=0$. 解得$\frac{\partial z}{\partial x}=-\frac{\sin2x}{\sin2z}$.

类似可得,$\frac{\partial z}{\partial y}=-\frac{\sin2y}{\sin2z}$.

方法三 不难求得方程$\cos^2 x+\cos^2 y+\cos^2 z=1$的全微分形式为

$$-2\sin x\cos x\mathrm{d}x-2\sin y\cos y\mathrm{d}y-2\sin z\cos z\mathrm{d}z=0,$$

解得 $\mathrm{d}z=-\dfrac{\sin 2x}{\sin 2z}\mathrm{d}x-\dfrac{\sin 2y}{\sin 2z}\mathrm{d}y$. 于是$\dfrac{\partial z}{\partial x}=-\dfrac{\sin 2x}{\sin 2z}$;$\dfrac{\partial z}{\partial y}=-\dfrac{\sin 2y}{\sin 2z}$.

题型2 综合应用题

例2.12 设函数$z=z(x,y)$由$\dfrac{x}{z}=\varphi\left(\dfrac{y}{z}\right)$所确定,其中$\varphi(u)$具有二阶连续偏导数,证明:$x\dfrac{\partial z}{\partial x}+y\dfrac{\partial z}{\partial y}=z$.

分析 利用隐函数求导公式(2.17)求出$\dfrac{\partial z}{\partial x}$和$\dfrac{\partial z}{\partial y}$,然后代入上式验证.

证 令$F(x,y,z)=\dfrac{x}{z}-\varphi\left(\dfrac{y}{z}\right)$. 容易求得

$$F_x=\frac{1}{z},\quad F_y=-\frac{1}{z}\varphi'\left(\frac{y}{z}\right),\quad F_z=-\frac{x}{z^2}+\frac{y}{z^2}\varphi'\left(\frac{y}{z}\right).$$

因此有

$$\frac{\partial z}{\partial x}=-\frac{F_x}{F_z}=\frac{1}{-\dfrac{x}{z}+\dfrac{y}{z}\varphi'\left(\dfrac{y}{z}\right)}=\frac{z}{x-y\varphi'\left(\dfrac{y}{z}\right)},$$

$$\frac{\partial z}{\partial y}=-\frac{F_y}{F_z}=-\frac{-\dfrac{1}{z}\varphi'\left(\dfrac{y}{z}\right)}{-\dfrac{x}{z^2}+\dfrac{y}{z^2}\varphi'\left(\dfrac{y}{z}\right)}=\frac{z\varphi'\left(\dfrac{y}{z}\right)}{-x+y\varphi'\left(\dfrac{y}{z}\right)},$$

则

$$x\frac{\partial z}{\partial x}+y\frac{\partial z}{\partial y}=x\frac{z}{x-y\varphi'\left(\dfrac{y}{z}\right)}+y\frac{z\varphi'\left(\dfrac{y}{z}\right)}{-x+y\varphi'\left(\dfrac{y}{z}\right)}=z.$$

证毕

例2.13 设$y=f(x,t)$,其中t是由方程$F(x,y,t)=0$确定的x,y的函数,f,F均为可微函数. 证明:$\dfrac{\mathrm{d}y}{\mathrm{d}x}=\dfrac{f_xF_t-f_tF_x}{f_tF_y+F_t}$.

分析 利用隐函数求导公式验证,需要注意的是t是x,y的函数,y又是x的函数.

证 因为$\dfrac{\mathrm{d}y}{\mathrm{d}x}=f_x(x,t)+f_t(x,t)\left(\dfrac{\partial t}{\partial x}+\dfrac{\partial t}{\partial y}\dfrac{\mathrm{d}y}{\mathrm{d}x}\right)$,而$t$是由方程$F(x,y,t)=0$确定的$x,y$的函数,所以$\dfrac{\partial t}{\partial x}=-\dfrac{F_x}{F_t}$,$\dfrac{\partial t}{\partial y}=-\dfrac{F_y}{F_t}$,代入上式整理可得

$$\frac{\mathrm{d}y}{\mathrm{d}x}=\frac{f_xF_t-f_tF_x}{f_tF_y+F_t}.$$

证毕

三、课后习题选解(习题2.4)

1. 求由下列方程确定的函数$y(x)$的导数$\dfrac{\mathrm{d}y}{\mathrm{d}x}$:

(1) $x^2+2xy-y^2=a^2$；　　　　(2) $\ln\sqrt{x^2+y^2}=\arctan\frac{y}{x}$.

分析　参考经典题型详解中例2.10.

解　(1) 令 $F(x,y)=x^2+2xy-y^2-a^2$. 容易求得，$F_x=2x+2y$，$F_y=2x-2y$. 因此有

$$\frac{dy}{dx}=-\frac{F_x}{F_y}=\frac{x+y}{y-x}.$$

(2) 令 $F(x,y)=\ln\sqrt{x^2+y^2}-\arctan\frac{y}{x}$. 容易求得，$F_x=\frac{x+y}{x^2+y^2}$，$F_y=\frac{y-x}{x^2+y^2}$. 因此有

$$\frac{dy}{dx}=-\frac{F_x}{F_y}=\frac{x+y}{x-y}.$$

2. 求由下列方程确定的函数 $z=z(x,y)$ 的一阶偏导数 $\frac{\partial z}{\partial x}$，$\frac{\partial z}{\partial y}$：

(1) $x^2+y^2+z^2-4z=0$；　　　　(2) $x^2y-e^{x+y+z}=1$.

分析　参考经典题型详解中例2.11.

解　(1) 令 $F(x,y,z)=x^2+y^2+z^2-4z$. 容易求得，$F_x=2x$，$F_y=2y$，$F_z=2z-4$. 因此有

$$\frac{\partial z}{\partial x}=-\frac{F_x}{F_z}=\frac{x}{2-z},\quad \frac{\partial z}{\partial y}=-\frac{F_y}{F_z}=\frac{y}{2-z}.$$

(2) 令 $F(x,y,z)=x^2y-e^{x+y+z}-1$. 容易求得，$F_x=2xy-e^{x+y+z}$，$F_y=x^2-e^{x+y+z}$，$F_z=-e^{x+y+z}$. 因此有

$$\frac{\partial z}{\partial x}=-\frac{F_x}{F_z}=\frac{2xy-e^{x+y+z}}{e^{x+y+z}},\quad \frac{\partial z}{\partial y}=-\frac{F_y}{F_z}=\frac{x^2-e^{x+y+z}}{e^{x+y+z}}.$$

3. 设 $u=xy^2z^3$，其中 $z=z(x,y)$ 是由方程 $x^2+y^2+z^2-3xyz=0$ 所确定的隐函数，求 $\frac{\partial u}{\partial x}$，$\frac{\partial u}{\partial y}$.

分析　利用隐函数求导公式(2.17)求出 $\frac{\partial z}{\partial x}$ 和 $\frac{\partial z}{\partial y}$，进而可以求得 $\frac{\partial u}{\partial x}$，$\frac{\partial u}{\partial y}$.

解　令 $F(x,y,z)=x^2+y^2+z^2-3xyz$. 容易求得，$F_x=2x-3yz$，$F_y=2y-3xz$，$F_z=2z-3xy$. 因此有

$$\frac{\partial z}{\partial x}=-\frac{F_x}{F_z}=-\frac{2x-3yz}{2z-3xy},\quad \frac{\partial z}{\partial y}=-\frac{F_y}{F_z}=-\frac{2y-3xz}{2z-3xy}.$$

所以

$$\frac{\partial u}{\partial x}=y^2z^3+3xy^2z^2\frac{\partial z}{\partial x}=y^2z^3-3xy^2z^2\frac{2x-3yz}{2z-3xy},$$

$$\frac{\partial u}{\partial y}=2xyz^3+3xy^2z^2\frac{\partial z}{\partial y}=2xyz^3-3xy^2z^2\frac{2y-3xz}{2z-3xy}.$$

4. 设 $u=\sin(xy+3z)$，其中 $z=z(x,y)$ 由方程 $yz^2-xz^3=1$ 所确定，求 $\frac{\partial u}{\partial x}$.

分析　利用隐函数求导公式(2.17)求出 $\frac{\partial z}{\partial x}$，进而可以求得 $\frac{\partial u}{\partial x}$.

解　令 $F(x,y,z)=yz^2-xz^3-1$. 容易求得 $F_x=-z^3$，$F_z=2yz-3xz^2$. 因此

$$\frac{\partial z}{\partial x}=-\frac{F_x}{F_z}=\frac{z^2}{2y-3xz}.$$

于是

$$\frac{\partial u}{\partial x}=\cos(xy+3z)\left(y+3\frac{\partial z}{\partial x}\right)=\cos(xy+3z)\left(y+3\frac{z^2}{2y-3xz}\right).$$

5. 设函数 $y=y(x)$，$z=z(x)$ 由方程组 $\begin{cases}z=x^2+y^2,\\2x^2+y^2+3z^2=3\end{cases}$ 所确定，求 $\frac{dy}{dx}$ 和 $\frac{dz}{dx}$.

分析　利用隐函数求导公式(2.18)计算.

解　令 $F(x,y,z)=z-x^2-y^2$，$G(x,y,z)=2x^2+y^2+3z^2-3$，则

$$J=\frac{\partial(F,G)}{\partial(y,z)}=\begin{vmatrix}\frac{\partial F}{\partial y} & \frac{\partial F}{\partial z}\\ \frac{\partial G}{\partial y} & \frac{\partial G}{\partial z}\end{vmatrix}=\begin{vmatrix}-2y & 1\\ 2y & 6z\end{vmatrix}=-12yz-2y,$$

由于函数 $y=y(x),z=z(x)$ 由方程组确定，故 $J=-12yz-2y\neq 0$，所以有

$$\frac{\mathrm{d}y}{\mathrm{d}x}=-\frac{1}{J}\frac{\partial(F,G)}{\partial(x,z)}=-\frac{\begin{vmatrix}F_x & F_z\\ G_x & G_z\end{vmatrix}}{\begin{vmatrix}F_y & F_z\\ G_y & G_z\end{vmatrix}}=-\frac{6xz+2x}{6yz+y},$$

$$\frac{\mathrm{d}z}{\mathrm{d}x}=-\frac{1}{J}\frac{\partial(F,G)}{\partial(y,x)}=-\frac{\begin{vmatrix}F_y & F_x\\ G_y & G_x\end{vmatrix}}{\begin{vmatrix}F_y & F_z\\ G_y & G_z\end{vmatrix}}=-\frac{2x}{6z+1}.$$

B类题

1. 设 $z=f(x+y+z,xyz)$，求 $\frac{\partial z}{\partial x},\frac{\partial x}{\partial y},\frac{\partial y}{\partial z}$.

分析 利用隐函数求导公式(2.16)计算.

解 (1) 令 $F(x,y,z)=z-f(x+y+z,xyz)$. 容易求得

$$F_x=-f_1'(x+y+z,xyz)-yzf_2'(x+y+z,xyz),$$
$$F_y=-f_1'(x+y+z,xyz)-xzf_2'(x+y+z,xyz),$$
$$F_z=1-f_1'(x+y+z,xyz)-xyf_2'(x+y+z,xyz).$$

因此有

$$\frac{\partial z}{\partial x}=-\frac{F_x}{F_z}=\frac{f_1'(x+y+z,xyz)+yzf_2'(x+y+z,xyz)}{1-f_1'(x+y+z,xyz)-xyf_2'(x+y+z,xyz)},$$

$$\frac{\partial x}{\partial y}=-\frac{F_y}{F_x}=-\frac{f_1'(x+y+z,xyz)+xzf_2'(x+y+z,xyz)}{f_1'(x+y+z,xyz)+yzf_2'(x+y+z,xyz)},$$

$$\frac{\partial y}{\partial z}=-\frac{F_z}{F_y}=\frac{1-f_1'(x+y+z,xyz)-xyf_2'(x+y+z,xyz)}{f_1'(x+y+z,xyz)+xzf_2'(x+y+z,xyz)}.$$

2. 设函数 $u=u(x,y),v=v(x,y)$ 由方程组 $\begin{cases}x=\mathrm{e}^u+u\sin v,\\ y=\mathrm{e}^u-u\cos v\end{cases}$ 所确定，求 $\frac{\partial u}{\partial x},\frac{\partial u}{\partial y},\frac{\partial v}{\partial x}$ 和 $\frac{\partial v}{\partial y}$.

分析 直接利用公式(2.19)求解.

解 令 $F(x,y,u,v)=x-\mathrm{e}^u-u\sin v,G(x,y,u,v)=y-\mathrm{e}^u+u\cos v$，则有

$$\frac{\partial u}{\partial x}=-\frac{1}{J}\frac{\partial(F,G)}{\partial(x,v)}=-\frac{\begin{vmatrix}F_x & F_v\\ G_x & G_v\end{vmatrix}}{\begin{vmatrix}F_u & F_v\\ G_u & G_v\end{vmatrix}}=-\frac{\begin{vmatrix}1 & -u\cos v\\ 0 & -u\sin v\end{vmatrix}}{\begin{vmatrix}-\mathrm{e}^u-\sin v & -u\cos v\\ -\mathrm{e}^u+\cos v & -u\sin v\end{vmatrix}}=\frac{\sin v}{\mathrm{e}^u(\sin v-\cos v)+1},$$

$$\frac{\partial v}{\partial x}=-\frac{1}{J}\frac{\partial(F,G)}{\partial(u,x)}=-\frac{\begin{vmatrix}F_u & F_x\\ G_u & G_x\end{vmatrix}}{\begin{vmatrix}F_u & F_v\\ G_u & G_v\end{vmatrix}}=-\frac{\begin{vmatrix}-\mathrm{e}^u-\sin v & 1\\ -\mathrm{e}^u+\cos v & 0\end{vmatrix}}{\begin{vmatrix}-\mathrm{e}^u-\sin v & -u\cos v\\ -\mathrm{e}^u+\cos v & -u\sin v\end{vmatrix}}=-\frac{\mathrm{e}^u-\cos v}{u\mathrm{e}^u(\sin v-\cos v)+u},$$

$$\frac{\partial u}{\partial y}=-\frac{1}{J}\frac{\partial(F,G)}{\partial(y,v)}=-\frac{\begin{vmatrix}F_y & F_v\\ G_y & G_v\end{vmatrix}}{\begin{vmatrix}F_u & F_v\\ G_u & G_v\end{vmatrix}}=-\frac{\begin{vmatrix}0 & -u\cos v\\ 1 & -u\sin v\end{vmatrix}}{\begin{vmatrix}-\mathrm{e}^u-\sin v & -u\cos v\\ -\mathrm{e}^u+\cos v & -u\sin v\end{vmatrix}}=-\frac{\cos v}{\mathrm{e}^u(\sin v-\cos v)+1},$$

$$\frac{\partial v}{\partial y}=-\frac{1}{J}\frac{\partial(F,G)}{\partial(u,y)}=-\frac{\begin{vmatrix}F_u & F_y\\ G_u & G_y\end{vmatrix}}{\begin{vmatrix}F_u & F_v\\ G_u & G_v\end{vmatrix}}=-\frac{\begin{vmatrix}-\mathrm{e}^u-\sin v & 0\\ -\mathrm{e}^u+\cos v & 1\end{vmatrix}}{\begin{vmatrix}-\mathrm{e}^u-\sin v & -u\cos v\\ -\mathrm{e}^u+\cos v & -u\sin v\end{vmatrix}}=\frac{\mathrm{e}^u+\sin v}{u\mathrm{e}^u(\sin v-\cos v)+u}.$$

2.5 高阶偏导数

一、知识要点

1. 高阶偏导数的概念

设函数 $z=f(x,y)$ 在其定义区域 D 内具有偏导数 $\frac{\partial z}{\partial x}=f_x(x,y)$，$\frac{\partial z}{\partial y}=f_y(x,y)$. 如果函数 $f_x(x,y)$ 和 $f_y(x,y)$ 的偏导数存在，进一步对它们再关于 x,y 求偏导数，按照对自变量求导次序的不同，共有下列四种**二阶偏导数**，记作

$$\frac{\partial}{\partial x}\left(\frac{\partial z}{\partial x}\right)=\frac{\partial^2 z}{\partial x^2}=f_{xx}(x,y);\quad \frac{\partial}{\partial y}\left(\frac{\partial z}{\partial y}\right)=\frac{\partial^2 z}{\partial y^2}=f_{yy}(x,y);$$

$$\frac{\partial}{\partial y}\left(\frac{\partial z}{\partial x}\right)=\frac{\partial^2 z}{\partial x\partial y}=f_{xy}(x,y);\quad \frac{\partial}{\partial x}\left(\frac{\partial z}{\partial y}\right)=\frac{\partial^2 z}{\partial y\partial x}=f_{yx}(x,y).$$

$\frac{\partial^2 z}{\partial x^2}$ 称为函数 $z=f(x,y)$ 关于 x 的二阶偏导数；$\frac{\partial^2 z}{\partial y^2}$ 称为函数 $z=f(x,y)$ 关于 y 的二阶偏导数；$\frac{\partial^2 z}{\partial x\partial y}$ 称为函数 $z=f(x,y)$ 先关于 x 再关于 y 的二阶混合偏导数；$\frac{\partial^2 z}{\partial y\partial x}$ 称为函数 $z=f(x,y)$ 先关于 y 再关于 x 的二阶混合偏导数.

类似地，可以定义三阶、四阶、……以及 n 阶偏导数. 我们将二阶及二阶以上的偏导数统称为**高阶偏导数**.

2. 混合偏导数与求导顺序无关的条件

定理 2.10 如果函数 $z=f(x,y)$ 的两个二阶混合偏导数 $\frac{\partial^2 z}{\partial x\partial y}$ 及 $\frac{\partial^2 z}{\partial y\partial x}$ 在区域 D 内连续，则在该区域内，有 $\frac{\partial^2 z}{\partial x\partial y}=\frac{\partial^2 z}{\partial y\partial x}$.

类似地，对于三阶及以上的高阶混合偏导数，若这些混合偏导数在其定义区域内连续，则它们与求偏导数的顺序无关.

3. 复合函数的高阶偏导数

在计算多元复合函数的高阶偏导数时，只需要重复求一阶偏导数时的运算法则即可. 对于高阶偏导数，引入下列记号

$$f''_{11}=\frac{\partial^2 f(u,v)}{\partial u^2},\quad f''_{12}=\frac{\partial^2 f(u,v)}{\partial u\partial v},\quad f''_{22}=\frac{\partial^2 f(u,v)}{\partial v^2}.$$

这里 f''_{11} 表示函数关于第一个变量求二阶偏导数；f''_{12} 表示函数先关于第一个变量求偏导数，再关于第二个变量求偏导数；f''_{22} 表示函数关于第二个变量求二阶偏导数. 更高阶的偏导数可以以此类推. 例如，对于复合函数 $w=f(x+y+z,xyz)$，f 具有二阶连续偏导数，求 $\frac{\partial w}{\partial x}$ 和

$\frac{\partial^2 w}{\partial x\partial z}$. 可令 $u=x+y+z, v=xyz$. 先对其关于 x 求偏导数,有

$$\frac{\partial w}{\partial x}=\frac{\partial f}{\partial u}\frac{\partial u}{\partial x}+\frac{\partial f}{\partial v}\frac{\partial v}{\partial x}=f'_1+yzf'_2.$$

对 $\frac{\partial w}{\partial x}$ 关于 z 求偏导数,有

$$\frac{\partial^2 w}{\partial x\partial z}=\frac{\partial}{\partial z}(f'_1+yzf'_2)=\frac{\partial f'_1}{\partial z}+yf'_2+yz\frac{\partial f'_2}{\partial z},$$

$$\frac{\partial f'_1}{\partial z}=\frac{\partial f'_1}{\partial u}\frac{\partial u}{\partial z}+\frac{\partial f'_1}{\partial v}\frac{\partial v}{\partial z}=f''_{11}+xyf''_{12},$$

$$\frac{\partial f'_2}{\partial z}=\frac{\partial f'_2}{\partial u}\frac{\partial u}{\partial z}+\frac{\partial f'_2}{\partial v}\frac{\partial v}{\partial z}=f''_{21}+xyf''_{22}.$$

由于 f 具有二阶连续偏导数,所以有 $f''_{12}=f''_{21}$. 于是

$$\begin{aligned}\frac{\partial^2 w}{\partial x\partial z}&=\frac{\partial}{\partial z}(f'_1+yzf'_2)=f''_{11}+xyf''_{12}+yf'_2+yz(f''_{21}+xyf''_{22})\\&=f''_{11}+y(x+z)f''_{12}+xy^2zf''_{22}+yf'_2.\end{aligned}$$

二、疑难解析

1. 在求函数的高阶混合偏导数时,在什么条件下与求偏导数的顺序无关?尝试举出一个例子,使得函数在某一点处的二阶混合偏导数不相等.

答 当高阶混合偏导数连续时,与求偏导数的顺序无关. 例如,求函数

$$f(x,y)=\begin{cases}\dfrac{x^3y}{x^2+y^2}, & (x,y)\neq(0,0),\\ 0, & (x,y)=(0,0)\end{cases}$$

在 $(0,0)$ 点的二阶混合偏导数. 不难求得,函数的一阶偏导数为

$$f_x(x,y)=\begin{cases}\dfrac{x^4y+3x^2y^3}{(x^2+y^2)^2}, & (x,y)\neq(0,0),\\ 0, & (x,y)=(0,0),\end{cases}\qquad f_y(x,y)=\begin{cases}\dfrac{x^5-x^3y^2}{(x^2+y^2)^2}, & (x,y)\neq(0,0),\\ 0, & (x,y)=(0,0).\end{cases}$$

进一步地,利用定义可以求得,函数在点 $(0,0)$ 处的二阶混合偏导数为

$$f_{xy}(0,0)=\lim_{\Delta y\to 0}\frac{f_x(0,\Delta y)-f_x(0,0)}{\Delta y}=0,\quad f_{yx}(0,0)=\lim_{\Delta x\to 0}\frac{f_y(\Delta x,0)-f_y(0,0)}{\Delta x}=1.$$

2. 多元复合函数的链式法则对高阶偏导数是否依然适用?举例说明.

答 在计算多元复合函数的高阶偏导数时,只需要重复求一阶偏导数时的运算法则即可. 例如 $z=f(u,v)$, f 具有二阶连续偏导数, $u=\varphi(x,y)$, $v=\psi(x,y)$ 的偏导数存在,依照链式法则(2.10),有

$$\frac{\partial z}{\partial x}=\frac{\partial z}{\partial u}\frac{\partial u}{\partial x}+\frac{\partial z}{\partial v}\frac{\partial v}{\partial x}.$$

进一步地,继续依照链式法则(2.10),有

$$\begin{aligned}\frac{\partial^2 z}{\partial x\partial y}&=\frac{\partial}{\partial y}\left(\frac{\partial z}{\partial x}\right)=\frac{\partial}{\partial y}\left(\frac{\partial z}{\partial u}\frac{\partial u}{\partial x}+\frac{\partial z}{\partial v}\frac{\partial v}{\partial x}\right)\\&=\frac{\partial}{\partial y}\left(\frac{\partial z}{\partial u}\right)\frac{\partial u}{\partial x}+\frac{\partial z}{\partial u}\frac{\partial^2 u}{\partial x\partial y}+\frac{\partial}{\partial y}\left(\frac{\partial z}{\partial v}\right)\frac{\partial v}{\partial x}+\frac{\partial z}{\partial v}\frac{\partial^2 v}{\partial x\partial y}.\end{aligned}$$

这里需要注意的是，$\frac{\partial u}{\partial x}$和$\frac{\partial v}{\partial x}$仍是$x,y$的函数，$\frac{\partial z}{\partial u}$与$\frac{\partial z}{\partial v}$仍是以$u,v$为中间变量的$x,y$的复合函数. 因此有

$$\frac{\partial}{\partial y}\left(\frac{\partial z}{\partial u}\right)=\frac{\partial^2 z}{\partial u^2}\frac{\partial u}{\partial y}+\frac{\partial^2 z}{\partial u\partial v}\frac{\partial v}{\partial y},\quad \frac{\partial}{\partial y}\left(\frac{\partial z}{\partial v}\right)=\frac{\partial^2 z}{\partial v\partial u}\frac{\partial u}{\partial y}+\frac{\partial^2 z}{\partial v^2}\frac{\partial v}{\partial y}.$$

三、经典题型详解

题型1　求函数的高阶偏导数

例 2.14　求函数$z=x^3\sin y+y^3\sin x$的高阶偏导数$\frac{\partial^3 z}{\partial x^2\partial y}$和$\frac{\partial^3 z}{\partial x\partial y^2}$.

分析　利用高阶偏导数的定义求解.

解　容易求得，$\frac{\partial z}{\partial x}=3x^2\sin y+y^3\cos x$. 根据要求，继续关于$x$和$y$求偏导数，有

$$\frac{\partial^2 z}{\partial x^2}=6x\sin y-y^3\sin x;\quad \frac{\partial^2 z}{\partial x\partial y}=3x^2\cos y+3y^2\cos x.$$

进一步地，有

$$\frac{\partial^3 z}{\partial x^2\partial y}=6x\cos y-3y^2\sin x,\quad \frac{\partial^3 z}{\partial x\partial y^2}=-3x^2\sin y+6y\cos x.$$

例 2.15　已知函数$z=y^x\ln(xy)$，求$\frac{\partial z}{\partial x},\frac{\partial z}{\partial y},\frac{\partial^2 z}{\partial x^2},\frac{\partial^2 z}{\partial x\partial y}$.

分析　分别利用幂函数、指数函数、对数函数的求导法则，先求一阶偏导数，在此基础上，计算高阶偏导数.

解　不难求得

$$\frac{\partial z}{\partial x}=y^x\ln y\cdot\ln(xy)+y^x\frac{1}{x};\quad \frac{\partial z}{\partial y}=xy^{x-1}\ln(xy)+y^x\frac{1}{y}=xy^{x-1}\ln(xy)+y^{x-1}.$$

进一步地，有

$$\frac{\partial^2 z}{\partial x^2}=y^x\left[(\ln y)^2\ln(xy)+2\frac{1}{x}\ln y-\frac{1}{x^2}\right];$$

$$\frac{\partial^2 z}{\partial x\partial y}=y^{x-1}[\ln(xy)+x\ln y\cdot\ln(xy)+\ln y+1].$$

例 2.16　假设下列函数的二阶偏导数均存在，求指定的二阶偏导数：

(1) $z=f(e^x\sin y,x^2+y^2)$，求$\frac{\partial^2 z}{\partial x\partial y}$；(2) $z=f(e^{xy},x^2-y^2)$，求$\frac{\partial z}{\partial y},\frac{\partial^2 z}{\partial y^2}$.

分析　先求一阶偏导数，在此基础上计算二阶偏导数.

解　(1) 不难求得，$\frac{\partial z}{\partial x}=e^x\sin yf_1'+2xf_2'$. 对其关于$y$求偏导数，可得

$$\frac{\partial^2 z}{\partial x\partial y}=e^x\cos yf_1'+e^{2x}\sin y\cos yf_{11}''+2ye^x\sin yf_{12}''+2xe^x\cos yf_{21}''+4xyf_{22}''.$$

(2) 不难求得，$\frac{\partial z}{\partial y}=xe^{xy}f_1'-2yf_2'$. 对其关于$y$求偏导数，可得

$$\frac{\partial^2 z}{\partial y^2}=x^2e^{xy}f_1'+x^2e^{2xy}f_{11}''-2xye^{xy}f_{12}''-2f_2'-2xye^{xy}f_{21}''+4y^2f_{22}''.$$

四、课后习题选解(习题2.5)

1. 求下列函数的所有二阶偏导数:

(1) $z=e^{xy}+\sin(x+y)$;　　(2) $z=x^3y^2-3xy^3-xy+1$.

分析　参考经典题型详解中例2.14.

解　(1) 容易求得

$$\frac{\partial z}{\partial x}=ye^{xy}+\cos(x+y);\quad \frac{\partial z}{\partial y}=xe^{xy}+\cos(x+y).$$

进一步地,有

$$\frac{\partial^2 z}{\partial x^2}=y^2e^{xy}-\sin(x+y);\quad \frac{\partial^2 z}{\partial y^2}=x^2e^{xy}-\sin(x+y);$$

$$\frac{\partial^2 z}{\partial x\partial y}=(1+xy)e^{xy}-\sin(x+y);\quad \frac{\partial^2 z}{\partial y\partial x}=(1+xy)e^{xy}-\sin(x+y).$$

(2) 容易求得

$$\frac{\partial z}{\partial x}=3x^2y^2-3y^3-y;\quad \frac{\partial z}{\partial y}=2x^3y-9xy^2-x.$$

进一步地,有

$$\frac{\partial^2 z}{\partial x^2}=6xy^2;\quad \frac{\partial^2 z}{\partial y^2}=2x^3-18xy;\quad \frac{\partial^2 z}{\partial x\partial y}=\frac{\partial^2 z}{\partial y\partial x}=6x^2y-9y^2-1.$$

2. 求下列函数的高阶偏导数:

(1) 设 $z=x\ln(xy)$,求$\frac{\partial^3 z}{\partial x^2\partial y}$;　　(2) 设 $z=x^3\sin y+y^3\sin x$,求$\frac{\partial^4 z}{\partial x^3\partial y}$.

分析　参考经典题型详解中例2.14.

解　(1) 容易求得,

$$\frac{\partial z}{\partial x}=\ln(xy)+x\frac{y}{xy}=\ln(xy)+1;\quad \frac{\partial^2 z}{\partial x^2}=\frac{y}{xy}=\frac{1}{x}.$$

进一步地,有$\frac{\partial^3 z}{\partial x^2\partial y}=0$.

(2) 容易求得

$$\frac{\partial z}{\partial x}=3x^2\sin y+y^3\cos x,\quad \frac{\partial^2 z}{\partial x^2}=6x\sin y-y^3\sin x,\quad \frac{\partial^3 z}{\partial x^3}=6\sin y-y^3\cos x.$$

进一步地,有

$$\frac{\partial^4 z}{\partial x^3\partial y}=6\cos y-3y^2\cos x.$$

3. 假设下列函数的二阶偏导数均存在,求$\frac{\partial^2 z}{\partial x\partial y}$.

(1) $z=\frac{f(x,y)}{y}+xf(x,y)$;　　(2) $z=\frac{1}{y}f(xy)+xf\left(\frac{y}{x}\right)$;

(3) $z=f[u(x)-y,v(y)+x]$;　　(4) $z=f(u,x,y),u=xe^y$.

分析　参考经典题型详解中例2.16.

解　(1) 容易求得,$\frac{\partial z}{\partial x}=\frac{f_1'(x,y)}{y}+f(x,y)+xf_1'(x,y)$.进一步地,有

$$\frac{\partial^2 z}{\partial x\partial y}=\frac{yf''_{12}(x,y)-f'_1(x,y)}{y^2}+f'_2(x,y)+xf''_{12}(x,y).$$

(2) 容易求得，$\frac{\partial z}{\partial x}=f'(xy)+f\left(\frac{y}{x}\right)+xf'\left(\frac{y}{x}\right)\left(-\frac{y}{x^2}\right)=f'(xy)+f\left(\frac{y}{x}\right)-\frac{y}{x}f'\left(\frac{y}{x}\right)$. 进一步地，有

$$\frac{\partial^2 z}{\partial x\partial y}=xf''(xy)+\frac{1}{x}f'\left(\frac{y}{x}\right)-\frac{1}{x}f'\left(\frac{y}{x}\right)-\frac{y}{x}f''\left(\frac{y}{x}\right)\frac{1}{x}=xf''(xy)-\frac{y}{x^2}f''\left(\frac{y}{x}\right).$$

(3) 容易求得，$\frac{\partial z}{\partial x}=f_1'[u(x)-y,v(y)+x]u'(x)+f_2'[u(x)-y,v(y)+x]$. 进一步地，有

$$\frac{\partial^2 z}{\partial x\partial y}=-u'(x)f_{11}''[u(x)-y,v(y)+x]+u'(x)v'(y)f_{12}''[u(x)-y,v(y)+x]-$$
$$f_{21}''[u(x)-y,v(y)+x]+v'(y)f_{22}''[u(x)-y,v(y)+x].$$

简记为

$$\frac{\partial^2 z}{\partial x\partial y}=-u'(x)f_{11}''+u'(x)v'(y)f_{12}''-f_{21}''+v'(y)f_{22}''.$$

(4) 容易求得，$\frac{\partial z}{\partial x}=f_1'(u,x,y)\frac{\partial u}{\partial x}+f_2'(u,x,y)=f_1'(u,x,y)\mathrm{e}^y+f_2'(u,x,y)$. 进一步地，

$$\begin{aligned}\frac{\partial^2 z}{\partial x\partial y}&=\mathrm{e}^y\left[f_{11}''(u,x,y)\frac{\partial u}{\partial y}+f_{13}''(u,x,y)\right]+\mathrm{e}^yf_1'(u,x,y)+f_{21}''(u,x,y)\frac{\partial u}{\partial y}+f_{23}''(u,x,y)\\&=\mathrm{e}^y[f_{11}''(u,x,y)x\mathrm{e}^y+f_{13}''(u,x,y)]+\mathrm{e}^yf_1'(u,x,y)+f_{21}''(u,x,y)x\mathrm{e}^y+f_{23}''(u,x,y)\\&=\mathrm{e}^y[x\mathrm{e}^yf_{11}''+f_{13}'']+\mathrm{e}^yf_1'+x\mathrm{e}^yf_{21}''+f_{23}''.\end{aligned}$$

4. 验证函数 $u(x,y)=\ln(x^2+y^2)$ 满足方程 $\frac{\partial^2 u}{\partial x^2}+\frac{\partial^2 u}{\partial y^2}=0$.

分析 求出二阶偏导数，代入验证.

解 容易求得 $\frac{\partial u}{\partial x}=\frac{2x}{x^2+y^2}$；$\frac{\partial u}{\partial y}=\frac{2y}{x^2+y^2}$. 进一步地，有

$$\frac{\partial^2 u}{\partial x^2}=\frac{2(y^2-x^2)}{(x^2+y^2)^2},\quad \frac{\partial^2 u}{\partial y^2}=\frac{2(x^2-y^2)}{(x^2+y^2)^2}.$$

于是有 $\frac{\partial^2 u}{\partial x^2}+\frac{\partial^2 u}{\partial y^2}=0$.

B类题

1. 已知函数 $f(x,y)=\sqrt{25-x^2-y^2}$，求 $f_{xx}(2\sqrt{2},3)$，$f_{xy}(2\sqrt{2},3)$，$f_{yy}(2\sqrt{2},3)$.

分析 先求一阶偏导数，在此基础上，计算高阶偏导数的数值.

解 容易求得，$f_x=\frac{-x}{\sqrt{25-x^2-y^2}}$，$f_y=\frac{-y}{\sqrt{25-x^2-y^2}}$. 进一步地，有

$$f_{xx}=\frac{-25+y^2}{(25-x^2-y^2)^{3/2}};\quad f_{xy}=-\frac{xy}{(25-x^2-y^2)^{3/2}};\quad f_{xx}=\frac{-25+x^2}{(25-x^2-y^2)^{3/2}}.$$

所以

$$f_{xx}(2\sqrt{2},3)=-\frac{\sqrt{2}}{2},\quad f_{xy}(2\sqrt{2},3)=-\frac{3}{8},\quad f_{yy}(2\sqrt{2},3)=-\frac{17\sqrt{2}}{32}.$$

2.6 偏导数与全微分的应用(Ⅰ)——几何应用

一、知识要点

1. 空间曲线的切线与法平面

设 M_0 是空间曲线 Γ 上一定点，在 Γ 上点 M_0 的附近任取一点 M_1，过 M_0 和 M_1 两点的

直线 M_0M_1 称为**割线**. 如果当点 M_1 沿曲线 Γ 趋于 M_0 时，割线 M_0M_1 存在极限位置 M_0T，则称直线 M_0T 为空间曲线 Γ 在点 M_0 处的**切线**. 过点 M_0 且与切线垂直的平面称为曲线 Γ 在点 M_0 处的**法平面**.

(1) 参数方程的情形

设空间曲线 Γ 的参数方程为 $x=\varphi(t), y=\psi(t), z=\omega(t)$，其中 $\alpha\leqslant t\leqslant\beta$，$\varphi(t),\psi(t),\omega(t)$ 均可导，且当 $t=t_0$ 时导数不全为零，$t=t_0$ 对应曲线上的点为 $M_0(x_0,y_0,z_0)$.

曲线当 $t=t_0$ 时的切线方程为

$$\frac{x-x_0}{\varphi'(t_0)}=\frac{y-y_0}{\psi'(t_0)}=\frac{z-z_0}{\omega'(t_0)}. \tag{2.20}$$

切线的方向向量称为曲线在点 M_0 的**切向量**，记作 $\boldsymbol{s}=(\varphi'(t_0),\psi'(t_0),\omega'(t_0))$.

过点 $M_0(x_0,y_0,z_0)$ 且与切线垂直的法平面的方程为

$$\varphi'(t_0)(x-x_0)+\psi'(t_0)(y-y_0)+\omega'(t_0)(z-z_0)=0. \tag{2.21}$$

(2) 一般方程的情形

假设空间曲线的一般方程为 $\begin{cases}F(x,y,z)=0,\\G(x,y,z)=0,\end{cases}$ 其中函数 $F(x,y,z)$，$G(x,y,z)$ 在点 $P_0(x_0,y_0,z_0)$ 的某一邻域内有对各个变量的连续偏导数，且 $F(x_0,y_0,z_0)=0$，$G(x_0,y_0,z_0)=0$. 若在点 $P_0(x_0,y_0,z_0)$ 处，方程组的雅可比行列式 $J=\dfrac{\partial(F,G)}{\partial(y,z)}=\begin{vmatrix}\dfrac{\partial F}{\partial y} & \dfrac{\partial F}{\partial z}\\ \dfrac{\partial G}{\partial y} & \dfrac{\partial G}{\partial z}\end{vmatrix}\neq 0$，则空间曲线过点 $P_0(x_0,y_0,z_0)$ 的切线方程为

$$\frac{x-x_0}{\begin{vmatrix}F_y & F_z\\ G_y & G_z\end{vmatrix}_{P_0}}=\frac{y-y_0}{\begin{vmatrix}F_z & F_x\\ G_z & G_x\end{vmatrix}_{P_0}}=\frac{z-z_0}{\begin{vmatrix}F_x & F_y\\ G_x & G_y\end{vmatrix}_{P_0}}; \tag{2.22}$$

法平面方程为

$$(x-x_0)\begin{vmatrix}F_y & F_z\\ G_y & G_z\end{vmatrix}_{P_0}+(y-y_0)\begin{vmatrix}F_z & F_x\\ G_z & G_x\end{vmatrix}_{P_0}+(z-z_0)\begin{vmatrix}F_x & F_y\\ G_x & G_y\end{vmatrix}_{P_0}=0. \tag{2.23}$$

2. 空间曲面的切平面与法线方程

设空间曲面 Σ 的方程为 $F(x,y,z)=0$，$M_0(x_0,y_0,z_0)$ 是曲面 Σ 上的一点，如图 2.15 所示. 若函数 $F(x,y,z)$ 有一阶连续的偏导数，且不同时为零. 过点 $M_0(x_0,y_0,z_0)$ 的法向量为 $\boldsymbol{n}=(F_x,F_y,F_z)\Big|_{M_0}$，切平面的方程为

$$F_x\Big|_{M_0}(x-x_0)+F_y\Big|_{M_0}(y-y_0)+F_z\Big|_{M_0}(z-z_0)=0; \tag{2.24}$$

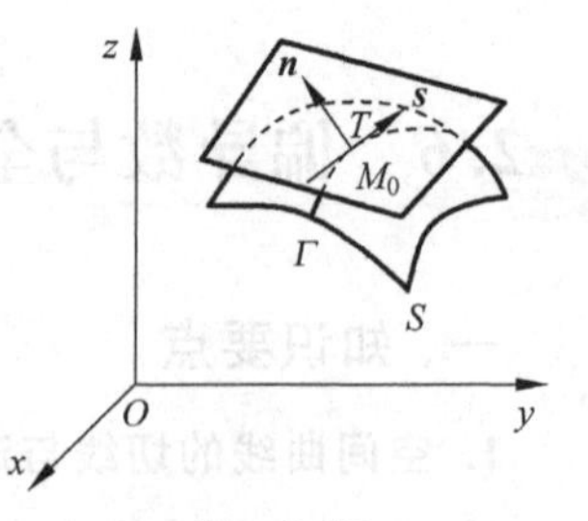

图 2.15

过点 M_0 与切平面垂直的法线方程为

$$\frac{x-x_0}{F_x\big|_{M_0}}=\frac{y-y_0}{F_y\big|_{M_0}}=\frac{z-z_0}{F_z\big|_{M_0}}. \tag{2.25}$$

特别地，若空间曲面方程为 $z=f(x,y)$，则曲面在点 M_0 处的切平面方程为

$$f_x(x_0,y_0)(x-x_0)+f_y(x_0,y_0)(y-y_0)=z-z_0;\tag{2.26}$$

法线方程为

$$\frac{x-x_0}{f_x(x_0,y_0)}=\frac{y-y_0}{f_y(x_0,y_0)}=\frac{z-z_0}{-1}.\tag{2.27}$$

二、经典题型详解

题型 1 求曲线的切线和法平面

例 2.17 求下列各曲线在指定点处的切线和法平面方程：

(1) $x=t^4, y=t^3, z=t^2$，在 $t=1$ 处；

(2) $x=\int_0^t e^u\cos u\,du$，$y=2\sin t+\cos t, z=1+e^{3t}$ 在 $t=0$ 处；

(3) $x^2+y^2+z^2-3x=0, 2x-3y+5z-4=0$，在点(1,1,1)处.

分析 分别利用公式(2.20)～公式(2.23)求切线方程和法平面方程.

解 (1) 容易求得，$\frac{dx}{dt}=4t^3, \frac{dy}{dt}=3t^2, \frac{dz}{dt}=2t$. 当 $t=1$ 时，切点坐标为(1,1,1)，曲线的切向量为 $\boldsymbol{s}=(4,3,2)$，因此由式(2.20)可得曲线的切线方程为

$$\frac{x-1}{4}=\frac{y-1}{3}=\frac{z-1}{2}.$$

由式(2.21)可得曲线的法平面方程为

$$4(x-1)+3(y-1)+2(z-1)=0,\quad 即\quad 4x+3y+2z-9=0.$$

(2) 容易求得，$\frac{dx}{dt}=e^t\cos t, \frac{dy}{dt}=2\cos t-\sin t, \frac{dz}{dt}=3e^{3t}$. 当 $t=0$ 时，切点坐标为(0,1,2)，曲线的切向量为 $\boldsymbol{s}=(1,2,3)$，因此由式(2.20)可得曲线的切线方程为

$$\frac{x}{1}=\frac{y-1}{2}=\frac{z-2}{3}.$$

由式(2.21)可得曲线的法平面方程为

$$x+2(y-1)+3(z-2)=0,\quad 即\quad x+2y+3z-8=0.$$

(3) 由隐函数定理知，方程组在点(1,1,1)处可以确定隐函数 $y=y(x)$ 和 $z=z(x)$. 对方程组关于 x 求导数，得方程组 $\begin{cases}2x+2yy'+2zz'-3=0,\\2-3y'+5z'=0.\end{cases}$ 在点(1,1,1)处，有

$$\begin{cases}2y'(1)+2z'(1)=1,\\3y'(1)-5z'(1)=2.\end{cases}$$

解得 $y'(1)=\frac{9}{16}, z'(1)=-\frac{1}{16}$. 所以曲线的切向量为 $\boldsymbol{s}=(16,9,-1)$，因此曲线的切线方程为

$$\frac{x-1}{16}=\frac{y-1}{9}=\frac{z-1}{-1}.$$

法平面方程为

$$16(x-1)+9(y-1)-1(z-1)=0,\quad 即\quad 16x+9y-z-24=0.$$

题型 2 求曲面的切平面和法线

例 2.18 求下列各曲面在指定点处的切平面与法线方程：

(1) $x^2-xy-8x+z+5=0$ 在点(2,-1,3)处；

(2) $z=x^2+y^2-1$ 在点(2,1,4)处；

分析　利用公式(2.24)～公式(2.27)求解.

解　(1) 易见，$z=f(x,y)=-x^2+xy+8x-5$，则有

$$\boldsymbol{n}\Big|_{(2,-1,3)}=(-2x+y+8,x,-1)\Big|_{(2,-1,3)}=(3,2,-1),$$

由公式(2.24)可得，曲面的切平面方程为

$$3(x-2)+2(y+1)-(z-3)=0,\quad 即\quad 3x+2y-z=1.$$

由公式(2.25)可得，法线方程

$$\frac{x-2}{3}=\frac{y+1}{2}=\frac{z-3}{-1}.$$

(2) 令 $z=f(x,y)=x^2+y^2-1$，则

$$\boldsymbol{n}\big|_{(2,1,4)}=(2x,2y,-1)\big|_{(2,1,4)}=(4,2,-1),$$

由公式(2.26)可得，曲面的切平面方程为

$$4(x-2)+2(y-1)-(z-4)=0,\quad 即\quad 4x+2y-z=6.$$

由公式(2.27)可得，法线方程

$$\frac{x-2}{4}=\frac{y-1}{2}=\frac{z-4}{-1}.$$

题型 3　综合应用题

例 2.19　求旋转椭球面 $3x^2+y^2+z^2=16$ 上点(−1,−2,3)处的切平面与 xOy 坐标面的夹角的余弦.

分析　可求出旋转椭球面在点(−1,−2,3)处的切平面方程，进而可求出切平面与 xOy 坐标面的夹角的余弦.

解　旋转椭球面 $3x^2+y^2+z^2=16$，过点(−1,−2,3)的切平面的法向量为

$$\boldsymbol{n}\big|_{(-1,-2,3)}=(6x,2y,2z)\big|_{(-1,-2,3)}=-2(3,2,-3),$$

xOy 面的法线向量为(0,0,1). 于是，切平面与 xOy 面的夹角的余弦为

$$\cos\theta=\frac{|3\times0+2\times0+(-3)\times1|}{\sqrt{3^2+2^2+(-3)^2}\ \sqrt{0^2+0^2+1^2}}=\frac{3}{22}\sqrt{22}.$$

例 2.20　证明：曲面 $\sqrt{x}+\sqrt{y}+\sqrt{z}=\sqrt{a}\,(a>0)$ 上任何点处的切平面在各坐标轴上的截距之和等于 a.

分析　容易求得曲面方程上任意一点的切平面方程，进而可以给出切平面在各坐标轴上的截距之和，验证结论.

证　对于曲面 $\sqrt{x}+\sqrt{y}+\sqrt{z}=\sqrt{a}$，过任意一点 (x_0,y_0,z_0) 的切平面的法向量为

$$\boldsymbol{n}\big|_{(x_0,y_0,z_0)}=\frac{1}{2}\left(\frac{1}{\sqrt{x}},\frac{1}{\sqrt{y}},\frac{1}{\sqrt{z}}\right)\Bigg|_{(x_0,y_0,z_0)}=\frac{1}{2}\left(\frac{1}{\sqrt{x_0}},\frac{1}{\sqrt{y_0}},\frac{1}{\sqrt{z_0}}\right),$$

对应的切平面方程为

$$\frac{1}{\sqrt{x_0}}(x-x_0)+\frac{1}{\sqrt{y_0}}(y-y_0)+\frac{1}{\sqrt{z_0}}(z-z_0)=0.$$

它在三个坐标轴上的截距分别为

$$x=x_0+\sqrt{x_0y_0}+\sqrt{x_0z_0},\quad y=y_0+\sqrt{x_0y_0}+\sqrt{y_0z_0},\quad z=z_0+\sqrt{x_0z_0}+\sqrt{y_0z_0},$$

截距之和为

$$x+y+z=x_0+y_0+z_0+2\sqrt{x_0y_0}+2\sqrt{x_0z_0}+2\sqrt{y_0z_0}=(\sqrt{x_0}+\sqrt{y_0}+\sqrt{z_0})^2=a.$$

证毕

三、课后习题选解(习题 2.6)

1. 求下列各曲线在指定点处的切线和法平面方程:

(1) $x=t-\sin t, y=1-\cos t, z=4\sin\dfrac{t}{2}$,在 $t=\dfrac{\pi}{2}$ 时;

(2) $x=\dfrac{t}{1+t}, y=\dfrac{1+t}{t}, z=t^2$,在 $t=1$ 时;

(3) $y^2=2mx, z^2=m-x$,在点(x_0,y_0,z_0)处.

分析 参考经典题型详解中例 2.17.

解 (1) 容易求得,$\dfrac{dx}{dt}=1-\cos t, \dfrac{dy}{dt}=\sin t, \dfrac{dz}{dt}=2\cos\dfrac{t}{2}$. 当 $t=\dfrac{\pi}{2}$ 时,切点坐标为$\left(\dfrac{\pi}{2}-1,1,2\sqrt{2}\right)$,曲线的切向量为 $\boldsymbol{s}=(1,1,\sqrt{2})$,因此,曲线的切线方程为

$$\frac{x-\dfrac{\pi}{2}+1}{1}=\frac{y-1}{1}=\frac{z-2\sqrt{2}}{\sqrt{2}}.$$

法平面方程为

$$x-\left(\frac{\pi}{2}-1\right)+(y-1)+\sqrt{2}(z-2\sqrt{2})=0, \quad 即 \quad x+y+\sqrt{2}z-\frac{\pi}{2}-4=0.$$

(2) 容易求得,$\dfrac{dx}{dt}=\dfrac{1}{(1+t)^2}, \dfrac{dy}{dt}=-\dfrac{1}{t^2}, \dfrac{dz}{dt}=2t$. 当 $t=1$ 时,切点坐标为$\left(\dfrac{1}{2},2,1\right)$,曲线的切向量为 $\boldsymbol{s}=\left(\dfrac{1}{4},-1,2\right)$,因此,曲线的切线方程为

$$\frac{x-\dfrac{1}{2}}{\dfrac{1}{4}}=\frac{y-2}{-1}=\frac{z-1}{2}, \quad 即 \quad \frac{4x-2}{1}=\frac{y-2}{-1}=\frac{z-1}{2}.$$

法平面方程为

$$\frac{1}{4}\left(x-\frac{1}{2}\right)-(y-2)+2(z-1)=0, \quad 即 \quad x-4y+8z-\frac{1}{2}=0.$$

(3) 容易求得,$\dfrac{dy}{dx}=\dfrac{m}{y}, \dfrac{dz}{dx}=-\dfrac{1}{2z}$. 在点$(x_0,y_0,z_0)$处,曲线的切向量为 $\boldsymbol{s}=\left(1,\dfrac{m}{y_0},-\dfrac{1}{2z_0}\right)$,因此,曲线的切线方程为

$$\frac{x-x_0}{1}=\frac{y-y_0}{\dfrac{m}{y_0}}=\frac{z-z_0}{-\dfrac{1}{2z_0}}, \quad 即 \quad \frac{x-x_0}{1}=\frac{y_0(y-y_0)}{m}=\frac{2z_0(z-z_0)}{-1}.$$

曲线的法平面方程为

$$(x-x_0)+\frac{m}{y_0}(y-y_0)-\frac{1}{2z_0}(z-z_0)=0.$$

2. 求下列各曲面在指定点处的切平面与法线方程:

(1) $3x^2+y^2-z^2=27$ 在点$(3,1,1)$处;

(2) $x=\dfrac{y^2}{2}+2z^2$ 在点$\left(1,-1,\dfrac{1}{2}\right)$处.

分析 参考经典题型详解中例 2.18.

解 (1) 令 $F(x,y,z)=3x^2+y^2-z^2-27$,则

$$F_x|_{(3,1,1)}=6x|_{(3,1,1)}=18, F_y|_{(3,1,1)}=2y|_{(3,1,1)}=2, F_z|_{(3,1,1)}=-2z|_{(3,1,1)}=-2.$$

于是,曲面的切平面方程为

$$18(x-3)+2(y-1)-2(z-1)=0,\quad 即\quad 9x+y-z=27;$$

法线方程为

$$\frac{x-3}{9}=\frac{y-1}{1}=\frac{z-1}{-1}.$$

(2) 令 $F(x,y,z)=x-\frac{y^2}{2}-2z^2$,则

$$F_x\left|_{\left(1,-1,\frac{1}{2}\right)}=1\right|_{\left(1,-1,\frac{1}{2}\right)}=1,\quad F_y\left|_{\left(1,-1,\frac{1}{2}\right)}=-y\right|_{\left(1,-1,\frac{1}{2}\right)}=1,$$

$$F_z\left|_{\left(1,-1,\frac{1}{2}\right)}=-4z\right|_{\left(1,-1,\frac{1}{2}\right)}=-2.$$

于是,曲面的切平面方程为

$$(x-1)+(y+1)-2\left(z-\frac{1}{2}\right)=0,\quad 即\quad x+y-2z=-1;$$

法线方程为

$$\frac{x-1}{1}=\frac{y+1}{1}=\frac{z-\frac{1}{2}}{-2}.$$

3. 如果平面 $3x+\lambda y-3z+16=0$ 与椭球面 $3x^2+y^2+z^2=16$ 相切,求 λ.

分析 通过椭球面方程可求出曲面上任意一点的切平面的法向量,而过切点的切平面与已知平面为同一个平面,进而可以求解.

解 对于椭球面 $3x^2+y^2+z^2=16$,过点 (x_0,y_0,z_0) 的切平面的法向量为

$$\boldsymbol{n}|_{(x_0,y_0,z_0)}=(6x,2y,2z)|_{(x_0,y_0,z_0)}=(6x_0,2y_0,2z_0),$$

从而切平面的方程为

$$3x_0(x-x_0)+y_0(y-y_0)+z_0(z-z_0)=0.$$

由于该切平面与平面 $3x+\lambda y-3z+16=0$ 为同一平面,且有 $3x_0^2+y_0^2+z_0^2=16$,因此

$$\frac{3x_0}{3}=\frac{y_0}{\lambda}=\frac{z_0}{-3}=\frac{-3x_0^2-y_0^2-z_0^2}{16}=-1,$$

解得 $\lambda=-y_0$, $x_0=-1$, $y_0=\pm 2$, $z_0=3$. 于是,$\lambda=-2$ 或 $\lambda=2$.

4. 求抛物面 $z=x^2+y^2$ 的切平面,使其平行于平面 $x-2y+2z=0$.

分析 通过抛物面方程可求出曲面上任意一点的切平面的法向量,两平面平行指的是两平面的法向量平行,可以求出切点及切平面的法向量,进而给出切平面方程.

解 对于抛物面 $z=x^2+y^2$,过点 (x_0,y_0,z_0) 的切平面的法向量为

$$\boldsymbol{n}|_{(x_0,y_0,z_0)}=(2x,2y,-1)|_{(x_0,y_0,z_0)}=(2x_0,2y_0,-1).$$

由于该切平面与平面 $x-2y+2z=0$ 平行,因此 $\frac{2x_0}{1}=\frac{2y_0}{-2}=\frac{-1}{2}$,解得 $x_0=-\frac{1}{4}$, $y_0=\frac{1}{2}$, $z_0=\frac{5}{16}$. 该切平面为

$$\left(x+\frac{1}{4}\right)-2\left(y-\frac{1}{2}\right)+2\left(z-\frac{5}{16}\right)=0,\quad 即\quad x-2y+2z=-\frac{5}{8}.$$

5. 求曲线 $x^2+y^2+z^2=6$, $x+y+z=0$ 在点 $(1,-2,1)$ 处的切线及法平面方程.

分析 利用公式(2.22)和公式(2.23)求解.

解 设 $F(x,y,z)=x^2+y^2+z^2-6$, $G(x,y,z)=x+y+z$. 容易求得

$$F_x=2x,\quad F_y=2y,\quad F_z=2z,\quad G_x=1,\quad G_y=1,\quad G_z=1.$$

故

$$\begin{vmatrix} F_y & F_z \\ G_y & G_z \end{vmatrix}_{(1,-2,1)}=\begin{vmatrix} 2y & 2z \\ 1 & 1 \end{vmatrix}_{(1,-2,1)}=-6,\quad \begin{vmatrix} F_z & F_x \\ G_z & G_x \end{vmatrix}_{(1,-2,1)}=\begin{vmatrix} 2z & 2x \\ 1 & 1 \end{vmatrix}_{(1,-2,1)}=0,$$

$$\begin{vmatrix} F_x & F_y \\ G_x & G_y \end{vmatrix}_{(1,-2,1)} = \begin{vmatrix} 2x & 2y \\ 1 & 1 \end{vmatrix}_{(1,-2,1)} = 6.$$

于是所求的切线方程为

$$\frac{x-1}{-1} = \frac{y+2}{0} = \frac{z-1}{1}; \quad \text{或写为} \quad \begin{cases} x+z=2, \\ y+2=0. \end{cases}$$

法平面方程为

$$-6(x-1)+6(z-1)=0, \quad \text{即} \quad x-z=0.$$

6. 求曲线 $x=t, y=t^2, z=t^3$ 上平行于平面 $x+2y+z=4$ 的切线方程.

分析 分别利用公式(2.20)和公式(2.21)求切线方程和法平面方程.

解 容易求得,$\frac{dx}{dt}=1, \frac{dy}{dt}=2t, \frac{dz}{dt}=3t^2$. 设平行于平面 $x+2y+z=4$ 的切线方程的切向量为 $\boldsymbol{s}=(1,2t_0,3t_0^2)$,由于它与平面的法线向量垂直,故满足 $1+4t_0+3t_0^2=0$,解得 $t_0=-1$ 或 $t_0=-\frac{1}{3}$. 因此由式(2.20)可得切线方程为

$$\frac{x+1}{1} = \frac{y-1}{-2} = \frac{z+1}{3} \quad \text{或} \quad \frac{x+\frac{1}{3}}{3} = \frac{y-\frac{1}{9}}{-2} = \frac{z+\frac{1}{27}}{1}.$$

B类题

1. 求椭球面 $x^2+\frac{y^2}{4}+\frac{z^2}{4}=1$ 上的点,使其法线与三坐标轴正方向成等角.

分析 通过椭球面方程可求出曲面上任意一点的切平面的法向量(也是法线的方向向量),法线与三坐标轴正方向成等角,即方向余弦相等.

解 对于椭球面 $x^2+\frac{y^2}{4}+\frac{z^2}{4}=1$,过点 (x_0,y_0,z_0) 的切平面的法向量为

$$\boldsymbol{n}\big|_{(x_0,y_0,z_0)} = \left(2x, \frac{y}{2}, \frac{z}{2}\right)\bigg|_{(x_0,y_0,z_0)} = \left(2x_0, \frac{y_0}{2}, \frac{z_0}{2}\right),$$

而法线与三坐标轴正方向成等角,因此

$$\frac{2x_0}{\sqrt{(2x_0)^2+\left(\frac{y_0}{2}\right)^2+\left(\frac{z_0}{2}\right)^2}} = \frac{y_0}{2\sqrt{(2x_0)^2+\left(\frac{y_0}{2}\right)^2+\left(\frac{z_0}{2}\right)^2}} = \frac{z_0}{2\sqrt{(2x_0)^2+\left(\frac{y_0}{2}\right)^2+\left(\frac{z_0}{2}\right)^2}},$$

并且 (x_0,y_0,z_0) 椭球面上,即 $x_0^2+\frac{y_0^2}{4}+\frac{z_0^2}{4}=1$,解得

$$x_0=\frac{1}{3}, \quad y_0=\frac{4}{3}, \quad z_0=\frac{4}{3} \quad \text{或} \quad x_0=-\frac{1}{3}, \quad y_0=-\frac{4}{3}, \quad z_0=-\frac{4}{3}.$$

2. 求曲面 $x^2+2y^2+3z^2=21$ 平行于平面 $x+4y+6z=0$ 的各切平面方程.

分析 通过曲面方程可求出曲面上任意一点的切平面的法向量,两平面平行指的是两平面的法向量平行,可以求出切点及切平面的法向量,进而给出切平面方程.

解 对于曲面 $x^2+2y^2+3z^2=21$,过点 (x_0,y_0,z_0) 的切平面的法向量为

$$\boldsymbol{n}\big|_{(x_0,y_0,z_0)} = (2x,4y,6z)\big|_{(x_0,y_0,z_0)} = 2(x_0,2y_0,3z_0),$$

该切平面与平面 $x+4y+6z=0$ 平行,因此 $\frac{x_0}{1}=\frac{2y_0}{4}=\frac{3z_0}{6}$,且切点位于曲面上,因此有 $x_0^2+2y_0^2+3z_0^2=21$,解得 $x_0=1, y_0=2, z_0=2$ 或 $x_0=-1, y_0=-2, z_0=-2$,因此,所求切平面为

$$(x-1)+4(y-2)+6(z-2)=0, \quad \text{即} \quad x+4y+6z=21;$$

或

$$(x+1)+4(y+2)+6(z+2)=0, \quad 即 \quad x+4y+6z=-21.$$

2.7 偏导数与全微分的应用(Ⅱ)——极值与最值

一、知识要点

1. 二元函数的极值

定义 2.14 设函数 $z=f(x,y)$ 在点 $P_0(x_0,y_0)$ 的某一邻域 $U(P_0)$ 内有定义. 若对于任意的 $(x,y)\in \mathring{U}(P_0)$,有 $f(x,y)\leqslant f(x_0,y_0)$,则称函数在点 (x_0,y_0) 处取**极大值**,点 (x_0,y_0) 称为**极大值点**;若有 $f(x,y)\geqslant f(x_0,y_0)$,则称函数在点 (x_0,y_0) 处取**极小值**,点 (x_0,y_0) 称为**极小值点**.

极大值和极小值统称为**极值**. 使函数取得极值的点称为**极值点**. 注意到,多元函数的极值也是一个局部的概念. 特别地,对于给定的二元连续函数 $z=f(x,y)$,它在空间直角坐标系中表示一张曲面,则函数的极大值和极小值分别对应着局部曲面的"高峰"和"低谷".

定理 2.11(极值的必要条件) 若函数 $z=f(x,y)$ 在点 (x_0,y_0) 处具有偏导数,且在点 (x_0,y_0) 处有极值,则它在该点的偏导数必为零,即

$$f_x(x_0,y_0)=0, \quad f_y(x_0,y_0)=0.$$

对于二元函数 $z=f(x,y)$,若存在点 (x,y) 使得 $f_x(x,y)=0$ 和 $f_y(x,y)=0$ 同时成立,这样的点 (x,y) 称为函数的**驻点**.

定理 2.11 的结论可以推广到三元及以上的多元函数. 例如,若三元函数 $u=f(x,y,z)$ 在点 (x_0,y_0,z_0) 处的偏导数存在,且在 (x_0,y_0,z_0) 取得极值,则有

$$f_x(x_0,y_0,z_0)=0, \quad f_y(x_0,y_0,z_0)=0, \quad f_z(x_0,y_0,z_0)=0.$$

定理 2.12(极值的充分条件) 设函数 $z=f(x,y)$ 在点 (x_0,y_0) 的某邻域内有二阶连续偏导数,且 $f_x(x_0,y_0)=0$,$f_y(x_0,y_0)=0$. 令

$$f_{xx}(x_0,y_0)=A, \quad f_{xy}(x_0,y_0)=B, f_{yy}(x_0,y_0)=C.$$

(1) 当 $AC-B^2>0$ 时,函数 $f(x,y)$ 在点 (x_0,y_0) 处取极值,且当 $A>0$ 时取极小值;$A<0$ 时取极大值;

(2) 当 $AC-B^2<0$ 时,函数 $f(x,y)$ 在点 (x_0,y_0) 处不取极值;

(3) 当 $AC-B^2=0$ 时,函数 $f(x,y)$ 在点 (x_0,y_0) 处可能取极值,也可能不取极值.

根据定理 2.11 与定理 2.12,如果函数 $z=f(x,y)$ 具有二阶连续偏导数,则求该函数的极值的一般步骤为:(i)确定函数的定义域;(ii)解方程组 $f_x(x,y)=0$,$f_y(x,y)=0$,求出函数在定义域内的所有驻点;(iii)求出函数的二阶偏导数,即 $f_{xx}(x,y)=A$,$f_{xy}(x,y)=B$,$f_{yy}(x,y)=C$,并依次确定在各驻点处 A, B, C 的值,并根据 $AC-B^2$ 的符号判定驻点是否为极值点;(iv)若存在极值点,求出函数 $z=f(x,y)$ 在极值点处的极值.

2. 二元函数的最大值与最小值

求函数的最大、最小值的一般方法为:首先求函数 $z=f(x,y)$ 在 D 内的所有极值点;然后求函数 $z=f(x,y)$ 在 D 的边界曲线上的所有极值点;最后计算所有点的函数值,比较大小即可.

特别地,在应用问题中,若已知 $z=f(x,y)$ 在 D 内有最大或最小值,且在 D 内有唯一的

驻点,则该驻点一定就是最大或最小值点.

3. 条件极值与拉格朗日乘数法

在讨论极值问题时,往往会遇到所求极值对函数的自变量有附加条件,它们之间需要满足一定的约束条件.例如,求坐标原点到曲面 $F(x,y,z)=0$ 的最小距离问题就是在约束条件 $F(x,y,z)=0$ 下,求函数 $f(x,y,z)=\sqrt{x^2+y^2+z^2}$ 的最小值.这种问题称为**条件极值问题**.相应地,对于那些没有约束条件的极值问题称为**无条件极值问题**.

拉格朗日乘数法:以三元函数 $u=f(x,y,z)$ 为例,讨论函数在约束条件 $\varphi(x,y,z)=0$ 下的极值,其中 $u=f(x,y,z)$ 称为**目标函数**.

设函数 $f(x,y,z)$ 和 $\varphi(x,y,z)$ 关于各个自变量均有一阶连续偏导数,且 $\varphi_z(x,y,z)\neq 0$.引入辅助函数

$$L(x,y,z,\lambda)=f(x,y,z)+\lambda\varphi(x,y,z), \tag{2.28}$$

其中 λ 为参数.若函数 $L(x,y,z,\lambda)$ 在点 (x_0,y_0,z_0,λ) 取得极值,则函数在该点一定满足如下的方程组(即函数在该点取得极值的必要条件):

$$\begin{cases} f_x(x,y,z)+\lambda\varphi_x(x,y,z)=0, \\ f_y(x,y,z)+\lambda\varphi_y(x,y,z)=0, \\ f_z(x,y,z)+\lambda\varphi_z(x,y,z)=0, \\ \varphi(x,y,z)=0. \end{cases} \tag{2.29}$$

函数 $L(x,y,z,\lambda)$ 称为**拉格朗日函数**,参数 λ 称为**拉格朗日乘子**.这种通过引入拉格朗日函数 $L(x,y,z,\lambda)$ 将条件极值问题转化为无条件极值问题的方法称为**拉格朗日乘数法**.

用拉格朗日乘数法求目标函数 $u=f(x,y,z)$ 在约束条件 $\varphi(x,y,z)=0$ 下的极值问题的基本步骤为:(i)构造拉格朗日函数(2.28);(ii) 求 $L(x,y,z,\lambda)=f(x,y,z)+\lambda\varphi(x,y,z)$ 关于 x,y,z 及 λ 的一阶偏导数,并令它们等于零,即方程组(2.29);(iii)求出 (x_0,y_0,z_0,λ),其中 (x_0,y_0,z_0) 就是 $u=f(x,y,z)$ 在约束条件 $\varphi(x,y,z)=0$ 下可能的极值点.

特别地,当 f,φ 为二元函数时,相应的拉格朗日函数为

$$L(x,y,\lambda)=f(x,y)+\lambda\varphi(x,y),$$

其中 λ 为拉格朗日乘子.

拉格朗日乘数法还可以推广到自变量多于两个且约束条件多于一个的情形.例如,要求目标函数 $u=f(x,y,z,t)$ 在约束条件 $\varphi(x,y,z,t)=0,\psi(x,y,z,t)=0$ 下的极值,可以先作拉格朗日函数

$$L(x,y,z,t,\lambda,\mu)=f(x,y,z,t)+\lambda\varphi(x,y,z,t)+\mu\psi(x,y,z,t),$$

其中 λ,μ 均为拉格朗日乘子.

二、疑难解析

1. 若 $f(x_0,y)$ 及 $f(x,y_0)$ 在 (x_0,y_0) 点均取得极值,则 $z=f(x,y)$ 在点 (x_0,y_0) 是否也取得极值?说明理由.

答 不一定.例如函数 $z=-\frac{x^2}{2p}+\frac{y^2}{2q}(p,q>0)$,当 $x=0$ 时,函数 $z=\frac{y^2}{2q}$ 在点 $(0,0)$ 处取得极小值;当 $y=0$ 时,函数 $z=-\frac{x^2}{2p}$ 在点 $(0,0)$ 处取得极大值.但是容易验证,该函数在点

(0,0)处不取极值,如图 1.39 所示.

然而,如果二元函数 $z=f(x,y)$ 在点(x_0,y_0)处取得极值,那么固定 $y=y_0$,一元函数 $z=f(x,y_0)$在点 $x=x_0$ 处一定取得相同的极值;同理,固定 $x=x_0$,一元函数 $z=f(x_0,y)$ 在点 $y=y_0$ 处一定取得极值.

2. 举例说明:为什么定理 2.11 只是二元函数取得极值的必要条件?

答　由定理结论可见,当函数的偏导数存在时,函数的极值点产生于驻点,但反之未必成立,即驻点不一定都是极值点.如双曲抛物面 $z=xy$,点(0,0)是其驻点,但不是极值点.此外,偏导数不存在的点也有可能是极值点.如上半圆锥面 $z=\sqrt{x^2+y^2}$,点(0,0)是极小值点,但是函数在点(0,0)处的偏导数都不存在.

三、经典题型详解

题型 1　求函数的极值、最值

例 2.21　求下列函数的极值:

(1) $z=x^3+y^3-3x^2-3y^2$;　　(2) $z=xy+\dfrac{50}{x}+\dfrac{20}{y}$　$(x>0,y>0)$.

分析　根据定理 2.11 与定理 2.12,利用求函数极值的步骤进行求解.

解　(1) 容易求得驻点应满足的方程组为$\begin{cases} z_x=3x^2-6x=0, \\ z_y=3y^2-6y=0, \end{cases}$解得 $x=0,x=2;y=0,y=2$.于是,函数的驻点为(0,0),(0,2),(2,2),(2,0).进一步地,$z''_x=6x-6$,$z_{xy}=0$,$z_{yy}=6y-6$.函数在各驻点处的信息如下:

在(0,0)点,$A=-6,B=0,C=-6,\Delta=AC-B^2>0$,因此函数在该点取极大值,$z=0$ 为极大值;

在(0,2)点,$A=-6,B=0,C=6,\Delta=AC-B^2<0$,因此函数在该点不取极值;

在(2,2)点,$A=6,B=0,C=6,\Delta=AC-B^2>0$,因此函数在该点取极小值,$z=-8$ 为极小值;

在(2,0)点,$A=6,B=0,C=-6,\Delta=AC-B^2<0$,因此函数在该点不取极值.

(2) 容易求得驻点应满足的方程组为$\begin{cases} z_x=y-\dfrac{50}{x^2}=0, \\ z_y=x-\dfrac{20}{y^2}=0. \end{cases}$依题意解得驻点为(5,2).进一步地,有

$$z_{xx}=\frac{100}{x^3},\quad z_{xy}=1,\quad z_{yy}=\frac{40}{y^3}.$$

于是,在点(5,2)处,$A=\dfrac{4}{5}$,$B=1,C=5,\Delta=AC-B^2>0$,因此函数在点(5,2)处取极小值,且极小值为$z\big|_{(5,2)}=30$.

例 2.22　求函数 $f(x,y)=2x^2+3y^2$ 在区域 D: $x^2+y^2\leqslant 16$ 上的最大值.

分析　在 $x^2+y^2<16$ 内的驻点可利用无条件极值求解;在 $x^2+y^2=16$ 上的驻点可用拉格朗日乘数法求解,最后通过比较极值求出最大值.

解　首先,在集合$\{(x,y)\,|\,x^2+y^2<16\}$内,容易求得,$f_x=4x$, $f_y=6y$.由 $f_x=0$, $f_y=0$

解得函数的唯一驻点为(0,0),且 $f(0,0)=0$.

其次,在集合$\{(x,y)\mid x^2+y^2=16\}$上,拉格朗日函数为

$$L(x,y,\lambda)=2x^2+3y^2+\lambda(x^2+y^2-16),$$

不难求得驻点应满足的方程组

$$\begin{cases}L_x=4x+2\lambda x=0,\\L_y=6y+2\lambda y=0,\\x^2+y^2-16=0.\end{cases}$$

解得,当 $\lambda=-3$ 时,驻点为$(0,\pm4)$;当 $\lambda=-2$ 时,驻点为$(\pm4,0)$.进一步地,$f(0,\pm4)=48$,$f(\pm4,0)=32$.

综上,函数 $f(x,y)=2x^2+3y^2$ 在区域 D: $x^2+y^2\leqslant16$ 上的最大值为 $f(0,\pm4)=48$.

题型 2 综合应用题

例 2.23 一厂商通过电视和报纸两种方式做销售的某产品的广告,据统计资料,销售收入函数 R(万元)与电视广告费用 x(万元)与报纸广告费用 y 万元之间,有如下的经验公式:

$$R=15+14x+32y-8xy-2x^2-10y^2,\quad (x,y)\in\mathbf{R}^2,$$

试在广告费用不限的前提下,求最优广告策略.

分析 上述收入函数在定义域内具有二阶连续偏导数,可以利用二元函数的极值的一般步骤求解.

解 不难求得

$$R_x=14-8y-4x,\quad R_y=32-8x-20y,$$

$$R_{xx}=-4,\quad R_{yy}=-20,\quad R_{xy}=-8=R_{yx}.$$

令 $R_x=0,R_y=0$,解之得驻点(1.5,1).

在点(1.5,1)处,有 $A=-4,B=-8,C=-20,AC-B^2=16>0$ 且 $A=-4<0$,所以函数在点(1.5,1)处取得极大值$R|_{(1.5,1)}=41.5$.

例 2.24 已知正数 a 为三个正数之和,求这三个数使它们的倒数之和为最小.

分析 本题为条件极值问题,找到目标函数和约束条件,然后利用拉格朗日乘数法求解.

解 设三个正数为 x,y,z.依题意,目标函数为 $f(x,y,z)=\frac{1}{x}+\frac{1}{y}+\frac{1}{z}$,约束条件为 $x+y+z=a$.利用拉格朗日乘数法,对应的拉格朗日函数为

$$L(x,y,z,\lambda)=\frac{1}{x}+\frac{1}{y}+\frac{1}{z}+\lambda(x+y+z-a).$$

其中 λ 为参数.解方程组

$$\begin{cases}L_x=-\dfrac{1}{x^2}+\lambda=0,\\L_y=-\dfrac{1}{y^2}+\lambda=0,\\L_z=-\dfrac{1}{z^2}+\lambda=0,\\x+y+z=a.\end{cases}$$

不难求得唯一的驻点为$\left(\frac{a}{3},\frac{a}{3},\frac{a}{3}\right)$. 根据问题的要求，当$x=y=z=\frac{a}{3}$时，它们的倒数之和最小.

四、课后习题选解（习题 2.7）

A类题

1. 求下列函数的极值：

(1) $z=x^2(x-1)^2+y^2$； (2) $z=x^2+y^2-4x+4y$.

分析 参考经典题型详解中例 2.21.

解 (1) 不难求得，

$$z_x=2x(x-1)^2+2x^2(x-1)=2x(x-1)(2x-1),\quad z_y=2y,$$
$$z_{xx}=2(x-1)^2+8x(x-1)+2x^2,\quad z_{yy}=2,\quad z_{xy}=0=z_{yx}.$$

令$z_x=0,z_y=0$，解之得驻点$(0,0),\left(\frac{1}{2},0\right),(1,0)$.

在点$(0,0)$处，有$A=2,B=0,C=2,AC-B^2=4>0$且$A=2>0$，所以函数在点$(0,0)$处取得极小值$z|_{(0,0)}=0$；

在点$\left(\frac{1}{2},0\right)$处，有$A=-1,B=0,C=2,AC-B^2=-2<0$，所以函数在点$(0,0)$处没有极值；

在点$(1,0)$处，有$A=2,B=0,C=2,AC-B^2=4>0$且$A=2>0$，所以函数在点$(1,0)$处取得极小值$z|_{(1,0)}=0$.

(2) 不难求得

$$z_x=2x-4,\quad z_y=2y+4,\quad z_{xx}=2,\quad z_{yy}=2,\quad z_{xy}=0=z_{yx}.$$

令$z_x=0,z_y=0$，解之得驻点$(2,-2)$.

在点$(2,-2)$处，有$A=2,B=0,C=2,AC-B^2=4>0$且$A=2>0$，所以函数在点$(0,0)$处取得极小值$z|_{(2,-2)}=-8$.

2. 求函数$z=x^2+y^2$在条件$\frac{x}{2}+\frac{y}{3}=1$下的极值.

分析 参考经典题型详解中例 2.22.

解 引入拉格朗日函数

$$L(x,y,\lambda)=(x^2+y^2)+\lambda\left(\frac{x}{2}+\frac{y}{3}-1\right),$$

其中λ为参数. 解方程组

$$\begin{cases} L_x=2x+\frac{1}{2}\lambda=0, \\ L_y=2y+\frac{1}{3}\lambda=0, \\ \frac{x}{2}+\frac{y}{3}=1. \end{cases}$$

得到唯一可能的极值点为$x=\frac{18}{13},y=\frac{12}{13}$. 极小值为$z=\frac{36}{13}$.

3. 设$x+y+z=a(x,y,z,a>0)$，当x,y,z各为何值时，三者的乘积最大？

分析 该问题可以看做条件极值问题，利用拉格朗日乘数法求解. 目标函数为三者的乘积xyz，约束条件为$x+y+z=a(x,y,z,a>0)$.

解 引入拉格朗日函数

$$L(x,y,z,\lambda)=xyz+\lambda(x+y+z-a),$$

其中 λ 为参数. 解方程组

$$\begin{cases}L_x=yz+\lambda=0,\\L_y=xz+\lambda=0,\\L_z=xy+\lambda=0,\\x+y+z=a.\end{cases}$$

得到可能的极值点为 $x=\dfrac{a}{3},y=\dfrac{a}{3},z=\dfrac{a}{3}$. 因此,当 $x=y=z=\dfrac{a}{3}$ 时,三者的乘积最大,最大乘积为 $\dfrac{a^3}{27}$.

4. 求函数 $z=x^2+y^2-12x+16y$ 在区域 $x^2+y^2\leqslant25$ 上的最大值和最小值.

分析 参考经典题型详解中例 2.22.

解 首先,求函数 $z=x^2+y^2-12x+16y$ 在 $x^2+y^2<25$ 内的驻点.

不难求得 $z_x=2x-12,z_y=2y+16$. 令 $z_x=0,z_y=0$,解之得驻点(6,−8). 此点不满足 $x^2+y^2<25$,即不在定义域内.

其次,求函数 $z=x^2+y^2-12x+16y$ 在约束条件 $x^2+y^2=25$ 下的驻点.

引入拉格朗日函数

$$L(x,y,\lambda)=x^2+y^2-12x+16y+\lambda(x^2+y^2-25),$$

其中 λ 为参数. 不难求得

$$\begin{cases}L_x=2x-12+2\lambda x=0,\\L_y=2y+16+2\lambda y=0,\\x^2+y^2=25.\end{cases}$$

解之得驻点为(3,−4),(−3,4).

最后,计算所有驻点的函数值,即

$$f(3,-4)=-75,\quad f(-3,4)=125,$$

比较可得

$$f_{\max}=f(-3,4)=125,\quad f_{\min}=f(3,-4)=-75.$$

5. 制作一个容积为 V 的无盖圆柱形容器,当高和底半径各为多少时,所用材料最省?

分析 该问题可以看做条件极值问题,利用拉格朗日乘数法求解,此时目标函数为无盖圆柱形容器的表面积,约束条件为容器的体积. 另外,也可以利用约束条件将原问题转化为非条件极值求解. 此处用条件极值求解.

解 设圆柱形容器的半径和高度分别为 r,h. 因此要解决的问题就是在约束条件 $\pi r^2h=V$ 下求目标函数 $S=\pi r^2+2\pi rh$ 的最小值.

引入拉格朗日函数

$$L(r,h,\lambda)=\pi r^2+2\pi rh+\lambda(\pi r^2h-V),$$

其中 λ 为参数. 解方程组

$$\begin{cases}L_r=2\pi r+2\pi h+2\pi rh\lambda=0,\\L_h=2\pi r+\pi r^2\lambda=0,\\\pi r^2h=V.\end{cases}$$

得到唯一可能的极值点为 $r=h=\sqrt[3]{V/\pi}$.

由问题本身意义知,圆柱形容器的最小表面积一定存在,故此点就是所求最小值点,即当 $r=h=\sqrt[3]{V/\pi}$ 时圆柱形容器的表面积最小,最小表面积为

$$S=\pi r^2+2\pi rh=3\pi\left(\frac{V}{\pi}\right)^{2/3}.$$

6. 用铁板做成一个体积为 $2\mathrm{m}^3$ 的有盖长方体水箱. 问当长、宽、高各取怎样的尺寸时，才能使用料最省？

分析 该问题属于条件极值问题，利用拉格朗日乘数法求解. 目标函数为长方体的表面积，约束条件为长方体的体积.

解 设长方体的长、宽、高分别为 $x,y,z(\mathrm{m})$. 因此要解决的问题就是在约束条件 $xyz=2(\mathrm{m}^3)$ 下求目标函数 $S=2(xy+xz+yz)$ 的最小值.

引入拉格朗日函数

$$L(x,y,z,\lambda)=2(xy+xz+yz)+\lambda(xyz-2),$$

其中 λ 为参数. 解方程组

$$\begin{cases} L_x=2y+2z+\lambda yz=0, \\ L_y=2x+2z+\lambda xz=0, \\ L_z=2x+2y+\lambda xy=0, \\ xyz=2. \end{cases}$$

得到唯一可能的极值点为 $x=y=z=\sqrt[3]{2}(\mathrm{m})$.

由问题本身意义知，长方体的最小表面积一定存在，故此点就是所求最小值点，即当 $x=y=z=\sqrt[3]{2}(\mathrm{m})$ 时长方体的表面积最小，最小表面积为

$$S=2(xy+xz+yz)=6\sqrt[3]{4}.$$

1. 求平面 xOy 上一点，使它到 $x=0,y=0$ 及 $x+2y-16=0$ 三条直线的距离的平方之和最小.

分析 依题意给出目标函数的表达式，然后利用求极值的步骤求解.

解 设所求点为 (x,y)，则它到三已知直线的距离分别为 $|y|,|x|,\left|\dfrac{x+2y-16}{\sqrt{5}}\right|$. 令 $u=x^2+y^2+\dfrac{1}{5}(x+2y-16)^2$，得唯一驻点为 $\left(\dfrac{8}{5},\dfrac{16}{5}\right)$. 不难验证，$u$ 在该点取极小值，且驻点唯一，从而为最小值，点 $\left(\dfrac{8}{5},\dfrac{16}{5}\right)$ 即为所求.

2. 求抛物面 $z=x^2+y^2$ 与平面 $x+y+z=1$ 相交而成的椭圆上的点到原点的最长和最短距离.

分析 参考经典题型详解中例 2.22.

解 设所求的点的坐标为 (x,y,z). 于是，交线上的点 (x,y,z) 到原点的距离为 $d(x,y,z)=\sqrt{x^2+y^2+z^2}$. 为了避免开方运算，设所求问题的拉格朗日函数为

$$L(x,y,z)=x^2+y^2+z^2+\lambda(x^2+y^2-z)+\mu(x+y+z-1).$$

根据拉格朗日乘数法，求得驻点为

$$\left(\frac{-1+\sqrt{3}}{2},\frac{-1+\sqrt{3}}{2},2-\sqrt{3}\right) \quad 和 \quad \left(\frac{-1-\sqrt{3}}{2},\frac{-1-\sqrt{3}}{2},2+\sqrt{3}\right).$$

将它们代入距离公式，得最长距离和最短距离分别为 $\sqrt{9+5\sqrt{3}}$ 和 $\sqrt{9-5\sqrt{3}}$.

3. 求曲面 $\sqrt{x}+\sqrt{y}+\sqrt{z}=1$ 上的切平面在三个坐标轴上的截距乘积的最大值.

分析 先依题意求出切平面，然后利用拉格朗日乘数法求解.

解 令 $F(x,y,z)=\sqrt{x}+\sqrt{y}+\sqrt{z}-1$. 容易求得，$F_x=\dfrac{1}{2\sqrt{x}},F_y=\dfrac{1}{2\sqrt{y}},F_z=\dfrac{1}{2\sqrt{z}}$.

故曲面上任一点 $P(a,b,c)$ 处的切平面方程为 $\dfrac{1}{\sqrt{a}}(x-a)+\dfrac{1}{\sqrt{b}}(y-b)+\dfrac{1}{\sqrt{c}}(z-c)=0$. 该平面在三坐标

轴上的截距分别为 $x_0=\sqrt{a}, y_0=\sqrt{b}, z_0=\sqrt{c}$，于是截距之积为

$$f=\sqrt{abc},\quad 且\quad \sqrt{a}+\sqrt{b}+\sqrt{c}=1.$$

作拉格朗日函数为 $L(a,b,c,\lambda)=abc+\lambda(\sqrt{a}+\sqrt{b}+\sqrt{c}-1)$. 求得驻点为 $\left(\frac{1}{9},\frac{1}{9},\frac{1}{9}\right)$. 由问题的性质及驻点唯一知 $a=b=c=\frac{1}{9}$ 时，曲面的切平面在三个坐标轴上的截距乘积的最大值为 $f_{\max}=\frac{1}{27}$.

4. 求二元函数 $f(x,y)=x^2y(4-x-y)$ 在由直线 $x+y=6$，x 轴，y 轴所围成的闭区域 D 上的极值，最大值与最小值.

分析 参考经典题型详解中例 2.22.

解 首先，求区域 D 内部的极值. 不难求得

$$\begin{cases} f_x=2xy(4-x-y)-x^2y=0, \\ f_y=x^2(4-x-y)-x^2y=0. \end{cases}$$

解得唯一内部驻点为(2,1). 用定理 2.12 判定函数在该点是否取得极值. 可以求得

$$f_{xx}=8y-6xy-2y^2,\quad f_{xy}=8x-3x^2-4xy,\quad f_{yy}=-2x^2.$$

于是

$$A=f_{xx}(2,1)=-6,\quad B=f_{xy}(2,1)=-4,\quad C=f_{yy}(2,1)=-8.$$

易见，$AC-B^2>0$ 且 $A<0$. 因此，(2,1)是 $f(x,y)$ 的极大值点，极大值为 $f(2,1)=4$.

其次，求函数在闭区域 D 边界上的极值.

注意到，当 $x=0\,(0\leqslant y\leqslant 6)$ 和 $y=0\,(0\leqslant x\leqslant 6)$ 时，$f(x,y)=0$. 在边界 $x+y=6$ 上，将 $y=6-x$ 代入 $f(x,y)$ 中，得 $z=2x^3-12x^2\,(0\leqslant x\leqslant 6)$. 不难求得它在边界 $x+y=6$ 上的唯一驻点为(4,2).

以下比较所有可疑点的函数值，即

$$f(0,0)=0, f(6,0)=0, f(0,6)=0, f(2,1)=4, f(4,2)=-64.$$

由此可知，函数 $f(x,y)$ 在 D 上的最大值为 $f(2,1)=4$，最小值为 $f(4,2)=-64$.

5. 有一宽为 24cm 的长方形铁板，把它两边折起来做成一断面为等腰梯形的水槽，问怎样折法才能使断面的面积最大？

分析 依题意建立目标函数，然后求其最值.

解 设等腰梯形的腰长为 x，高为 y，则上底为 $24-2x+2\sqrt{x^2-y^2}$，下底为 $24-2x$. 于是等腰梯形的面积为

$$S(x,y)=y(24-2x+\sqrt{x^2-y^2}).$$

不难求得唯一的驻点为 $x=8$，$y=4\sqrt{3}$，$\sin\alpha=\frac{y}{x}=\frac{\sqrt{3}}{2}$，即在铁板两侧取 8cm，并将其折成与底面成 60°.

6. 证明：函数 $z=(1+e^y)\cos x-ye^y$ 有无穷多个极大值而无极小值.

分析 上述收入函数在定义域内具有二阶连续偏导数，可以利用二元函数的极值的一般步骤求解.

解 不难求得

$$z_x=-(1+e^y)\sin x,\quad z_y=e^y\cos x-e^y-ye^y=e^y(\cos x-1-y),$$

$$z_{xx}=-(1+e^y)\cos x,\quad z_{yy}=e^y(\cos x-2-y),\quad z_{xy}=-e^y\sin x=z_{yx}.$$

令 $z_x=0, z_y=0$，解之得驻点 $(2k\pi,0)$ 和 $(2k\pi+\pi,-2)$，$k\in\mathbf{Z}$.

在点 $(2k\pi,0)$ 处，有 $A=-2, B=0, C=-1, AC-B^2=2>0$ 且 $A=-2<0$，所以函数在点 $(2k\pi,0)$ 处取得极大值 $R\big|_{(2k\pi,0)}=2$；

在点 $(2k\pi+\pi,-2)$ 处，有 $A=1+e^{-2}, B=0, C=-e^{-2}, AC-B^2=-e^{-2}(1+e^{-2})<0$，所以函数在点 $(2k\pi+\pi,-2)$ 处没有极值.

综上所述，函数 $z=(1+e^y)\cos x-ye^y$ 有无穷多个极大值而无极小值.

2.8 偏导数与全微分的应用(Ⅲ)——方向导数和梯度

一、知识要点

1. 方向导数

定义 2.15 设函数 $z=f(x,y)$在点 $P_0(x_0,y_0)$的某一邻域$U(P_0)$内有定义. 自点 P_0 引射线 l,射线 l 与 x 轴正向的夹角为 φ,如图 2.16 所示,与射线 l 的同方向的单位向量记为 $\mathrm{e}_l=(\cos\varphi,\sin\varphi)$,在 l 上另取一点 $P\in U(P_0)$,坐标为$(x_0+t\cos\varphi,y_0+t\sin\varphi)$. 当 P 沿着 l 趋于 P_0,即 $t\to0^+$时,如果极限

$$\lim_{t\to0^+}\frac{f(x_0+t\cos\varphi,y_0+t\sin\varphi)-f(x_0,y_0)}{t}$$

存在,则称此极限为函数在点 P_0 沿方向 l 的**方向导数**,记作$\left.\frac{\partial f}{\partial l}\right|_{(x_0,y_0)}$,即

$$\left.\frac{\partial f}{\partial l}\right|_{(x_0,y_0)}=\lim_{t\to0^+}\frac{f(x_0+t\cos\varphi,y_0+t\sin\varphi)-f(x_0,y_0)}{t}.$$

定理 2.13 若函数 $z=f(x,y)$在点 $P_0(x_0,y_0)$处可微,则函数在点 $P_0(x_0,y_0)$处沿任何方向的方向导数均存在,且有

$$\left.\frac{\partial f}{\partial l}\right|_{(x_0,y_0)}=f_x(x_0,y_0)\cos\alpha+f_y(x_0,y_0)\cos\beta, \tag{2.30}$$

其中 $\cos\alpha$, $\cos\beta$ 射线 l 的方向余弦,如图 2.17 所示. 或记为

$$\left.\frac{\partial f}{\partial l}\right|_{(x_0,y_0)}=f_x(x_0,y_0)\cos\alpha+f_y(x_0,y_0)\sin\alpha. \qquad (2.30)'$$

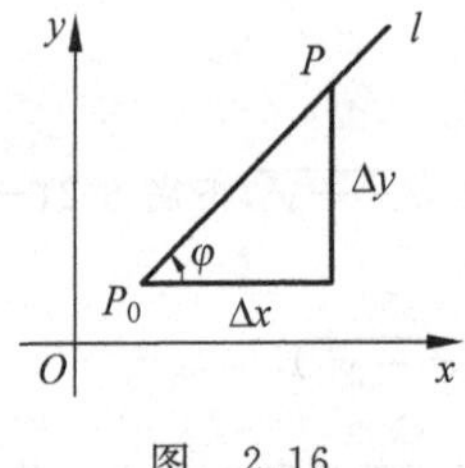

图 2.16

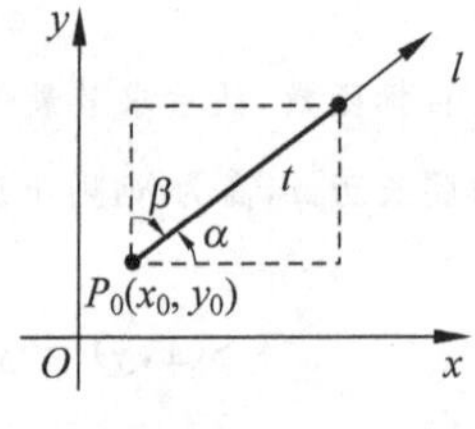

图 2.17

类似地,定理 2.13 的结论可以推广到三元及以上的多元函数. 例如,若函数 $u=f(x,y,z)$在点 $P_0(x_0,y_0,z_0)$处可微,则函数在点 $P_0(x_0,y_0,z_0)$处沿射线 l 方向的方向导数为

$$\left.\frac{\partial f}{\partial l}\right|_{(x_0,y_0,z_0)}=f_x(x_0,y_0,z_0)\cos\alpha+f_y(x_0,y_0,z_0)\cos\beta+f_z(x_0,y_0,z_0)\cos\gamma, \tag{2.31}$$

其中 α,β,γ 为射线 l 方向的方向角.

2. 梯度

以二元函数为例,设函数 $z=f(x,y)$在其定义区域 D 内具有一阶连续的偏导数,对于区域 D 内任意一点(x_0,y_0),对应的向量

$$(f_x(x_0,y_0),f_y(x_0,y_0))=f_x(x_0,y_0)\boldsymbol{i}+f_y(x_0,y_0)\boldsymbol{j}$$

称为函数 $z=f(x,y)$在点(x_0,y_0)处的**梯度向量**,简称**梯度**,记作 $\mathrm{grad}f(x_0,y_0)$,即

$$\mathrm{grad}f(x_0,y_0)=(f_x(x_0,y_0),f_y(x_0,y_0))=f_x(x_0,y_0)\boldsymbol{i}+f_y(x_0,y_0)\boldsymbol{j}. \tag{2.32}$$

在实际应用中,函数 $z=f(x,y)$ 在点 $(x_0,y_0)\in D$ 处的梯度也经常记作 $\nabla f(x_0,y_0)$,其中 ∇ 称为二元向量微分算子或 Nabla 算子,即 $\nabla f(x_0,y_0)=f_x(x_0,y_0)\boldsymbol{i}+f_y(x_0,y_0)\boldsymbol{j}$.

在几何上,函数 $z=f(x,y)$ 在其定义区域 D 内表示一张曲面,当用平面 $z=C$(C 为常数)去横截曲面 $z=f(x,y)$ 时,截得的一平面曲线. 该曲线在坐标面 xOy 上的投影曲线的方程可表示为 $f(x,y)=C,z=0$,称该平面曲线为函数 $z=f(x,y)$ 的**等值线**,通常也称为**等高线**,如图 2.18 所示.

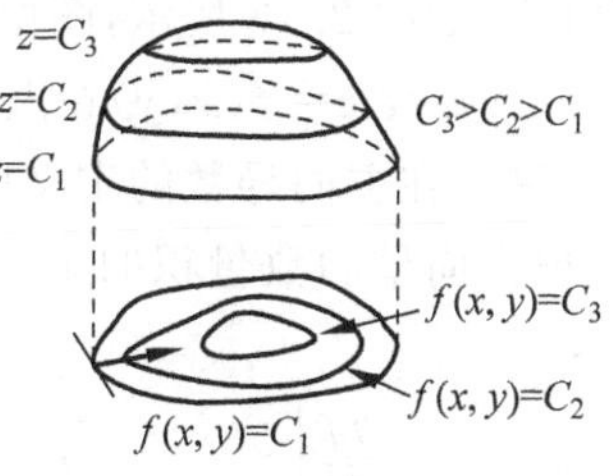

图 2.18

因此,等值线 $f(x,y)=C$ 有很直观的几何解释: 函数 $z=f(x,y)$ 在点 $(x_0,y_0)\in D$ 处的梯度方向就是等值线 $f(x,y)=C$ 在该点的法线方向,梯度的模 $|\mathrm{grad}f(x_0,y_0)|$ 就是沿着这个法线方向的方向导数 $\left.\dfrac{\partial f}{\partial \boldsymbol{n}}\right|_{(x_0,y_0)}$.

注意到,如图 2.18 所示,梯度向量与等值线上的切线向量垂直;又因为梯度方向是函数增长最快的方向,梯度向量应指向函数增长的方向,从而梯度向量从数值较低的等高线指向数值较高的等值线,图中所示粗箭头为梯度方向.

类似地,若三元函数 $u=f(x,y,z)$ 在空间区域 Ω 内具有一阶连续偏导数,则它在区域 Ω 内任意一点 (x_0,y_0,z_0) 的梯度向量可以表示为

$$\mathrm{grad}f(x_0,y_0,z_0)=f_x(x_0,y_0,z_0)\boldsymbol{i}+f_y(x_0,y_0,z_0)\boldsymbol{j}+f_z(x_0,y_0,z_0)\boldsymbol{k}, \tag{2.33}$$

或记作

$$\nabla f(x_0,y_0,z_0)=f_x(x_0,y_0,z_0)\boldsymbol{i}+f_y(x_0,y_0,z_0)\boldsymbol{j}+f_z(x_0,y_0,z_0)\boldsymbol{k},$$

其中 ∇ 称为三元向量微分算子或 Nabla 算子.

二、疑难解析

1. 函数 $z=f(x,y)=\sqrt{x^2+y^2}$ 在点 $(0,0)$ 处的偏导数是否存在? 方向导数沿着 x 轴和 y 轴的正方向是否存在?

答 根据偏导数的定义,有

$$\lim_{\Delta x\to 0}\frac{f(0+\Delta x,0)-f(0,0)}{\Delta x}=\lim_{\Delta x\to 0}\frac{|\Delta x|}{\Delta x};\quad \lim_{\Delta y\to 0}\frac{f(0,0+\Delta y)-f(0,0)}{\Delta y}=\lim_{\Delta y\to 0}\frac{|\Delta y|}{\Delta y}.$$

因此,该函数在点 $(0,0)$ 处的偏导数不存在.

根据方向导数的定义,方向导数的方向是由射线 l 与 x 轴正向夹角 φ 描述的. 对于沿 x 轴正方向的射线,有 $\varphi=0,\cos\varphi=1,\sin\varphi=0$. 由于

$$\lim_{t\to 0^+}\frac{f(0+t,0)-f(0,0)}{t}=1.$$

因此,函数在点 $(0,0)$ 沿 x 轴正方向的方向导数存在,即 $\left.\dfrac{\partial z}{\partial x^+}\right|_{(0,0)}=1$.

类似地,函数在点 $(0,0)$ 处沿 y 轴的正方向的方向导数也存在,即 $\left.\dfrac{\partial z}{\partial y^+}\right|_{(0,0)}=1$.

2. 函数 $z=f(x,y)$ 在点 $(x_0,y_0)\in D$ 处的梯度方向是否是等值线 $f(x,y)=C$ 在该点的法线方向,说明理由.

答 不一定.梯度向量与等值线上的切线向量垂直;又因为梯度方向是函数增长最快的方向,梯度向量应指向函数增长的方向,从而梯度向量从数值较低的等值线指向数值较高的等值线,如图2.18所示,图中粗箭头所示即为梯度方向.

3. 函数$z=f(x,y)$在点$(x_0,y_0)\in D$处的方向导数和梯度有何关系?

答 在方向导数的定义中,曾用记号$\boldsymbol{e}_l=(\cos\varphi,\sin\varphi)$表示与射线$l$的同方向的单位向量,根据向量的数量积的定义,函数$z=f(x,y)$在点$(x_0,y_0)\in D$处的方向导数和梯度的关系为

$$\left.\frac{\partial f}{\partial l}\right|_{(x_0,y_0)}=f_x(x_0,y_0)\cos\alpha+f_y(x_0,y_0)\cos\beta=\mathbf{grad}f(x_0,y_0)\cdot\boldsymbol{e}.$$

进一步地,若记θ为梯度向量$\mathbf{grad}f(x_0,y_0)$与$\boldsymbol{e}$的夹角,则有

$$\left.\frac{\partial f}{\partial l}\right|_{(x_0,y_0)}=|\mathbf{grad}f(x_0,y_0)||\boldsymbol{e}|\cos\theta=|\mathbf{grad}f(x_0,y_0)|\cos\theta.$$

当θ取特殊值时,梯度与方向导数之间有如下关系:

(1) $\cos\theta=1$,即$\theta=0$时,$\left.\frac{\partial f}{\partial l}\right|_{(x_0,y_0)}=|\mathbf{grad}f(x_0,y_0)|$.这表明当射线$l$的方向与梯度方向一致时,方向导数取最大值,或者说,方向导数沿着梯度的方向取最大值,即梯度方向是函数增长速度的最快的方向.

(2) $\cos\theta=0$,即$\theta=\frac{\pi}{2}$时,$\left.\frac{\partial f}{\partial l}\right|_{(x_0,y_0)}=0$.这表明方向导数在垂直于梯度的方向上值为零,即在此方向上函数的变化率$\left.\frac{\partial f}{\partial l}\right|_{(x_0,y_0)}$为零.

(3) $\cos\theta=-1$,即$\theta=\pi$时,$\left.\frac{\partial f}{\partial l}\right|_{(x_0,y_0)}=-|\mathbf{grad}f(x_0,y_0)|$.这表明当射线$l$的方向与梯度方向相反时,方向导数取最小值,或者说,方向导数沿着梯度相反的方向取最小值.

三、经典题型详解

题型1 求函数的方向导数和梯度

例2.25 求函数$u=2x^2y+yz^2-2z+2$在点$M(1,2,3)$处沿其向径方向的方向导数.

分析 先根据已知条件求出$\overrightarrow{OM}$的方向向量、方向余弦、在点$M(1,2,3)$处的偏导数等信息,再代入公式(2.31)求解.

解 易见,$\frac{\partial u}{\partial x}=4xy$,$\frac{\partial u}{\partial y}=2x^2+z^2$,$\frac{\partial u}{\partial z}=2yz-2$,所以

$$\left.\frac{\partial u}{\partial x}\right|_M=8,\quad\left.\frac{\partial u}{\partial y}\right|_M=11,\quad\left.\frac{\partial u}{\partial z}\right|_M=10.$$

点$M(1,2,3)$的向径为$\overrightarrow{OM}=(1,2,3)$,且有

$$|\overrightarrow{OM}|=\sqrt{1^2+2^2+3^2}=\sqrt{14},\quad\boldsymbol{e}=\left(\frac{1}{\sqrt{14}},\frac{2}{\sqrt{14}},\frac{3}{\sqrt{14}}\right).$$

由此可得,$\cos\alpha=\frac{1}{\sqrt{14}}$,$\cos\beta=\frac{2}{\sqrt{14}}$,$\cos\gamma=\frac{3}{\sqrt{14}}$.所以有

$$\left.\frac{\partial u}{\partial l}\right|_P=\left.\frac{\partial u}{\partial x}\right|_P\cos\alpha+\left.\frac{\partial u}{\partial y}\right|_P\cos\beta+\left.\frac{\partial u}{\partial z}\right|_P\cos\gamma=8\times\frac{1}{\sqrt{14}}+11\times\frac{2}{\sqrt{14}}+10\times\frac{3}{\sqrt{14}}=\frac{30}{7}\sqrt{14}.$$

例 2.26 已知函数 $u=\frac{1}{x^2+y^2+z^2}$,求 grad$u$.

分析 利用梯度定义的公式(2.32)求解.

解 因为

$$\frac{\partial u}{\partial x}=-\frac{2x}{(x^2+y^2+z^2)^2},\quad \frac{\partial u}{\partial y}=-\frac{2y}{(x^2+y^2+z^2)^2},\quad \frac{\partial u}{\partial z}=-\frac{2z}{(x^2+y^2+z^2)^2},$$

所以有

$$\text{grad}u=-\frac{2}{(x^2+y^2+z^2)^2}(x\boldsymbol{i}+y\boldsymbol{j}+z\boldsymbol{k}).$$

题型 2 综合应用题

例 2.27 求函数 $z=3x^2-2xy+y^2$ 在点(1,1)沿与 x 轴方向夹角为 α 的方向射线 l 的方向导数,并求在哪个方向上此方向导数有 (1)最大值;(2)最小值;(3)等于零.

分析 先根据已知条件求出相应的方向向量、方向余弦、在点(1,1)处的偏导数等信息,再代入公式(2.30)求解.

解 易见,$\frac{\partial z}{\partial x}=6x-2y$,$\frac{\partial z}{\partial y}=-2x+2y$,所以$\left.\frac{\partial z}{\partial x}\right|_{(1,1)}=4$,$\left.\frac{\partial z}{\partial y}\right|_{(1,1)}=0$. 不难求得

$$\left.\frac{\partial z}{\partial l}\right|_{(1,1)}=\left.\frac{\partial z}{\partial x}\right|_{(1,1)}\cos\alpha+\left.\frac{\partial z}{\partial y}\right|_{(1,1)}\sin\alpha=4\cos\alpha.$$

因此,当 $\alpha=0$ 时,此方向上的方向导数有最大值,最大值为 4;当 $\alpha=\pi$ 时,此方向上的方向导数有最小值,最小值为 -4;当 $\alpha=\frac{\pi}{2}$时,此方向上的方向导数为 0.

四、课后习题选解(习题 2.8)

1. 求函数 $z=2x^2+y^2-2$ 在点 $P(1,0)$处沿从点 $P(1,0)$到点 $Q(2,-1)$的方向的方向导数.

分析 参考经典题型详解中例 2.25.

解 易见,$\frac{\partial z}{\partial x}=4x$,$\frac{\partial z}{\partial y}=2y$,所以$\left.\frac{\partial z}{\partial x}\right|_P=4$,$\left.\frac{\partial z}{\partial y}\right|_P=0$. 不难求得

$$\boldsymbol{l}=\overrightarrow{PQ}=(1,-1),\quad |\boldsymbol{l}|=\sqrt{1^2+(-1)^2}=\sqrt{2},\quad \boldsymbol{e}=\left(\frac{\sqrt{2}}{2},-\frac{\sqrt{2}}{2}\right).$$

由此可得,$\cos\alpha=\frac{\sqrt{2}}{2}$,$\cos\beta=-\frac{\sqrt{2}}{2}$. 所以有

$$\left.\frac{\partial z}{\partial l}\right|_P=\left.\frac{\partial z}{\partial x}\right|_P\cos\alpha+\left.\frac{\partial z}{\partial y}\right|_P\cos\beta=4\times\frac{\sqrt{2}}{2}+0\times\left(-\frac{\sqrt{2}}{2}\right)=2\sqrt{2}.$$

2. 求函数 $u=2xy+yz^2-2xz+2x+1$ 在点(1,1,2)沿方向 $\boldsymbol{l}$ 的方向导数,其中 $\boldsymbol{l}$ 的方向角分别为 60°,45°,60°.

分析 参考经典题型详解中例 2.25.

解 易见,$\frac{\partial u}{\partial x}=2y-2z+2$,$\frac{\partial u}{\partial y}=2x+z^2$,$\frac{\partial u}{\partial z}=2yz-2x$,所以

$$\left.\frac{\partial u}{\partial x}\right|_{(1,1,2)}=0,\quad \left.\frac{\partial u}{\partial y}\right|_{(1,1,2)}=6,\quad \left.\frac{\partial u}{\partial z}\right|_{(1,1,2)}=2.$$

当 $\boldsymbol{l}$ 的方向角分别为 60°,45°,60°时,$\cos\alpha=\frac{1}{2}$,$\cos\beta=\frac{\sqrt{2}}{2}$,$\cos\gamma=\frac{1}{2}$. 所以有

$$\left.\frac{\partial u}{\partial l}\right|_{(1,1,2)}=\left.\frac{\partial u}{\partial x}\right|_{(1,1,2)}\cos\alpha+\left.\frac{\partial u}{\partial y}\right|_{(1,1,2)}\cos\beta+\left.\frac{\partial u}{\partial z}\right|_{(1,1,2)}\cos\gamma=0\times\frac{1}{2}+6\times\frac{\sqrt{2}}{2}+2\times\frac{1}{2}=1+3\sqrt{2}.$$

3. 已知函数 $u=2x^3y+yz^2-2x^2z+2y+z+1$，求 $\mathrm{grad}u(0,0,0)$，$\mathrm{grad}u(1,1,1)$.

分析 参考经典题型详解中例2.26.

解 因为$\frac{\partial u}{\partial x}=6x^2y-4xz$，$\frac{\partial u}{\partial y}=2x^3+z^2+2$，$\frac{\partial u}{\partial z}=2yz-2x^2+1$，所以有

$$\mathrm{grad}u(0,0,0)=\left.\left(\frac{\partial u}{\partial x},\frac{\partial u}{\partial y},\frac{\partial u}{\partial z}\right)\right|_{(0,0,0)}=(0,2,1),$$

$$\mathrm{grad}u(1,1,1)=\left.\left(\frac{\partial u}{\partial x},\frac{\partial u}{\partial y},\frac{\partial u}{\partial z}\right)\right|_{(1,1,1)}=(2,5,1).$$

4. 设 $u=f(r)$，$r=\sqrt{x^2+y^2+z^2}$，其中 f 为可导函数，求 $\mathrm{grad}u$.

分析 参考经典题型详解中例2.26.

解 因为$\frac{\partial f}{\partial x}=\frac{x}{\sqrt{x^2+y^2+z^2}}f'$，$\frac{\partial f}{\partial y}=\frac{y}{\sqrt{x^2+y^2+z^2}}f'$，$\frac{\partial f}{\partial z}=\frac{z}{\sqrt{x^2+y^2+z^2}}f'$，所以有

$$\mathrm{grad}u=\frac{f'}{\sqrt{x^2+y^2+z^2}}(x\boldsymbol{i}+y\boldsymbol{j}+z\boldsymbol{k}).$$

B类题

1. 设 $\boldsymbol{n}$ 是曲面 $x^2+2y^2+4z^2=7$ 在点 $P(1,1,1)$处的指向外侧的法向量，求函数 $u=3x^2+y^2+2z^2$ 在点 P 处沿方向 $\boldsymbol{n}$ 的方向导数.

分析 参考经典题型详解中例2.25.

解 令 $F(x,y,z)=x^2+2y^2+4z^2-7$，则容易求得

$$F_x|_P=2x|_P=2,\ F_y|_P=4y|_P=4,\ F_z|_P=8z|_P=8,$$

所以法线向量为 $\boldsymbol{n}=2(1,2,4)$，对应的单位法线向量为 $\boldsymbol{e}=\left(\frac{1}{\sqrt{21}},\frac{2}{\sqrt{21}},\frac{4}{\sqrt{21}}\right)$. 由此可得，

$$\cos\alpha=\frac{1}{\sqrt{21}},\quad \cos\beta=\frac{2}{\sqrt{21}},\quad \cos\gamma=\frac{4}{\sqrt{21}};$$

$$\left.\frac{\partial u}{\partial x}\right|_P=6x|_P=6,\quad \left.\frac{\partial u}{\partial y}\right|_P=2y|_P=2,\quad \left.\frac{\partial u}{\partial z}\right|_P=4z|_P=4.$$

所以有

$$\left.\frac{\partial u}{\partial \boldsymbol{n}}\right|_P=\left.\frac{\partial u}{\partial x}\right|_P\cos\alpha+\left.\frac{\partial u}{\partial y}\right|_P\cos\beta+\left.\frac{\partial u}{\partial z}\right|_P\cos\gamma=\frac{26}{21}\sqrt{21}.$$

2. 求函数 $u=2x^2+z^2+2y+x+3$ 在点 $P(1,1,1)$处沿哪个方向的方向导数最大？最大值是多少？

分析 方向导数沿着梯度的方向取最大值，利用梯度定义的公式(2.33)求解.

解 因为$\left.\frac{\partial u}{\partial x}\right|_P=(4x+1)|_P=5$，$\left.\frac{\partial u}{\partial y}\right|_P=2$，$\left.\frac{\partial u}{\partial z}\right|_P=(2z)|_P=2$，所以有

$$\mathrm{grad}u(1,1,1)=\left.\left(\frac{\partial u}{\partial x},\frac{\partial u}{\partial y},\frac{\partial u}{\partial z}\right)\right|_{(1,1,1)}=(5,2,2).$$

方向为 $\boldsymbol{s}=\left(\frac{5}{\sqrt{33}},\frac{2}{\sqrt{33}},\frac{2}{\sqrt{33}}\right)$. 于是

$$\max\left\{\left.\frac{\partial u}{\partial \boldsymbol{l}}\right|_{P_0}\right\}=|\mathrm{grad}u(P_0)|=\left|\left.\left(\frac{\partial u}{\partial x},\frac{\partial u}{\partial y},\frac{\partial u}{\partial z}\right)\right|_{P_0}\right|=|(5,2,2)|=\sqrt{33}.$$

3. 求函数 $u=\ln(x+\sqrt{y^2+z^2})$在点 $A(1,0,1)$处沿点 A 指向点 $B(3,-2,2)$的方向导数.

分析 参考经典题型详解中例2.25.

解 不难求得

$$\frac{\partial u}{\partial x}=\frac{1}{x+\sqrt{y^2+z^2}},\quad \frac{\partial u}{\partial y}=\frac{y}{(x+\sqrt{y^2+z^2})\sqrt{y^2+z^2}},$$

$$\frac{\partial u}{\partial z}=\frac{z}{(x+\sqrt{y^2+z^2})\sqrt{y^2+z^2}},$$

所以

$$\left.\frac{\partial u}{\partial x}\right|_A=\frac{1}{2},\quad \left.\frac{\partial u}{\partial y}\right|_A=0,\quad \left.\frac{\partial u}{\partial z}\right|_A=\frac{1}{2}.$$

而

$$\boldsymbol{l}=\overrightarrow{AB}=(2,-2,1),\quad |\boldsymbol{l}|=\sqrt{2^2+(-2)^2+1^2}=3,\quad 其单位向量为\ \boldsymbol{e}=\left(\frac{2}{3},-\frac{2}{3},\frac{1}{3}\right).$$

由此可得，$\cos\alpha=\frac{2}{3}$，$\cos\beta=-\frac{2}{3}$，$\cos\gamma=\frac{1}{3}$. 所以有

$$\left.\frac{\partial z}{\partial \boldsymbol{l}}\right|_A=\left.\frac{\partial u}{\partial x}\right|_A\cos\alpha+\left.\frac{\partial u}{\partial y}\right|_A\cos\beta+\left.\frac{\partial u}{\partial z}\right|_A\cos\gamma=\frac{1}{2}\times\frac{2}{3}+0\times\left(-\frac{2}{3}\right)+\frac{1}{2}\times\frac{1}{3}=\frac{1}{2}.$$

1. 是非题

(1) 当动点 (x,y) 沿着任一直线趋向于点 $(0,0)$ 时，函数 $f(x,y)$ 的极限存在且都等于 A，但不能说明函数 $f(x,y)$ 当 $(x,y)\to(0,0)$ 时的极限一定存在. (　　)

(2) 若函数 $f(x,y)$ 在点 (x_0,y_0) 处的两个偏导数都存在，则函数 $f(x,y)$ 在点 (x_0,y_0) 处连续. (　　)

(3) 若 $\frac{\partial^2 z}{\partial x\partial y}$，$\frac{\partial^2 z}{\partial y\partial x}$ 在区域 D 内连续，则 $\frac{\partial^2 z}{\partial x\partial y}=\frac{\partial^2 z}{\partial y\partial x}$. (　　)

(4) 若函数 $z=f(x,y)$ 在某点处可微，则函数在该点的一阶偏导数必连续. (　　)

(5) 若函数 $u=f(x,y,z)$ 在点 P_0 处的偏导数存在，则函数在该点沿任何方向的方向导数必定存在. (　　)

解 (1) 对. 当动点 (x,y) 以任何方式趋向于点 $(0,0)$ 时，函数 $f(x,y)$ 的极限存在且都等于 A，才能说明函数 $f(x,y)$ 当 $(x,y)\to(0,0)$ 时的极限一定存在.

(2) 错. 对于多元函数而言，即使函数的各个偏导数存在，也不能保证函数在该点连续.

(3) 对. 参见 2.5 节定理 2.10.

(4) 错. 参见 2.2 节定理 2.3(可微的必要条件)，二元函数在某点可微，则函数在该点处的偏导数存在，但不能保证偏导数的连续性.

(5) 错. 由定理 2.13 知，只有函数在某点可微，才能保证函数在该点处沿任何方向的方向导数均存在，而函数在某点的偏导数存在不能保证在该点可微，因此，函数在该点沿任何方向的方向导数未必存在.

2. 填空题

(1) 函数 $u=\arcsin\frac{2z}{\sqrt{x^2+2y^2}}$ 的定义域为____________.

(2) $\lim\limits_{(x,y)\to(0,1)}\frac{\ln(2x+\mathrm{e}^y)}{\sqrt{x^2+4y^2}}=$________.

(3) 函数 $z=\frac{1}{4-x^2+4y^2}$ 的间断点为 $D=\{(x,y)|$________$\}$.

(4) 设 $z=\arctan\frac{x+y}{x-y}$，则 $\mathrm{d}z=$____________.

(5) 曲面 $z=x^2+y^2$ 与平面 $2x+4y-z=0$ 平行的切平面方程是________.

解 (1) 函数的定义域是使得表达式有意义的自变量的取值范围，即

$$D=\left\{(x,y)\mid x^2+2y^2\neq 0,\text{且}-1\leqslant\frac{2z}{\sqrt{x^2+2y^2}}\leqslant 1\right\}.$$

(2) 由于被求极限的表达式在该点连续，可以直接代入函数值，极限为$\frac{1}{2}$.

(3) 函数在除了$D=\{(x,y)|x^2-4y^2=4\}$以外的所有点连续，因此，$D=\{(x,y)|x^2-4y^2=4\}$为函数的间断点.

(4) 先计算相应的偏导数，再将它们代入式(2.7)，得

$$dz=\frac{-2ydx}{(x-y)^2+(x+y)^2}+\frac{2xdy}{(x-y)^2+(x+y)^2}=\frac{-ydx}{x^2+y^2}+\frac{xdy}{x^2+y^2}.$$

(5) 对于曲面$z=x^2+y^2$，过点(x_0,y_0,z_0)的切平面的法向量为

$$n\big|_{(x_0,y_0,z_0)}=(2x,2y,-1)\big|_{(x_0,y_0,z_0)}=(2x_0,2y_0,-1),$$

该切平面与平面$2x+4y-z=0$平行，因此$\frac{2x_0}{2}=\frac{2y_0}{4}=\frac{-1}{-1}$. 解得$x_0=1,y_0=2$，而切点位于曲面上，解得$z_0=5$，因此，所求切平面为

$$2(x-1)+4(y-2)-(z-5)=0,\quad\text{即}\quad 2x+4y-z=5.$$

3. 选择题

(1) 设函数$f(x,y)=\begin{cases}\frac{x^2}{x^2+y^2}, & (x,y)\neq(0,0),\\ 0, & (x,y)=(0,0),\end{cases}$则它在点(0,0)处是(　　).

A. 连续的　　B. 没有定义　　C. 极限不存在　　D. 极限存在

(2) $f_x(x_0,y_0)=0,f_y(x_0,y_0)=0$是函数$z=f(x,y)$在点$(x_0,y_0)$处取得极值的(　　).

A. 必要条件但非充分条件　　B. 充分条件但非必要条件

C. 充要条件　　D. 既非必要也非充分条件

(3) 设函数$z=1-\sqrt{x^2+y^2}$，则点(0,0)是函数的(　　).

A. 极小值点且是最小值点　　B. 极大值点且是最大值点

C. 极小值点但非最小点　　D. 极大值点但非最大值点

(4) 对于方程$xe^z+xyz-2x+1=0$，必存在点(1,1,0)的某个邻域，使得该方程在此邻域内(　　).

A. 只能确定一个具有连续偏导数的隐函数$z=z(x,y)$

B. 可确定两个具有连续偏导数的隐函数$x=x(y,z)$和$y=y(x,z)$

C. 可确定两个具有连续偏导数的隐函数$x=x(y,z)$和$z=z(x,y)$

D. 可确定两个具有连续偏导数的隐函数$z=z(x,y)$和$y=y(x,z)$

(5) 对于函数$u=xyz+2xy+2yz-3x+1$，它在点(1,1,1)处的方向导数的最大值为(　　).

A. $\sqrt{33}$　　B. $\sqrt{34}$　　C. $\sqrt{35}$　　D. 6

解 (1) 选C. 取$y=kx$(k为常数)，容易验证函数在点(0,0)处极限不存在.

(2) 选A. 参见2.7节中**定理2.11(极值的必要条件)**.

(3) 选B. 利用2.7节中极值和最值得判别方法容易求得结论.

(4) 选C. 利用2.4节中**定理2.7(隐函数存在定理Ⅱ)**容易得到结论.

(5) 选B. 因为$\frac{\partial u}{\partial x}\Big|_{(1,1,1)}=(yz+2y-3)\big|_{(1,1,1)}=0,\frac{\partial u}{\partial y}\Big|_{(1,1,1)}=(xz+2x+2z)\big|_{(1,1,1)}=5,\frac{\partial u}{\partial z}\Big|_{(1,1,1)}=(xy+2y)\big|_{(1,1,1)}=3$. 已知函数在点(1,1,1)处沿梯度方向的方向导数最大，且

$$\max\left\{\frac{\partial u}{\partial l}\Big|_{(1,1,1)}\right\}=|\text{grad}u(1,1,1)|=\left|\left(\frac{\partial u}{\partial y},\frac{\partial u}{\partial y},\frac{\partial u}{\partial z}\right)\Big|_P\right|=|(0,5,3)|=\sqrt{34}.$$

4. 求下列极限：

(1) $\lim\limits_{\substack{x\to0\\y\to1}}\frac{\sin xy}{x}$；　　(2) $\lim\limits_{\substack{x\to0\\y\to0}}\frac{\arcsin(x^2+y^2)}{\sqrt{1-x^2-y^2}-1}$；

(3) $\lim\limits_{\substack{x\to+\infty\\y\to+\infty}}\left(1-\dfrac{2}{x^2+y^2}\right)^{2(x^2+y^2)}$；　　　　(4) $\lim\limits_{\substack{x\to0\\y\to1}}\dfrac{\cos(\pi y)}{3x^2+2y^2}$.

分析　根据表达式的类型,分别用不同的方法求极限.

解　(1) 利用等价无穷小替换.因为当 $x\to0,y\to1$ 时,$\sin xy\sim xy$,所以

$$\lim_{\substack{x\to0\\y\to1}}\frac{\sin xy}{x}=\lim_{\substack{x\to0\\y\to1}}\frac{xy}{x}=1.$$

(2) 先做变量替换,然后利用等价无穷小替换求极限.令 $u=x^2+y^2$,则当 $x\to0,y\to0$ 时,有 $u\to0^+$.则

$$\lim_{\substack{x\to0\\y\to0}}\frac{\arcsin(x^2+y^2)}{\sqrt{1-x^2-y^2}-1}=\lim_{u\to0^+}\frac{\arcsin u}{\sqrt{1-u}-1}=\lim_{u\to0^+}\frac{u}{\dfrac{1}{2}(-u)}=-2.$$

(3) 利用第二个重要极限的结论求解.利用配项方法可得

$$\lim_{\substack{x\to+\infty\\y\to+\infty}}\left(1-\frac{2}{x^2+y^2}\right)^{2(x^2+y^2)}=\lim_{\substack{x\to\infty\\y\to\infty}}\left(1+\left(-\frac{2}{x^2+y^2}\right)\right)^{-\frac{x^2+y^2}{2}\times(-4)}=\frac{1}{e^4}.$$

(4) 由于被求极限的表达式在(0,1)点连续,可以直接代入求极限值.计算可得

$$\lim_{\substack{x\to0\\y\to1}}\frac{\cos(\pi y)}{3x^2+2y^2}=\frac{\cos(\pi\times1)}{3\times0^2+2\times1^2}=-\frac{1}{2}.$$

5. 计算下列各题:

(1) 设 $(x+1)y+x^2+e^y=e^{x+y}$,求 $\dfrac{dy}{dx}$;

(2) 设 $z=uv^2+t\cos u,u=e^t,v=\ln t$,求 $\dfrac{dz}{dt}$;

(3) 设 $z=f(x+y,\ x-y)=x^2-y^2$,求 $f_x(x,y),f_y(x,y),f_x(x,y)+f_y(x,y)$;

(4) 设 $z=f\left(x^2+y^2,\dfrac{y}{x}\right)$,其中 f 有一阶偏导数,求 $\dfrac{\partial z}{\partial x},\dfrac{\partial z}{\partial y}$;

(5) 设 $z=f(e^x\cos y,\ x^2-y^2)$,其中 f 具有二阶连续偏导数,求 $\dfrac{\partial z}{\partial x},\dfrac{\partial^2 z}{\partial x^2},\dfrac{\partial^2 z}{\partial x\partial y}$.

解　(1) 利用公式(2.16)计算.令 $F(x,y)=(x+1)y+x^2+e^y-e^{x+y}$.容易求得

$$F_x=y+2x-e^{x+y},\quad F_y=x+1+e^y-e^{x+y}.$$

将其代入公式(2.16)可得

$$\frac{dy}{dx}=-\frac{F_x}{F_y}=-\frac{y+2x-e^{x+y}}{x+1+e^y-e^{x+y}}.$$

(2) 利用全导数的公式计算.因为 $\dfrac{\partial z}{\partial u}=v^2-t\sin u,\dfrac{\partial z}{\partial v}=2uv,\dfrac{du}{dt}=e^t,\dfrac{dv}{dt}=\dfrac{1}{t}$,因此

$$\begin{aligned}\frac{dz}{dt}&=\frac{\partial z}{\partial u}\frac{du}{dt}+\cos u+\frac{\partial z}{\partial v}\frac{dv}{dt}=(v^2-t\sin u)e^t+2uv\frac{1}{t}+\cos u\\&=\left[(\ln t)^2-t\sin e^t+\frac{2}{t}\ln t\right]e^t+\cos e^t.\end{aligned}$$

(3) 先求出 $f(x,y)$ 的表达式,然后分别计算.令 $u=x+y,v=x-y$,则

$$f(u,v)=uv,\quad 即\quad f(x,y)=xy.$$

因此有

$$f_x(x,y)=y,\quad f_y(x,y)=x,\quad f_x(x,y)+f_y(x,y)=x+y.$$

(4) 先分清函数的“链条”,然后利用多元复合函数的链式法则计算.

令 $u=x^2+y^2,v=\dfrac{y}{x}$,则 $\dfrac{\partial u}{\partial x}=2x,\dfrac{\partial v}{\partial x}=-\dfrac{y}{x^2},\dfrac{\partial u}{\partial y}=2y,\dfrac{\partial v}{\partial y}=\dfrac{1}{x}$,因此有

$$\frac{\partial z}{\partial x}=\frac{\partial z}{\partial u}\frac{\partial u}{\partial x}+\frac{\partial z}{\partial v}\frac{\partial v}{\partial x}=2xf'_1-\frac{y}{x^2}f'_2,\ \frac{\partial z}{\partial y}=\frac{\partial z}{\partial u}\frac{\partial u}{\partial y}+\frac{\partial z}{\partial v}\frac{\partial v}{\partial y}=2yf'_1+\frac{1}{x}f'_2.$$

(5) 先分清函数的"链条",然后利用多元复合函数的链式法则(2.10)计算.

令 $u=e^x\cos y, v=x^2-y^2$,则 $\frac{\partial u}{\partial x}=e^x\cos y, \frac{\partial v}{\partial x}=2x, \frac{\partial u}{\partial y}=-e^x\sin y, \frac{\partial v}{\partial y}=-2y$,

因此有

$$\frac{\partial z}{\partial x}=\frac{\partial z}{\partial u}\frac{\partial u}{\partial x}+\frac{\partial z}{\partial v}\frac{\partial v}{\partial x}=f'_1 e^x\cos y+f'_2 2x=e^x\cos y f'_1+2xf'_2,$$

$$\frac{\partial^2 z}{\partial x^2}=\frac{\partial}{\partial x}\left(\frac{\partial z}{\partial x}\right)=e^x\cos y f'_1+e^x\cos y(e^x\cos y f''_{11}+2xf''_{12})+$$
$$2f'_2+2x(e^x\cos y f''_{21}+2xf''_{22}),$$

$$\frac{\partial^2 z}{\partial x\partial y}=\frac{\partial}{\partial y}\left(\frac{\partial z}{\partial x}\right)=-e^x\sin y f'_1+e^x\cos y(-e^x\sin y f''_{11}-2yf''_{12})+$$
$$2x(-e^x\sin y f''_{21}-2yf''_{22}).$$

6. 设 $f(x,y)=\begin{cases}\frac{2xy}{x^2+y^2}, & (x,y)\neq(0,0),\\ 0, & (x,y)=(0,0).\end{cases}$ 证明:$f(x,y)$在$(0,0)$点的两个偏导数都存在,但 $f(x,y)$ 在$(0,0)$处不连续.

分析 利用二元函数偏导数以及连续的定义证明.

证 由偏导数的定义,有

$$f_x(0,0)=\lim_{\Delta x\to 0}\frac{f(0+\Delta x,0)-f(0,0)}{\Delta x}=0, \quad f_y(0,0)=\lim_{\Delta y\to 0}\frac{f(0,0+\Delta y)-f(0,0)}{\Delta y}=0,$$

即 $f_x(0,0)=f_y(0,0)=0$.

进一步地,取 $y=kx$(k 为常数),当 $x\to 0$ 时,$y\to 0$,且有

$$\lim_{\substack{x\to 0\\ y\to 0}}\frac{2xy}{x^2+y^2}=\lim_{\substack{x\to 0\\ y=kx}}\frac{2x\cdot kx}{x^2+k^2x^2}=\frac{2k}{1+k^2}.$$

易见,当 k 取不同值时,对应的极限值不同,所以该极限不存在.故该函数在点$(0,0)$处不连续. **证毕**

7. 设 $z=f(x,y)$是由方程 $e^z-z+xy^3=0$ 确定的隐函数,求$\frac{\partial z}{\partial x}, \frac{\partial z}{\partial y}, \frac{\partial^2 z}{\partial x\partial y}$.

分析 利用隐函数求导公式计算.

解 令 $F(x,y)=e^z-z+xy^3$.容易求得

$$F_x=y^3, \quad F_y=3xy^2, \quad F_z=e^z-1.$$

因此有

$$\frac{\partial z}{\partial x}=-\frac{F_x}{F_z}=-\frac{y^3}{e^z-1}, \quad \frac{\partial z}{\partial y}=-\frac{F_y}{F_z}=-\frac{3xy^2}{e^z-1},$$

$$\frac{\partial^2 z}{\partial x\partial y}=\frac{\partial}{\partial y}\left(\frac{\partial z}{\partial x}\right)=\frac{\partial}{\partial y}\left(-\frac{y^3}{e^z-1}\right)=\frac{3y^2(1-e^z)-y^3(-e^z)\frac{\partial z}{\partial y}}{(1-e^z)^2}=\frac{3y^2(1-e^z)^2+3xy^5e^z}{(1-e^z)^3}.$$

8. 求函数 $z=\ln(2+x^2+y^2)$在点$(1,2)$处的全微分.

分析 先计算相应的偏导数,再将点$(1,2)$代入计算.

解 因为$\frac{\partial z}{\partial x}=\frac{2x}{2+x^2+y^2}, \frac{\partial z}{\partial y}=\frac{2y}{2+x^2+y^2}$,所以,点$(1,2)$处的全微分为

$$dz=\frac{2}{7}dx+\frac{4}{7}dy.$$

9. 求曲面 $x^2+2y^2+3z^2=12$ 的平行于平面 $x+4y+3z=0$ 的切平面方程.

分析 通过曲面方程可求出曲面上任意一点的切平面的法向量,两平面平行指的是两平面的法向量平行,可以求出切点及切平面的法向量,进而给出切平面方程.

解 对于曲面 $x^2+2y^2+3z^2=12$,过点(x_0,y_0,z_0)的切平面的法向量为

$$n|_{(x_0,y_0,z_0)}=(2x,4y,6z)|_{(x_0,y_0,z_0)}=(2x_0,4y_0,6z_0).$$

该切平面与平面 $x+4y+3z=0$ 平行，因此 $\frac{2x_0}{1}=\frac{4y_0}{4}=\frac{6z_0}{3}$. 另外，切点在曲面上，因此有 $x_0^2+2y_0^2+3z_0^2=12$，解得 $x_0=1,y_0=2,z_0=1$ 或 $x_0=-1,y_0=-2,z_0=-1$. 于是切平面为

$$(x-1)+4(y-2)+3(z-1)=0,\quad 即\quad x+4y+3z=12,$$

或

$$(x+1)+4(y+2)+3(z+1)=0,\quad 即\quad x+4y+3z=-12.$$

10. 求抛物面 $z=x^2+y^2$ 与抛物柱面 $y=x^2$ 的交线上的点 $P(1,1,2)$ 处的切线方程和法平面方程.

分析 先通过隐函数方程组求导得到切向量，然后分别通过点向式和点法式得到切线和法平面的方程.

解 令 $F(x,y,z)=z-x^2-y^2$，$G(x,y,z)=y-x^2$. 容易求得

$$F_x=-2x,\quad F_y=-2y,\quad F_z=1,\quad G_x=-2x,\quad G_y=1,\quad G_z=0.$$

于是，切向量可取为

$$\left(\begin{vmatrix}-2y & 1\\ 1 & 0\end{vmatrix},\begin{vmatrix}1 & -2x\\ 0 & -2x\end{vmatrix},\begin{vmatrix}-2x & -2y\\ -2x & 1\end{vmatrix}\right)\Bigg|_{(1,1,2)}=-(1,2,6).$$

于是，切线方程和法平面方程分别为

$$\frac{x-1}{1}=\frac{y-1}{2}=\frac{z-2}{6},\quad (x-1)+2(y-1)+6(z-2)=0.$$

11. 求函数 $z=x^2+5y^2-6x+10y+3$ 的极值.

分析 上述函数在定义域内具有二阶连续偏导数，可以利用二元函数的极值的一般步骤求解.

解 不难求得，$z_x=2x-6$，$z_y=10y+10$，$z_{xx}=2$，$z_{yy}=10$，$z_{xy}=0=z_{yx}$. 令 $z_x=0$，$z_y=0$，解之得驻点 $(3,-1)$.

在点 $(3,-1)$ 处，有 $A=2$，$B=0$，$C=10$，$AC-B^2=20>0$，且 $A=2>0$，所以函数在点 $(3,-1)$ 处取得极小值 $z|_{(3,-1)}=-11$.

12. 求函数 $z=x^2+y^2-xy+x+y$ 在闭区域 $D=\{(x,y)|x+y\geqslant-3,x\leqslant0,y\leqslant0\}$ 上的最大值与最小值.

分析 先求在开区域内的可疑极值点处的函数值；然后利用拉格朗日乘数法求边界上的最值；最后通过比较得到函数在闭区域上的最大值和最小值.

解 首先，求函数在开区域 $\{(x,y)|x+y>-3,x<0,y<0\}$ 的可疑极值点. 容易求得驻点应满足的方程组为

$$\begin{cases}z_x=2x-y+1=0,\\ z_y=2y-x+1=0.\end{cases}$$

解得开区域内的驻点为 $(-1,-1)$.

下面求函数在边界 $x+y=-3,x<0,y<0$ 上的可疑极值点. 为此，引入拉格朗日函数

$$L(x,y,\lambda)=x^2+y^2-xy+x+y+\lambda(x+y+3),$$

不难求得

$$\begin{cases}L_x=2x-y+1+\lambda=0,\\ L_y=2y-x+1+\lambda=0,\\ L_\lambda=x+y+3=0,\end{cases}$$

解得驻点为 $\left(-\frac{3}{2},-\frac{3}{2}\right)$.

再求函数在 $x=0,-3\leqslant y\leqslant0$ 上的可疑极值点. 此时函数变为 $z=y^2+y$，容易求得可疑极值点为 $\left(0,-\frac{1}{2}\right)$.

最后求函数在 $y=0,-3\leqslant x\leqslant 0$ 上的可疑极值点.此时函数变为 $z=x^2+x$,容易求得可疑极值点为 $\left(-\frac{1}{2},0\right)$.

综上,比较函数在 $(-1,-1)$、$\left(-\frac{3}{2},-\frac{3}{2}\right)$、$\left(0,-\frac{1}{2}\right)$、$\left(-\frac{1}{2},0\right)$ 及边界点 $(-3,0)$ 和 $(0,-3)$ 处的函数值,可得所求最大值为6,最小值为-1.

13. 求函数 $u=xyz$ 在点 $(5,1,2)$ 处沿从点 $(5,1,2)$ 到点 $(9,4,14)$ 的直线方向的方向导数.

分析 先根据已知条件求出方向向量、方向余弦、在点 $(5,1,2)$ 处的偏导数等信息,再代入公式(2.30)求解.

解 容易求得,$\frac{\partial u}{\partial x}=yz,\frac{\partial u}{\partial y}=xz,\frac{\partial u}{\partial z}=xy$,所以 $\left.\frac{\partial u}{\partial x}\right|_{(5,1,2)}=2,\left.\frac{\partial u}{\partial y}\right|_{(5,1,2)}=10,\left.\frac{\partial u}{\partial z}\right|_{(5,1,2)}=5$.于是

$$\boldsymbol{l}=(4,3,12),\quad |\boldsymbol{l}|=\sqrt{4^2+3^2+12^2}=13,\quad 其单位向量为\ \boldsymbol{e}=\left(\frac{4}{13},\frac{3}{13},\frac{12}{13}\right).$$

由此可得,$\cos\alpha=\frac{4}{13},\cos\beta=\frac{3}{13},\cos\gamma=\frac{12}{13}$.所以有

$$\begin{aligned}\left.\frac{\partial z}{\partial l}\right|_{(5,1,2)}&=\left.\frac{\partial u}{\partial x}\right|_{(5,1,2)}\cos\alpha+\left.\frac{\partial u}{\partial y}\right|_{(5,1,2)}\cos\beta+\left.\frac{\partial u}{\partial z}\right|_{(5,1,2)}\cos\gamma\\&=2\times\frac{4}{13}+10\times\frac{3}{13}+5\times\frac{12}{13}=\frac{98}{13}.\end{aligned}$$

14. 求函数 $u=x^2yz+2xz-y+3$ 在 $P(1,-1,2)$ 处沿哪个方向的方向导数最大,并求此最大值.

分析 方向导数沿着梯度的方向取最大值,利用梯度定义的公式(2.32)求解.

解 依题意,容易求得,$\left.\frac{\partial u}{\partial x}\right|_P=0,\left.\frac{\partial u}{\partial y}\right|_P=1,\left.\frac{\partial u}{\partial z}\right|_P=1$.梯度为

$$\mathrm{grad}u(1,-1,2)=\left.\left(\frac{\partial u}{\partial x},\frac{\partial u}{\partial y},\frac{\partial u}{\partial z}\right)\right|_{(1,-1,2)}=(0,1,1);$$

方向导数的最大值为

$$\max\left\{\left.\frac{\partial u}{\partial l}\right|_P\right\}=|\mathrm{grad}u(P)|=\left|\left.\left(\frac{\partial u}{\partial x},\frac{\partial u}{\partial y},\frac{\partial u}{\partial z}\right)\right|_P\right|=|(0,1,1)|=\sqrt{2}.$$

于是,所求的方向向量为 $\boldsymbol{s}=\left(0,\frac{\sqrt{2}}{2},\frac{\sqrt{2}}{2}\right)$.

15. 求函数 $u=\frac{x}{\sqrt{x^2+y^2+z^2}}$ 在点 $M(1,2,-2)$ 处沿 $x=t,y=2t^2,z=-2t^4$ 的切线方向上的方向导数.

分析 根据已知条件求出方向向量、方向余弦、在点 $M(1,2,-2)$ 处的偏导数等信息,再代入公式(2.30)求解.

解 可以求得

$$\frac{\partial u}{\partial x}=\frac{y^2+z^2}{(x^2+y^2+z^2)^{\frac{3}{2}}},\quad \frac{\partial u}{\partial y}=\frac{-xy}{(x^2+y^2+z^2)^{\frac{3}{2}}},\quad \frac{\partial u}{\partial z}=\frac{-xz}{(x^2+y^2+z^2)^{\frac{3}{2}}},$$

在点 $M(1,2,-2)$ 处有

$$\left.\frac{\partial u}{\partial x}\right|_{(1,2,-2)}=\frac{8}{27},\quad \left.\frac{\partial u}{\partial y}\right|_{(1,2,-2)}=-\frac{2}{27},\quad \left.\frac{\partial u}{\partial z}\right|_{(1,2,-2)}=\frac{2}{27}.$$

不难求得,曲线 $x=t,y=2t^2,z=-2t^4$ 在点 $M(1,2,-2)$ 处的切线的方向向量为 $\boldsymbol{l}=(1,4,-8)$.故

$$|\boldsymbol{l}|=\sqrt{1^2+4^2+(-8)^2}=9,\quad 其单位向量为\ \boldsymbol{e}=\left(\frac{1}{9},\frac{4}{9},-\frac{8}{9}\right).$$

由此可得,$\cos\alpha=\frac{1}{9},\cos\beta=\frac{4}{9},\cos\gamma=-\frac{8}{9}$.所以有

$$\left.\frac{\partial z}{\partial l}\right|_{(1,2,-2)}=\left.\frac{\partial u}{\partial x}\right|_{(1,2,-2)}\cos\alpha+\left.\frac{\partial u}{\partial y}\right|_{(1,2,-2)}\cos\beta+\left.\frac{\partial u}{\partial z}\right|_{(1,2,-2)}\cos\gamma$$
$$=\frac{8}{27}\times\frac{1}{9}-\frac{2}{27}\times\frac{4}{9}+\frac{2}{27}\times\left(-\frac{8}{9}\right)=-\frac{16}{243}.$$

16. 要建造一个容积为10立方米的无盖长方体蓄水池，底面材料单价每平方米20元，侧面材料单价每平方米8元. 问应如何设计尺寸，使得材料造价最省？

分析 该问题属于条件极值问题，利用拉格朗日乘数法求解. 目标函数为总的材料的造价，约束条件为长方体的体积.

解 设长方体的长、宽、高分别为 x,y,z. 因此要解决的问题就是在约束条件 $xyz=10$ 下求目标函数 $S=20xy+8(2xz+2yz)$ 的最小值.

引入拉格朗日函数

$$L(x,y,z,\lambda)=20xy+8(2xz+2yz)+\lambda(xyz-10),$$

其中 λ 为参数. 解方程组

$$\begin{cases}L_x=20y+16z+\lambda yz=0,\\ L_y=20x+16z+\lambda xz=0,\\ L_z=16x+16y+\lambda xy=0,\\ xyz=10.\end{cases}$$

得到唯一可能的极值点为 $x=y=2,z=\frac{5}{2}$.

由问题本身意义知，材料造价最省的方案一定存在，故此点就是所求最小值点，即当 $x=y=2,z=\frac{5}{2}$ 时无盖长方体蓄水池的用料造价最省，最省造价为

$$S=20xy+8(2xz+2yz)\Big|_{\left(2,2,\frac{5}{2}\right)}=240.$$

1. 求下列极限：

(1) $\lim\limits_{\substack{x\to0\\y\to0}}\frac{x^2y^2}{x+y}$； (2) $\lim\limits_{\substack{x\to0\\y\to0}}(x^2+y^2)^{x^2y^2}$.

2. 设函数 $f(u,v)$ 具有二阶连续偏导数，$y=f(\mathrm{e}^x,\cos x)$，求 $\left.\frac{\mathrm{d}y}{\mathrm{d}x}\right|_{x=0}$ 和 $\left.\frac{\mathrm{d}^2y}{\mathrm{d}x^2}\right|_{x=0}$.

3. 设函数 $f(u,v)$ 满足 $f(x+y,y/x)=x^2-y^2$，求 $\left.\frac{\partial f}{\partial u}\right|_{u=1,v=1}$，$\left.\frac{\partial f}{\partial v}\right|_{u=1,v=1}$.

4. 已知 $f(x,y)=\frac{\mathrm{e}^y}{x-y}$，证明：$f_x+f_y=f$.

5. 已知 $z=F[x+\varphi(x-y),y]$，其中 F,φ 为二阶可微函数，求 $\frac{\partial^2z}{\partial x\partial y}$.

6. 设 $z=f[x+\varphi(y)]$，其中 φ 可微，f 二次可微，证明：$\frac{\partial z}{\partial x}\frac{\partial^2z}{\partial x\partial y}=\frac{\partial z}{\partial y}\frac{\partial^2z}{\partial x^2}$.

7. 设 $u=f(x,y,z)$ 有二阶连续偏导数，且 $z=x^2\sin t,t=\ln(x+y)$，求 $\frac{\partial u}{\partial x},\frac{\partial^2u}{\partial x\partial y}$.

8. 设函数 $f(u,v)$ 可微，$z=z(x,y)$ 由方程 $(x+1)z-y^2=x^2f(x-z,y)$ 确定，求 $\mathrm{d}z|_{(0,1)}$.

9. 判断函数 $f(x,y)=\sqrt{|xy|}$ 在点 $(0,0)$ 处的可微性.

10. 设函数 $f(x,y)=|x-y|\varphi(x,y)$，其中 $\varphi(x,y)$ 在点 $(0,0)$ 的邻域内连续. 当 $\varphi(x,y)$ 满足什么条件时，(1) $f_x(0,0),f_y(0,0)$ 均存在？(2) $f(x,y)$ 在 $(0,0)$ 处可微？

11. 设 $f(x,y)=\begin{cases} y\arctan\dfrac{1}{\sqrt{x^2+y^2}}, & (x,y)\neq(0,0), \\ 0, & (x,y)=(0,0). \end{cases}$ 试讨论函数 $f(x,y)$ 在点 $(0,0)$ 处的连续性、可偏导性与可微性。

12. 设有一小山，取它的底部所在平面为 xOy 坐标面，底部的区域为 $D=\{(x,y)\mid x^2+y^2-xy\leqslant 75\}$，小山的高度函数为 $h(x,y)=75-x^2-y^2+xy$. 请在山脚下寻找坡度最大的点作为攀登起点.

13. 已知函数 $f(x,y)=x+y+xy$，曲线 C：$x^2+y^2+xy=3$，求 $f(x,y)$ 在曲线 C 上的最大方向导数.

14. 求曲线 $x^3-xy+y^3=1(x>0,y>0)$ 上的点到坐标原点的最大距离和最小距离.

15. 已知函数 $z=z(x,y)$ 由方程 $(x^2+y^2)z+\ln z+2(x+y+1)=0$ 确定，求 $z=z(x,y)$ 的极值.

16. 在椭球面 $\dfrac{x^2}{25}+\dfrac{y^2}{9}+\dfrac{z^2}{4}=1$ 上位于第Ⅰ卦限中的点 P 处做切平面，问如何选择点 P 的位置，使得切平面与三个坐标平面所围四面体的体积最小.

第3章 重积分

一、基本要求

1. 理解二重积分、三重积分的概念，了解并会应用重积分的性质.

2. 熟练掌握利用直角坐标和极坐标计算二重积分.

3. 会利用直角坐标、柱面坐标、球面坐标计算三重积分.

4. 会利用重积分求立体体积、曲面面积、平面薄片和空间立体的质量、质心和转动惯量、平面薄片和空间立体对空间一质点的引力等几何与物理量.

二、知识网络图

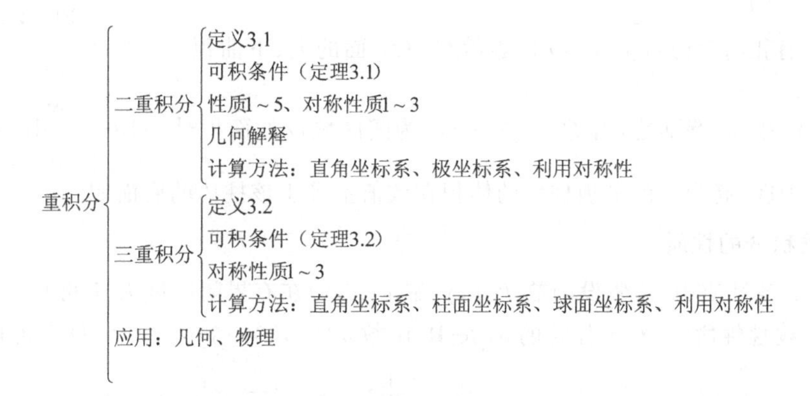

3.1 二重积分的概念与性质

一、知识要点

1. 二重积分的概念

定义 3.1 设 D 是可求面积的有界闭区域，函数 $f(x,y)$ 在 D 上有界. 首先将 D 用线网任意分割成 n 个小闭区域 $\Delta\sigma_i(i=1,2,\cdots,n)$，其中 $\Delta\sigma_i$ 也表示该小闭区域的面积；然后在每个小闭区域 $\Delta\sigma_i$ 上任取一点 (ξ_i,η_i)，作乘积 $f(\xi_i,\eta_i)\Delta\sigma_i$，再作和 $\sum\limits_{i=1}^{n} f(\xi_i,\eta_i)\Delta\sigma_i$. 如果 $\lim\limits_{\lambda\to 0}\sum\limits_{i=1}^{n} f(\xi_i,\eta_i)\Delta\sigma_i$ 存在(记作 J)，则称 $f(x,y)$ 在 D 上**可积**，称极限值 J 为 $f(x,y)$ 在 D 上的

二重积分，记作$\iint\limits_D f(x,y)\mathrm{d}\sigma$，即

$$\iint\limits_D f(x,y)\mathrm{d}\sigma = J = \lim_{\lambda\to 0}\sum_{i=1}^{n} f(\xi_i,\eta_i)\Delta\sigma_i. \tag{3.1}$$

符号说明：定义3.1中，$\lambda=\max\limits_{1\leqslant i\leqslant n}\{\lambda_i\}$，它表示各小闭区域的直径中的最大值$\lambda$；小区域$\Delta\sigma_i$的直径定义为$\Delta\sigma_i$中任意两点距离的最大值，记作$\lambda_i$. 在式(3.1)中，$f(x,y)$称为**被积函数**，$f(x,y)\mathrm{d}\sigma$称为**被积表达式**，$\mathrm{d}\sigma$称为**面积微元**，$D$称为**积分区域**，$\sum\limits_{i=1}^{n} f(\xi_i,\eta_i)\Delta\sigma_i$称为**积分和**.

定理3.1 当函数$f(x,y)$在有界闭区域D上连续时，二重积分$\iint\limits_D f(x,y)\mathrm{d}\sigma$必存在.

2. 二重积分的几何解释

对于放置在空间直角坐标系中的曲顶柱体，如图3.1所示，它的顶为曲面$z=f(x,y)$，$(x,y)\in D$，底为xOy坐标面上区域D，侧面为以D的边界曲线为准线、母线平行于z轴的柱面. 二重积分的几何解释是：当被积函数$f(x,y)\geqslant 0$时，$\iint\limits_D f(x,y)\mathrm{d}\sigma$表示上述曲顶柱体的体积；当$f(x,y)\leqslant 0$时，$\iint\limits_D f(x,y)\mathrm{d}\sigma$表示曲顶柱体体积的负值；当$f(x,y)$在区域$D$上有正有负时，$\iint\limits_D f(x,y)\mathrm{d}\sigma$表示在$xOy$面的上、下曲顶柱体体积的代数和. 特别地，当$f(x,y)\equiv 1$，$\sigma$为闭区域$D$的面积时，$\iint\limits_D 1\mathrm{d}\sigma=\iint\limits_D \mathrm{d}\sigma=\sigma$. 该等式表示：以$D$为底、高为1的平顶柱体的体积在数值上等于该柱体的底面积.

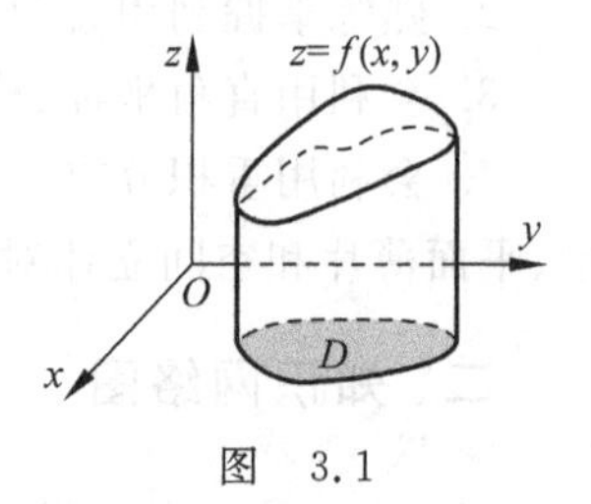

图 3.1

3. 二重积分的性质

在如下的各性质中，均假设函数$f(x,y)$和$g(x,y)$在有界闭区域D上可积.

性质1（线性性质） 对于任意的$\alpha,\beta\in\mathbf{R}$，函数$\alpha f(x,y)+\beta g(x,y)$在$D$上可积，且

$$\iint\limits_D [\alpha f(x,y)+\beta g(x,y)]\mathrm{d}\sigma = \alpha\iint\limits_D f(x,y)\mathrm{d}\sigma + \beta\iint\limits_D g(x,y)\mathrm{d}\sigma.$$

性质1的结论可推广到有限个可积函数的线性组合的积分，即$\forall k_1,k_2,\cdots,k_r\in\mathbf{R}$，有

$$\iint\limits_D [k_1 f_1(x,y)+k_2 f_2(x,y)+\cdots+k_r f_r(x,y)]\mathrm{d}\sigma$$

$$= k_1\iint\limits_D f_1(x,y)\mathrm{d}\sigma + k_2\iint\limits_D f_2(x,y)\mathrm{d}\sigma+\cdots+k_r\iint\limits_D f_r(x,y)\mathrm{d}\sigma.$$

性质2（积分区域的可加性） 如果D可被曲线分为两个没有公共内点的闭子区域D_1和D_2，则有

$$\iint\limits_D f(x,y)\mathrm{d}\sigma = \iint\limits_{D_1} f(x,y)\mathrm{d}\sigma + \iint\limits_{D_2} f(x,y)\mathrm{d}\sigma.$$

性质3（保序性质） 在D上，如果有$f(x,y)\leqslant g(x,y)$，则有

$$\iint_D f(x,y)\mathrm{d}\sigma \leqslant \iint_D g(x,y)\mathrm{d}\sigma.$$

特别地，如下的绝对值不等式成立：

$$\left|\iint_D f(x,y)\mathrm{d}\sigma\right| \leqslant \iint_D |f(x,y)|\mathrm{d}\sigma.$$

性质4（积分的估值定理） 设函数 $f(x,y)$ 在有界闭区域 D 上连续，M,m 分别为 $f(x,y)$ 在 D 上的最大值和最小值，σ 为 D 的面积，则有

$$m\sigma \leqslant \iint_D f(x,y)\mathrm{d}\sigma \leqslant M\sigma.$$

性质5（积分中值定理） 设函数 $f(x,y)$ 在有界闭区域 D 上连续，σ 为 D 的面积，则至少存在一点 $(\xi,\eta)\in D$，使得

$$\iint_D f(x,y)\mathrm{d}\sigma = f(\xi,\eta)\sigma.$$

4. 二重积分的对称性质

给定一个平面区域 D，$\forall(x,y)\in D$，若有 $(x,-y)\in D$，则称区域 D 关于 x 轴对称；若有 $(-x,y)\in D$，则称 D 关于 y 轴对称；若有 $(-x,-y)\in D$，则称 D 关于原点对称.

对称性1 如果积分区域 D 关于 x 轴对称，设 $D_1=\{(x,y)\mid(x,y)\in D,y\geqslant 0\}$，则

$$\iint_D f(x,y)\mathrm{d}\sigma = \begin{cases} 0, & f(x,-y)=-f(x,y); \\ 2\iint_{D_1} f(x,y)\mathrm{d}\sigma, & f(x,-y)=f(x,y). \end{cases}$$

对称性2 如果积分区域 D 关于 y 轴对称，设 $D_1=\{(x,y)\mid(x,y)\in D,x\geqslant 0\}$，则

$$\iint_D f(x,y)\mathrm{d}\sigma = \begin{cases} 0, & f(-x,y)=-f(x,y); \\ 2\iint_{D_1} f(x,y)\mathrm{d}\sigma, & f(-x,y)=f(x,y). \end{cases}$$

对称性3 如果积分区域 D 关于坐标原点对称，设 $D_1=\{(x,y)\mid(x,y)\in D,x\geqslant 0\}$，则

$$\iint_D f(x,y)\mathrm{d}\sigma = \begin{cases} 0, & f(-x,-y)=-f(x,y); \\ 2\iint_{D_1} f(x,y)\mathrm{d}\sigma, & f(-x,-y)=f(x,y). \end{cases}$$

二、疑难解析

1. 如何理解二重积分的定义，它与定积分的定义有何异同？

答 二重积分的定义与定积分的定义的过程类似，都需要历经“分割、近似、求和、极限”这四个步骤.下面对二重积分的定义进行分解说明，请读者与定积分的定义自行比较.

(1) 当 $\lim\limits_{\lambda\to 0}\sum\limits_{i=1}^{n} f(\xi_i,\eta_i)\Delta\sigma_i$ 存在时，式(3.1)的运算结果是一个数值，该数值仅与被积函数 $f(x,y)$ 及积分区域 D 有关，而与积分变量用哪些字母表示无关，即

$$\iint_D f(x,y)\mathrm{d}\sigma = \iint_D f(u,v)\mathrm{d}\sigma.$$

(2) 对有界闭区域 D 的分割是任意的(用直线网或用曲线网分割均可),点(ξ_i,η_i)在 $\Delta\sigma_i$ 上的取法也是任意的,只有这两个"任意"同时被满足,且$\lim\limits_{\lambda\to 0}\sum\limits_{i=1}^{n}f(\xi_i,\eta_i)\Delta\sigma_i$ 存在的前提下,才称其极限值 J 为函数 $f(x,y)$在 D 上的二重积分.

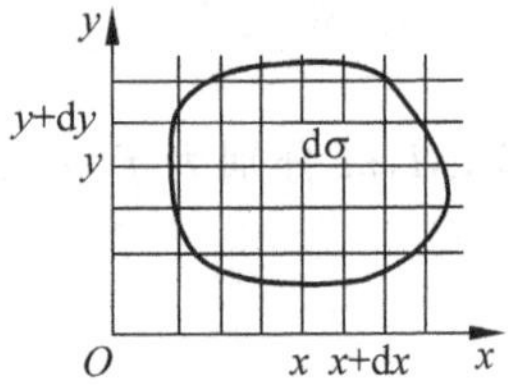

(3) 若已知函数 $f(x,y)$在有界闭区域 D 上可积,由二重积分的定义可知,对 D 进行任意形式的分割都不会改变最后的结果 J. 因此,为方便计算起见,常选用一些特殊的分割方法,如在直角坐标系中用平行于坐标轴的直线网分割区域 D,如图 3.2 所示,那么除一些包含边界的小闭区域外(并不影响最后的结果),其余的小闭区域都是矩形闭区域,面积为 $\Delta\sigma=\Delta x\Delta y$. 此时通常将面积微元 $d\sigma$ 记作 $dxdy$,将二重积分记作$\iint\limits_D f(x,y)dxdy$,其中,$dxdy$ 称为直角坐标系中的面积**微元**.

图 3.2

2. 试用二重积分表示$\lim\limits_{n\to\infty}\left(\dfrac{1}{n^2}\sum\limits_{i=1}^{n}\sum\limits_{j=1}^{n}e^{\frac{i^2+j^2}{n^2}}\right)$.

答 在极限表达式中,$\dfrac{1}{n^2}$可以认为是面积元素 $\Delta\sigma=\Delta x_i\Delta y_i=\dfrac{1}{n}\dfrac{1}{n}$,而 $e^{\frac{i^2+j^2}{n^2}}$ 是函数 $e^{x^2+y^2}$ 在点$\left(\dfrac{i}{n},\dfrac{j}{n}\right)$的取值,根据二重积分的定义可知

$$\lim_{n\to\infty}\left(\frac{1}{n^2}\sum_{i=1}^{n}\sum_{j=1}^{n}e^{\frac{i^2+j^2}{n^2}}\right)=\iint\limits_D e^{x^2+y^2}d\sigma,$$

其中 $D=\{(x,y)\mid 0\leqslant x\leqslant 1,0\leqslant y\leqslant 1\}$.

3. 利用二重积分的对称性质简化计算,需要考虑哪些因素?

答 (i)对于形式较为简单的二重积分,首先考察被积函数关于各个自变量是否存在奇偶性;然后考察积分区域关于各个坐标轴或坐标原点是否存在对称性. (ii)对于形式较为复杂的二重积分,可以利用二重积分的性质(如线性性质、积分区域的可加性)对其进行必要的化简,可对被积函数进行拆分,也可对积分区域重新划分使其具有相应的对称性. 参见课后习题 A6 和 B5.

三、经典题型详解

题型 1 利用二重积分的几何意义确定积分的值

例 3.1 计算$\iint\limits_D(R-\sqrt{x^2+y^2})d\sigma$,其中 $D=\{(x,y)\mid x^2+y^2\leqslant R^2\}$.

分析 根据被积函数和积分区域的特点,利用二重积分的几何意义计算.

解 下半圆锥面 $z=R-\sqrt{x^2+y^2}$ 与 xOy 给出的曲顶柱体如图 3.3 所示. 易见,该曲顶柱体的顶是下半圆锥面 $z=R-\sqrt{x^2+y^2}$,底为圆盘 $x^2+y^2\leqslant R^2$. 故该积分等于底面半径及高均为 R 的圆锥体的体积,所以

$$\iint\limits_D(R-\sqrt{x^2+y^2})d\sigma=\frac{1}{3}\pi R^3.$$

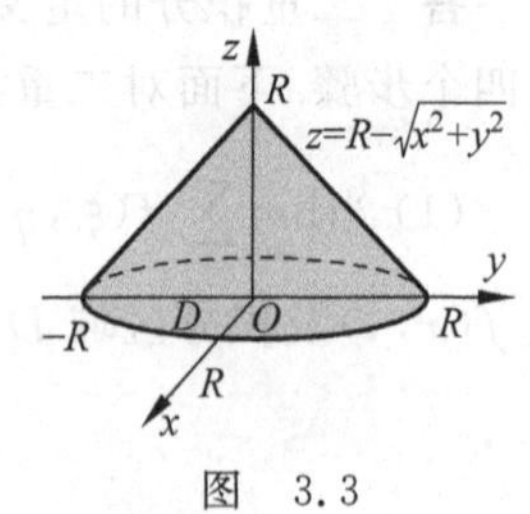

图 3.3

题型2 利用二重积分的性质求解问题

例3.2 判断$\iint\limits_D \sqrt[3]{1-x^2-y^2}\,\mathrm{d}\sigma$的符号，其中$D=\{(x,y)\mid x^2+y^2\leqslant 4\}$.

分析 根据被积函数和积分区域的特点，利用积分区域的可加性可将积分区域分割为3个子区域，然后利用二重积分的性质2(积分区域的可加性)和性质3(保序性质)分区域进行讨论.

解 将积分区域分割为3个子区域，则有

$$
\begin{aligned}
&\iint\limits_D \sqrt[3]{1-x^2-y^2}\,\mathrm{d}\sigma \\
&= \iint\limits_{x^2+y^2\leqslant 1} \sqrt[3]{1-x^2-y^2}\,\mathrm{d}\sigma + \iint\limits_{1\leqslant x^2+y^2\leqslant 3} \sqrt[3]{1-x^2-y^2}\,\mathrm{d}\sigma + \iint\limits_{3\leqslant x^2+y^2\leqslant 4} \sqrt[3]{1-x^2-y^2}\,\mathrm{d}\sigma \\
&\leqslant \iint\limits_{x^2+y^2\leqslant 1} \sqrt[3]{1-0}\,\mathrm{d}\sigma + \iint\limits_{1\leqslant x^2+y^2\leqslant 3} \sqrt[3]{1-1}\,\mathrm{d}\sigma + \iint\limits_{3\leqslant x^2+y^2\leqslant 4} \sqrt[3]{1-3}\,\mathrm{d}\sigma \\
&= \pi + (-\sqrt[3]{2})(4\pi-3\pi) = \pi(1-\sqrt[3]{2}) < 0.
\end{aligned}
$$

例3.3 估计$\iint\limits_D \mathrm{e}^{x^2+y^2}\,\mathrm{d}\sigma$的值，其中$D=\left\{(x,y)\mid \dfrac{x^2}{a^2}+\dfrac{y^2}{b^2}\leqslant 1, 0<b<a\right\}$.

分析 根据积分区域估计被积函数的范围，再利用二重积分的性质4(估值定理)估计.

解 椭圆区域D的图形如图3.4所示. 易见，椭圆区域D的面积为$\sigma=\pi ab$. 在D上，因为$0\leqslant x^2+y^2\leqslant a^2$，根据二重积分的估值定理，有$1=\mathrm{e}^0\leqslant \mathrm{e}^{x^2+y^2}\leqslant \mathrm{e}^{a^2}$，故$\sigma\leqslant\iint\limits_D \mathrm{e}^{x^2+y^2}\,\mathrm{d}\sigma\leqslant\sigma\mathrm{e}^{a^2}$，即

$$\pi ab\leqslant\iint\limits_D \mathrm{e}^{x^2+y^2}\,\mathrm{d}\sigma\leqslant\pi ab\,\mathrm{e}^{a^2}.$$

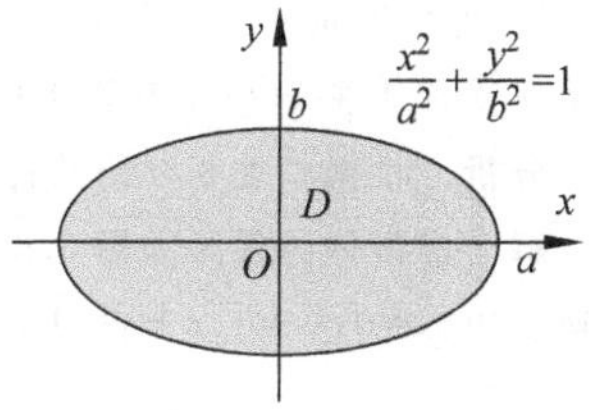

图 3.4

题型3 利用对称性计算二重积分

例3.4 利用二重积分的对称性质化简：

(1) $\iint\limits_D (2xf(x^2y)+3)\,\mathrm{d}\sigma$，其中$D=\{(x,y)\mid 4x^2+y^2\leqslant 4\}$；

(2) $\iint\limits_D (2x+1)\,\mathrm{d}\sigma$，其中$D=\{(x,y)\mid -1\leqslant x\leqslant 1, -3\leqslant y\leqslant 3\}$.

分析 根据积分区域的对称性和被积函数的奇偶性化简.

解 (1) 令$g(x,y)=2xf(x^2y)$. 积分区域D的图形如图3.5(a)所示. 易见，D关于y轴对称，由于被积函数满足$g(-x,y)=-g(x,y)$，故有$\iint\limits_D 2xf(x^2y)\,\mathrm{d}x\mathrm{d}y=0$. 因此，

$$\iint\limits_D (2xf(x^2y)+3)\,\mathrm{d}\sigma = 3\iint\limits_D \mathrm{d}\sigma = 6\pi.$$

(2) 积分区域D的图形如图3.5(b)所示. 易见积分域D关于y轴对称，且被积函数

$f(x,y)=2x$ 关于 x 是奇函数，故 $\iint\limits_D 2x\mathrm{d}\sigma=0$. 又因为 $\iint\limits_D \mathrm{d}\sigma=2\times 6=12$，于是

$$\iint\limits_D (2x+1)\mathrm{d}\sigma=\iint\limits_D 2x\mathrm{d}\sigma+\iint\limits_D \mathrm{d}\sigma=0+12=12.$$

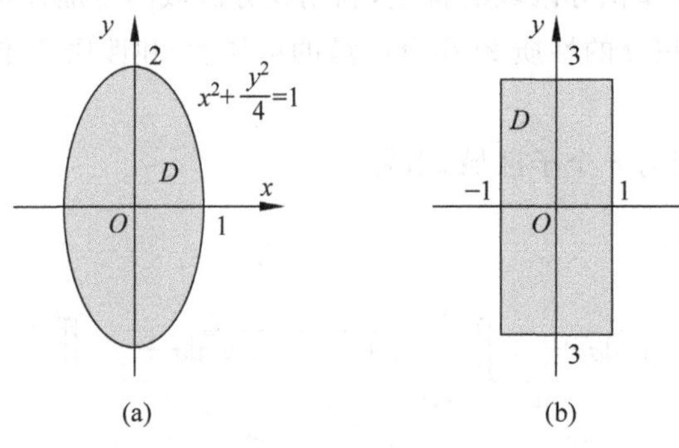

图 3.5

四、课后习题选解(习题3.1)

1. 用二重积分表示由平面 $x+y+z=1, x=0, y=0, z=0$ 所围成的四面体的体积 V，并用不等式(组)表示曲顶柱体在 xOy 坐标面上的底.

分析 根据二重积分的几何意义表示.

解 四面体的图形如图3.6所示. 易见，该四面体可以看作是以平面 $z=1-x-y$ 为顶，底面是 xOy 坐标面上由 $x=0, y=0, x+y=1$ 围成的三角形. 根据二重积分的几何意义，有

$$V=\iint\limits_D (1-x-y)\mathrm{d}x\mathrm{d}y.$$

因为 $x+y+z=1$ 与 xOy 面的交线为 $x+y=1$，所以此曲顶柱体在 xOy 面上的底为

$$D=\{(x,y)\mid 0\leqslant y\leqslant 1-x, 0\leqslant x\leqslant 1\}.$$

2. 利用二重积分的几何意义，计算 $\iint\limits_D \sqrt{4-x^2-y^2}\mathrm{d}\sigma$，其中 $D=\{(x,y)\mid x^2+y^2\leqslant 4\}$.

解 如图3.7所示，根据二重积分的几何意义，$\iint\limits_D \sqrt{4-x^2-y^2}\mathrm{d}\sigma$ 等于球心在原点，半径为2的上半球体的体积，即

$$\iint\limits_D \sqrt{4-x^2-y^2}\mathrm{d}\sigma=\frac{1}{2}\times\frac{4}{3}\times 8\pi=\frac{16\pi}{3}.$$

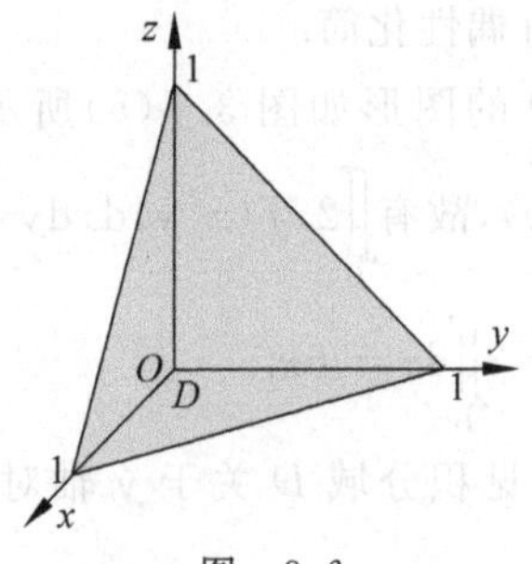

图 3.6

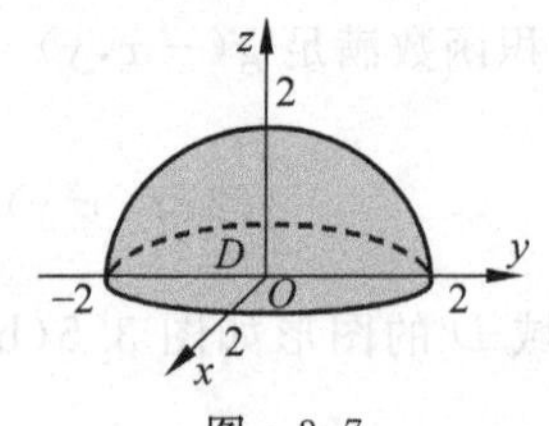

图 3.7

3. 判断 $\iint\limits_{r\leqslant|x|+|y|\leqslant1}\ln(x^2+y^2)\mathrm{d}\sigma(0<r<1)$ 的符号.

分析 参考经典题型详解中的例 3.2 的方法.

解 不难验证,当 $r\leqslant|x|+|y|\leqslant1$ 时,有 $0<x^2+y^2\leqslant(|x|+|y|)^2\leqslant1$,故

$$\ln(x^2+y^2)\leqslant0.$$

根据二重积分的性质 3,有

$$\iint\limits_{r\leqslant|x|+|y|\leqslant1}\ln(x^2+y^2)\mathrm{d}x\mathrm{d}y\leqslant0.$$

4. 比较 $\iint\limits_D(x+y)^2\mathrm{d}\sigma$ 与 $\iint\limits_D(x+y)\mathrm{d}\sigma$ 的大小,其中

$$D=\{(x,y)\mid(x-3)^2+(y-4)^2\leqslant1\}.$$

分析 利用二重积分的性质 3(保序性质)比较.

解 如图 3.8 所示,不难验证,当 $(x,y)\in D$ 时,有 $x+y>1$,$(x+y)<(x+y)^2$,根据二重积分的保序性质,有

$$\iint\limits_D(x+y)\mathrm{d}\sigma<\iint\limits_D(x+y)^2\mathrm{d}\sigma.$$

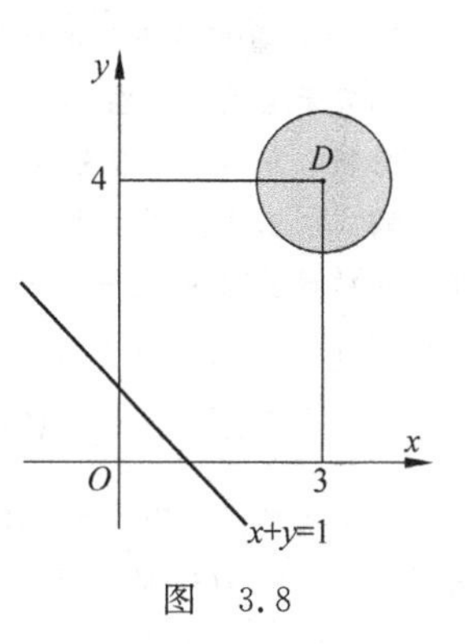

图 3.8

5. 估计 $\iint\limits_D\dfrac{\mathrm{d}\sigma}{\sqrt{x^2+y^2+2xy+16}}$ 的值,其中 $D=\{(x,y)\mid0\leqslant x\leqslant1,0\leqslant y\leqslant3\}$.

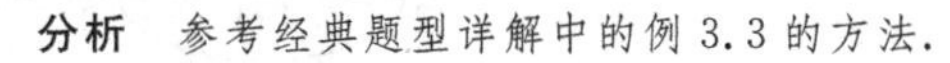

分析 参考经典题型详解中的例 3.3 的方法.

解 易见,由于 $0\leqslant x+y\leqslant4$,不难验证

$$\frac{1}{4\sqrt{2}}\leqslant\frac{1}{\sqrt{x^2+y^2+2xy+16}}=\frac{1}{\sqrt{(x+y)^2+16}}\leqslant\frac{1}{4}.$$

根据二重积分的估值定理,有

$$\frac{3\sqrt{2}}{8}\leqslant\iint\limits_D\frac{\mathrm{d}\sigma}{\sqrt{x^2+y^2+2xy+16}}\leqslant\frac{3}{4}.$$

6. 利用二重积分的对称性质化简:

(1) $\iint\limits_D f(x^2y)(1+2x)\mathrm{d}\sigma$,其中 D 由曲线 $y=3x^2$ 与 $y=2$ 所围成;

(2) $\iint\limits_D(5y+1)\mathrm{d}\sigma$,其中 $D=\{(x,y)\mid x^2+y^2\leqslant9\}$.

分析 参考经典题型详解中的例 3.4 的方法.

解 (1) 令 $g(x,y)=2xf(x^2y)$. 积分区域 D 的图形如图 3.9(a)所示. 易见,D 关于 y 轴对称,由于被积函数满足 $g(-x,y)=-g(x,y)$,故有 $\iint\limits_D 2xf(x^2y)\mathrm{d}x\mathrm{d}y=0$. 因此,$\iint\limits_D f(x^2y)(1+2x)\mathrm{d}\sigma=\iint\limits_D f(x^2y)\mathrm{d}\sigma$.

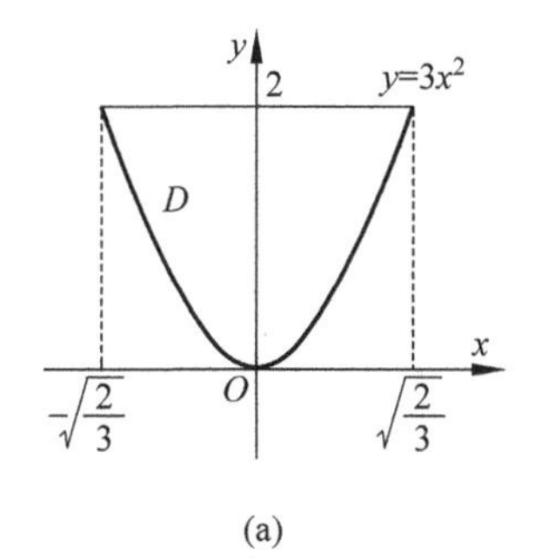

(a)

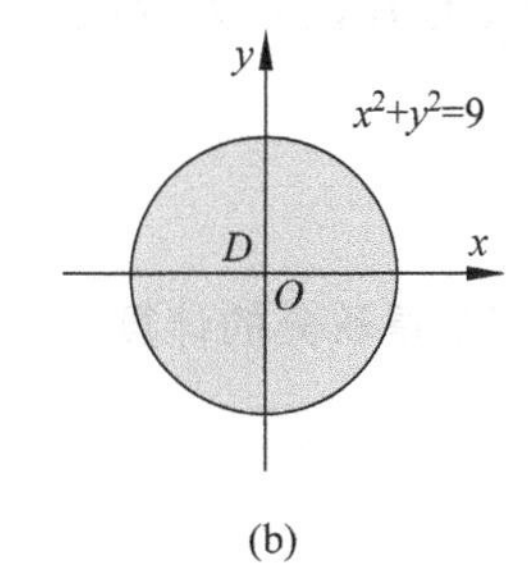

(b)

图 3.9

(2) 积分区域 D 的图形如图 3.9(b)所示. 易见积分域 D 关于 x 轴对称，且被积函数 $f(x,y)=5y$ 关于 y 是奇函数，故 $\iint\limits_D 5y\mathrm{d}\sigma=0$. 又因为

$$\iint\limits_D \mathrm{d}\sigma=\pi\times 3^2=9\pi,$$

于是

$$\iint\limits_D (5y+1)\mathrm{d}\sigma=\iint\limits_D 5y\mathrm{d}\sigma+\iint\limits_D 1\mathrm{d}\sigma=0+9\pi=9\pi.$$

1. 用二重积分表示由旋转抛物面 $z=4-(x^2+y^2)$ 及平面 $z=0$ 所围成的曲顶柱体 V 的体积，并用不等式(组)表示曲顶柱体在 xOy 坐标面上的底.

分析 利用二重积分的几何意义.

解 所围成曲顶柱体的图形如图 3.10 所示. 易见，该曲顶柱体可以看作是以旋转抛物面 $z=4-(x^2+y^2)$ 为顶，底面在 xOy 面上由圆 $x^2+y^2=4$ 围成的圆形区域. 根据二重积分的几何意义，有

$$V=\iint\limits_D (4-x^2-y^2)\mathrm{d}\sigma.$$

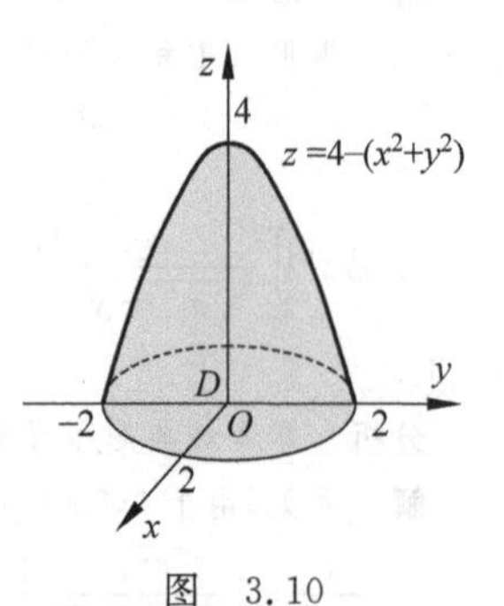

图 3.10

因为旋转抛物面 $z=4-(x^2+y^2)$ 与 xOy 面的交线为圆 $x^2+y^2=4$，则此旋转抛物面在 xOy 坐标面上的底为区域 $D=\{(x,y)\mid x^2+y^2\leqslant 4\}$.

2. 利用二重积分的性质估计下列积分值的范围：

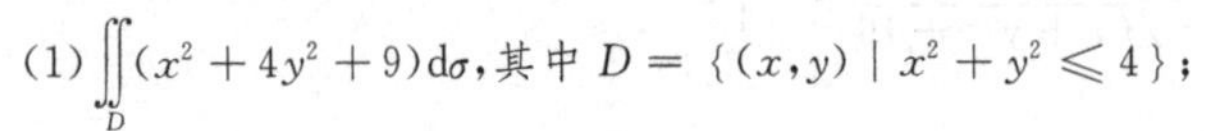

(1) $\iint\limits_D (x^2+4y^2+9)\mathrm{d}\sigma$，其中 $D=\{(x,y)\mid x^2+y^2\leqslant 4\}$；

(2) $\iint\limits_D (x+y+10)\mathrm{d}\sigma$，其中 $D=\{(x,y)\mid x^2+y^2\leqslant 4\}$.

分析 参考经典题型详解中的例 3.3 的方法.

解 (1) 易见，积分区域圆的面积为 4π. 因为 $(x,y)\in D$ 时，$9\leqslant x^2+4y^2+9\leqslant 25$. 故

$$36\pi\leqslant\iint\limits_D (x^2+4y^2+9)\mathrm{d}\sigma\leqslant 100\pi.$$

(2) 先求 $f(x,y)=x+y+10$ 在区域 D 上的最值，该问题属于极值问题. 经过计算可得，$f_{\min}=10-2\sqrt{2}$，$f_{\max}=10+2\sqrt{2}$. 故

$$8\pi(5-\sqrt{2})\leqslant\iint\limits_D (x+y+10)\mathrm{d}\sigma\leqslant 8\pi(5+\sqrt{2}).$$

3.2 二重积分的计算方法

一、知识要点

1. 直角坐标系下二重积分的计算

(1) 区域划分

类型一 X 型区域

区域的特点：如图 3.11(a)，(b)所示，用垂直于 x 轴直线($a<x<b$)穿过 D 的内部时，

这些直线与 D 的边界最多有两个交点.

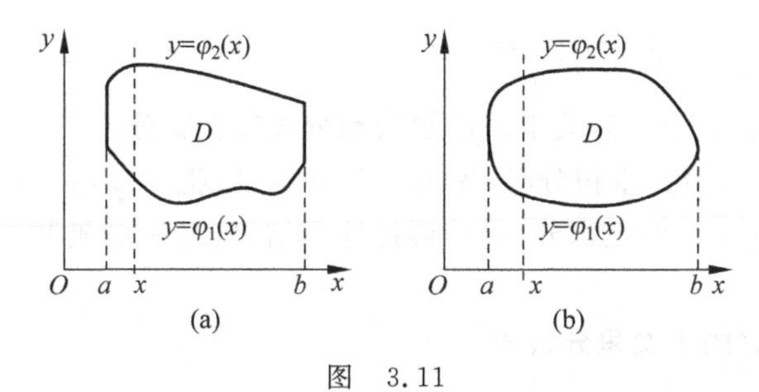

图 3.11

表示形式：$D=\{(x,y)\mid a\leqslant x\leqslant b,\varphi_1(x)\leqslant y\leqslant\varphi_2(x)\}$，其中函数 $\varphi_1(x),\varphi_2(x)$ 分别在 $[a,b]$ 上连续.

类型二 Y 型区域

区域的特点：如图 3.12(a)，(b)所示，用垂直于 y 轴直线($c<y<d$)穿过 D 的内部时，这些直线与 D 的边界最多有两个交点.

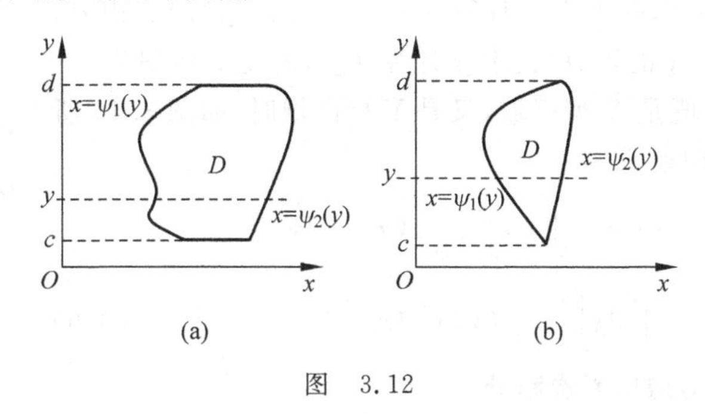

图 3.12

表示形式：$D=\{(x,y)\mid c\leqslant y\leqslant d,\psi_1(y)\leqslant x\leqslant\psi_2(y)\}$，其中函数 $\psi_1(y),\psi_2(y)$ 分别在 $[c,d]$ 上连续.

X 型区域和 Y 型区域统称为**简单区域**. 还有一类有界闭区域，它既不是 X 型区域，又不是 Y 型区域，称之为**混合型区域**.

类型三 混合型区域

区域的特点：如图 3.13 所示，用垂直于 x 轴和 y 轴直线穿过 D 的内部时，除了相交为线段的情形外，存在直线与 D 的边界的交点多于两个.

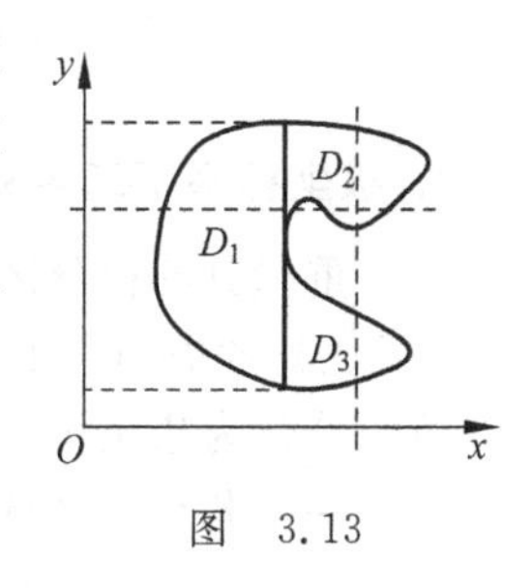

图 3.13

对于混合型区域，可以用一条或几条辅助线将其分割为若干个小区域，使得这些小区域为简单区域，即或是 X 型区域，或是 Y 型区域. 例如，如图 3.13 所示的区域，可用一条辅助线将区域 D 分割为三个区域.

(2) 累次积分法

类型一 X 型区域的累次积分公式

$$\iint_D f(x,y)\mathrm{d}\sigma=\int_a^b\left[\int_{\varphi_1(x)}^{\varphi_2(x)}f(x,y)\mathrm{d}y\right]\mathrm{d}x,\tag{3.2}$$

或写成

$$\iint_D f(x,y)\mathrm{d}\sigma=\int_a^b \mathrm{d}x\int_{\varphi_1(x)}^{\varphi_2(x)} f(x,y)\mathrm{d}y. \tag{3.3}$$

上式右端的积分称为先关于 y 后关于 x 的**累次积分或二次积分**.

在利用公式(3.2)计算二重积分时,先把 x 看作常数,把 $f(x,y)$ 只看作 y 的函数,并关于 y 计算从 $\varphi_1(x)$ 到 $\varphi_2(x)$ 的定积分;然后再把计算结果(是 x 的函数)关于 x 计算在 $[a,b]$ 上的定积分.

类型二　*Y* 型区域的累次积分公式

$$\iint_D f(x,y)\mathrm{d}\sigma=\int_c^d\left[\int_{\psi_1(y)}^{\psi_2(y)} f(x,y)\mathrm{d}x\right]\mathrm{d}y, \tag{3.4}$$

或写成

$$\iint_D f(x,y)\mathrm{d}\sigma=\int_c^d \mathrm{d}y\int_{\psi_1(y)}^{\psi_2(y)} f(x,y)\mathrm{d}x. \tag{3.5}$$

类似地,在利用公式(3.4)计算二重积分时,先把 y 看作常数,把 $f(x,y)$ 只看作 x 的函数,并关于 x 计算从 $\psi_1(y)$ 到 $\psi_2(y)$ 的定积分;然后再把计算结果(是 y 的函数)关于 y 计算在 $[c,d]$ 上的定积分.

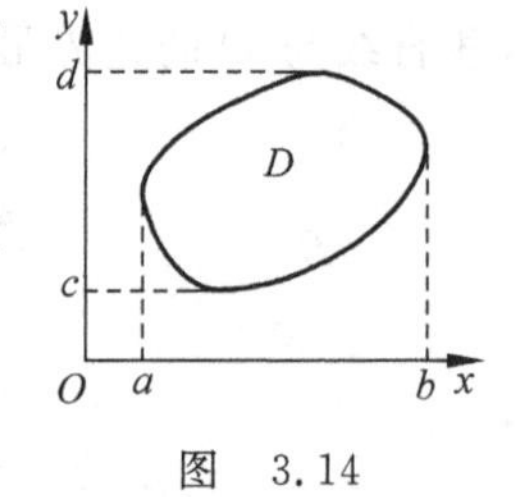

图　3.14

如果积分区域 D 既是 X 型区域,又是 Y 型区域时,如图 3.14 所示,则两个累次积分相同,即

$$\iint_D f(x,y)\mathrm{d}\sigma=\int_a^b \mathrm{d}x\int_{\varphi_1(x)}^{\varphi_2(x)} f(x,y)\mathrm{d}y=\int_c^d \mathrm{d}y\int_{\psi_1(y)}^{\psi_2(y)} f(x,y)\mathrm{d}x. \tag{3.6}$$

类型三　混合型区域的累次积分

当二重积分的积分区域 D 是混合型区域时,为计算二重积分的需要,可用平行于坐标轴的直线将 D 分割成几个部分,使每一部分区域或为 X 型区域,或为 Y 型区域,进而将它们化为累次积分,最后利用二重积分区域的可加性,将这些小区域上的二重积分数值相加,可得在区域 D 上的二重积分.例如,若 $D=D_1\cup D_2\cup D_3$,且 D_1,D_2,D_3 无公共内点,如图 3.13 所示,则有

$$\iint_D f(x,y)\mathrm{d}\sigma=\iint_{D_1} f(x,y)\mathrm{d}\sigma+\iint_{D_2} f(x,y)\mathrm{d}\sigma+\iint_{D_3} f(x,y)\mathrm{d}\sigma. \tag{3.7}$$

2. 极坐标系下二重积分的计算

当二重积分的积分区域 D 为圆域、扇形域或圆环域,且被积函数表达式含有因子 x^2+y^2 时,可优先考虑用极坐标计算该二重积分.进一步地,可根据如下三种类型的积分区域先将二重积分化为累次积分,再进行计算.

类型一　若积分区域 D 不包含原点,如图 3.15(a),(b)所示,设 D 可表示为

$$D=\{(r,\theta)\mid r_1(\theta)\leqslant r\leqslant r_2(\theta),\alpha\leqslant\theta\leqslant\beta\},$$

于是

$$\iint_D f(x,y)\mathrm{d}\sigma=\iint_D f(r\cos\theta,r\sin\theta)r\mathrm{d}r\mathrm{d}\theta=\int_\alpha^\beta \mathrm{d}\theta\int_{r_1(\theta)}^{r_2(\theta)} f(r\cos\theta,r\sin\theta)r\mathrm{d}r. \tag{3.8}$$

类型二　若积分区域 D 通过原点,如图 3.16 所示,设 D 可表示为

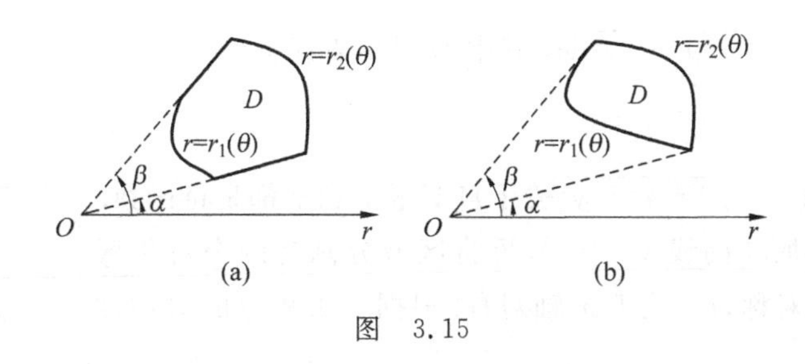

图 3.15

$$D=\{(r,\theta)\mid 0\leqslant r\leqslant r(\theta),\alpha\leqslant\theta\leqslant\beta\},$$

于是

$$\iint_D f(x,y)\mathrm{d}\sigma=\iint_D f(r\cos\theta,r\sin\theta)r\mathrm{d}r\mathrm{d}\theta=\int_\alpha^\beta\mathrm{d}\theta\int_0^{r(\theta)}f(r\cos\theta,r\sin\theta)r\mathrm{d}r.\qquad(3.9)$$

类型三 若积分区域 D 包含原点,如图 3.17 所示,设 D 可表示为

$$D=\{(r,\theta)\mid 0\leqslant r\leqslant r(\theta),0\leqslant\theta\leqslant 2\pi\},$$

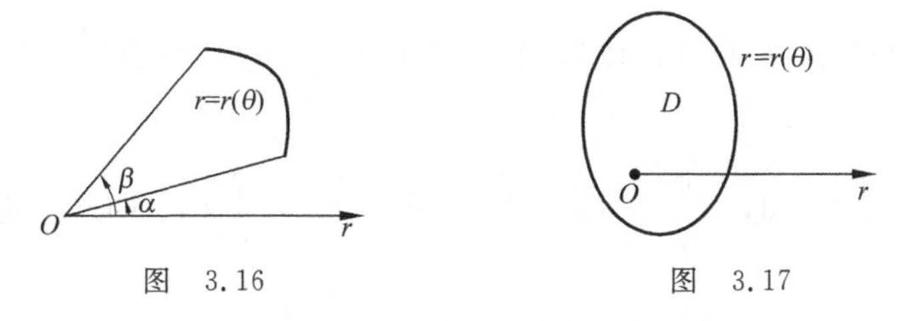

图 3.16　　图 3.17

于是

$$\iint_D f(x,y)\mathrm{d}\sigma=\iint_D f(r\cos\theta,r\sin\theta)r\mathrm{d}r\mathrm{d}\theta=\int_0^{2\pi}\mathrm{d}\theta\int_0^{r(\theta)}f(r\cos\theta,r\sin\theta)r\mathrm{d}r.\qquad(3.10)$$

在公式(3.8)～公式(3.10)中,在将二重积分的变量从直角坐标变换为极坐标时,首先是被积函数中的 x,y 分别换成 $r\cos\theta,r\sin\theta$,然后是直角坐标系中的面积微元 $\mathrm{d}\sigma$ 换成极坐标系中的面积微元 $r\mathrm{d}r\mathrm{d}\theta$. 在计算时要特别注意面积微元 $r\mathrm{d}r\mathrm{d}\theta$ 中的 r,经常被初学者遗漏.

二、疑难解析

1. 将二重积分化为累次积分的基本步骤和策略是什么?

答 (1)画出积分区域的图形,判断积分区域的类型;(2)根据被积函数的特点和积分区域的类型选择积分变量的顺序,并将积分区域表示为相应类型的集合;(3)确定积分限,进而将二重积分化为累次积分;(4)按定积分的计算方法计算累次积分.

特别地,在计算累次积分时,例如在计算 $\int_a^b\mathrm{d}x\int_{\varphi_1(x)}^{\varphi_2(x)}f(x,y)\mathrm{d}y$ 时,先把 x 看作常数,把 $f(x,y)$ 只看作 y 的函数,并关于 y 计算从 $\varphi_1(x)$ 到 $\varphi_2(x)$ 的定积分;然后再把计算结果(是 x 的函数)关于 x 计算在 $[a,b]$ 上的定积分.

2. 在利用对称性计算二重积分时,用坐标轴划分积分区域是否最为简单? 若不是,举例说明.

答 不是. 需要观察被积函数和积分区域的特点,根据需要划分区域.

例如，计算$\iint\limits_D xy\sqrt{1+x^2-y^2}\mathrm{d}\sigma$，其中$D$是由直线$x=-1$，$y=1$及$y=x$所围成的闭区域，如图3.18所示.

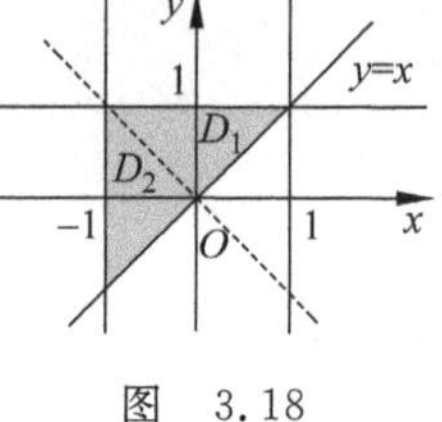

图 3.18

易见，被积函数$xy\sqrt{1+x^2-y^2}$关于自变量x和y都是奇函数.若对积分区域D添加辅助线$y=-x$，可将区域分割为两个对称区域，即D_1关于y轴对称，D_2关于x轴对称.根据二重积分的对称性质1和2可知，

$$\iint\limits_D xy\sqrt{1+x^2-y^2}\mathrm{d}\sigma=\iint\limits_{D_1} xy\sqrt{1+x^2-y^2}\mathrm{d}\sigma+\iint\limits_{D_2} xy\sqrt{1+x^2-y^2}\mathrm{d}\sigma=0.$$

3. 对于给定的累次积分，为什么要对其交换积分次序，有必要吗？

答 在计算某些累次积分时，如果先进行积分的原函数不易求得或无法用初等函数表示，可以考虑交换积分次序，再进行计算.例如，$\int_0^1\mathrm{d}x\int_x^1\mathrm{e}^{\frac{1}{2}y^2}\mathrm{d}y$无法直接计算，但是交换积分次序后，有

$$\begin{aligned}\int_0^1\mathrm{d}x\int_x^1\mathrm{e}^{\frac{1}{2}y^2}\mathrm{d}y&=\iint\limits_D\mathrm{e}^{\frac{1}{2}y^2}\mathrm{d}\sigma=\int_0^1\mathrm{e}^{\frac{1}{2}y^2}\mathrm{d}y\int_0^y\mathrm{d}x=\int_0^1\mathrm{e}^{\frac{1}{2}y^2}\cdot(x)\Big|_0^y\mathrm{d}y\\&=\int_0^1 y\mathrm{e}^{\frac{1}{2}y^2}\mathrm{d}y=\int_0^1\mathrm{e}^{\frac{1}{2}y^2}\mathrm{d}\left(\frac{1}{2}y^2\right)=\mathrm{e}^{\frac{1}{2}}-1.\end{aligned}$$

4. 在什么条件下，利用极坐标计算二重积分较为方便？

答 有些二重积分虽然是以直角坐标的形式表示的，例如积分区域D为圆域、扇形域或圆环域，且被积函数表达式含有因子x^2+y^2时，用直角坐标计算会很麻烦，甚至无法计算，此时可优先考虑用极坐标计算该二重积分.

三、经典题型详解

题型1 利用直角坐标计算二重积分

例3.5 计算下列二重积分：

(1) $\iint\limits_D(x^3+3x^2y+y^3)\mathrm{d}\sigma$，其中$D=\{(x,y)\mid 0\leqslant x\leqslant 1,0\leqslant y\leqslant 1\}$；

(2) $\iint\limits_D xy\mathrm{d}\sigma$，其中$D$是由抛物线$y^2=x$及直线$y=x-2$围成的闭区域；

(3) $\iint\limits_D(xy+5)\mathrm{d}\sigma$，其中$D=\{(x,y)\mid 4x^2+y^2\leqslant 4\}$；

(4) $\iint\limits_D|y-x^2|\mathrm{d}\sigma$，其中$D=\{(x,y)\mid -1\leqslant x\leqslant 1,0\leqslant y\leqslant 1\}$.

分析 首先画出积分区域的图形，然后选择积分变量，再根据图形写出一组不等式，将二重积分化为二次积分.

解 (1) 积分区域D的图形如图3.19(a)所示.易见，D既是X型，也是Y型.根据积分

区域和被积函数的特点，选择先对哪个变量积分都可以.因此将 D 表示成 X 型区域，即

$$D_x=\{(x,y)\mid 0\leqslant x\leqslant 1,0\leqslant y\leqslant 1\}.$$

于是

$$\iint_D(x^3+3x^2y+y^3)\mathrm{d}\sigma=\int_0^1\mathrm{d}y\int_0^1(x^3+3x^2y+y^3)\mathrm{d}x=\int_0^1\left(\frac{1}{4}+y+y^3\right)\mathrm{d}y=1.$$

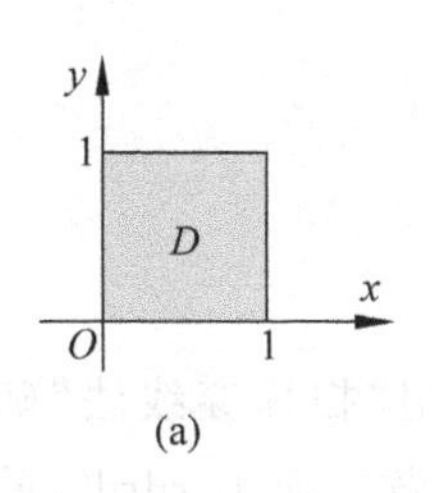

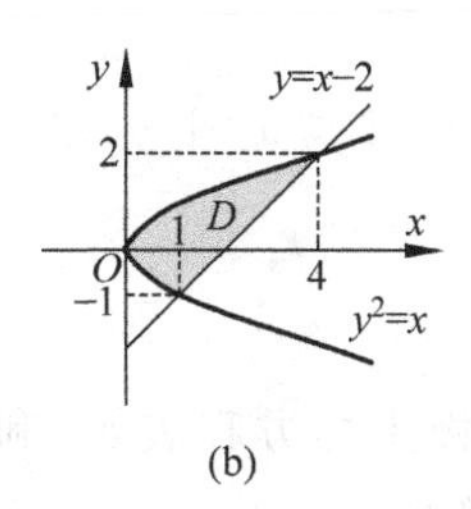

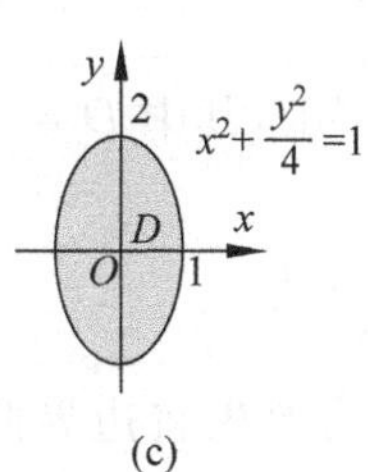

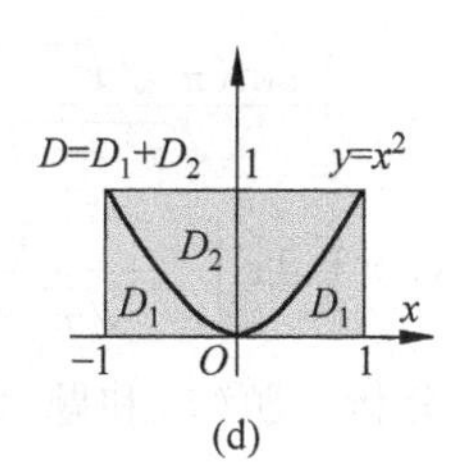

图 3.19

(2) 积分区域 D 的图形如图 3.19(b)所示，两条线的交点为(1，−1)和(4,2).易见，D 既是 X 型，也是 Y 型.根据积分区域的特点，若使用 X 型区域计算，则下边界需要由两个方程表示，而被积函数对积分顺序没有影响，因此选择先对 x 积分，再对 y 积分.因此将 D 表示成 Y 型区域，即

$$D_y=\{(x,y)\mid -1\leqslant y\leqslant 2,y^2\leqslant x\leqslant y+2\}.$$

于是

$$\begin{aligned}\iint_D xy\,\mathrm{d}\sigma&=\int_{-1}^2\mathrm{d}y\int_{y^2}^{y+2}xy\,\mathrm{d}x=\frac{1}{2}\int_{-1}^2 y\ (x^2)\Big|_{y^2}^{y+2}\mathrm{d}y\\&=\frac{1}{2}\int_{-1}^2 y[(y+2)^2-y^4]\mathrm{d}y=\frac{45}{8}.\end{aligned}$$

(3) 积分区域 D 的图形如图 3.19(c)所示.令 $g(x,y)=xy$.易见，积分域 D 关于 x 轴对称，且 $g(x,-y)=-g(x,y)$，故 $\iint\limits_D xy\,\mathrm{d}\sigma=0$. 于是

$$\iint_D(xy+5)\mathrm{d}\sigma=\iint_D xy\,\mathrm{d}\sigma+\iint_D 5\mathrm{d}\sigma=0+5\iint_D\mathrm{d}\sigma=5\times\pi\times 2\times 1=10\pi.$$

(4) 积分区域 D 的图形如图 3.19(d)所示.易见，D 既是 X 型，也是 Y 型.由于被积函数带有绝对值，无法直接积分，因此需要根据被积函数划分区域，即

$$D_x=D_1\cup D_2=\{(x,y)\mid -1\leqslant x\leqslant 1,0\leqslant y\leqslant x^2\}\cup\{(x,y)\mid -1\leqslant x\leqslant 1,x^2\leqslant y\leqslant 1\}.$$

于是

$$\begin{aligned}\iint_D|y-x^2|\mathrm{d}\sigma&=\iint_{D_1}(x^2-y)\mathrm{d}x\mathrm{d}y+\iint_{D_2}(y-x^2)\mathrm{d}x\mathrm{d}y\\&=\int_{-1}^1\mathrm{d}x\int_0^{x^2}(x^2-y)\mathrm{d}y+\int_{-1}^1\mathrm{d}x\int_{x^2}^1(y-x^2)\mathrm{d}y\\&=\int_{-1}^1\frac{1}{2}x^4\mathrm{d}x+\int_{-1}^1\left(\frac{1}{2}-x^2+\frac{1}{2}x^4\right)\mathrm{d}x=\frac{11}{15}.\end{aligned}$$

题型2 利用极坐标计算二重积分

例3.6 计算下列二重积分：

(1) $\iint\limits_D \sqrt{\dfrac{1-x^2-y^2}{1+x^2+y^2}}\mathrm{d}\sigma$，其中 D 是由圆周 $x^2+y^2=1$ 及坐标轴所围成的在第一象限内的闭区域；

(2) $\iint\limits_D \dfrac{\sin(\pi\sqrt{x^2+y^2})}{\sqrt{x^2+y^2}}\mathrm{d}\sigma$，其中 $D=\{(x,y)\mid 4\leqslant x^2+y^2\leqslant 9\}$；

(3) $\int_0^1 \mathrm{d}x\int_{x^2}^{x}\dfrac{1}{\sqrt{x^2+y^2}}\mathrm{d}y$.

分析 题(1)和题(2)需要先将边界曲线用极坐标方程表示，利用“扫描穿线法”确定相应的积分限；然后将被积函数中的 x,y 分别换成 $r\cos\theta, r\sin\theta$，面积微元换为 $r\mathrm{d}r\mathrm{d}\theta$，最后将二重积分化为累次积分并计算. 题(3)需要根据直角坐标系下二次积分的上下限，写出一组关于 x,y 的不等式，画出积分区域，将边界曲线用极坐标方程表示，再利用极坐标计算.

解 (1) 积分区域 D 的图形如图 3.20(a)所示. 易见，D 是位于第一象限的圆形区域，它在极坐标下可表示为 $D=\left\{(r,\theta)\mid 0\leqslant r\leqslant 1, 0\leqslant\theta\leqslant\dfrac{\pi}{2}\right\}$. 故

$$
\begin{aligned}
\iint\limits_D \sqrt{\frac{1-x^2-y^2}{1+x^2+y^2}}\mathrm{d}\sigma &= \int_0^{\frac{\pi}{2}}\mathrm{d}\theta\int_0^1\sqrt{\frac{1-r^2}{1+r^2}}r\mathrm{d}r \\
&= \frac{\pi}{2}\left[\frac{1}{2}\int_0^1\frac{1}{\sqrt{1-r^4}}\mathrm{d}r^2+\frac{1}{4}\int_0^1\frac{1}{\sqrt{1-r^4}}\mathrm{d}(1-r^4)\right] \\
&= \frac{\pi}{8}(\pi-2).
\end{aligned}
$$

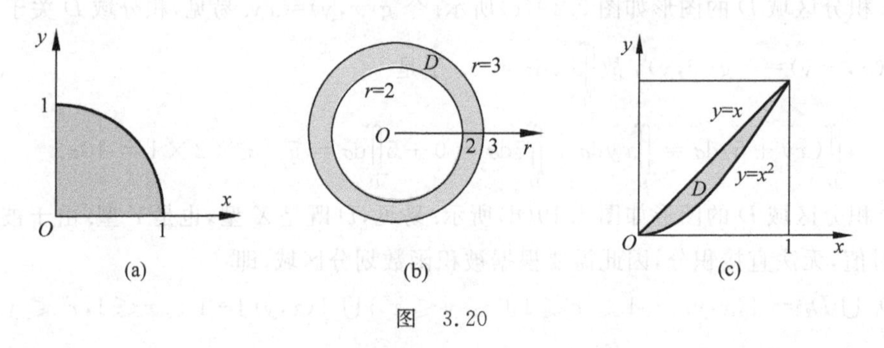

图 3.20

(2) 积分区域 D 的图形如图 3.20(b)所示. 易见被积函数关于 x,y 都是偶函数，根据 D 的对称性，可只考虑第一象限部分，$D=4D_1$，其中 D_1 在极坐标下可表示为 $D_1=\left\{(r,\theta)\mid 2\leqslant r\leqslant 3, 0\leqslant\theta\leqslant\dfrac{\pi}{2}\right\}$. 于是

$$
\iint\limits_D \frac{\sin(\pi\sqrt{x^2+y^2})}{\sqrt{x^2+y^2}}\mathrm{d}\sigma = 4\iint\limits_{D_1}\frac{\sin(\pi\sqrt{x^2+y^2})}{\sqrt{x^2+y^2}}\mathrm{d}\sigma = 4\int_0^{\frac{\pi}{2}}\mathrm{d}\theta\int_2^3\frac{\sin(\pi r)}{r}r\mathrm{d}r = 4.
$$

(3) 不难求得，对应的积分区域为

$$D_y=\{(x,y)\mid 0\leqslant x\leqslant 1,x^2\leqslant y\leqslant x\},$$

如图 3.20(c)所示. 区域 D 在极坐标下可表示为

$$D=\left\{(r,\theta)\mid 0\leqslant r\leqslant \sec\theta\tan\theta,0\leqslant\theta\leqslant\frac{\pi}{4}\right\}.$$

于是

$$\int_0^1 \mathrm{d}x\int_{x^2}^{x}\frac{1}{\sqrt{x^2+y^2}}\mathrm{d}y=\int_0^{\frac{\pi}{4}}\mathrm{d}\theta\int_0^{\sec\theta\tan\theta}\frac{1}{r}r\,\mathrm{d}r=\int_0^{\frac{\pi}{4}}\sec\theta\tan\theta\mathrm{d}\theta=\sqrt{2}-1.$$

题型 3 交换积分次序

例 3.7 交换下列积分的次序：

(1) $\int_0^1\mathrm{d}x\int_x^{\sqrt{x}}f(x,y)\mathrm{d}y$； (2) $\int_0^1\mathrm{d}x\int_0^{\sqrt{2x+x^2}}f(x,y)\mathrm{d}y$；

(3) $\int_{-1}^2\mathrm{d}x\int_{x^2}^{x+2}f(x,y)\mathrm{d}y$； (4) $\int_{-1}^0\mathrm{d}y\int_0^{\sqrt{1-y^2}}f(x,y)\mathrm{d}x+\int_0^1\mathrm{d}y\int_0^{1-y}f(x,y)\mathrm{d}x$.

分析 先根据题中所给的二次积分，写出关于 x,y 的一组不等式，再画出积分区域的图形，根据图形写出另一组不等式，最后写出相应的累次积分.

解 (1) 易见，该累次积分选取积分区域 D 属于 X 型区域，即 $D_x=\{(x,y)\mid 0\leqslant x\leqslant 1,x\leqslant y\leqslant\sqrt{x}\}$，如图 3.21(a)所示. 将积分区域表示成 Y 型区域，即 $D_y=\{(x,y)\mid 0\leqslant y\leqslant 1,y^2\leqslant x\leqslant y\}$，于是

$$\int_0^1\mathrm{d}x\int_x^{\sqrt{x}}f(x,y)\mathrm{d}y=\int_0^1\mathrm{d}y\int_{y^2}^{y}f(x,y)\mathrm{d}x.$$

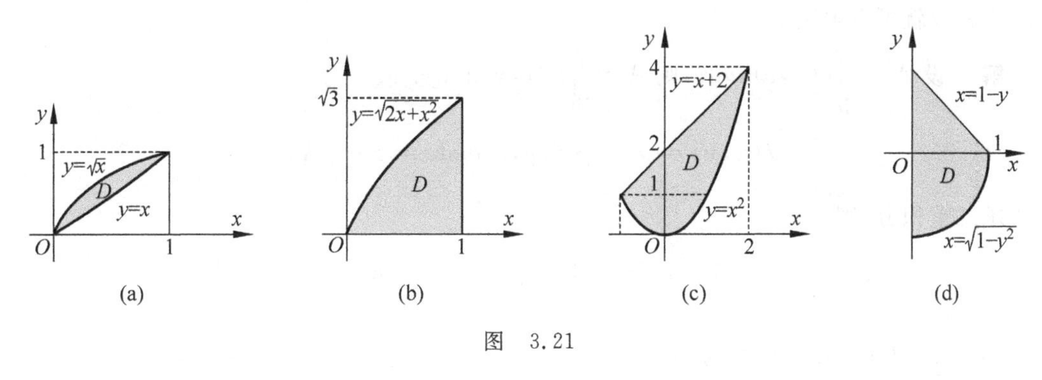

图 3.21

(2) 易见，该累次积分选取积分区域 D 属于 X 型区域，即 $D_x=\{(x,y)\mid 0\leqslant x\leqslant 1,0\leqslant y\leqslant\sqrt{2x+x^2}\}$，如图 3.21(b)所示. 将积分区域表示成 Y 型区域，即 $D_y=\{(x,y)\mid 0\leqslant y\leqslant\sqrt{3},\sqrt{1+y^2}-1\leqslant x\leqslant 1\}$，于是

$$\int_0^1\mathrm{d}x\int_0^{\sqrt{2x+x^2}}f(x,y)\mathrm{d}y=\int_0^{\sqrt{3}}\mathrm{d}y\int_{\sqrt{1+y^2}-1}^{1}f(x,y)\mathrm{d}x.$$

(3) 易见，该累次积分选取积分区域 D 属于 X 型区域，即 $D_x=\{(x,y)\mid -1\leqslant x\leqslant 2,x^2\leqslant y\leqslant x+2\}$，如图 3.21(c)所示. 将积分区域表示成 Y 型区域，即

$$D_y=\{(x,y)\mid 0\leqslant y\leqslant 1,-\sqrt{y}\leqslant x\leqslant\sqrt{y}\}\cup$$
$$\{(x,y)\mid 1\leqslant y\leqslant 4,y-2\leqslant x\leqslant\sqrt{y}\},$$

于是

$$\int_{-1}^{2}\mathrm{d}x\int_{x^2}^{x+2}f(x,y)\mathrm{d}y=\int_0^1\mathrm{d}y\int_{-\sqrt{y}}^{\sqrt{y}}f(x,y)\mathrm{d}x+\int_1^4\mathrm{d}y\int_{y-2}^{\sqrt{y}}f(x,y)\mathrm{d}x.$$

(4) 易见,该累次积分选取积分区域 D 属于 Y 型区域,即

$$D_y=\{(x,y)\mid -1\leqslant y\leqslant 0,0\leqslant x\leqslant\sqrt{1-y^2}\}\cup$$
$$\{(x,y)\mid 0\leqslant y\leqslant 1,0\leqslant x\leqslant 1-y\},$$

如图 3.21(d)所示.将积分区域表示成 X 型区域,即

$$D_x=\{(x,y)\mid 0\leqslant x\leqslant 1,-\sqrt{1-x^2}\leqslant y\leqslant 1-x\},$$

于是

$$\int_{-1}^{0}\mathrm{d}y\int_0^{\sqrt{1-y^2}}f(x,y)\mathrm{d}x+\int_0^1\mathrm{d}y\int_0^{1-y}f(x,y)\mathrm{d}x=\int_0^1\mathrm{d}x\int_{-\sqrt{1-x^2}}^{1-x}f(x,y)\mathrm{d}y.$$

题型 4 综合应用题

例 3.8 设函数 $f(x,y)$连续,且 $f(x,y)=x+\iint\limits_D yf(u,v)\mathrm{d}u\mathrm{d}v$,其中 D 由 $y=\dfrac{1}{x}$,$x=1$,$y=2$ 围成,求 $f(x,y)$.

分析 本题表面看起来复杂,只要分析清楚了并不难.首先注意到积分$\iint\limits_D f(u,v)\mathrm{d}u\mathrm{d}v$ 是一个常数,因此 $f(x,y)=x+\iint\limits_D yf(u,v)\mathrm{d}u\mathrm{d}v$ 变为 $f(x,y)=x+y\iint\limits_D f(u,v)\mathrm{d}u\mathrm{d}v$,两边再求二重积分就可以解决了.

解 设 $A=\iint\limits_D f(u,v)\mathrm{d}u\mathrm{d}v$,则 $A=\iint\limits_D f(x,y)\mathrm{d}x\mathrm{d}y$.故

$$f(x,y)=x+\iint\limits_D yf(u,v)\mathrm{d}u\mathrm{d}v=x+yA,$$

两边求二重积分,则

$$A=\iint\limits_D(x+Ay)\mathrm{d}x\mathrm{d}y=\int_1^2\mathrm{d}y\int_{\frac{1}{y}}^1(x+Ay)\mathrm{d}x=\frac{1}{2}A+\frac{1}{4},$$

从而 $A=\dfrac{1}{2}$,故 $f(x,y)=x+\dfrac{1}{2}y$.

四、课后习题选解(习题 3.2)

A类题

1. 设有如下区域 D,画出其图形,并把$\iint\limits_D f(x,y)\mathrm{d}\sigma$ 化为累次积分:

(1) D 是由 $x=0$,$x=2$,$y=0$ 及 $y=1$ 围成的区域;

(2) D 是由 $x+y=1$,$x-y=1$ 及 $x=0$ 围成的区域;

(3) D 是由 $y=x$,$y=2x$ 及 $x=1$ 围成的闭区域;

(4) D 是由 $y=x^2$ 与 $y=1$ 围成的区域.

分析 首先画出积分区域的图形，然后选择积分变量，再根据图形写出一组不等式，将二重积分化为二次积分.

解 (1) 积分区域 D 的图形如图 3.22(a)所示，两条直线的交点为(2,1). 易见，D 既是 X 型，也是 Y，并且可以表示为

$$D=\{(x,y)\mid 0\leqslant x\leqslant 2,0\leqslant y\leqslant 1\}.$$

于是有

$$\iint_D f(x,y)\mathrm{d}\sigma=\int_0^2\mathrm{d}x\int_0^1 f(x,y)\mathrm{d}y=\int_0^1\mathrm{d}y\int_0^2 f(x,y)\mathrm{d}x.$$

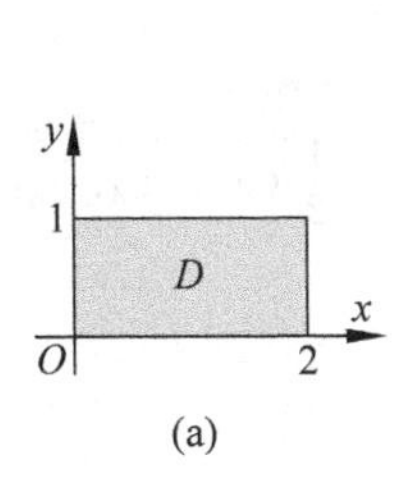

(a)

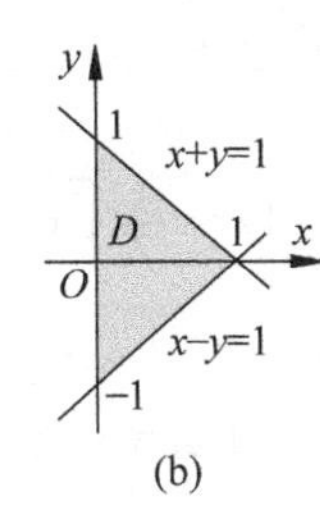

(b)

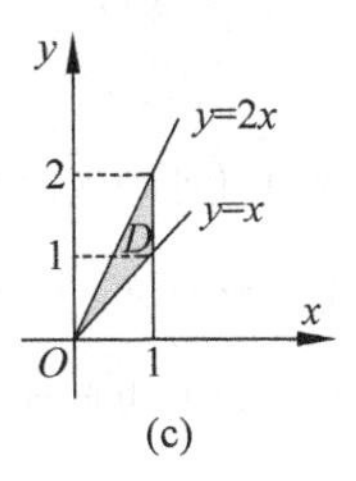

(c)

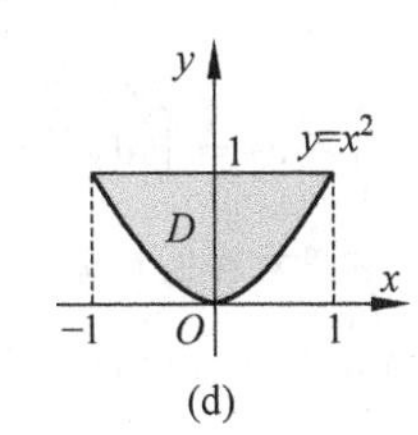

(d)

图 3.22

(2) 积分区域 D 的图形如图 3.22(b)所示，两条直线的交点为(1,0). 易见，D 既是 X 型，也是 Y 型，并且可以表示为

$$D_x=\{(x,y)\mid 0\leqslant x\leqslant 1,x-1\leqslant y\leqslant 1-x\},$$

$$D_y=\{(x,y)\mid 0\leqslant y\leqslant 1,0\leqslant x\leqslant 1-y\}\cup\{(x,y)\mid -1\leqslant y\leqslant 0,0\leqslant x\leqslant 1+y\}.$$

于是有

$$\iint_D f(x,y)\mathrm{d}\sigma=\int_0^1\mathrm{d}x\int_{x-1}^{1-x}f(x,y)\mathrm{d}y=\int_0^1\mathrm{d}y\int_0^{1-y}f(x,y)\mathrm{d}x+\int_{-1}^0\mathrm{d}y\int_0^{1+y}f(x,y)\mathrm{d}x.$$

(3) 积分区域 D 的图形如图 3.22(c)所示，两条直线的交点为(1,1)和(1,2). 易见，D 既是 X 型，也是 Y 型，并且可以表示为

$$D_x=\{(x,y)\mid 0\leqslant x\leqslant 1,x\leqslant y\leqslant 2x\},$$

$$D_y=\left\{(x,y)\mid 0\leqslant y\leqslant 1,\frac{y}{2}\leqslant x\leqslant y\right\}\cup\left\{(x,y)\mid 1\leqslant y\leqslant 2,\frac{y}{2}\leqslant x\leqslant 1\right\}.$$

于是有

$$\iint_D f(x,y)\mathrm{d}\sigma=\int_0^1\mathrm{d}x\int_x^{2x}f(x,y)\mathrm{d}y=\int_0^1\mathrm{d}y\int_{\frac{y}{2}}^{y}f(x,y)\mathrm{d}x+\int_1^2\mathrm{d}y\int_{\frac{y}{2}}^{1}f(x,y)\mathrm{d}x.$$

(4) 积分区域 D 的图形如图 3.22(d)所示，两条线的交点为(−1,1)和(1,1). 易见，D 既是 X 型，也是 Y 型，并且可以表示为

$$D_x=\{(x,y)\mid -1\leqslant x\leqslant 1,x^2\leqslant y\leqslant 1\},\quad D_y=\left\{(x,y)\mid 0\leqslant y\leqslant 1,-\sqrt{y}\leqslant x\leqslant\sqrt{y}\right\}.$$

于是有

$$\iint_D f(x,y)\mathrm{d}\sigma=\int_{-1}^1\mathrm{d}x\int_{x^2}^1 f(x,y)\mathrm{d}y=\int_0^1\mathrm{d}y\int_{-\sqrt{y}}^{\sqrt{y}}f(x,y)\mathrm{d}x.$$

2. 计算下列二重积分：

(1) $\iint\limits_D \mathrm{e}^{x+y}\mathrm{d}\sigma$，其中区域 D 是由 $x=0,x=1,y=0$ 及 $y=1$ 围成的闭区域；

(2) $\iint\limits_D \mathrm{e}^{y^2}\mathrm{d}\sigma$，其中 D 由 $y=x,y=2$ 及 y 轴所围成的闭区域.

分析 参考经典题型详解中的例3.5的方法.

解 (1) 易见,积分区域D可以表示为

$$D_x=\{(x,y)\mid 0\leqslant x\leqslant 1,0\leqslant y\leqslant 1\}.$$

于是

$$\iint_D e^{x+y}\mathrm{d}\sigma=\int_0^1 e^x\mathrm{d}x\int_0^1 e^y\mathrm{d}y=(e-1)^2.$$

(2) 积分区域D的图形如图3.23所示,两条直线的交点为$(2,2)$.易见,D既是X型,也是Y型.根据被积函数的特点,若先对y积分,计算将无法继续进行,所以需要尝试先对x积分.因此将D表成Y型区域,即

$$D_y=\{(x,y)\mid 0\leqslant y\leqslant 2,0\leqslant x\leqslant y\}.$$

于是

$$\iint_D e^{y^2}\mathrm{d}\sigma=\int_0^2\mathrm{d}y\int_0^y e^{y^2}\mathrm{d}x=\int_0^2\left(e^{y^2}\cdot x\Big|_0^y\right)\mathrm{d}y=\int_0^2 ye^{y^2}\mathrm{d}y=\frac{1}{2}\int_0^2 e^{y^2}\mathrm{d}(y^2)=\frac{1}{2}(e^4-1).$$

3. 利用对称性和奇偶性计算二重积分:

(1) $\iint_D y[1+xf(x^2y^2)]\mathrm{d}\sigma$,其中$D$是由曲线$y=x^2$与$y=1$围成的闭区域;

(2) $\iint_D x^2y^2\mathrm{d}\sigma$,其中$D=\{(x,y)\mid |x|+|y|\leqslant 2\}$.

分析 根据积分区域D关于坐标轴的对称性和被积函数关于x或关于y的奇偶性,然后利用二重积分的对称性计算.

解 (1) 积分区域D的图形如图3.22(d)所示.令$g(x,y)=xyf(x^2y^2)$.易见,D关于y轴对称,且$g(-x,y)=-g(x,y)$,故$\iint_D xyf(x^2y^2)\mathrm{d}\sigma=0$.于是

$$\iint_D y[1+xf(x^2y^2)]\mathrm{d}\sigma=\iint_D y\mathrm{d}\sigma=\int_{-1}^1\mathrm{d}x\int_{x^2}^1 y\mathrm{d}y=\frac{1}{2}\int_{-1}^1(1-x^4)\mathrm{d}x=\frac{4}{5}.$$

(2) 积分区域D的图形如图3.24所示.易见,D既关于x轴、又关于y轴对称,且$f(x,y)=x^2y^2$关于x及y都是偶函数,根据对称性,有

$$\iint_D x^2y^2\mathrm{d}\sigma=4\iint_{D_1}x^2y^2\mathrm{d}\sigma=4\int_0^2\mathrm{d}x\int_0^{2-x}x^2y^2\mathrm{d}y=\frac{4}{3}\int_0^2 x^2(2-x)^3\mathrm{d}x=\frac{64}{45}.$$

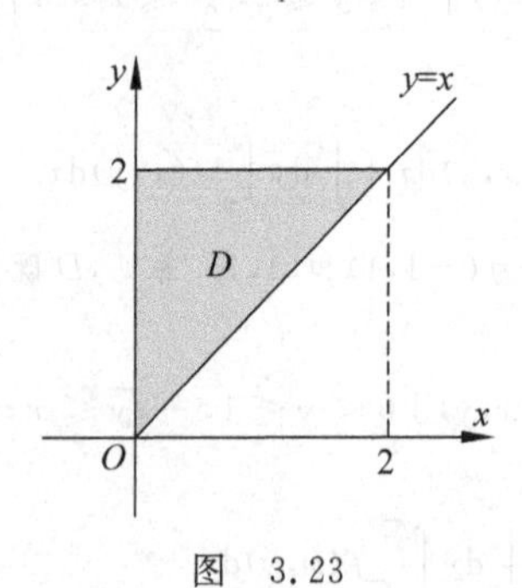

图 3.23

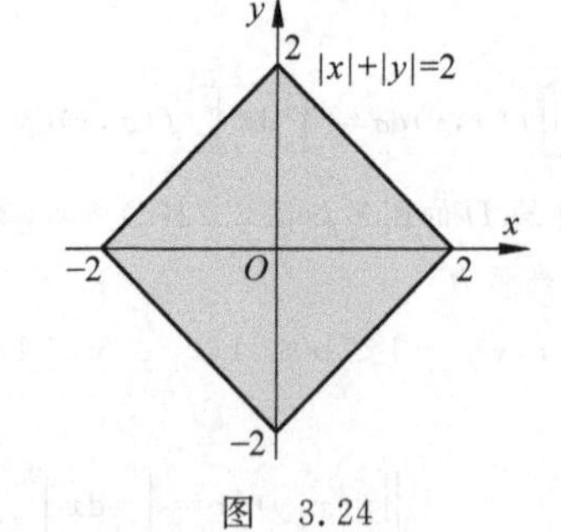

图 3.24

4. 交换下列累次积分的次序:

(1) $\int_0^1\mathrm{d}x\int_0^x f(x,y)\mathrm{d}y$;　　(2) $\int_0^2\mathrm{d}x\int_{x^2}^{2x}f(x,y)\mathrm{d}y$;

(3) $\int_3^4\mathrm{d}x\int_3^x f(x,y)\mathrm{d}y$.

分析 参考经典题型详解中例3.7的方法.

解 (1) 如图3.25(a)所示,该积分的区域 D 为

$$D_x=\{(x,y)\mid 0\leqslant x\leqslant 1,0\leqslant y\leqslant x\}.$$

将积分区域表示成 Y 型区域,即

$$D_y=\{(x,y)\mid 0\leqslant y\leqslant 1,y\leqslant x\leqslant 1\},$$

于是

$$\int_0^1 dx\int_0^x f(x,y)dy=\int_0^1 dy\int_y^1 f(x,y)dx.$$

(2) 如图3.25(b)所示,该积分的区域 D 为

$$D_x=\{(x,y)\mid 0\leqslant x\leqslant 2,x^2\leqslant y\leqslant 2x\}.$$

将积分区域表示成 Y 型区域,即

$$D_y=\left\{(x,y)\mid 0\leqslant y\leqslant 4,\frac{y}{2}\leqslant x\leqslant\sqrt{y}\right\},$$

于是

$$\int_0^2 dx\int_{x^2}^{2x} f(x,y)dy=\int_0^4 dy\int_{\frac{y}{2}}^{\sqrt{y}} f(x,y)dx.$$

(3) 如图3.25(c)所示,该积分的区域 D 为

$$D_x=\{(x,y)\mid 3\leqslant x\leqslant 4,3\leqslant y\leqslant x\}.$$

将积分区域表示成 Y 型区域,即

$$D_y=\{(x,y)\mid 3\leqslant y\leqslant 4,y\leqslant x\leqslant 4\},$$

于是

$$\int_3^4 dx\int_3^x f(x,y)dy=\int_3^4 dy\int_y^4 f(x,y)dx.$$

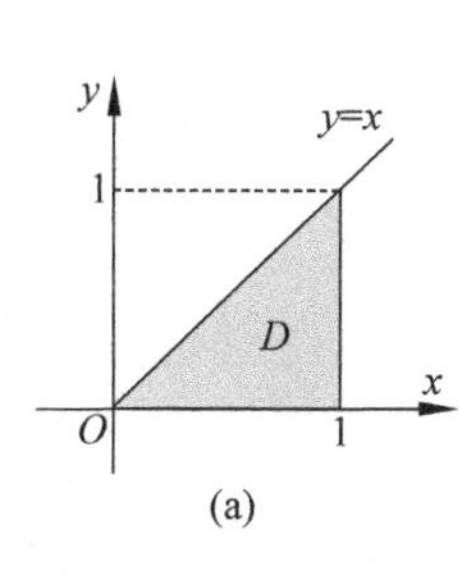

(a)

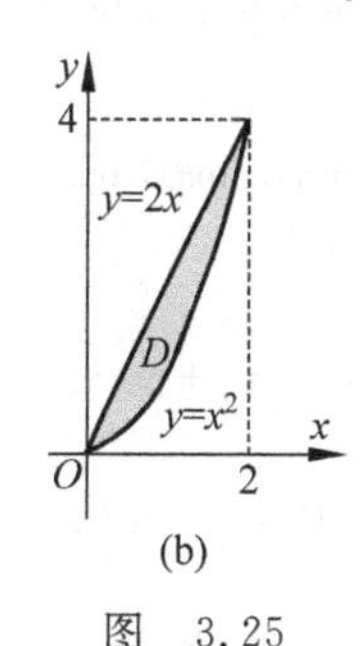

(b)

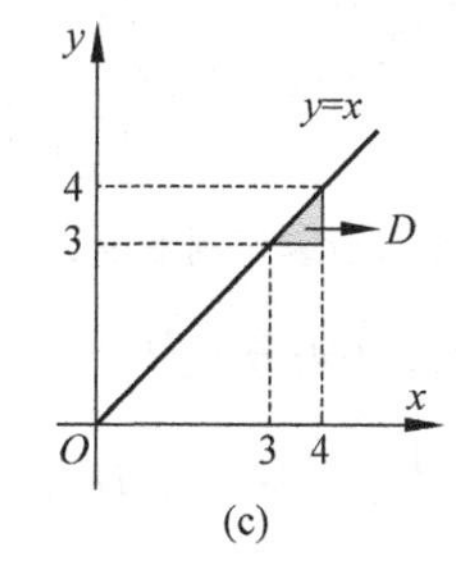

(c)

图 3.25

5. 画出下列积分区域 D,将 $\iint\limits_D f(x,y)d\sigma$ 化为极坐标的累次积分(先积 r,后积 θ):

(1) $D=\{(x,y)|x^2+y^2\leqslant 2x\}$; (2) $D=\{(x,y)|x^2+y^2\leqslant a^2,a>0\}$;

(3) $D=\{(x,y)|4x\leqslant x^2+y^2\leqslant 4\}$.

分析 先画出积分区域的图形,将边界曲线用极坐标方程表示,利用"扫描穿线法",确定极坐标 r,θ 的积分限;然后将被积函数中的 x,y 分别换为 $r\cos\theta,r\sin\theta$,将面积微元 $d\sigma$ 换为极坐标系中的面积微元 $rdrd\theta$;最后将二重积分化为累次积分.

解 (1) 积分区域 D 的图形如图3.26(a)所示.易见,圆 $x^2+y^2=2x$ 的极坐标形式为 $r=2\cos\theta$.积分区域 D 的极坐标表示形式为

$$D=\left\{(r,\theta)\mid 0\leqslant r\leqslant 2\cos\theta,-\frac{\pi}{2}\leqslant\theta\leqslant\frac{\pi}{2}\right\}.$$

于是

$$\iint\limits_D f(x,y)\mathrm{d}\sigma = \int_{-\frac{\pi}{2}}^{\frac{\pi}{2}}\mathrm{d}\theta\int_0^{2\cos\theta} f(r\cos\theta, r\sin\theta)r\mathrm{d}r.$$

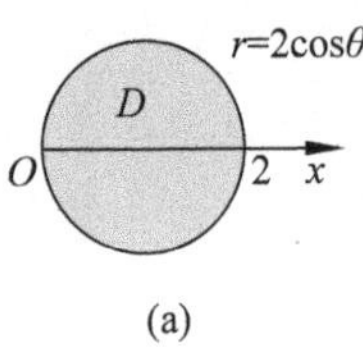

(a)

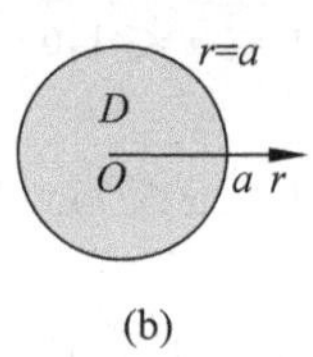

(b)

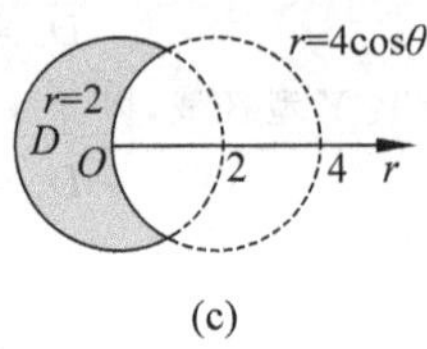

(c)

图 3.26

(2) 积分区域 D 的图形如图 3.26(b)所示. 易见,圆 $x^2+y^2=a^2$ 的极坐标形式为 $r=a$. 积分区域 D 的极坐标表示形式为

$$D=\{(r,\theta)\mid 0\leqslant r\leqslant a, 0\leqslant\theta\leqslant 2\pi\}.$$

于是

$$\iint\limits_D f(x,y)\mathrm{d}\sigma = \int_0^{2\pi}\mathrm{d}\theta\int_0^a f(r\cos\theta, r\sin\theta)r\mathrm{d}r.$$

(3) 积分区域 D 的图形如图 3.26(c)所示. 易见,圆 $x^2+y^2=4x$ 和 $x^2+y^2=4$ 的极坐标形式分别为 $r=4\cos\theta$ 和 $r=2$. 积分区域 D 的极坐标表示形式为

$$D=\left\{(r,\theta)\mid 4\cos\theta\leqslant r\leqslant 2, \frac{\pi}{3}\leqslant\theta\leqslant\frac{\pi}{2}\right\}\cup\left\{(r,\theta)\mid 0\leqslant r\leqslant 2, \frac{\pi}{2}\leqslant\theta\leqslant\frac{3\pi}{2}\right\}\cup$$
$$\left\{(r,\theta)\mid 4\cos\theta\leqslant r\leqslant 2, \frac{3\pi}{2}\leqslant\theta\leqslant\frac{5\pi}{3}\right\}.$$

于是

$$\iint\limits_D f(x,y)\mathrm{d}\sigma = \int_{\frac{\pi}{3}}^{\frac{\pi}{2}}\mathrm{d}\theta\int_{4\cos\theta}^{2} f(r\cos\theta, r\sin\theta)r\mathrm{d}r + \int_{\frac{\pi}{2}}^{\frac{3\pi}{2}}\mathrm{d}\theta\int_0^2 f(r\cos\theta, r\sin\theta)r\mathrm{d}r +$$
$$\int_{\frac{3\pi}{2}}^{\frac{5\pi}{3}}\mathrm{d}\theta\int_{4\cos\theta}^{2} f(r\cos\theta, r\sin\theta)r\mathrm{d}r.$$

6. 利用极坐标计算下列积分:

(1) $\iint\limits_D (x^2+y^2)\mathrm{d}\sigma$,其中 $D=\{(x,y)\mid 2x\leqslant x^2+y^2\leqslant 4x\}$;

(2) $\iint\limits_D \frac{1}{1+x^2+y^2}\mathrm{d}\sigma$,其中 $D=\{(x,y)\mid x^2+y^2\leqslant 1\}$;

(3) $\iint\limits_D \mathrm{e}^{2(x^2+y^2)}\mathrm{d}\sigma$,其中 $D=\{(x,y)\mid x^2+y^2\leqslant R^2\}$.

分析 参考经典题型详解中例 3.6 的方法.

解 (1) 积分区域 D 的图形如图 3.27 所示. 易见,D 在极坐标下可表示为

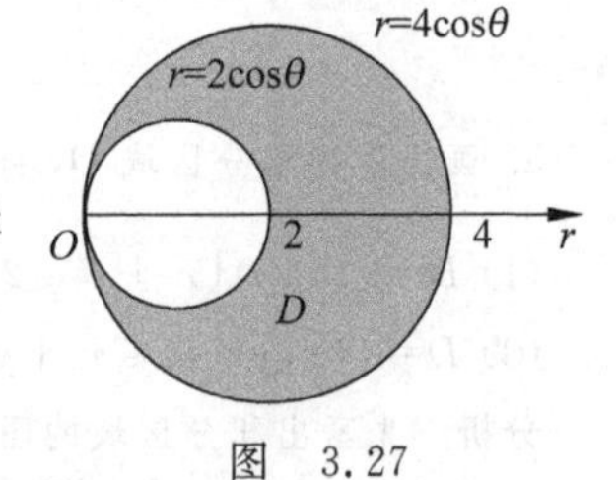

图 3.27

$$D=\left\{(r,\theta)\mid 2\cos\theta\leqslant r\leqslant 4\cos\theta, -\frac{\pi}{2}\leqslant\theta\leqslant\frac{\pi}{2}\right\}.$$

于是

$$\iint\limits_D (x^2+y^2)\mathrm{d}\sigma = \int_{-\frac{\pi}{2}}^{\frac{\pi}{2}}\mathrm{d}\theta\int_{2\cos\theta}^{4\cos\theta} r^3\mathrm{d}r = 120\int_0^{\frac{\pi}{2}}\cos^4\theta\mathrm{d}\theta = \frac{45}{2}\pi.$$

(2) 易见,积分区域 D 在极坐标下可表示为 $D=\{(r,\theta)\mid 0\leqslant r\leqslant 1, 0\leqslant\theta\leqslant 2\pi\}$. 于是

$$\iint\limits_D \frac{1}{1+x^2+y^2}\mathrm{d}\sigma = \int_0^{2\pi}\mathrm{d}\theta\int_0^1\frac{r\mathrm{d}r}{1+r^2} = \frac{1}{2}\int_0^{2\pi}\left[\ln(1+r^2)\right]\Big|_0^1\mathrm{d}\theta = \pi\ln 2.$$

(3) 易见,积分区域 D 在极坐标下可表示为 $D=\{(r,\theta)\mid 0\leqslant r\leqslant R, 0\leqslant\theta\leqslant 2\pi\}$. 于是

$$\iint_D e^{2(x^2+y^2)}\mathrm{d}\sigma=\int_0^{2\pi}\mathrm{d}\theta\int_0^R e^{2r^2}r\mathrm{d}r=2\pi\int_0^R e^{2r^2}r\mathrm{d}r=\frac{1}{2}\pi\int_0^R e^{2r^2}\mathrm{d}(2r^2)=\frac{\pi}{2}(e^{2R^2}-1).$$

7. 将积分$\int_0^a \mathrm{d}y\int_0^{\sqrt{a^2-y^2}}\sqrt{x^2+y^2}\mathrm{d}x$化为极坐标形式的二次积分，并计算积分值.

分析 参考经典题型详解中例 3.6(3)的方法.

解 不难求得对应的积分区域 D 为

$$D_y=\{(x,y)\mid 0\leqslant y\leqslant a,0\leqslant x\leqslant \sqrt{a^2-y^2}\},$$

且 D 的图形如图 3.28 所示. D 在极坐标下可表示为

$$D=\left\{(r,\theta)\mid 0\leqslant r\leqslant a,0\leqslant\theta\leqslant\frac{\pi}{2}\right\}.$$

于是

$$\int_0^a \mathrm{d}y\int_0^{\sqrt{a^2-y^2}}\sqrt{x^2+y^2}\mathrm{d}x=\int_0^{\frac{\pi}{2}}\mathrm{d}\theta\int_0^a r^2\mathrm{d}r=\frac{1}{6}\pi a^3.$$

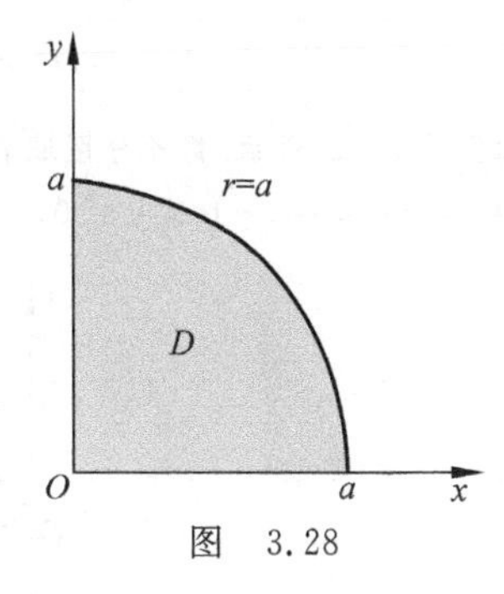

图 3.28

B类题

1. 已知二重积分的积分区域为 D，画出其图形，并把$\iint_D f(x,y)\mathrm{d}\sigma$化为二次积分：

(1) D 是由 $x=y,y=1$，及 y 轴围成的区域；

(2) D 是由 $y=x^2$ 与 $y=4-x^2$ 围成的闭区域.

解 (1) 积分区域 D 的图形如图 3.29(a)所示，三条直线的交点分别为(0,0)、(0,1)和(1,1). 易见，D 既是 X 型，也是 Y 型，并且可以分别表示为

$$D_x=\{(x,y)\mid 0\leqslant x\leqslant 1,x\leqslant y\leqslant 1\},$$
$$D_y=\{(x,y)\mid 0\leqslant y\leqslant 1,0\leqslant x\leqslant y\}.$$

于是有

$$\iint_D f(x,y)\mathrm{d}\sigma=\int_0^1\mathrm{d}x\int_x^1 f(x,y)\mathrm{d}y=\int_0^1\mathrm{d}y\int_0^y f(x,y)\mathrm{d}x.$$

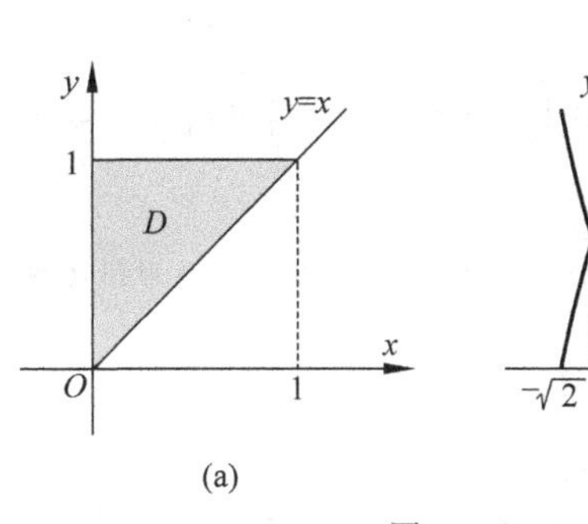

图 3.29

(2) 积分区域 D 的图形如图 3.29(b)所示，两条曲线的交点分别为$(-\sqrt{2},2)$和$(\sqrt{2},2)$. 易见，D 既是 X 型，也是 Y 型，并且可以分别表示为

$$D_x=\{(x,y)\mid -\sqrt{2}\leqslant x\leqslant\sqrt{2},x^2\leqslant y\leqslant 4-x^2\}$$

$$D_y=\{(x,y)\mid 0\leqslant y\leqslant 2,-\sqrt{y}\leqslant x\leqslant\sqrt{y}\}\cup\{(x,y)\mid 2\leqslant y\leqslant 4,-\sqrt{4-y}\leqslant x\leqslant\sqrt{4-y}\}.$$

于是有

$$\iint_D f(x,y)\mathrm{d}\sigma=\int_{-\sqrt{2}}^{\sqrt{2}}\mathrm{d}x\int_{x^2}^{4-x^2}f(x,y)\mathrm{d}y=\int_0^2\mathrm{d}y\int_{-\sqrt{y}}^{\sqrt{y}}f(x,y)\mathrm{d}x+\int_2^4\mathrm{d}y\int_{-\sqrt{4-y}}^{\sqrt{4-y}}f(x,y)\mathrm{d}x.$$

2. 交换下列二次积分的次序：

(1) $\int_0^{\pi}\mathrm{d}x\int_{-\sin\frac{x}{2}}^{\sin x}f(x,y)\mathrm{d}y$；　　(2) $\int_0^1\mathrm{d}x\int_0^{\sqrt{2x-x^2}}f(x,y)\mathrm{d}y+\int_1^2\mathrm{d}x\int_0^{2-x}f(x,y)\mathrm{d}y$.

分析 参考经典题型详解中例3.7的方法.

解 (1) 易见，该累次积分选取积分区域D属于X型区域，即

$$D_x=\left\{(x,y)\mid 0\leqslant x\leqslant\pi,-\sin\frac{x}{2}\leqslant y\leqslant\sin x\right\},$$

如图3.30(a)所示. 将积分区域表示成Y型区域，即

$D_y=\{(x,y)\mid -1\leqslant y\leqslant 0,-2\arcsin y\leqslant x\leqslant\pi\}\cup\{(x,y)\mid 0\leqslant y\leqslant 1,\arcsin y\leqslant x\leqslant\pi-\arcsin y\}$,

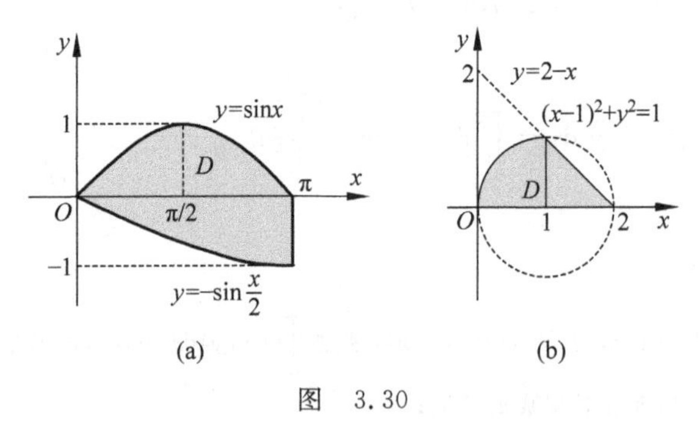

图 3.30

于是

$$\int_0^{\pi}\mathrm{d}x\int_{-\sin\frac{x}{2}}^{\sin x}f(x,y)\mathrm{d}y=\int_{-1}^{0}\mathrm{d}y\int_{-2\arcsin y}^{\pi}f(x,y)\mathrm{d}x+\int_0^1\mathrm{d}y\int_{\arcsin y}^{\pi-\arcsin y}f(x,y)\mathrm{d}x.$$

(2) 易见，该累次积分选取积分区域D属于X型区域，即

$$D_x=\{(x,y)\mid 0\leqslant x\leqslant 1,0\leqslant y\leqslant\sqrt{2x-x^2}\}\cup\{(x,y)\mid 1\leqslant x\leqslant 2,0\leqslant y\leqslant 2-x\},$$

如图3.30(b)所示. 将积分区域表示成Y型区域，即

$$D_y=\{(x,y)\mid 0\leqslant y\leqslant 1,1-\sqrt{1-y^2}\leqslant x\leqslant 2-y\},$$

于是

$$\int_0^1\mathrm{d}x\int_0^{\sqrt{2x-x^2}}f(x,y)\mathrm{d}y+\int_1^2\mathrm{d}x\int_0^{2-x}f(x,y)\mathrm{d}y=\int_0^1\mathrm{d}y\int_{1-\sqrt{1-y^2}}^{2-y}f(x,y)\mathrm{d}x.$$

3. 计算下列二重积分：

(1) $\iint\limits_D x\cos(x+y)\mathrm{d}\sigma$，其中$D$是由$(0,0)$，$(\pi,0)$和$(\pi,\pi)$围成的三角形闭区域；

(2) $\iint\limits_D(x^2+y^2)\mathrm{d}\sigma$，其中$D=\{(x,y)\mid |x|+|y|\leqslant 1\}$.

分析 参考经典题型详解中例3.5的方法.

解 (1) 积分区域D的图形如图3.31(a)所示. 易见，D既是X型，也是Y型. 根据被积函数的特点，选择先对y积分，再对x积分. 因此将D表示成X型区域，即

$$D_x=\{(x,y)\mid 0\leqslant x\leqslant\pi,0\leqslant y\leqslant x\}.$$

于是

$$\iint\limits_D x\cos(x+y)\mathrm{d}\sigma=\int_0^{\pi}\mathrm{d}x\int_0^x x\cos(x+y)\mathrm{d}y=\int_0^{\pi}x(\sin 2x-\sin x)\mathrm{d}x=-\frac{3}{2}\pi.$$

(2) 积分区域D的图形如图3.31(b)所示. 易见，D既是X型，也是Y型. 根据积分区域和被积函数的特点，利用对称性$D=4D_1$，现将二重积分化简，然后选择先对x积分，再对y积分. 因此将D_1表示成X型区域，即$D_1=\{(x,y)|0\leqslant x\leqslant 1,0\leqslant y\leqslant 1-x\}$. 于是

$$\iint\limits_D (x^2+y^2)\mathrm{d}\sigma = 4\int_0^1 \mathrm{d}x\int_0^{1-x}(x^2+y^2)\mathrm{d}y = 4\int_0^1 \left(x^2y+\frac{y^3}{3}\right)\Big|_0^{1-x}\mathrm{d}x$$

$$=4\int_0^1\left[x^2-x^3+\frac{(1-x)^3}{3}\right]\mathrm{d}x = \frac{2}{3}.$$

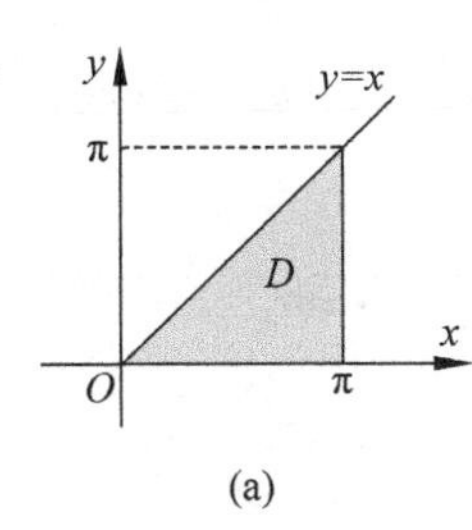

(a)

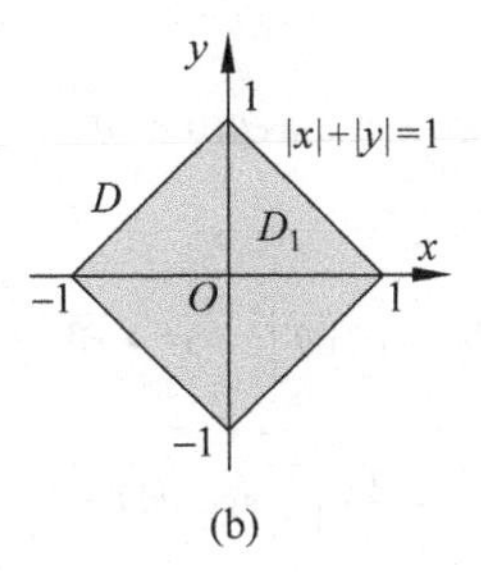

(b)

图 3.31

4. 把下列积分化为极坐标形式的二次积分：

(1) $\int_0^2 \mathrm{d}x\int_x^{\sqrt{3}x} f(\sqrt{x^2+y^2})\mathrm{d}y$；　　　(2) $\int_0^a \mathrm{d}x\int_x^{\sqrt{2ax-x^2}} f(x,y)\mathrm{d}y$.

分析 参考经典题型详解中例 3.6(3)的方法.

解 (1) 积分区域 D 的图形如图 3.32(a)所示.易见，直线 $x=2$ 的极坐标形式为 $r=\frac{2}{\cos\theta}=2\sec\theta$. 积分区域 D 的极坐标表示形式为

$$D=\left\{(r,\theta)\mid 0\leqslant r\leqslant \frac{2}{\cos\theta},\frac{\pi}{4}\leqslant\theta\leqslant\frac{\pi}{3}\right\}.$$

于是

$$\int_0^2 \mathrm{d}x\int_x^{\sqrt{3}x} f(\sqrt{x^2+y^2})\mathrm{d}y = \int_{\frac{\pi}{4}}^{\frac{\pi}{3}}\mathrm{d}\theta\int_0^{2\sec\theta} f(r)r\mathrm{d}r.$$

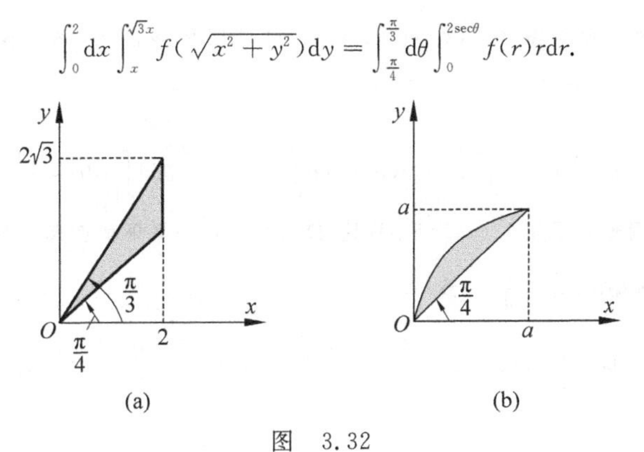

图 3.32

(2) 积分区域 D 的图形如图 3.32(b)所示.易见，直线 $y=\sqrt{2ax-x^2}$ 的极坐标形式为 $r=2a\cos\theta$. 积分区域 D 的极坐标表示形式为

$$D=\left\{(r,\theta)\mid 0\leqslant r\leqslant 2a\cos\theta,\frac{\pi}{4}\leqslant\theta\leqslant\frac{\pi}{2}\right\}.$$

于是

$$\int_0^a \mathrm{d}x\int_x^{\sqrt{2ax-x^2}} f(x,y)\mathrm{d}y = \int_{\frac{\pi}{4}}^{\frac{\pi}{2}}\mathrm{d}\theta\int_0^{2a\cos\theta} f(r\cos\theta,r\sin\theta)r\mathrm{d}r.$$

5. 利用极坐标计算下列积分：

(1) $\iint\limits_D (x^2+y^2)\mathrm{d}\sigma$，其中 D 是由直线 $x=0,x=a,y=0,y=a(a>0)$ 围的闭区域；

(2) $\iint\limits_D \arctan\frac{y}{x}\mathrm{d}\sigma$，其中 D 为 $D=\{(x,y)\mid 1\leqslant x^2+y^2\leqslant 4,且\ 0\leqslant y\leqslant x\}$；

(3) $\iint\limits_D \sqrt{x^2+y^2}\mathrm{d}\sigma$,其中 $D=\{(x,y)\mid x^2+y^2\leqslant 2x,\text{且 }0\leqslant y\leqslant x\}$.

分析 参考经典题型详解中例3.6的方法.

解 (1) 积分区域 D 的图形如图3.33(a)所示. 易见,D 是位于第一象限的正方形区域,它在极坐标下可表示为

$$D=\left\{(r,\theta)\mid 0\leqslant r\leqslant a\sec\theta,0\leqslant\theta\leqslant\frac{\pi}{4}\right\}\cup\left\{(r,\theta)\mid 0\leqslant r\leqslant a\csc\theta,\frac{\pi}{4}\leqslant\theta\leqslant\frac{\pi}{2}\right\}.$$

故

$$\begin{aligned}\iint\limits_D(x^2+y^2)\mathrm{d}\sigma&=\int_0^{\frac{\pi}{4}}\mathrm{d}\theta\int_0^{a\sec\theta}r^2\cdot r\mathrm{d}r+\int_{\frac{\pi}{4}}^{\frac{\pi}{2}}\mathrm{d}\theta\int_0^{a\csc\theta}r^2\cdot r\mathrm{d}r\\&=\frac{a^4}{4}\int_0^{\frac{\pi}{4}}\sec^4\theta\mathrm{d}\theta+\frac{a^4}{4}\int_{\frac{\pi}{4}}^{\frac{\pi}{2}}\csc^4\theta\mathrm{d}\theta\\&=\frac{a^4}{4}\int_0^{\frac{\pi}{4}}(1+\tan^2\theta)\mathrm{d}(\tan\theta)-\frac{a^4}{4}\int_{\frac{\pi}{4}}^{\frac{\pi}{2}}(1+\cot^2\theta)\mathrm{d}(\cot\theta)=\frac{2}{3}a^4.\end{aligned}$$

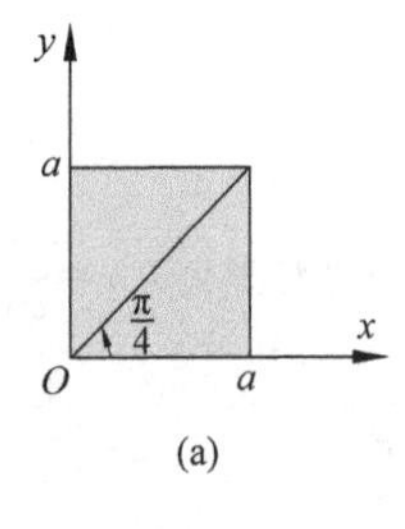

(a)

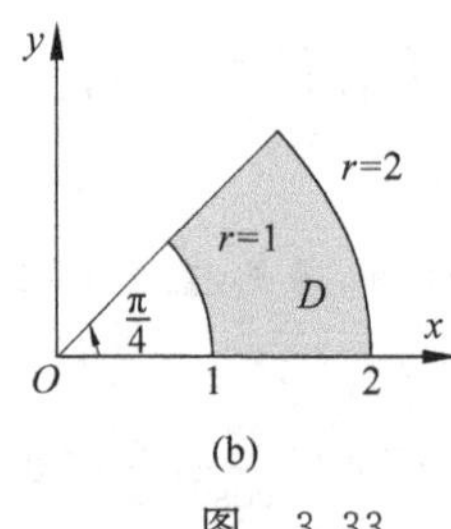

(b)

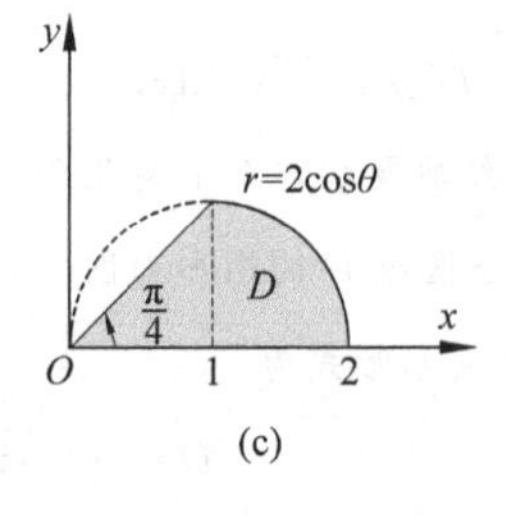

(c)

图 3.33

(2) 积分区域 D 的图形如图3.3(b)所示. 易见,D 是圆环形区域,它在极坐标下可表示为 $D=\left\{(r,\theta)\mid 1\leqslant r\leqslant 2,0\leqslant\theta\leqslant\frac{\pi}{4}\right\}$. 故

$$\iint\limits_D\arctan\frac{y}{x}\mathrm{d}\sigma=\int_0^{\frac{\pi}{4}}\arctan(\tan\theta)\mathrm{d}\theta\int_1^2 r\mathrm{d}r=\int_0^{\frac{\pi}{4}}\theta\mathrm{d}\theta\int_1^2 r\mathrm{d}r=\frac{3}{64}\pi^2.$$

(3) 积分区域 D 的图形如图3.33(c)所示. 易见,D 是位于第一象限的圆形区域,它在极坐标下可表示为 $D=\left\{(r,\theta)\mid 0\leqslant r\leqslant 2\cos\theta,0\leqslant\theta\leqslant\frac{\pi}{4}\right\}$. 故

$$\begin{aligned}\iint\limits_D\sqrt{x^2+y^2}\mathrm{d}\sigma&=\int_0^{\frac{\pi}{4}}\mathrm{d}\theta\int_0^{2\cos\theta}r\cdot r\mathrm{d}r=\frac{8}{3}\int_0^{\frac{\pi}{4}}\cos^3\theta\mathrm{d}\theta=\frac{8}{3}\int_0^{\frac{\pi}{4}}(1-\sin^2\theta)\mathrm{d}(\sin\theta)\\&=\frac{8}{3}\left(\sin\theta-\frac{1}{3}\sin^3\theta\right)\Big|_0^{\frac{\pi}{4}}=\frac{10}{9}\sqrt{2}.\end{aligned}$$

3.3 三重积分的概念及计算

一、知识要点

1. 三重积分的概念

定义3.2 设 Ω 是空间直角坐标系 $Oxyz$ 中可求体积的有界闭区域,函数 $f(x,y,z)$ 在 Ω 上有界. 将 Ω 任意分割成 n 个无公共内点的小闭区域 $\Delta V_i(i=1,2,\cdots,n)$,其中 ΔV_i 也表示该小闭区域的体积. 在 ΔV_i 上任取一点 (ξ_i,η_i,ζ_i),作乘积 $f(\xi_i,\eta_i,\zeta_i)\Delta V_i$,并作和

$\sum_{i=1}^{n} f(\xi_i,\eta_i,\zeta_i)\Delta V_i$. 记 $\lambda=\max\limits_{1\leqslant i\leqslant n}\{\Delta V_i \text{ 的直径}\}$，如果 $\lim\limits_{\lambda\to 0}\sum_{i=1}^{n} f(\xi_i,\eta_i,\zeta_i)\Delta V_i$ 存在(记作 K)，则称函数 $f(x,y,z)$ 在空间有界闭区域 Ω 上可积，称极限值 K 为 $f(x,y,z)$ 在 Ω 上的三重积分，记作 $\iiint\limits_{\Omega} f(x,y,z)\mathrm{d}V$，即

$$\iiint\limits_{\Omega} f(x,y,z)\mathrm{d}V = K = \lim_{\lambda\to 0}\sum_{i=1}^{n} f(\xi_i,\eta_i,\zeta_i)\Delta V_i, \tag{3.11}$$

其中 $f(x,y,z)$ 称为**被积函数**，$f(x,y,z)\mathrm{d}V$ 称为**被积表达式**，$\mathrm{d}V$ 称为**体积微元**，Ω 称为**积分区域**，$\sum_{i=1}^{n} f(\xi_i,\eta_i,\zeta_i)\Delta V_i$ 称为**积分和**.

定理 3.2 当函数 $f(x,y,z)$ 在有界闭区域 Ω 上连续时，$f(x,y,z)$ 在 Ω 上的三重积分一定存在.

2. 三重积分的对称性质

对称性 1 如果空间闭区域 Ω 关于 xOy 面对称，设 $\Omega_1=\{(x,y,z)\mid(x,y,z)\in\Omega, z\geqslant 0\}$，则有

$$\iiint\limits_{\Omega} f(x,y,z)\mathrm{d}V = \begin{cases} 0, & f(x,y,-z)=-f(x,y,z), \\ 2\iiint\limits_{\Omega_1} f(x,y,z)\mathrm{d}V, & f(x,y,-z)=f(x,y,z). \end{cases}$$

对称性 2 如果空间闭区域 Ω 关于 xOz 面对称，设 $\Omega_1=\{(x,y,z)\mid(x,y,z)\in\Omega, y\geqslant 0\}$，则有

$$\iiint\limits_{\Omega} f(x,y,z)\mathrm{d}V = \begin{cases} 0, & f(x,-y,z)=-f(x,y,z), \\ 2\iiint\limits_{\Omega_1} f(x,y,z)\mathrm{d}V, & f(x,-y,z)=f(x,y,z). \end{cases}$$

对称性 3 如果空间闭区域 Ω 关于 yOz 面对称，设 $\Omega_1=\{(x,y,z)\mid(x,y,z)\in\Omega, x\geqslant 0\}$，则有

$$\iiint\limits_{\Omega} f(x,y,z)\mathrm{d}V = \begin{cases} 0, & f(-x,y,z)=-f(x,y,z), \\ 2\iiint\limits_{\Omega_1} f(x,y,z)\mathrm{d}V, & f(-x,y,z)=f(x,y,z). \end{cases}$$

3. 空间直角坐标系中的计算方法

在空间直角坐标系中，计算三重积分有两种方法，即**投影法**和**截面法**.

(1) 投影法(先一后二法)

类型一　长方体型区域的累次积分

为了更好地理解计算三重积分的投影法，首先考虑一种简单的积分区域类型，即长方体型区域

$\Omega=\{(x,y,z)\mid a_1\leqslant x\leqslant a_2, b_1\leqslant y\leqslant b_2, c_1\leqslant z\leqslant c_2\}$，

如图 3.34 所示.

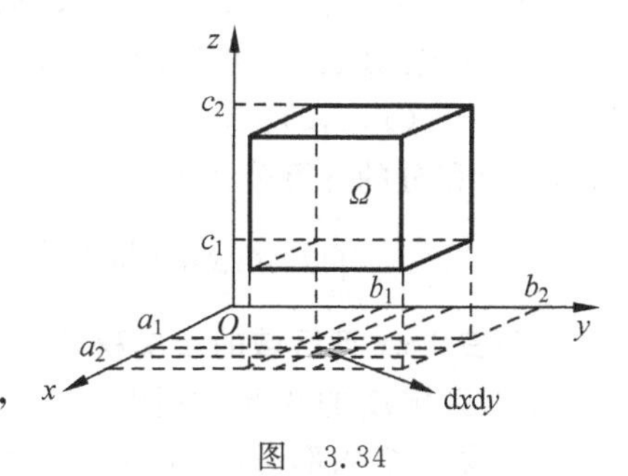

图 3.34

$$\iiint\limits_{\Omega} f(x,y,z)\mathrm{d}V=\int_{c_1}^{c_2}\mathrm{d}z\int_{b_1}^{b_2}\mathrm{d}y\int_{a_1}^{a_2}f(x,y,z)\mathrm{d}x. \tag{3.12}$$

类型二 xy 型区域的累次积分

xy 型区域Ω 的特点：如图 3.35(a)所示，它在 xOy 坐标轴面上的投影为 D_{xy}，若平行于 z 轴的直线穿过Ω 内部时，除了相交为线段的情形(如柱形等区域)外，与Ω 的边界曲面 S 最多有两个交点. 区域Ω 的表示形式为

$$\Omega=\{(x,y,z)\mid z_1(x,y)\leqslant z\leqslant z_2(x,y),y_1(x)\leqslant y\leqslant y_2(x),a\leqslant x\leqslant b\}.$$

于是，三重积分的计算公式为

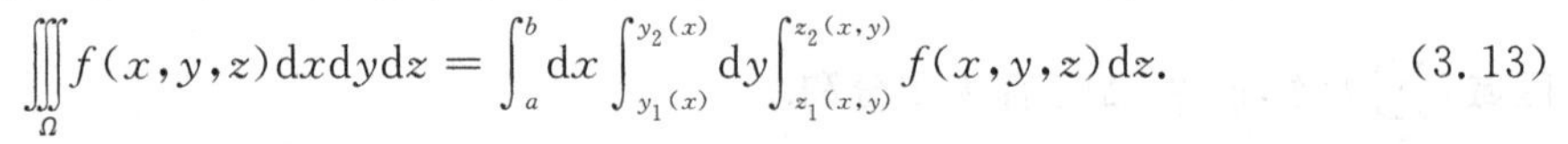

$$\iiint\limits_{\Omega} f(x,y,z)\mathrm{d}x\mathrm{d}y\mathrm{d}z=\int_{a}^{b}\mathrm{d}x\int_{y_1(x)}^{y_2(x)}\mathrm{d}y\int_{z_1(x,y)}^{z_2(x,y)}f(x,y,z)\mathrm{d}z. \tag{3.13}$$

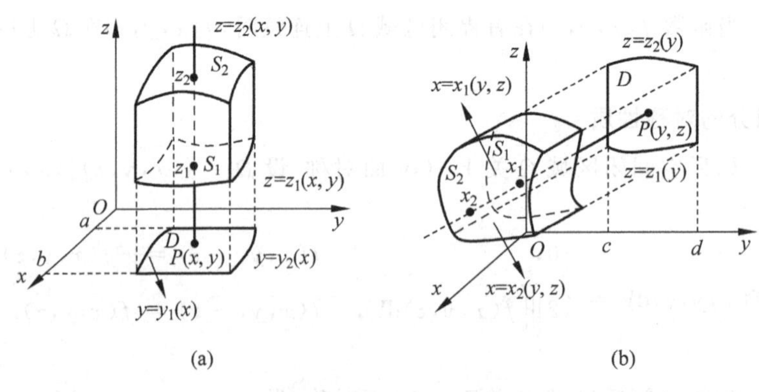

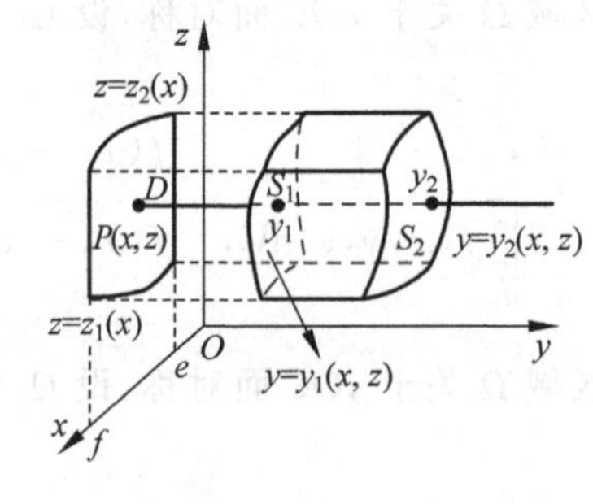

(c)

图 3.35

类型三 yz 型区域的累次积分

yz 型区域Ω 的特点：如图 3.35(b)所示，它在 yOz 坐标面上的投影为 D_{yz}，若平行于 x 轴的直线穿过Ω 内部时，除了相交为线段的情形(如柱形等区域)外，与Ω 的边界曲面 S 最多有两个交点. 区域Ω 的表示形式为

$$\Omega=\{(x,y,z)\mid x_1(y,z)\leqslant z\leqslant x_2(y,z),z_1(y)\leqslant z\leqslant z_2(y),c\leqslant y\leqslant d\}.$$

于是，三重积分的计算公式为

$$\iiint\limits_{\Omega} f(x,y,z)\mathrm{d}x\mathrm{d}y\mathrm{d}z=\int_{c}^{d}\mathrm{d}y\int_{z_1(y)}^{z_2(y)}\mathrm{d}z\int_{x_1(y,z)}^{x_2(y,z)}f(x,y,z)\mathrm{d}x. \tag{3.14}$$

类型三 zx 型区域的累次积分

zx 型区域Ω 的特点：如图 3.35(c)所示，它在 zOx 坐标面上的投影为 D_{zx}，若平行于 y 轴的直线穿过Ω 内部时，除了相交为线段的情形(如柱形等区域)外，与Ω 的边界曲面 S 最

多有两个交点. 区域 Ω 的表示形式为

$$\Omega=\{(x,y,z)\mid y_1(x,z)\leqslant y\leqslant y_2(x,z),z_1(x)\leqslant z\leqslant z_2(x),e\leqslant x\leqslant f\}.$$

于是,三重积分的计算公式为

$$\iiint_{\Omega}f(x,y,z)\mathrm{d}x\mathrm{d}y\mathrm{d}z=\int_e^f\mathrm{d}x\int_{z_1(x)}^{z_2(x)}\mathrm{d}z\int_{y_1(x,z)}^{y_2(x,z)}f(x,y,z)\mathrm{d}y. \tag{3.15}$$

(2) 截面法(先二后一)

在计算三重积分时,如果积分区域 Ω 具有特点:立体 Ω 介于两平面 $z=c,z=d$ 之间($c<d$),如图 3.36 所示,过点$(0,0,z)(z\in[c,d])$作垂直于 z 轴的平面与立体 Ω 相截得一截面 D_z,于是区域 Ω 可表示为

$$\Omega=\{(x,y,z)\mid(x,y)\in D_z,c\leqslant z\leqslant d\}.$$

如果对于任意固定的 $z\in[c,d]$,对应的二重积分$\iint_{D_z}f(x,y,z)\mathrm{d}\sigma$ 容易计算,则可以先对其积分,再对 z 积分

$$\iiint_{\Omega}f(x,y,z)\mathrm{d}V=\int_c^d\left(\iint_{D_z}f(x,y,z)\mathrm{d}\sigma\right)\mathrm{d}z, \tag{3.16}$$

或记作

$$\iiint_{\Omega}f(x,y,z)\mathrm{d}V=\int_c^d\mathrm{d}z\iint_{D_z}f(x,y,z)\mathrm{d}\sigma. \tag{3.17}$$

4. 柱坐标系中的计算方法

如图 3.37 所示,空间点 M 直角坐标(x,y,z)与柱面坐标(r,θ,z)之间有如下关系:

$$x=r\cos\theta,\quad y=r\sin\theta,\quad z=z,$$

其中,$0\leqslant r<+\infty,0\leqslant\theta\leqslant 2\pi,-\infty<z<+\infty$. 注意到,柱坐标系中,点$(r_0,\theta_0,z_0)$由如下三个曲面确定:

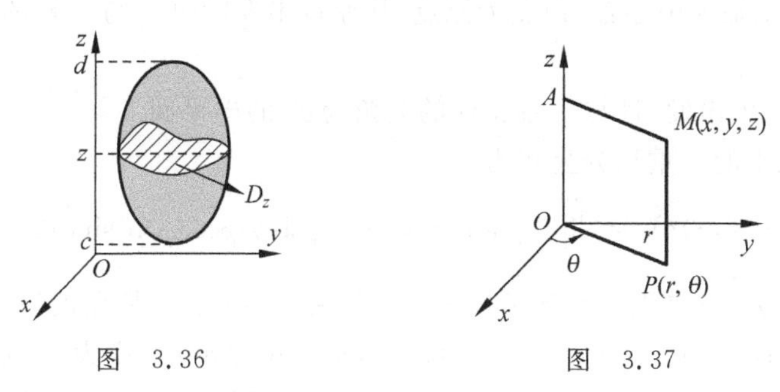

图 3.36　　　图 3.37

$r=r_0$ 表示以 z 轴为中心轴,底面半径为 r_0 的圆柱面;

$\theta=\theta_0$ 表示从 x 轴出发,且与 x 轴正向的夹角为 θ_0 的半平面;

$z=z_0$ 表示过 z 轴上的点$(0,0,z_0)$,且与 z 轴垂直的平面.

利用直角坐标(x,y,z)与柱面坐标(r,θ,z)之间的关系式,可以得到柱坐标下的三重积分的公式

$$\iiint_{\Omega}f(x,y,z)\mathrm{d}V=\iiint_{\Omega}f(r\cos\theta,r\sin\theta,z)r\mathrm{d}r\mathrm{d}\theta\mathrm{d}z. \tag{3.18}$$

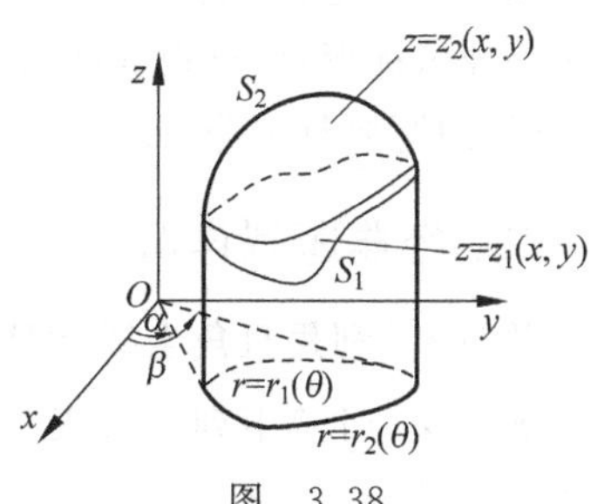

图 3.38

若积分区域 Ω 如图 3.38 所示,则 Ω 的柱坐标表示形

式为

$$\Omega=\{(r,\theta,z)\mid z_1(r\cos\theta,r\sin\theta)\leqslant z\leqslant z_2(r\cos\theta,r\sin\theta),r_1(\theta)\leqslant r\leqslant r_2(\theta),\alpha\leqslant\theta\leqslant\beta\}. \tag{3.19}$$

于是，柱坐标系下三重积分的累次积分公式为

$$\begin{aligned}\iiint_\Omega f(x,y,z)\mathrm{d}V&=\iiint_\Omega f(r\cos\theta,r\sin\theta,z)r\mathrm{d}r\mathrm{d}\theta\mathrm{d}z\\&=\int_\alpha^\beta\mathrm{d}\theta\int_{r_1(\theta)}^{r_2(\theta)}r\mathrm{d}r\int_{z_1(r\cos\theta,r\sin\theta)}^{z_2(r\cos\theta,r\sin\theta)}f(r\cos\theta,r\sin\theta,z)\mathrm{d}z.\end{aligned} \tag{3.20}$$

在计算三重积分时，若积分区域Ω满足两个条件，选用柱坐标方法计算三重积分会较为简便，它们是：(1)从几何直观上讲，首选的积分区域是空间直角坐标系中的xy型区域，或是通过简单分割将Ω分割成几个xy型的区域；(2)投影区域D_{xy}为圆形、扇形或圆环形等区域，它们用极坐标变量r,θ表示较为方便，或被积函数中含有x^2+y^2的因子.

选用柱坐标方法计算三重积分的基本步骤是：先将积分区域表示为柱坐标系(3.19)的形式；然后利用式(3.20)将三重积分化为柱坐标系下的累次积分；最后进行计算.

5. 球坐标系中的计算方法

如图3.39所示，空间点M直角坐标(x,y,z)与球面坐标(r,θ,φ)之间有如下关系：

$$x=\rho\sin\varphi\cos\theta,\quad y=\rho\sin\varphi\sin\theta,\quad z=\rho\cos\varphi.$$

其中，ρ,φ,θ的变化范围规定为

$$0\leqslant\rho<+\infty,0\leqslant\varphi\leqslant\pi,\quad 0\leqslant\theta\leqslant 2\pi.$$

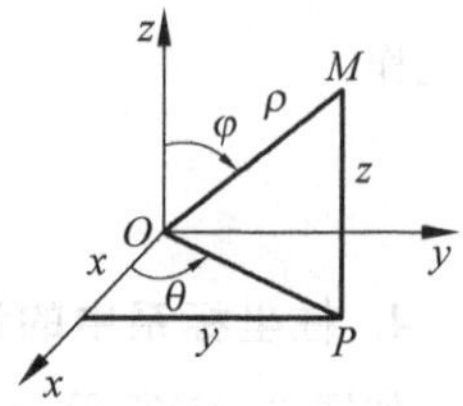

图 3.39

在球坐标系中点$(\rho_0,\varphi_0,\theta_0)$由如下三个曲面确定：

$\rho=\rho_0$ 表示以原点为球心，半径为ρ_0的球面；

$\varphi=\varphi_0$ 表示以z轴为中心轴、顶点为原点、从原点出发的母线与z轴的正向的夹角为φ_0的半圆锥面；

$\theta=\theta_0$ 表示从z轴出发，且与x轴正向的夹角为θ_0的半平面.

在球面坐标系下的三重积分公式为

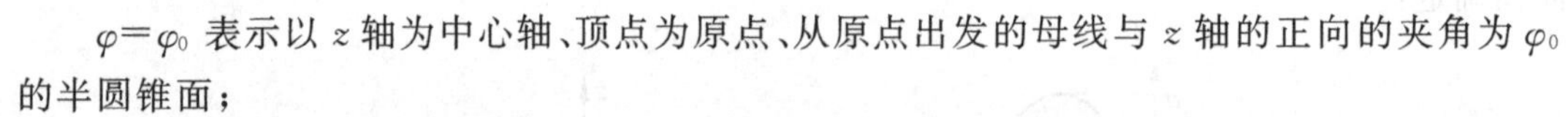

$$\iiint_\Omega f(x,y,z)\mathrm{d}V=\iiint_\Omega f(\rho\sin\varphi\cos\theta,\rho\sin\varphi\sin\theta,\rho\cos\varphi)\rho^2\sin\varphi\mathrm{d}\rho\mathrm{d}\varphi\mathrm{d}\theta. \tag{3.21}$$

由式(3.21)可见，三重积分的球坐标表示需要两个步骤：一是在被积函数中，把变量x，y，z分别用$\rho\sin\varphi\cos\theta$，$\rho\sin\varphi\sin\theta$，$\rho\cos\varphi$替换；二是把体积微元$\mathrm{d}V$换为$\rho^2\sin\varphi\mathrm{d}\rho\mathrm{d}\varphi\mathrm{d}\theta$.

计算球坐标系下的三重积分同样需要将其化为对积分变量ρ,φ,θ的累次积分. 通常选用的积分次序是：先对ρ、再对φ、最后对θ. 为了确定积分限，先把积分区域Ω的边界曲面方程化为球坐标形式，再根据区域边界确定ρ,φ,θ在Ω中的变化范围. 由于问题不具有普适性，具体问题要具体分析.

二、经典题型详解

题型1 利用直角坐标计算三重积分

例3.9 计算下列三重积分：

(1) $\iiint\limits_{\Omega} \mathrm{d}V$，其中 Ω 为由坐标面 $z=0$ 和柱面 $|x|+|y|=1$ 以及抛物面 $z=x^2+y^2+1$ 围成的立体；

(2) $\iiint\limits_{\Omega} x\,\mathrm{d}V$，其中 Ω 由三个坐标面与平面 $2x+y+z=1$ 围成；

(3) $\iiint\limits_{\Omega} x^2\,\mathrm{d}V$，其中 $\Omega=\{(x,y,z)\mid x^2+y^2+z^2\leqslant 2x\}$；

(4) $\iiint\limits_{\Omega}(1+z)\,\mathrm{d}V$，其中 Ω 是由曲面 $z=x^2+y^2$，平面 $z=1$ 和 $z=2$ 围成的区域.

分析 先画出积分区域的图形，然后根据积分区域和被积函数的特点，选择合适的方法计算三重积分. 对于(1)和(2)，利用投影法，写出积分区域的表示形式，进而将三重积分化为累次积分，再进行计算. 对于(3)和(4)，将图形向 y(或 z)轴上投影，在投影区间内任取 y(或 z)作垂直于 y(或 z)轴的平面，将三重积分化为一个二重积分和一个定积分，再进行计算.

解 (1) 积分区域 Ω 的图形如图 3.40(a)所示，根据对称性，它在直角坐标系中第Ⅰ卦限部分可以表示为

$$\Omega_1=\{(x,y,z)\mid 0\leqslant z\leqslant x^2+y^2+1, 0\leqslant y\leqslant 1-x, 0\leqslant x\leqslant 1\}.$$

于是

$$\iiint\limits_{\Omega}\mathrm{d}V=4\iiint\limits_{\Omega_1}\mathrm{d}V=4\int_0^1\mathrm{d}x\int_0^{1-x}\mathrm{d}y\int_0^{x^2+y^2+1}\mathrm{d}z$$

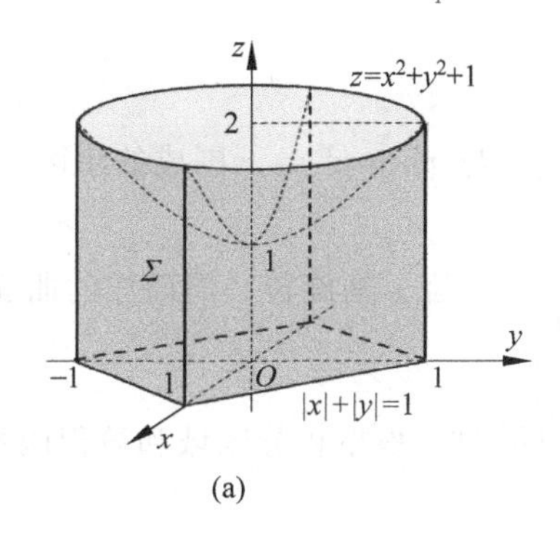

(a)

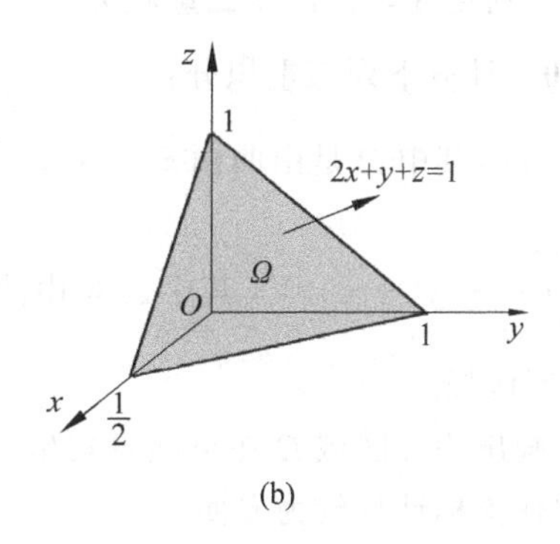

(b)

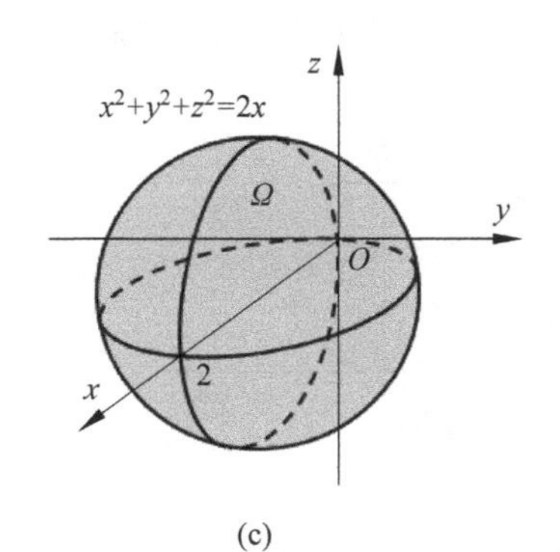

(c)

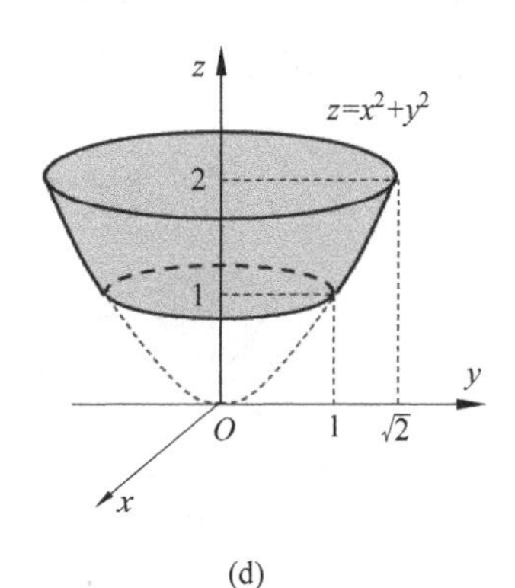

(d)

图 3.40

$$=4\int_0^1 dx\int_0^{1-x}(x^2+y^2+1)dy=\frac{8}{3}.$$

(2) 积分区域Ω的图形如图3.40(b)所示，它的直角坐标表示形式为

$$\Omega=\left\{(x,y,z)\mid 0\leqslant x\leqslant\frac{1}{2},0\leqslant y\leqslant 1-2x,0\leqslant z\leqslant 1-2x-y\right\}.$$

于是

$$\iiint_\Omega x\,dV=\int_0^{\frac{1}{2}}dx\int_0^{1-2x}dy\int_0^{1-2x-y}x\,dz=\int_0^{\frac{1}{2}}dx\int_0^{1-2x}x(1-2x-y)dy$$

$$=\frac{1}{2}\int_0^{\frac{1}{2}}(x-4x^2+4x^3)dx=\frac{1}{96}.$$

(3) 积分区域Ω的图形如图3.40(c)所示.易见，它是球心在(1,0,0)、半径为1的球面围成的区域.根据积分区域和被积函数的特点，利用截面法(先二后一)可得

$$\iiint_\Omega x^2 dV=\int_0^2 x^2 dx\iint_{y^2+z^2\leqslant 2x-x^2}dydz=\pi\int_0^2 x^2(2x-x^2)dx=\frac{8}{5}\pi.$$

(4) 积分区域Ω的图形如图3.40(d)所示.根据积分区域和被积函数的特点，利用截面法(先二后一)可得

$$\iiint_\Omega(1+z)dV=\int_1^2(z+1)dz\iint_{D_z}dxdy=\pi\int_1^2(z+1)zdz=\frac{23}{6}\pi.$$

题型2 利用柱坐标计算三重积分

例3.10 计算下列三重积分：

(1) $\iiint_\Omega z\,dV$，其中Ω是由曲面$z=\sqrt{2-x^2-y^2}$与$x^2+y^2=z$围成的闭区域；

(2) $\iiint_\Omega(x^2+y^2+z)dV$，其中$\Omega$是由曲线$\begin{cases}y^2=2z\\x=0\end{cases}$绕$z$轴旋转一周而成的曲面与平面$z=4$围成的闭区域.

分析 画出积分区域Ω在空间直角坐标系中的图形.根据积分区域和被积函数的特点，选择合适的柱坐标计算较为方便.

解 (1) 积分区域Ω的图形如图3.41(a)所示.易见，它在柱坐标系中可以表示为

$$\Omega=\{(r,\theta,z)\mid r^2\leqslant z\leqslant\sqrt{2-r^2},0\leqslant r\leqslant 1,0\leqslant\theta\leqslant 2\pi\}.$$

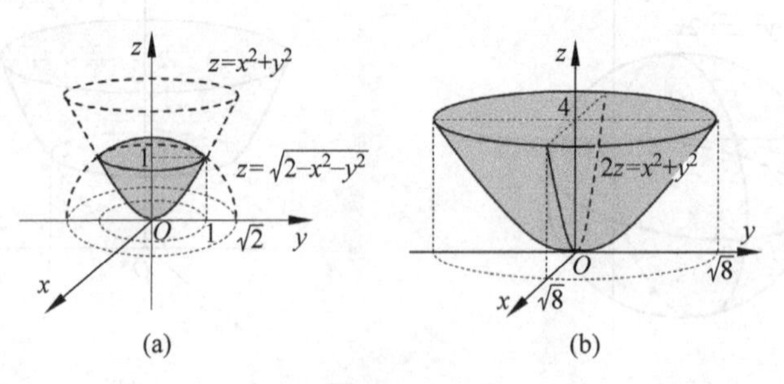

图 3.41

于是

$$\iiint_{\Omega} z\,\mathrm{d}V = \int_0^{2\pi}\mathrm{d}\theta\int_0^1 r\mathrm{d}r\int_{r^2}^{\sqrt{2-r^2}} z\mathrm{d}z = \frac{1}{2}\int_0^{2\pi}\mathrm{d}\theta\int_0^1 r(2-r^2-r^4)\mathrm{d}r = \frac{7}{12}\pi.$$

(2) 根据题意,旋转面方程为 $z=\frac{1}{2}(x^2+y^2)$,积分区域 Ω 的图形如图 3.41(b)所示.易见,它在柱坐标系中可以表示为

$$\Omega = \left\{(r,\theta,z)\ \middle|\ \frac{1}{2}r^2 \leqslant z \leqslant 4, 0 \leqslant r \leqslant 2\sqrt{2}, 0 \leqslant \theta \leqslant 2\pi\right\}.$$

于是

$$\begin{aligned}\iiint_{\Omega}(x^2+y^2+z)\mathrm{d}V &= \int_0^{2\pi}\mathrm{d}\theta\int_0^{2\sqrt{2}} r\mathrm{d}r\int_{\frac{1}{2}r^2}^{4}(r^2+z)\mathrm{d}z \\ &= \int_0^{2\pi}\mathrm{d}\theta\int_0^{2\sqrt{2}}\left(4r^3+8r-\frac{5}{8}r^5\right)\mathrm{d}r = \frac{256}{3}\pi.\end{aligned}$$

题型 3 利用球坐标计算三重积分

例 3.11 计算下列三重积分:

(1) $\iiint_{\Omega}\sqrt{1-x^2-y^2-z^2}\,\mathrm{d}V$,其中 Ω 是不等式 $x^2+y^2+z^2 \leqslant 1$, $z \geqslant \sqrt{x^2+y^2}$ 所确定的闭区域;

(2) 将 $I = \int_{-2}^{2}\mathrm{d}x\int_{-\sqrt{4-x^2}}^{\sqrt{4-x^2}}\mathrm{d}y\int_{-\sqrt{4-x^2-y^2}}^{0}(x^2+y^2)\mathrm{d}z$ 分别化成球坐标系下的累次积分,并计算其值.

分析 画出积分区域 Ω 在空间直角坐标系中的图形.(1)根据被积函数和积分区域的特点,利用球坐标计算;(2)根据积分区域的特点将其转化为球面坐标,再进行计算.

解 (1) 积分区域 Ω 的图形如图 3.42(a)所示.易见,它在球坐标系中可以表示为

$$\Omega = \left\{(\rho,\varphi,\theta)\ \middle|\ 0 \leqslant \rho \leqslant 1, 0 \leqslant \varphi \leqslant \frac{\pi}{4}, 0 \leqslant \theta \leqslant 2\pi\right\}.$$

于是

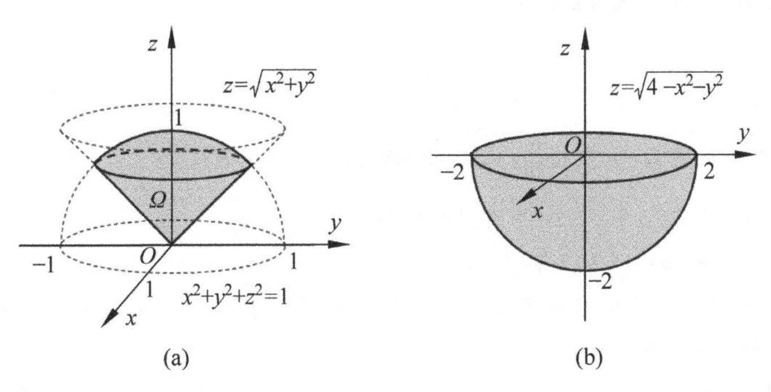

图 3.42

$$\iiint_{\Omega}\sqrt{1-x^2-y^2-z^2}\,\mathrm{d}V=\int_0^{2\pi}\mathrm{d}\theta\int_0^1\rho^2\sqrt{1-\rho^2}\,\mathrm{d}\rho\int_0^{\frac{\pi}{4}}\sin\varphi\,\mathrm{d}\varphi=\frac{1}{16}\pi^2(2-\sqrt{2}).$$

(2) 积分区域 Ω 的图形如图 3.42(b)所示，它在空间直角坐标系中的表示形式为

$$\Omega=\left\{(x,y,z)\mid -\sqrt{4-x^2-y^2}\leqslant z\leqslant 0,-\sqrt{4-x^2}\leqslant y\leqslant\sqrt{4-x^2},-2\leqslant x\leqslant 2\right\}.$$

Ω 在球面坐标系中的表示形式为

$$\Omega=\left\{(\rho,\varphi,\theta)\mid 0\leqslant\rho\leqslant 2,\frac{\pi}{2}\leqslant\varphi\leqslant\pi,0\leqslant\theta\leqslant 2\pi\right\}.$$

于是

$$I=\int_0^{2\pi}\mathrm{d}\theta\int_{\frac{\pi}{2}}^{\pi}\sin^3\varphi\,\mathrm{d}\varphi\int_0^2\rho^4\,\mathrm{d}\rho=\frac{128}{15}\pi.$$

题型 4　综合应用题

例 3.12　设 $f(u)$是连续可导的函数，且 $f(0)=0,f'(0)=1$，已知

$$F(t)=\iiint_{x^2+y^2+z^2\leqslant t^2}f(x^2+y^2+z^2)\,\mathrm{d}x\mathrm{d}y\mathrm{d}z,$$

其中 $t>0$，求 $\lim\limits_{t\to 0}\dfrac{F(t)}{t^5}$.

分析　先将 $F(t)$用球面坐标表示，然后用导数的定义计算极限.

解　易见，$F(t)$的积分区域是典型的球形区域，于是

$$F(t)=\iiint_{x^2+y^2+z^2\leqslant t^2}f(x^2+y^2+z^2)\,\mathrm{d}x\mathrm{d}y\mathrm{d}z=\int_0^{2\pi}\mathrm{d}\theta\int_0^{\pi}\mathrm{d}\varphi\int_0^t f(\rho^2)\rho^2\sin\varphi\,\mathrm{d}\rho$$
$$=4\pi\int_0^t\rho^2 f(\rho^2)\,\mathrm{d}\rho.$$

因为 $F'(t)=4\pi t^2 f(t^2)$，$F(0)=0$，由洛必达法则得

$$\lim_{t\to 0}\frac{F(t)}{t^5}=\lim_{t\to 0}\frac{F'(t)}{5t^4}=\lim_{t\to 0}\frac{4\pi t^2 f(t^2)}{5t^4}=\frac{4\pi}{5}\lim_{t\to 0}\frac{f(t^2)}{t^2}$$
$$=\frac{4\pi}{5}\lim_{t\to 0}\frac{f(t^2)-f(0)}{t^2}=\frac{4\pi}{5}f'(0)=\frac{4\pi}{5}.$$

三、课后习题选解(习题 3.3)

A 类题

1. 对于给定的积分区域 Ω，分别将 $\iiint\limits_{\Omega}f(x,y,z)\mathrm{d}V$ 化为累次积分：

(1) 由三个坐标面及平面 $x+y+z=1$ 所围成的闭区域；

(2) 由曲面 $z=x^2+y^2$，$y=x^2$ 与平面 $y=1$，$z=0$ 围成的闭区域.

分析　首先根据曲面方程画出积分区域，然后判断该区域属于哪种类型，并将积分区域 Ω 表示为相应的形式，最后将三重积分化为累次积分.

解　(1) 积分区域 Ω 的图形如图 3.43(a)所示. 易见，该区域在空间直角坐标系中既属于 xy 型，又属于 yz 型和 zx 型. 从几何直观上讲，选取 xy 型区域较为简单，Ω 可以表示为

$$\Omega=\{(x,y,z)\mid 0\leqslant z\leqslant 1-x-y,0\leqslant y\leqslant 1-x,0\leqslant x\leqslant 1\}.$$

于是

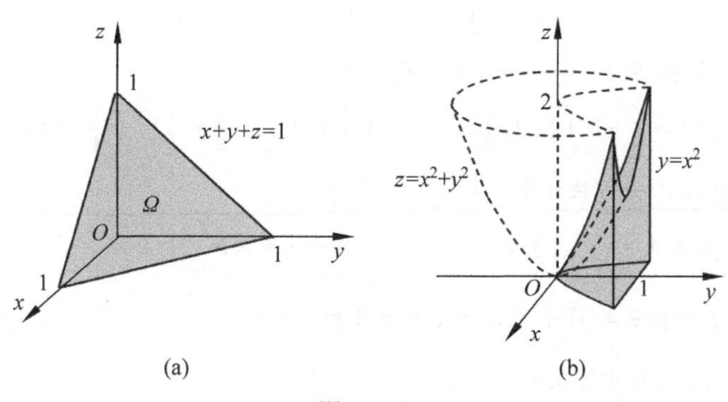

图 3.43

$$\iiint_{\Omega} f(x,y,z)\mathrm{d}V = \int_0^1 \mathrm{d}x \int_0^{1-x} \mathrm{d}y \int_0^{1-x-y} f(x,y,z)\mathrm{d}z.$$

(2) 注意到，$z=x^2+y^2$ 是开口向上的旋转抛物面，$y=x^2$ 是开口向右母线平行于 z 轴的抛物柱面，它们被 $z=0$，$y=1$ 所截的区域如图 3.43(b)所示，根据积分区域的特点可知，该区域是 xy 型区域，它可以表示为

$$\Omega = \{(x,y,z) \mid 0 \leqslant z \leqslant x^2+y^2, x^2 \leqslant y \leqslant 1, -1 \leqslant x \leqslant 1\}.$$

于是

$$\iiint_{\Omega} f(x,y,z)\mathrm{d}V = \int_{-1}^1 \mathrm{d}x \int_{x^2}^1 \mathrm{d}y \int_0^{x^2+y^2} f(x,y,z)\mathrm{d}z.$$

2. 利用投影法(先一后二)方法计算三重积分：

(1) $\iiint\limits_{\Omega} x\,\mathrm{d}V$，其中 Ω 是由平面 $x=0$，$y=0$，$z=0$ 及 $x+y+z=1$ 围成的闭区域；

(2) $\iiint\limits_{\Omega} x^3y^2z\,\mathrm{d}V$，其中 $\Omega=\{(x,y,z) \mid 0 \leqslant x \leqslant 1, 0 \leqslant y \leqslant 2, 0 \leqslant z \leqslant 3\}$.

分析 参考经典题型详解中例 3.9(1).

解 (1) 如图 3.44(a)所示，将区域 Ω 向 xOy 坐标面投影，得三角形投影闭区域

$$D_{xy} = \{(x,y) \mid 0 \leqslant x \leqslant 1, 0 \leqslant y \leqslant 1-x\}.$$

在 D 内部任取一点 (x,y)，过此点作平行于 z 轴的直线，该直线由平面 $z=0$ 穿入，由平面 $z=1-x-y$ 穿出，因此有 $0 \leqslant z \leqslant 1-x-y$. 于是积分区域 Ω 可表示为

$$\Omega = \{(x,y,z) \mid 0 \leqslant z \leqslant 1-x-y, 0 \leqslant y \leqslant 1-x, 0 \leqslant x \leqslant 1\},$$

于是

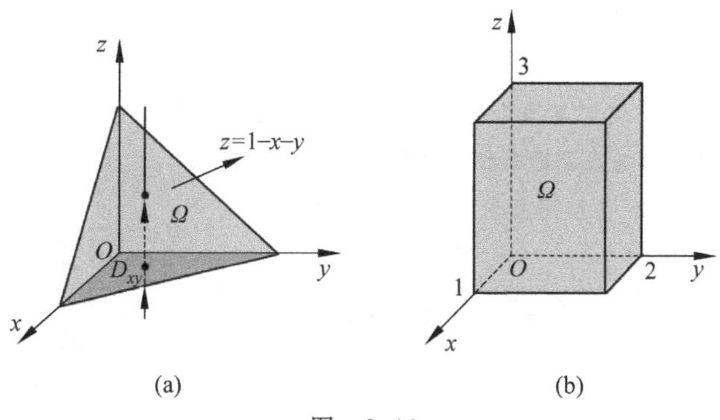

图 3.44

$$\iiint_{\Omega} x\,\mathrm{d}V = \int_0^1 \mathrm{d}x \int_0^{1-x} \mathrm{d}y \int_0^{1-x-y} x\,\mathrm{d}z = \frac{1}{24}.$$

(2) 如图3.44(b)所示，它是一个长方体型区域，于是

$$\iiint_{\Omega} x^3 y^2 z\,\mathrm{d}V = \int_0^3 z\,\mathrm{d}z \int_0^2 y^2\,\mathrm{d}y \int_0^1 x^3\,\mathrm{d}x = \left(\frac{1}{2}z^2\right)\Big|_0^3 \left(\frac{1}{3}y^3\right)\Big|_0^2 \left(\frac{1}{4}x^4\right)\Big|_0^1 = 3.$$

3. 利用截面法(先二后一)方法计算三重积分：

(1) $\iiint_{\Omega} \mathrm{e}^y\,\mathrm{d}V$，其中 Ω 是由 $x^2 - y^2 + z^2 = 1, y = 0, y = 4$ 所围成的闭区域；

(2) $\iiint_{\Omega} z\,\mathrm{d}V$，其中 Ω 是由 $z = x^2 + y^2, z = 2$ 所围成的闭区域.

分析 参考经典题型详解中例3.9(3).

解 (1) 易见，被积函数中只含有变量 z；另一方面，如图3.45(a)所示，用垂直于 y 轴的平面横截积分区域 Ω 时，截得的区域是圆形的，而椭圆的面积是容易求得的. 因此可以使用截面法计算该三重积分. 于是

$$\iiint_{\Omega} \mathrm{e}^y\,\mathrm{d}V = \int_0^4 \mathrm{d}y \iint_{x^2+z^2 \leqslant 1+y^2} \mathrm{e}^y\,\mathrm{d}x\mathrm{d}z = \int_0^4 \pi(1+y^2)\mathrm{e}^y\,\mathrm{d}y = \pi(11\mathrm{e}^4 - 3).$$

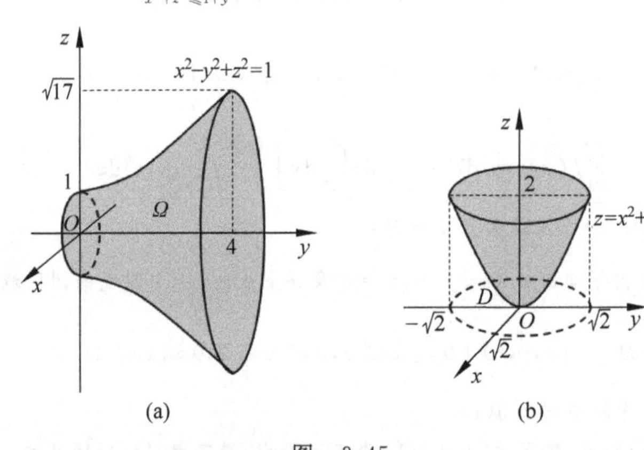

图 3.45

(2) 如图3.45(b)所示，用垂直于 z 轴的平面横截积分区域 Ω 时，截得的区域是圆形的，而圆的面积是容易求得的. 因此可以使用截面法计算该三重积分. 于是

$$\iiint_{\Omega} z\,\mathrm{d}V = \int_0^2 z\,\mathrm{d}z \iint_{x^2+y^2 \leqslant z} \mathrm{d}x\mathrm{d}y = \int_0^2 \pi z^2\,\mathrm{d}z = \frac{8}{3}\pi.$$

4. 将 $I = \int_{-2}^{2} \mathrm{d}x \int_{-\sqrt{4-x^2}}^{\sqrt{4-x^2}} \mathrm{d}y \int_{-2}^{-\sqrt{x^2+y^2}} f(\sqrt{x^2+y^2+z^2})\,\mathrm{d}z$ 分别表示成柱面坐标系中和球面坐标系中的累次积分.

分析 画出积分区域 Ω 在空间直角坐标系中的图形，然后根据积分区域的特点将其分别转化为柱面坐标系和球面坐标系.

解 不难求得积分区域 Ω 在空间直角坐标系中的表示形式为

$$\Omega = \{(x,y,z) \mid -2 \leqslant z \leqslant -\sqrt{x^2+y^2},$$
$$-\sqrt{4-x^2} \leqslant y \leqslant \sqrt{4-x^2}, -2 \leqslant x \leqslant 2\},$$

图形如图3.46所示. Ω 在柱面坐标系中的表示形式为

$$\Omega = \{(r,\theta,z) \mid -2 \leqslant z \leqslant -r, 0 \leqslant r \leqslant 2, 0 \leqslant \theta \leqslant 2\pi\},$$

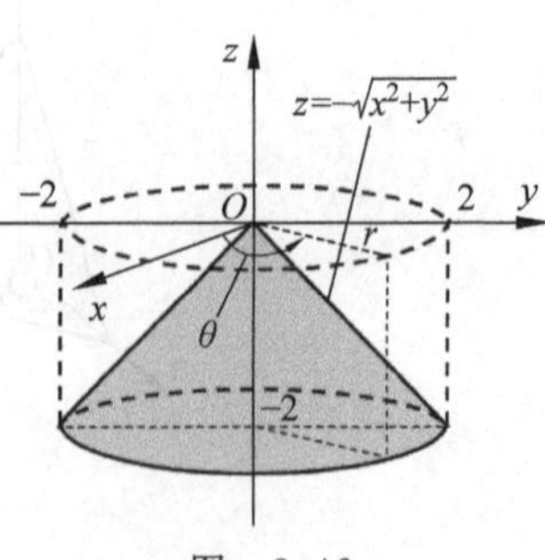

图 3.46

于是

$$I=\int_0^{2\pi}\mathrm{d}\theta\int_0^2 r\mathrm{d}r\int_{-2}^{-r}f(\sqrt{r^2+z^2})\mathrm{d}z;$$

Ω 在球面坐标系中的表示形式为

$$\Omega=\left\{(\rho,\varphi,\theta)\mid 0\leqslant\rho\leqslant-2\sec\varphi,\frac{3\pi}{4}\leqslant\varphi\leqslant\pi,0\leqslant\theta\leqslant 2\pi\right\},$$

于是

$$I=\int_0^{2\pi}\mathrm{d}\theta\int_{\frac{3}{4}\pi}^{\pi}\sin\varphi\mathrm{d}\varphi\int_0^{-2\sec\varphi}f(\rho)\rho^2\mathrm{d}\rho.$$

5. 利用柱坐标计算三重积分：

(1) $\iiint\limits_{\Omega}\mathrm{e}^{x^2+y^2}\mathrm{d}V$，其中 Ω 是由曲面 $x^2+y^2=1$ 与平面 $z=0,z=2$ 围成的闭区域；

(2) $\iiint\limits_{\Omega}(x^2+y^2+z)\mathrm{d}V$，其中 Ω 为抛物面 $z=x^2+y^2$ 与圆柱面 $x^2+y^2=4$ 及坐标面在第 Ⅰ 卦限围成的闭区域.

分析 参考经典题型详解中例 3.10.

解 (1) 积分区域 Ω 的图形如图 3.47(a)所示，它在柱面坐标系中的表示形式为

$$\Omega=\{(x,y,z)\mid 0\leqslant\theta\leqslant 2\pi,0\leqslant r\leqslant 1,\ 0\leqslant z\leqslant 2\}.$$

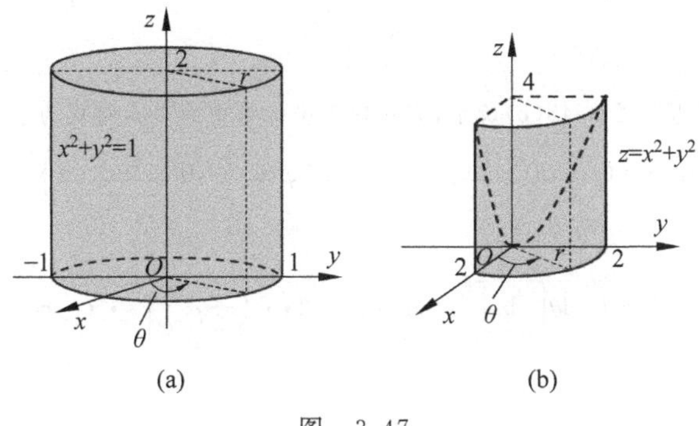

图 3.47

于是

$$\iiint\limits_{\Omega}\mathrm{e}^{x^2+y^2}\mathrm{d}V=\int_0^{2\pi}\mathrm{d}\theta\int_0^1\mathrm{e}^{r^2}r\mathrm{d}r\int_0^2\mathrm{d}z=\frac{1}{2}\int_0^{2\pi}\mathrm{d}\theta\int_0^1\mathrm{e}^{r^2}\mathrm{d}(r^2)\int_0^2\mathrm{d}z=2\pi(\mathrm{e}-1).$$

(2) 积分区域 Ω 的图形如图 3.47(b)所示，它在柱面坐标系中的表示形式为

$$\Omega=\left\{(x,y,z)\mid 0\leqslant\theta\leqslant\frac{\pi}{2},0\leqslant r\leqslant 2,0\leqslant z\leqslant r^2\right\}.$$

于是

$$\iiint\limits_{\Omega}(x^2+y^2+z)\mathrm{d}V=\int_0^{\frac{\pi}{2}}\mathrm{d}\theta\int_0^2 r\mathrm{d}r\int_0^{r^2}(r^2+z)\mathrm{d}z=\frac{3}{2}\int_0^{\frac{\pi}{2}}\mathrm{d}\theta\int_0^2 r^5\mathrm{d}r=8\pi.$$

6. 利用球坐标计算三重积分：

(1) $\iiint\limits_{\Omega}(x^5+z)\mathrm{d}V$，其中 Ω 是由曲面 $z=\sqrt{x^2+y^2}$，$z=\sqrt{1-x^2-y^2}$ 围成的闭区域；

(2) $\iiint\limits_{\Omega}(x^2+y^2+z^2)\mathrm{d}V$，其中 Ω 是不等式 $4\leqslant x^2+y^2+z^2\leqslant 9(z\geqslant 0)$ 围成的闭区域.

分析 参考经典题型详解中例 3.11.

解 (1) 积分区域 Ω 的图形如图 3.48(a)所示，它在球面坐标系中的表示形式为

$$\Omega=\left\{(\rho,\varphi,\theta)\mid 0\leqslant\rho\leqslant 1,0\leqslant\varphi\leqslant\frac{\pi}{4},0\leqslant\theta\leqslant 2\pi\right\}.$$

由三重积分的对称性3知，$\iiint\limits_{\Omega}x^5\,\mathrm{d}V=0$. 于是

$$\iiint\limits_{\Omega}(x^5+z)\mathrm{d}V=\iiint\limits_{\Omega}z\,\mathrm{d}V=\int_0^{2\pi}\mathrm{d}\theta\int_0^1\mathrm{d}\rho\int_0^{\frac{\pi}{4}}\rho\cos\varphi\cdot\rho^2\sin\varphi\mathrm{d}\varphi$$

$$=2\pi\cdot\left(\frac{1}{4}\rho^4\right)\bigg|_0^1\cdot\left(\frac{1}{2}\sin^2\varphi\right)\bigg|_0^{\frac{\pi}{4}}=\frac{1}{8}\pi.$$

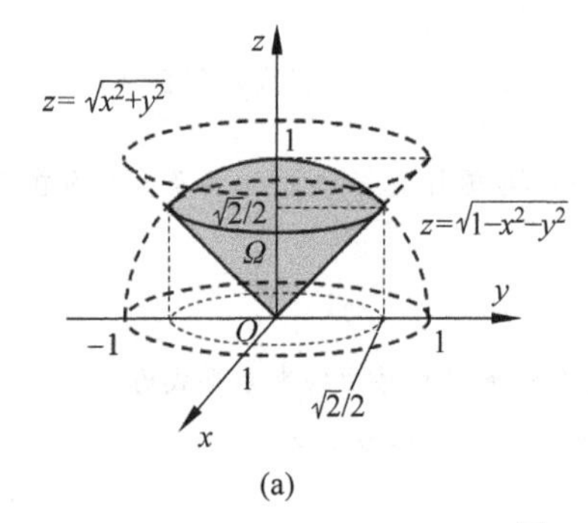

(a)

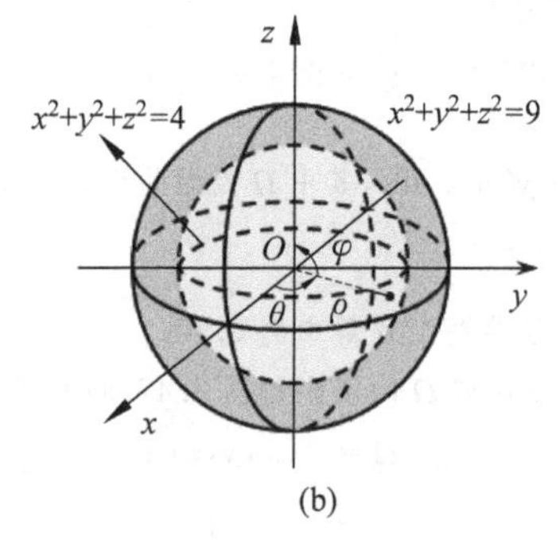

(b)

图 3.48

(2) 积分区域 Ω 的图形如图3.48(b)所示，它在球面坐标系中的表示形式为

$$\Omega=\left\{(\rho,\varphi,\theta)\mid 2\leqslant\rho\leqslant 3,0\leqslant\varphi\leqslant\frac{\pi}{2},0\leqslant\theta\leqslant 2\pi\right\}.$$

于是

$$\iiint\limits_{\Omega}(x^2+y^2+z^2)\mathrm{d}V=\int_0^{2\pi}\mathrm{d}\theta\int_2^3\mathrm{d}\rho\int_0^{\frac{\pi}{2}}\rho^4\sin\varphi\mathrm{d}\varphi=2\pi\cdot\left(\frac{1}{5}\rho^5\right)\bigg|_2^3\cdot(-\cos\varphi)\bigg|_0^{\frac{\pi}{2}}=\frac{422}{5}\pi.$$

1. 将三重积分 $\iiint\limits_{\Omega}f(x,y,z)\mathrm{d}V$ 化为直角坐标系下的累次积分，积分区域 Ω 分别为：

(1) 由曲面 $z=x^2+y^2$ 及平面 $z=2$ 围成的闭区域；

(2) 由曲面 $z=x^2+2y^2$ 及 $z=2-x^2$ 所围成的闭区域.

分析 首先根据曲面方程画出积分区域，然后判断该区域属于哪种类型，并将积分区域 Ω 表示为相应的形式，最后将三重积分化为累次积分.

解 (1) 积分区域 Ω 的图形如图3.49(a)所示. 易见，该区域由开口向上旋转抛物面 $z=x^2+y^2$ 被平面 $z=2$ 横截的部分，它在直角坐标系中可以表示为

$$\Omega=\{(x,y,z)\mid x^2+y^2\leqslant z\leqslant 2,-\sqrt{2-x^2}\leqslant y\leqslant\sqrt{2-x^2},-\sqrt{2}\leqslant x\leqslant\sqrt{2}\}.$$

于是

$$\iiint\limits_{\Omega}f(x,y,z)\mathrm{d}V=\int_{-\sqrt{2}}^{\sqrt{2}}\mathrm{d}x\int_{-\sqrt{2-x^2}}^{\sqrt{2-x^2}}\mathrm{d}y\int_{x^2+y^2}^{2}f(x,y,z)\mathrm{d}z.$$

(2) 积分区域 Ω 的图形如图3.49(b)所示. 易见，该区域由开口向上椭圆抛物面 $z=x^2+2y^2$ 被开口向下的抛物柱面 $z=2-x^2$ 截取的部分，并且该区域在面上的投影为 $x^2+y^2=1$. 因此，Ω 在直角坐标系中可以表示为

$$\Omega=\{(x,y,z)\mid x^2+2y^2\leqslant z\leqslant 2-x^2,-\sqrt{1-x^2}\leqslant y\leqslant\sqrt{1-x^2},-1\leqslant x\leqslant 1\}.$$

于是

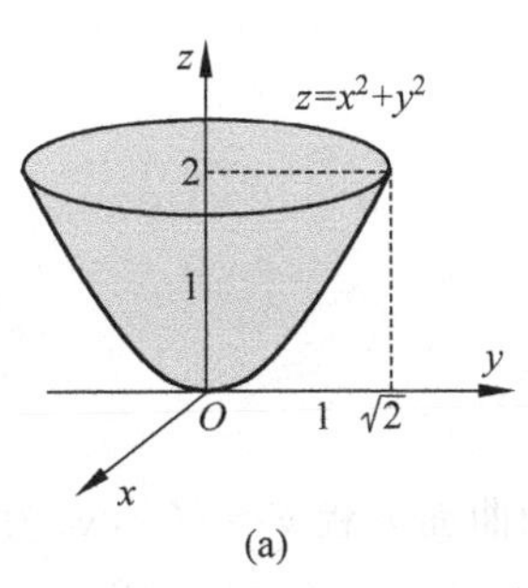

(a)

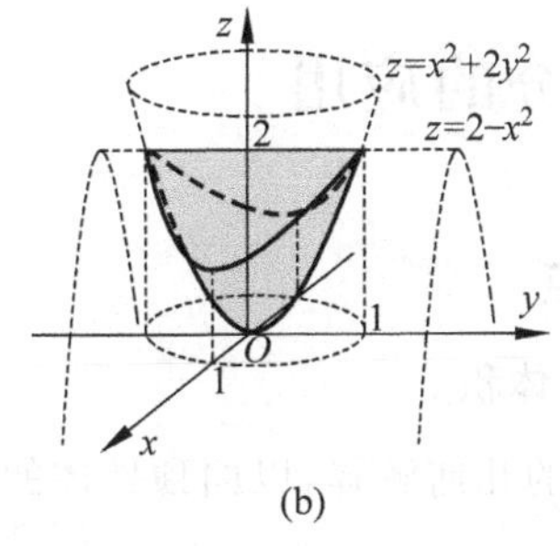

(b)

图 3.49

$$\iiint\limits_{\Omega} f(x,y,z)\mathrm{d}V=\int_{-1}^{1}\mathrm{d}x\int_{-\sqrt{1-x^2}}^{\sqrt{1-x^2}}\mathrm{d}y\int_{x^2+2y^2}^{2-x^2} f(x,y,z)\mathrm{d}z.$$

2. 选择适当的坐标系计算三重积分：

(1) $\iiint\limits_{\Omega}(3x+2y+z)\mathrm{d}V$，其中 Ω 是由平面 $z=h(h>0)$ 及曲面 $x^2+y^2=z^2$ 围成的闭区域；

(2) $\iiint\limits_{\Omega}(4x+2y+5z)\mathrm{d}V$，其中 Ω 为 $x^2+y^2+z^2\leqslant a^2(a>0)$ 围成的闭区域；

(3) $\iiint\limits_{\Omega}\sqrt{x^2+y^2}\mathrm{d}V$，其中 Ω 是由曲面 $z=x^2+y^2$ 与平面 $z=4$ 围成的立体；

分析 参考经典题型详解中例 3.9～例 3.11.

解 (1) 积分区域 Ω 的图形如图 3.50(a)所示. 易见，该区域关于坐标面 yOz 和 zOx 均对称，根据三重积分的对称性，并利用截面法(先二后一)可得

$$\iiint\limits_{\Omega}(3x+2y+z)\mathrm{d}V=\iiint\limits_{\Omega}z\mathrm{d}V=\int_0^h z\mathrm{d}z\iint\limits_{x^2+y^2\leqslant z^2}\mathrm{d}x\mathrm{d}y=\pi\int_0^h z^3\mathrm{d}z=\frac{1}{4}\pi h^4.$$

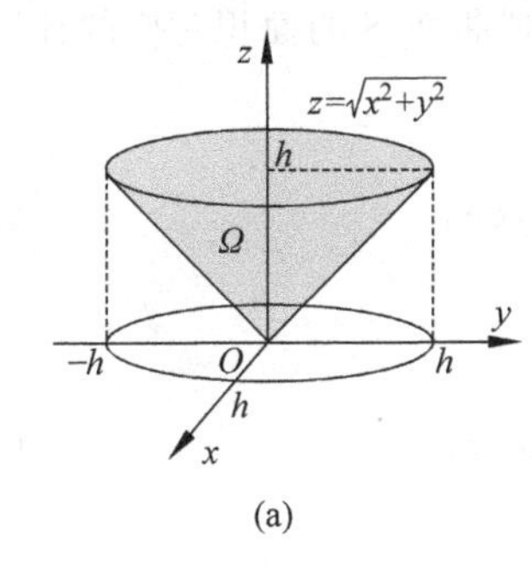

(a)

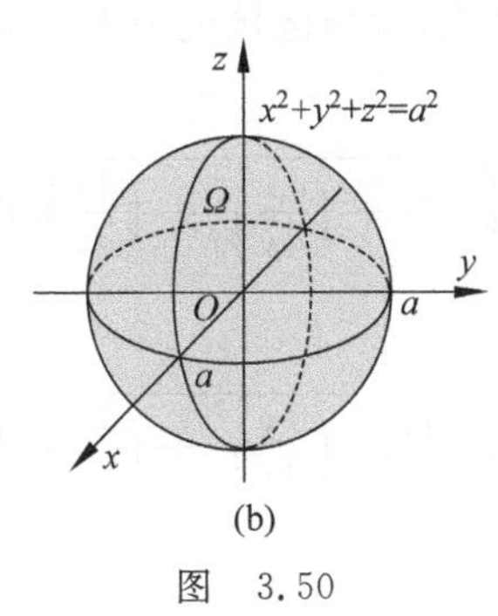

(b)

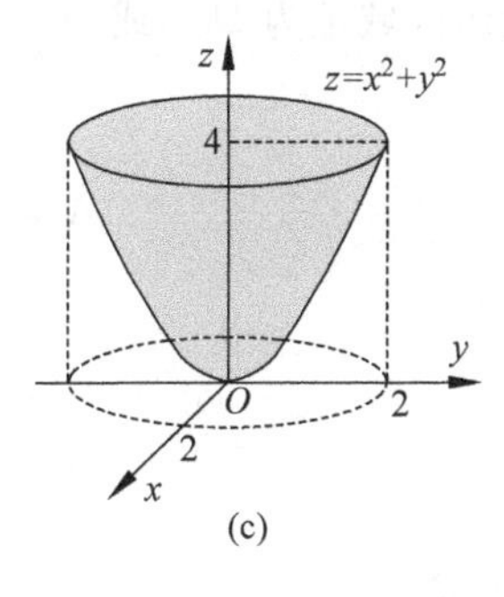

(c)

图 3.50

(2) 积分区域 Ω 的图形如图 3.50(b)所示. 易见，该区域关于坐标面 yOz 和 zOx 均对称，根据三重积分的对称性，并利用截面法(先二后一)可得

$$\iiint\limits_{\Omega}(4x+2y+5z)\mathrm{d}V=4\iiint\limits_{\Omega}x\mathrm{d}V+2\iiint\limits_{\Omega}y\mathrm{d}V+5\iiint\limits_{\Omega}z\mathrm{d}V=0.$$

(3) 积分区域 Ω 的图形如图 3.50(c)所示. 根据积分区域和被积函数的特点，选用柱坐标系进行计算. 易见，它在柱坐标系中可以表示为

$$\Omega=\{(r,\theta,z)\mid r^2\leqslant z\leqslant 4,0\leqslant r\leqslant 2,0\leqslant\theta\leqslant 2\pi\}.$$

于是

$$\iiint\limits_{\Omega}\sqrt{x^2+y^2}\mathrm{d}V=\int_0^{2\pi}\mathrm{d}\theta\int_0^2 r^2\mathrm{d}r\int_{r^2}^4\mathrm{d}z=\frac{128}{15}\pi.$$

3.4 重积分的应用

一、知识要点

1. 空间立体的体积

根据二重积分的几何解释，以曲顶柱体的顶的曲面方程 $z=f(x,y)$ 为被积函数，以其底为积分区域 $(x,y)\in D$ 的二重积分值等于曲顶柱体的体积，即 $V=\iint\limits_{D}f(x,y)\mathrm{d}\sigma$.

特别地，空间直角坐标系 $Oxyz$ 中的区域 Ω 的体积为 $V=\iiint\limits_{\Omega}\mathrm{d}V$.

2. 曲面的面积

假设曲面 S 是光滑的，即曲面方程 $z=f(x,y)$ 在 D 上具有连续偏导数 $f_x(x,y)$ 和 $f_y(x,y)$. 曲面 S 的面积计算公式为

$$A=\iint\limits_{D}\mathrm{d}A=\iint\limits_{D_{xy}}\sqrt{1+f_x^2(x,y)+f_y^2(x,y)}\,\mathrm{d}\sigma, \tag{3.22}$$

或写成

$$A=\iint\limits_{D_{xy}}\sqrt{1+\left(\frac{\partial z}{\partial x}\right)^2+\left(\frac{\partial z}{\partial y}\right)^2}\,\mathrm{d}x\mathrm{d}y. \tag{3.23}$$

如果光滑曲面 S 的方程由 $x=x(y,z)$ 或 $y=y(z,x)$ 给出，可以分别把曲面投影到 yOz 面上(投影区域记为 D_{yz})或 zOx 面上(投影区域记为 D_{zx})，则曲面 S 的面积对应的计算公式分别为

$$A=\iint\limits_{D_{yz}}\sqrt{1+\left(\frac{\partial x}{\partial y}\right)^2+\left(\frac{\partial x}{\partial z}\right)^2}\,\mathrm{d}y\mathrm{d}z, \tag{3.24}$$

或

$$A=\iint\limits_{D_{zx}}\sqrt{1+\left(\frac{\partial y}{\partial x}\right)^2+\left(\frac{\partial y}{\partial z}\right)^2}\,\mathrm{d}x\mathrm{d}z. \tag{3.25}$$

3. 质心

(1) 平面薄片的质心

设平面薄片占有 xOy 面上的闭区域 D，面密度函数 $\rho(x,y)$ 在 D 上连续. 该薄片的质心坐标 $(\bar{x},\bar{y})$ 为

$$\bar{x}=\frac{M_y}{M}=\frac{\iint\limits_{D}x\rho(x,y)\mathrm{d}\sigma}{\iint\limits_{D}\rho(x,y)\mathrm{d}\sigma},\quad \bar{y}=\frac{M_x}{M}=\frac{\iint\limits_{D}y\rho(x,y)\mathrm{d}\sigma}{\iint\limits_{D}\rho(x,y)\mathrm{d}\sigma}. \tag{3.26}$$

特别地，如果薄片是均匀的，即面密度为常量，则

$$\bar{x}=\frac{1}{A}\iint\limits_{D}x\,\mathrm{d}\sigma,\quad \bar{y}=\frac{1}{A}\iint\limits_{D}y\,\mathrm{d}\sigma, \tag{3.27}$$

其中 A 为薄片的面积.

(2) 空间物体的质心

设空间物体占有空间 $Oxyz$ 的有界闭区域 Ω,体密度函数 $\rho(x,y,z)$ 在 Ω 上连续. 空间物体的质心 $(\bar{x},\bar{y},\bar{z})$ 为

$$\bar{x}=\frac{1}{M}\iiint_{\Omega}x\rho(x,y,z)\mathrm{d}V,\ \bar{y}=\frac{1}{M}\iiint_{\Omega}y\rho(x,y,z)\mathrm{d}V,\ \bar{z}=\frac{1}{M}\iiint_{\Omega}z\rho(x,y,z)\mathrm{d}V, \tag{3.28}$$

其中, $M=\iiint_{\Omega}\rho(x,y,z)\mathrm{d}V$ 为该物体的质量.

特别地,对于占据空间闭区域 Ω,密度为常数的物体,其质心 $(\bar{x},\bar{y},\bar{z})$ 为

$$\bar{x}=\frac{1}{V}\iiint_{\Omega}x\,\mathrm{d}V,\quad \bar{y}=\frac{1}{V}\iiint_{\Omega}y\,\mathrm{d}V,\quad \bar{z}=\frac{1}{V}\iiint_{\Omega}z\,\mathrm{d}V. \tag{3.29}$$

其中, V 为物体 Ω 的体积.

4. 转动惯量

(1) 平面薄片关于坐标轴的转动惯量

设平面薄片占有 xOy 面上的有界闭区域 D,面密度函数 $\rho(x,y)$ 在 D 上连续. 于是,该平面薄片关于 x 轴, y 轴的转动惯量分别为

$$I_x=\iint_{D}y^2\rho(x,y)\mathrm{d}\sigma,\quad I_y=\iint_{D}x^2\rho(x,y)\mathrm{d}\sigma. \tag{3.30}$$

(2) 空间物体关于坐标轴的转动惯量

设空间物体占有空间直角坐标系 $Oxyz$ 的有界闭区域 Ω,体密度函数 $\rho(x,y,z)$ 在 Ω 上连续,则该物体关于 x,y,z 轴的转动惯量分别为

$$I_x=\iiint_{\Omega}(y^2+z^2)\rho(x,y,z)\mathrm{d}V;\quad I_y=\iiint_{\Omega}(x^2+z^2)\rho(x,y,z)\mathrm{d}V;$$

$$I_z=\iiint_{\Omega}(x^2+y^2)\rho(x,y,z)\mathrm{d}V. \tag{3.31}$$

5. 引力

设空间物体占有空间直角坐标系 $Oxyz$ 的有界闭区域 Ω,它在点 (x,y,z) 处的体密度由连续函数 $\rho(x,y,z)$ $((x,y,z)\in\Omega)$ 表示. 另有一个质量为 m 的质点位于 Ω 外的 $P_0(x_0,y_0,z_0)$ 处,则空间物体对质点的引力 $\boldsymbol{F}$ 为

$$\boldsymbol{F}=(F_x,F_y,F_z)=\left(\iiint_{\Omega}\frac{Gm\rho\cdot(x-x_0)}{r^3}\mathrm{d}V,\iiint_{\Omega}\frac{Gm\rho\cdot(y-y_0)}{r^3}\mathrm{d}V,\iiint_{\Omega}\frac{Gm\rho\cdot(z-z_0)}{r^3}\mathrm{d}V\right), \tag{3.32}$$

其中, G 为引力常数, $r=\sqrt{(x-x_0)^2+(y-y_0)^2+(z-z_0)^2}$.

二、课后习题选解(习题 3.4)

1. 求由曲面 $z=1-x^2-y^2$ 与平面 $z=0$ 所围成的立体的体积.

分析 根据二重积分的几何意义,所求的立体体积可以利用二重积分计算.

解 该立体的图形如图 3.51 所示,它在 xOy 面的投影为 $D=\{(x,y)|x^2+y^2=1\}$. 根据二重积分的几何意义,所求的立体体积等于以函数 $z=1-x^2-y^2$ 为被积函数、积分区域为 $D=$

$\{(x,y)\mid x^2+y^2=1\}$的二重积分，即$V=\iint\limits_D(1-x^2-y^2)\mathrm{d}\sigma$. 利用极坐标变换，有

$$V=\iint\limits_D(1-r^2)r\mathrm{d}r\mathrm{d}\theta=\int_0^{2\pi}\mathrm{d}\theta\int_0^1(r-r^3)\mathrm{d}r=\frac{1}{2}\pi.$$

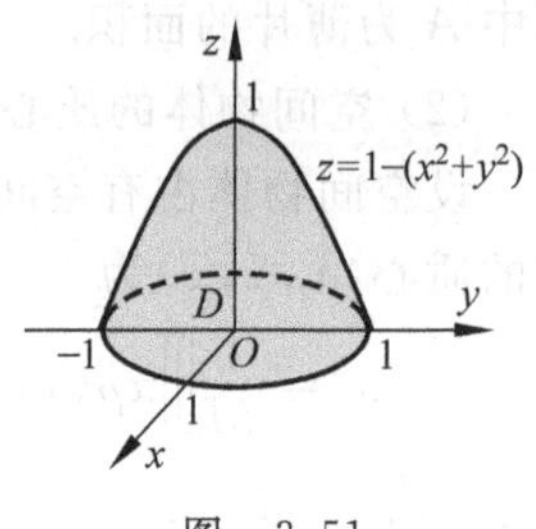

图 3.51

2. 已知两球的半径分别为r和$R(R>r)$，且小球球心在大球的球面上，试求小球在大球内那部分体积.

分析 根据三重积分的性质，当被积函数恒等于1时，以Ω为积分区域的三重积分值即为Ω的体积.

解 以小球球心为原点建立坐标系，该立体的图形如图3.52所示，其中小球的方程为$x^2+y^2+z^2=r^2$，大球的方程为$x^2+y^2+(z-R)^2=R^2$. 易见，该立体的体积可以分为两部分进行计算. 由三重积分的截面法(先二后一)，有

$$\begin{aligned}V&=\iiint\limits_{\Omega}\mathrm{d}V=\iiint\limits_{\Omega_1}\mathrm{d}V+\iiint\limits_{\Omega_2}\mathrm{d}V\\&=\int_0^{\frac{r^2}{2R}}\mathrm{d}z\iint\limits_{x^2+y^2\leqslant 2Rz-z^2}\mathrm{d}x\mathrm{d}y+\int_{\frac{r^2}{2R}}^{r}\mathrm{d}z\iint\limits_{x^2+y^2\leqslant r^2-z^2}\mathrm{d}x\mathrm{d}y\\&=\int_0^{\frac{r^2}{2R}}\pi(2Rz-z^2)\mathrm{d}z+\int_{\frac{r^2}{2R}}^{r}\pi(r^2-z^2)\mathrm{d}z=\left(\frac{2}{3}-\frac{r}{4R}\right)\pi r^3.\end{aligned}$$

3. 求由旋转曲面$z=x^2+y^2$，三个坐标面和平面$x+y=1$所围成的立体的体积.

分析 根据二重积分的几何意义，所求的立体体积可以利用二重积分计算.

解 该立体的图形如图3.53所示. 易见，该立体是以$z=x^2+y^2$为顶，以

$$D=\{(x,y)\mid 0\leqslant x\leqslant 1,0\leqslant y\leqslant 1-x\}$$

为底的曲顶柱体. 所以有

$$V=\iint\limits_D(x^2+y^2)\mathrm{d}\sigma=\int_0^1\mathrm{d}x\int_0^{1-x}(x^2+y^2)\mathrm{d}y=\int_0^1\left[x^2(1-x)+\frac{1}{3}(1-x)^3\right]\mathrm{d}x=\frac{1}{6}.$$

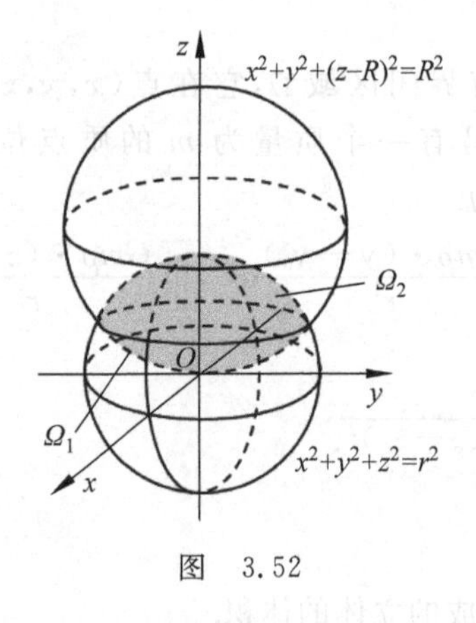

图 3.52

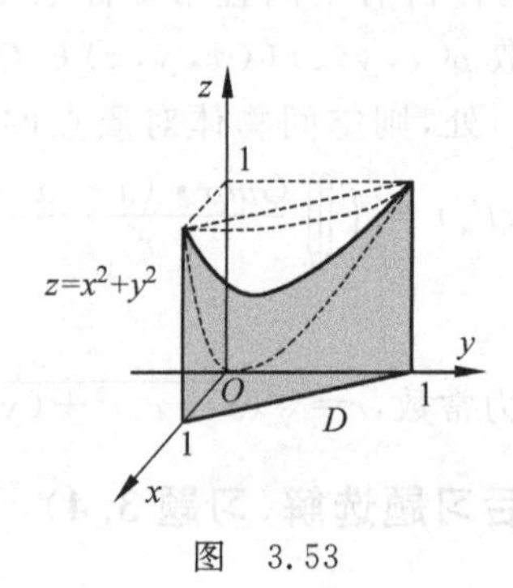

图 3.53

4. 求半径为a的球的表面积.

分析 利用对称性进行计算，并注意被积函数在闭区域D上无界，不能直接应用曲面面积公式计算.

解　设球面方程为 $x^2+y^2+z^2=a^2$，由于曲面的对称性，只需计算上半球面的面积，其方程为

$$z=\sqrt{a^2-x^2-y^2},$$

它在 xOy 面上的投影区域 D 可表示为 $x^2+y^2\leqslant a^2$. 由于

$$\frac{\partial z}{\partial x}=\frac{-x}{\sqrt{a^2-x^2-y^2}},\quad \frac{\partial z}{\partial y}=\frac{-y}{\sqrt{a^2-x^2-y^2}},$$

可得对应的面积微元为

$$\mathrm{d}A=\sqrt{1+\left(\frac{\partial z}{\partial x}\right)^2+\left(\frac{\partial z}{\partial y}\right)^2}\,\mathrm{d}x\mathrm{d}y=\frac{a}{\sqrt{a^2-x^2-y^2}}\mathrm{d}x\mathrm{d}y.$$

因为函数 $z=\frac{a}{\sqrt{a^2-x^2-y^2}}$ 在闭区域 D 上无界，不能直接应用曲面面积公式计算，所以先取区域 D_1：$x^2+y^2\leqslant b^2(0<b<a)$ 为积分区域，如图 3.54 所示，在计算出相应于 D_1 的球面面积 $A_1=\iint\limits_{D_1}\frac{a}{\sqrt{a^2-x^2-y^2}}\mathrm{d}x\mathrm{d}y$ 后，令 $b\to a$，取 A_1 的极限就得半球的面积.

利用极坐标得

$$A_1=\iint\limits_{D_1}\frac{a}{\sqrt{a^2-r^2}}r\mathrm{d}r\mathrm{d}\theta=a\int_0^{2\pi}\mathrm{d}\theta\int_0^b\frac{1}{\sqrt{a^2-r^2}}r\mathrm{d}r$$

$$=2\pi a\int_0^b\frac{1}{\sqrt{a^2-r^2}}r\mathrm{d}r=2\pi a(a-\sqrt{a^2-b^2}).$$

于是，$\lim\limits_{b\to a}A_1=\lim\limits_{b\to a}2\pi a(a-\sqrt{a^2-b^2})=2\pi a^2$. 所以半径为 a 的球的表面积是 $4\pi a^2$.

5. 一个物体由旋转抛物面 $z=x^2+y^2$ 及平面 $z=1$ 所围成，已知其任一点处的体密度 ρ 与该点到 z 轴的距离成正比，比例系数为 k，求其质量 m.

分析　先求密度函数，所求质量即为以体密度为被积函数，所围立体为积分区域的三重积分.

解　由题意，密度函数为 $\rho=k\sqrt{x^2+y^2}$，因此物体的质量为 $m=\iiint\limits_{\Omega}k\sqrt{x^2+y^2}\mathrm{d}V$，其中 Ω 为曲面 $z=x^2+y^2$ 及平面 $z=1$ 所围成的区域，如图 3.55 所示. 易见，Ω 在坐标面 xOy 上的投影区域 D 为圆 $x^2+y^2\leqslant 1$.

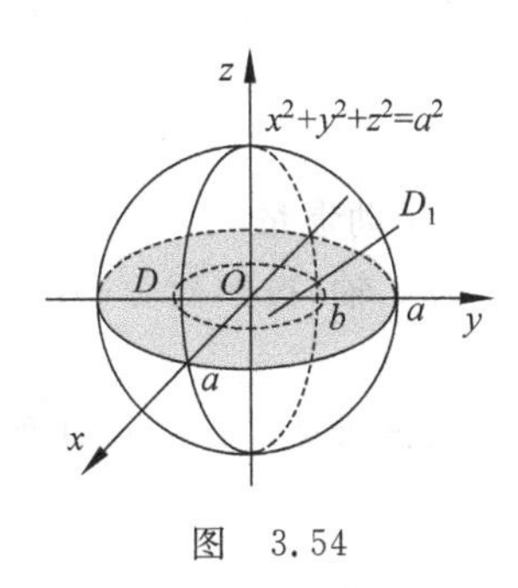

图　3.54

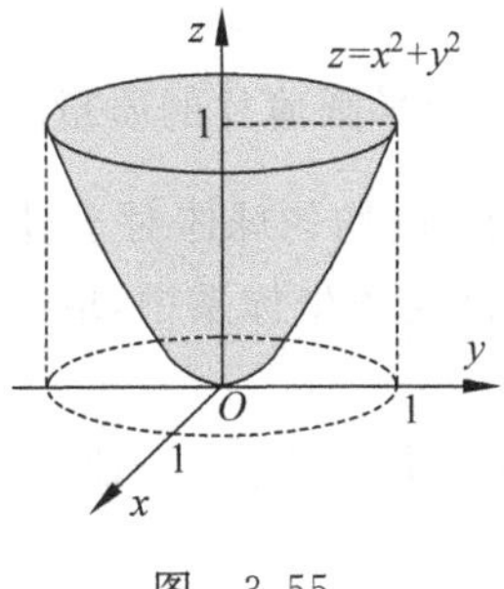

图　3.55

利用三重积分的柱坐标计算方法，有

$$m=\iiint\limits_{\Omega}k\sqrt{x^2+y^2}\mathrm{d}V=k\int_0^{2\pi}\mathrm{d}\theta\int_0^1 r^2\mathrm{d}r\int_{r^2}^1\mathrm{d}z=k\int_0^{2\pi}\mathrm{d}\theta\int_0^1 r^2(1-r^2)\mathrm{d}r=\frac{4}{15}k\pi.$$

6. 求半椭圆$\frac{x^2}{a^2}+\frac{y^2}{b^2}\leqslant 1(y\geqslant 0)$均匀薄片的质心.

分析 先求薄片的质量,再求静矩.

解 设质心坐标为$(\bar{x},\bar{y})$,由对称性,知$\bar{x}=0$.现求$\bar{y}$.易见,半椭圆的参数方程为$\begin{cases}x=a\cos t,\\ y=b\sin t\end{cases}(0\leqslant t\leqslant \pi)$,面积为$\pi ab$.于是,

$$\bar{y}=\frac{\iint\limits_D \mu y\,\mathrm{d}\sigma}{\iint\limits_D \mu\,\mathrm{d}\sigma}=\frac{2}{\pi ab}\iint\limits_D y\,\mathrm{d}\sigma=\frac{2}{ab\pi}\int_0^{\pi}\mathrm{d}\theta\int_0^1 ab^2r^2\sin\theta\mathrm{d}r=\frac{4b}{3\pi}.$$

故所求质心是$\left(0,\frac{4b}{3\pi}\right)$.

7. 求均匀半球体的质心.

分析 先求半球体的体积,再求质心.

解 取半球体的对称轴为z轴,球心取在原点上.又设球体的半径为a,则半球所占空间闭区域为$\Omega=\{(x,y,z)\mid x^2+y^2+z^2\leqslant a^2,z\geqslant 0\}$.显然,质心在$z$轴上,故$\bar{x}=\bar{y}=0$.

$$\bar{z}=\frac{1}{M}\iiint\limits_{\Omega} z\rho\mathrm{d}V=\frac{1}{V}\iiint\limits_{\Omega} z\,\mathrm{d}V,$$

其中$V=\frac{2}{3}\pi a^3$为半球的体积.不难求得

$$\iiint\limits_{\Omega} z\,\mathrm{d}V=\iiint\limits_{\Omega} r\cos\varphi r^2\sin\varphi\mathrm{d}r\mathrm{d}\theta\mathrm{d}\varphi=\int_0^{2\pi}\mathrm{d}\theta\int_0^{\frac{\pi}{2}}\cos\varphi\sin\varphi\mathrm{d}\varphi\int_0^a r^3\,\mathrm{d}r=\frac{\pi a^4}{4}.$$

因此,$\bar{z}=\frac{3}{8}a$.于是均匀半球体的质心为$\left(0,0,\frac{3}{8}a\right)$.

8. 求半径为a的均匀半圆薄片(面密度为常数ρ)对于其直径边的转动惯量.

分析 建立直角坐标系,使其对直径边的转动惯量即为对坐标轴的转动惯量.

解 假设薄片在直角坐标系中所占的闭区域为$D=\{(x,y)\mid x^2+y^2\leqslant a^2,y\geqslant 0\}$,所以半圆薄片对于$x$轴的转动惯量$I_x$即为所求的转动惯量

$$I_x=\iint\limits_D \rho y^2\mathrm{d}\sigma=\iint\limits_D \rho r^2\sin^2\theta r\,\mathrm{d}r\mathrm{d}\theta=\rho\int_0^{\pi}\sin^2\theta\mathrm{d}\theta\int_0^a r^3\,\mathrm{d}r=\frac{1}{8}\rho\pi a^4=\frac{1}{4}Ma^2.$$

其中,$M=\frac{1}{2}\pi a^2\rho$为半圆薄片的质量.

9. 求密度为ρ的均匀球体对于过球心的一条轴l的转动惯量.

分析 在空间直角坐标系中,取过球心的一条轴l为z轴,按照对z轴的转动惯量计算公式进行求解.

解 取球心为坐标原点,z轴与轴l重合.又设球的半径为a,则球体所占空间闭区域

$$\Omega=\{(x,y,z)\mid x^2+y^2+z^2\leqslant a^2\}.$$

所求转动惯量即球体对于z轴的转动惯量为(利用三重积分的球坐标计算方法)

$$I_z=\iiint\limits_{\Omega}(x^2+y^2)\rho\mathrm{d}V=\rho\iiint\limits_{\Omega} r^2\sin^2\varphi\cdot r^2\sin\varphi\mathrm{d}r\mathrm{d}\theta\mathrm{d}\varphi=\rho\iiint\limits_{\Omega} r^4\sin^3\varphi\mathrm{d}r\mathrm{d}\theta\mathrm{d}\varphi$$

$$=\rho\int_0^{2\pi}\mathrm{d}\theta\int_0^{\pi}\sin^3\varphi\mathrm{d}\varphi\int_0^a r^4\mathrm{d}r=\rho\cdot 2\pi\cdot\frac{a^5}{5}\int_0^{\pi}\sin^3\varphi\mathrm{d}\varphi$$

$$=\frac{2}{5}\pi a^5\rho\cdot\frac{4}{3}=\frac{2}{5}a^2M,$$

其中，$M=\frac{4}{3}\rho\pi a^3$ 为球体的质量.

10. 已知均匀矩形板(面密度为常量 ρ)的长和宽分别为 b,h，求这矩形板对于通过其形心且分别与一边平行的两轴的转动惯量.

分析 建立直角坐标系，取矩形的两直角边分别在 x 轴和 y 轴上，按照对 x 轴和 y 轴的转动惯量计算公式进行求解.

解 依题意，取形心为原点，旋转轴为坐标轴，如图 3.56 所示. 对 x 轴的转动惯量为

$$I_x=\rho\iint_D y^2\mathrm{d}\sigma=\int_{-\frac{b}{2}}^{\frac{b}{2}}\mathrm{d}x\int_{-\frac{h}{2}}^{\frac{h}{2}}\rho y^2\mathrm{d}y=\rho b\int_{-\frac{h}{2}}^{\frac{h}{2}}y^2\mathrm{d}y=\frac{1}{12}\rho h^3 b.$$

同理，对 y 轴的转动惯量

$$I_y=\rho\iint_D x^2\mathrm{d}\sigma=\int_{-\frac{b}{2}}^{\frac{b}{2}}\mathrm{d}x\int_{-\frac{h}{2}}^{\frac{h}{2}}\rho x^2\mathrm{d}y=\rho h\int_{-\frac{b}{2}}^{\frac{b}{2}}x^2\mathrm{d}x=\frac{1}{12}\rho h b^3.$$

11. 设半径为 R 的匀质球占有空间闭区域 $\Omega=\{(x,y,z)\mid x^2+y^2+z^2\leqslant R^2\}$. 求它对位于 $M_0(0,0,a)(a>R)$ 处的单位质量的质点的引力，如图 3.57 所示.

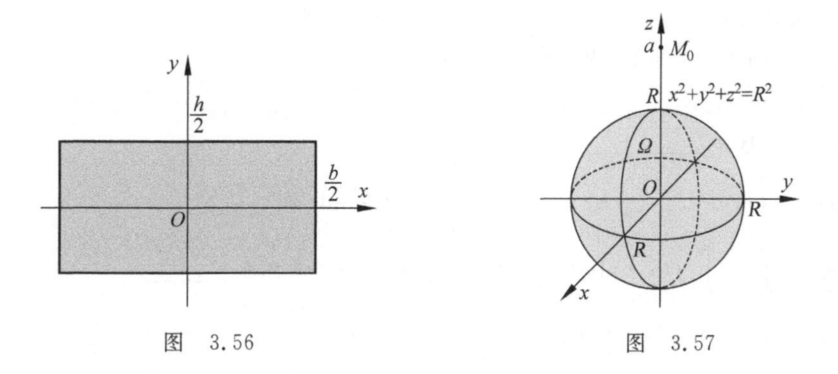

图 3.56　　图 3.57

分析 利用对称性和引力公式计算.

解 依题意，设球的密度为 ρ_0，由球体的对称性及质量分布的均匀性知 $F_x=F_y=0$，所求引力沿 z 轴的分量为

$$F_z=\iiint_\Omega G\rho_0\frac{z-a}{[x^2+y^2+(z-a)^2]^{\frac{3}{2}}}\mathrm{d}V=G\rho_0\int_{-R}^{R}(z-a)\mathrm{d}z\iint_{x^2+y^2\leqslant R^2-z^2}\frac{\mathrm{d}x\mathrm{d}y}{[x^2+y^2+(z-a)^2]^{\frac{3}{2}}}$$

$$=G\rho_0\int_{-R}^{R}(z-a)\mathrm{d}z\int_0^{2\pi}\mathrm{d}\theta\int_0^{\sqrt{R^2-z^2}}\frac{r\mathrm{d}r}{[r^2+(z-a)^2]^{\frac{3}{2}}}$$

$$=2\pi G\rho_0\int_{-R}^{R}(z-a)\left(\frac{1}{a-z}-\frac{1}{\sqrt{R^2-2az+a^2}}\right)\mathrm{d}z$$

$$=-G\cdot\frac{4\pi R^3}{3}\rho_0\cdot\frac{1}{a^2}=-G\frac{M}{a^2},$$

其中，$M=\frac{4}{3}\rho_0\pi R^3$ 为球的质量.

复习题3解答

1. 是非题

(1) 在利用直角坐标系计算二重积分时，用 X 型区域和 Y 型区域计算的结果相同.（　）

(2) 二重积分的被积函数在其积分区域上连续时，二重积分一定存在.（　）

(3) 设 $D=\{(x,y)\,|\,|x|+|y|\leqslant 1\}$，则 $\iint\limits_D \ln(x^2+y^2)\mathrm{d}\sigma$ 一定小于零.（　）

(4) 设函数 $f(x,y)$ 在 D 上可积，若 $D=D_1\cup D_2$，则必有 $\iint\limits_D f(x,y)\mathrm{d}\sigma=\iint\limits_{D_1} f(x,y)\mathrm{d}\sigma+\iint\limits_{D_2} f(x,y)\mathrm{d}\sigma$.

（　）

(5) 在空间有界闭区域 Ω 上，若 $f(x,y,z)$ 和 $g(x,y,z)$ 在 Ω 上可积，且有 $f(x,y,z)\leqslant g(x,y,z)$，则必有 $\iiint\limits_\Omega f(x,y,z)\mathrm{d}V\leqslant\iiint\limits_\Omega g(x,y,z)\mathrm{d}V$.（　）

答　(1) 错. 应该加上条件：积分区域既是 X 型又是 Y 型.

(2) 错. 应该是被积函数在有界闭区域上连续.

(3) 错. 因为被积函数在点无界，积分区域应该改为 $D=\{(x,y)\mid 0<|x|+|y|\leqslant 1\}$，参见习题3.1A3.

(4) 错. 不满足二重积分的性质2(积分区域的可加性）的条件.

(5) 对. 根据二重积分的保序性质推广而来.

2. 填空题

(1) $\int_0^2\mathrm{d}x\int_x^2\mathrm{e}^{-y}\mathrm{d}y=$ ________.

(2) 设 $D=\{(x,y)\mid x^2\leqslant y\leqslant x,0\leqslant x\leqslant 1\}$，则 $\iint\limits_D\frac{\sin x}{x}\mathrm{d}\sigma=$ ________.

(3) 交换积分 $\int_{\frac{1}{2}}^1\mathrm{d}x\int_{\frac{1}{x}}^2 f(x,y)\mathrm{d}y+\int_1^2\mathrm{d}x\int_x^2 f(x,y)\mathrm{d}y$ 的积分次序得________.

(4) 设 $\Omega=\{(x,y,z)\mid 1\leqslant x^2+y^2+z^2\leqslant 4\}$，则 $\iiint\limits_\Omega(x+z)\mathrm{e}^{-(x^2+y^2+z^2)}\mathrm{d}V=$ ________.

(5) 平面 $\frac{x}{2}+\frac{y}{3}+\frac{z}{4}=1$ 被三个坐标面所截得的有限部分的面积为________.

答　(1) $1-3\mathrm{e}^{-2}$；(2) $1-\sin 1$；(3) $\int_1^2\mathrm{d}y\int_{\frac{1}{y}}^y f(x,y)\mathrm{d}x$；(4) 0；(5) $\sqrt{61}$.

3. 选择题

(1) 设有区域 $D=\{(x,y)\,|\,1\leqslant x^2+y^2\leqslant 4\}$，函数 $f(x,y)$ 在 D 上可积，则 $\iint\limits_D f(\sqrt{x^2+y^2})\mathrm{d}\sigma$ 在极坐标系下的形式为（　）.

A. $2\pi\int_1^2 rf(r^2)\mathrm{d}r$

B. $2\pi\int_1^2 rf(r^2)\mathrm{d}r-2\pi\int_0^1 rf(r)\mathrm{d}r$

C. $2\pi\int_1^2 rf(r)\mathrm{d}r$

D. $2\pi\int_1^2 rf(r)\mathrm{d}r-2\pi\int_0^1 rf(r^2)\mathrm{d}r$

(2) 设有区域 $D=\{(x,y)\,|-a\leqslant x\leqslant a,x\leqslant y\leqslant a\}$ 和 $D_1=\{(x,y)\,|\,0\leqslant x\leqslant a,x\leqslant y\leqslant a\}$，则 $\iint\limits_D(xy+\cos x\cdot\sin y)\mathrm{d}\sigma$（　）.

A. $2\iint\limits_{D_1} xy\mathrm{d}x\mathrm{d}y$　　B. $2\iint\limits_{D_1}\cos x\cdot\sin y\mathrm{d}x\mathrm{d}y$

C. $4\iint\limits_{D_1}(xy+\cos x\sin y)\mathrm{d}x\mathrm{d}y$　　D. 0

(3) 设有区域 $D=\{(x,y)\mid x^2+y^2\leqslant 1\}$，等式 $\iint\limits_{D} f(x,y)\mathrm{d}\sigma = 4\int_0^1\mathrm{d}x\int_0^{\sqrt{1-x^2}} f(x,y)\mathrm{d}y$ 成立的条件是(　　).

A. $f(-x,y)=-f(x,y),f(x,-y)=-f(x,y)$

B. $f(-x,y)=f(x,y),f(x,-y)=f(x,y)$

C. $f(-x,y)=-f(x,y),f(x,-y)=f(x,y)$

D. $f(-x,y)=f(x,y),f(x,-y)=-f(x,y)$

(4) 设 Ω_1,Ω_2 是空间有界闭区域，且 $\Omega_3=\Omega_1\cup\Omega_2,\Omega_4=\Omega_1\cap\Omega_2$. 若函数 $f(x,y,z)$ 在 Ω_3 上可积，则 $\iiint\limits_{\Omega_3} f(x,y,z)\mathrm{d}V=\iiint\limits_{\Omega_1} f(x,y,z)\mathrm{d}V+\iiint\limits_{\Omega_2} f(x,y,z)\mathrm{d}V$ 的充要条件是(　　).

A. $f(x,y,z)$ 在 Ω_4 上是奇函数　　B. $f(x,y,z)\equiv 0$

C. $\Omega_4=\varnothing$　　D. $\iiint\limits_{\Omega_4} f(x,y,z)\mathrm{d}V=0$

(5) 球面 $x^2+y^2+z^2=4a^2$ 与柱面 $x^2+y^2=2ax$ 所围成立体体积等于(　　)

A. $4\int_0^{\frac{\pi}{2}}\mathrm{d}\theta\int_0^{2a\cos\theta}\sqrt{4a^2-r^2}\mathrm{d}r$　　B. $8\int_0^{\frac{\pi}{2}}\mathrm{d}\theta\int_0^{2a\cos\theta}\sqrt{4a^2-r^2}\mathrm{d}r$

C. $4\int_0^{\frac{\pi}{2}}\mathrm{d}\theta\int_0^{2a\cos\theta} r\sqrt{4a^2-r^2}\mathrm{d}r$　　D. $4\int_{-\frac{\pi}{2}}^{\frac{\pi}{2}}\mathrm{d}\theta\int_0^{2a\cos\theta} r\sqrt{4a^2-r^2}\mathrm{d}r$

答　(1) 选(C). 根据二重积分的极坐标计算公式即可求得.

(2) 选(B). 画出积分区域 D 和 D_1，然后利用对称性化简即可求得.

(3) 选(B). 易见，积分区域关于坐标轴是对称的. 因此等式成立的条件是被积函数关于自变量 x 和 y 都是偶函数，即 $f(-x,y)=f(x,y),f(x,-y)=f(x,y)$.

(4) 选(D). 不选(C)的原因是 Ω_1 和 Ω_2 可能有公共边界.

(5) 选(C). 画出立体图形，利用对称性化简即可求得.

4. 交换下列累次积分的次序：

(1) $\int_a^{2a}\mathrm{d}x\int_{2a-x}^{\sqrt{2ax-x^2}} f(x,y)\mathrm{d}y$;　　(2) $\int_1^2\mathrm{d}y\int_0^{2-y} f(x,y)\mathrm{d}x$.

分析　先根据题中所给的二次积分，写出关于 x,y 的一组不等式，再画出积分区域的图形，根据图形写出另一组不等式，最后写出相应的二次积分.

解　(1) 易见，该累次积分选取积分区域 D 属于 X 型区域，即

$$D_x=\left\{(x,y)\mid a\leqslant x\leqslant 2a,2a-x\leqslant y\leqslant\sqrt{2ax-x^2}\right\},$$

如图 3.58(a)所示. 将积分区域表示成 Y 型区域，即

$$D_y=\left\{(x,y)\mid 0\leqslant y\leqslant a,2a-y\leqslant x\leqslant a+\sqrt{a^2-y^2}\right\}.$$

于是

$$\int_a^{2a}\mathrm{d}x\int_{2a-x}^{\sqrt{2ax-x^2}} f(x,y)\mathrm{d}y=\int_0^a\mathrm{d}y\int_{2a-y}^{a+\sqrt{a^2-y^2}} f(x,y)\mathrm{d}x.$$

(2) 易见，该累次积分选取积分区域 D 属于 Y 型区域，即

$$D_y=\{(x,y)\mid 1\leqslant y\leqslant 2,0\leqslant x\leqslant 2-y\},$$

如图 3.58(b)所示. 将积分区域表示成 X 型区域，即

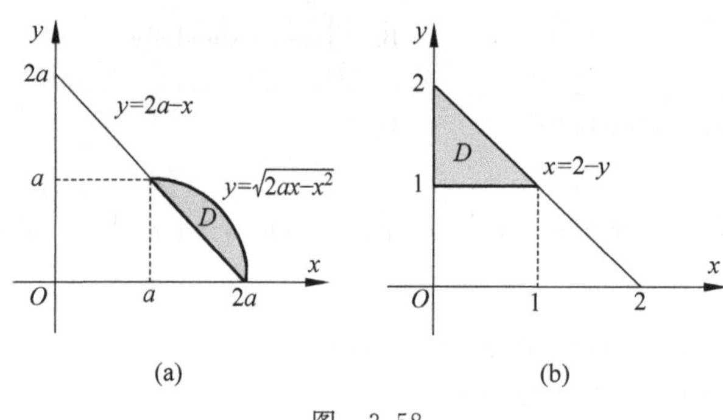

图 3.58

$$D_x=\{(x,y)\mid 0\leqslant x\leqslant 1,1\leqslant y\leqslant 2-x\}.$$

于是

$$\int_1^2\mathrm{d}y\int_0^{2-y}f(x,y)\mathrm{d}x=\int_0^1\mathrm{d}x\int_1^{2-x}f(x,y)\mathrm{d}y.$$

5. 计算下列重积分：

(1) $\iint\limits_D(3x+2y)\mathrm{d}\sigma$,其中 D 是由两坐标轴及直线 $x+y=2$ 所围成的闭区域；

(2) $\iint\limits_D xy^2\mathrm{d}\sigma$,其中 D 由抛物线 $y^2=2px$ 与直线 $x=\frac{p}{2}(p>0)$ 所围的区域；

(3) $\iint\limits_D(1+x)\sin y\mathrm{d}\sigma$,其中 D 是顶点分别为 $(0,0)$,$(1,0)$,$(1,2)$ 和 $(0,1)$ 的梯形闭区域；

(4) $\iint\limits_D xy^2\mathrm{d}\sigma$,其中 D 是由圆周 $x^2+y^2=4$ 及 y 轴所围成的右半闭区域；

(5) $\iint\limits_D\frac{\mathrm{d}\sigma}{\sqrt{x^2+y^2}}$,其中 $D=\{(x,y)\mid 1\leqslant x^2+y^2\leqslant 4\}$；

(6) $\iint\limits_D\sqrt{x^2+y^2}\mathrm{d}\sigma$,其中 $D=\{(x,y)\mid x^2+y^2\leqslant 2x\}$；

(7) $\iiint\limits_\Omega z\sqrt{x^2+y^2}\mathrm{d}V$,其中 Ω 由曲面 $z=x^2+y^2$ 和平面 $z=1$ 围成；

(8) $\iiint\limits_\Omega(x^2+y^2+z^2)\mathrm{d}V$,其中 $\Omega=\{(x,y,z)\mid x^2+y^2+z^2\leqslant 1,z\geqslant 0\}$；

(9) $\iiint\limits_\Omega z\mathrm{e}^{-(x^2+y^2+z^2)}\mathrm{d}V$,其中 Ω 为锥面 $z=\sqrt{x^2+y^2}$ 与球面 $x^2+y^2+z^2=1$ 所围成的闭区域.

分析 根据重积分中的积分区域和被积函数的特点,选择适当的方法进行计算.

解 (1) 积分区域 D 的图形如图 3.59(a)所示,它的直角坐标表示形式为

$$D=\{(x,y)\mid 0\leqslant x\leqslant 2,0\leqslant y\leqslant 2-x\}.$$

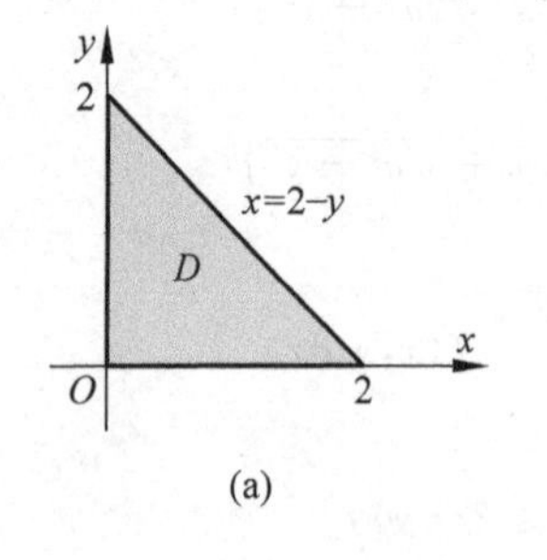

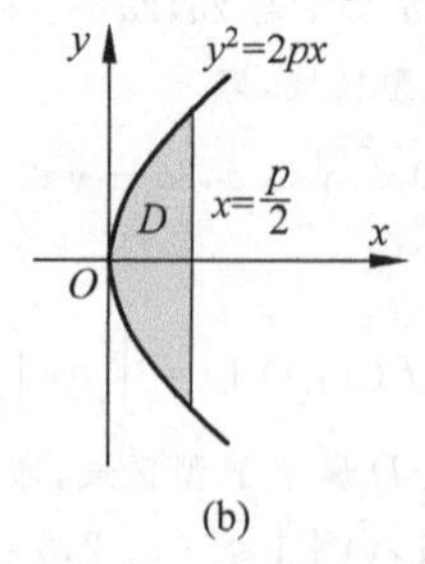

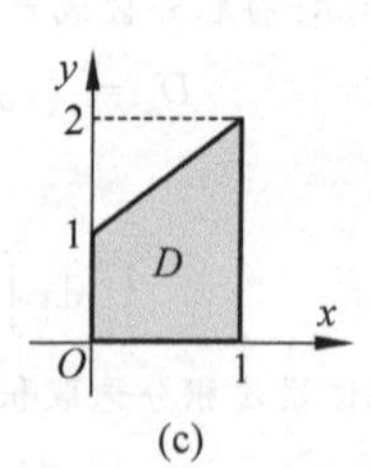

图 3.59

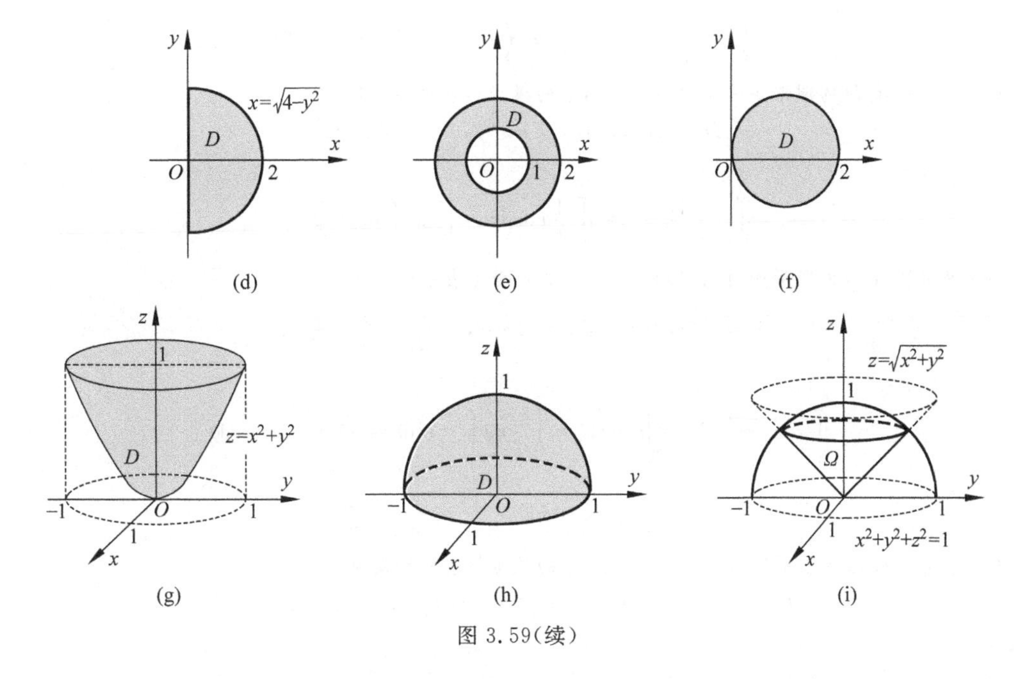

图 3.59(续)

于是

$$\iint\limits_D (3x+2y)\,\mathrm{d}\sigma=\int_0^2\mathrm{d}x\int_0^{2-x}(3x+2y)\,\mathrm{d}y=\int_0^2(3xy+y^2)\Big|_0^{2-x}\mathrm{d}x$$

$$=\int_0^2(4+2x-2x^2)\,\mathrm{d}x=\left(4x+x^2-\frac{2}{3}x^3\right)\Big|_0^2=\frac{20}{3}.$$

(2) 积分区域 D 的图形如图 3.59(b)所示，它的直角坐标表示形式为

$$D=\left\{(x,y)\,\middle|\,-p\leqslant y\leqslant p,\frac{y^2}{2p}\leqslant x\leqslant\frac{p}{2}\right\}.$$

于是

$$\iint\limits_D xy^2\,\mathrm{d}\sigma=\int_{-p}^{p}\mathrm{d}y\int_{\frac{y^2}{2p}}^{\frac{p}{2}}xy^2\,\mathrm{d}x=\frac{1}{8}\int_{-p}^{p}y^2\left(p^2-\frac{y^4}{p^2}\right)\mathrm{d}y=\frac{1}{21}p^5.$$

(3) 积分区域 D 的图形如图 3.59(c)所示，它的直角坐标表示形式为

$$D=\{(x,y)\mid 0\leqslant x\leqslant 1,0\leqslant y\leqslant 1+x\}.$$

于是

$$\iint\limits_D(1+x)\sin y\,\mathrm{d}\sigma=\int_0^1(1+x)\,\mathrm{d}x\int_0^{x+1}\sin y\,\mathrm{d}y=\int_0^1(1+x)[1-\cos(x+1)]\,\mathrm{d}x$$

$$=\int_0^1(1+x)\,\mathrm{d}x-\int_0^1(1+x)\,\mathrm{d}(\sin(x+1))$$

$$=\left[x+\frac{x^2}{2}\right]_0^1-(1+x)\sin(x+1)\Big|_0^1+\int_0^1\sin(x+1)\,\mathrm{d}x$$

$$=\frac{3}{2}+\sin1-2\sin2+\cos1-\cos2.$$

(4) 积分区域 D 的图形如图 3.59(d)所示，它的直角坐标表示形式为

$$D=\left\{(x,y)\,\middle|\,-2\leqslant y\leqslant 2,0\leqslant x\leqslant\sqrt{4-y^2}\right\}.$$

于是

$$\iint\limits_D xy^2\,\mathrm{d}\sigma=\int_{-2}^{2}\mathrm{d}y\int_0^{\sqrt{4-y^2}}xy^2\,\mathrm{d}x=\frac{1}{2}\int_{-2}^{2}(x^2y^2)\Big|_0^{\sqrt{4-y^2}}\mathrm{d}y$$

$$=\frac{1}{2}\int_{-2}^{2}(4y^2-y^4)\mathrm{d}y=\left(\frac{4}{3}y^3-\frac{1}{5}y^5\right)\Big|_0^2=\frac{64}{15}.$$

(5) 积分区域 D 的图形如图 3.59(e)所示，它的极坐标表示形式为

$$D=\{(r,\theta)\mid 1\leqslant r\leqslant 2,0\leqslant\theta\leqslant 2\pi\}.$$

于是

$$\iint_D\frac{\mathrm{d}\sigma}{\sqrt{x^2+y^2}}=\iint_D\frac{1}{r}r\mathrm{d}r\mathrm{d}\theta=\int_0^{2\pi}\mathrm{d}\theta\int_1^2\mathrm{d}r=2\pi.$$

(6) 积分区域 D 的图形如图 3.59(f)所示，它的极坐标表示形式为

$$D=\left\{(r,\theta)\mid 0\leqslant r\leqslant 2\cos\theta,-\frac{\pi}{2}\leqslant\theta\leqslant\frac{\pi}{2}\right\}.$$

于是

$$\iint_D\sqrt{x^2+y^2}\mathrm{d}\sigma=\iint_D r^2\mathrm{d}r\mathrm{d}\theta=\int_{-\frac{\pi}{2}}^{\frac{\pi}{2}}\mathrm{d}\theta\int_0^{2\cos\theta}r^2\mathrm{d}r=\frac{8}{3}\int_{-\frac{\pi}{2}}^{\frac{\pi}{2}}\cos^3\theta\mathrm{d}\theta$$

$$=\frac{16}{3}\int_0^{\frac{\pi}{2}}\cos^3\theta\mathrm{d}\theta=\frac{16}{3}\times\frac{2}{3}=\frac{32}{9}.$$

(7) 积分区域 Ω 的图形如图 3.59(g)所示，它的柱坐标表示形式为

$$\Omega=\{(r,\theta,z)\mid r^2\leqslant z\leqslant 1,0\leqslant r\leqslant 1,0\leqslant\theta\leqslant 2\pi\}.$$

于是

$$\iiint_\Omega z\sqrt{x^2+y^2}\mathrm{d}V=\int_0^{2\pi}\mathrm{d}\theta\int_0^1\mathrm{d}r\int_{r^2}^1 zr^2\mathrm{d}z=\frac{1}{2}\int_0^{2\pi}\mathrm{d}\theta\int_0^1 r^2(1-r^4)\mathrm{d}r=\frac{4}{21}\pi.$$

(8) 积分区域 Ω 的图形如图 3.59(h)所示，它的球坐标表示形式为

$$\Omega=\left\{(\rho,\theta,\varphi)\mid 0\leqslant\rho\leqslant 1,0\leqslant\theta\leqslant 2\pi,0\leqslant\varphi\leqslant\frac{\pi}{2}\right\}.$$

于是

$$\iiint_\Omega(x^2+y^2+z^2)\mathrm{d}V=\iiint_\Omega\rho^2\rho^2\sin\varphi\mathrm{d}\rho\mathrm{d}\theta\mathrm{d}\varphi=\int_0^{2\pi}\mathrm{d}\theta\int_0^{\frac{\pi}{2}}\sin\varphi\mathrm{d}\varphi\int_0^1\rho^4\mathrm{d}\rho=\frac{2}{5}\pi.$$

(9) 积分区域 Ω 的图形如图 3.59(i)所示，它的球坐标表示形式为

$$\Omega=\left\{(\rho,\theta,\varphi)\mid 0\leqslant\rho\leqslant 1,0\leqslant\theta\leqslant 2\pi,0\leqslant\varphi\leqslant\frac{\pi}{4}\right\}.$$

于是

$$\iiint_\Omega z\mathrm{e}^{-(x^2+y^2+z^2)}\mathrm{d}V=\iiint_\Omega\rho^3\mathrm{e}^{-\rho^2}\cos\varphi\sin\varphi\mathrm{d}\rho\mathrm{d}\theta\mathrm{d}\varphi=\int_0^{2\pi}\mathrm{d}\theta\int_0^1\rho^3\mathrm{e}^{-\rho^2}\mathrm{d}\rho\int_0^{\frac{\pi}{4}}\cos\varphi\sin\varphi\mathrm{d}\varphi=\frac{1}{2}\pi\left(\frac{1}{2}-\frac{1}{\mathrm{e}}\right).$$

6. 求区域 $a\leqslant r\leqslant a(1+\cos\theta)$ 的面积.

分析 利用二重积分性质3，即在闭区域 D 上，若 $f(x,y)=1$，σ 为 D 的面积，则 $\iint_D 1\cdot\mathrm{d}\sigma=\iint_D\mathrm{d}\sigma=\sigma$.

解 如图 3.60 所示，区域 D 在极坐标下可表示为

$$D=\left\{(r,\theta)\mid a\leqslant r\leqslant a(1+\cos\theta),-\frac{\pi}{2}\leqslant\theta\leqslant\frac{\pi}{2}\right\}.$$

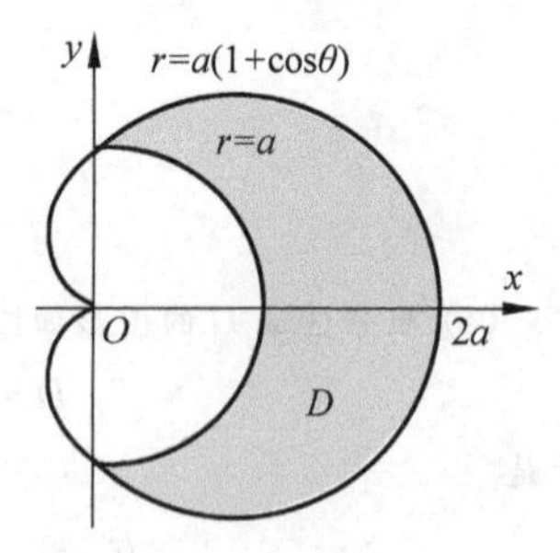

图 3.60

故区域 D 的面积为

$$A=\iint_D\mathrm{d}\sigma=\iint_D r\mathrm{d}r\mathrm{d}\theta=\int_{-\frac{\pi}{2}}^{\frac{\pi}{2}}\mathrm{d}\theta\int_a^{a(1+\cos\theta)}r\mathrm{d}r$$

$$=\int_{-\frac{\pi}{2}}^{\frac{\pi}{2}}\left(\frac{1}{2}r^2\right)\Big|_a^{a(1+\cos\theta)}\mathrm{d}\theta=\frac{1}{2}\int_{-\frac{\pi}{2}}^{\frac{\pi}{2}}[a^2(1+\cos\theta)^2-a^2]\mathrm{d}\theta$$

$$=\frac{a^2}{2}\int_{-\frac{\pi}{2}}^{\frac{\pi}{2}}(\cos^2\theta+2\cos\theta)\mathrm{d}\theta=a^2\int_0^{\frac{\pi}{2}}(\cos^2\theta+2\cos\theta)\mathrm{d}\theta=\left(\frac{1}{4}\pi+2\right)a^2.$$

7. 求椭圆抛物面$z=4-x^2-\frac{y^2}{4}$与平面$z=0$所围成的立体体积.

分析 利用二重积分的几何意义.

解 立体的图形如图3.61所示.根据立体的对称性,只需计算第Ⅰ卦限部分(见阴影部分),即

$$V=4\iint_D\left(4-x^2-\frac{y^2}{4}\right)\mathrm{d}\sigma=4\int_0^2\mathrm{d}x\int_0^{\sqrt{16-4x^2}}\left(4-x^2-\frac{y^2}{4}\right)\mathrm{d}y$$

$$=4\int_0^2\left(4y-x^2y-\frac{1}{12}y^3\right)\Big|_0^{\sqrt{16-4x^2}}\mathrm{d}x=\frac{16}{3}\int_0^2(4-x^2)^{\frac{3}{2}}\mathrm{d}x$$

$$=16\pi.$$

8. 设平面上半径为a的圆形薄片,其上任一点处的密度与该点到圆心的距离平方成正比,比例系数为k,求该圆形薄片的质量.

分析 圆形薄片的质量即是以密度函数为被积函数,圆形薄片为积分区域的二重积分.

解 建立坐标系,如图3.62所示,有

$$D=\{(x,y)\mid x^2+y^2\leqslant a^2\},$$

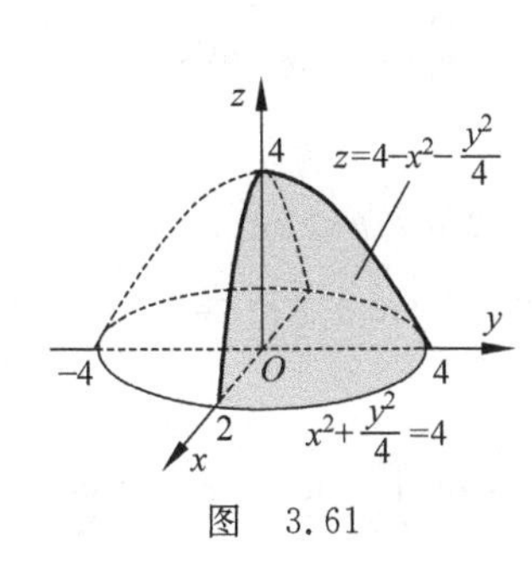

图 3.61

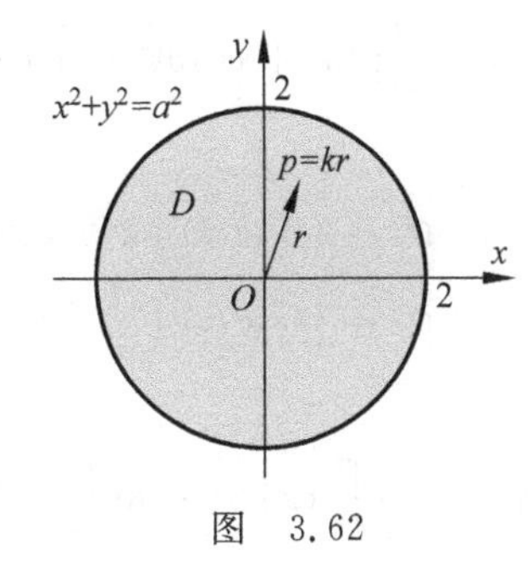

图 3.62

在(x,y)处的密度为$\rho=k(x^2+y^2)$.取区域D的微元$\mathrm{d}\sigma$,有$\mathrm{d}M=\rho\mathrm{d}\sigma=k(x^2+y^2)\mathrm{d}\sigma$.因此,圆形薄片的质量为

$$M=\iint_\sigma\rho\mathrm{d}\sigma=\iint_D k(x^2+y^2)\mathrm{d}\sigma=\iint_D kr^2\cdot r\mathrm{d}r\mathrm{d}\theta=k\int_0^{2\pi}\mathrm{d}\theta\int_0^a r^3\mathrm{d}r=k\cdot 2\pi\cdot\frac{r^4}{4}\Big|_0^a=\frac{1}{2}k\pi a^4.$$

9. 由圆$r=2\cos\theta$,$r=4\cos\theta$所围成的均匀薄片,面密度ρ为常数,求它关于坐标原点O的转动惯量.

分析 利用空间立体对于坐标轴的转动惯量公式.

解 依题意,转动惯量为

$$I_0=\iint_D\rho(x^2+y^2)\mathrm{d}\sigma=\rho\int_{-\frac{\pi}{2}}^{\frac{\pi}{2}}\mathrm{d}\theta\int_{2\cos\theta}^{4\cos\theta}r^3\mathrm{d}r=120\rho\int_0^{\frac{\pi}{2}}\cos^4\theta\mathrm{d}\theta=120\rho\cdot\frac{3}{4}\cdot\frac{\pi}{4}=\frac{45}{2}\pi\rho.$$

10. 求$\iiint_\Omega(x^2+y^2)\mathrm{d}V$,其中$\Omega$是由曲线$\begin{cases}y^2=2z\\x=0\end{cases}$绕$z$轴旋转一周而成的曲面与平面$z=2$,$z=8$所围的立体.

分析 在柱面坐标系下计算三重积分.

解 方法一 积分区域Ω的图形如图3.63(a)所示.易见

$$\iiint_\Omega(x^2+y^2)\mathrm{d}V=\iiint_{\Omega_1}(x^2+y^2)\mathrm{d}V-\iiint_{\Omega_2}(x^2+y^2)\mathrm{d}V,$$

其中

$$\Omega_1=\left\{(r,\theta,z)\mid\frac{1}{2}r^2\leqslant z\leqslant 8,0\leqslant r\leqslant 4,0\leqslant\theta\leqslant 2\pi\right\},$$

$$\Omega_2=\left\{(r,\theta,z)\mid\frac{1}{2}r^2\leqslant z\leqslant 2,0\leqslant r\leqslant 2,0\leqslant\theta\leqslant 2\pi\right\}.$$

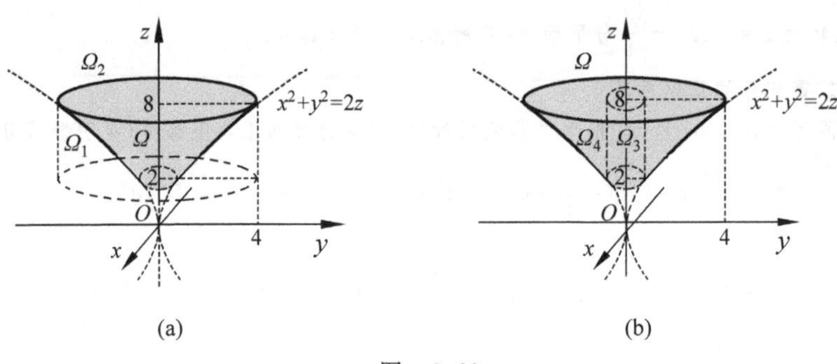

(a) (b)

图 3.63

于是

$$\iiint_{\Omega}(x^2+y^2)\mathrm{d}V=\int_0^{2\pi}\mathrm{d}\theta\int_0^4 r^2\cdot r\mathrm{d}r\int_{\frac{1}{2}r^2}^8\mathrm{d}z-\int_0^{2\pi}\mathrm{d}\theta\int_0^2 r^2\cdot r\mathrm{d}r\int_{\frac{1}{2}r^2}^2\mathrm{d}z=2\pi\left(\frac{512}{3}-\frac{8}{3}\right)=336\pi.$$

方法二 积分区域Ω的图形如图3.63(b)所示.根据区域特点,有

$$\iiint_{\Omega}(x^2+y^2)\mathrm{d}V=\iiint_{\Omega_3}(x^2+y^2)\mathrm{d}V+\iiint_{\Omega_4}(x^2+y^2)\mathrm{d}V,$$

其中

$$\Omega_3=\{(r,\theta,z)\mid 2\leqslant z\leqslant 8,0\leqslant r\leqslant 2,0\leqslant\theta\leqslant 2\pi\},$$
$$\Omega_4=\left\{(r,\theta,z)\mid \frac{1}{2}r^2\leqslant z\leqslant 8,2\leqslant r\leqslant 4,0\leqslant\theta\leqslant 2\pi\right\}.$$

于是

$$\iiint_{\Omega}(x^2+y^2)\mathrm{d}V=\int_0^{2\pi}\mathrm{d}\theta\int_0^2 r^2\cdot r\mathrm{d}r\int_2^8\mathrm{d}z+\int_0^{2\pi}\mathrm{d}\theta\int_2^4 r^2\cdot r\mathrm{d}r\int_{\frac{1}{2}r^2}^8\mathrm{d}z=48\pi+288\pi=336\pi.$$

1. 设$\Omega=\{(x,y,z)\mid x^2+y^2+z^2\leqslant 1\}$,证明:

$$\frac{4\cdot\sqrt[3]{2}\pi}{3}\leqslant\iiint_{\Omega}\sqrt[3]{x+2y-2z+5}\,\mathrm{d}V\leqslant\frac{8\pi}{3}.$$

2. 计算$\iint_D\operatorname{sgn}(x^2-y^2+2)\mathrm{d}\sigma$,其中区域$D=\{(x,y)\mid x^2+y^2\leqslant 4\}$.

3. 计算$\iint_D\frac{\sqrt{x^2+y^2}}{\sqrt{4a^2-x^2-y^2}}\mathrm{d}\sigma$,其中$D$由曲线$y=-a+\sqrt{a^2-x^2}(a>0)$与直线$y=-x$所围成的闭区域.

4. 计算$\iint_D(3x^3+x^2+y^2+2x-2y+1)\mathrm{d}\sigma$,其中

$$D=\{(x,y)\mid 1\leqslant x^2+(y-1)^2\leqslant 2,\text{且 }x^2+y^2\leqslant 1\}.$$

5. 求曲面$x^2+y^2=cz,x^2-y^2=\pm a^2,xy=\pm b^2$与平面$z=0$围成区域的体积(其中$a,b,c$为正实数).

6. 设$p(x)$在$[a,b]$上非负且连续,$f(x)$与$g(x)$在$[a,b]$上连续且有相同的单调性,$D=\{(x,y)\mid a\leqslant x\leqslant b,a\leqslant y\leqslant b\}$,证明:

$$\iint_D p(x)f(x)p(y)g(y)\mathrm{d}x\mathrm{d}y\leqslant\iint_D p(x)f(y)p(y)g(y)\mathrm{d}x\mathrm{d}y.$$

7. 设有一半径为R的球体,P_0是此球体的表面上的一个定点,球体上任一点的密度与该点到P_0距离

的平方成正比(比例常数 $k>0$)求球体的重心位置.

8. 设函数 $f(x)$连续且恒大于零,

$$F(t)=\frac{\iiint\limits_{\Omega(t)}f(x^2+y^2+z^2)\mathrm{d}V}{\iint\limits_{D(t)}f(x^2+y^2)\mathrm{d}\sigma},\quad G(t)=\frac{\iint\limits_{D(t)}f(x^2+y^2)\mathrm{d}\sigma}{\int_{-t}^{t}f(x^2)\mathrm{d}x},$$

其中 $\Omega(t)=\{(x,y,z)\mid x^2+y^2+z^2\leqslant t^2\}$, $D(t)=\{(x,y)\mid x^2+y^2\leqslant t^2\}$.

(1) 讨论 $F(t)$在区间$(0,+\infty)$内的单调性;

(2) 证明当 $t>0$ 时, $F(t)>\frac{2}{\pi}G(t)$.

9. 求曲面 $x^2+y^2+az=4a^2$ 将球 $x^2+y^2+z^2\leqslant 4az$ 分成两部分立体的体积之比.

10. 设 $h=\sqrt{\alpha^2+\beta^2+\gamma^2}>0$, $f(x)$在$[-h,h]$上连续,证明

$$\iiint\limits_{\Omega}f(\alpha x+\beta y+\gamma z)\mathrm{d}x\mathrm{d}y\mathrm{d}z=\pi\int_{-1}^{1}(1-\xi^2)f(h\xi)\mathrm{d}\xi,$$

其中 $\Omega=\{(x,y,z)\mid x^2+y^2+z^2\leqslant 1\}$.

第 4 章

曲线积分与曲面积分

一、基本要求

1. 理解两类曲线积分的概念,了解两类曲线积分的性质及两类曲线积分的关系.
2. 会计算两类曲线积分.
3. 掌握格林(Green)公式,会使用平面曲线积分与路径无关的条件.
4. 理解两类曲面积分的概念,会计算两类曲面积分.
5. 理解高斯(Gauss)公式和斯托克斯(Stokes)公式,并会利用其求解相关问题.
6. 了解通量、散度、旋度的概念及其计算方法.
7. 会利用曲线积分及曲面积分求一些几何量与物理量(如曲面面积、弧长、质量、重心、转动惯量、功、流量等).

二、知识网络图

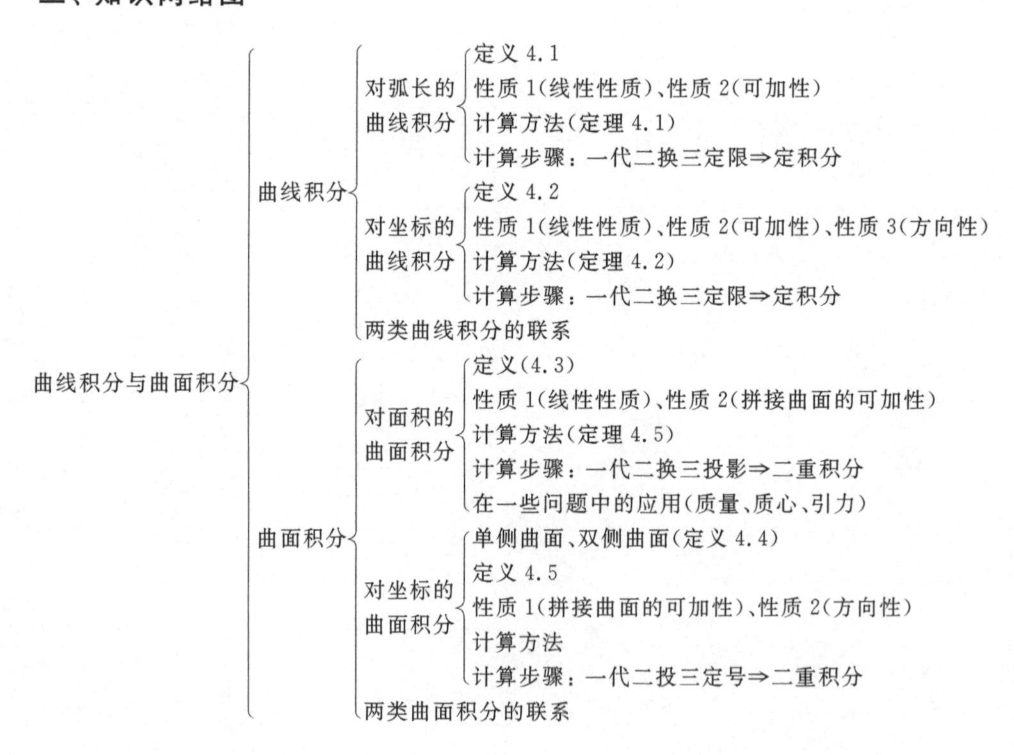

- 线面积分与重积分的关系及应用
  - 线面积分与重积分的关系
    - 曲线积分与二重积分的关系：格林公式(定理 4.3)
    - 平面曲线积分与路径无关的条件(定理 4.4)
    - 曲面积分与三重积分的关系：高斯公式(定理 4.6)
    - 曲面积分与曲面形状无关的条件(定理 4.7、推论 1)
    - 曲线积分与曲面积分之间的关系：斯托克斯公式(定理 4.8)
    - 空间曲线积分与路径无关的条件(定理 4.9、定理 4.10)
  - 在一些问题中的应用
    - 质量、质心、引力
    - 变力沿曲线做功
    - 通量与散度
    - 环流量与旋度

4.1 对弧长的曲线积分

一、知识要点

1. 基本概念及性质

定义 4.1 设 L 为 xOy 面上的一条光滑曲线，端点为 A 和 B，函数 $f(x,y)$ 在 L 上有界. 如图 4.1 所示，依次用分点 $A=P_0,P_1,\cdots,P_{n-1},P_n=B$ 将 L 分成 n 个小弧段 $\overset{\frown}{P_0P_1},\overset{\frown}{P_1P_2},\cdots,\overset{\frown}{P_{n-1}P_n}$，每小段 $\overset{\frown}{P_{i-1}P_i}$ 的弧长记作 Δs_i；然后在 $\overset{\frown}{P_{i-1}P_i}$ 上任取一点 (ξ_i,η_i)；当 $\lambda=\max\limits_{1\leqslant i\leqslant n}\{\Delta s_i\}\to 0$ 时，若 $\lim\limits_{\lambda\to 0}\sum\limits_{i=1}^{n}f(\xi_i,\eta_i)\Delta s_i$ 存在，且它不依赖于曲线 L 的分法及点 (ξ_i,η_i) 的取法，则称该极限为函数 $f(x,y)$ 沿曲线 L **对弧长的曲线积分**或称为**第一型曲线积分**，记作 $\int_L f(x,y)\mathrm{d}s$，即

图 4.1

$$\int_L f(x,y)\mathrm{d}s=\lim_{\lambda\to 0}\sum_{i=1}^{n}f(\xi_i,\eta_i)\Delta s_i, \tag{4.1}$$

且称 $f(x,y)$ 在 L 上可积.

性质 1(线性性质) 若函数 $f(x,y)$，$g(x,y)$ 在 L 上可积，则对于任意的 $\alpha,\beta\in\mathbf{R}$，$\alpha f(x,y)+\beta g(x,y)$ 在 L 上可积，且

$$\int_L[\alpha f(x,y)+\beta g(x,y)]\mathrm{d}s=\alpha\int_L f(x,y)\mathrm{d}s+\beta\int_L g(x,y)\mathrm{d}s.$$

性质 1 的结论可推广到有限个函数的线性组合的积分，即若 $f_i(x,y)$，$i=1,2,\cdots,r$，在 L 上可积，则 $\forall k_1,k_2,\cdots,k_r\in\mathbf{R}$，有

$$\begin{aligned}&\int_L[k_1f_1(x,y)+k_2f_2(x,y)+\cdots+k_rf_r(x,y)]\mathrm{d}s\\=&k_1\int_L f_1(x,y)\mathrm{d}s+k_2\int_L f_2(x,y)\mathrm{d}s+\cdots+k_r\int_L f_r(x,y)\mathrm{d}s.\end{aligned}$$

性质 2(路径可加性) 如果曲线 L 由几段曲线首尾相接而成，即 $L=L_1\cup L_2\cup\cdots\cup L_k$，则函数 $f(x,y)$ 在 L 上的积分等于在各弧段上的积分之和，即

$$\int_L f(x,y)\mathrm{d}s=\int_{L_1} f(x,y)\mathrm{d}s+\int_{L_2} f(x,y)\mathrm{d}s+\cdots+\int_{L_k} f(x,y)\mathrm{d}s.$$

性质 2 对空间曲线弧长的曲线积分依然成立.

2. 对弧长的曲线积分的计算方法

定理 4.1 设曲线 L 由参数方程 $x=x(t)$, $y=y(t)(\alpha\leqslant t\leqslant\beta)$表示,其中 $x(t)$和 $y(t)$在区间$[\alpha,\beta]$上有一阶连续导数,且 $x'^2(t)+y'^2(t)\neq 0$(即曲线 L 是光滑的简单曲线). 若函数 $f(x,y)$在曲线 L 上连续,则 $f(x,y)$在 L 上对弧长的曲线积分存在,且

$$\int_L f(x,y)\mathrm{d}s=\int_\alpha^\beta f(x(t),y(t))\sqrt{x'^2(t)+y'^2(t)}\mathrm{d}t. \tag{4.2}$$

若曲线 L 由方程 $y=y(x)(a\leqslant x\leqslant b)$给出,有

$$\int_L f(x,y)\mathrm{d}s=\int_a^b f(x,y(x))\sqrt{1+y'^2(x)}\mathrm{d}x. \tag{4.3}$$

若曲线 L 由方程 $x=x(y)(c\leqslant y\leqslant d)$给出,有

$$\int_L f(x,y)\mathrm{d}s=\int_c^d f(x(y),y)\sqrt{x'^2(y)+1}\mathrm{d}y. \tag{4.4}$$

定理 4.1 的结论可以推广到空间曲线的情形,即若曲线 Γ 由参数方程

$$x=x(t),\ y=y(t),\ z=z(t)\quad(\alpha\leqslant t\leqslant\beta)$$

给出,其中 $x'(t)$, $y'(t)$, $z'(t)$在$[\alpha,\beta]$上连续,且 $x'^2(t)+y'^2(t)+z'^2(t)\neq 0$,函数 $f(x,y,z)$在 Γ 上连续,则 $f(x,y,z)$在 Γ 上对弧长的曲线积分存在,且

$$\int_\Gamma f(x,y,z)\mathrm{d}s=\int_\alpha^\beta f(x(t),y(t),z(t))\sqrt{x'^2(t)+y'^2(t)+z'^2(t)}\mathrm{d}t. \tag{4.5}$$

二、疑难解析

1. 将对弧长的曲线积分化为定积分的步骤是什么?

答 在求对弧长的曲线积分时,需要先将其转化为定积分,基本步骤是:**一代二换三定限**,其中**一代**是指将被积函数 $f(x,y)$中的 x,y 用 $x=x(t)$, $y=y(t)$代入;**二换**是指将 $\mathrm{d}s$ 换为 $\sqrt{x'^2(t)+y'^2(t)}\mathrm{d}t$(或 $\sqrt{(\mathrm{d}x)^2+(\mathrm{d}y)^2}$);**三定限**是指将对弧长的曲线积分化为定积分时,**定积分的下限 $\boldsymbol{\alpha}$ 一定比上限 $\boldsymbol{\beta}$ 小**. 当曲线由直角坐标方程给出时,执行相同的步骤.

2. 光滑曲线弧 L 上对弧长的曲线积分可积的条件是什么?

答 若函数 $f(x,y)$在光滑曲线弧 L 上连续(或 $f(x,y)$在 L 上有界,且只有有限个间断点),根据定义可以证明, $f(x,y)$在 L 上对弧长的曲线积分一定存在.

3. 当曲线 L 由极坐标方程给出时,如何求对弧长的曲线积分?

答 如果曲线由极坐标方程 $r=r(\theta)(\alpha\leqslant\theta\leqslant\beta)$给出,且满足 $r(\theta)$在$[\alpha,\beta]$上关于 θ 具有一阶连续导数,此时可把极坐标方程化为参数方程 $\begin{cases}x=r(\theta)\cos\theta,\\ y=r(\theta)\sin\theta\end{cases}(\alpha\leqslant\theta\leqslant\beta)$,并注意到 $\mathrm{d}x=[r'(\theta)\cos\theta-r(\theta)\sin\theta]\mathrm{d}\theta$, $\mathrm{d}y=[r'(\theta)\sin\theta+r(\theta)\cos\theta]\mathrm{d}\theta$,则所求弧长的微元为

$$\mathrm{d}s=\sqrt{(\mathrm{d}x)^2+(\mathrm{d}y)^2}=\sqrt{r^2(\theta)+r'^2(\theta)}\mathrm{d}\theta,$$

根据**一代二换三定限**的步骤,当曲线 L 由极坐标方程给出时,对弧长的曲线积分公式为

$$\int_L f(x,y)\mathrm{d}s=\int_\alpha^\beta f[r(\theta)\cos\theta,r(\theta)\sin\theta]\sqrt{r^2(\theta)+r'^2(\theta)}\mathrm{d}\theta. \tag{4.2$'$}$$

三、经典题型详解

题型 1 求对弧长的曲线积分

计算步骤：一代二换三定限，将曲线积分转化为定积分，然后计算定积分.

例 4.1 求下列对弧长的曲线积分：

(1) 求$\oint_L \sqrt{x^2+y^2}\,\mathrm{d}s$，其中 L：$x^2+y^2=ax$；

(2) 求$\oint_L xy\,\mathrm{d}s$，其中 L 是由 $y=x^2$，$x=1$ 及 x 轴所组成的封闭曲线；

(3) 求$\oint_\Gamma (y^2+z^2)\,\mathrm{d}s$，其中 Γ 为球面 $x^2+y^2+z^2=a^2$ 被平面 $x+y+z=0$ 所截得的圆周.

解 (1) 方法一 利用参数方程方法，即公式(4.2)计算.

利用配方法，不难求得圆 $x^2+y^2=ax$ 的参数方程为$\begin{cases} x=\dfrac{a}{2}+\dfrac{a}{2}\cos t, \\ y=\dfrac{a}{2}\sin t \end{cases}$ $(0\leqslant t\leqslant 2\pi)$，且有

$\sqrt{x^2+y^2}=\dfrac{a}{\sqrt{2}}\sqrt{1+\cos t}$，$\mathrm{d}s=\sqrt{\left(-\dfrac{a}{2}\sin t\right)^2+\left(\dfrac{a}{2}\cos t\right)^2}\,\mathrm{d}t=\dfrac{a}{2}\mathrm{d}t$. 根据公式(4.2)，有

$$\oint_L \sqrt{x^2+y^2}\,\mathrm{d}s=\int_0^{2\pi}\frac{a}{\sqrt{2}}\sqrt{1+\cos t}\,\frac{a}{2}\mathrm{d}t=\frac{a^2}{2}\int_0^{2\pi}\left|\cos\frac{t}{2}\right|\mathrm{d}t=2a^2.$$

方法二 利用极坐标方法，即公式(4.2)′计算.

根据直角坐标与极坐标的关系，可得 L 的极坐标方程为 $r=a\cos\theta\left(-\dfrac{\pi}{2}\leqslant\theta\leqslant\dfrac{\pi}{2}\right)$. 进一步地，有

$$\mathrm{d}s=\sqrt{r^2(\theta)+r'^2(\theta)}\,\mathrm{d}\theta=\sqrt{(-a\sin\theta)^2+(a\cos\theta)^2}\,\mathrm{d}\theta=a\mathrm{d}\theta.$$

由公式(4.2)′可得

$$\oint_L \sqrt{x^2+y^2}\,\mathrm{d}s=\int_{-\frac{\pi}{2}}^{\frac{\pi}{2}}a\cos\theta\cdot a\mathrm{d}\theta=2a^2\sin\theta\Big|_0^{\pi/2}=2a^2.$$

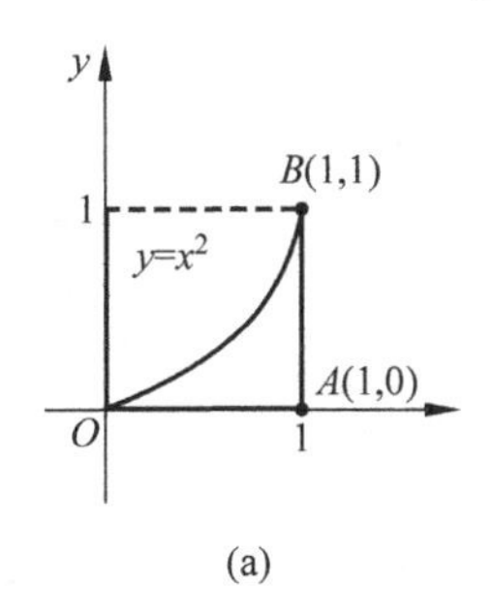

(a)

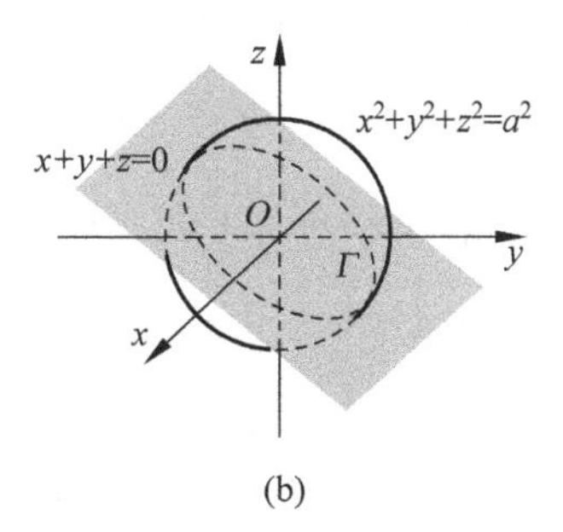

(b)

图 4.2

(2) 易见，曲线 L 由两条直线段和一段曲线弧组成，如图 4.2(a)所示，设 $O(0,0)$，$A(1,0)$，$B(1,1)$. 易见，线段$\overline{OA}$：$y=0(0\leqslant x\leqslant 1)$；线段$\overline{AB}$：$x=1(0\leqslant y\leqslant 1)$；曲线段$\overset{\frown}{OB}$：

$y=x^2(0\leqslant x\leqslant 1)$. 根据积分路径的可加性，由公式(4.3)和式(4.4)可得

$$\oint_L xy\mathrm{d}s=\int_{\overline{OA}}xy\mathrm{d}s+\int_{\overline{AB}}xy\mathrm{d}s+\int_{\overset{\frown}{OB}}xy\mathrm{d}s$$

$$=\int_0^1 0\mathrm{d}x+\int_0^1 y\mathrm{d}y+\int_0^1 x^3\sqrt{1+4x^2}\mathrm{d}x=\frac{25\sqrt{5}+61}{120}.$$

(3) 如图 4.2(b) 所示，可利用对弧长的曲线积分的对称性计算. 由对称性知，$\oint_\Gamma x^2\mathrm{d}s=\oint_\Gamma y^2\mathrm{d}s=\oint_\Gamma z^2\mathrm{d}s$，故

$$\oint_\Gamma(y^2+z^2)\mathrm{d}s=\frac{2}{3}\oint_\Gamma(x^2+y^2+z^2)\mathrm{d}s=\frac{2}{3}\oint_\Gamma a^2\mathrm{d}s=\frac{2a^2}{3}\oint_\Gamma\mathrm{d}s=\frac{4}{3}\pi a^3,$$

其中$\oint_\Gamma\mathrm{d}s=2\pi a$ 为球面的大圆周长.

题型 2 应用题

例 4.2 已知曲线构件 Γ 的方程为 $x=3, y=3t, z=\frac{3}{2}t^2(0\leqslant t\leqslant 1)$，线密度为 $\rho=\sqrt{\frac{2z}{3}}$，求曲线构件 Γ 的质量.

分析 曲线构件 Γ 的质量就是线密度函数在曲线 Γ 上对弧长的曲线积分.

解 由题意知

$$m=\int_\Gamma\rho\mathrm{d}s=\int_\Gamma\sqrt{\frac{2z}{3}}\mathrm{d}s=\int_0^1 3t\sqrt{1+t^2}\mathrm{d}t=2\sqrt{2}-1.$$

四、课后习题选解(习题 4.1)

1. 求$\oint_L(x^2+y)\mathrm{d}s$，其中 L 是以 $O(0,0), A(1,0), B(1,1)$ 为顶点的三角形边界.

分析 参考经典题型详解中例 4.1(2).

解 如图 4.3 所示，曲线 L 由三条直线段组成，其中$\overline{OA}$: $x=t, y=0(0\leqslant t\leqslant 1)$；$\overline{AB}$: $x=1, y=t(0\leqslant t\leqslant 1)$；$\overline{OB}$: $x=t, y=t(0\leqslant t\leqslant 1)$.

根据积分路径的可加性，由公式(4.2)可得

$$\oint_L(x^2+y)\mathrm{d}s=\int_{\overline{OA}}(x^2+y)\mathrm{d}s+\int_{\overline{AB}}(x^2+y)\mathrm{d}s+\int_{\overline{BO}}(x^2+y)\mathrm{d}s$$

$$=\int_0^1 t^2\mathrm{d}t+\int_0^1(1+t)\mathrm{d}t+\int_0^1(t^2+t)\sqrt{2}\mathrm{d}t=\frac{1}{6}(11+5\sqrt{2}).$$

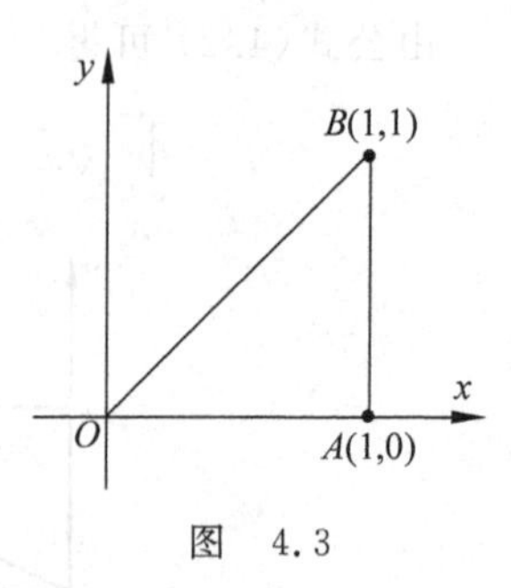

图 4.3

2. 求$\oint_L y\mathrm{d}s$，其中 L 为直线 $y=x$ 与抛物线 $x=y^2$ 围成区域的边界.

分析 参考经典题型详解中例 4.1(2).

解 如图 4.4 所示，曲线 L 由两条直线段组成，其中$\overline{OA}$: $x=t, y=t(0\leqslant t\leqslant 1)$；$\overset{\frown}{OA}$: $x=t^2, y=t(0\leqslant t\leqslant 1)$. 根据积分路径的可加性，由公式(4.2)可得

$$\oint_L y\mathrm{d}s=\int_{\overline{OA}}y\mathrm{d}s+\int_{\overset{\frown}{OA}}y\mathrm{d}s$$

$$=\int_0^1 t\sqrt{2}\mathrm{d}t+\int_0^1 t\sqrt{1+4t^2}\mathrm{d}t=\frac{\sqrt{2}}{2}+\frac{1}{12}(5\sqrt{5}-1).$$

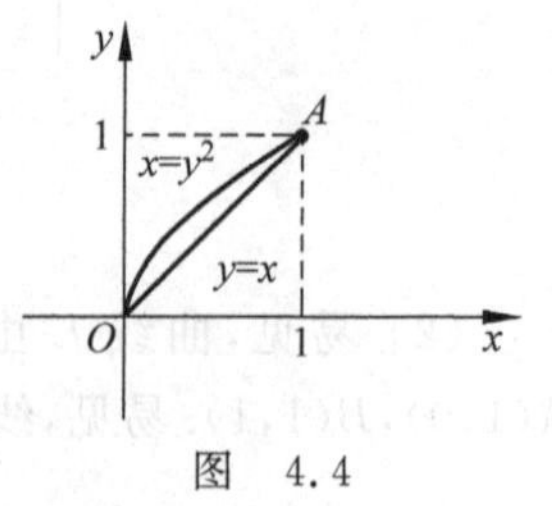

图 4.4

3. 求$\int_L (4x+3y)\mathrm{d}s$，其中 L 为连接(1,0)与(0,1)两点的直线段.

分析 参考经典题型详解中例 4.1(2).

解 易见，直线 L 的方程为 $y=1-x\ (0\leqslant x\leqslant 1)$. 根据公式(4.3)可得

$$\int_L (4x+3y)\mathrm{d}s=\int_0^1 (x+3)\sqrt{1+1}\,\mathrm{d}x=\frac{7\sqrt{2}}{2}.$$

4. 求$\int_L y^2\mathrm{d}s$，其中 L 为曲线 $y=\mathrm{e}^x(0\leqslant x\leqslant 1)$.

分析 参考经典题型详解中例 4.1(2).

解 根据公式(4.3)可得

$$\int_L y^2\mathrm{d}s=\int_0^1 \mathrm{e}^{2x}\sqrt{1+\mathrm{e}^{2x}}\,\mathrm{d}x=\frac{1}{3}\left[\sqrt{(1+\mathrm{e}^2)^3}-\sqrt{8}\right].$$

5. 求$\int_L xy\mathrm{d}s$，其中 L 为椭圆$\frac{x^2}{a^2}+\frac{y^2}{b^2}=1$在第一象限部分.

分析 参考经典题型详解中例 4.1(1).

解 如图 4.5 所示，椭圆的参数方程为 $x=a\cos t, y=a\sin t\ \left(0\leqslant t\leqslant\frac{\pi}{2}\right)$. 根据公式(4.2)可得

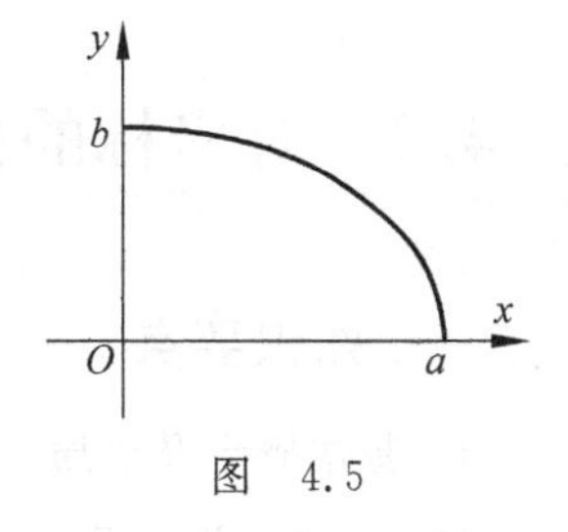

图 4.5

$$\begin{aligned}\int_L xy\mathrm{d}s&=\int_0^{\frac{\pi}{2}} ab\cos t\sin t\sqrt{a^2\sin^2 t+b^2\cos^2 t}\,\mathrm{d}t\\&=\frac{ab}{2}\int_0^{\frac{\pi}{2}}\sqrt{b^2+(a^2-b^2)\sin^2 t}\,\mathrm{d}(\sin^2 t)\\&=\frac{ab}{3(a^2-b^2)}\left[b^2+(a^2-b^2)\sin^2 t\right]^{\frac{3}{2}}\Big|_0^{\frac{\pi}{2}}\\&=\frac{ab(a^2+ab+b^2)}{3(a+b)}.\end{aligned}$$

6. 求$\int_\Gamma (x^2+y^2+z^2)\mathrm{d}s$，其中 Γ 为螺旋线 $x=a\cos t, y=a\sin t, z=kt$ 上相应于 t 从 0 到 2π 的一段弧，如图 4.6 所示.

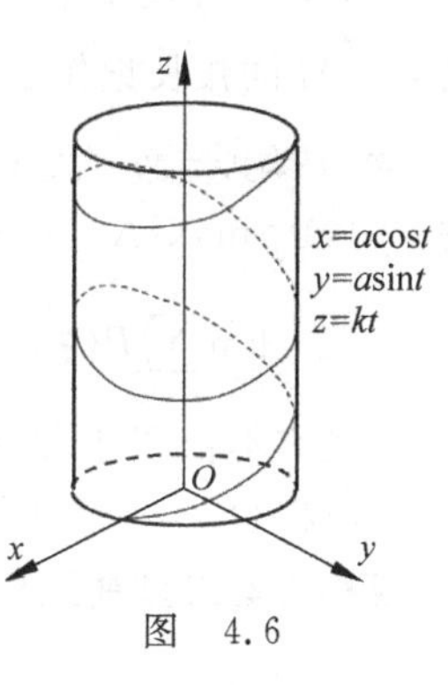

图 4.6

分析 参考经典题型详解中例 4.2.

解 根据公式(4.5)可得

$$\begin{aligned}&\int_\Gamma (x^2+y^2+z^2)\mathrm{d}s\\&=\int_0^{2\pi}\left[(a\cos t)^2+(a\sin t)^2+(kt)^2\right]\sqrt{(-a\sin t)^2+(a\cos t)^2+(k)^2}\,\mathrm{d}t\\&=\int_0^{2\pi}\left[a^2+(kt)^2\right]\sqrt{a^2+k^2}\,\mathrm{d}t=\frac{2}{3}\pi\sqrt{a^2+k^2}(3a^2+4\pi^2k^2).\end{aligned}$$

B类题

1. 求$\int_L x^2(1+y^2)\mathrm{d}s$，其中 L 为半圆 $x=R\cos t, y=R\sin t\ (0\leqslant t\leqslant\pi, R>0)$.

分析 参考经典题型详解中例 4.1(1).

解 根据公式(4.2)可得

$$\begin{aligned}\int_L x^2(1+y^2)\mathrm{d}s&=\int_0^{\pi} R^2\cos^2 t(1+R^2\sin^2 t)\sqrt{R^2(\sin^2 t+\cos^2 t)}\,\mathrm{d}t\\&=\int_0^{\pi} R^3\cos^2 t\mathrm{d}t+\int_0^{\pi} R^5\cos^2 t\sin^2 t\mathrm{d}t=\frac{1}{2}\pi R^3+\frac{1}{8}\pi R^5.\end{aligned}$$

2. 求$\oint_L(5x^2+6y^2)\mathrm{d}s$,其中$L$为$\frac{x^2}{6}+\frac{y^2}{5}=1$的边界,其周长为$a$.

分析 利用对弧长的曲线积分的定义.

解 将$\frac{x^2}{6}+\frac{y^2}{5}=1$改写为$5x^2+6y^2=30$,并代入曲线积分的被积函数中,得

$$\oint_L(5x^2+6y^2)\mathrm{d}s=\int_L 30\mathrm{d}s=30a.$$

3. 求圆周曲线$L:x^2+y^2=-2y$的质量,其中线密度$\rho(x,y)=\sqrt{x^2+y^2}$.

分析 根据对弧长的曲线积分的物理意义求解.

解 由对弧长的曲线积分的物理意义知,曲线L的质量就是线密度函数在曲线L上对弧长的曲线积分.易见,曲线$L:x^2+y^2=-2y$的极坐标方程为$r=-2\sin\theta$,且有

$$\sqrt{x^2+y^2}=|r|=2|\sin\theta|,\mathrm{d}s=\sqrt{r^2(\theta)+r'^2(\theta)}\mathrm{d}\theta=2\mathrm{d}\theta.$$

由公式(4.2)′可得

$$m=\int_L\rho\mathrm{d}s=\int_L\sqrt{x^2+y^2}\mathrm{d}s=2\int_0^{\pi}\sqrt{4\sin^2\theta}\mathrm{d}\theta=8.$$

4.2 对坐标的曲线积分

一、知识要点

1. 基本概念及性质

定义4.2 设L是xOy面上从点A到点B的一条有向光滑曲线,函数$P(x,y)$,$Q(x,y)$在L上有界,如图4.7所示.依次用分点$A=M_0,M_1,\cdots,M_{n-1},M_n=B$将$L$分成$n$个小弧段$\overset{\frown}{M_0M_1},\overset{\frown}{M_1M_2},\cdots,\overset{\frown}{M_{n-1}M_n}$,每小段$\overset{\frown}{M_{i-1}M_i}$的弧长记作$\Delta s_i$,分点$M_i$的坐标记作$(x_i,y_i)$,$\Delta x_i=x_i-x_{i-1}$,$\Delta y_i=y_i-y_{i-1}(i=1,2,\cdots,n)$.在$\overset{\frown}{M_{i-1}M_i}$上任取一点$(\xi_i,\eta_i)$,$\lambda=\max\{\Delta s_i\}$,$i=1,2,\cdots,n$,若

$$\lim_{\lambda\to 0}\sum_{i=1}^{n}P(\xi_i,\eta_i)\Delta x_i \text{ 和 } \lim_{\lambda\to 0}\sum_{i=1}^{n}Q(\xi_i,\eta_i)\Delta y_i$$

图 4.7

存在,且它不依赖于曲线L的分法及点(ξ_i,η_i)的取法,则称$P(x,y)$和$Q(x,y)$在L上存在对坐标x和y的曲线积分,相应的极限称为**对坐标的曲线积分**,或称为**第二型曲线积分**,分别记作

$$\int_L P(x,y)\mathrm{d}x=\lim_{\lambda\to 0}\sum_{i=1}^{n}P(\xi_i,\eta_i)\Delta x_i;\int_L Q(x,y)\mathrm{d}y=\lim_{\lambda\to 0}\sum_{i=1}^{n}Q(\xi_i,\eta_i)\Delta y_i. \tag{4.6}$$

进一步地,若式(4.6)中的两个极限同时存在,则记

$$\int_L P(x,y)\mathrm{d}x+\int_L Q(x,y)\mathrm{d}y=\int_L P(x,y)\mathrm{d}x+Q(x,y)\mathrm{d}y. \tag{4.7}$$

为了方便,$\int_L P(x,y)\mathrm{d}x+Q(x,y)\mathrm{d}y$有时也简记为$\int_L P\mathrm{d}x+Q\mathrm{d}y$.

对于给定的空间有向光滑(或分段光滑)曲线Γ,若函数$P(x,y,z)$,$Q(x,y,z)$和$R(x,y,z)$均在Γ上连续,则它们在Γ上对坐标的曲线积分存在,且有

$$\int_{\Gamma} P(x,y,z)\mathrm{d}x + \int_{\Gamma} Q(x,y,z)\mathrm{d}y + \int_{\Gamma} R(x,y,z)\mathrm{d}z$$
$$= \int_{\Gamma} P(x,y,z)\mathrm{d}x + Q(x,y,z)\mathrm{d}y + R(x,y,z)\mathrm{d}z. \tag{4.8}$$

式(4.8)有时也简记为$\int_{\Gamma} P\mathrm{d}x + Q\mathrm{d}y + R\mathrm{d}z$.

若函数 $P(x,y)$，$Q(x,y)$在有向光滑的平面曲线 L 上可积，则有如下性质成立：

性质 1(线性性质) 对于任意的 $\alpha,\beta\in\mathbf{R}$，函数 $\alpha P(x,y)+\beta Q(x,y)$在 L 上可积，且

$$\int_{L} \alpha P(x,y)\mathrm{d}x + \beta Q(x,y)\mathrm{d}y = \alpha\int_{L} P(x,y)\mathrm{d}x + \beta\int_{L} Q(x,y)\mathrm{d}y.$$

性质 2(路径可加性) 如果曲线 L 由几段曲线首尾相接而成，即 $L=L_1\cup L_2\cup\cdots\cup L_k$，则函数 $P(x,y)$，$Q(x,y)$在 L 上的积分等于在各弧段上的积分之和，即

$$\int_{L} P\mathrm{d}x + Q\mathrm{d}y = \int_{L_1} P\mathrm{d}x + Q\mathrm{d}y + \int_{L_2} P\mathrm{d}x + Q\mathrm{d}y + \cdots + \int_{L_k} P\mathrm{d}x + Q\mathrm{d}y.$$

性质 3(方向性) 设 L 是有向曲线，L^- 是与 L 方向相反的有向曲线，则有

$$\int_{L} P\mathrm{d}x + Q\mathrm{d}y = -\int_{L^-} P\mathrm{d}x + Q\mathrm{d}y. \tag{4.9}$$

2. 第二型曲线积分的计算方法

定理 4.2 如果函数 $P(x,y)$，$Q(x,y)$ 在有向曲线 L 上有定义且连续，L 的参数方程为 $x=\varphi(t)$，$y=\psi(t)$（t：$\alpha\to\beta$），其中 $\varphi(t)$，$\psi(t)$ 在由 α 与 β 确定的区间上具有一阶连续导数，且曲线的起点 A、终点 B 的坐标分别对应于点$(\varphi(\alpha),\psi(\alpha))$，$(\varphi(\beta),\psi(\beta))$，则曲线积分 $\int_{L} P(x,y)\mathrm{d}x + Q(x,y)\mathrm{d}y$ 存在，且

$$\int_{L} P(x,y)\mathrm{d}x + Q(x,y)\mathrm{d}y = \int_{\alpha}^{\beta}[P(\varphi(t),\psi(t))\varphi'(t) + Q(\varphi(t),\psi(t))\psi'(t)]\mathrm{d}t. \tag{4.10}$$

如果平面曲线 L 由方程 $y=y(x)$给出，且 $y'(x)$连续，取 x 为参数，将 L 用参数方程 $x=x$，$y=y(x)$（x 从 a 变到 b）表示，其中 a 对应于 L 的起点 A，b 对应于 L 的终点 B，则有

$$\int_{L} P(x,y)\mathrm{d}x + Q(x,y)\mathrm{d}y = \int_{a}^{b}[P(x,y(x)) + Q(x,y(x))y'(x)]\mathrm{d}x. \tag{4.11}$$

如果平面曲线 L 由方程 $x=x(y)$给出，且 $x'(y)$连续，可取 y 为参数，把 L 用参数方程 $x=x(y)$，$y=y$（y 从 c 变到 d）表示，其中 c 对应于曲线 L 的起点 A，d 对应于 L 的终点 B，则有

$$\int_{L} P(x,y)\mathrm{d}x + Q(x,y)\mathrm{d}y = \int_{c}^{d}[P(x(y),y)x'(y) + Q(x(y),y)]\mathrm{d}y. \tag{4.12}$$

如果空间曲线 Γ 由参数方程 $x=\varphi(t)$，$y=\psi(t)$，$z=\omega(t)$（t：$\alpha\to\beta$）给出，其中 $\varphi(t)$，$\psi(t)$，$\omega(t)$在由 α 与 β 确定的区间上具有一阶连续导数，且起点 A 和终点 B 的坐标分别对应于$(\varphi(\alpha),\psi(\alpha),\omega(\alpha))$与$(\varphi(\beta),\psi(\beta),\omega(\beta))$，则有

$$\int_{\Gamma} P(x,y,z)\mathrm{d}x + Q(x,y,z)\mathrm{d}y + R(x,y,z)\mathrm{d}z$$
$$= \int_{\alpha}^{\beta}[P(\varphi(t),\psi(t),\omega(t))\varphi'(t) + Q(\varphi(t),\psi(t),\omega(t))\psi'(t) +$$
$$R(\varphi(t),\psi(t),\omega(t))\omega'(t)]\mathrm{d}t. \tag{4.13}$$

二、疑难解析

1. 对弧长的曲线积分和对坐标的曲线积分有什么联系和区别?

答 由对坐标的曲线积分的性质3可知,当积分弧段的方向改变时,对坐标的曲线积分要改变符号.因此,**对坐标的曲线积分与积分弧段的方向有关**,而对弧长的曲线积分则与积分弧段的方向无关,这是求两类曲线积分时一定要注意的地方,即求曲线积分时一定要先区分求哪一类型的积分.

若曲线 L 由参数方程 $x=\varphi(t),y=\psi(t)(t:\alpha\to\beta)$ 给出,在满足定理4.2的条件下,与有向曲线弧 L 的方向一致的切向量为 $\boldsymbol{s}=\varphi'(t)\boldsymbol{i}+\psi'(t)\boldsymbol{j}$,方向余弦为

$$\cos\alpha=\frac{\varphi'(t)}{\sqrt{\varphi'^2(t)+\psi'^2(t)}},\cos\beta=\frac{\psi'(t)}{\sqrt{\varphi'^2(t)+\psi'^2(t)}}.$$

于是

$$\begin{aligned}\int_L P(x,y)\mathrm{d}x+Q(x,y)\mathrm{d}y&=\int_\alpha^\beta[P(\varphi(t),\psi(t))\varphi'(t)+Q(\varphi(t),\psi(t))\psi'(t)]\mathrm{d}t\\&=\int_L\left\{P[\varphi(t),\psi(t)]\frac{\varphi'(t)}{\sqrt{\varphi'^2(t)+\psi'^2(t)}}+\right.\\&\quad\left.Q[\varphi(t),\psi(t)]\frac{\psi'(t)}{\sqrt{\varphi'^2(t)+\psi'^2(t)}}\right\}\sqrt{\varphi'^2(t)+\psi'^2(t)}\mathrm{d}t\\&=\int_L[P(x,y)\cos\alpha+Q(x,y)\cos\beta]\mathrm{d}s.\end{aligned}$$

因此,平面曲线弧 L 上的两类曲线积分之间有如下联系:

$$\int_L P\mathrm{d}x+Q\mathrm{d}y=\int_L(P\cos\alpha+Q\cos\beta)\mathrm{d}s,$$

其中 α,β 是有向曲线弧 L 在点 (x,y) 处的切向量的方向角.

类似地,对于空间曲线弧 Γ,两类曲线积分之间有如下联系:

$$\int_\Gamma P\mathrm{d}x+Q\mathrm{d}y+R\mathrm{d}z=\int_\Gamma(P\cos\alpha+Q\cos\beta+R\cos\gamma)\mathrm{d}s,$$

其中 α,β,γ 是有向曲线弧 Γ 在点 (x,y,z) 处的切向量的方向角.

2. 将对坐标的曲线积分化为定积分时,基本步骤是什么?

答 利用公式(4.10)～公式(4.13)求对坐标的曲线积分时,需要先将其转化为定积分.以公式(4.10)为例,其基本步骤是:**一代二换三定限**,其中**一代**是将曲线的参数方程 $x=\varphi(t)$, $y=\psi(t)$ 代入到 $P(x,y),Q(x,y)$;**二换**是将 $\mathrm{d}x,\mathrm{d}y$ 替换为 $\mathrm{d}x=\varphi'(t)\mathrm{d}t,\mathrm{d}y=\psi'(t)\mathrm{d}t$;**三定限**是指参数 α 对应于曲线 L 的起点 A 并作为定积分的下限,参数 β 对应于 L 的终点 B 并作为积分的上限.注意,这种对应关系不能随意变动,即参数 α 与 β 没有必然的大小关系,它们是由从起点到终点的方向确定的.在利用公式(4.11)～公式(4.13)求对坐标的曲线积分时,也按照上述步骤计算.

三、经典题型详解

题型1 求对坐标的曲线积分

计算步骤:一代二换三定限将曲线积分转化为定积分,然后计算定积分.

例 4.3 按要求计算下列对坐标的曲线积分：

(1) $\int_L (x^2-y^2)\mathrm{d}x+(x^2+y^2)\mathrm{d}y$，其中 L 是抛物线 $y=2x^2$ 上从点 $O(0,0)$ 到点 $A(1,2)$ 的一段弧；

(2) $\int_L y\mathrm{d}x+x\mathrm{d}y$，其中 L 为圆周 $x=2\cos t, y=2\sin t$ 上由 $t=0$ 到 $t=\frac{\pi}{2}$ 的一段弧；

(3) $\int_\Gamma xy\mathrm{d}x+yz\mathrm{d}y+zx\mathrm{d}z$，其中 Γ 为椭圆 $x=\cos t, y=\sin t, z=1-\cos t-\sin t$ 上由 $t=0$ 到 $t=2\pi$ 的一段弧；

(4) $\oint_L \frac{-x\mathrm{d}x+y\mathrm{d}y}{x^2+y^2}$，其中 L 为圆周 $x^2+y^2=a^2$，方向为逆时针方向.

解 (1) 依题意，如图 4.8(a)所示，根据公式(4.11)可得

$$\int_L (x^2-y^2)\mathrm{d}x+(x^2+y^2)\mathrm{d}y=\int_0^1[(x^2-4x^4)+(x^2+4x^4)4x]\mathrm{d}x=\frac{16}{5}.$$

(2) 依题意，根据公式(4.10)可得

$$\begin{aligned}\int_L y\mathrm{d}x+x\mathrm{d}y&=\int_0^{\frac{\pi}{2}}[2\sin t(-2\sin t)+2\cos t2\cos t]\mathrm{d}t\\&=\int_0^{\frac{\pi}{2}}4(\cos^2 t-\sin^2 t)\mathrm{d}t=0.\end{aligned}$$

(3) 依题意，如图 4.8(b)所示，根据公式(4.13)可得

$$\begin{aligned}\int_\Gamma xy\mathrm{d}x+yz\mathrm{d}y+zx\mathrm{d}z&=\int_0^{2\pi}[\cos t\sin t(-\sin t)+\sin t(1-\sin t-\cos t)\cos t+\\&\qquad(1-\sin t-\cos t)\cos t(\sin t-\cos t)]\mathrm{d}t\\&=-\int_0^{2\pi}\cos^2 t\mathrm{d}t=-\pi.\end{aligned}$$

(4) 易见，曲线 L 用参数方程表示较为方便，$x=a\cos t, y=a\sin t(0\leqslant t\leqslant 2\pi)$，将其代入到曲线积分可得

$$\oint_L \frac{-x\mathrm{d}x+y\mathrm{d}y}{x^2+y^2}=\int_0^{2\pi}\frac{a^2\sin t\cos t+a^2\sin t\cos t}{a^2}\mathrm{d}t=\int_0^{2\pi}\sin 2t\mathrm{d}t=0.$$

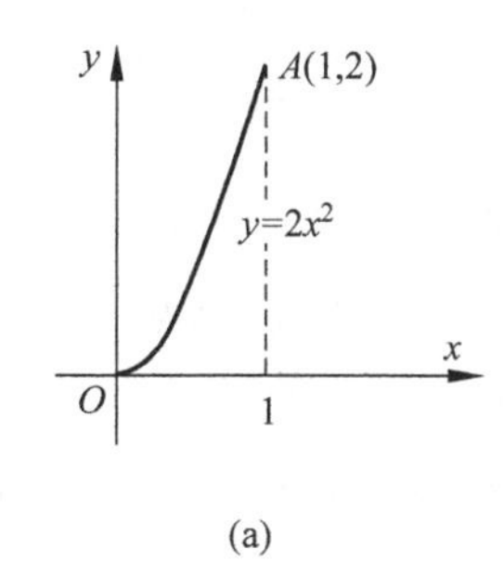

(a)

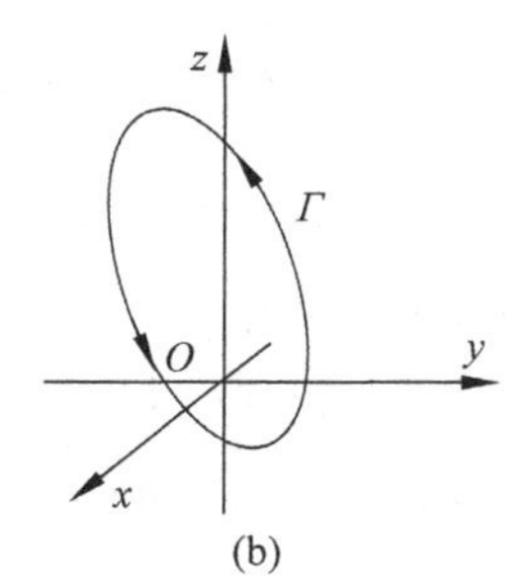

(b)

图 4.8

题型 2 综合应用题

例 4.4 在过点 $O(0,0)$ 和 $A(\pi,0)$ 的曲线族 $y=b\sin x(b>0)$ 中，求一条曲线 L，使沿

该曲线从点 O 到点 A 的积分 $\int_L (1+y^3)\mathrm{d}x+(2x+y)\mathrm{d}y$ 的值最小.

分析 先根据已知条件求出曲线积分关于待求变量 b 的表达式,然后再求极值.

解 如图 4.9 所示,对于曲线 $L: y=b\sin x$,不难求得

$$I(b)=\int_0^{\pi}[1+b^3\sin^3x+(2x+b\sin x)b\cos x]\mathrm{d}x$$

$$=\pi-4b+\frac{4}{3}b^3.$$

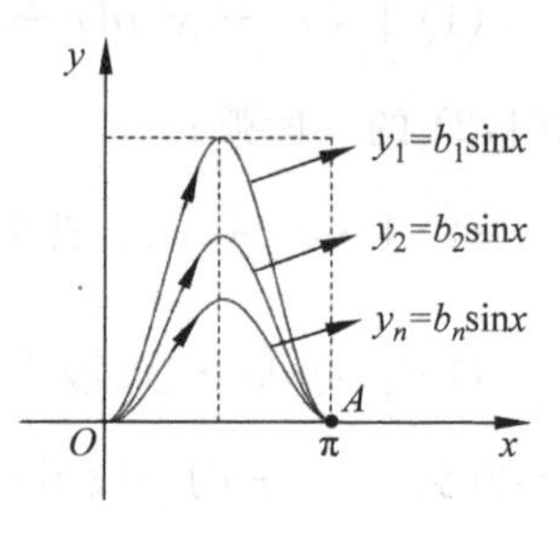

图 4.9

令 $I'(b)=4(b^2-1)=0$,解得 $b=1$($b=-1$ 舍去),且 $b=1$ 是 $I(b)$ 在 $(0,+\infty)$ 内的唯一驻点. 又 $I''(1)=8>0$,所以 $I(b)$ 在 $b=1$ 处取得最小值. 因此曲线是 $y=\sin x(0\leqslant x\leqslant\pi)$ 即为所求.

例 4.5 设有力场 $\boldsymbol{F}=y\boldsymbol{i}-x\boldsymbol{j}+(x+y+z)\boldsymbol{k}$,求在力场 $\boldsymbol{F}$ 的作用下,质点由点 $A(a,0,0)$ 沿螺旋线 Γ 移动到点 $B(a,0,c)$ 所做的功,其中 Γ 的方程为 $x=a\cos t$, $y=a\sin t, z=\frac{k}{2\pi}t, 0\leqslant t\leqslant 2\pi$.

分析 根据对坐标的曲线积分的物理意义计算.

解 螺旋线 Γ 的图形如图 4.10 所示. 依题意,有

$$W=\int_{\Gamma}\boldsymbol{F}\cdot\mathrm{d}\boldsymbol{s}=\int_{\Gamma}y\mathrm{d}x-x\mathrm{d}y+(x+y+z)\mathrm{d}z$$

$$=\int_0^{2\pi}\left[-a^2+\frac{k}{2\pi}\left(a\cos t+a\sin t+\frac{k}{2\pi}t\right)\right]\mathrm{d}t=-2\pi a^2+\frac{1}{2}k^2.$$

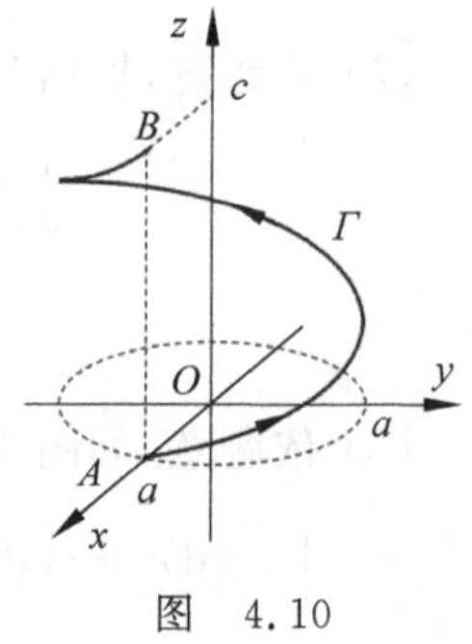

图 4.10

四、课后习题选解(习题 4.2)

A类题

1. 求 $\int_L (x^2+y^2)\mathrm{d}y$,其中 L 为抛物线 $x=y^2$ 上从点 $O(0,0)$ 到点 $A(1,1)$ 的一段弧.

分析 参考经典题型详解中例 4.3. 特别地,利用公式(4.12)计算较为方便.

解 根据曲线方程的特点,利用公式(4.12)可得

$$\int_L (x^2+y^2)\mathrm{d}y=\int_0^1(y^2+y^4)\mathrm{d}y=\frac{8}{15}.$$

2. 求 $\int_L -y\cos x\mathrm{d}x+x\sin y\mathrm{d}y$,其中 L 为由点 $A(0,0)$ 到点 $B(\pi,2\pi)$ 的线段.

分析 参考经典题型详解中例 4.3. 特别地,利用公式(4.11)计算较为方便.

解 易见,线段 $\overline{AB}$ 的方程为 $y=2x$,且 $0\leqslant x\leqslant\pi$. 利用公式(4.11)可得

$$\int_L -y\cos x\mathrm{d}x+x\sin y\mathrm{d}y=\int_0^{\pi}(-2x\cos x+x\sin 2x\cdot 2)\mathrm{d}x=4-\pi.$$

3. 求 $\oint_L x\mathrm{d}x-y\mathrm{d}y$,其中 L 为椭圆 $\frac{x^2}{a^2}+\frac{y^2}{b^2}=1$ 的边界,方向为逆时针方向.

分析 参考经典题型详解中例 4.3. 特别地,利用公式(4.10)计算较为方便.

解 易见,椭圆 L 的参数方程为 $x=a\cos t, y=b\sin t\ (0\leqslant t\leqslant 2\pi)$,由公式(4.10)可得

$$\oint_L x\mathrm{d}x-y\mathrm{d}y=\int_0^{2\pi}[(a\cos t)(-a\sin t)+(-b\sin t)b\cos t]\mathrm{d}t=0.$$

4. 求$\int_{\Gamma} x\mathrm{d}x + y\mathrm{d}y + (x + y - 1)\mathrm{d}z$，其中$\Gamma$为从点$A(1,2,3)$到点$B(2,4,6)$的空间有向线段.

分析 参考经典题型详解中例 4.3.特别地，利用公式(4.13)计算较为方便.

解 不难求得，线段AB的参数方程为$x=t+1, y=2t+2, z=3t+3(0\leqslant t\leqslant 1)$，其中$t=0$对应起点$A$，$t=1$对应终点$B$.由公式(4.13)可得

$$\int_{\Gamma} x\mathrm{d}x + y\mathrm{d}y + (x + y - 1)\mathrm{d}z = \int_0^1 [(t+1) + 2(2t+2) + 3(3t+2)]\mathrm{d}t = \int_0^1 (14t + 11)\mathrm{d}t = 18.$$

5. 求$\int_L (x + y)\mathrm{d}x + (x - y)\mathrm{d}y$的值，其中$L$分别为：

(1) 从点$A(1,0)$沿上半单位圆到点$B(0,1)$的弧；

(2) 从点$A(1,0)$到点$O(0,0)$，再从点$O(0,0)$到点$B(0,1)$的折线，如图 4.11 所示.

分析 参考经典题型详解中例 4.3.特别地，(1)中的曲线L用参数方程表示较为方便，因此利用公式(4.10)计算；(2)中的曲线L由两个有向线段组成，用直角坐标方程表示较为方便，因此利用公式(4.11)计算.

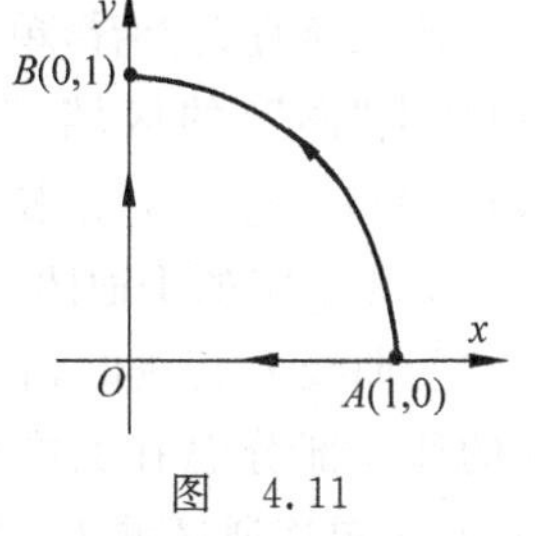

图 4.11

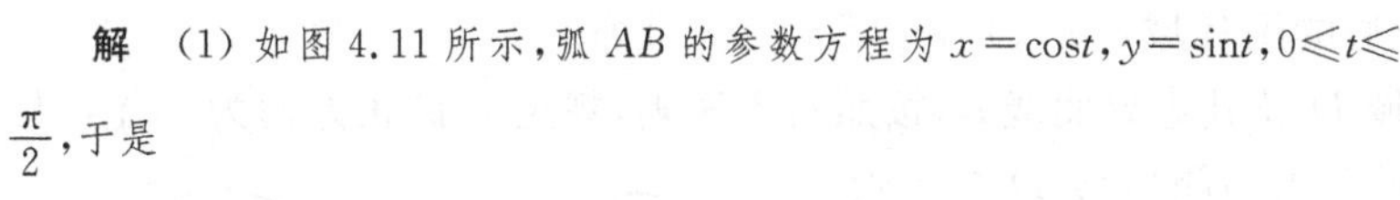

解 (1) 如图 4.11 所示，弧AB的参数方程为$x=\cos t, y=\sin t, 0\leqslant t\leqslant \frac{\pi}{2}$，于是

$$\int_L (x + y)\mathrm{d}x + (x - y)\mathrm{d}y = \int_0^{\frac{\pi}{2}} (\cos 2t - \sin 2t)\mathrm{d}t = -1.$$

(2) 如图 4.11 所示，曲线L由有向线段$\overrightarrow{AO}$和$\overrightarrow{OB}$组成，利用公式(4.11)可得

$$\begin{aligned}\int_L (x + y)\mathrm{d}x + (x - y)\mathrm{d}y &= \int_{\overrightarrow{AO}} (x + y)\mathrm{d}x + (x - y)\mathrm{d}y + \int_{\overrightarrow{OB}} (x + y)\mathrm{d}x + (x - y)\mathrm{d}y \\ &= \int_1^0 (x + 0)\mathrm{d}x + 0 + \int_0^1 [0 + (0 - y)]\mathrm{d}y = -1.\end{aligned}$$

6. 求$\int_L (x^2 - y)\mathrm{d}x + (y^2 + x)\mathrm{d}y$，其中$L$分别为：

(1) 从$O(0,0)$到$B(1,2)$的线段；

(2) 从$O(0,0)$到$A(1,0)$，再从$A(1,0)$到$B(1,2)$的折线；

(3) 从$O(0,0)$沿抛物线$y=2x^2$到$B(1,2)$.

分析 参考经典题型详解中例 4.3.特别地，(1)、(2)和(3)中的曲线L用直角坐标方程表示较为方便，因此可根据情况分别利用公式(4.11)和公式(4.12)计算.

解 (1) 如图 4.12 所示，连接$O(0,0)$，$B(1,2)$两点的直线方程为$y=2x$，对应于L的方向，x从 0 变到 1，利用公式(4.11)可得

$$\begin{aligned}&\int_L (x^2 - y)\mathrm{d}x + (y^2 + x)\mathrm{d}y \\ =&\int_0^1 [(x^2 - 2x) + 2(4x^2 + x)]\mathrm{d}x = \int_0^1 9x^2\mathrm{d}x = 3.\end{aligned}$$

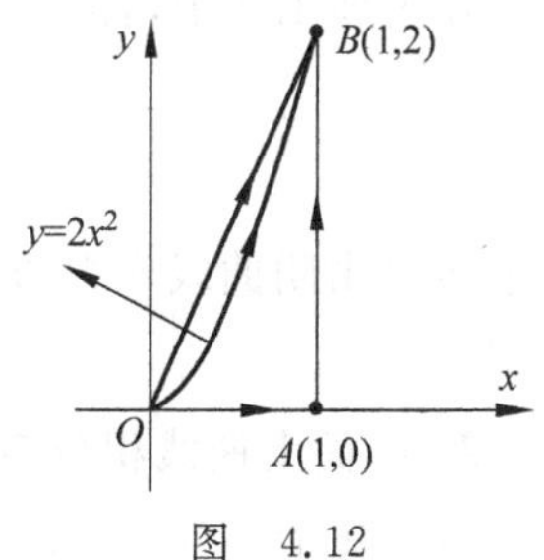

图 4.12

(2) 如图 4.12 所示，从$O(0,0)$到$A(1,0)$的直线为$y=0$，x从 0 变到 1，且有$\mathrm{d}y=0$；又从$A(1,0)$到$B(1,2)$的直线为$x=1$，y从 0 变到 2，且有$\mathrm{d}x=0$.于是

$$\begin{aligned}\int_L (x^2 - y)\mathrm{d}x + (y^2 + x)\mathrm{d}y &= \int_{\overrightarrow{OA}} (x^2 - y)\mathrm{d}x + (y^2 + x)\mathrm{d}y + \int_{\overrightarrow{AB}} (x^2 - y)\mathrm{d}x + (y^2 + x)\mathrm{d}y \\ &= \int_0^1 x^2\mathrm{d}x + \int_0^2 (y^2 + 1)\mathrm{d}y = \frac{1}{3} + \frac{8}{3} + 2 = 5.\end{aligned}$$

(3) 如图 4.12 所示，易见，$L: y=2x^2$，x从 0 变到 1，$\mathrm{d}y=4x\mathrm{d}x$.利用公式(4.11)可得

$$\int_L (x^2-y)\mathrm{d}x+(y^2+x)\mathrm{d}y=\int_0^1[(x^2-2x^2)+(4x^4+x)4x]\mathrm{d}x=\int_0^1(16x^5+3x^2)\mathrm{d}x=\frac{11}{3}.$$

4.3　格林公式及其应用

一、知识要点

1. 格林公式

单连通区域：设 D 为平面区域，则在 D 内的任意一条闭曲线所围的内部区域总是包含在 D 内，否则称为**复连通区域**.

从几何直观上看，单连通区域就是不带“洞”(包括点“洞”)的区域，复连通区域是带“洞”(包括点“洞”)的区域. 2.1 节中曾给出了一些平面区域的例子，如单连通的圆形区域 $\{(x,y)|x^2+y^2<r^2\}$、复连通的圆环域 $\{(x,y)|1\leqslant x^2+y^2\leqslant 4\}$等.

对于给定的平面闭区域 D 及其边界曲线 L，按照右手法则，规定 L 的正方向为：当某人沿着闭曲线 L 行进时，它所围成的闭区域 D 在其近处的那一部分总在其左侧. 反之为 L 的负方向. 例如，对于单连通区域 D，边界曲线 L 的正向是逆时针方向，如图 4.13(a)所示；对于由边界曲线 L 及 l 所围成的复连通区域 D，如图 4.13(b)所示，作为 D 的正向边界，L 的正方向是逆时针方向，而 l 的正方向是顺时针方向.

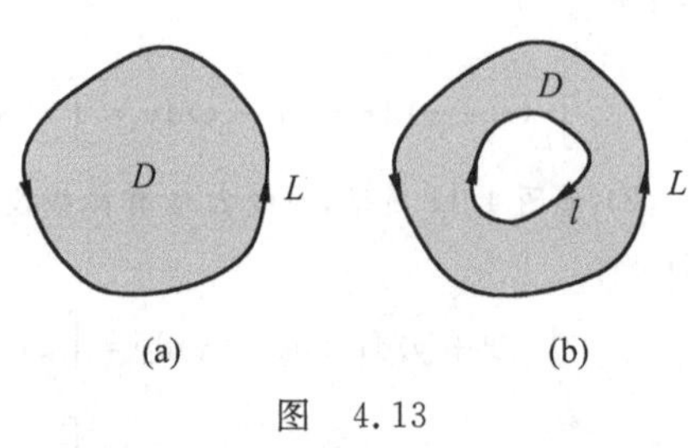

图　4.13

定理 4.3　设有界闭区域 D 由分段光滑的闭曲线 L 围成，函数 $P(x,y)$,$Q(x,y)$及其偏导数$\frac{\partial P(x,y)}{\partial y}$,$\frac{\partial Q(x,y)}{\partial x}$在 D 上连续，则有

$$\iint_D\left(\frac{\partial Q}{\partial x}-\frac{\partial P}{\partial y}\right)\mathrm{d}x\mathrm{d}y=\oint_L P\mathrm{d}x+Q\mathrm{d}y, \tag{4.14}$$

其中曲线 L 取正方向. 公式(4.14)称为**格林公式**.

在定理 4.3 中，若 $P(x,y)=-y$,$Q(x,y)=x$，有$\frac{\partial P}{\partial y}=-1$,$\frac{\partial Q}{\partial x}=1$，于是

$$S=\iint_D \mathrm{d}x\mathrm{d}y=\frac{1}{2}\oint_L x\mathrm{d}y-y\mathrm{d}x, \tag{4.15}$$

其中 S 是由闭曲线 L 围成的区域的面积. 因此，也可以通过公式(4.15)计算平面图形的面积.

2. 平面上曲线积分与路径无关的条件

设函数 $P(x,y)$,$Q(x,y)$在平面区域 D 内具有一阶连续偏导数，若对于 D 内任意给定的两个点 A,B 及区域 D 内从点 A 到点 B 的任意两条分段光滑曲线 L_1,L_2(如图 4.14 所示)，都有

$$\int_{L_1}P\mathrm{d}x+Q\mathrm{d}y=\int_{L_2}P\mathrm{d}x+Q\mathrm{d}y, \tag{4.16}$$

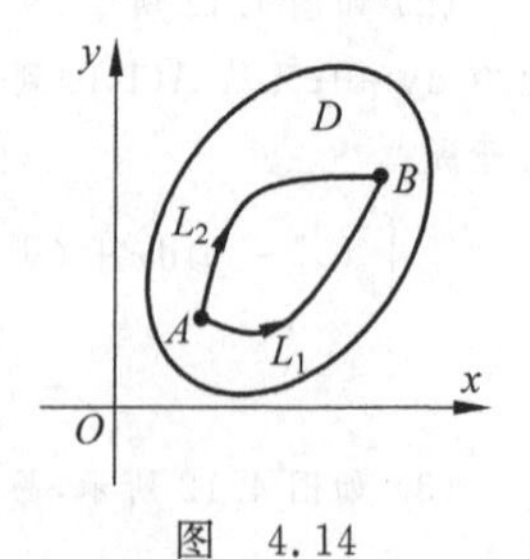

图　4.14

则称曲线积分$\int_L P\mathrm{d}x+Q\mathrm{d}y$在 D 内与路径无关，否则称为与路径有关.

定理 4.4 设函数 $P(x,y)$，$Q(x,y)$在单连通区域 D 内具有一阶连续偏导数，则下列 4 个条件相互等价：

(1) 曲线积分$\int_L P\mathrm{d}x+Q\mathrm{d}y$在 D 内与路径无关；

(2) $P\mathrm{d}x+Q\mathrm{d}y$ 是 D 内某一函数 u 的全微分，即在 D 内存在函数 $u(x,y)$，使得

$$\mathrm{d}u=P\mathrm{d}x+Q\mathrm{d}y; \tag{4.17}$$

(3) 在 D 内，恒有$\dfrac{\partial P}{\partial y}=\dfrac{\partial Q}{\partial x}$；

(4) 沿 D 中任一分段光滑的闭曲线 L，有$\oint_L P\mathrm{d}x+Q\mathrm{d}y=0$.

此外，若函数 $P(x,y)$，$Q(x,y)$满足定理的条件，则二元函数

$$u(x,y)=\int_{(x_0,y_0)}^{(x,y)} P(x,y)\mathrm{d}x+Q(x,y)\mathrm{d}y \tag{4.18}$$

满足式(4.17)，称 $u(x,y)$ 为表达式 $P(x,y)\mathrm{d}x+Q(x,y)\mathrm{d}y$ 的原函数. 此时，因为$\int_L P\mathrm{d}x+Q\mathrm{d}y$与路径无关，故可选取从$(x_0,y_0)$到$(x,y)$的路径为图 4.15 中的折线 ARB 为积分路径，得

$$u(x,y)=\int_{x_0}^{x} P(x,y_0)\mathrm{d}x+\int_{y_0}^{y} Q(x,y)\mathrm{d}y. \tag{4.19}$$

同理，在公式(4.14)中取 ASB 为积分路径，得

$$u(x,y)=\int_{y_0}^{y} Q(x_0,y)\mathrm{d}y+\int_{x_0}^{x} P(x,y)\mathrm{d}x. \tag{4.20}$$

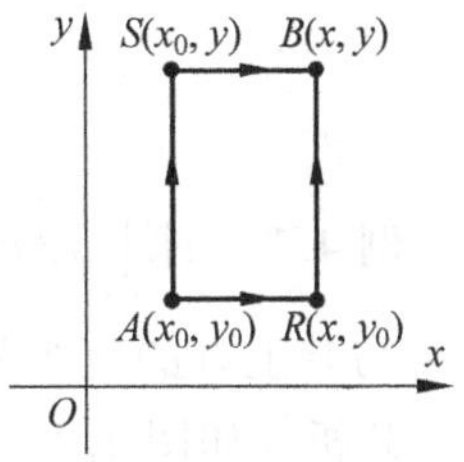

图 4.15

二、疑难解析

1. 应用格林公式求曲线积分或二重积分时应注意什么？

答 首先，在计算时，需要在满足定理的条件下才能使用公式(4.14)，否则可能会得到错误的结果，参见下面的例子. 其次，在利用格林公式求对坐标的曲线积分时，曲线 L 必须是封闭曲线，若 L 不封闭则可以添加辅助线使其封闭，然后利用格林公式计算，但同时还要减去添加辅助线部分的曲线积分. 在利用格林公式求曲线积分时，这是常用的一种方法.

2. 定理 4.4 中为什么要求区域 D 为单连通区域，且函数 $P(x,y)$，$Q(x,y)$在 D 内具有一阶连续偏导数？

答 如果定理 4.4 中这两个条件之一不能满足，那么定理的结论不能保证成立. 例如，对于$\oint_L \dfrac{x\mathrm{d}y-y\mathrm{d}x}{x^2+y^2}$，其中 L 为一条无重点、分段光滑且不经过原点的连续闭曲线，L 的方向为逆时针方向. 可以验证：当 L 所围成的区域含有原点时，虽然除去原点外，恒有$\dfrac{\partial Q}{\partial x}=\dfrac{\partial P}{\partial y}$，但对于沿闭曲线 L 的积分，有$\oint_L P\mathrm{d}x+Q\mathrm{d}y\neq 0$，其原因在于区域内含有破坏函数 $P(x,y)$，$Q(x,y)$ 及$\dfrac{\partial Q}{\partial x}$，$\dfrac{\partial P}{\partial y}$ 连续性条件的点 O，这种点通常称为**奇点**.

三、经典题型详解

题型1 利用格林公式计算曲线积分

例 4.6 求$\oint_L (x^3y+2\mathrm{e}^y)\mathrm{d}x+(xy^3+2x\mathrm{e}^y-2y)\mathrm{d}y$,其中$L$为圆周$x^2+y^2=R^2$取逆时针方向.

分析 首先验证格林公式的条件,然后利用格林公式(4.14)将曲线积分转化为二重积分,最后根据被积函数和积分区域的特点,选择合适的坐标系计算二重积分.

解 由题意知,$P=x^3y+2\mathrm{e}^y$,$Q=xy^3+2x\mathrm{e}^y-2y$,L为区域边界的正向.容易求得,$\dfrac{\partial P}{\partial y}=x^3+2\mathrm{e}^y$,$\dfrac{\partial Q}{\partial x}=y^3+2\mathrm{e}^y$.根据格林公式(4.14),有

$$\begin{aligned}&\oint_L (x^3y+2\mathrm{e}^y)\mathrm{d}x+(xy^3+2x\mathrm{e}^y-2y)\mathrm{d}y\\&=\iint_D (y^3-x^3)\mathrm{d}x\mathrm{d}y=\int_0^{2\pi}\mathrm{d}\theta\int_0^R r^3(\sin^3\theta-\cos^3\theta)r\mathrm{d}r\\&=\frac{R^5}{5}\int_0^{2\pi}(\sin^3\theta-\cos^3\theta)\mathrm{d}\theta=0.\end{aligned}$$

例 4.7 求$\int_L (2x\mathrm{e}^y+1)\mathrm{d}x+(x^2\mathrm{e}^y+x)\mathrm{d}y$,其中$L$为从$A(1,3)$到$B(3,5)$的某曲线,且$L$与其上方的直线$\overline{AB}$所围成的面积为$m$.

分析 如图4.16所示,本题需要添加一段简单的辅助线,使它与所给曲线构成一封闭曲线,再利用格林公式(4.14)计算.但需要注意的是,在计算时还需减去添加的辅助线的曲线积分.

解 添加有向线段$\overrightarrow{BA}$: $y=x+2$(x: $3\to1$).易见

$$P=2x\mathrm{e}^y+1,Q=x^2\mathrm{e}^y+x.$$

图 4.16

注意到,$\dfrac{\partial Q}{\partial x}-\dfrac{\partial P}{\partial y}=1$,根据格林公式(4.14)可得

$$\begin{aligned}&\int_L (2x\mathrm{e}^y+1)\mathrm{d}x+(x^2\mathrm{e}^y+x)\mathrm{d}y\\&=\oint_{\overset{\frown}{AB}+\overrightarrow{BA}}-\int_{\overrightarrow{BA}}(2x\mathrm{e}^y+1)\mathrm{d}x+(x^2\mathrm{e}^y+x)\mathrm{d}y\\&=\oint_{\overset{\frown}{AB}+\overrightarrow{BA}}+\int_{\overrightarrow{AB}}(2x\mathrm{e}^y+1)\mathrm{d}x+(x^2\mathrm{e}^y+x)\mathrm{d}y\\&=\iint_D\mathrm{d}x\mathrm{d}y+\int_1^3(2x\mathrm{e}^{x+2}+1+x^2\mathrm{e}^{x+2}+x)\mathrm{d}x=m+9\mathrm{e}^5-\mathrm{e}^3+6.\end{aligned}$$

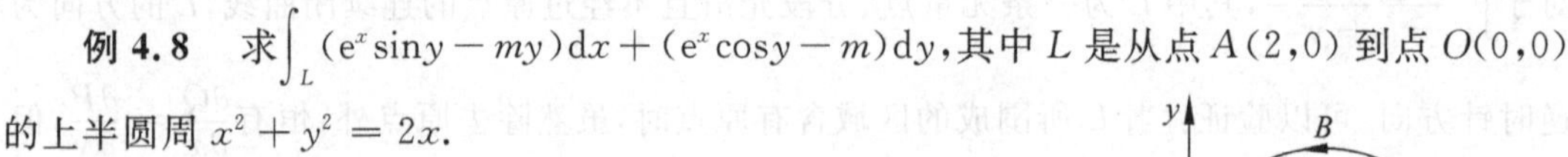

例 4.8 求$\int_L (\mathrm{e}^x\sin y-my)\mathrm{d}x+(\mathrm{e}^x\cos y-m)\mathrm{d}y$,其中$L$是从点$A(2,0)$到点$O(0,0)$的上半圆周$x^2+y^2=2x$.

分析 方法类似于上例.

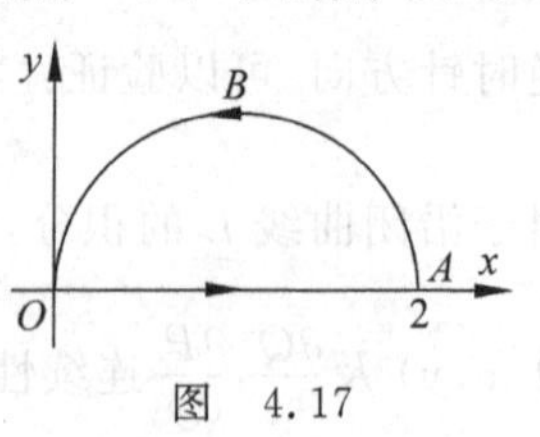

图 4.17

解 如图4.17所示,在x轴作连接点$O(0,0)$与点$A(2,0)$的辅助线,它与上半圆周便构成封闭的半圆形$ABOA$,于是$\int_{\overset{\frown}{ABO}}=$

$\oint_{\overset{\frown}{ABOA}} - \int_{\overrightarrow{OA}}$. 根据格林公式(4.14)可得

$$\oint_{\overset{\frown}{ABOA}} (e^x \sin y - my)dx + (e^x \cos y - m)dy = \iint_D [e^x \cos y - (e^x \cos y - m)]dxdy$$

$$= \iint_D m\,dxdy = m \cdot \frac{1}{2} \cdot \pi = \frac{1}{2}\pi m.$$

由于$\overrightarrow{OA}$ 的方程为 $y=0$,所以$\int_{\overrightarrow{OA}}(e^x \sin y - my)dx + (e^x \cos y - m)dy = 0$. 综上,有

$$\int_{\overset{\frown}{ABO}} (e^x \sin y - my)dx + (e^x \cos y - m)dy = \frac{1}{2}\pi m.$$

例 4.9 求$\oint_L \frac{xdy - ydx}{4x^2 + y^2}$,其中 L 为以点(1,0)为圆心,R 为半径的圆周($R>1$),取逆时针方向.

分析 注意 L 所围成的闭区域中包含原点,导致曲线积分中的被积函数不满足定理 4.3 的条件,因此不能直接应用格林公式计算. 在添加辅助线时,根据被积函数的特点,如果添加的是圆周,效果并不理想,添加椭圆 $4x^2+y^2=r^2$(r 为充分小的正数)较为理想.

解 易见,$P=\frac{-y}{4x^2+y^2}$,$Q=\frac{x}{4x^2+y^2}$. 不难求得,$\frac{\partial P}{\partial y} = \frac{-4x^2+y^2}{(4x^2+y^2)^2} = \frac{\partial Q}{\partial x}$. 容易验证,函数 P,Q 的偏导数在点(0,0)处不连续,不满足定理 4.3 的条件,因此不能直接应用格林公式计算.

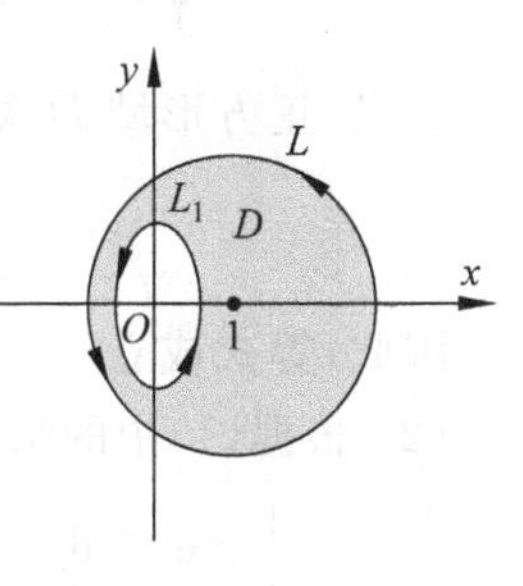

图 4.18

如图 4.18 所示,对充分小的正数 r,作椭圆 L_1: $4x^2+y^2=r^2$,使得该椭圆位于圆周 L 之内,且方向为逆时针,用 D 表示 L 和 L_1 围成的区域. 由格林公式(4.14)可得

$$\oint_{L+L_1^-} \frac{xdy - ydx}{4x^2+y^2} = \iint_D 0\,dxdy = 0.$$

于是

$$\oint_L \frac{xdy - ydx}{4x^2+y^2} = \oint_{L_1} \frac{xdy - ydx}{4x^2+y^2} = \frac{1}{r^2}\int_{L_1} xdy - ydx = \int_0^{2\pi} \frac{1}{2}(\cos^2 t + \sin^2 t)dt = \pi.$$

题型 2 利用曲线积分计算平面图形的面积

例 4.10 求星形线 $x=2\cos^3 t, y=2\sin^3 t(0\leqslant t\leqslant 2\pi)$所围成的图形的面积,如图 4.19 所示.

分析 根据公式(4.15)计算. 利用对称性可以简化计算.

解 设 A_1 为星型线围成的图形在第一象限部分的面积,由图形的对称性可得

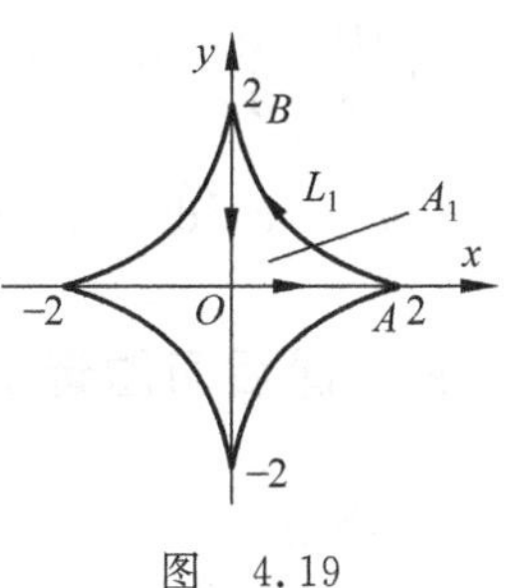

图 4.19

$$A = 4A_1 = 4 \times \frac{1}{2}\oint_{\overrightarrow{OA}\cup L_1 \cup \overrightarrow{BO}} xdy - ydx$$

$$= 2\int_0^{\frac{\pi}{2}} [2\cos^3 t \cdot 6\sin^2 t\cos t - 2\sin^3 t \cdot 6\cos^2 t(-\sin t)]dt$$

$$= 24\int_0^{\frac{\pi}{2}} \sin^2 t\cos^2 t dt = \frac{3}{2}\pi.$$

题型3 综合应用题

例 4.11 已知平面区域 $D=\{(x,y)\mid 0\leqslant x\leqslant\pi,0\leqslant y\leqslant\pi\}$，$L$ 为 D 的正向边界. 证明：

(1) $\oint_L x\mathrm{e}^{-\sin y}\mathrm{d}y-y\mathrm{e}^{\sin x}\mathrm{d}x=\oint_L x\mathrm{e}^{\sin y}\mathrm{d}y-y\mathrm{e}^{-\sin x}\mathrm{d}x$；

(2) $\oint_L x\mathrm{e}^{-\sin y}\mathrm{d}y-y\mathrm{e}^{\sin x}\mathrm{d}x\geqslant 2\pi^2$.

分析 (1) 利用格林公式将等式两端的曲线积分转化为二重积分，然后进行比较；(2)将曲线积分都转化为二重积分后，利用二重积分的性质4(保序性)进行验证.

证 (1) 利用格林公式可得

$$\oint_L x\mathrm{e}^{-\sin y}\mathrm{d}y-y\mathrm{e}^{\sin x}\mathrm{d}x=\iint_D\left[\frac{\partial}{\partial x}(x\mathrm{e}^{-\sin y})-\frac{\partial}{\partial y}(-y\mathrm{e}^{\sin x})\right]\mathrm{d}x\mathrm{d}y$$

$$=\iint_D(\mathrm{e}^{-\sin y}+\mathrm{e}^{\sin x})\mathrm{d}x\mathrm{d}y;$$

$$\oint_L x\mathrm{e}^{\sin y}\mathrm{d}y-y\mathrm{e}^{-\sin x}\mathrm{d}x=\iint_D(\mathrm{e}^{\sin y}+\mathrm{e}^{-\sin x})\mathrm{d}x\mathrm{d}y.$$

易见，正方形域 D 关于 $y=x$ 对称，有

$$\iint_D(\mathrm{e}^{-\sin y}+\mathrm{e}^{\sin x})\mathrm{d}x\mathrm{d}y=\iint_D(\mathrm{e}^{-\sin x}+\mathrm{e}^{\sin y})\mathrm{d}x\mathrm{d}y\ (x,y\text{ 互换}).$$

因此，等式成立.

(2) 根据(1)中的结论，有

$$\oint_L x\mathrm{e}^{-\sin y}\mathrm{d}y-y\mathrm{e}^{\sin x}\mathrm{d}x=\iint_D(\mathrm{e}^{-\sin y}+\mathrm{e}^{\sin x})\mathrm{d}x\mathrm{d}y=\iint_D(\mathrm{e}^{-\sin y}+\mathrm{e}^{\sin y})\mathrm{d}x\mathrm{d}y$$

$$\geqslant 2\iint_D\sqrt{\mathrm{e}^{-\sin y}\mathrm{e}^{\sin y}}\mathrm{d}x\mathrm{d}y=2\pi^2.$$

证毕

例 4.12 试求常数 λ，使 $I=\int_{(1,2)}^{(x,y)}xy^{\lambda}\mathrm{d}x+x^{\lambda}y\mathrm{d}y$ 与路径无关，并求 I 的一个表达式.

分析 根据被积函数满足条件 $\frac{\partial Q}{\partial x}=\frac{\partial P}{\partial y}$ 求出常数 λ.

解 易见，$P=xy^{\lambda}$，$Q=x^{\lambda}y$. 不难求得

$$\frac{\partial P}{\partial y}=\frac{\partial}{\partial y}(xy^{\lambda})=\lambda xy^{\lambda-1},\ \frac{\partial Q}{\partial x}=\frac{\partial}{\partial x}(x^{\lambda}y)=\lambda x^{\lambda-1}y.$$

由 $\frac{\partial P}{\partial y}=\frac{\partial Q}{\partial x}$，得 $\lambda=2$. 于是

$$\int_{(1,2)}^{(x,y)}xy^2\mathrm{d}x+x^2y\mathrm{d}y=\int_1^x 4x\mathrm{d}x+\int_2^y x^2y\mathrm{d}y=2x^2\Big|_1^x+\frac{x^2y^2}{2}\Big|_2^y=\frac{1}{2}x^2y^2-2.$$

四、课后习题选解(习题4.3)

1. 求 $\oint_L xy^2\mathrm{d}y-x^2y\mathrm{d}x$，其中 L 为圆周 $x^2+y^2=4$ 取逆时针方向.

分析 参考经典题型详解中例 4.6.

解 由题意知，$P=-x^2y$，$Q=xy^2$，L 为区域边界的正向. 根据格林公式(4.14)，有

$$\oint_L xy^2\mathrm{d}y-x^2y\mathrm{d}x=\iint_D(y^2+x^2)\mathrm{d}x\mathrm{d}y=\int_0^{2\pi}\mathrm{d}\theta\int_0^2 r^2 r\mathrm{d}r=8\pi.$$

2. 求$\int_L(1+xy^2)\mathrm{d}x+x^2y\mathrm{d}y$，其中 L 是椭圆$\frac{x^2}{4}+y^2=1$在第一、第二象限的部分，方向从点 $A(-2,0)$ 到点 $B(2,0)$.

分析 参考经典题型详解中例 4.7. 因为在此椭圆曲线上进行积分计算较烦琐，如图 4.20 所示，验证曲线积分是否满足与路径无关的条件，然后利用特殊路径计算.

解 令 $P=1+xy^2$，$Q=x^2y$. 易见，$\frac{\partial P}{\partial y}=2xy=\frac{\partial Q}{\partial x}$在 xOy 平面上(单连通域)成立，所以该曲线积分与路径无关，故取 x 轴上有向线段$\overrightarrow{AB}$作为积分路径，如图 4.20 所示.

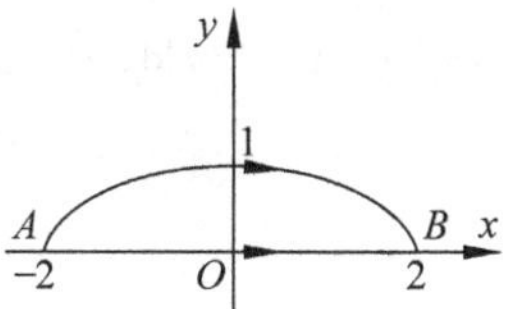

图 4.20

$\overrightarrow{AB}$的方程为 $y=0$，且 x 从 -2 变到 2，从而

$$\int_L(1+xy^2)\mathrm{d}x+x^2y\mathrm{d}y=\int_{\overrightarrow{AB}}(1+xy^2)\mathrm{d}x+x^2y\mathrm{d}y=\int_{-2}^2 1\mathrm{d}x=4.$$

3. 验证$(2x\cos y-y^2\sin x)\mathrm{d}x+(2y\cos x-x^2\sin y)\mathrm{d}y$是某个函数的全微分，并求出其原函数.

分析 先验证微分表达式满足定理 4.4 的条件，再利用式(4.19)求原函数.

解 令 $P=2x\cos y-y^2\sin x$，$Q=2y\cos x-x^2\sin y$. 因为

$$\frac{\partial Q}{\partial x}=-2x\sin y-2y\sin x=\frac{\partial P}{\partial y},$$

由公式(4.19)可得

$$\begin{aligned}u(x,y)&=\int_{(0,0)}^{(x,y)}(2x\cos y-y^2\sin x)\mathrm{d}x+(2y\cos x-x^2\sin y)\mathrm{d}y+C\\&=\int_0^x 2x\mathrm{d}x+\int_0^y(2y\cos x-x^2\sin y)\mathrm{d}y=x^2\cos y+y^2\cos x+C.\end{aligned}$$

4. 求$\int_L(\mathrm{e}^y+x)\mathrm{d}x+(x\mathrm{e}^y-2y)\mathrm{d}y$，其中曲线 L 是从 $O(0,0)$ 到 $B(1,1)$ 再到 $C(1,2)$ 的任意弧段.

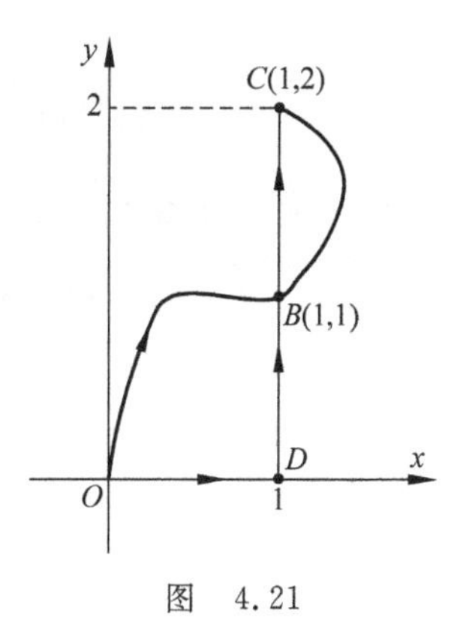

图 4.21

分析 先检验此题是否满足$\frac{\partial Q}{\partial x}=\frac{\partial P}{\partial y}$，再找一条简单路径.

解 因为$\frac{\partial P}{\partial y}=\mathrm{e}^y=\frac{\partial Q}{\partial x}$，所以该曲线积分与路径无关. 如图 4.21 所示，取点 $D(1,0)$，选取路径 OD 和 DC，所以

$$\begin{aligned}\int_L(\mathrm{e}^y+x)\mathrm{d}x+(x\mathrm{e}^y-2y)\mathrm{d}y&=\int_0^1(1+x)\mathrm{d}x+\int_0^2(\mathrm{e}^y-2y)\mathrm{d}y\\&=\mathrm{e}^2-\frac{7}{2}.\end{aligned}$$

B类题

1. 设 $f(5xy)$ 关于中间变量 $u=5xy$ 具有连续的一阶导数，证明：$\oint_L f(5xy)(y\mathrm{d}x+x\mathrm{d}y)=0$，其中 L 是任意给定的分段光滑闭曲线.

分析 验证被积函数满足条件$\frac{\partial Q}{\partial x}=\frac{\partial P}{\partial y}$即可.

证 在曲线积分中，$P=yf(5xy)$，$Q=xf(5xy)$. 不难求得

$$\frac{\partial P}{\partial y}=f(5xy)+5xyf'(5xy)=\frac{\partial Q}{\partial x}.$$

由定理4.4知，该曲线积分与积分路径无关，所以$\oint_L f(5xy)(y\mathrm{d}x+x\mathrm{d}y)=0$. **证毕**

2. 求$\int_{\overset{\frown}{AMB}}[\mathrm{e}^x\sin y-2y]\mathrm{d}x+[\mathrm{e}^x\cos y-4x]\mathrm{d}y$，其中$\overset{\frown}{AMB}$是过点$A(2,0)$，$M(3,-1)$，$B(4,0)$的半圆周.

分析 参考经典题型详解中例4.7.

解 如图4.22所示，添加辅助线$\overrightarrow{BA}$，使其与下半圆周构成封闭的半圆形$\overset{\frown}{AMBA}$. 由格林公式(4.14)可得

$$\begin{aligned}\int_{\overset{\frown}{AMB}}[\mathrm{e}^x\sin y-2y]\mathrm{d}x+[\mathrm{e}^x\cos y-4x]\mathrm{d}y&=\oint_{\overset{\frown}{AMBA}}[\mathrm{e}^x\sin y-2y]\mathrm{d}x+[\mathrm{e}^x\cos y-4x]\mathrm{d}y-\\&\quad\int_{\overrightarrow{BA}}[\mathrm{e}^x\sin y-2y]\mathrm{d}x+[\mathrm{e}^x\cos y-4x]\mathrm{d}y\\&=\iint_D\left(\frac{\partial Q}{\partial x}-\frac{\partial P}{\partial y}\right)\mathrm{d}x\mathrm{d}y-\int_{\overrightarrow{BA}}[\mathrm{e}^x\sin y-2y]\mathrm{d}x+[\mathrm{e}^x\cos y-4x]\mathrm{d}y\\&=\iint_D(\mathrm{e}^x\cos y-4-\mathrm{e}^x\cos y+2)\mathrm{d}x\mathrm{d}y=\iint_D-2\mathrm{d}x\mathrm{d}y=-\pi.\end{aligned}$$

3. 求$\int_L[\mathrm{e}^x\sin y-b(x+y)]\mathrm{d}x+(\mathrm{e}^x\cos y-ax)\mathrm{d}y$，其中$a,b$为正常数，$L$为从$A(2a,0)$沿曲线$y=\sqrt{2ax-x^2}$到点$O(0,0)$的弧.

分析 参考经典题型详解中例4.7.

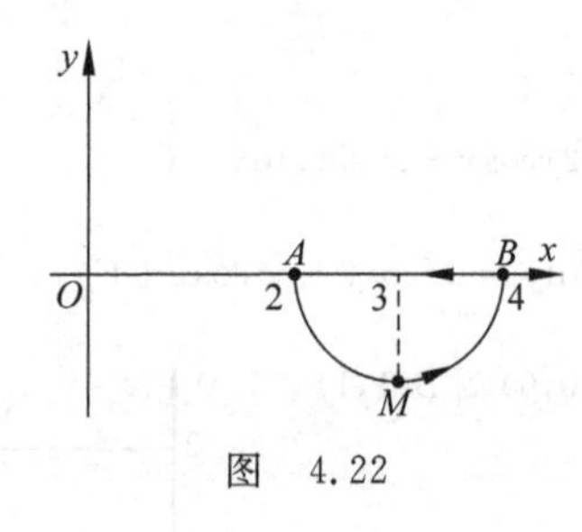

图 4.22

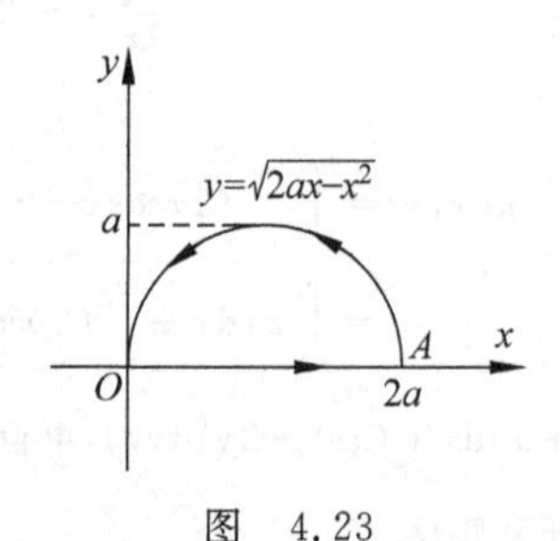

图 4.23

解 如图4.23所示，添加有向线段$\overrightarrow{OA}$：$y=0$，x从0到$2a$. 由格林公式(4.14)可得

$$\begin{aligned}\int_L[\mathrm{e}^x\sin y-b(x+y)]\mathrm{d}x+(\mathrm{e}^x\cos y-ax)\mathrm{d}y&=\oint_{\overset{\frown}{AO}+\overrightarrow{OA}}[\mathrm{e}^x\sin y-b(x+y)]\mathrm{d}x+(\mathrm{e}^x\cos y-ax)\mathrm{d}y-\\&\quad\int_{\overrightarrow{OA}}[\mathrm{e}^x\sin y-b(x+y)]\mathrm{d}x+(\mathrm{e}^x\cos y-ax)\mathrm{d}y\\&=\iint_D\left[\frac{\partial}{\partial x}(\mathrm{e}^x\cos y-ax)-\frac{\partial}{\partial y}(\mathrm{e}^x\sin y-b(x+y)\right]\mathrm{d}x\mathrm{d}y-\\&\quad\int_{\overrightarrow{OA}}[\mathrm{e}^x\sin y-b(x+y)]\mathrm{d}x+(\mathrm{e}^x\cos y-ax)\mathrm{d}y\\&=\iint_D(b-a)\mathrm{d}x\mathrm{d}y-\int_0^{2a}(-bx)\mathrm{d}x=\frac{\pi}{2}a^2(b-a)+2a^2b.\end{aligned}$$

4. 求$\dfrac{x\mathrm{d}y-y\mathrm{d}x}{x^2+y^2}$在右半平面($x>0$)内的一个原函数.

分析 先验证此题是否满足$\dfrac{\partial Q}{\partial x}=\dfrac{\partial P}{\partial y}$，再找此题的一个原函数.

解 令$P=\dfrac{-y}{x^2+y^2}$，$Q=\dfrac{x}{x^2+y^2}$. 不难求得，$\dfrac{\partial P}{\partial y}=\dfrac{y^2-x^2}{(x^2+y^2)^2}=\dfrac{\partial Q}{\partial x}$. 因此，在右半平面($x>0$)内，

$\dfrac{x\mathrm{d}y-y\mathrm{d}x}{x^2+y^2}$是某个函数的全微分.

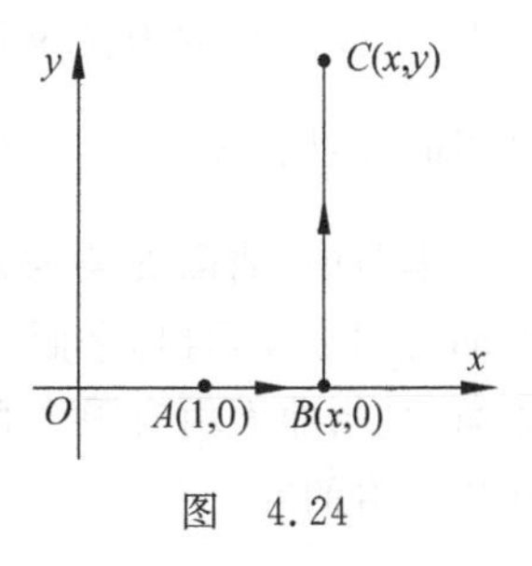

图 4.24

取积分路径如图 4.24 所示,由公式(4.19)可得

$$u(x,y)=\int_{(1,0)}^{(x,y)}\frac{x\mathrm{d}y-y\mathrm{d}x}{x^2+y^2}=\int_{\overrightarrow{AB}}\frac{x\mathrm{d}y-y\mathrm{d}x}{x^2+y^2}+\int_{\overrightarrow{BC}}\frac{x\mathrm{d}y-y\mathrm{d}x}{x^2+y^2}$$

$$=0+\int_0^y\frac{x\mathrm{d}y}{x^2+y^2}=\left[\arctan\frac{y}{x}\right]\Big|_0^y$$

$$=\arctan\frac{y}{x}.$$

5. 求 $\lim\limits_{a\to+\infty}\int_L(\mathrm{e}^{y^2-x^2}\cos 2xy-3y)\mathrm{d}x+(\mathrm{e}^{y^2-x^2}\sin 2xy-b^2)\mathrm{d}y\,(b>0)$,其中 L 是依次连接点 $A(a,0)$,$B\left(a,\dfrac{\pi}{a}\right)$,$E\left(0,\dfrac{\pi}{a}\right)$,$O(0,0)$ 的有向折线$\left(\text{已知}\int_0^{+\infty}\mathrm{e}^{-x^2}\mathrm{d}x=\dfrac{\sqrt{\pi}}{2}\right)$.

分析 先利用格林公式对曲线积分化简,然后再求极限.

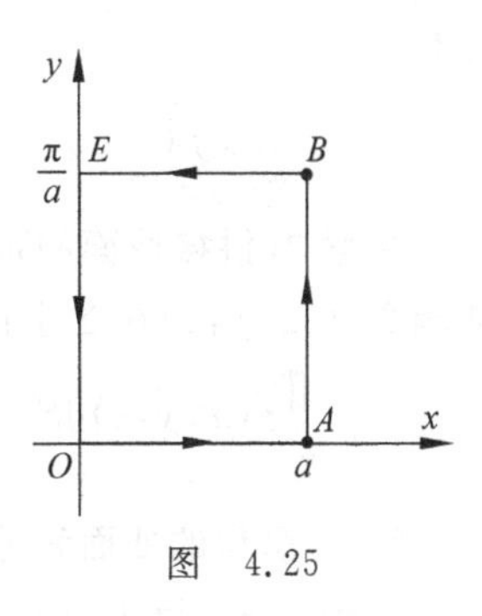

图 4.25

解 如图 4.25 所示,添加有向线段$\overrightarrow{OA}$: $y=0$,x 从 0 到 a. 由格林公式(4.14)可得

$$\int_L(\mathrm{e}^{y^2-x^2}\cos 2xy-3y)\mathrm{d}x+(\mathrm{e}^{y^2-x^2}\sin 2xy-b^2)\mathrm{d}y$$

$$=\iint\limits_D\left(\frac{\partial Q}{\partial x}-\frac{\partial P}{\partial y}\right)\mathrm{d}x\mathrm{d}y-\int_{\overrightarrow{OA}}(\mathrm{e}^{y^2-x^2}\cos 2xy-3y)\mathrm{d}x+(\mathrm{e}^{y^2-x^2}\sin 2xy-b^2)\mathrm{d}y$$

$$=3\iint\limits_D\mathrm{d}x\mathrm{d}y-\int_0^a\mathrm{e}^{-x^2}\mathrm{d}x=3\pi-\int_0^a\mathrm{e}^{-x^2}\mathrm{d}x.$$

所以

$$\lim_{a\to+\infty}\int_L(\mathrm{e}^{y^2-x^2}\cos 2xy-3y)\mathrm{d}x+(\mathrm{e}^{y^2-x^2}\sin 2xy-b^2)\mathrm{d}y$$

$$=\lim_{a\to+\infty}\left(3\pi-\int_0^a\mathrm{e}^{-x^2}\mathrm{d}x\right)=3\pi-\int_0^{+\infty}\mathrm{e}^{-x^2}\mathrm{d}x=3\pi-\frac{\sqrt{\pi}}{2}.$$

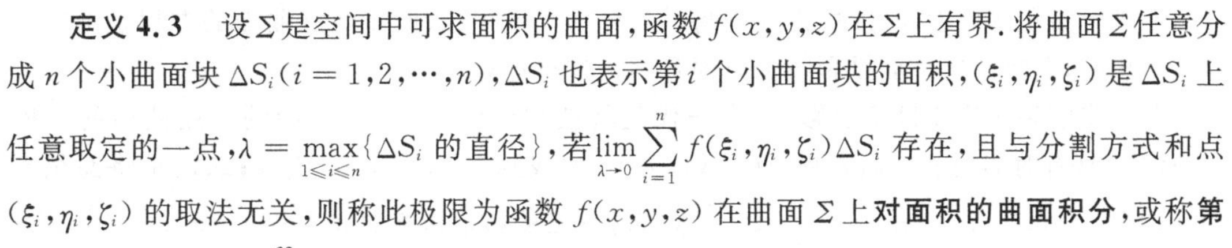

4.4 对面积的曲面积分

一、知识要点

1. 基本概念及性质

定义 4.3 设 Σ 是空间中可求面积的曲面,函数 $f(x,y,z)$ 在 Σ 上有界. 将曲面 Σ 任意分成 n 个小曲面块 $\Delta S_i(i=1,2,\cdots,n)$,$\Delta S_i$ 也表示第 i 个小曲面块的面积,(ξ_i,η_i,ζ_i) 是 ΔS_i 上任意取定的一点,$\lambda=\max\limits_{1\leqslant i\leqslant n}\{\Delta S_i\text{ 的直径}\}$,若$\lim\limits_{\lambda\to 0}\sum\limits_{i=1}^{n}f(\xi_i,\eta_i,\zeta_i)\Delta S_i$ 存在,且与分割方式和点 (ξ_i,η_i,ζ_i) 的取法无关,则称此极限为函数 $f(x,y,z)$ 在曲面 Σ 上**对面积的曲面积分**,或称第**一型曲面积分**,记作$\iint\limits_\Sigma f(x,y,z)\mathrm{d}S$,即

$$\iint\limits_\Sigma f(x,y,z)\mathrm{d}S=\lim_{\lambda\to 0}\sum_{i=1}^{n}f(\xi_i,\eta_i,\zeta_i)\Delta S_i,\tag{4.21}$$

其中 $f(x,y,z)$ 称为**被积函数**,Σ 称为**积分曲面**. 此时也称 $f(x,y,z)$ 在曲面 Σ 上可积. 若 Σ 是封闭曲面,则 $f(x,y,z)$ 在 Σ 上对面积的曲面积分记作 $\oiint\limits_{\Sigma} f(x,y,z)\mathrm{d}S$.

本节中,曲面 Σ 均为光滑曲面或分片光滑曲面. 所指的**光滑曲面**,是指在曲面上的每一点都有切平面,且切平面的法向量随着曲面上的点的连续变动而连续变化;所指的**分片光滑曲面**,是指曲面由有限个光滑曲面逐片拼接而成. 例如,球面是光滑曲面,长方体的边界面是分片光滑的.

特别地,当 $f(x,y,z)\equiv 1$ 时,有 $\iint\limits_{\Sigma}\mathrm{d}S=S$,其中 S 为曲面 Σ 的面积.

若函数 $f(x,y,z)$,$g(x,y,z)$ 在曲面 Σ 上可积,则有如下性质成立.

性质1(线性性质) 对于任意的 $\alpha,\beta\in\mathbf{R}$,函数 $\alpha f(x,y,z)+\beta g(x,y,z)$ 在 Σ 上可积,且有

$$\iint\limits_{\Sigma}[\alpha f(x,y,z)+\beta g(x,y,z)]\mathrm{d}S=\alpha\iint\limits_{\Sigma}f(x,y,z)\mathrm{d}S+\beta\iint\limits_{\Sigma}g(x,y,z)\mathrm{d}S.$$

性质2(拼接曲面的可加性) 若曲面 Σ 由几片曲面拼接而成,即 $\Sigma=\Sigma_1\cup\Sigma_2\cup\cdots\cup\Sigma_k$,则函数 $f(x,y,z)$ 在 Σ 上的积分等于在各片曲面上的积分之和,即

$$\iint\limits_{\Sigma}f(x,y,z)\mathrm{d}S=\iint\limits_{\Sigma_1}f(x,y,z)\mathrm{d}S+\iint\limits_{\Sigma_2}f(x,y,z)\mathrm{d}S+\cdots+\iint\limits_{\Sigma_k}f(x,y,z)\mathrm{d}S.$$

2. 对面积的曲面积分的计算方法

定理 4.5 设光滑曲面 Σ 的方程为 $z=z(x,y)((x,y)\in D_{xy})$,且函数 $f(x,y,z)$ 在 Σ 上连续,则有

$$\iint\limits_{\Sigma}f(x,y,z)\mathrm{d}S=\iint\limits_{D_{xy}}f[x,y,z(x,y)]\sqrt{1+z_x^2(x,y)+z_y^2(x,y)}\,\mathrm{d}x\mathrm{d}y. \tag{4.22}$$

若曲面 Σ 的方程由 $y=y(x,z)$ 或 $x=x(y,z)$ 给出,也有类似的公式,即根据曲面方程的特点,将其向 zOx 坐标面或 yOz 坐标面投影,相应的公式分别为

$$\iint\limits_{\Sigma}f(x,y,z)\mathrm{d}S=\iint\limits_{D_{zx}}f[x,y(x,z),z]\sqrt{1+y_x^2(x,z)+y_z^2(x,z)}\,\mathrm{d}x\mathrm{d}z; \tag{4.23}$$

$$\iint\limits_{\Sigma}f(x,y,z)\mathrm{d}S=\iint\limits_{D_{yz}}f[x(y,z),y,z]\sqrt{1+x_y^2(y,z)+x_z^2(y,z)}\,\mathrm{d}y\mathrm{d}z. \tag{4.24}$$

在求对面积的曲面积分时,需要先将其转化为二重积分,但需注意曲面的方程是由哪种形式给出的,向哪个坐标面投影较为方便且容易进行运算.

基本步骤是**一代二换三投影**,其中**一代**是将被积函数 $f(x,y,z)$ 中的 z 用曲面的方程 $z=z(x,y)$(有时需要从曲面方程 $F(x,y,z)=0$ 中找到 $z=z(x,y)$)代入;**二换**是将面积微分 $\mathrm{d}S$ 用公式 $\mathrm{d}S=\sqrt{1+z_x^2(x,y)+z_y^2(x,y)}$ 替换;**三投影**是指将曲面方程 $z=z(x,y)$ 往 xOy 坐标平面上投影,得到二重积分的积分区域. 当曲面方程由其他两种形式 $y=y(x,z)$ 或 $x=x(y,z)$ 给出时,求解步骤类似.

二、经典题型详解

题型1 求对面积的曲面积分

例 4.13 求下列对面积的曲面积分:

(1) $\oiint\limits_{\Sigma}\frac{1}{(x+y+1)^2}\mathrm{d}S$,其中 Σ 是由平面 $x=0,y=0,z=0$ 及 $x+y+z=1$ 所围四面体的整个边界曲面,如图 4.26(a) 所示;

(2) $\iint\limits_{\Sigma}(xy+yz+zx)\mathrm{d}S$,其中 Σ 为锥面 $z=\sqrt{x^2+y^2}$ 在柱面 $x^2+y^2\leqslant 2x$ 内的部分,如图 4.26(b) 所示;

(3) $\iint\limits_{\Sigma}x^2y^2\mathrm{d}S$,其中 Σ 为上半球面 $z=\sqrt{R^2-x^2-y^2}$,如图 4.26(c) 所示;

(4) $\iint\limits_{\Sigma}\frac{1}{x^2+y^2}\mathrm{d}S$,其中 Σ 为柱面 $x^2+y^2=R^2$ 被平面 $z=0,z=h$ 所截取的部分,如图 4.26(d) 所示.

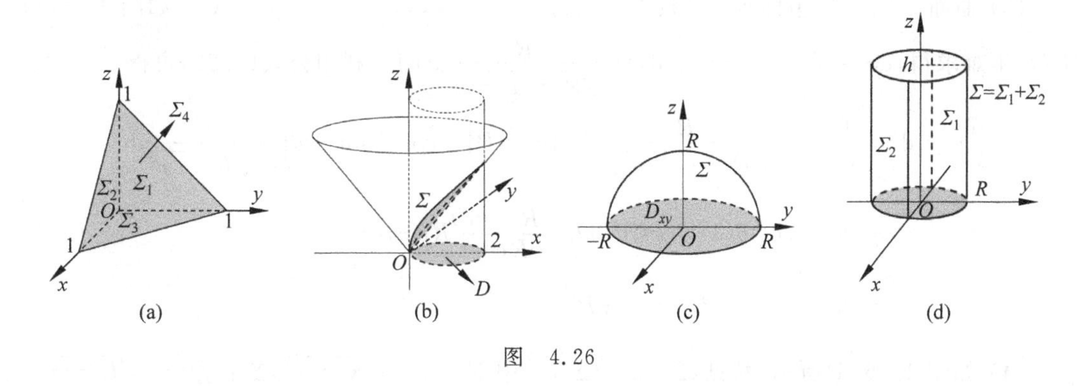

图 4.26

分析 根据曲面的特点,利用公式(4.22)或式(4.23)计算.计算时注意利用对称性.

解 (1) 如图 4.26(a)所示,Σ 上的曲面积分为四部分曲面积分的和,即

$$\oiint\limits_{\Sigma}\frac{1}{(x+y+1)^2}\mathrm{d}S=\left(\iint\limits_{\Sigma_1}+\iint\limits_{\Sigma_2}+\iint\limits_{\Sigma_3}+\iint\limits_{\Sigma_4}\right)\frac{1}{(x+y+1)^2}\mathrm{d}S.$$

由图可见,$\Sigma_1,\Sigma_2,\Sigma_3$ 分别对应平面 $x=0,y=0,z=0$.在 Σ_1 上,有

$$\iint\limits_{\Sigma_1}\frac{1}{(x+y+1)^2}\mathrm{d}S=\iint\limits_{D_{yz}}\frac{1}{(y+1)^2}\mathrm{d}y\mathrm{d}z=\int_0^1\mathrm{d}y\int_0^{1-y}\frac{1}{(y+1)^2}\mathrm{d}z$$

$$=\int_0^1\frac{1-y}{(y+1)^2}\mathrm{d}y=\left(-\frac{2}{1+y}-\ln|1+y|\right)\Big|_0^1=1-\ln 2.$$

根据对称性,$\iint\limits_{\Sigma_2}\frac{1}{(x+y+1)^2}\mathrm{d}S=1-\ln 2.$

在 Σ_3 上,有

$$\iint\limits_{\Sigma_3}\frac{1}{(x+y+1)^2}\mathrm{d}S=\iint\limits_{D_{xy}}\frac{1}{(x+y+1)^2}\mathrm{d}x\mathrm{d}y=\int_0^1\mathrm{d}x\int_0^{1-x}\frac{1}{(x+y+1)^2}\mathrm{d}y=-\frac{1}{2}+\ln 2.$$

在 Σ_4 上，$z=1-x-y$，所以有 $\sqrt{1+z_x^2+z_y^2}=\sqrt{1+(-1)^2+(-1)^2}=\sqrt{3}$. 于是

$$\iint_{\Sigma_4}\frac{1}{(x+y+1)^2}\mathrm{d}S=\iint_{D_{xy}}\frac{\sqrt{3}}{(x+y+1)^2}\mathrm{d}x\mathrm{d}y=\sqrt{3}\left(-\frac{1}{2}+\ln 2\right),$$

其中 D_{xy} 是 Σ_4 在 xOy 面上的投影区域. 综上可得

$$\oiint_{\Sigma}\frac{1}{(x+y+1)^2}\mathrm{d}S=\frac{3-\sqrt{3}}{2}+(\sqrt{3}-1)\ln 2.$$

(2) 曲面 Σ 在 xOy 坐标面上的投影区域 $D_{xy}=\{(x,y)\mid x^2+y^2\leqslant 2x\}$，如图 4.26(b) 所示. 由于 Σ 关于 zOx 对称，且被积函数 xy 和 yz 关于 y 均为奇函数，所以有 $\iint\limits_{\Sigma}xy\mathrm{d}S=\iint\limits_{\Sigma}yz\mathrm{d}S=0$. 不难求得，$\mathrm{d}S=\sqrt{1+z_x^2+z_y^2}\mathrm{d}x\mathrm{d}y=\sqrt{2}\mathrm{d}x\mathrm{d}y$. 利用公式(4.22) 可得

$$\iint_{\Sigma}(xy+yz+zx)\mathrm{d}S=\iint_{\Sigma}zx\mathrm{d}S=\iint_{\Sigma}x\sqrt{x^2+y^2}\sqrt{2}\mathrm{d}x\mathrm{d}y=\sqrt{2}\int_{-\frac{\pi}{2}}^{\frac{\pi}{2}}\mathrm{d}\theta\int_0^{2\cos\theta}r^3\cos\theta\mathrm{d}r$$

$$=4\sqrt{2}\int_{-\frac{\pi}{2}}^{\frac{\pi}{2}}\cos^5\theta\mathrm{d}\theta=8\sqrt{2}\int_{-0}^{\frac{\pi}{2}}\cos^5\theta\mathrm{d}\theta=8\sqrt{2}\times\frac{4}{5}\times\frac{2}{3}=\frac{64}{15}\sqrt{2}.$$

(3) 曲面 Σ 在 xOy 坐标面上的投影区域为 $D_{xy}=\{(x,y)\mid 0\leqslant x^2+y^2\leqslant R^2\}$，如图 4.26(c) 所示. 不难求得，$\mathrm{d}S=\sqrt{1+z_x^2+z_y^2}\mathrm{d}x\mathrm{d}y=\dfrac{R}{\sqrt{R^2-x^2-y^2}}\mathrm{d}x\mathrm{d}y$. 利用公式(4.22)可得

$$\iint_{\Sigma}x^2y^2\mathrm{d}S=\iint_{D}x^2y^2\frac{R}{\sqrt{R^2-x^2-y^2}}\mathrm{d}x\mathrm{d}y=R\int_0^{2\pi}\cos^2\theta\sin^2\theta\mathrm{d}\theta\int_0^R\frac{r^5}{\sqrt{R^2-r^2}}\mathrm{d}r$$

$$=R\int_0^{2\pi}\cos^2\theta(1-\cos^2\theta)\mathrm{d}\theta\int_0^{\frac{\pi}{2}}\frac{R^5\sin^5t}{R\cos t}R\cos t\mathrm{d}t$$

$$=R\times\frac{\pi}{4}\times\frac{8}{15}R^5=\frac{2}{15}\pi R^6.$$

(4) 如图 4.26(d)所示，易见，$\Sigma=\Sigma_1+\Sigma_2$，其中 Σ_1：$y=\sqrt{R^2-x^2}$，Σ_2：$y=-\sqrt{R^2-x^2}$，且 $-R\leqslant x\leqslant R,0\leqslant z\leqslant h$. 分别将曲面 Σ_1,Σ_2 向 zOx 坐标面上投影，利用公式(4.23)可得

$$\iint_{\Sigma}\frac{1}{x^2+y^2}\mathrm{d}S=\iint_{\Sigma_1+\Sigma_2}\frac{1}{x^2+y^2}\mathrm{d}S=2\iint_{D}\frac{1}{R^2}\frac{R}{\sqrt{R^2-x^2}}\mathrm{d}z\mathrm{d}x$$

$$=\frac{2}{R}\int_0^h\mathrm{d}z\int_{-R}^{R}\frac{\mathrm{d}x}{\sqrt{R^2-x^2}}=2\frac{h\pi}{R}.$$

题型 2　综合应用题

例 4.14　已知长为 h 圆柱形薄壳的方程为 $x^2+y^2=R^2(0\leqslant z\leqslant h)$，面密度为 $\rho(x,y,z)=x^2+y^2+z^2$，求其质量.

分析　根据对面积的曲面积分的物理意义，建立模型，然后求解.

解　圆柱形薄壳的图形如图 4.26(d)所示. 易见，$\Sigma=\Sigma_1+\Sigma_2$，其中 Σ_1：$y=\sqrt{R^2-x^2}$，Σ_2：$y=-\sqrt{R^2-x^2}(-R\leqslant x\leqslant R,0\leqslant z\leqslant h)$. 分别将曲面 Σ_1,Σ_2 向 zOx 坐标面上投影，利用公式(4.23)可得

$$M=\iint_{\Sigma}(x^2+y^2+z^2)\mathrm{d}S=\iint_{\Sigma_1+\Sigma_2}(x^2+y^2+z^2)\mathrm{d}S=2\iint_{\Sigma_1}(x^2+y^2+z^2)\mathrm{d}S$$

$$= 2\iint_D (R^2 + z^2) \frac{R}{\sqrt{R^2 - x^2}} \mathrm{d}z\mathrm{d}x = 2R\int_0^h (R^2 + z^2)\mathrm{d}z\int_{-R}^R \frac{\mathrm{d}x}{\sqrt{R^2 - x^2}}$$

$$= 2\pi Rh\left(R^2 + \frac{h^2}{3}\right).$$

三、课后习题选解(习题 4.4)

A类题

1. 求$\oiint\limits_{\Sigma}(x+y+z)\mathrm{d}S$,其中$\Sigma$是由平面$x=0,y=0,z=0$及$x+y+z=1$所围四面体的整个边界曲面.

分析 参考经典题型详解中例 4.13(1).

解 如图 4.26(a)所示,Σ上的曲面积分为四部分曲面积分的和,即

$$\oiint\limits_{\Sigma}(x+y+z)\mathrm{d}S = \left(\iint\limits_{\Sigma_1} + \iint\limits_{\Sigma_2} + \iint\limits_{\Sigma_3} + \iint\limits_{\Sigma_4}\right)(x+y+z)\mathrm{d}S.$$

易见,$\Sigma_1,\Sigma_2,\Sigma_3$分别对应平面$x=0,y=0,z=0$.不难求得

$$\iint\limits_{\Sigma_3}(x+y+z)\mathrm{d}S = \iint\limits_{D_{xy}}(x+y)\mathrm{d}x\mathrm{d}y = \int_0^1\mathrm{d}x\int_0^{1-x}(x+y)\mathrm{d}y = \frac{1}{3}.$$

注意对称性,$\iint\limits_{\Sigma_2}(x+y+z)\mathrm{d}S = \iint\limits_{\Sigma_3}(x+y+z)\mathrm{d}S = \iint\limits_{\Sigma_1}(x+y+z)\mathrm{d}S = \frac{1}{3}$.

在Σ_4上,由于$z=1-x-y$,所以有$\sqrt{1+z_x^2+z_y^2}=\sqrt{1+(-1)^2+(-1)^2}=\sqrt{3}$.于是

$$\iint\limits_{\Sigma_4}(x+y+z)\mathrm{d}S = \iint\limits_{D_{xy}}[x+y+(1-x-y)]\sqrt{3}\mathrm{d}x\mathrm{d}y = \frac{\sqrt{3}}{2},$$

其中D_{xy}是Σ_4在xOy面上的投影区域.综上

$$\oiint\limits_{\Sigma}(x+y+z)\mathrm{d}S = 1 + \frac{\sqrt{3}}{2}.$$

2. 求$\iint\limits_{\Sigma}(x+y+z)\mathrm{d}S$,其中$\Sigma$为上半球面$z=\sqrt{9-x^2-y^2}$.

分析 参考经典题型详解中例 4.13(3).

解 易见,曲面Σ在xOy面上的投影区域为$D_{xy}=\{(x,y)\mid x^2+y^2\leqslant 9\}$.于是

$$\iint\limits_{\Sigma}(x+y+z)\mathrm{d}S = \iint\limits_{D_{xy}}(x+y+\sqrt{9-x^2-y^2})\frac{3}{\sqrt{9-x^2-y^2}}\mathrm{d}x\mathrm{d}y = \iint\limits_{D_{xy}}3\mathrm{d}x\mathrm{d}y$$

$$= 3\iint\limits_{D_{xy}}\mathrm{d}x\mathrm{d}y = 27\pi.$$

3. 求$\oiint\limits_{\Sigma}(x^2+y^2)\mathrm{d}S$,其中$\Sigma$为曲面$z=\sqrt{x^2+y^2}$与平面$z=1$所围成的立体的表面.

分析 参考经典题型详解中例 4.13(1).

解 如图 4.27 所示,曲面$\Sigma=\Sigma_1+\Sigma_2$,其中Σ_1:$z=1(x^2+y^2\leqslant 1)$和Σ_2:$z=\sqrt{x^2+y^2}$,它们在xOy面上的投影区域为

$$D_{xy}=\{(x,y)\mid x^2+y^2\leqslant 1\}.$$

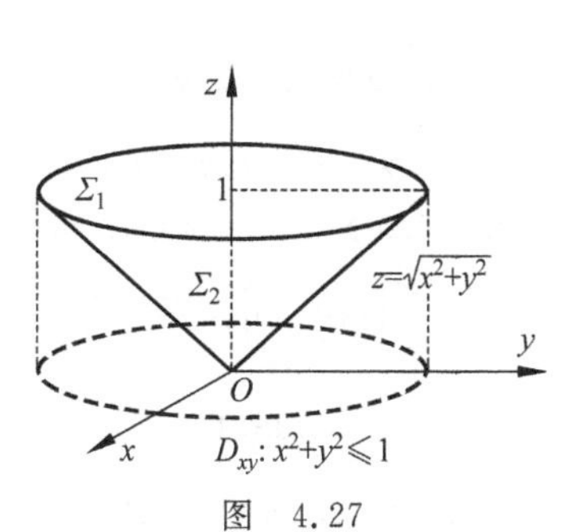

图 4.27

于是

$$\oiint_{\Sigma}(x^2+y^2)\mathrm{d}S=\iint_{\Sigma_1}(x^2+y^2)\mathrm{d}S+\iint_{\Sigma_2}(x^2+y^2)\mathrm{d}S$$

$$=\iint_{D_{xy}}(x^2+y^2)\mathrm{d}x\mathrm{d}y+\iint_{D_{xy}}\sqrt{2}(x^2+y^2)\mathrm{d}x\mathrm{d}y$$

$$=\frac{1}{2}\pi(1+\sqrt{2}).$$

4. 求$\oiint_{\Sigma}z^2\mathrm{d}S$,其中$\Sigma$为球面$x^2+y^2+z^2=R^2$.

分析 先利用对称性,又因积分区域为曲面Σ,故被积函数中的点一定满足$x^2+y^2+z^2=R^2$,故将曲面Σ的方程代入到被积函数中即可.

解 如图4.28所示,利用对称性可得

$$\oiint_{\Sigma}z^2\mathrm{d}S=\iint_{\Sigma}\frac{1}{3}(x^2+y^2+z^2)\mathrm{d}S=\frac{1}{3}R^2\iint_{\Sigma}\mathrm{d}S=\frac{4}{3}\pi R^4.$$

5. 求$\iint_{\Sigma}z^3\mathrm{d}S$,其中$\Sigma$为上半球面$z=\sqrt{a^2-x^2-y^2}$在圆锥面$z=\sqrt{x^2+y^2}$内侧部分.

分析 参考经典题型详解中例4.13(3).

解 曲面图形如图4.29所示.不难求得

$$\iint_{\Sigma}z^3\mathrm{d}S=\iint_{D_{xy}}(\sqrt{a^2-x^2-y^2})^3\frac{a}{\sqrt{a^2-x^2-y^2}}\mathrm{d}x\mathrm{d}y$$

$$=a\iint_{D_{xy}}(a^2-x^2-y^2)\mathrm{d}x\mathrm{d}y$$

$$=a\int_0^{2\pi}\mathrm{d}\theta\int_0^{\frac{a}{\sqrt{2}}}(a^2-r^2)r\mathrm{d}r=\frac{3}{8}\pi a^5.$$

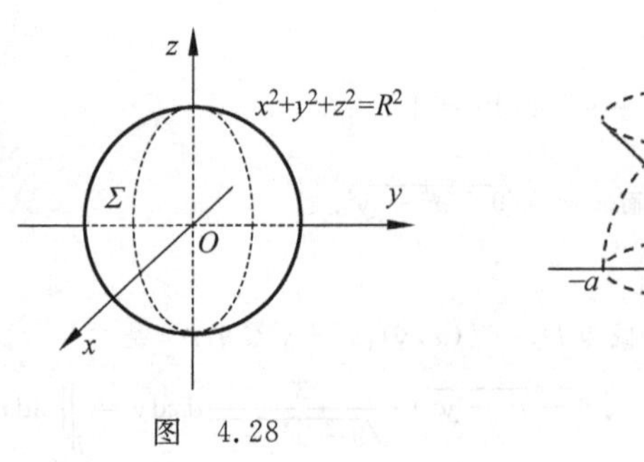

图 4.28

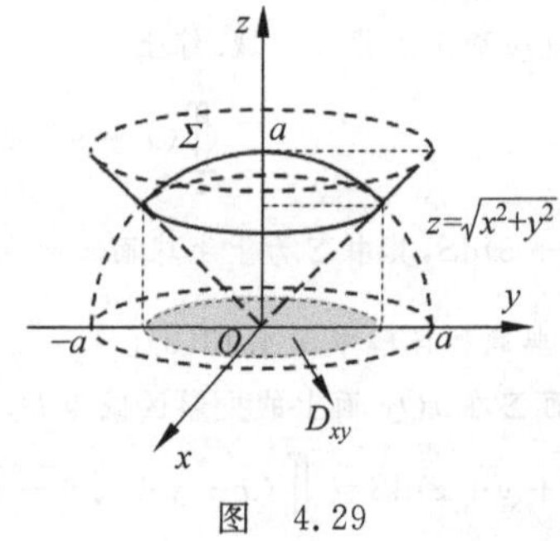

图 4.29

B类题

1. 求$\iint_{\Sigma}4z\mathrm{d}S$,其中$\Sigma$为锥面$z=\sqrt{x^2+y^2}$在柱面$x^2+y^2\leqslant 2x$内的部分.

分析 参考经典题型详解中例4.13(2).

解 曲面Σ在xOy坐标面上的投影区域$D_{xy}=\{(x,y)\mid x^2+y^2\leqslant 2x\}$,如图4.26(b)所示.于是

$$\iint_{\Sigma}4z\mathrm{d}S=\iint_{\Sigma}4\sqrt{x^2+y^2}\sqrt{2}\mathrm{d}x\mathrm{d}y=4\sqrt{2}\int_{-\frac{\pi}{2}}^{\frac{\pi}{2}}\mathrm{d}\theta\int_0^{2\cos\theta}r^2\mathrm{d}r=\frac{64}{3}\sqrt{2}\int_0^{\frac{\pi}{2}}\cos^3\theta\mathrm{d}\theta=\frac{128}{9}\sqrt{2}.$$

2. 求$\iint_{\Sigma}(z+1)\mathrm{d}S$,其中$\Sigma$为圆柱面$x^2+y^2=R^2$介于$z=0$与$z=h$之间的部分.

分析 参考经典题型详解中例4.13(4).

解 曲面图形如图 4.26(d)所示. 易见, $\Sigma=\Sigma_1+\Sigma_2$, 其中 Σ_1: $y=\sqrt{R^2-x^2}$, Σ_2: $y=-\sqrt{R^2-x^2}$, 且 $-R\leqslant x\leqslant R, 0\leqslant z\leqslant h$. 容易求得

$$\iint_{\Sigma}(z+1)\mathrm{d}S=\iint_{\Sigma}z\mathrm{d}S+\iint_{\Sigma}1\mathrm{d}S=\iint_{\Sigma_1+\Sigma_2}z\mathrm{d}S+2\pi Rh.$$

进一步地, 计算 $\iint\limits_{\Sigma_1+\Sigma_2}z\mathrm{d}S$ 时, 分别将曲面 Σ_1, Σ_2 向 yOz 坐标面上投影. 于是

$$\iint_{\Sigma_1+\Sigma_2}z\mathrm{d}S=2\iint_{D_{yz}}z\frac{R}{\sqrt{R^2-y^2}}\mathrm{d}y\mathrm{d}z=2R\int_{-R}^{R}\frac{1}{\sqrt{R^2-y^2}}\mathrm{d}y\int_0^h z\mathrm{d}z=\pi Rh^2.$$

综上可得

$$\iint_{\Sigma}(z+1)\mathrm{d}S=\iint_{\Sigma}z\mathrm{d}S+\iint_{\Sigma}1\mathrm{d}S=\pi Rh^2+2\pi Rh=\pi Rh(h+2).$$

4.5 对坐标的曲面积分

一、知识要点

1. 基本概念及性质

(1) 曲面的侧与有向曲面

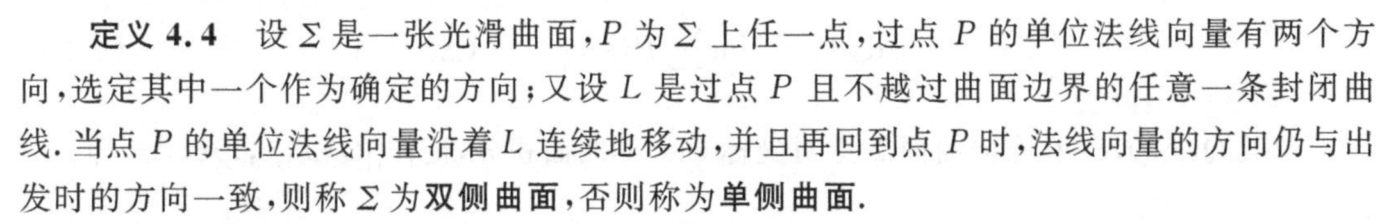

定义 4.4 设 Σ 是一张光滑曲面, P 为 Σ 上任一点, 过点 P 的单位法线向量有两个方向, 选定其中一个作为确定的方向; 又设 L 是过点 P 且不越过曲面边界的任意一条封闭曲线. 当点 P 的单位法线向量沿着 L 连续地移动, 并且再回到点 P 时, 法线向量的方向仍与出发时的方向一致, 则称 Σ 为**双侧曲面**, 否则称为**单侧曲面**.

通常, 由函数 $z=z(x,y)$ 所表示的曲面是双侧曲面, 其法线方向与 z 轴正向的夹角成锐角的一侧称为上侧, 另一侧称为下侧; 以此类推, 对于由函数 $x=x(y,z)$ 表示的曲面可以定义前侧和后侧, 由函数 $y=y(x,z)$ 表示的曲面可以定义右侧和左侧. 当 Σ 为封闭曲面时, 法线方向朝外的一侧称为外侧, 另一侧称为内侧. 选好一侧的曲面称为**定向曲面**或**有向曲面**.

设 Σ 是由函数 $z=z(x,y)$ 表示的光滑有向曲面, 在 Σ 上取一小块曲面 ΔS, 把 ΔS 投影到 xOy 坐标面上得一投影区域, 记作 $(\Delta S)_{xy}$, 记这一投影区域的面积为 $(\Delta\sigma)_{xy}$. 规定 ΔS 在 xOy 面上的投影 $(\Delta S)_{xy}$ 为

$$(\Delta S)_{xy}=\begin{cases}(\Delta\sigma)_{xy}, & \cos\gamma>0,\\ -(\Delta\sigma)_{xy}, & \cos\gamma<0,\\ 0, & \cos\gamma\equiv 0.\end{cases} \tag{4.25}$$

类似地, 若 ΔS 上各点处的法向量与 x 轴(y 轴)正向的夹角余弦 $\cos\alpha(\cos\beta)$ 有相同的符号, 则可以定义 ΔS 在 yOz 面及 zOx 面上的投影 $(\Delta S)_{yz}$ 及 $(\Delta S)_{zx}$. 当曲面由函数 $x=x(y,z)$ 表示时, ΔS 在 yOz 面上的投影 $(\Delta S)_{yz}$ 为

$$(\Delta S)_{yz}=\begin{cases}(\Delta\sigma)_{yz}, & \cos\alpha>0,\\ -(\Delta\sigma)_{yz}, & \cos\alpha<0,\\ 0, & \cos\alpha\equiv 0.\end{cases} \tag{4.26}$$

当曲面由函数 $y=y(x,z)$ 表示时, ΔS 在 zOx 面上的投影 $(\Delta S)_{zx}$ 为

$$(\Delta S)_{zx}=\begin{cases}(\Delta\sigma)_{zx}, & \cos\beta>0,\\ -(\Delta\sigma)_{zx}, & \cos\beta<0,\\ 0, & \cos\beta\equiv 0.\end{cases} \tag{4.27}$$

(2) 对坐标的曲面积分的概念及性质

定义 4.5 设Σ为光滑的有向曲面，函数$R(x,y,z)$在Σ上有界.将Σ任意分成n块小曲面$\Delta S_i(i=1,2,\cdots,n)$，其中$\Delta S_i$也代表第$i$个小块曲面的面积，$\Delta S_i$在$xOy$面上的投影为$(\Delta S_i)_{xy}$，$(\xi_i,\eta_i,\zeta_i)$是$\Delta S_i$上任意取定的一点.若当各小块曲面的直径的最大值$\lambda\to 0$时，$\lim\limits_{\lambda\to 0}\sum\limits_{i=1}^{n}R(\xi_i,\eta_i,\zeta_i)(\Delta S_i)_{xy}$存在，且与分割方法和点$(\xi_i,\eta_i,\zeta_i)$的取法无关，则称此极限为函数$R(x,y,z)$在有向曲面$\Sigma$上对坐标$x,y$的曲面积分，记作$\iint\limits_{\Sigma}R(x,y,z)\mathrm{d}x\mathrm{d}y$，即

$$\iint\limits_{\Sigma}R(x,y,z)\mathrm{d}x\mathrm{d}y=\lim_{\lambda\to 0}\sum_{i=1}^{n}R(\xi_i,\eta_i,\zeta_i)(\Delta S_i)_{xy}, \tag{4.28}$$

其中$R(x,y,z)$称为**被积函数**，Σ称为**积分曲面**.

类似地，可以定义函数$P(x,y,z)$在有向曲面Σ上对坐标y,z的曲面积分，记作$\iint\limits_{\Sigma}P(x,y,z)\mathrm{d}y\mathrm{d}z$，即

$$\iint\limits_{\Sigma}P(x,y,z)\mathrm{d}y\mathrm{d}z=\lim_{\lambda\to 0}\sum_{i=1}^{n}P(\xi_i,\eta_i,\zeta_i)(\Delta S_i)_{yz}; \tag{4.29}$$

函数$Q(x,y,z)$在有向曲面Σ上对坐标z,x的曲面积分，记作$\iint\limits_{\Sigma}Q(x,y,z)\mathrm{d}z\mathrm{d}x$，即

$$\iint\limits_{\Sigma}Q(x,y,z)\mathrm{d}z\mathrm{d}x=\lim_{\lambda\to 0}\sum_{i=1}^{n}Q(\xi_i,\eta_i,\zeta_i)(\Delta S_i)_{zx}. \tag{4.30}$$

以上三个曲面积分统称为**对坐标的曲面积分**，或称为**第二型曲面积分**.

当函数$P(x,y,z),Q(x,y,z),R(x,y,z)$在有向光滑曲面$\Sigma$上连续时，对坐标的曲面积分是存在的，以后总假定$P(x,y,z),Q(x,y,z),R(x,y,z)$在$\Sigma$上连续.在实际应用中，经常将式(4.28)、式(4.29)和式(4.30)合并起来，记作

$$\iint\limits_{\Sigma}P(x,y,z)\mathrm{d}y\mathrm{d}z+\iint\limits_{\Sigma}Q(x,y,z)\mathrm{d}z\mathrm{d}x+\iint\limits_{\Sigma}R(x,y,z)\mathrm{d}x\mathrm{d}y.$$

为简便起见，也把它写成

$$\iint\limits_{\Sigma}P\mathrm{d}y\mathrm{d}z+Q\mathrm{d}z\mathrm{d}x+R\mathrm{d}x\mathrm{d}y. \tag{4.31}$$

如果曲面Σ是封闭的，则式(4.31)也可记作

$$\oint\!\!\!\oint\limits_{\Sigma}P\mathrm{d}y\mathrm{d}z+Q\mathrm{d}z\mathrm{d}x+R\mathrm{d}x\mathrm{d}y. \tag{4.32}$$

函数$P(x,y,z),Q(x,y,z),R(x,y,z)$在有向光滑曲面$\Sigma$上连续时，有如下重要的性质：

性质1(拼接曲面的可加性) 若光滑(或分片光滑)曲面Σ由几片光滑曲面拼接而成，即$\Sigma=\Sigma_1\cup\Sigma_2\cup\cdots\cup\Sigma_k$，则有

$$\iint_{\Sigma}P\mathrm{d}y\mathrm{d}z+Q\mathrm{d}z\mathrm{d}x+R\mathrm{d}x\mathrm{d}y=\iint_{\Sigma_1}P\mathrm{d}y\mathrm{d}z+Q\mathrm{d}z\mathrm{d}x+R\mathrm{d}x\mathrm{d}y+$$

$$\iint_{\Sigma_2}P\mathrm{d}y\mathrm{d}z+Q\mathrm{d}z\mathrm{d}x+R\mathrm{d}x\mathrm{d}y+\cdots+\iint_{\Sigma_k}P\mathrm{d}y\mathrm{d}z+Q\mathrm{d}z\mathrm{d}x+R\mathrm{d}x\mathrm{d}y. \tag{4.33}$$

性质 2(方向性) 设 Σ 是有向曲面,$-\Sigma$ 表示与 Σ 取相反侧的有向曲面,则

$$\iint_{-\Sigma}P\mathrm{d}y\mathrm{d}z=-\iint_{\Sigma}P\mathrm{d}y\mathrm{d}z,\iint_{-\Sigma}Q\mathrm{d}z\mathrm{d}x=-\iint_{\Sigma}Q\mathrm{d}z\mathrm{d}x,\iint_{-\Sigma}R\mathrm{d}x\mathrm{d}y=-\iint_{\Sigma}R\mathrm{d}x\mathrm{d}y. \tag{4.34}$$

2. 对坐标的曲面积分的计算方法

设有向积分曲面 Σ 由方程 $z=z(x,y)$ 给出,它在 xOy 面上的投影区域为 D_{xy},并且函数 $z=z(x,y)$ 在 D_{xy} 上具有一阶连续偏导数;被积函数 $R(x,y,z)$ 在 Σ 上连续. 于是,对坐标 x,y 的曲面积分 $\iint_{\Sigma}R(x,y,z)\mathrm{d}x\mathrm{d}y$ 的计算公式为

$$\iint_{\Sigma}R(x,y,z)\mathrm{d}x\mathrm{d}y=\pm\iint_{D_{xy}}R(x,y,z(x,y))\mathrm{d}x\mathrm{d}y, \tag{4.35}$$

其中,等式右端符号的选取原则是:积分曲面 Σ 的方向取上侧时为正,取下侧时为负.

类似地,如果 Σ 由 $x=x(y,z)$ 给出,则有

$$\iint_{\Sigma}P(x,y,z)\mathrm{d}y\mathrm{d}z=\pm\iint_{D_{yz}}P(x(y,z),y,z)\mathrm{d}y\mathrm{d}z. \tag{4.36}$$

等式右端符号的选取原则是:当 Σ 的方向取前侧时为正,取后侧时为负.

如果 Σ 由 $y=y(z,x)$ 给出,则有

$$\iint_{\Sigma}Q(x,y,z)\mathrm{d}z\mathrm{d}x=\pm\iint_{D_{zx}}Q(x,y(z,x),z)\mathrm{d}z\mathrm{d}x. \tag{4.37}$$

等式右端符号的选取原则是:当 Σ 的方向取右侧时为正,取左侧时为负.

3. 两类曲面积分之间的联系

对坐标的曲面积分和对面积的曲面积分的关系如下:

$$\iint_{\Sigma}P\mathrm{d}y\mathrm{d}z+Q\mathrm{d}z\mathrm{d}x+R\mathrm{d}x\mathrm{d}y=\iint_{\Sigma}(P\cos\alpha+Q\cos\beta+R\cos\gamma)\mathrm{d}S, \tag{4.38}$$

其中 $\cos\alpha,\cos\beta,\cos\gamma$ 是有向曲面 Σ 在点 (x,y,z) 处的法线向量的**方向余弦**.

二、疑难解析

1. 将对坐标的曲面积分化为二重积分应注意什么?基本步骤是什么?

答 在求 $\iint_{\Sigma}P(x,y,z)\mathrm{d}y\mathrm{d}z$,$\iint_{\Sigma}Q(x,y,z)\mathrm{d}z\mathrm{d}x$ 和 $\iint_{\Sigma}R(x,y,z)\mathrm{d}x\mathrm{d}y$ 时,可采用**一代二投三定号**的顺序先将其转化为二重积分,再进行计算.

以 $\iint_{\Sigma}R(x,y,z)\mathrm{d}x\mathrm{d}y$ 为例,在计算时,积分曲面和被积函数通常需要满足两个条件:(1) 积分曲面 Σ 由方程 $z=z(x,y)$ 给出,方向取为曲面的上侧或下侧,它在 xOy 面上投影区域为 D_{xy},并且函数 $z=z(x,y)$ 在 D_{xy} 上具有一阶连续偏导数;(2) 被积函数 $R(x,y,z)$ 在 Σ 上连续.

所指的**一代**是将被积函数中的变量 z 换为表示曲面 Σ 的函数 $z(x,y)$；**二投**是指将曲面 $z=z(x,y)$ 往 xOy 坐标平面上投影，确定二重积分的积分区域 D_{xy}；**三定号**是指根据有向曲面 Σ 的侧取定符号；进而将曲面积分转化为 Σ 在 xOy 面上投影区域 D_{xy} 的二重积分. 最后，选取一个可行的方法计算二重积分.

2. 对面积的曲面积分和对坐标的曲面积分是如何相互转换的，有哪些关键环节？

答 在求 $\iint\limits_{\Sigma} R(x,y,z)\mathrm{d}x\mathrm{d}y$ 时，对积分曲面和被积函数提出了两个假设，以保证曲面积分的计算能够顺利进行. 特别地，对于函数 $z=z(x,y)$ 表示的曲面 Σ，曲面的方向取上侧时的方向余弦为 $\cos\alpha=\dfrac{-z_x}{\sqrt{1+z_x^2+z_y^2}}$；$\cos\beta=\dfrac{-z_y}{\sqrt{1+z_x^2+z_y^2}}$；$\cos\gamma=\dfrac{1}{\sqrt{1+z_x^2+z_y^2}}$.

由对面积的曲面积分的计算公式(4.22)，有

$$\iint\limits_{\Sigma} R(x,y,z)\cos\gamma\mathrm{d}S=\iint\limits_{D_{xy}} R(x,y,z(x,y))\mathrm{d}x\mathrm{d}y. \tag{4.39}$$

再由对坐标的曲面积分的计算公式(4.35)，有

$$\iint\limits_{\Sigma} R(x,y,z)\mathrm{d}x\mathrm{d}y=\iint\limits_{\Sigma} R(x,y,z)\cos\gamma\mathrm{d}S. \tag{4.40}$$

如果取曲面 Σ 的下侧，此时曲面的方向余弦为

$$\cos\alpha=\frac{z_x}{\sqrt{1+z_x^2+z_y^2}};\cos\beta=\frac{z_y}{\sqrt{1+z_x^2+z_y^2}};\cos\gamma=\frac{-1}{\sqrt{1+z_x^2+z_y^2}}. \tag{4.41}$$

不难验证式(4.40)仍然成立. 类似地，可以得到

$$\iint\limits_{\Sigma} P(x,y,z)\mathrm{d}y\mathrm{d}z=\iint\limits_{\Sigma} P(x,y,z)\cos\alpha\mathrm{d}S, \tag{4.42}$$

$$\iint\limits_{\Sigma} Q(x,y,z)\mathrm{d}z\mathrm{d}x=\iint\limits_{\Sigma} Q(x,y,z)\cos\beta\mathrm{d}S. \tag{4.43}$$

合并上面的等式，即可得到两类曲面积分之间的相互转换关系(4.38).

三、经典题型详解

题型1 求对坐标的曲面积分

例4.15 求下列对坐标的曲面积分：

(1) 求 $\iint\limits_{\Sigma} z\mathrm{d}x\mathrm{d}y$，其中 Σ 是球面 $x^2+y^2+z^2=R^2$ 上半部分的上侧，如图4.30(a)所示；

(2) $\iint\limits_{\Sigma} xyz\mathrm{d}x\mathrm{d}y$，其中 Σ 是球面 $x^2+y^2+z^2=1$ 在 $x\geqslant 0, y\geqslant 0$ 部分的内侧，如图4.30(b)所示；

(3) $\oiint\limits_{\Sigma} xy\mathrm{d}x\mathrm{d}y+yz\mathrm{d}y\mathrm{d}z+xz\mathrm{d}z\mathrm{d}x$，其中 Σ 是平面 $x+y+z=1, x=0, y=0, z=0$ 所围成的空间区域的整个边界曲面的外侧，如图4.30(c)所示；

(4) $\iint\limits_{\Sigma} -y\mathrm{d}z\mathrm{d}x+(z+1)\mathrm{d}x\mathrm{d}y$，其中 Σ 是圆柱面 $x^2+y^2=4$ 被平面 $x+z=2$ 和 $z=0$ 所截出部分的外侧，如图4.30(d)所示.

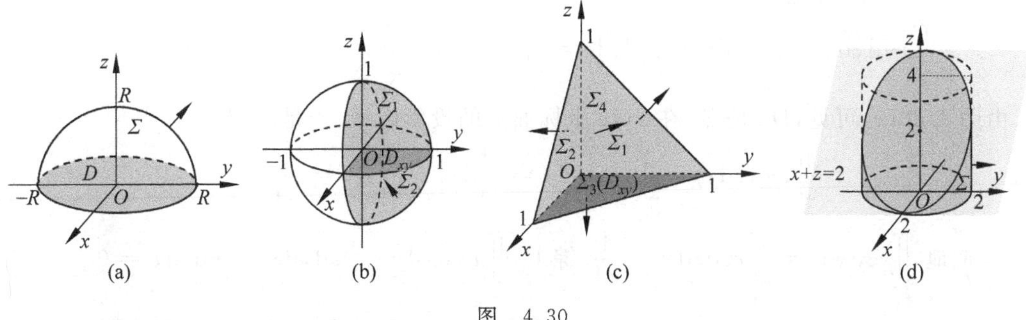

图 4.30

分析 按照**一代二投三定号**的顺序,利用公式(4.35)～公式(4.37)将对坐标的曲面积分转化为二重积分,再进行计算.计算各题时,要充分利用各种对称性简化计算.特别地,在计算(1)和(2)时,应用了极坐标方法;在计算(4)时,应用了"偶倍奇零"的结论.

解 (1) 如图 4.30(a)所示,曲面 Σ 在 xOy 坐标面上投影区域为 D,利用公式(4.35)可得

$$\iint_{\Sigma} z\,\mathrm{d}x\mathrm{d}y=\iint_{D}\sqrt{R^2-x^2-y^2}\,\mathrm{d}x\mathrm{d}y=\int_0^{2\pi}\mathrm{d}\theta\int_0^R r\sqrt{R^2-r^2}\,\mathrm{d}r=\frac{2}{3}\pi R^3.$$

(2) 如图 4.30(b)所示,$\Sigma=\Sigma_1+\Sigma_2$,其中 Σ_1: $z=\sqrt{1-x^2-y^2}$,Σ_2: $z=-\sqrt{1-x^2-y^2}$ $(x^2+y^2\leqslant 1)$.依题意,Σ_1 应取下侧,Σ_2 应取上侧,且 Σ_1,Σ_2 在 xOy 坐标面上的投影区域均为 D_{xy},但是符号相反.利用公式(4.35)可得

$$\iint_{\Sigma} xyz\,\mathrm{d}x\mathrm{d}y=\iint_{\Sigma_1+\Sigma_2} xyz\,\mathrm{d}x\mathrm{d}y=-\iint_{D_{xy}} xy\sqrt{1-x^2-y^2}\,\mathrm{d}x\mathrm{d}y+\iint_{D_{xy}} xy(-\sqrt{1-x^2-y^2})\,\mathrm{d}x\mathrm{d}y$$

$$=-2\iint_{D_{xy}} xy\sqrt{1-x^2-y^2}\,\mathrm{d}x\mathrm{d}y=-2\int_0^{\frac{\pi}{2}}\mathrm{d}\theta\int_0^1 r^3\sin\theta\cos\theta\sqrt{1-r^2}\,\mathrm{d}r=-\frac{2}{15}.$$

(3) 如图 4.30(c)所示,曲面 Σ 由 Σ_1,Σ_2,Σ_3,Σ_4 组成,所以 Σ 上的曲面积分为四部分曲面积分的和,即 $\oiint_{\Sigma} xy\,\mathrm{d}x\mathrm{d}y+yz\,\mathrm{d}y\mathrm{d}z+xz\,\mathrm{d}z\mathrm{d}x=\iint_{\Sigma_1+\Sigma_2+\Sigma_3+\Sigma_4} xy\,\mathrm{d}x\mathrm{d}y+yz\,\mathrm{d}y\mathrm{d}z+xz\,\mathrm{d}z\mathrm{d}x.$

在 Σ_3 上,曲面方程为 $z=0$,法线向量垂直向下,且 Σ_3 与 Σ_2,Σ_4 均垂直,所以有

$$\iint_{\Sigma_3} yz\,\mathrm{d}y\mathrm{d}z=\iint_{\Sigma_3} xz\,\mathrm{d}z\mathrm{d}x=0.$$

由于曲面 Σ_3 的法线向量垂直向下,根据公式(4.35),有

$$\iint_{\Sigma_3} xy\,\mathrm{d}x\mathrm{d}y+yz\,\mathrm{d}y\mathrm{d}z+xz\,\mathrm{d}z\mathrm{d}x=\iint_{\Sigma_3} xy\,\mathrm{d}x\mathrm{d}y=-\iint_{D_{xy}} xy\,\mathrm{d}x\mathrm{d}y=-\int_0^1\mathrm{d}x\int_0^{1-x} xy\,\mathrm{d}y=-\frac{1}{24}.$$

在 Σ_2 和 Σ_4 上,曲面方程分别为 $y=0$ 和 $x=0$.类似地,有

$$\iint_{\Sigma_2} xy\,\mathrm{d}x\mathrm{d}y+yz\,\mathrm{d}y\mathrm{d}z+xz\,\mathrm{d}z\mathrm{d}x=\iint_{\Sigma_2} xz\,\mathrm{d}z\mathrm{d}x=-\frac{1}{24};$$

$$\iint_{\Sigma_4} xy\,\mathrm{d}x\mathrm{d}y+yz\,\mathrm{d}y\mathrm{d}z+xz\,\mathrm{d}z\mathrm{d}x=\iint_{\Sigma_4} yz\,\mathrm{d}y\mathrm{d}z=-\frac{1}{24}.$$

在 Σ_1 上,曲面方程为 $z=1-x-y$,法线向量与三个坐标轴正向的夹角均为锐角,因而

其方向余弦均大于零. 记

$$\iint_{\Sigma_1} xy\,dxdy + yz\,dydz + xz\,dzdx = \iint_{\Sigma_1} xy\,dxdy + \iint_{\Sigma_1} yz\,dydz + \iint_{\Sigma_1} xz\,dzdx.$$

由图 4.30(c)可见，D_{xy} 是 Σ_1 在 xOy 坐标面上的投影区域. 于是

$$\iint_{\Sigma_1} xy\,dxdy = \iint_{D_{xy}} xy\,dxdy = \int_0^1 dx \int_0^{1-x} xy\,dy = \frac{1}{24}.$$

类似地，$\iint_{\Sigma_1} yz\,dydz = \iint_{\Sigma_1} xz\,dzdx = \frac{1}{24}$. 综上，$\oiint_{\Sigma} xy\,dxdy + yz\,dydz + xz\,dzdx = 0$.

(4) 如图 4.30(d) 所示，$\Sigma = \Sigma_1 + \Sigma_2$，其中 $\Sigma_1: y = \sqrt{4-x^2}$，$\Sigma_2: y = -\sqrt{4-x^2}$. 它们在 zOx 坐标面上的投影域为 $D_{zx} = \{(x,z) \mid -2 \leqslant x \leqslant 2, 0 \leqslant z \leqslant 2-x\}$. 依题意，$\Sigma_1$ 应取右侧，Σ_2 应取左侧. 注意到，Σ 在 xOy 坐标面上的投影区域的面积为零，因此，$\iint_{\Sigma} (z+1)\,dxdy = 0$.

利用公式(4.37)可得

$$\begin{aligned}\iint_{\Sigma} -y\,dzdx + (z+1)\,dxdy &= \iint_{\Sigma} -y\,dzdx + 0 = -2\iint_{D_{zx}} \sqrt{4-x^2}\,dzdx \\ &= -2\int_{-2}^{2} dx \int_0^{2-x} \sqrt{4-x^2}\,dz = -2\int_{-2}^{2} (2-x)\sqrt{4-x^2}\,dx \\ &= -4\int_{-2}^{2} \sqrt{4-x^2}\,dx = -8\pi.\end{aligned}$$

四、课后习题选解(习题 4.5)

A类题

1. 求 $\oiint_{\Sigma} 2x^2\,dydz + y^2\,dzdx + 4z^2\,dxdy$，其中 Σ 是长方体 $\Omega = \{(x,y,z) \mid 0 \leqslant x \leqslant a,\ 0 \leqslant y \leqslant b, 0 \leqslant z \leqslant c\}$ 的整个表面的外侧，如图 4.31 所示.

分析 参考经典题型详解中例 4.15(3).

解 把有向曲面 Σ 分成六部分. 对于 $\oiint_{\Sigma} 2x^2\,dydz$，除 Σ_3，Σ_4 外，其余四片曲面在 yOz 面上的投影值为零，因此

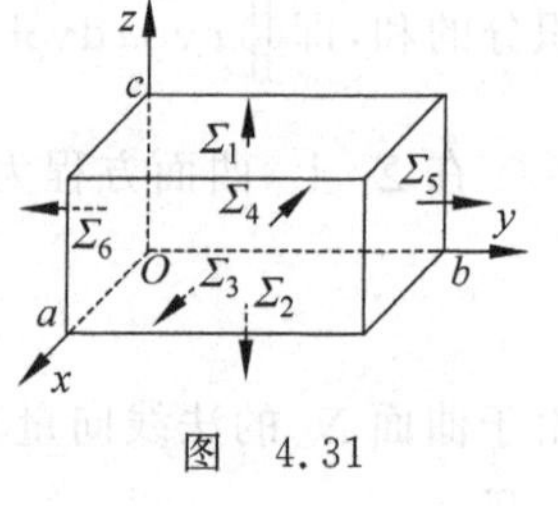

图 4.31

$$\begin{aligned}\oiint_{\Sigma} 2x^2\,dydz &= \iint_{\Sigma_3} 2x^2\,dydz + \iint_{\Sigma_4} 2x^2\,dydz \\ &= \iint_{D_{yz}} 2a^2\,dydz - \iint_{D_{yz}} 0^2\,dydz = 2a^2bc.\end{aligned}$$

类似地可得 $\oiint_{\Sigma} y^2\,dzdx = b^2ac$，$\oiint_{\Sigma} 4z^2\,dxdy = 4c^2ab$. 于是，原式 $= (2a+b+4c)abc$.

2. 求 $\iint_{\Sigma} xz^2\,dydz$，其中 Σ 是上半球面 $z = \sqrt{4-x^2-y^2}$ 的上侧，如图 4.32 所示.

分析 利用两类曲面积分之间的关系，将所求积分转化为对坐标 x,y 的曲面积分.

解 易见，曲面与轴正向的夹角为锐角，于是，曲面的法线向量对应的方向余弦为

$$\cos\alpha = \frac{-z_x}{\sqrt{1+z_x^2+z_y^2}};\cos\beta = \frac{-z_y}{\sqrt{1+z_x^2+z_y^2}};\cos\gamma = \frac{1}{\sqrt{1+z_x^2+z_y^2}}.$$

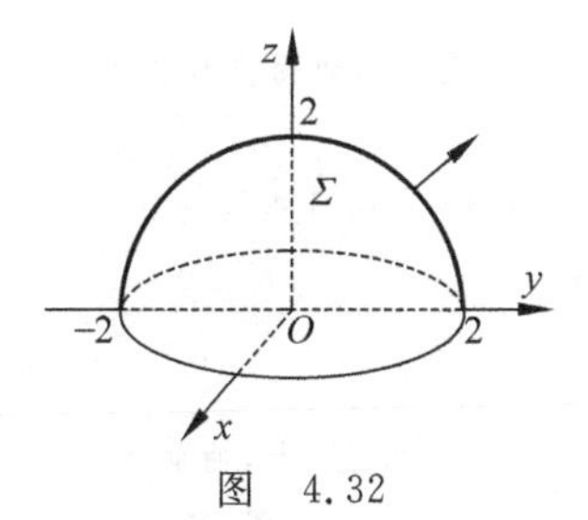

图 4.32

利用两类曲面积分之间的关系公式(4.40)和式(4.42),可得

$$\iint_{\Sigma} xz^2\mathrm{d}y\mathrm{d}z=\iint_{\Sigma} xz^2\cos\alpha\mathrm{d}S=\iint_{\Sigma} xz^2\ \frac{\cos\alpha}{\cos\gamma}\mathrm{d}x\mathrm{d}y$$

$$=\iint_{\Sigma} xz^2\ \frac{-z_x}{1}\mathrm{d}x\mathrm{d}y=\iint_{D_{xy}} x(4-x^2-y^2)\ \frac{x}{\sqrt{4-x^2-y^2}}\mathrm{d}x\mathrm{d}y$$

$$=\int_0^{2\pi}\mathrm{d}\theta\int_0^2 r^2\cos^2\theta\sqrt{4-r^2}\,r\mathrm{d}r=\frac{64}{15}\pi.$$

3. 求$\iint_{\Sigma} x^2y^2z\mathrm{d}x\mathrm{d}y$,其中$\Sigma$是球面$x^2+y^2+z^2=R^2$的上半部分的上侧.

分析 参考经典题型详解中例4.15(1).

解 曲面Σ在xOy坐标面上投影区域为D,利用公式(4.35)可得

$$\iint_{\Sigma} x^2y^2z\mathrm{d}x\mathrm{d}y=\iint_{D} x^2y^2(\sqrt{R^2-x^2-y^2})\mathrm{d}x\mathrm{d}y$$

$$=\int_0^{2\pi}\mathrm{d}\theta\int_0^R (r\cos\theta)^2(r\sin\theta)^2(\sqrt{R^2-r^2})r\mathrm{d}r$$

$$=\int_0^{2\pi}\cos^2\theta\sin^2\theta\mathrm{d}\theta\int_0^R r^5\sqrt{R^2-r^2}\mathrm{d}r=\frac{2}{105}\pi R^7.$$

4. 求$\iint_{\Sigma} 4yz\mathrm{d}z\mathrm{d}x$,其中$\Sigma$是半球面$z=\sqrt{1-x^2-y^2}$的上侧.

分析 参考经典题型详解中例4.15(1).

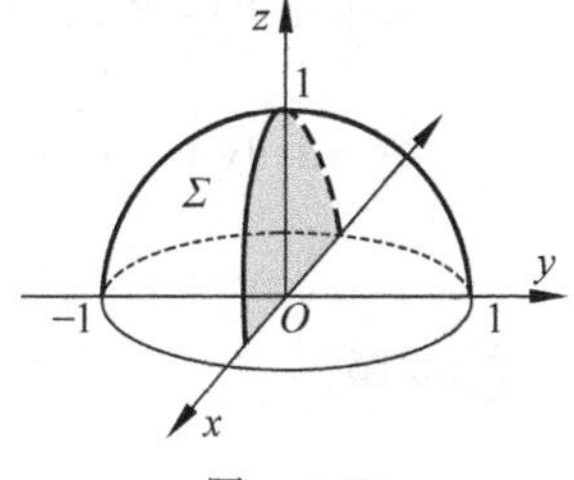

图 4.33

解 如图4.33所示,Σ在第Ⅰ卦限和第Ⅱ卦限的方程为Σ_1:$y=\sqrt{1-x^2-z^2}$,在第Ⅲ卦限和第Ⅳ卦限的方程为Σ_2:$y=-\sqrt{1-x^2-z^2}(x^2+z^2\leqslant 1)$.利用公式(4.37)可得

$$\iint_{\Sigma} 4yz\mathrm{d}z\mathrm{d}x=\iint_{\Sigma_1+\Sigma_2} 4yz\mathrm{d}z\mathrm{d}x=8\iint_{\substack{x^2+z^2\leqslant 1\\ z\geqslant 0}} z\sqrt{1-x^2-z^2}\mathrm{d}z\mathrm{d}x$$

$$=8\int_0^{\pi}\sin\theta\mathrm{d}\theta\int_0^1 r^2\sqrt{1-r^2}\mathrm{d}r=\pi.$$

5. 求$\iint_{\Sigma} yz\mathrm{d}z\mathrm{d}x+zx\mathrm{d}x\mathrm{d}y$,其中$\Sigma$是上半球面$z=\sqrt{R^2-x^2-y^2}$的上侧.

分析 先利用两类曲面积分之间联系的公式将曲面积分转换为同一种类型,然后进行计算.

解 利用两类曲面积分之间联系的公式(4.38)及方向余弦表达式,不难验证

$$\mathrm{d}z\mathrm{d}x=\frac{\cos\beta}{\cos\gamma}\mathrm{d}x\mathrm{d}y=\frac{y}{\sqrt{R^2-x^2-y^2}}\mathrm{d}x\mathrm{d}y.$$

如图4.30(a)所示,曲面Σ在xOy坐标面上投影区域为D,利用公式(4.35)可得

$$\iint_{\Sigma} yz\mathrm{d}z\mathrm{d}x+zx\mathrm{d}x\mathrm{d}y=\iint_{D_{xy}}(y^2+x\sqrt{R^2-x^2-y^2})\mathrm{d}x\mathrm{d}y$$

$$=\int_0^{2\pi}\mathrm{d}\theta\int_0^R(r^2\sin^2\theta+r\cos\theta\sqrt{R^2-r^2})r\mathrm{d}r=\frac{1}{4}\pi R^4.$$

6. 求$\oiint_{\Sigma} xz\mathrm{d}x\mathrm{d}y+xy\mathrm{d}y\mathrm{d}z+yz\mathrm{d}z\mathrm{d}x$,其中$\Sigma$是平面$x=0,y=0,z=0,x+y+z=1$所围成的空间区域的整个边界曲面的外侧,如图4.30(c)所示.

分析 参考经典题型详解中例4.15(3).

解 如图4.30(c)所示,曲面Σ由$\Sigma_1,\Sigma_2,\Sigma_3,\Sigma_4$组成,所以$\Sigma$上的曲面积分为四部分曲面积分的和,即

$$\oiint_{\Sigma} xz\mathrm{d}x\mathrm{d}y+xy\mathrm{d}y\mathrm{d}z+yz\mathrm{d}z\mathrm{d}x=\iint_{\Sigma_1+\Sigma_2+\Sigma_3+\Sigma_4} xz\mathrm{d}x\mathrm{d}y+xy\mathrm{d}y\mathrm{d}z+yz\mathrm{d}z\mathrm{d}x.$$

在 Σ_3 上，曲面方程为 $z=0$，法线向量垂直向下，且 Σ_3 与 Σ_2，Σ_4 均垂直，所以有 $\iint\limits_{\Sigma_3} xz\,dx\,dy=\iint\limits_{\Sigma_3} xy\,dy\,dz=\iint\limits_{\Sigma_3} yz\,dz\,dx=0$. 于是

$$\iint\limits_{\Sigma_3} xz\,dx\,dy+xy\,dy\,dz+yz\,dz\,dx=0.$$

在 Σ_2 和 Σ_4 上，曲面方程分别为 $y=0$ 和 $x=0$. 类似地，有

$$\iint\limits_{\Sigma_2} xz\,dx\,dy+xy\,dy\,dz+yz\,dz\,dx=0;\iint\limits_{\Sigma_4} xz\,dx\,dy+xy\,dy\,dz+yz\,dz\,dx=0.$$

在 Σ_1 上，曲面方程为 $x+y+z=1$，法线向量与三个坐标轴正向的夹角均为锐角，因而其方向余弦均大于零. 记

$$\iint\limits_{\Sigma_1} xz\,dx\,dy+xy\,dy\,dz+yz\,dz\,dx=\iint\limits_{\Sigma_1} xz\,dx\,dy+\iint\limits_{\Sigma_1} xy\,dy\,dz+\iint\limits_{\Sigma_1} yz\,dz\,dx.$$

由图 4.30(c)可见，D_{xy} 是 Σ_1 在 xOy 坐标面上的投影区域. 于是

$$\begin{aligned}\iint\limits_{\Sigma_1} xz\,dx\,dy&=\iint\limits_{D_{xy}} x(1-x-y)\,dx\,dy=\int_0^1 x\,dx\int_0^{1-x}(1-x-y)\,dy=\int_0^1 x\left[(1-x)y-\frac{y^2}{2}\right]_0^{1-x}dx\\&=\int_0^1 x\frac{(1-x)^2}{2}dx=\frac{1}{2}\int_0^1(x-2x^2+x^3)\,dx=\frac{1}{24}.\end{aligned}$$

类似地，$\iint\limits_{\Sigma_1} xy\,dy\,dz=\iint\limits_{\Sigma_1} yz\,dz\,dx=\frac{1}{24}$.

综上，$\oiint\limits_{\Sigma} xz\,dx\,dy+xy\,dy\,dz+yz\,dz\,dx=\frac{1}{8}$.

B类题

1. 求 $\oiint\limits_{\Sigma} x\,dy\,dz+y\,dz\,dx+z\,dx\,dy$，其中 Σ 是球面 $x^2+y^2+z^2=R^2$ 的外侧.

分析 利用两类曲面积分之间的关系公式(4.38)计算.

解 依题意，利用公式(4.38)可得

$$\oiint\limits_{\Sigma} x\,dy\,dz+y\,dz\,dx+z\,dx\,dy=\frac{1}{R}\oiint\limits_{\Sigma}(x^2+y^2+z^2)\,dS=R\oiint\limits_{\Sigma} dS=4\pi R^3.$$

2. 求 $\iint\limits_{\Sigma} 2z\,dx\,dy+x\,dy\,dz+y\,dz\,dx$，其中 Σ 为圆柱面 $x^2+y^2=1$ 被平面 $z=0$ 及 $z=4$ 所截部分的外侧.

分析 参考经典题型详解中例 4.15(2).

解 曲面 Σ 的图形如图 4.34 所示. 易见，圆柱面在 xOy 坐标面上的投影为零，因此 $\iint\limits_{\Sigma} 2z\,dx\,dy=0$. 不难求得

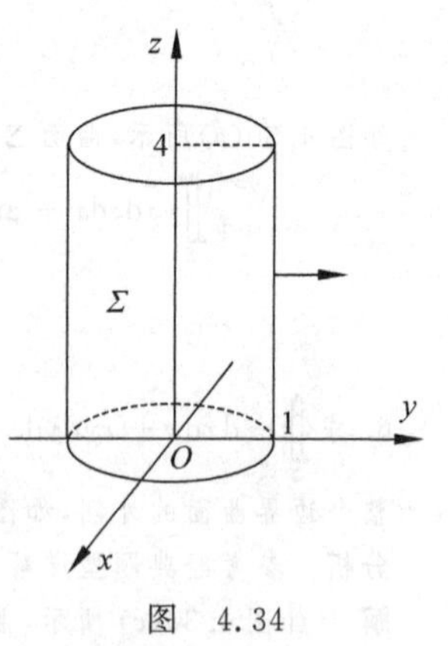

图 4.34

$$\iint\limits_{\Sigma} x\,dy\,dz=2\iint\limits_{D_1}\sqrt{1-y^2}\,dy\,dz=2\int_0^4 dz\int_{-1}^1\sqrt{1-y^2}\,dy=4\pi;$$

$$\iint\limits_{\Sigma} y\,dz\,dx=2\iint\limits_{D_2}\sqrt{1-x^2}\,dz\,dx=2\int_0^4 dz\int_{-1}^1\sqrt{1-x^2}\,dx=4\pi.$$

综上

$$\iint_{\Sigma} 2z\mathrm{d}x\mathrm{d}y + x\mathrm{d}y\mathrm{d}z + y\mathrm{d}z\mathrm{d}x = \iint_{\Sigma} x\mathrm{d}y\mathrm{d}z + y\mathrm{d}z\mathrm{d}x = 8\pi.$$

3. 求$\iint\limits_{\Sigma}\sin 4x\mathrm{d}y\mathrm{d}z + \cos 3y\mathrm{d}z\mathrm{d}x + \arctan\dfrac{z}{3}\mathrm{d}x\mathrm{d}y$，其中 Σ 是平面 $z=3(x^2+y^2\leqslant 9)$ 的上侧.

分析 利用两类曲面积分之间的关系公式(4.38)计算.

解 如图4.35所示，$z=3$，$\cos\alpha=0$，$\cos\beta=0$，$\cos\gamma=1$，利用两类曲面积分之间的关系公式(4.38)可得

$$\text{原式} = 0+0+\iint_{D_{xy}}\arctan 1\mathrm{d}x\mathrm{d}y = \frac{9}{4}\pi^2.$$

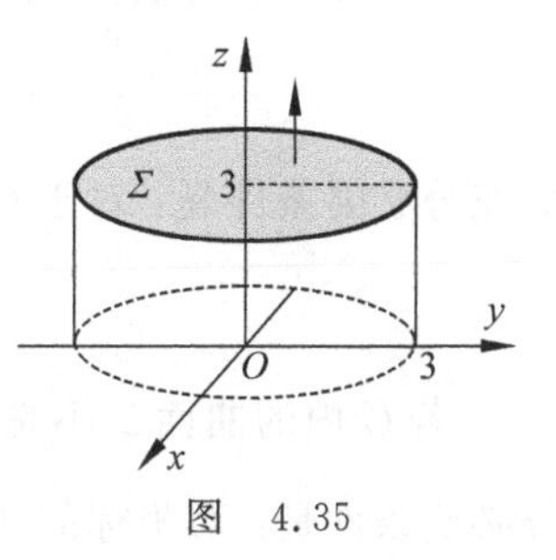

图 4.35

4.6 高斯公式、通量与散度

一、知识要点

1. 高斯公式

定理4.6(高斯公式) 设 Ω 是一个空间有界闭区域，其边界曲面 Σ 由分片光滑的封闭曲面围成. 若函数 $P(x,y,z)$，$Q(x,y,z)$，$R(x,y,z)$ 在 Ω 上具有一阶连续偏导数，则有

$$\iiint_{\Omega}\left(\frac{\partial P}{\partial x}+\frac{\partial Q}{\partial y}+\frac{\partial R}{\partial z}\right)\mathrm{d}V = \oiint_{\Sigma} P\mathrm{d}y\mathrm{d}z + Q\mathrm{d}z\mathrm{d}x + R\mathrm{d}x\mathrm{d}y, \tag{4.44}$$

或

$$\iiint_{\Omega}\left(\frac{\partial P}{\partial x}+\frac{\partial Q}{\partial y}+\frac{\partial R}{\partial z}\right)\mathrm{d}V = \oiint_{\Sigma}(P\cos\alpha + Q\cos\beta + R\cos\gamma)\mathrm{d}S, \tag{4.45}$$

其中 Σ 的方向取整个边界曲面的外侧，$\cos\alpha$，$\cos\beta$，$\cos\gamma$ 是 Σ 上点 (x,y,z) 处的法向量的方向余弦. 公式(4.44)及公式(4.45)都称为**高斯公式**.

若在高斯公式中令 $P=x$，$Q=y$，$R=z$，则曲面 Σ 围成的空间区域 Ω 的体积公式为

$$\Omega\text{的体积} = \frac{1}{3}\oiint_{\Sigma} x\mathrm{d}y\mathrm{d}z + y\mathrm{d}z\mathrm{d}x + z\mathrm{d}x\mathrm{d}y.$$

2. 高斯公式的一个简单应用

空间二维单连通区域是指：对于空间区域 G，如果 G 内任一封闭曲面所围成的区域完全属于 G. 此外，如果 G 内任一闭曲线总可以张成一个完全属于 G 的曲面，则称 G 为空间一维单连通区域. 例如，如图4.36(a)，(b)，(c)所示，球面所围成的区域 G_1 既是空间二维单连通区域，又是空间一维单连通区域；两个同心球面之间的区域 G_2 是空间一维单连通区域，但不是空间二维单连通区域；环面所围成的区域 G_3 是空间二维单连通区域，但不是空间一维单连通区域.

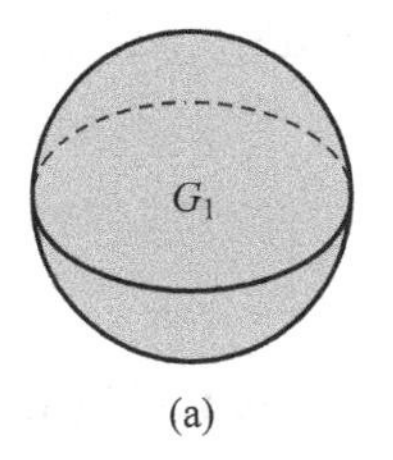

(a)

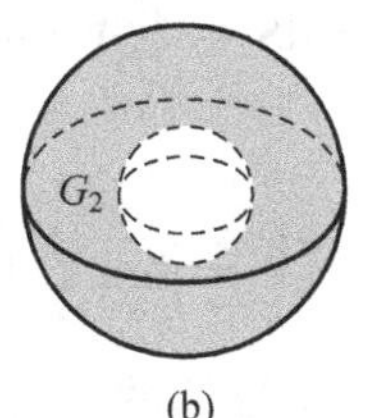

(b)

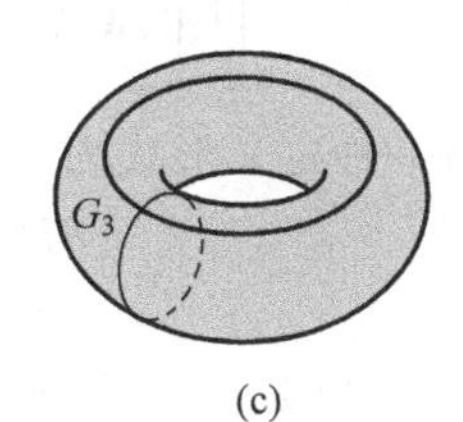

(c)

图 4.36

定理 4.7 设 G 为空间二维单连通区域，函数 $P(x,y,z)$，$Q(x,y,z)$，$R(x,y,z)$ 在 Ω 上具有一阶连续偏导数. 对 G 内任意一点恒有

$$\frac{\partial P}{\partial x}+\frac{\partial Q}{\partial y}+\frac{\partial R}{\partial z}=0 \tag{4.46}$$

的充分必要条件是：对于 G 内任意的光滑封闭曲面 Σ，对坐标的曲面积分为零，即

$$\oiint_{\Sigma} P\,\mathrm{d}y\mathrm{d}z+Q\mathrm{d}z\mathrm{d}x+R\mathrm{d}x\mathrm{d}y=0. \tag{4.47}$$

若 G 内的曲面 Σ 不是封闭的，则该定理也可以叙述为：等式(4.46)在 G 内恒成立的充分必要条件是：对坐标的曲面积分 $\iint\limits_{\Sigma} P\,\mathrm{d}y\mathrm{d}z+Q\mathrm{d}z\mathrm{d}x+R\mathrm{d}x\mathrm{d}y$ 在 G 内与所取的曲面 Σ 无关，只与 Σ 的边界曲线有关.

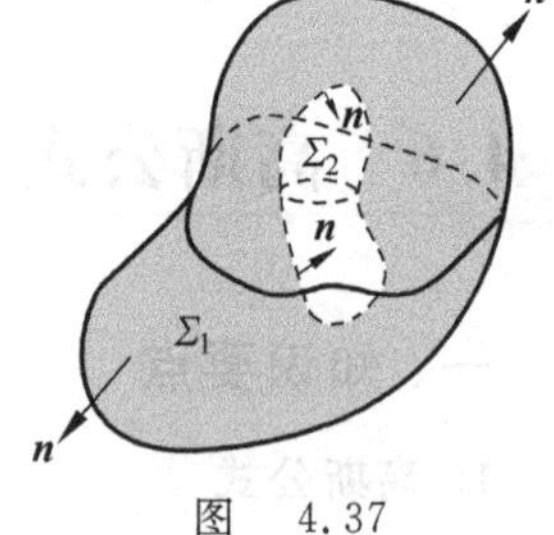

图 4.37

推论 1 设 Ω 为一空间有界闭区域，其边界曲面 Σ 由 Σ_1 和 Σ_2 两部分组成，如图 4.37 所示，函数 $P(x,y,z)$，$Q(x,y,z)$，$R(x,y,z)$ 在 Ω 上具有一阶连续偏导数. 若式(4.46)在区域 Ω 内恒成立，则有

$$\begin{aligned}&\iint\limits_{\Sigma_1} P\mathrm{d}y\mathrm{d}z+Q\mathrm{d}z\mathrm{d}x+R\mathrm{d}x\mathrm{d}y\\ =&\iint\limits_{\Sigma_2} P\mathrm{d}y\mathrm{d}z+Q\mathrm{d}z\mathrm{d}x+R\mathrm{d}x\mathrm{d}y,\end{aligned} \tag{4.48}$$

其中 Σ_1 和 Σ_2 的法线方向为曲面的正方向.

3. 通量与散度

设有向量场

$$\boldsymbol{A}(x,y,z)=P(x,y,z)\boldsymbol{i}+Q(x,y,z)\boldsymbol{j}+R(x,y,z)\boldsymbol{k},$$

其中 $P(x,y,z)$，$Q(x,y,z)$，$R(x,y,z)$ 具有一阶连续偏导数，曲面 Σ 是场内的一片有向曲面，$\boldsymbol{n}$ 是 Σ 在点 $M(x,y,z)$ 处的单位法线向量. 对面积的曲面积分 $\iint\limits_{\Sigma}\boldsymbol{A}\cdot\boldsymbol{n}\mathrm{d}S$ 称为向量场 $\boldsymbol{A}$ 沿着指向侧通过曲面 Σ 的**通量**(或**流量**). 对向量场内任意一点 $M(x,y,z)$，数量函数

$$\left(\frac{\partial P}{\partial x}+\frac{\partial Q}{\partial y}+\frac{\partial R}{\partial z}\right)\bigg|_M$$

称为向量函数 $\boldsymbol{A}(x,y,z)$ 在点 $M(x,y,z)$ 处的**散度**，记作 $\mathrm{div}\boldsymbol{A}$，即

$$\mathrm{div}\boldsymbol{A}=\frac{\partial P}{\partial x}+\frac{\partial Q}{\partial y}+\frac{\partial R}{\partial z}. \tag{4.49}$$

根据散度公式(4.49)，高斯公式(4.45)改写成

$$\iiint\limits_{\Omega}\mathrm{div}\boldsymbol{A}\mathrm{d}V=\oiint_{\Sigma}\boldsymbol{A}\cdot\mathrm{d}\boldsymbol{S}=\oiint_{\Sigma}\boldsymbol{A}\cdot\boldsymbol{n}\mathrm{d}S=\oiint_{\Sigma}A_n\mathrm{d}S. \tag{4.50}$$

散度的另一种定义形式为

$$\frac{\partial P}{\partial x}+\frac{\partial Q}{\partial y}+\frac{\partial R}{\partial z}=\lim_{\Omega\to M}\frac{1}{V}\oiint_{\Sigma}A_n\mathrm{d}S. \tag{4.51}$$

如果向量场 $\boldsymbol{A}(x,y,z)$ 表示不可压缩流体的稳定流速场时，$\mathrm{div}\boldsymbol{A}$ 可以看作流体在点 $M(x,y,z)$ 的**源头强度**，即在单位时间内从单位体积中所产生的流体质量. 若 $\mathrm{div}\boldsymbol{A}(M)>0$，

说明在每一单位时间内有一定数量的流体流出这一点，则称这一点为源；相反，若 $\mathrm{div}\boldsymbol{A}(M)<0$，说明流体在这一点被吸收，则称这点为汇；若在向量场 $\boldsymbol{A}$ 中每一点皆有 $\mathrm{div}\boldsymbol{A}=0$，则称 $\boldsymbol{A}$ 为无源场.

二、疑难解析

1. 利用高斯公式求曲面积分时有哪些注意事项？求解步骤是什么？

答 若直接求对坐标的曲面积分较为烦琐时，可以考虑用高斯公式简化计算. 但是在使用高斯公式之前，需要验证所求积分是否满足定理 4.6 的条件，即(1)区域 Ω 是有界的，且是封闭的，其边界曲面 Σ 由分片光滑的封闭曲面围成；(2)被积函数 $P(x,y,z)$，$Q(x,y,z)$，$R(x,y,z)$ 在 Ω 上具有一阶连续偏导数.

求解步骤是：首先，检验区域 Ω 的有界性和封闭性，若不封闭，需要添加辅助面使其封闭；其次，找到对坐标的曲面积分中被积函数对应的 $P(x,y,z)$，$Q(x,y,z)$，$R(x,y,z)$，检验它们在 Ω 上是否具有一阶连续偏导数；再次，利用公式(4.44)或公式(4.45)将曲面积分转化为三重积分，注意此时封闭曲面的法线方向要向外，否则必须在公式中补加一个负号；最后，根据积分区域和被积函数的特点，选择适当的方法计算三重积分.

三、经典题型详解

题型 1 利用高斯公式求曲面积分

例 4.16 求 $\oint\!\!\!\oint_{\Sigma} xy\mathrm{d}x\mathrm{d}y+yz\mathrm{d}y\mathrm{d}z+xz\mathrm{d}z\mathrm{d}x$，其中 Σ 是平面 $x+y+z=1$，$x=0$，$y=0$，$z=0$ 所围成的空间区域 Ω 的整个边界曲面的外侧，如图 4.30(c) 所示.

解 易见，在曲面积分中，$P=yz$，$Q=xz$，$R=xy$，且这些函数在 Ω 上具有一阶连续偏导数，并且有 $\dfrac{\partial P}{\partial x}+\dfrac{\partial Q}{\partial y}+\dfrac{\partial R}{\partial z}=0$. 由高斯公式(4.44)得

$$\oint\!\!\!\oint_{\Sigma} xy\mathrm{d}x\mathrm{d}y+yz\mathrm{d}y\mathrm{d}z+xz\mathrm{d}z\mathrm{d}x=\iiint_{\Omega}0\mathrm{d}x\mathrm{d}y\mathrm{d}z=0.$$

注意到，此题曾在例 4.15(3)中计算过，非常烦琐.

例 4.17 求 $\iint_{\Sigma} 2z\mathrm{d}x\mathrm{d}y+x\mathrm{d}y\mathrm{d}z+y\mathrm{d}z\mathrm{d}x$，其中 Σ 为圆柱面 $x^2+y^2=1$ 被平面 $z=0$ 及 $z=4$ 所截部分的外侧.

解 如图 4.34 所示，由于现有曲面不封闭，需要添加辅助面使其封闭. 补充平面 Σ_1：$z=0$(方向向下)和 Σ_2：$z=4$(方向向上)，$x^2+y^2\leqslant 1$. 得到封闭曲面 $\Sigma+\Sigma_1+\Sigma_2$，设所围区域为 Ω. 不难求得

$$\iint_{\Sigma_1} 2z\mathrm{d}x\mathrm{d}y+x\mathrm{d}y\mathrm{d}z+y\mathrm{d}z\mathrm{d}x=0;\iint_{\Sigma_2} 2z\mathrm{d}x\mathrm{d}y+x\mathrm{d}y\mathrm{d}z+y\mathrm{d}z\mathrm{d}x=\iint_{D_{xy}} 2\times 4\mathrm{d}x\mathrm{d}y=8\pi.$$

易见，在曲面积分中，$P=x$，$Q=y$，$R=2z$，且这些函数在区域 Ω 上具有一阶连续偏导数，并且有 $\dfrac{\partial P}{\partial x}+\dfrac{\partial Q}{\partial y}+\dfrac{\partial R}{\partial z}=1+1+2=4$. 由高斯公式(4.44)得

$$\iint_{\Sigma} 2z\mathrm{d}x\mathrm{d}y+x\mathrm{d}y\mathrm{d}z+y\mathrm{d}z\mathrm{d}x=\left(\iint_{\Sigma+\Sigma_1+\Sigma_2}-\iint_{\Sigma_1+\Sigma_2}\right)2z\mathrm{d}x\mathrm{d}y+x\mathrm{d}y\mathrm{d}z+y\mathrm{d}z\mathrm{d}x$$

$$=\iiint\limits_{\Omega}4\mathrm{d}V-8\pi=16\pi-8\pi=8\pi.$$

例 4.18 求 $\iint\limits_{\Sigma}(x^2\cos\alpha+y^2\cos\beta+z^2\cos\gamma)\mathrm{d}S$,其中 Σ 为锥面 $x^2+y^2=z^2(0\leqslant z\leqslant h)$,$\cos\alpha,\cos\beta,\cos\gamma$ 为此曲面外法线向量的方向余弦.

解 如图 4.38 所示,由于现有曲面不封闭,需要添加辅助面使其封闭.补充平面 Σ_1:$z=h(x^2+y^2\leqslant h^2)$,取 Σ_1 的上侧,则 $\Sigma+\Sigma_1$ 构成封闭曲面,设其所围成空间区域为 Ω.

对于平面 Σ_1:$z=h$(取上侧),方向余弦为 $\cos\alpha=0,\cos\beta=0,\cos\gamma=1$.于是

$$\iint\limits_{\Sigma_1}(x^2\cos\alpha+y^2\cos\beta+z^2\cos\gamma)\mathrm{d}S=\iint\limits_{\Sigma_1}z^2\mathrm{d}S=\iint\limits_{D_{xy}}h^2\mathrm{d}x\mathrm{d}y=\pi h^4.$$

易见,在曲面积分中,$P=x^2,Q=y^2,R=z^2$,且这些函数在 Ω 上具有连续偏导数,并且有 $\dfrac{\partial P}{\partial x}+\dfrac{\partial Q}{\partial y}+\dfrac{\partial R}{\partial z}=2(x+y+z)$.由高斯公式(4.45)得

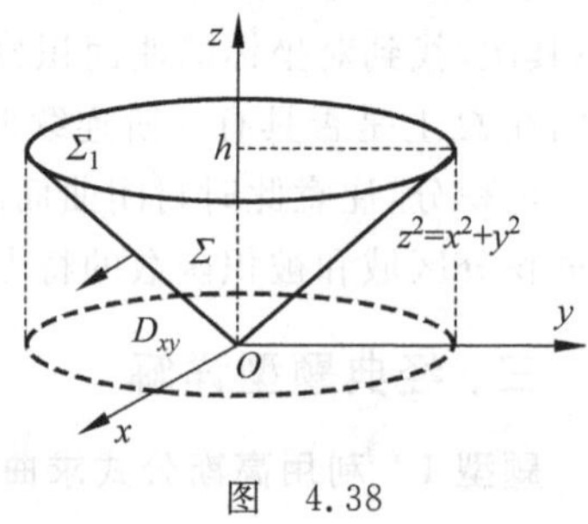

图 4.38

$$\begin{aligned}&\oiint\limits_{\Sigma+\Sigma_1}(x^2\cos\alpha+y^2\cos\beta+z^2\cos\gamma)\mathrm{d}S\\&=2\iiint\limits_{\Omega}(x+y+z)\mathrm{d}V=2\iint\limits_{D_{xy}}\mathrm{d}x\mathrm{d}y\int_{\sqrt{x^2+y^2}}^{h}(x+y+z)\mathrm{d}z\\&=2\iint\limits_{D_{xy}}\mathrm{d}x\mathrm{d}y\int_{\sqrt{x^2+y^2}}^{h}z\mathrm{d}z=\iint\limits_{D_{xy}}(h^2-x^2-y^2)\mathrm{d}x\mathrm{d}y\\&=\int_0^{2\pi}\mathrm{d}\theta\int_0^h(h^2-r^2)r\mathrm{d}r=\frac{1}{2}\pi h^4.\end{aligned}$$

故 $\iint\limits_{\Sigma}(x^2\cos\alpha+y^2\cos\beta+z^2\cos\gamma)\mathrm{d}S=\dfrac{1}{2}\pi h^4-\pi h^4=-\dfrac{1}{2}\pi h^4.$

例 4.19 求 $\iint\limits_{\Sigma}(8y+1)x\mathrm{d}y\mathrm{d}z+2(1-y^2)\mathrm{d}z\mathrm{d}x-4yz\mathrm{d}x\mathrm{d}y$,其中 Σ 是由曲线 $\begin{cases}z=\sqrt{y-1},\\x=0\end{cases}(1\leqslant y\leqslant 3)$ 绕 y 轴旋转一周所成的曲面,它的法向量与 y 轴正向的夹角恒大于 $\dfrac{\pi}{2}$.

解 容易求得,旋转曲面 Σ 的方程为 $y=x^2+z^2+1$.如图 4.39 所示,由于现有曲面不封闭,需要添加辅助面使其封闭.添加平面 Σ_1:$y=3$,方向向右.Σ_1 向 xOz 面的投影区域为 $D_{zx}=\{(x,z)\mid x^2+z^2\leqslant 2\}$.设 Σ,Σ_1 所围成区域为 Ω.由高斯公式(4.44)可得

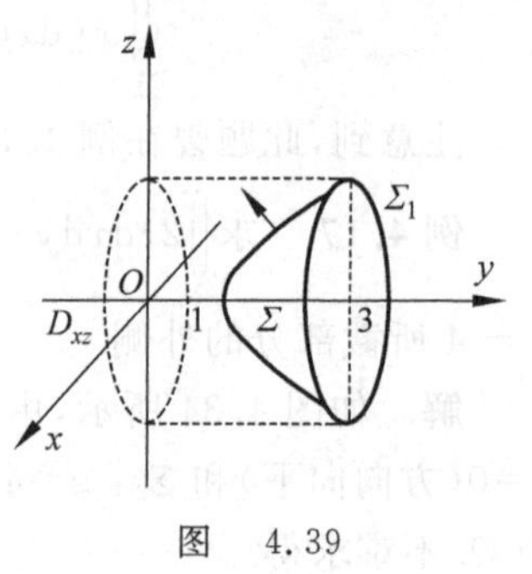

图 4.39

$$\begin{aligned}&\iint\limits_{\Sigma}(8y+1)x\mathrm{d}y\mathrm{d}z+2(1-y^2)\mathrm{d}z\mathrm{d}x-4yz\mathrm{d}x\mathrm{d}y\\&\qquad=\oiint\limits_{\Sigma+\Sigma_1}(8y+1)x\mathrm{d}y\mathrm{d}z+2(1-y^2)\mathrm{d}z\mathrm{d}x-4yz\mathrm{d}x\mathrm{d}y-\\&\qquad\quad\iint\limits_{\Sigma_1}(8y+1)x\mathrm{d}y\mathrm{d}z+2(1-y^2)\mathrm{d}z\mathrm{d}x-4yz\mathrm{d}x\mathrm{d}y\end{aligned}$$

$$= \iiint_{\Omega}(8y+1-4y-4y)\mathrm{d}V - \iint_{\Sigma_1}(8y+1)x\mathrm{d}y\mathrm{d}z + 2(1-y^2)\mathrm{d}z\mathrm{d}x - 4yz\mathrm{d}x\mathrm{d}y$$

$$= \iiint_{\Omega}\mathrm{d}V - \iint_{\Sigma_1}(8y+1)x\mathrm{d}y\mathrm{d}z + 2(1-y^2)\mathrm{d}z\mathrm{d}x - 4yz\mathrm{d}x\mathrm{d}y.$$

利用截面法可得，$\iiint_{\Omega}\mathrm{d}V = \int_1^3\mathrm{d}y\iint_{x^2+z^2\leqslant y-1}\mathrm{d}x\mathrm{d}z = \pi\int_1^3(y-1)\mathrm{d}y = 2\pi$. 此外，不难求得，

$$\iint_{\Sigma_1}(8y+1)x\mathrm{d}y\mathrm{d}z + 2(1-y^2)\mathrm{d}z\mathrm{d}x - 4yz\mathrm{d}x\mathrm{d}y = \iint_{D_{xz}}2(1-3^2)\mathrm{d}z\mathrm{d}x = -32\pi.$$ 于是

$$\iint_{\Sigma}(8y+1)x\mathrm{d}y\mathrm{d}z + 2(1-y^2)\mathrm{d}z\mathrm{d}x - 4yz\mathrm{d}x\mathrm{d}y = 2\pi-(-32\pi) = 34\pi.$$

四、课后习题选解(习题 4.6)

A类题

1. 求$\oiint_{\Sigma}(x+y)\mathrm{d}y\mathrm{d}z+(y+z)\mathrm{d}z\mathrm{d}x+(x+z)\mathrm{d}x\mathrm{d}y$，其中 Σ 为平面 $x=0, y=0, z=0, x=a, y=b, z=c$ 所围立体 Ω 的表面的外侧.

分析 参考经典题型详解中例 4.16.

解 在曲面积分中，$P=x+y, Q=y+z, R=x+z$. 易见，这些函数在 Ω 上具有一阶连续偏导数，并且有 $\frac{\partial P}{\partial x}=\frac{\partial Q}{\partial y}=\frac{\partial R}{\partial z}=1$. 由高斯公式(4.44)可得

$$\oiint_{\Sigma}(x+y)\mathrm{d}y\mathrm{d}z+(y+z)\mathrm{d}z\mathrm{d}x+(x+z)\mathrm{d}x\mathrm{d}y = \iiint_{\Omega}(1+1+1)\mathrm{d}x\mathrm{d}y\mathrm{d}z = 3abc.$$

2. 求 $\oiint_{\Sigma}x^3\mathrm{d}y\mathrm{d}z+y^3\mathrm{d}z\mathrm{d}x+z^3\mathrm{d}x\mathrm{d}y$，其中 Σ 是球面 $x^2+y^2+z^2=R^2$ 的外侧.

分析 参考经典题型详解中例 4.16.

解 在曲面积分中，$P=x^3, Q=y^3, R=z^3$. 易见，这些函数在球形域 Ω 上具有一阶连续偏导数，并且有 $\frac{\partial P}{\partial x}=3x^2, \frac{\partial Q}{\partial y}=3y^2, \frac{\partial R}{\partial z}=3z^2$. 由高斯公式(4.44)可得

$$\oiint_{\Sigma}x^3\mathrm{d}y\mathrm{d}z+y^3\mathrm{d}z\mathrm{d}x+z^3\mathrm{d}x\mathrm{d}y = \iiint_{\Omega}3(x^2+y^2+z^2)\mathrm{d}x\mathrm{d}y\mathrm{d}z$$

$$= \int_0^{2\pi}\mathrm{d}\theta\int_0^{\pi}\mathrm{d}\varphi\int_0^R 3\rho^2\rho^2\sin\varphi\mathrm{d}\rho = \frac{12}{5}\pi R^5.$$

3. 求$\iint_{\Sigma}yz\mathrm{d}z\mathrm{d}x+3\mathrm{d}x\mathrm{d}y$ 其中 Σ 是 $x^2+y^2+z^2=9$ 的外侧在 $z\geqslant 0$ 的部分.

分析 参考经典题型详解中例 4.18.

解 如图 4.40 所示，由于现有曲面不封闭，需要添加辅助面使其封闭. 添加平面 Σ_1：$z=0(x^2+y^2\leqslant 9)$，且方向向下，因此，区域 Ω 由 Σ 和 Σ_1 围成.

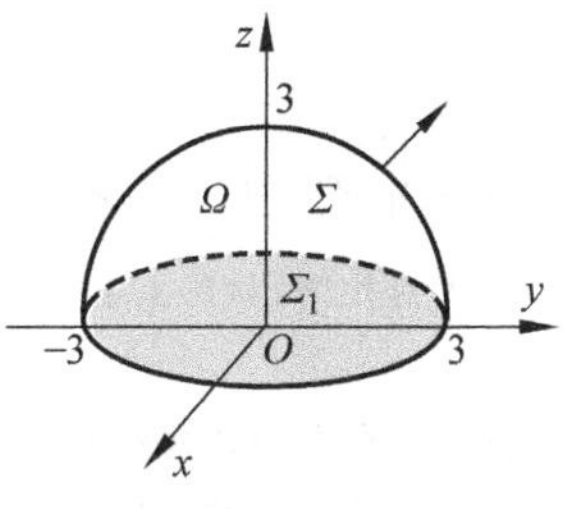

图 4.40

由高斯公式(4.44)可得

$$\iint_{\Sigma}yz\mathrm{d}z\mathrm{d}x+3\mathrm{d}x\mathrm{d}y = \oiint_{\Sigma+\Sigma_1}yz\mathrm{d}z\mathrm{d}x+3\mathrm{d}x\mathrm{d}y - \iint_{\Sigma_1}yz\mathrm{d}z\mathrm{d}x+3\mathrm{d}x\mathrm{d}y$$

$$=\iiint_{\Omega} z\,\mathrm{d}x\mathrm{d}y\mathrm{d}z-\iint_{\Sigma_1} yz\,\mathrm{d}z\mathrm{d}x+3\mathrm{d}x\mathrm{d}y$$

$$=\int_0^3 z\mathrm{d}z\iint_{x^2+y^2\leqslant 9-z^2}\mathrm{d}x\mathrm{d}y+3\iint_{x^2+y^2\leqslant 9}\mathrm{d}x\mathrm{d}y$$

$$=\int_0^3 \pi z(9-z^2)\mathrm{d}z+27\pi=\frac{189}{4}\pi.$$

4. 求 $\iint_{\Sigma}(2y^2+z)\mathrm{d}y\mathrm{d}z+(x-y+3z^2)\mathrm{d}z\mathrm{d}x+(2x^2+3y-z)\mathrm{d}x\mathrm{d}y$，其中 Σ 为旋转抛物面 $z=1-x^2-y^2$ 在 $0\leqslant z\leqslant 1$ 部分的外侧.

分析 参考经典题型详解中例4.18.

解 如图4.41所示，由于现有曲面不封闭，需要添加辅助面使其封闭.添加平面 Σ_1：$z=0$，取下侧，则平面 Σ_1 与曲面 Σ 围成空间有界闭区域 Ω，方向为外侧.由高斯公式(4.44)可得

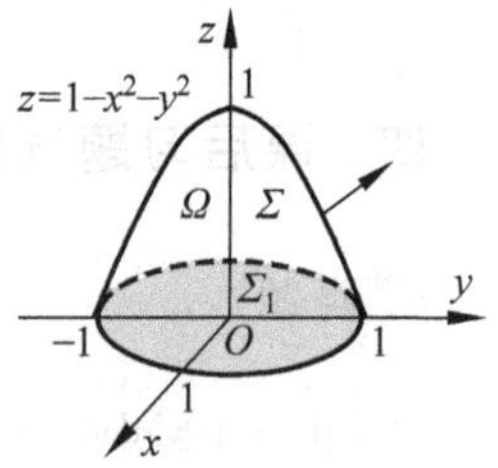

图 4.41

$$\iint_{\Sigma}=\left(\oiint_{\Sigma+\Sigma_1}-\iint_{\Sigma_1}\right)(2y^2+z)\mathrm{d}y\mathrm{d}z+(x-y+3z^2)\mathrm{d}z\mathrm{d}x+(2x^2+3y-z)\mathrm{d}x\mathrm{d}y$$

$$=\iiint_{\Omega}(-2)\mathrm{d}V-\iint_{\Sigma_1}(2x^2+3y-z)\mathrm{d}x\mathrm{d}y$$

$$=-2\int_0^{2\pi}\mathrm{d}\theta\int_0^1\mathrm{d}r\int_0^{1-r^2}r\mathrm{d}z+\iint_{D_{xy}}(2x^2+3y)\mathrm{d}x\mathrm{d}y$$

$$=-4\pi\int_0^1 r(1-r^2)\mathrm{d}r+\int_0^{2\pi}\mathrm{d}\theta\int_0^1(2r^2\cos^2\theta+3r\sin\theta)\cdot r\mathrm{d}r$$

$$=-\pi+\frac{1}{2}\pi=-\frac{1}{2}\pi.$$

5. 求 $\oiint_{\Sigma}(x^3+y^3+z^3)\mathrm{d}y\mathrm{d}z+(x^2+y^2+z^2)\mathrm{d}z\mathrm{d}x+(x+y+z)\mathrm{d}x\mathrm{d}y$，其中 Σ 是由圆柱面 $x^2+y^2=9$，$z=1$，$z=3$ 围成立体的表面内侧.

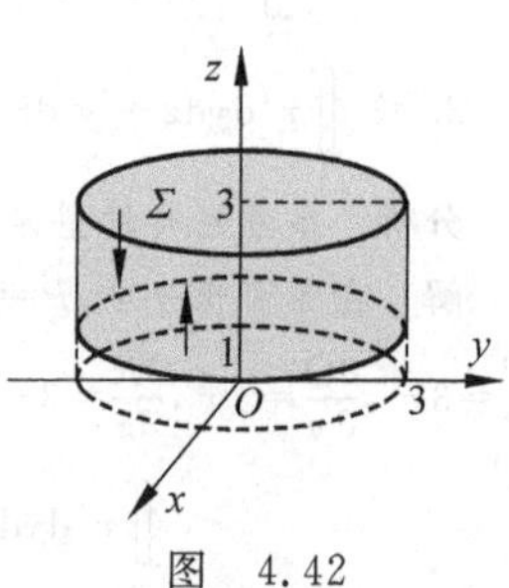

图 4.42

分析 参考经典题型详解中例4.16.

解 设 Σ 所围立体为 Ω.在曲面积分中，$P=x^3+y^3+z^3$，$Q=x^2+y^2+z^2$，$R=x+y+z$.易见，这些函数在 Ω 上具有一阶连续偏导数，并且有 $\frac{\partial P}{\partial x}=3x^2$，$\frac{\partial Q}{\partial y}=2y$，$\frac{\partial R}{\partial z}=1$.由于立体的表面取内侧方向，由高斯公式(4.44)可得

$$\text{原式}=-\iiint_{\Omega}(3x^2+2y+1)\mathrm{d}V$$

$$=-\int_0^{2\pi}\mathrm{d}\theta\int_0^3 r\mathrm{d}r\int_1^3(3r^2\cos^2\theta+2r\sin\theta+1)\mathrm{d}z=-\frac{279}{2}\pi.$$

6. 求 $\oiint_{\Sigma}(x\cos\alpha+y\cos\beta+z\cos\gamma)\mathrm{d}S$，其中 Σ 是由 $z=x^2+y^2$，$z=1$ 所围立体的表面外侧，如图4.43所示，$\cos\alpha$，$\cos\beta$，$\cos\gamma$ 是 Σ 外法线方向的方向余弦.

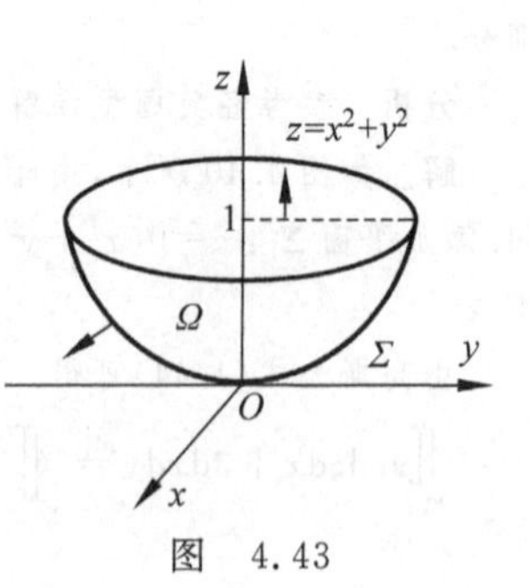

图 4.43

分析 参考经典题型详解中例4.16.

解 易见，在曲面积分中，$P=x$，$Q=y$，$R=z$，且这些函数在 Ω 上具有一阶连续偏导数，并且有 $\frac{\partial P}{\partial x}+\frac{\partial Q}{\partial y}+\frac{\partial R}{\partial z}=1+1+1=3$.由高斯公式(4.45)得

$$\oint\!\!\!\!\oint_{\Sigma}(x\cos\alpha+y\cos\beta+z\cos\gamma)\,\mathrm{d}S$$

$$=\oint\!\!\!\!\oint_{\Sigma}x\,\mathrm{d}y\mathrm{d}z+y\mathrm{d}z\mathrm{d}x+z\mathrm{d}x\mathrm{d}y=\iiint_{\Omega}3\mathrm{d}V=3\int_0^{2\pi}\mathrm{d}\theta\int_0^1 r\mathrm{d}r\int_{r^2}^1\mathrm{d}z=\frac{3}{2}\pi.$$

B类题

1. 求$\iint_{\Sigma}\frac{2x\mathrm{d}y\mathrm{d}z+(2+z)^2\mathrm{d}x\mathrm{d}y}{\sqrt{x^2+y^2+z^2}}$,其中$\Sigma$为下半球面$z=-\sqrt{4-x^2-y^2}$的上侧.

分析 参考经典题型详解中例4.18.

解 如图4.44所示,由于现有曲面不封闭,需要添加辅助面使其封闭.添加平面Σ_1:$z=0(x^2+y^2\leqslant 4)$,方向向下,则平面Σ_1与曲面Σ围成空间有界闭区域Ω,方向为内侧.由高斯公式(4.44)可得

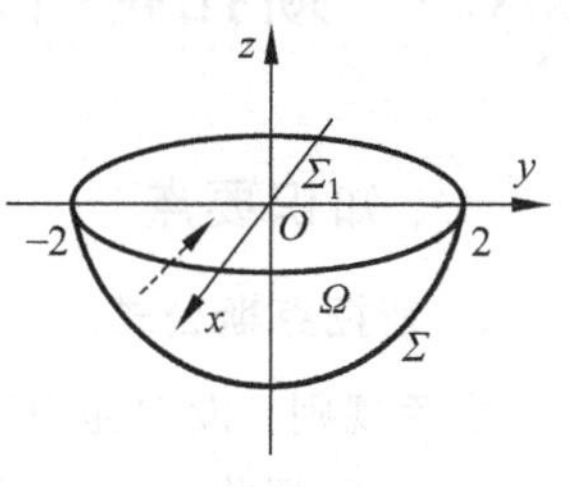

图 4.44

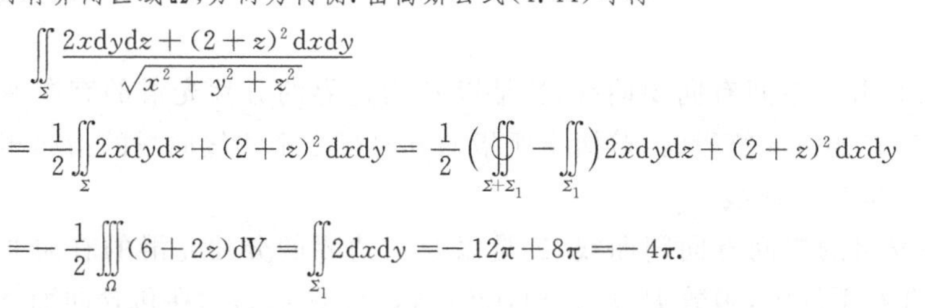

$$\iint_{\Sigma}\frac{2x\mathrm{d}y\mathrm{d}z+(2+z)^2\mathrm{d}x\mathrm{d}y}{\sqrt{x^2+y^2+z^2}}$$

$$=\frac{1}{2}\iint_{\Sigma}2x\mathrm{d}y\mathrm{d}z+(2+z)^2\mathrm{d}x\mathrm{d}y=\frac{1}{2}\Big(\oint\!\!\!\!\oint_{\Sigma+\Sigma_1}-\iint_{\Sigma_1}\Big)2x\mathrm{d}y\mathrm{d}z+(2+z)^2\mathrm{d}x\mathrm{d}y$$

$$=-\frac{1}{2}\iiint_{\Omega}(6+2z)\mathrm{d}V=\iint_{\Sigma_1}2\mathrm{d}x\mathrm{d}y=-12\pi+8\pi=-4\pi.$$

2. 求$\oint\!\!\!\!\oint_{\Sigma}(2xz+y^2)\mathrm{d}y\mathrm{d}z+(2x^2+yz)\mathrm{d}z\mathrm{d}x-(2xy+z^2)\mathrm{d}x\mathrm{d}y$,其中$\Sigma$是由旋转曲面$z=\sqrt{x^2+y^2}$与$z=\sqrt{2-x^2-y^2}$所围立体的表面外侧,如图4.45所示.

分析 参考经典题型详解中例4.16.

解 易见,在曲面积分中

$$P=2xz+y^2,Q=2x^2+yz,R=-(2xy+z^2),$$

这些函数在Ω上具有一阶连续偏导数,并且有

$$\frac{\partial P}{\partial x}+\frac{\partial Q}{\partial y}+\frac{\partial R}{\partial z}=2z+z-2z=z.$$

由高斯公式(4.44)得

$$原式=\iiint_{\Omega}(2z+z-2z)\mathrm{d}V=\iiint_{\Omega}z\mathrm{d}x\mathrm{d}y\mathrm{d}z=\int_0^{2\pi}\mathrm{d}\theta\int_0^{\frac{\pi}{4}}\sin\varphi\cos\varphi\mathrm{d}\varphi\int_0^{\sqrt{2}}\rho^3\mathrm{d}\rho=\frac{1}{2}\pi.$$

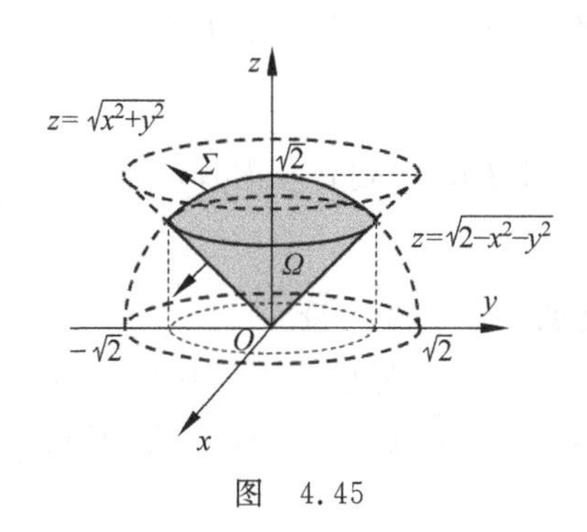

图 4.45

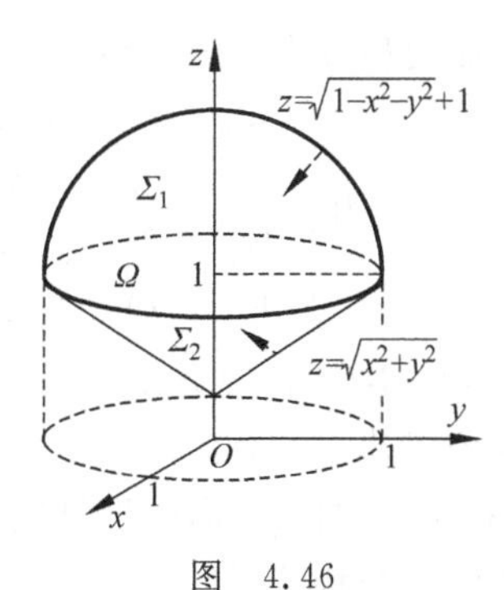

图 4.46

3. 证明:$\oint\!\!\!\!\oint_{\Sigma_1\cup\Sigma_2}x\mathrm{d}y\mathrm{d}z-2yz\mathrm{d}z\mathrm{d}x+(z^2-z)\mathrm{d}x\mathrm{d}y=0$,其中$\Sigma_1$:$z=\sqrt{1-x^2-y^2}+1$方向取下侧,$\Sigma_2$:

$z=\sqrt{x^2+y^2}$,方向取上侧,如图4.46所示.

分析 利用高斯公式证明.

解 易见,$P=x,Q=-2yz,R=z^2-z$,且这些函数在Ω上具有连续偏导数,并且有$\frac{\partial P}{\partial x}+\frac{\partial Q}{\partial y}+\frac{\partial R}{\partial z}=1-2z+2z-1=0$.由高斯公式(4.44)得

$$\oiint_{\Sigma_1\cup\Sigma_2} x\mathrm{d}y\mathrm{d}z-2yz\mathrm{d}z\mathrm{d}x+(z^2-z)\mathrm{d}x\mathrm{d}y=0.$$

4.7 斯托克斯公式、环流量与旋度

一、知识要点

1. 斯托克斯公式

右手规则:设Γ是分段光滑的空间有向闭曲线,Σ是以Γ为边界的分片光滑的有向曲面.当右手除拇指外的四指依Γ的方向绕行时,若拇指所指的方向与Σ上法线向量的指向相同,则称Γ是有向曲面Σ的正向边界曲线.

定理4.8 设Γ为分段光滑的空间有向闭曲线,Σ是以Γ为边界的分片光滑的有向曲面,Γ的正向与Σ的正侧符合右手规则,函数$P(x,y,z),Q(x,y,z),R(x,y,z)$在包含曲面$\Sigma$在内的一个空间区域内具有一阶连续偏导数,则有

$$\iint_\Sigma\left(\frac{\partial R}{\partial y}-\frac{\partial Q}{\partial z}\right)\mathrm{d}y\mathrm{d}z+\left(\frac{\partial P}{\partial z}-\frac{\partial R}{\partial x}\right)\mathrm{d}z\mathrm{d}x+\left(\frac{\partial Q}{\partial x}-\frac{\partial P}{\partial y}\right)\mathrm{d}x\mathrm{d}y$$
$$=\oint_\Gamma P\mathrm{d}x+Q\mathrm{d}y+R\mathrm{d}z. \tag{4.52}$$

式(4.52)称为**斯托克斯公式**.

为了便于记忆,把斯托克斯公式写成

$$\iint_\Sigma\begin{vmatrix}\mathrm{d}y\mathrm{d}z & \mathrm{d}z\mathrm{d}x & \mathrm{d}x\mathrm{d}y\\ \frac{\partial}{\partial x} & \frac{\partial}{\partial y} & \frac{\partial}{\partial z}\\ P & Q & R\end{vmatrix}=\oint_\Gamma P\mathrm{d}x+Q\mathrm{d}y+R\mathrm{d}z. \tag{4.53}$$

若用对面积的曲面积分表示公式(4.53)的左端,斯托克斯公式也可以写成

$$\iint_\Sigma\begin{vmatrix}\cos\alpha & \cos\beta & \cos\gamma\\ \frac{\partial}{\partial x} & \frac{\partial}{\partial y} & \frac{\partial}{\partial z}\\ P & Q & R\end{vmatrix}\mathrm{d}S=\oint_\Gamma P\mathrm{d}x+Q\mathrm{d}y+R\mathrm{d}z, \tag{4.54}$$

其中$\boldsymbol{n}=(\cos\alpha,\cos\beta,\cos\gamma)$为$\Sigma$上点$(x,y,z)$处的单位法线向量.

斯托克斯公式建立了有向曲面上的曲面积分与其边界曲线上的曲线积分之间的关系.特别地,当Σ是xOy面的平面闭区域时,斯托克斯公式就变成格林公式.因此,格林公式是斯托克斯公式的一个特殊情形.

2. 空间曲线与路径无关的条件

定理4.9 设空间区域G是一维单连通区域,函数$P(x,y,z),Q(x,y,z),R(x,y,z)$在

G 内具有一阶连续偏导数,则对于 G 内任意一点,等式

$$\frac{\partial R}{\partial y}-\frac{\partial Q}{\partial z}=0,\frac{\partial P}{\partial z}-\frac{\partial R}{\partial x}=0,\frac{\partial Q}{\partial x}-\frac{\partial P}{\partial y}=0 \tag{4.55}$$

恒成立的充分必要条件是:空间曲线积分 $\int_{\Gamma} P\mathrm{d}x+Q\mathrm{d}y+R\mathrm{d}z$ 在 G 内与路径无关.

在定理 4.9 中,若 Γ 是 G 内任意一条光滑的封闭曲线,则式(4.55)恒成立的充分必要条件是:空间曲线积分 $\oint_{\Gamma} P\mathrm{d}x+Q\mathrm{d}y+R\mathrm{d}z=0$.

定理 4.10 设空间区域 G 是一维单连通区域,函数 $P(x,y,z),Q(x,y,z),R(x,y,z)$ 在 G 内具有一阶连续偏导数,则对于 G 内任意一点,式(4.55)恒成立的充分必要条件是:表达式 $P\mathrm{d}x+Q\mathrm{d}y+R\mathrm{d}z$ 在 G 内是某一函数 $u(x,y,z)$ 的全微分,并且函数 $u(x,y,z)$ 的表达式为

$$u(x,y,z)=\int_{(x_0,y_0,z_0)}^{(x,y,z)} P\mathrm{d}x+Q\mathrm{d}y+R\mathrm{d}z, \tag{4.56}$$

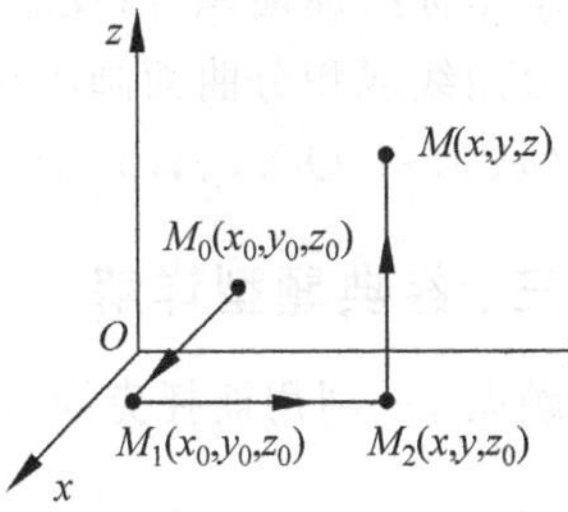

或用定积分形式表示(积分路径如图 4.47 所示)

$$u(x,y,z)=\int_{x_0}^{x} P(x,y_0,z_0)\mathrm{d}x+\int_{y_0}^{y} Q(x,y,z_0)\mathrm{d}y+\int_{z_0}^{z} R(x,y,z)\mathrm{d}z, \tag{4.57}$$

其中 $M_0(x_0,y_0,z_0)$ 为 G 内的某一定点,且点 $M(x,y,z)\in G$.

图 4.47

3. 环流量与旋度

设有向量场

$$\boldsymbol{A}(x,y,z)=P(x,y,z)\boldsymbol{i}+Q(x,y,z)\boldsymbol{j}+R(x,y,z)\boldsymbol{k},$$

简记为 $\boldsymbol{A}=(P,Q,R)$,其中假定 P,Q,R 具有一阶连续偏导数,Γ 是向量场 $\boldsymbol{A}$ 的定义域内的一条分段光滑的有向闭曲线,$\boldsymbol{\tau}$ 是 Γ 在点 (x,y,z) 处的单位切向量,则在场 $\boldsymbol{A}$ 中沿某一光滑的封闭曲线 Γ 上的曲线积分

$$\oint_{\Gamma}\boldsymbol{A}\cdot\boldsymbol{\tau}\mathrm{d}s$$

称为向量场 $\boldsymbol{A}$ 沿有向闭曲线 Γ 的**环流量**.

以向量场 $\boldsymbol{A}$ 在坐标轴上的投影

$$\frac{\partial R}{\partial y}-\frac{\partial Q}{\partial z},\frac{\partial P}{\partial z}-\frac{\partial R}{\partial x},\frac{\partial Q}{\partial x}-\frac{\partial P}{\partial y}$$

作为分量的向量称为向量场 $\boldsymbol{A}$ 的**旋度**,记作 $\mathbf{rotA}$,即

$$\mathbf{rotA}=\left(\frac{\partial R}{\partial y}-\frac{\partial Q}{\partial z}\right)\boldsymbol{i}+\left(\frac{\partial P}{\partial z}-\frac{\partial R}{\partial x}\right)\boldsymbol{j}+\left(\frac{\partial Q}{\partial x}-\frac{\partial P}{\partial y}\right)\boldsymbol{k}. \tag{4.58}$$

二、疑难解析

1. 斯托克斯公式和格林公式有什么联系?

答 斯托克斯公式建立了沿有向曲面上的曲面积分与沿其边界曲线上的曲线积分之间的内在关系,见公式(4.52)和公式(4.54).特别地,当 Σ 是 xOy 坐标面的平面闭区域时,斯

托克斯公式就变成格林公式.因此,格林公式是斯托克斯公式的一个特殊情形.

2. 利用斯托克斯公式将曲面积分与曲线积分相互转换时有哪些注意事项?

答　在曲面积分与曲线积分相互转换之前,首先要验证两类条件:(1)空间曲线 Γ 为分段光滑的,且是有向的闭曲线,曲面 Σ 是以 Γ 为边界的分片光滑的,且是有向的,Γ 的正向与 Σ 的正侧符合右手规则;(2)函数 $P(x,y,z)$,$Q(x,y,z)$,$R(x,y,z)$ 在包含曲面 Σ 在内的一个空间区域内具有一阶连续偏导数.

在求空间曲线对坐标的曲线积分时,若计算较为烦琐,可以考虑用斯托克斯公式将其转化为求坐标的曲面积分;反之亦然.曲面积分与曲线积分相互转换的基本步骤是:首先,根据积分曲线或积分曲面画出相应的图形,并确定曲线或曲面的方向;其次,对号确定被积函数 $P(x,y,z)$,$Q(x,y,z)$,$R(x,y,z)$;最后利用公式(4.52)～公式(4.54)进行转换.

三、经典题型详解

题型 1　利用斯托克斯公式求曲线积分

例 4.20　求 $\oint_{\Gamma} z\mathrm{d}x + x\mathrm{d}y + y\mathrm{d}z$,其中 Γ 是闭折线 $ABCA$,其中 $A(1,0,0)$,$B(0,1,0)$,$C(0,0,1)$,如图 4.48 所示.

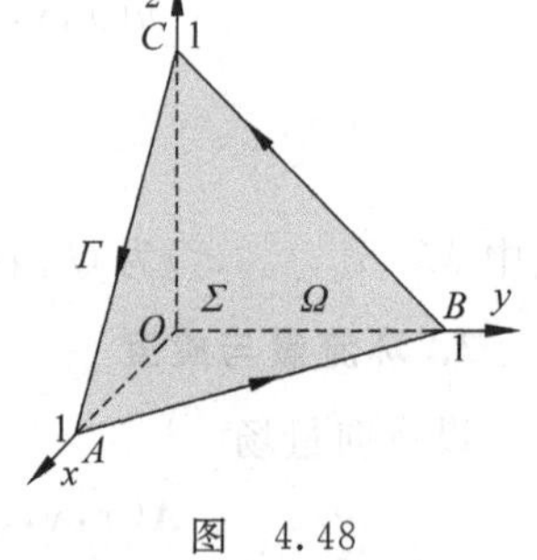

图　4.48

分析　根据积分曲线的特点,利用斯托克斯公式(4.52)或公式(4.54)求解.

解　方法一　利用公式(4.52)求解.

在曲线积分中,$P=z$,$Q=x$,$R=y$.易见,这些函数在 Ω 上具有连续偏导数,且

$$\frac{\partial R}{\partial y}-\frac{\partial Q}{\partial z}=1,\frac{\partial P}{\partial z}-\frac{\partial R}{\partial x}=1,\frac{\partial Q}{\partial x}-\frac{\partial P}{\partial y}=1.$$

利用斯托克斯公式(4.52)以及积分曲面的对称性特点可得

$$\oint_{\Gamma} z\mathrm{d}x + x\mathrm{d}y + y\mathrm{d}z=\iint_{\Sigma}\mathrm{d}y\mathrm{d}z+\mathrm{d}x\mathrm{d}z+\mathrm{d}x\mathrm{d}y=3\iint_{\Sigma}\mathrm{d}x\mathrm{d}y=3\iint_{D_{xy}}\mathrm{d}x\mathrm{d}y=\frac{3}{2}.$$

方法二　利用公式(4.54)求解.

依题意,取 Σ: $x+y+z=1(x\geqslant 0,y\geqslant 0,z\geqslant 0)$的上侧,则有

$$\cos\alpha=\cos\beta=\cos\gamma=\frac{1}{\sqrt{3}}.$$

利用斯托克斯公式(4.54)可得

$$\oint_{\Gamma} z\mathrm{d}x + x\mathrm{d}y + y\mathrm{d}z=\iint_{\Sigma}\begin{vmatrix}\cos\alpha & \cos\beta & \cos\gamma\\ \dfrac{\partial}{\partial x} & \dfrac{\partial}{\partial y} & \dfrac{\partial}{\partial z}\\ z & x & y\end{vmatrix}\mathrm{d}S=\iint_{\Sigma}\sqrt{3}\mathrm{d}S=\sqrt{3}\times\frac{\sqrt{3}}{2}=\frac{3}{2}.$$

例 4.21　求 $\oint_{\Gamma}(z-y)\mathrm{d}x+(x-z)\mathrm{d}y+(x-y)\mathrm{d}z$,其中 Γ 是曲线 $\begin{cases}x^2+y^2=1,\\ x-y+z=2,\end{cases}$ 从 z 轴正向往 z 轴负向看 Γ 的方向是顺时针的,如图 4.49 所示.

分析　根据积分曲线的特点,利用斯托克斯公式(4.53)求解.

解　方法一　利用公式(4.53)求解.

设在平面 $x-y+z=2$ 上由曲线 Γ 所围的有限曲面片记作 Σ，方向向下，在 xOy 面上的投影域 D_{xy}：$x^2+y^2\leqslant 1$. 根据斯托克斯公式(4.53)，有

$$\oint_\Gamma (z-y)\mathrm{d}x+(x-z)\mathrm{d}y+(x-y)\mathrm{d}z$$

$$=\iint_\Sigma \begin{vmatrix} \mathrm{d}y\mathrm{d}z & \mathrm{d}z\mathrm{d}x & \mathrm{d}x\mathrm{d}y \\ \dfrac{\partial}{\partial x} & \dfrac{\partial}{\partial y} & \dfrac{\partial}{\partial z} \\ z-y & x-z & x-y \end{vmatrix} = \iint_\Sigma 2\mathrm{d}x\mathrm{d}y = -\iint_{D_{xy}} 2\mathrm{d}x\mathrm{d}y = -2\pi.$$

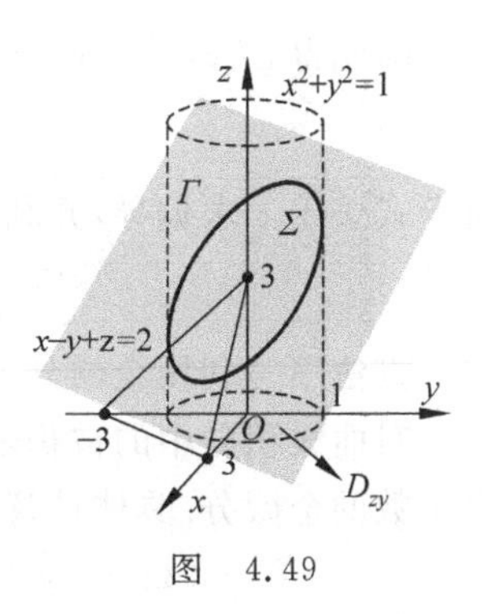

图 4.49

方法二　建立空间曲线的参数方程，然后利用公式(4.13)直接求解.

将 Γ 改写为参数方程：$x=\cos\theta, y=\sin\theta, z=2-x+y=2-\cos\theta+\sin\theta$ (θ 由 2π 到 0). 于是

$$\oint_\Gamma (z-y)\mathrm{d}x+(x-z)\mathrm{d}y+(x-y)\mathrm{d}z$$

$$=\int_{2\pi}^0 [-2(\sin\theta+\cos\theta)+2\cos 2\theta+1]\mathrm{d}\theta=-2\pi.$$

评注　从本题可以看到，计算曲线积分时，可以根据具体问题的特点选择使用更为便捷的方法.

题型 2　判断曲线积分与路径无关，并求原函数

例 4.22　验证 $\int_\Gamma (3x^2-y+z^2)\mathrm{d}x+(-x+4y^3)\mathrm{d}y+2xz\mathrm{d}z$ 与积分路径无关，并求其原函数.

分析　根据定理 4.9 验证，然后利用公式(4.57)求原函数.

解　易见，在曲线积分中，$P=3x^2-y+z^2$，$Q=-x+4y^3$，$R=2xz$. 这些函数在整个三维空间具有一阶连续偏导数，且 $\dfrac{\partial R}{\partial y}-\dfrac{\partial Q}{\partial z}=0$，$\dfrac{\partial P}{\partial z}-\dfrac{\partial R}{\partial x}=0$，$\dfrac{\partial Q}{\partial x}-\dfrac{\partial P}{\partial y}=0$，即满足定理 4.9 的条件，因此该曲线积分与积分路径无关.

下面用三种方法求曲线积分的原函数.

方法一　利用公式(4.57)求解.

为求解方便，选取(0,0,0)作为初始点，在空间中任意一点 $M(x,y,z)\in G$，于是有

$$u(x,y,z)=\int_0^x P(x,0,0)\mathrm{d}x+\int_0^y Q(x,y,0)\mathrm{d}y+\int_0^z R(x,y,z)\mathrm{d}z$$

$$=\int_0^x 3x^2\mathrm{d}x+\int_0^y(-x+4y^3)\mathrm{d}y+\int_0^z 2xz\mathrm{d}z+C=x^3-xy+y^4+xz^2+C.$$

方法二　利用初等积分法求解.

由公式(4.57)可知，$\dfrac{\partial u}{\partial x}=P(x,y,z)$，$\dfrac{\partial u}{\partial y}=Q(x,y,z)$，$\dfrac{\partial u}{\partial z}=R(x,y,z)$.

由于 $\dfrac{\partial u}{\partial x}=3x^2-y+z^2$，将其关于 x 积分可得，$u(x,y,z)=x^3-xy+xz^2+\varphi(y,z)$，其中 $\varphi(y,z)$ 为待定函数. 将上式关于 y 求偏导，并利用已知条件 $\dfrac{\partial u}{\partial y}=Q=-x+4y^3$，可得，$\dfrac{\partial\varphi}{\partial y}=$

$4y^3$. 由此得 $\varphi(y,z)=y^4+\psi(z)$($\psi(z)$为待定函数),即

$$u(x,y,z)=x^3-xy+xz^2+y^4+\psi(z).$$

对上式关于 z 求偏导,并利用已知$\frac{\partial u}{\partial z}=R=2xz$,可得,$\psi'(z)=0$,即 $\psi(z)=C$. 于是

$$u(x,y,z)=x^3-xy+xz^2+y^4+C.$$

方法三 利用全微分方法

对曲线积分中的被积表达式进行分项,然后再根据各自特点重新组合,进而将其凑成某个函数的全微分. 具体计算如下:

$$\begin{aligned}&(3x^2-y+z^2)\mathrm{d}x+(-x+4y^3)\mathrm{d}y+2xz\,\mathrm{d}z\\&=3x^2\mathrm{d}x+(-y\mathrm{d}x-x\mathrm{d}y)+4y^3\mathrm{d}y+(z^2\mathrm{d}x+2xz\,\mathrm{d}z)\\&=\mathrm{d}(x^3)+\mathrm{d}(-xy)+\mathrm{d}y^4+\mathrm{d}(xz^2)=\mathrm{d}(x^3-xy+y^4+xz^2),\end{aligned}$$

因而有 $u(x,y,z)=x^3-xy+xz^2+y^4+C$.

例 4.23 求向量场 $\boldsymbol{A}=(z,x,y)$沿闭曲线$\begin{cases}z=x^2+y^2,\\z=4\end{cases}$的环流量,从 z 轴的正方向看 Γ 沿逆时针方向.

分析 利用计算环流量的公式(4.61)求解.

解 依题意,在向量场 $\boldsymbol{A}$ 中,对应有 $P=z,Q=x,R=y$;取 Σ: $z=4(x^2+y^2\leqslant4)$,方向为上侧. 易见,曲面 Σ 的方向余弦为 $\cos\alpha=\cos\beta=0,\cos\gamma=1$. 由公式(4.61)可得

$$\text{环流量}=\oint_\Gamma z\mathrm{d}x+x\mathrm{d}y+y\mathrm{d}z=\iint_\Sigma\begin{vmatrix}\cos\alpha&\cos\beta&\cos\gamma\\\frac{\partial}{\partial x}&\frac{\partial}{\partial y}&\frac{\partial}{\partial z}\\z&x&y\end{vmatrix}\mathrm{d}S=\iint_\Sigma\mathrm{d}S=4\pi.$$

四、课后习题选解(习题 4.7)

A 类题

1. 求$\oint_\Gamma(3y+z)\mathrm{d}x+(x-z)\mathrm{d}y+(y-x)\mathrm{d}z$,其中 Γ 为平面 $x+y+z=2$ 与各坐标面的交线,从 z 轴的正方向看 Γ 取逆时针方向为正向.

分析 参考经典题型详解中例 4.20.

解 在曲线积分中,$P=3y+z,Q=x-z,R=y-x$. 易见,这些函数在整个平面上具有连续偏导数,且有

$$\frac{\partial R}{\partial y}-\frac{\partial Q}{\partial z}=\frac{\partial(y-x)}{\partial y}-\frac{\partial(x-z)}{\partial z}=2,\quad\frac{\partial P}{\partial z}-\frac{\partial R}{\partial x}=\frac{\partial(3y+z)}{\partial z}-\frac{\partial(y-x)}{\partial x}=2,$$

$$\frac{\partial Q}{\partial x}-\frac{\partial P}{\partial y}=\frac{\partial(x-z)}{\partial x}-\frac{\partial(3y+z)}{\partial y}=-2.$$

利用斯托克斯公式(4.52)以及积分曲面的对称性特点可得

$$\oint_\Gamma(3y+z)\mathrm{d}x+(x-z)\mathrm{d}y+(y-x)\mathrm{d}z=\iint_\Sigma2\mathrm{d}y\mathrm{d}z+2\mathrm{d}x\mathrm{d}z-2\mathrm{d}x\mathrm{d}y=\iint_\Sigma2\mathrm{d}x\mathrm{d}y=4.$$

2. 求$\oint_\Gamma(y^2+z^2)\mathrm{d}x+(x^2+z^2)\mathrm{d}y+(x^2+y^2)\mathrm{d}z$,其中 Γ 为 $x+y+z=1$ 与三个坐标面的交线,它的走向使所围平面区域上侧在曲线的左侧,如图 4.48(a) 所示.

分析 参考经典题型详解中例 4.20.

解 在曲线积分中，$P=y^2+z^2$，$Q=x^2+z^2$，$R=x^2+y^2$. 易见，这些函数在整个平面上具有连续偏导数，且有

$$\frac{\partial R}{\partial y}-\frac{\partial Q}{\partial z}=2(y-z),\quad \frac{\partial P}{\partial z}-\frac{\partial R}{\partial x}=2(z-x),\quad \frac{\partial Q}{\partial x}-\frac{\partial P}{\partial y}=2(x-y).$$

依题意，不难求得曲面 Σ 对应的方向余弦为 $\cos\alpha=\cos\beta=\cos\gamma=\frac{1}{\sqrt{3}}$. 利用斯托克斯公式(4.52)以及两类曲面积分之间的关系可得

$$\begin{aligned}&\oint_\Gamma (y^2+z^2)\mathrm{d}x+(x^2+z^2)\mathrm{d}y+(x^2+y^2)\mathrm{d}z\\&=\iint_\Sigma 2(y-z)\mathrm{d}y\mathrm{d}z+2(z-x)\mathrm{d}x\mathrm{d}z+2(x-y)\mathrm{d}x\mathrm{d}y\\&=\iint_\Sigma (2(y-z)\cos\alpha+2(z-x)\cos\beta+2(x-y)\cos\gamma)\mathrm{d}S\\&=\frac{2}{\sqrt{3}}\iint_\Sigma (y-z+z-x+x-y)\mathrm{d}S=0.\end{aligned}$$

3. 求 $\oint_\Gamma (y-z)\mathrm{d}x+(z-x)\mathrm{d}y+(x-y)\mathrm{d}z$，其中 Γ 为曲线 $\begin{cases}z=\sqrt{x^2+y^2},\\ z=1,\end{cases}$ 从 z 轴的正方向看 Γ 沿顺时针方向，如图 4.50 所示.

分析 参考经典题型详解中例 4.20.

解 如图 4.50 所示，根据右手法则，取曲面 Σ: $z=1(x^2+y^2\leqslant 1)$ 的下侧，则有

$$\cos\alpha=\cos\beta=0,\cos\gamma=-1.$$

利用斯托克斯公式(4.54)可得

$$\oint_\Gamma (y-z)\mathrm{d}x+(z-x)\mathrm{d}y+(x-y)\mathrm{d}z=\iint_\Sigma \begin{vmatrix}\cos\alpha & \cos\beta & \cos\gamma\\ \frac{\partial}{\partial x} & \frac{\partial}{\partial y} & \frac{\partial}{\partial z}\\ y-z & z-x & x-y\end{vmatrix}\mathrm{d}S=2\iint_\Sigma \mathrm{d}S=2\pi.$$

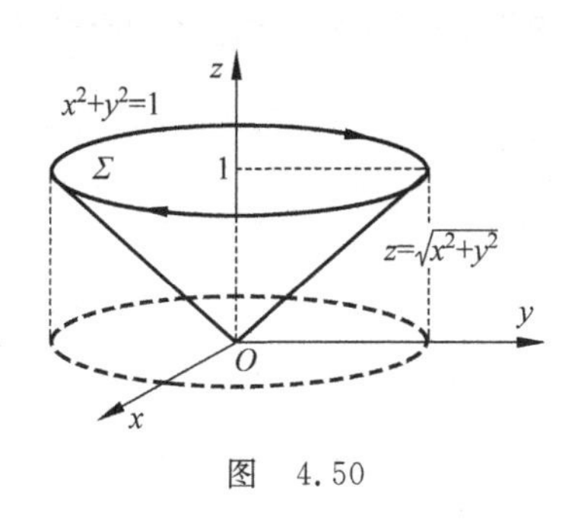

图 4.50

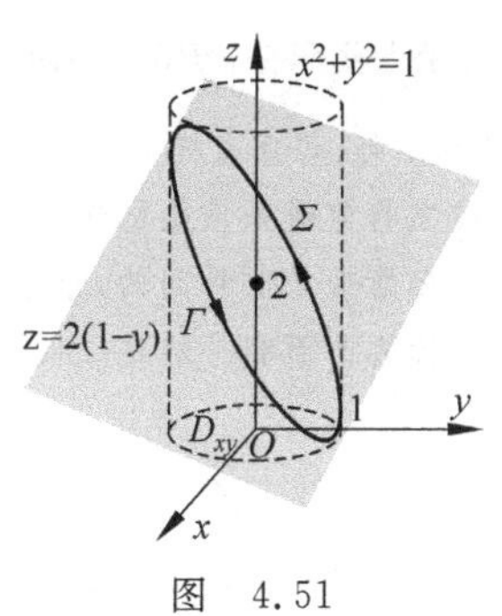

图 4.51

4. 求 $\oint_\Gamma x^2y\mathrm{d}x+yz^2\mathrm{d}y+zx\mathrm{d}z$，其中 Γ 为曲线 $\begin{cases}x^2+y^2=1,\\ y+\frac{z}{2}=1,\end{cases}$ 从 y 轴的正方向看 Γ 沿逆时针方向，如图 4.51 所示.

分析 参考经典题型详解中例 4.20.

解 如图 4.51 所示，根据右手法则，取 Σ: $z=2(1-y)(x^2+y^2\leqslant 1)$ 的右侧，则有

$$\cos\alpha=0,\cos\beta=\frac{2}{\sqrt{5}},\cos\gamma=\frac{1}{\sqrt{5}}.$$

利用斯托克斯公式(4.54)可得

$$\oint_{\Gamma} x^2 y\mathrm{d}x + yz^2\mathrm{d}y + zx\mathrm{d}z = \iint_{\Sigma} \begin{vmatrix} \cos\alpha & \cos\beta & \cos\gamma \\ \dfrac{\partial}{\partial x} & \dfrac{\partial}{\partial y} & \dfrac{\partial}{\partial z} \\ x^2 y & yz^2 & zx \end{vmatrix} \mathrm{d}S = \iint_{\Sigma} \left(-\frac{2}{\sqrt{5}}z - \frac{1}{\sqrt{5}}x^2\right)\mathrm{d}S$$

$$= \iint_{D_{xy}} (4y - 4 - x^2)\mathrm{d}x\mathrm{d}y = -\frac{17}{4}\pi.$$

复习题4解答

1. 是非题

(1) 若函数 $f(x,y)$ 在曲线 L 上连续,则对弧长的曲线积分$\int_L f(x)\mathrm{d}s$ 必存在.　(　　)

(2) 若对坐标的曲线积分$\int_{\Gamma} P\mathrm{d}x + Q\mathrm{d}y + R\mathrm{d}z$ 存在,则它只与被积函数 $P(x,y,z)$,$Q(x,y,z)$ 及 $R(x,y,z)$ 有关,而与曲线 Γ 的方向、起点及终点无关.　(　　)

(3) 设 $P(x,y)$ 和 $Q(x,y)$ 在区域 D 上具有一阶连续偏导数,则曲线积分$\int_L P\mathrm{d}x + Q\mathrm{d}y$ 在 D 上与路径无关的充分必要条件是$\dfrac{\partial P}{\partial y} = \dfrac{\partial Q}{\partial x}$.　(　　)

(4) 非封闭的光滑或分片光滑曲面一定是双侧曲面.　(　　)

(5) 设 Σ 是有向的光滑曲面,函数 $P(x,y,z)$ 在 Σ 上连续,则对坐标的曲面积分$\iint_{\Sigma} P(x,y,z)\mathrm{d}y\mathrm{d}z$ 一定存在.　(　　)

答　(1) 错.就本题而言,正确的说法是:若函数 $f(x,y)$ 在**光滑(或逐段光滑)**的曲线 L 上连续,则对弧长的曲线积分$\int_L f(x)\mathrm{d}s$ 必存在.

(2) 错.对坐标的曲线积分$\int_{\Gamma} P\mathrm{d}x + Q\mathrm{d}y + R\mathrm{d}z$ 不仅与被积函数 $P(x,y,z)$,$Q(x,y,z)$ 及 $R(x,y,z)$ 有关,而且与曲线 Γ 的方向、起点及终点有关.

(3) 错.结论成立的前提条件是区域 D 是**单连通的**.

(4) 错.如默比乌斯带是非封闭的,但它是**单侧曲面**.

(5) 对.由对坐标的曲面积分的定义便可推知结论成立.

2. 填空题

(1) 空间曲线 $x = 3t, y = 3t^2, z = 2t^3$ 上从 $O(0,0,0)$ 到 $A(3,3,2)$ 弧长为________.

(2) 设 $f(x)$ 为可微函数,$\widehat{AB}$ 为光滑曲线,若曲线积分$\int_{\widehat{AB}} f(x)(y\mathrm{d}x - x\mathrm{d}y)$ 与积分路径无关,则函数 $f(x)$ 应满足的关系式为________.

(3) 设 Σ 是 yOz 坐标面上的圆域 $y^2 + z^2 \leqslant 1$,则$\iint_{\Sigma}(x^2 + y^2 + z^2)\mathrm{d}S =$ ________.

(4) 设 L 为取正向的圆周 $x^2 + y^2 = 9$,则$\oint_L (2xy - 2y)\mathrm{d}x + (x^2 - 4x)\mathrm{d}y$ ________.

(5) 设 Σ 是平面 $3x + 2y + 2\sqrt{3}z = 6$ 在第 Ⅰ 卦限的部分的下侧,将对坐标的曲面积分

$$I = \iint_{\Sigma} P\mathrm{d}y\mathrm{d}z + Q\mathrm{d}z\mathrm{d}x + R\mathrm{d}x\mathrm{d}y$$

转化为对面积的曲面积分,有 $I =$ ________.

答 (1) 根据已知条件,$t=1$.利用空间曲线弧长的公式可得

$$s=\int_L \mathrm{d}s=\int_0^1 \sqrt{\varphi'^2(t)+\psi'^2(t)+\omega'^2(t)}\mathrm{d}t=\int_0^1 \sqrt{3^2+(6t)^2+(6t^2)^2}\mathrm{d}t$$
$$=3\int_0^1 \sqrt{1+4t^2+4t^4}\mathrm{d}t=3\int_0^1(1+2t^2)\mathrm{d}t=3\times\frac{5}{3}=5.$$

(2) 根据曲线积分与路径无关的充分必要条件(定理4.4),$\frac{\partial P}{\partial y}=\frac{\partial Q}{\partial x}$.在曲线积分$\int_{\widehat{AB}} f(x)(y\mathrm{d}x-x\mathrm{d}y)$中,$P=yf(x)$,$Q=-xf(x)$.容易得到,$xf'(x)+2f(x)=0$.

(3) 依题意,Σ: $x=0$,$D_{yz}=\{(y,z)\mid y^2+z^2\leqslant 1\}$,代入到曲面积分,得

$$\iint_\Sigma (x^2+y^2+z^2)\mathrm{d}S=\iint_{D_{yz}}(0+y^2+z^2)\mathrm{d}y\mathrm{d}z=\int_0^{2\pi}\mathrm{d}\theta\int_0^1 r^3\mathrm{d}r=\frac{\pi}{2}.$$

(4) 显然,已知条件满足格林公式(定理4.3)的条件,于是

$$\oint_L (2xy-2y)\mathrm{d}x+(x^2-4x)\mathrm{d}y=\iint_D(2x-4-2x+2)\mathrm{d}x\mathrm{d}y=-2\iint_D\mathrm{d}x\mathrm{d}y=-2\times 9\pi=-18\pi.$$

(5) 根据两类曲面积分之间的关系,需要求出Σ的方向余弦.根据题意,指向平面$3x+2y+2\sqrt{3}z=6$的下侧的法线向量为$\boldsymbol{n}=-(3,2,2\sqrt{3})$,方向余弦为$\cos\alpha=-\frac{3}{5}$,$\cos\beta=-\frac{2}{5}$,$\cos\gamma=-\frac{2\sqrt{3}}{5}$.于是$I=-\frac{1}{5}\iint_\Sigma(3P+2Q+2\sqrt{3}R)\mathrm{d}S$.

3. 选择题

(1) 已知$\frac{(x+ay)\mathrm{d}x+y\mathrm{d}y}{(x+y)^2}$为某函数的全微分,则$a$为(　　).

A. -1　　B. 0　　C. 1　　D. 2

(2) 设C为从$A(0,0)$到$B(4,3)$的直线段,则$\int_C(x-y)\mathrm{d}s$为(　　).

A. $\int_0^4\left(x-\frac{3}{4}x\right)\mathrm{d}x$　　B. $\int_0^4\left(x-\frac{3}{4}x\right)\sqrt{1+\frac{9}{16}}\mathrm{d}x$

C. $\int_0^3\left(y-\frac{3}{4}y\right)\mathrm{d}x$　　D. $\int_0^4\left(\frac{4}{3}y-y\right)\sqrt{1+\frac{9}{16}}\mathrm{d}x$

(3) 设Σ是部分锥面:$x^2+y^2=z^2(0\leqslant z\leqslant 1)$,则$\iint_\Sigma(x^2+y^2)\mathrm{d}S$等于(　　).

A. $\int_0^\pi\mathrm{d}\theta\int_0^1 r^2\cdot r\mathrm{d}r$　　B. $\int_0^{2\pi}\mathrm{d}\theta\int_0^1 r^2\cdot r\mathrm{d}r$　　C. $\sqrt{2}\int_0^\pi\mathrm{d}\theta\int_0^1 r^2\cdot r\mathrm{d}r$　　D. $\sqrt{2}\int_0^{2\pi}\mathrm{d}\theta\int_0^1 r^2\cdot r\mathrm{d}r$

(4) 设Σ是平面块:$y=x$,$0\leqslant x\leqslant 1$,$0\leqslant z\leqslant 1$,方向向右,则$\iint_\Sigma y\mathrm{d}x\mathrm{d}z$为(　　).

A. 1　　B. 2　　C. $\frac{1}{2}$　　D. $-\frac{1}{2}$

(5) 设$\widehat{AB}$是位于第一象限中的圆弧,其中$A(0,0)$,$B\left(\frac{\pi}{2},0\right)$,则曲线积分

$$\int_{\widehat{AB}}(2x\cos y+y\sin x)\mathrm{d}x-(x^2\sin y+\cos x)\mathrm{d}y$$

为(　　).

A. 0　　B. $-\frac{\pi^2}{4}$　　C. $\frac{\pi^2}{4}$　　D. 2

答 (1) 选D.令$P=\frac{x+ay}{(x+y)^2}$,$Q=\frac{y}{(x+y)^2}$.由于$\frac{\partial P}{\partial y}=\frac{a(x+y)-2(x+ay)}{(x+y)^3}$,$\frac{\partial Q}{\partial x}=\frac{-2y}{(x+y)^3}$,根据曲线积分与路径无关的条件$\frac{\partial P}{\partial y}=\frac{\partial Q}{\partial x}$,因此$a=2$.即选D.

(2) 选 B. 直线段的方程为 $y=\frac{3}{4}x(0\leqslant x\leqslant 4)$ 或 $x=\frac{4}{3}y(0\leqslant y\leqslant 3)$，将其代入曲线积分，则有

$$\int_C(x-y)\mathrm{d}s=\int_0^1\left(x-\frac{3}{4}x\right)\sqrt{1+\left(\frac{3}{4}\right)^2}\mathrm{d}x \text{ 或} \int_C(x-y)\mathrm{d}s=\int_0^1\left(\frac{4}{3}y-y\right)\sqrt{\left(\frac{4}{3}\right)^2+1}\mathrm{d}y.$$

因此选 B.

(3) 选 D. $z=\sqrt{x^2+y^2}(0\leqslant z\leqslant 1)$，$\frac{\partial z}{\partial x}=\frac{x}{\sqrt{x^2+y^2}}$，$\frac{\partial z}{\partial y}=\frac{y}{\sqrt{x^2+y^2}}$，于是

$$\iint_{\Sigma}(x^2+y^2)\mathrm{d}S=\iint_{D_{xy}}(x^2+y^2)\sqrt{2}\mathrm{d}x\mathrm{d}y=\sqrt{2}\int_0^{2\pi}\mathrm{d}\theta\int_0^1 r^2\cdot r\mathrm{d}r.$$

因此选 D.

(4) 选 C. 依题意，$\iint_{\Sigma}y\mathrm{d}x\mathrm{d}z=\iint_{D_{zx}}x\mathrm{d}x\mathrm{d}z=\int_0^1 x\mathrm{d}x\int_0^1\mathrm{d}z=\frac{1}{2}$. 因此选 C.

(5) 选 C. $P=2x\cos y+y\sin x$，$Q=-x^2\sin y-\cos x$. 易见，$\frac{\partial P}{\partial y}=\frac{\partial Q}{\partial x}$，因此该曲线积分与路径无关，取 $y=0\left(0\leqslant x\leqslant\frac{\pi}{2}\right)$，于是

$$\int_{\widehat{AB}}(2x\cos y+y\sin x)\mathrm{d}x-(x^2\sin y+\cos x)\mathrm{d}y=\int_0^{\frac{\pi}{2}}(2x)\mathrm{d}x=\frac{\pi^2}{4}.$$

因此选 C.

4. 求 $\int_L y\mathrm{d}s$，其中 L 为抛物线 $y^2=2px(p>0)$ 上由 $A(0,0)$ 到 $B(x_0,y_0)$ 的一段.

分析 写出曲线 L 的方程，利用对弧长的曲线积分公式(4.4)计算.

解 将 L 的方程记作 $x=\frac{y^2}{2p}(0\leqslant y\leqslant y_0)$，有

$$\mathrm{d}s=\sqrt{x'^2(y)+1}\mathrm{d}y=\sqrt{\left(\frac{y}{p}\right)^2+1}\mathrm{d}y=\frac{1}{p}\sqrt{y^2+p^2}\mathrm{d}y,$$

所以

$$\int_L y\mathrm{d}s=\int_0^{y_0}y\cdot\frac{1}{p}\sqrt{y^2+p^2}\mathrm{d}y=\frac{1}{3p}(y^2+p^2)^{\frac{3}{2}}\Big|_0^{y_0}=\frac{1}{3p}[(y_0^2+p^2)^{\frac{3}{2}}-p^3].$$

5. 求 $\int_{\Gamma}z\mathrm{d}s$，其中 Γ 为螺线 $x=t\cos t,y=t\sin t,z=t(0\leqslant t\leqslant 2\pi)$.

分析 利用对弧长的曲线积分公式(4.5)计算.

解 依题意，不难求得

$$\mathrm{d}s=\sqrt{x'^2+y'^2+z'^2}\mathrm{d}t=\sqrt{(\cos t-t\sin t)^2+(\sin t+t\cos t)^2+1}\mathrm{d}t=\sqrt{t^2+2}\mathrm{d}t.$$

根据对弧长的曲线积分公式，有

$$\int_{\Gamma}z\mathrm{d}s=\int_0^{2\pi}t\sqrt{t^2+2}\mathrm{d}t=\frac{1}{3}(t^2+2)^{\frac{3}{2}}\Big|_0^{2\pi}=\frac{1}{3}[(4\pi^2+2)^{\frac{3}{2}}-2\sqrt{2}].$$

6. 求 $\int_{\Gamma}\frac{1}{x^2+y^2+z^2}\mathrm{d}s$，其中 Γ 为空间曲线 $x=\mathrm{e}^t\cos t,y=\mathrm{e}^t\sin t,z=\mathrm{e}^t$ 上相应于 t 从 0 到 2 的这段弧.

分析 利用对弧长的曲线积分公式(4.5)计算.

解 易见，$x^2+y^2+z^2=(\mathrm{e}^t\cos t)^2+(\mathrm{e}^t\sin t)^2+(\mathrm{e}^t)^2=2\mathrm{e}^{2t}$.

$$\mathrm{d}s=\sqrt{x'^2+y'^2+z'^2}\mathrm{d}t=\sqrt{(\mathrm{e}^t\cos t-\mathrm{e}^t\sin t)^2+(\mathrm{e}^t\sin t+\mathrm{e}^t\cos t)^2+(\mathrm{e}^t)^2}\mathrm{d}t=\sqrt{3\mathrm{e}^{2t}}\mathrm{d}t=\sqrt{3}\mathrm{e}^t\mathrm{d}t.$$

根据对弧长的曲线积分的公式(4.5)，有

$$\int_{\Gamma}\frac{1}{x^2+y^2+z^2}\mathrm{d}s=\int_0^2\frac{1}{2\mathrm{e}^{2t}}\sqrt{3}\mathrm{e}^t\mathrm{d}t=\frac{\sqrt{3}}{2}\int_0^2\mathrm{e}^{-t}\mathrm{d}t=-\frac{\sqrt{3}}{2}\mathrm{e}^{-t}\Big|_0^2=\frac{\sqrt{3}}{2}(1-\mathrm{e}^{-2}).$$

7. 求 $\oint_L\frac{(x+y)\mathrm{d}x-(x-y)\mathrm{d}y}{x^2+y^2}$，其中 L 为圆周 $x^2+y^2=a^2$(按逆时针方向绕行).

分析 先将L写成参数方程,再利用公式(4.10)计算.

解 圆周的参数方程为$x=a\cos t,y=a\sin t(0\leqslant t\leqslant 2\pi)$.故

$$\oint_L \frac{(x+y)\mathrm{d}x-(x-y)\mathrm{d}y}{x^2+y^2}=\frac{1}{a^2}\int_0^{2\pi}[(a\cos t+a\sin t)(-a\sin t)-(a\cos t-a\sin t)(a\cos t)]\mathrm{d}t$$

$$=\frac{1}{a^2}\int_0^{2\pi}(-a^2)\mathrm{d}t=-2\pi.$$

8. 求$\int_\Gamma y\mathrm{d}x+z\mathrm{d}y+x\mathrm{d}z$,其中$\Gamma$为曲线$x=a\cos t,y=a\sin t,z=bt$,从$t=0$到$t=2\pi$的一段,如图4.52所示.

分析 易见,Γ是一条空间曲线,利用对坐标的曲线积分公式(4.13)计算.

解 根据对坐标的曲线积分公式(4.13),有

$$\int_\Gamma y\mathrm{d}x+z\mathrm{d}y+x\mathrm{d}z=\int_0^{2\pi}[a\sin t(-a\sin t)+bt(a\cos t)+ab\cos t]\mathrm{d}t$$

$$=\int_0^{2\pi}(-a^2\sin^2 t+abt\cos t+ab\cos t)\mathrm{d}t=-\pi a^2.$$

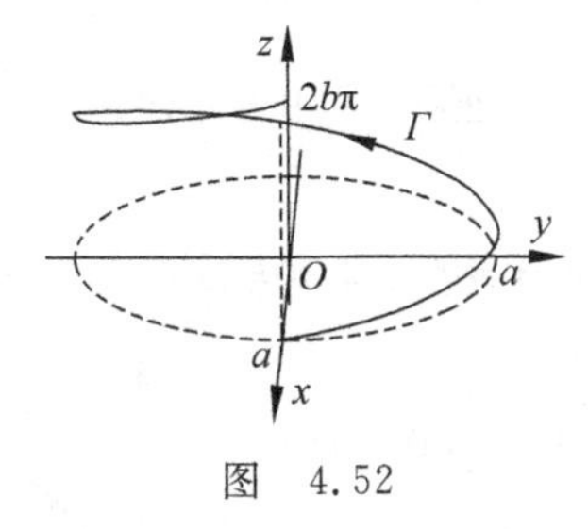

图 4.52

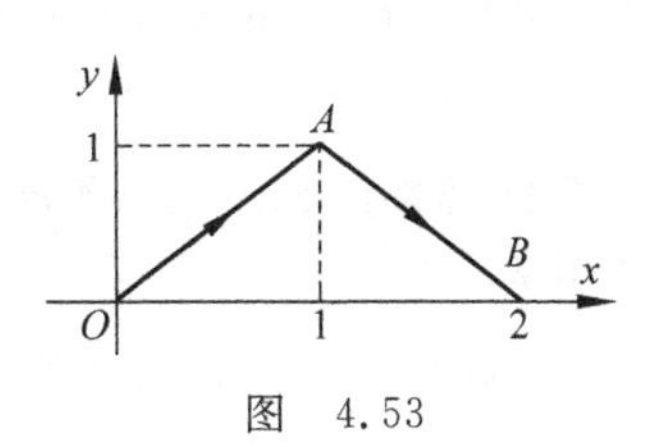

图 4.53

9. 求$\int_L(x^2+y^2)\mathrm{d}x+(x^2-y^2)\mathrm{d}y$,其中$L$为$y=1-|1-x|\ (0\leqslant x\leqslant 2)$,方向为$x$增大的方向,如图4.53所示.

分析 根据曲线方程分段讨论.

解 易见,有向线段L由$\overrightarrow{OA}$和$\overrightarrow{AB}$组成,其中$\overrightarrow{OA}$: $y=x(0\leqslant x\leqslant 1)$,$\overrightarrow{AB}$: $y=2-x(1\leqslant x\leqslant 2)$.根据对坐标的曲线积分公式,有

$$\int_L=\int_{\overrightarrow{OA}\cup\overrightarrow{AB}}=\int_0^1(x^2+x^2)\mathrm{d}x+(x^2-x^2)\mathrm{d}x+\int_1^2(x^2+(2-x)^2)\mathrm{d}x-(x^2-(2-x)^2)\mathrm{d}x$$

$$=\int_0^1 2x^2\mathrm{d}x+2\int_1^2(2-x)^2\mathrm{d}x=\frac{4}{3}.$$

10. 验证曲线积分$\int_{(1,0)}^{(2,1)}(2xe^y+y)\mathrm{d}x+(x^2e^y+x-2y)\mathrm{d}y$与路径无关,并计算积分值.

分析 对于给定的曲线积分,验证是否满足条件$\frac{\partial P}{\partial y}=\frac{\partial Q}{\partial x}$.若满足,利用曲线积分与路径无关的结论,寻找一条简单的路径计算.

解 在曲线积分中,$P=2xe^y+y,Q=x^2e^y+x-2y$,易见,$\frac{\partial P}{\partial y}=\frac{\partial Q}{\partial x}=2xe^y+1$,故曲线积分与路径无关.取折线$(1,0)\to(2,0)\to(2,1)$,即$x=t,y=0(1\leqslant t\leqslant 2)$和$x=2,y=t(0\leqslant t\leqslant 1)$,则有

$$\int_{(1,0)}^{(2,1)}(2xe^y+y)\mathrm{d}x+(x^2e^y+x-2y)\mathrm{d}y=\int_1^2 2x\mathrm{d}x+\int_0^1(4e^y+2-2y)\mathrm{d}y=4e.$$

11. 证明:当曲线的路径不过原点时,曲线积分$\int_{(1,1)}^{(2,2)}\frac{x\mathrm{d}x+y\mathrm{d}y}{(x^2+y^2)^{3/2}}$与路径无关,并计算积分值.

分析 对于给定的曲线积分,验证是否满足条件$\frac{\partial P}{\partial y}=\frac{\partial Q}{\partial x}$.若满足,则可得到曲线积分与路径无关的结

论，再寻找一条简单的路径计算.

解 令 $P=\dfrac{x}{(x^2+y^2)^{3/2}}, Q=\dfrac{y}{(x^2+y^2)^{3/2}}$. 可以求得

$$\frac{\partial P}{\partial y}=\frac{\partial Q}{\partial x}=-3xy\,(x^2+y^2)^{-5/2}.$$

当曲线的路径不过原点时，$\dfrac{\partial P}{\partial y}$和$\dfrac{\partial Q}{\partial x}$连续，故该曲线积分与路径无关. 取折线$(1,1)\to(2,1)\to(2,2)$，即 $x=t$，$y=1(1\leqslant t\leqslant 2)$和 $x=2, y=t(1\leqslant t\leqslant 2)$，得

$$\int_{(1,1)}^{(2,2)}\frac{x\mathrm{d}x+y\mathrm{d}y}{(x^2+y^2)^{3/2}}=\int_1^2\frac{t\mathrm{d}t}{(t^2+1)^{3/2}}+\int_1^2\frac{t\mathrm{d}t}{(4+t^2)^{3/2}}=\frac{\sqrt{2}}{4}.$$

12. 利用曲线积分求椭圆$\dfrac{x^2}{a^2}+\dfrac{y^2}{b^2}=1$的面积.

分析 根据公式(4.15)求解.

解 取椭圆的参数方程 $x=a\cos t, y=b\sin t(0\leqslant t\leqslant 2\pi)$. 根据公式(4.15)，可得

$$S=\frac{1}{2}\oint_L x\mathrm{d}y-y\mathrm{d}x=\frac{1}{2}\int_0^{2\pi}ab(\cos^2 t+\sin^2 t)\mathrm{d}t=\pi ab.$$

13. 求$\int_L(x^2-y)\mathrm{d}x-(x+\sin^2 y)\mathrm{d}y$，其中 L 是圆周 $y=\sqrt{2x-x^2}$ 上由点(0,0)到点(1,1)的一段弧.

分析 易见，若按照原路径进行积分会很麻烦，因此考虑该曲线积分是否与路径无关. 若与路径无关，寻找一条特殊路径计算.

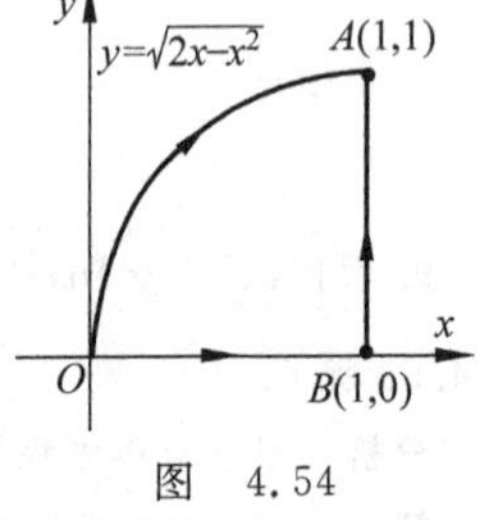

图 4.54

解 令 $P=x^2-y, Q=-(x+\sin^2 y)$. 容易验证，$\dfrac{\partial Q}{\partial x}=\dfrac{\partial P}{\partial y}=-1$，故该曲线积分与路径无关. 如图 4.54 所示，取折线$(0,0)\to(1,0)\to(1,1)$，即 $x=t, y=0$ $(0\leqslant t\leqslant 1)$和 $x=1, y=t(0\leqslant t\leqslant 1)$，得

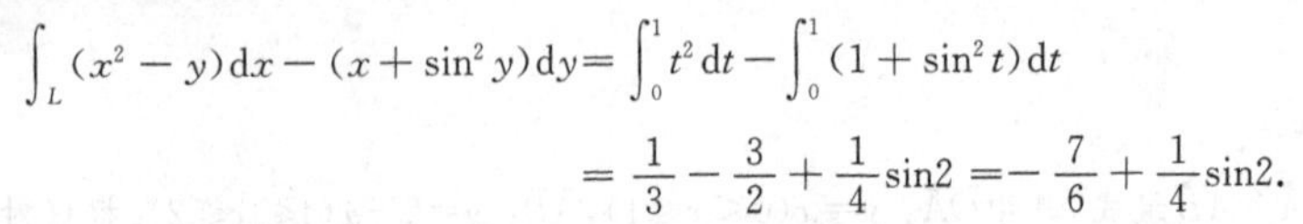

$$\int_L(x^2-y)\mathrm{d}x-(x+\sin^2 y)\mathrm{d}y=\int_0^1 t^2\mathrm{d}t-\int_0^1(1+\sin^2 t)\mathrm{d}t$$

$$=\frac{1}{3}-\frac{3}{2}+\frac{1}{4}\sin 2=-\frac{7}{6}+\frac{1}{4}\sin 2.$$

14. 求$\oint_L\dfrac{y\mathrm{d}x-x\mathrm{d}y}{2(x^2+y^2)}$，其中 L 为圆周$(x-1)^2+y^2=2$，L 的方向为逆时针方向.

分析 如图 4.55 所示，由于圆周 L 包含坐标原点(0,0)，而被积函数在点(0,0)处间断，所以无法直接使用格林公式计算. 由于$\dfrac{\partial P}{\partial y}=\dfrac{\partial Q}{\partial x}$，所以可以寻找一条不包含点(0,0)的特殊路径计算.

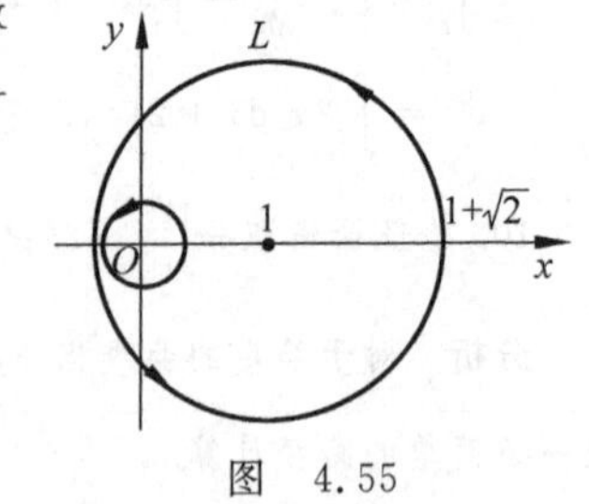

图 4.55

解 令 $P=\dfrac{y}{2(x^2+y^2)}, Q=\dfrac{-x}{2(x^2+y^2)}$.

当$(x,y)\neq(0,0)$时

$$\frac{\partial P}{\partial y}=\frac{x^2-y^2}{2\,(x^2+y^2)^2}=\frac{\partial Q}{\partial x}.$$

然而，函数 P 和 Q 及其偏导数在点(0,0)处不连续，故 L 所包围的区域不满足格林公式的条件. 用一个半径为 r 的充分小圆周 l 挖去原点(0,0)，方向为逆时针方向：

$$x=r\cos t, y=r\sin t\ (0\leqslant t\leqslant 2\pi).$$

如图所示，在以 L 和 l 为边界的区域 D 内，满足格林公式的条件，因此有

$$\oint_{L\cup l^-}\frac{y\mathrm{d}x-x\mathrm{d}y}{2(x^2+y^2)}=\iint_D\left(\frac{\partial Q}{\partial x}-\frac{\partial P}{\partial y}\right)\mathrm{d}x\mathrm{d}y=0.$$

于是

$$\oint_L \frac{y\mathrm{d}x - x\mathrm{d}y}{2(x^2+y^2)} = \oint_l \frac{y\mathrm{d}x - x\mathrm{d}y}{2(x^2+y^2)} = \int_0^{2\pi} \frac{(-r^2\sin^2 t - r^2\cos^2 t)\mathrm{d}t}{2r^2} = -\pi.$$

15. 求$\iint\limits_{\Sigma} 3z\mathrm{d}S$,其中$\Sigma$为抛物面$z=2-(x^2+y^2)$在$xOy$坐标面以上的部分.

分析 曲面Σ如图4.56所示.将曲面Σ向xOy坐标面上投影,然后利用对面积的曲面积分公式计算.

解 不难求得

$$D_{xy} = \{(x,y) \mid x^2+y^2 \leqslant 2\},$$

$$\mathrm{d}S = \sqrt{1+z_x^2+z_y^2}\mathrm{d}x\mathrm{d}y = \sqrt{1+4x^2+4y^2}\mathrm{d}x\mathrm{d}y.$$

根据对面积的曲面积分计算公式(4.22),有

$$\iint\limits_{\Sigma} 3z\mathrm{d}S = \iint\limits_{D_{xy}} 3[2-(x^2+y^2)]\sqrt{1+4x^2+4y^2}\mathrm{d}x\mathrm{d}y$$

$$= \int_0^{2\pi}\mathrm{d}\theta\int_0^{\sqrt{2}} 3(2-r^2)\sqrt{1+4r^2}r\mathrm{d}r = \frac{111}{10}\pi(\text{令}\sqrt{1+4r^2}=u).$$

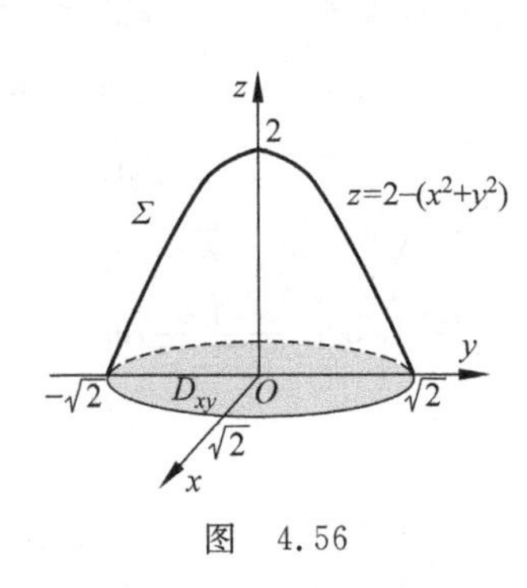

图 4.56

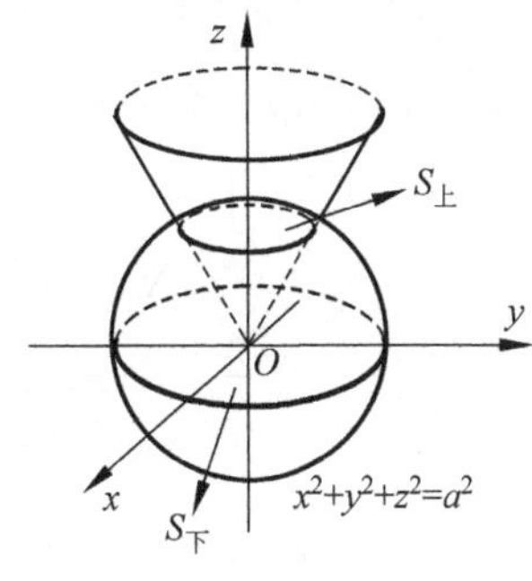

图 4.57

16. 求$\oiint\limits_{\Sigma} f(x,y,z)\mathrm{d}S$,其中$\Sigma$: $x^2+y^2+z^2=a^2$及$f(x,y,z)=\begin{cases} x^2+y^2, & z \geqslant \sqrt{x^2+y^2}, \\ 0, & z<\sqrt{x^2+y^2}. \end{cases}$

分析 根据被积函数和积分曲面方程的特点,将曲面分两部分讨论.

解 如图4.57所示,由于曲面$z=\sqrt{x^2+y^2}$将$x^2+y^2+z^2=a^2$分成上下两部分,记成$S_上$,$S_下$.又由$\begin{cases} x^2+y^2+z^2=a^2, \\ z=\sqrt{x^2+y^2} \end{cases}$解得$z=\frac{a}{\sqrt{2}}$,$\sqrt{x^2+y^2}=\frac{a}{\sqrt{2}}$.于是

$$\oiint\limits_{\Sigma} f(x,y,z)\mathrm{d}S = \iint\limits_{S_上}(x^2+y^2)\mathrm{d}S + \iint\limits_{S_下} 0\mathrm{d}S = \iint\limits_{D_{xy}}(x^2+y^2)\frac{a}{\sqrt{a^2-x^2-y^2}}\mathrm{d}x\mathrm{d}y$$

$$= \int_0^{2\pi}\mathrm{d}\theta\int_0^{\frac{a}{\sqrt{2}}}\frac{ar^3}{\sqrt{a^2-r^2}}\mathrm{d}r = 2\pi a^4\int_0^{\frac{\pi}{4}}\sin^3 u\mathrm{d}u = \frac{1}{6}\pi a^4(8-5\sqrt{2}).$$

17. 求$\iint\limits_{\Sigma}(z^2+x)\mathrm{d}y\mathrm{d}z - z\mathrm{d}x\mathrm{d}y$,其中$\Sigma$是旋转抛物面$z=\frac{x^2+y^2}{2}$介于平面$z=0$及$z=2$之间的部分的下侧.

分析 曲面积分中的第一个曲面积分需要往yOz坐标面上投影,算起来非常麻烦.可以利用两类曲面积分之间的关系,将第一个曲面积分转化为xOy坐标面上的曲面积分.

解 在曲面Σ上,有$\frac{\cos\alpha}{\cos\gamma}=\frac{z_x}{-1}=\frac{x}{-1}=-x$.根据两类曲面积分之间的关系可得

$$\iint\limits_{\Sigma}(z^2+x)\mathrm{d}y\mathrm{d}z = \iint\limits_{\Sigma}(z^2+x)\cos\alpha\mathrm{d}S = \iint\limits_{\Sigma}(z^2+x)\frac{\cos\alpha}{\cos\gamma}\mathrm{d}x\mathrm{d}y.$$

于是

$$\iint_{\Sigma}(z^2+x)\mathrm{d}y\mathrm{d}z-z\mathrm{d}x\mathrm{d}y=\iint_{\Sigma}[(z^2+x)(-x)-z]\mathrm{d}x\mathrm{d}y$$

$$=-\iint_{\Sigma}\left[-\frac{1}{4}x(x^2+y^2)^2-x^2-\frac{1}{2}(x^2+y^2)\right]\mathrm{d}x\mathrm{d}y$$

$$=\int_0^{2\pi}\mathrm{d}\theta\int_0^2\left(\left(\frac{1}{4}r^4+r\cos\theta\right)r\cos\theta+\frac{1}{2}r^2\right)r\mathrm{d}r=8\pi.$$

18. 求$\iint_{\Sigma}\frac{1}{x}\mathrm{d}y\mathrm{d}z+\frac{1}{y}\mathrm{d}x\mathrm{d}z+\frac{1}{z}\mathrm{d}x\mathrm{d}y$，其中$\Sigma$为椭球面$\frac{x^2}{a^2}+\frac{y^2}{b^2}+\frac{z^2}{c^2}=1$的外侧.

分析 如图4.58所示，根据被积函数的特点，可以利用自变量的轮换对称性求解.

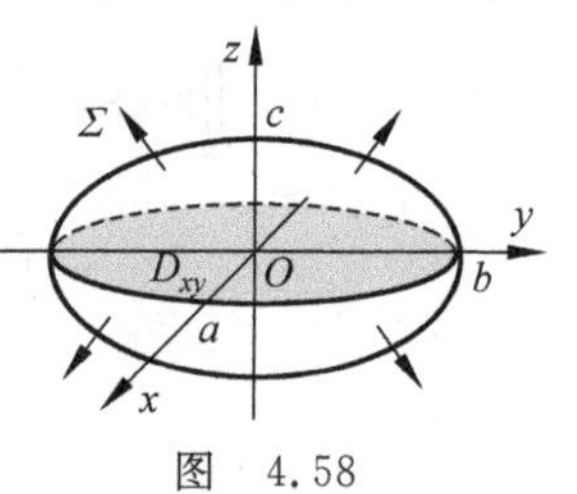

图 4.58

解 曲面Σ可用方程$z=\pm c\sqrt{1-\frac{x^2}{a^2}-\frac{y^2}{b^2}}$表示，其中$D_{xy}=\left\{(x,y)\,\middle|\,\frac{x^2}{a^2}+\frac{y^2}{b^2}\leqslant 1\right\}$. 根据轮换对称性，只要计算积分$\iint_{\Sigma}\frac{1}{z}\mathrm{d}x\mathrm{d}y$即可.

再利用广义极坐标$x=ar\cos\theta, y=br\sin\theta(0\leqslant r\leqslant 1, 0\leqslant\theta\leqslant 2\pi)$，可得

$$\iint_{\Sigma}\frac{1}{z}\mathrm{d}x\mathrm{d}y=\iint_{D_{xy}}\frac{1}{c\sqrt{1-\frac{x^2}{a^2}-\frac{y^2}{b^2}}}\mathrm{d}x\mathrm{d}y-\iint_{D_{xy}}\frac{-1}{c\sqrt{1-\frac{x^2}{a^2}-\frac{y^2}{b^2}}}\mathrm{d}x\mathrm{d}y$$

$$=\frac{2}{c}\iint_{D_{xy}}\frac{1}{\sqrt{1-\frac{x^2}{a^2}-\frac{y^2}{b^2}}}\mathrm{d}x\mathrm{d}y=\frac{2ab}{c}\int_0^{2\pi}\mathrm{d}\theta\int_0^1\frac{1}{\sqrt{1-r^2}}r\mathrm{d}r$$

$$=\frac{4\pi ab}{c}\left(-\sqrt{1-r^2}\right)\Big|_0^1=4\pi\frac{ab}{c}.$$

于是

$$\iint_{\Sigma}\frac{1}{x}\mathrm{d}y\mathrm{d}z+\frac{1}{y}\mathrm{d}x\mathrm{d}z+\frac{1}{z}\mathrm{d}x\mathrm{d}y=4\pi\left(\frac{bc}{a}+\frac{ac}{b}+\frac{ab}{c}\right)=4\frac{\pi}{abc}(b^2c^2+a^2c^2+a^2b^2).$$

19. 求$\int_L\frac{y^2}{\sqrt{R^2+x^2}}\mathrm{d}x+[4x+2y\ln(x+\sqrt{R^2+x^2})]\mathrm{d}y$，其中$L$是沿$x^2+y^2=R^2$由点$A(R,0)$沿逆时针方向到$B(-R,0)$的半圆周.

分析 易见，被积函数较为复杂，直接计算较为困难. 若想用格林公式计算，需要添加一条辅助线(x轴)使其封闭，然后才能应用格林公式，如图4.59所示.

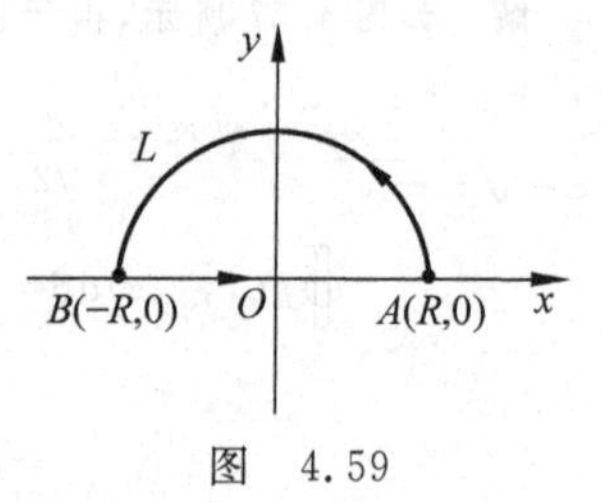

图 4.59

解 在曲线积分中

$$P=\frac{y^2}{\sqrt{R^2+x^2}}, Q=4x+2y\ln(x+\sqrt{R^2+x^2}).$$

不难求得$\frac{\partial P}{\partial y}=\frac{2y}{\sqrt{R^2+x^2}}$，$\frac{\partial Q}{\partial x}=4+\frac{2y}{\sqrt{R^2+x^2}}$. 由已知条件可知，曲线$L$不是封闭曲线，添加一条有向辅助线$\overrightarrow{BA}$使其封闭，所以$\int_L=\oint_{L\cup\overrightarrow{BA}}+\int_{\overrightarrow{AB}}$. 注意到

$$\int_{\overrightarrow{AB}}\frac{y^2}{\sqrt{R^2+x^2}}\mathrm{d}x+[4x+2y\ln(x+\sqrt{R^2+x^2})]\mathrm{d}y=\int_R^{-R}0\mathrm{d}x=0.$$

于是

$$\int_L P\mathrm{d}x+Q\mathrm{d}y=\oint_{L+\overrightarrow{BA}}P\mathrm{d}x+Q\mathrm{d}y+0=\iint_D\left(\frac{\partial Q}{\partial x}-\frac{\partial P}{\partial y}\right)\mathrm{d}x\mathrm{d}y$$

$$=\iint_D\left(4+\frac{2y}{\sqrt{R^2+x^2}}-\frac{2y}{\sqrt{R^2+x^2}}\right)dxdy$$

$$=4\iint_D dxdy=4\times\frac{1}{2}\pi R^2=2\pi R^2.$$

20. 求曲面积分$\iint\limits_\Sigma x(1+x^2z)dydz+y(1-x^2z)dzdx+z(1-x^2z)dxdy$,其中$\Sigma$为曲面$z=\sqrt{x^2+y^2}$ $(0\leqslant z\leqslant 1)$的下侧.

分析 根据被积函数的复杂性特点,尝试利用高斯公式计算.如图4.60所示,所给区域不是封闭的,在补上平面使区域封闭后,才可以应用.

解 如图4.60所示,闭区域Ω由Σ和Σ_1围成,其中Σ_1:$z=1(x^2+y^2\leqslant 1)$,方向取上侧.在曲线积分中,$P=x(1+x^2z)$,$Q=y(1-x^2z)$,$R=z(1-x^2z)$.由高斯公式(4.44)可得

$$\text{原式}=\iiint_\Omega 3dxdydz-\iint_{\Sigma_1}x(1+x^2z)dydz+y(1-x^2z)dzdx+z(1-x^2z)dxdy$$

$$=3\times\frac{1}{3}\pi\times 1^2\times 1-\iint_{D_{xy}}(1-x^2)dxdy=\pi-\int_0^{2\pi}d\theta\int_0^1(1-r^2\cos^2\theta)rdr=\frac{\pi}{4}.$$

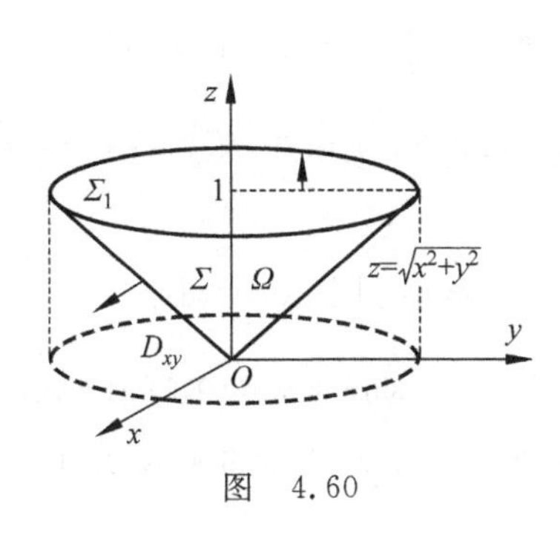

图 4.60

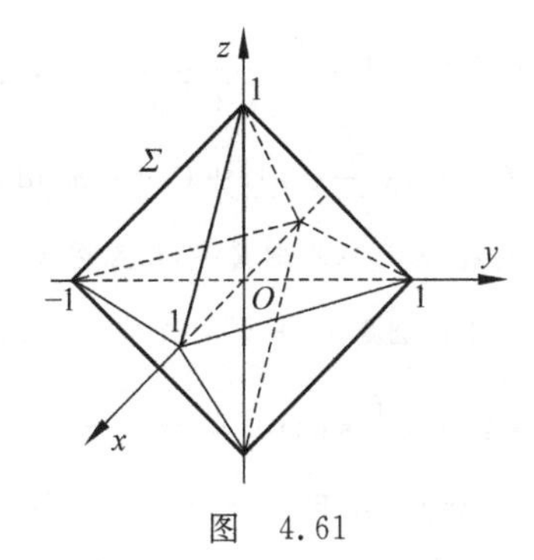

图 4.61

21. 求$\oiint\limits_\Sigma |xyz|dS$,其中$\Sigma$的方程为$|x|+|y|+|z|=1$,如图4.61所示.

分析 根据积分曲面和被积函数的特点,如图4.61所示,利用对称性进行求解.

解 由对称性可知

$$\oiint_\Sigma |xyz|dS=8\iint_{\Sigma_1}xyzdS,$$

其中Σ_1为平面$x+y+z=1$在第Ⅰ卦限部分.利用对面积的曲面积分计算公式(4.22),有

$$\iint_{\Sigma_1}xyzdS=\iint_D xy(1-x-y)\sqrt{1+z_x^2+z_y^2}dxdy$$

$$=\sqrt{3}\int_0^1dx\int_0^{1-x}xy(1-x-y)dy$$

$$=\sqrt{3}\int_0^1\left[\frac{x}{2}(1-x)^3-\frac{x}{3}(1-x)^3\right]dx$$

$$=\sqrt{3}\int_0^1\frac{x}{6}(1-x)^3dx=\frac{\sqrt{3}}{120}.$$

于是

$$\iint_\Sigma |xyz|dS=8\times\frac{\sqrt{3}}{120}=\frac{\sqrt{3}}{15}.$$

22. 把$\iint\limits_{\Sigma}P(x,y,z)\mathrm{d}y\mathrm{d}z+Q(x,y,z)\mathrm{d}z\mathrm{d}x+R(x,y,z)\mathrm{d}x\mathrm{d}y$化为对面积的曲面积分，其中$\Sigma$为上半球面$z=\sqrt{r^2-x^2-y^2}$的上侧.

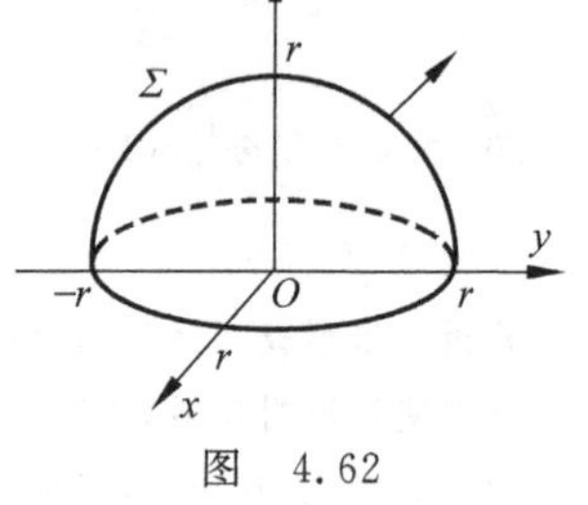

图 4.62

分析 先求出曲面Σ的方向余弦，然后利用两类曲面积分之间的关系.

解 因为曲面Σ: $z=\sqrt{r^2-x^2-y^2}$的方向取为上侧，如图 4.62 所示，不难求得其方向余弦为

$$\cos\alpha=\frac{x}{r},\cos\beta=\frac{y}{r},\cos\gamma=\frac{\sqrt{r^2-x^2-y^2}}{r}.$$

根据两类曲面积分之间的关系公式(4.43)，有

$$\iint\limits_{\Sigma}P(x,y,z)\mathrm{d}y\mathrm{d}z+Q(x,y,z)\mathrm{d}z\mathrm{d}x+R(x,y,z)\mathrm{d}x\mathrm{d}y=\iint\limits_{\Sigma}\frac{1}{r}[xP+yQ+\sqrt{r^2-x^2-y^2}R]\mathrm{d}S.$$

自测题 4

1. 计算曲线积分$I=\int_L\frac{x\mathrm{d}x+y\mathrm{d}y}{\sqrt{1+x^2+y^2}}$，其中$L$是椭圆周$\frac{x^2}{a^2}+\frac{y^2}{b^2}=1$的上半部分，沿逆时针方向.

2. 计算$I=\oint_L(y^2-z^2)\mathrm{d}x+(2z^2-x^2)\mathrm{d}y+(3x^2-y^2)\mathrm{d}z$，其中$L$是平面$x+y+z=2$与柱面$|x|+|y|=1$的交线，从$z$轴正向看去，$L$为逆时针方向.

3. 设L为正向圆周$x^2+y^2=2$在第一象限中的部分，求曲线积分$\int_L x\mathrm{d}y-2y\mathrm{d}x$.

4. 计算曲线积分$\int_L\sin2x\mathrm{d}x+2(x^2-1)y\mathrm{d}y$，其中$L$是曲线$y=\sin x$上从点$(0,0)$到点$(\pi,0)$的一段.

5. 设函数$\varphi(y)$具有连续导数，在围绕原点的任意分段光滑简单闭曲线L上，曲线积分$\oint_L\frac{\varphi(y)\mathrm{d}x+2xy\mathrm{d}y}{2x^2+y^4}$的值恒为同一常数.

(1) 证明：对右半平面$x>0$内的任意分段光滑简单闭曲线C，有$\oint_L\frac{\varphi(y)\mathrm{d}x+2xy\mathrm{d}y}{2x^2+y^4}=0$;

(2) 求函数$\varphi(y)$的表达式.

6. 设Ω是由锥面$z=\sqrt{x^2+y^2}$与球面$z=\sqrt{R^2-x^2-y^2}$围成的空间区域，Σ是Ω的整个边界的外侧，求$\iint\limits_{\Sigma}x\mathrm{d}y\mathrm{d}z+y\mathrm{d}z\mathrm{d}x+z\mathrm{d}x\mathrm{d}y$的值.

7. 设Σ是锥面$z=\sqrt{x^2+y^2}(0\leqslant z\leqslant1)$的下侧，求$\iint\limits_{\Sigma}x\mathrm{d}y\mathrm{d}z+2y\mathrm{d}z\mathrm{d}x+3(z-1)\mathrm{d}x\mathrm{d}y$.

8. 设对于半空间$x>0$内任意的光滑有向封闭曲面Σ，都有

$$\oiint\limits_{\Sigma}xf(x)\mathrm{d}y\mathrm{d}z-xyf(x)\mathrm{d}z\mathrm{d}x-\mathrm{e}^{2x}z\mathrm{d}x\mathrm{d}y=0,$$

其中函数$f(x)$在$(0,+\infty)$内具有连续的一阶导数，且$\lim\limits_{x\to0^+}f(x)=1$，求$f(x)$.

9. 设有封闭曲面Σ: $|x|+|y|+|z|=1$，求$\oiint\limits_{\Sigma}(x+|y|)\mathrm{d}S$的值.

10. 计算$I=\iint\limits_{\Sigma}xz\mathrm{d}y\mathrm{d}z+2zy\mathrm{d}z\mathrm{d}x+3xy\mathrm{d}x\mathrm{d}y$，其中$\Sigma$为曲面$z=1-x^2-\frac{y^2}{4}(0\leqslant z\leqslant1)$的上侧.

第 5 章

无穷级数

一、基本要求

1. 理解无穷级数及其部分和、收敛等概念；
2. 熟练掌握正项级数的比较、比值、极值判别法，会判断正项级数的敛散性；
3. 熟练掌握莱布尼茨定理，会判断交错级数的敛散性；
4. 熟练掌握级数的绝对收敛与条件收敛；
5. 会求幂级数的收敛半径、收敛域及和函数；
6. 会将简单的初等函数展开成幂级数；
7. 会将函数展开成傅里叶级数.

二、知识网络图

- 无穷级数
  - 常数项级数
    - 定义 5.1 和定义 5.2
    - 调和级数(例 5.2)、几何级数(例 5.3)、p-级数(例 5.5)
    - 性质 1～性质 5
    - 正项级数(定义 5.3)
    - 收敛性的判别法：定理 5.1、定理 5.2(比较法)、定理 5.3(比值法)、定理 5.4(根值法)
    - 交错级数
      - 定义 5.4
      - 收敛性判别法：定理 5.5(莱布尼茨判别法)
    - 任意项级数的条件收敛和绝对收敛
      - 定义 5.5
      - 判别法(定理 5.6)
  - 函数项级数
    - 定义 5.6 和定义 5.7
    - 幂级数
      - 定义 5.8
      - 收敛性定理 5.7(阿贝尔定理)及其推论
      - 幂级数收敛半径(定理 5.8、定理 5.9)
      - 幂级数的运算
      - 幂级数的和函数(定理 5.10～定理 5.12)
    - 幂级数展开定理(定理 5.13)
    - 泰勒级数(定义 5.9)及其展开定理(定理 5.14)
    - 函数的幂级数展开(直接法、间接法)
    - 三角级数(定义 5.10)
    - 傅里叶级数
      - 定义 5.11
      - 定理 5.15(狄利克雷收敛定理)
      - 以 2π 为周期 / 以 $2l$ 为周期：函数展开成傅里叶级数
      - 非周期函数展开成
        - 傅里叶级数(周期延拓)
        - 正弦级数和余弦级数(奇、偶延拓)

5.1 常数项级数(Ⅰ)——基本概念与性质

一、知识要点

1. 常数项级数的基本概念

定义 5.1 给定数列 $u_1,u_2,\cdots,u_n,\cdots$,称如下的表达式

$$\sum_{n=1}^{\infty}u_n=u_1+u_2+\cdots+u_n+\cdots \tag{5.1}$$

为**常数项无穷级数**,简称为**常数项级数**,其中 u_n 称为该级数的**通项**或**一般项**.进一步地,级数(5.1)中前 n 项的和

$$s_n=u_1+u_2+\cdots+u_n=\sum_{k=1}^{n}u_k$$

称为级数(5.1)的**部分和**,$\{s_n\}$称为级数的**部分和数列**.

定义 5.2 如果级数(5.1)的部分和数列$\{s_n\}$的极限(记作 s)存在,即$\lim\limits_{n\to\infty}s_n=s$,则称该级数**收敛**,并称极限值 s 为**级数的和**,即

$$s=\sum_{n=1}^{\infty}u_n=u_1+u_2+\cdots+u_n+\cdots.$$

这时也称级数(5.1)收敛于 s.若部分和数列$\{s_n\}$的极限不存在,则称级数(5.1)**发散**.

当级数$\sum\limits_{n=1}^{\infty}u_n$ 收敛时,其和 s 与部分和 s_n 的差称为级数的**余项**,记作 r_n,即

$$r_n=s-s_n=u_{n+1}+u_{n+2}+\cdots.$$

它表示用 s_n 近似代替 s 产生的误差,并且有

$$\lim_{n\to\infty}r_n=\lim_{n\to\infty}(s-s_n)=0.$$

调和级数:$\sum\limits_{n=1}^{\infty}\dfrac{1}{n}=1+\dfrac{1}{2}+\dfrac{1}{3}+\cdots+\dfrac{1}{n}+\cdots$,该级数是发散的.

等比级数(几何级数):$\sum\limits_{n=0}^{\infty}q^n=1+q+q^2+\cdots+q^{n-1}+\cdots$,其中 q 称为公比.当 $|q|<1$ 时,此级数收敛于和 $s=\dfrac{1}{1-q}$;当 $|q|\geqslant 1$ 时,此级数发散.

2. 收敛级数的基本性质

性质 1 设 k 为非零常数,则级数$\sum\limits_{n=1}^{\infty}u_n$ 与$\sum\limits_{n=1}^{\infty}ku_n$ 具有相同的敛散性,即同时收敛或同时发散,并且当级数$\sum\limits_{n=1}^{\infty}u_n$ 收敛时,有$\sum\limits_{n=1}^{\infty}ku_n=k\sum\limits_{n=1}^{\infty}u_n$.

性质 2 若级数$\sum\limits_{n=1}^{\infty}u_n$ 与$\sum\limits_{n=1}^{\infty}v_n$ 都收敛,则级数$\sum\limits_{n=1}^{\infty}(u_n\pm v_n)$ 也收敛,并且有

$$\sum_{n=1}^{\infty}(u_n\pm v_n)=\sum_{n=1}^{\infty}u_n\pm\sum_{n=1}^{\infty}v_n. \tag{5.2}$$

由性质 1 和性质 2 知：若级数 $\sum_{n=1}^{\infty} u_n$ 与 $\sum_{n=1}^{\infty} v_n$ 收敛，则对任意常数 $a,b \in \mathbf{R}$，级数 $\sum_{n=1}^{\infty}(au_n + bv_n)$ 也收敛，并且有

$$\sum_{n=1}^{\infty}(au_n + bv_n) = a\sum_{n=1}^{\infty} u_n + b\sum_{n=1}^{\infty} v_n. \tag{5.3}$$

性质 3　级数去掉、增加或改变有限项，不改变级数的敛散性.

性质 4　收敛级数加括号后所成的新级数仍收敛，且其和不变. 反之不然.

性质 5(级数收敛的必要条件)　如果级数 $\sum_{n=1}^{\infty} u_n$ 收敛，则 $\lim\limits_{n\to\infty} u_n = 0$.

二、疑难解析

1. 常数项级数与部分和数列的关系是什么?若常数项级数 $\sum_{n=1}^{\infty} u_n$ 收敛，则其一般项 u_n 的极限(即 $\lim\limits_{n\to\infty} u_n$)是否存在?

答　常数项级数与部分和数列只是形式上不同，并没有本质上的差别. 这是因为：由常数项级数的定义可知，$s_1 = u_1$，$s_2 = u_1 + u_2$，$s_3 = u_1 + u_2 + u_3$，…，即级数的部分和 s_n 构成了部分和数列$\{s_n\}$. 反之，若给定了一个数列$\{a_n\}$，令

$$u_1 = a_1, u_2 = a_2 - a_1, u_3 = a_3 - a_2, \cdots, u_k = a_k - a_{k-1}, \cdots$$

于是有

$$u_1 + u_2 + \cdots + u_n = a_1 + (a_2 - a_1) + \cdots + (a_n - a_{n-1}) = a_n,$$

即 a_n 恰好是级数 $\sum_{n=1}^{\infty} u_n$ 的前 n 项的和.

此外，若常数项级数部分和数列$\{s_n\}$的极限(记作 s)存在，即 $\lim\limits_{n\to\infty} s_n = s$，则该级数收敛，并且极限值 s 为级数的和；否则该级数发散.

由级数收敛的必要条件(性质 5)知，若常数项级数 $\sum_{n=1}^{\infty} u_n$ 收敛，则必有 $\lim\limits_{n\to\infty} u_n = 0$.

2. 级数收敛的必要条件在判定级数的敛散性时的作用是什么?若 $\lim\limits_{n\to\infty} u_n = +\infty$，级数 $\sum_{n=1}^{\infty}\left(\frac{1}{u_n} - \frac{1}{u_{n+1}}\right)$ 是否收敛?说明理由.

答　(1) 由级数收敛的必要条件的逆否命题知，若 $\lim\limits_{n\to\infty} u_n \neq 0$，直接可判断出 $\sum_{n=1}^{\infty} u_n$ 发散.

(2) 因为该级数的前 n 项和为

$$s_n = \left(\frac{1}{u_1} - \frac{1}{u_2}\right) + \left(\frac{1}{u_2} - \frac{1}{u_3}\right) + \cdots + \left(\frac{1}{u_n} - \frac{1}{u_{n+1}}\right) = \frac{1}{u_1} - \frac{1}{u_{n+1}}.$$

由于 $\lim\limits_{n\to\infty} u_n = +\infty$，所以 $\lim\limits_{n\to\infty}\frac{1}{u_n} = 0$. 于是有 $\lim\limits_{n\to\infty} s_n = \frac{1}{u_1}$，即级数 $\sum_{n=1}^{\infty}\left(\frac{1}{u_n} - \frac{1}{u_{n+1}}\right)$ 收敛.

3. 判断下列命题是否正确，并说明理由.

(1) 若级数 $\sum_{n=1}^{\infty} u_n$ 与 $\sum_{n=1}^{\infty} v_n$ 都发散，则级数 $\sum_{n=1}^{\infty}(u_n \pm v_n)$ 必发散；

(2) 若级数$\sum_{n=1}^{\infty}u_n(u_n\neq 0)$收敛，则级数$\sum_{n=1}^{\infty}\frac{a}{u_n}$（$a$为非零常数）发散；

(3) 若$\sum_{n=1}^{\infty}u_n$，$\sum_{n=1}^{\infty}v_n$都发散，则级数$\sum_{n=1}^{\infty}\frac{u_n}{v_n}$一定发散.

答 (1) 错误. 例如级数$\sum_{n=1}^{\infty}1$与$\sum_{n=1}^{\infty}(-1)$都发散，但$\sum_{n=1}^{\infty}[1+(-1)]=0$收敛.

(2) 正确. 因为级数$\sum_{n=1}^{\infty}u_n$收敛，由级数收敛的必要条件，有$\lim\limits_{n\to\infty}u_n=0$，从而$\lim\limits_{n\to\infty}\frac{a}{u_n}=\infty$，故级数$\sum_{n=1}^{\infty}\frac{a}{u_n}$发散.

(3) 错误. 例如，级数$\sum_{n=1}^{\infty}2^n$与$\sum_{n=1}^{\infty}3^n$发散，但$\sum_{n=1}^{\infty}\frac{2^n}{3^n}$收敛.

4. 尝试将反常积分$\int_1^{+\infty}f(x)\mathrm{d}x$表示为常数项级数$\sum_{n=1}^{\infty}u_n$的形式？

答 根据积分区间的可加性，有

$$\int_1^{+\infty}f(x)\mathrm{d}x=\int_1^2 f(x)\mathrm{d}x+\int_2^3 f(x)\mathrm{d}x+\cdots+\int_n^{n+1}f(x)\mathrm{d}x+\cdots=\sum_{n=1}^{\infty}\int_n^{n+1}f(x)\mathrm{d}x.$$

三、经典题型详解

题型1 利用级数的定义及其性质判别级数的敛散性

例5.1 判别下列级数的敛散性，并求出收敛级数的和：

(1) $\sum_{n=1}^{\infty}\frac{1}{(2n-1)(2n+1)}$； (2) $\sum_{n=1}^{\infty}\left(\frac{4}{5}\right)^{n-1}$； (3) $\sum_{n=1}^{\infty}\frac{1}{2n-1}$；

(4) $1+4+\frac{1}{2}+\sum_{n=1}^{\infty}\frac{4}{3^n}$； (5) $\sum_{n=1}^{\infty}(\sqrt{n+2}-2\sqrt{n+1}+\sqrt{n})$；

(6) $\left(\frac{1}{2}+\frac{1}{10}\right)+\left(\frac{1}{2^2}+\frac{1}{2\times 10}\right)+\cdots+\left(\frac{1}{2^n}+\frac{1}{10n}\right)+\cdots$.

分析 根据问题的特点，找出其一般项；然后利用收敛级数的定义和性质，以及等比级数和调和级数判断级数的敛散性. 特别地，(1) 先将一般项拆项，再求部分和；(2)利用等比级数判断；(3)利用证明调和级数发散的方法；(4)利用收敛级数的性质3和等比级数的敛散性判断；(5)利用部分和的极限判断；(6)分成2个级数判断.

解 (1) 易见，级数$\sum_{n=1}^{\infty}\frac{1}{(2n-1)(2n+1)}$的前$n$项和为

$$\begin{aligned}s_n&=\frac{1}{1\times 3}+\frac{1}{3\times 5}+\cdots+\frac{1}{(2n-1)(2n+1)}\\&=\frac{1}{2}\left(1-\frac{1}{3}\right)+\frac{1}{2}\left(\frac{1}{3}-\frac{1}{5}\right)+\cdots+\frac{1}{2}\left(\frac{1}{2n-1}-\frac{1}{2n+1}\right)=\frac{1}{2}\left(1-\frac{1}{2n+1}\right).\end{aligned}$$

且$\lim\limits_{n\to\infty}s_n=\frac{1}{2}\lim\limits_{n\to\infty}\left(1-\frac{1}{2n+1}\right)=\frac{1}{2}$，所以此级数收敛，且和为$\frac{1}{2}$.

(2) 易见，等比级数$\sum_{n=1}^{\infty}\left(\frac{4}{5}\right)^{n-1}$的公比为$\frac{4}{5}$. 由于$\left|\frac{4}{5}\right|<1$，所以该级数收敛. 由等比级

数的求和公式可得$\lim\limits_{n\to\infty}s_n=\lim\limits_{n\to\infty}\dfrac{1-(4/5)^n}{1-(4/5)}=5$,因此级数的和为 5.

(3) 假设级数$\sum\limits_{n=1}^{\infty}\dfrac{1}{2n-1}$收敛到$s$,则有$\lim\limits_{n\to\infty}s_n=s$,$\lim\limits_{n\to\infty}s_{2n}=s$以及$\lim\limits_{n\to\infty}(s_{2n}-s_n)=0$. 然而,$s_{2n}-s_n=\dfrac{1}{2n+1}+\dfrac{1}{2n+3}+\cdots+\dfrac{1}{4n-1}\geqslant\underbrace{\dfrac{1}{4n}+\dfrac{1}{4n}+\cdots+\dfrac{1}{4n}}_{n}=\dfrac{1}{4}$,与$\lim\limits_{n\to\infty}(s_{2n}-s_n)=0$矛盾,从而级数发散.

(4) 由于级数$\sum\limits_{n=1}^{\infty}\dfrac{4}{3^n}=4\sum\limits_{n=1}^{\infty}\dfrac{1}{3^n}$收敛,根据收敛级数的性质 3 知,收敛级数增加有限项不改变敛散性,所以原级数收敛.

(5) 易见,级数的一般项为

$$u_n=(\sqrt{n+2}-\sqrt{n+1})-(\sqrt{n+1}-\sqrt{n})=\frac{1}{\sqrt{n+2}+\sqrt{n+1}}-\frac{1}{\sqrt{n+1}+\sqrt{n}}.$$

从而有$s_n=\dfrac{1}{\sqrt{n+2}+\sqrt{n+1}}-\dfrac{1}{\sqrt{2}+1}$. 由于$\lim\limits_{n\to\infty}s_n=1-\sqrt{2}$,故原级数收敛.

(6) 易见,$\sum\limits_{n=1}^{\infty}\left(\dfrac{1}{2^n}+\dfrac{1}{10n}\right)=\sum\limits_{n=1}^{\infty}\dfrac{1}{2^n}+\dfrac{1}{10}\sum\limits_{n=1}^{\infty}\dfrac{1}{n}$. 因为级数$\sum\limits_{n=1}^{\infty}\dfrac{1}{2^n}$收敛,而级数$\sum\limits_{n=1}^{\infty}\dfrac{1}{n}$发散,所以级数$\sum\limits_{n=1}^{\infty}\left(\dfrac{1}{2^n}+\dfrac{1}{10n}\right)$发散.

例 5.2 若级数$\sum\limits_{n=1}^{\infty}u_n$收敛,级数$\sum\limits_{n=2}^{\infty}\dfrac{u_n+u_{n-1}}{2}$是否收敛?说明理由.

分析 利用收敛级数的性质 1 判断.

解 因为级数$\sum\limits_{n=1}^{\infty}u_n$收敛,所以级数$\sum\limits_{n=2}^{\infty}u_{n-1}$与$\sum\limits_{n=2}^{\infty}u_n$均收敛. 根据收敛级数的性质 1,进而级数$\sum\limits_{n=2}^{\infty}\dfrac{u_n+u_{n-1}}{2}$也收敛.

四、课后习题选解(习题 5.1)

A 类题

1. 写出下列级数的一般项,并判别下列级数的敛散性(利用无穷级数的性质,以及等比级数和调和级数的敛散性):

(1) $\dfrac{1}{2}+\dfrac{1}{5}+\dfrac{1}{8}+\dfrac{1}{11}+\cdots$;

(2) $\dfrac{a^2}{2}-\dfrac{a^3}{4}+\dfrac{a^4}{6}-\dfrac{a^5}{8}+\cdots(a>1)$;

(3) $\dfrac{1}{4}+\dfrac{1}{8}+\dfrac{1}{12}+\dfrac{1}{16}+\cdots$;

(4) $\dfrac{1}{7}+\dfrac{1}{\sqrt{7}}+\dfrac{1}{\sqrt[3]{7}}+\dfrac{1}{\sqrt[4]{7}}+\cdots$;

(5) $\sin\dfrac{\pi}{3}+\sin\dfrac{2\pi}{3}+\sin\dfrac{3\pi}{3}+\sin\dfrac{4\pi}{3}+\cdots$;

(6) $\left(\dfrac{1}{5}-\dfrac{1}{6}\right)+\left(\dfrac{1}{5^2}+\dfrac{1}{6^2}\right)+\left(\dfrac{1}{5^3}-\dfrac{1}{6^3}\right)+\left(\dfrac{1}{5^4}+\dfrac{1}{6^4}\right)+\cdots$.

分析 参考经典题型详解中例 5.1.

解 (1) 级数的一般项为 $u_n=\frac{1}{3n-1}$；利用证明调和级数发散的方法，不难证明级数 $\sum_{n=1}^{\infty}\frac{1}{3n-1}$ 是发散的.

(2) 级数的一般项为 $u_n=(-1)^{n+1}\frac{a^{n+1}}{2n}$；由于当 $a>1$ 时，$\lim_{n\to\infty}|u_n|=+\infty$，所以级数 $\sum_{n=1}^{\infty}(-1)^{n+1}\frac{a^{n+1}}{2n}$ 发散.

(3) 级数的一般项为 $u_n=\frac{1}{4n}$；易见，原级数为 $\sum_{n=1}^{\infty}\frac{1}{4n}=\frac{1}{4}\sum_{n=1}^{\infty}\frac{1}{n}$. 由于调和级数 $\sum_{n=1}^{\infty}\frac{1}{n}$ 发散，所以原级数发散.

(4) 级数的一般项为 $u_n=\frac{1}{\sqrt[n]{7}}$；因为 $\lim_{n\to\infty}u_n=\lim_{n\to\infty}\frac{1}{\sqrt[n]{7}}=1\neq 0$，由级数收敛的必要条件知，级数 $\sum_{n=1}^{\infty}\frac{1}{\sqrt[n]{7}}$ 发散.

(5) 级数的一般项为 $u_n=\sin\frac{n\pi}{3}$；由于 $\lim_{n\to\infty}\sin\frac{n\pi}{3}$ 不存在，故级数 $\sum_{n=1}^{\infty}\sin\frac{n\pi}{3}$ 发散.

(6) 级数的一般项为 $u_n=\frac{1}{5^n}+\left(-\frac{1}{6}\right)^n$；由等比级数 $\sum_{n=1}^{\infty}q^n$ 的收敛条件 $|q|<1$ 知，级数 $\sum_{n=1}^{\infty}\frac{1}{5^n}$ 收敛 $\left(公比为\frac{1}{5}\right)$ 和级数 $\sum_{n=1}^{\infty}\left(-\frac{1}{6}\right)^n$ $\left(公比为-\frac{1}{6}\right)$ 收敛. 根据收敛级数的性质 2，级数 $\sum_{n=1}^{\infty}\left[\frac{1}{5^n}+\left(-\frac{1}{6}\right)^n\right]$ 收敛.

2. 判别下列常数项级数的敛散性，并求出收敛级数的和：

(1) $\sum_{n=1}^{\infty}\frac{1}{n(n+2)}$； (2) $\sum_{n=1}^{\infty}\frac{1}{(5n-4)(5n+1)}$； (3) $\sum_{n=1}^{\infty}(n+1)$；

(4) $\sum_{n=1}^{\infty}(\sqrt{n+1}-\sqrt{n})$； (5) $\sum_{n=1}^{\infty}\left(\frac{3}{2}\right)^n$； (6) $\sum_{n=1}^{\infty}(-1)^{n+1}\frac{7^n}{8^n}$.

分析 参考经典题型详解中例 5.1.

解 (1) 由于 $u_n=\frac{1}{n(n+2)}=\frac{1}{2}\left(\frac{1}{n}-\frac{1}{n+2}\right)$，因此

$$s_n=\frac{1}{2}\left[\left(1-\frac{1}{3}\right)+\left(\frac{1}{2}-\frac{1}{4}\right)+\left(\frac{1}{3}-\frac{1}{5}\right)+\cdots+\left(\frac{1}{n}-\frac{1}{n+2}\right)\right]=\frac{1}{2}\left(1+\frac{1}{2}-\frac{1}{n+1}-\frac{1}{n+2}\right).$$

从而有

$$\lim_{n\to\infty}s_n=\frac{1}{2}\lim_{n\to\infty}\left(1+\frac{1}{2}-\frac{1}{n+1}-\frac{1}{n+2}\right)=\frac{3}{4}.$$

故此级数收敛，且和为 $\frac{3}{4}$.

(2) 易见，级数 $\sum_{n=1}^{\infty}\frac{1}{(5n-4)(5n+1)}$ 的前 n 项和为

$$\begin{aligned}s_n&=\frac{1}{1\times 6}+\frac{1}{6\times 11}+\cdots+\frac{1}{(5n-4)(5n+1)}\\&=\frac{1}{5}\left(1-\frac{1}{6}\right)+\frac{1}{5}\left(\frac{1}{6}-\frac{1}{11}\right)+\cdots+\frac{1}{5}\left(\frac{1}{5n-4}-\frac{1}{5n+1}\right)=\frac{1}{5}\left(1-\frac{1}{5n+1}\right).\end{aligned}$$

且 $\lim_{n\to\infty}s_n=\frac{1}{5}\lim_{n\to\infty}\left(1-\frac{1}{5n+1}\right)=\frac{1}{5}$，所以此级数收敛，且和为 $\frac{1}{5}$.

(3) $\lim_{n\to\infty}u_n=\lim_{n\to\infty}(n+1)=\infty\neq 0$，由级数收敛的必要条件知，级数发散.

(4) 易见，$s_n=(\sqrt{2}-\sqrt{1})+(\sqrt{3}-\sqrt{2})+\cdots+(\sqrt{n+1}-\sqrt{n})=\sqrt{n+1}-1$. 由于 $\lim_{n\to\infty}s_n=+\infty$，根据级数收敛的定义，级数 $\sum_{n=1}^{\infty}(\sqrt{n+1}-\sqrt{n})$ 发散.

(5) 易见，级数 $\sum_{n=1}^{\infty}\left(\frac{3}{2}\right)^n$ 是公比为 $\frac{3}{2}$ 的等比级数. 由于 $\left|\frac{3}{2}\right|>1$，所以级数发散.

(6) 易见，等比级数$\sum\limits_{n=1}^{\infty}(-1)^{n+1}\frac{7^n}{8^n}$的公比为$-\frac{7}{8}$. 由于$\left|-\frac{7}{8}\right|<1$，所以该级数收敛. 由等比级数的求和公式可得$\lim\limits_{n\to\infty}s_n=\frac{7}{8}\lim\limits_{n\to\infty}\frac{1-(-1)^{n+2}(7/8)^n}{1-(-7/8)}=\frac{7}{15}$，因此级数的和为$\frac{7}{15}$.

3. 证明：级数$\sum\limits_{i=1}^{\infty}(u_{i+1}-u_i)=(u_2-u_1)+(u_3-u_2)+(u_4-u_3)+\cdots$当且仅当$\lim\limits_{n\to\infty}u_n$存在时收敛.

分析 利用部分和数列的特点证明.

证 设级数的前n项之和为s_n，则

$$s_n=(u_2-u_1)+(u_3-u_2)+\cdots+(u_{n+1}-u_n)=u_{n+1}-u_1$$

于是$\lim\limits_{n\to\infty}s_n$存在当且仅当$\lim\limits_{n\to\infty}u_n$存在. 故级数收敛$\sum\limits_{i=1}^{\infty}(u_{i+1}-u_i)$收敛当且仅当$\lim\limits_{n\to\infty}u_n$存在.

4. 求级数$\sum\limits_{n=1}^{\infty}\left(\frac{1}{2^n}+\frac{3}{n(n+1)}\right)$的和.

分析 该级数是两个级数的和，其中第一个级数是等比级数；第二个可以进行拆项求和.

解 易见，第一个级数是等比级数，根据等比级数的结论，知$\sum\limits_{n=1}^{\infty}\frac{1}{2^n}=\frac{1}{2}\frac{1}{1-\frac{1}{2}}=1$；第二个级数为$\sum\limits_{n=1}^{\infty}\frac{1}{n(n+1)}=\sum\limits_{n=1}^{\infty}\left(\frac{1}{n}-\frac{1}{n+1}\right)=1$. 所以有

$$\sum_{n=1}^{\infty}\left(\frac{1}{2^n}+\frac{3}{n(n+1)}\right)=\sum_{n=1}^{\infty}\frac{1}{2^n}+\sum_{n=1}^{\infty}\frac{3}{n(n+1)}=4.$$

B类题

1. 判别下列级数的敛散性：

(1) $\sum\limits_{n=1}^{\infty}\frac{2n-1}{2^n}$； (2) $\sum\limits_{n=1}^{\infty}\frac{1}{n(n+1)(n+2)}$； (3) $\sum\limits_{n=1}^{\infty}\frac{3n^n}{(1+n)^n}$.

分析 参考经典题型详解中例5.1. 根据各小题不同的特点进行判断. (1)分成2个级数判断；(2)拆项计算；(3)利用级数收敛的必要条件判断.

解 (1) 易见，$\sum\limits_{n=1}^{\infty}\frac{2n-1}{2^n}=2\sum\limits_{n=1}^{\infty}\frac{n}{2^n}-\sum\limits_{n=1}^{\infty}\frac{1}{2^n}$，$\sum\limits_{n=1}^{\infty}\frac{2n}{2^n}=2\sum\limits_{n=1}^{\infty}\frac{n}{2^n}$. 令$s_n=\sum\limits_{n=1}^{\infty}\frac{n}{2^n}$，则有

$$s_n=\frac{1}{2}+\frac{2}{2^2}+\frac{3}{2^3}+\cdots+\frac{n}{2^n}+\cdots;\frac{1}{2}s_n=\frac{1}{2^2}+\frac{2}{2^3}+\frac{3}{2^4}+\cdots+\frac{n-1}{2^n}+\cdots,$$

将上面两式相减得

$$\frac{1}{2}s_n=\frac{1}{2}+\frac{1}{2^2}+\frac{1}{2^3}+\cdots+\frac{1}{2^n}+\cdots=1，即\ s_n=2.$$

所以$\sum\limits_{n=1}^{\infty}\frac{2n}{2^n}=2s_n=4$. 不难求得，$\sum\limits_{n=1}^{\infty}\frac{1}{2^n}=1$. 由于$\sum\limits_{n=1}^{\infty}\frac{2n-1}{2^n}=2\sum\limits_{n=1}^{\infty}\frac{n}{2^n}-\sum\limits_{n=1}^{\infty}\frac{1}{2^n}=3$，故原级数收敛.

(2) 将级数的一般项拆项可得

$$\frac{1}{n(n+1)(n+2)}=\frac{1}{2}\left(\frac{1}{n(n+1)}-\frac{1}{(n+1)(n+2)}\right).$$

进一步地

$$\sum_{n=1}^{\infty}\frac{1}{n(n+1)}=\sum_{n=1}^{\infty}\left(\frac{1}{n}-\frac{1}{n+1}\right)=1,\sum_{n=1}^{\infty}\frac{1}{(n+1)(n+2)}=\sum_{n=1}^{\infty}\frac{1}{n(n+1)}-\frac{1}{2}=\frac{1}{2}.$$

于是

$$\sum_{n=1}^{\infty}\frac{1}{n(n+1)(n+2)}=\frac{1}{2}\left(\sum_{n=1}^{\infty}\frac{1}{n(n+1)}-\sum_{n=1}^{\infty}\frac{1}{(n+1)(n+2)}\right)=\frac{1}{2}\left(1-\frac{1}{2}\right)=\frac{1}{4}.$$

故原级数收敛.

(3) 由于$\lim\limits_{n\to\infty}u_n=\lim\limits_{n\to\infty}\dfrac{3}{\left(1+\dfrac{1}{n}\right)^n}=\dfrac{3}{e}\neq 0$,根据级数收敛的必要条件知,级数发散.

5.2 常数项级数(Ⅱ)——正项级数的敛散性

一、知识要点

定义 5.3 如果级数$\sum\limits_{n=1}^{\infty}u_n$各项都是非负的,即$u_n\geqslant 0\ (n=1,2,\cdots)$,则称之为**正项级数**.

定理 5.1 正项级数$\sum\limits_{n=1}^{\infty}u_n$收敛的充要条件是部分和数列$\{s_n\}$有上界.

定理 5.2(比较判别法) 对于正项级数$\sum\limits_{n=1}^{\infty}u_n$与$\sum\limits_{n=1}^{\infty}v_n$,若存在正整数$N$,使当$n>N$时,不等式$u_n\leqslant v_n$成立,则有:

(1) 若级数$\sum\limits_{n=1}^{\infty}v_n$收敛,则级数$\sum\limits_{n=1}^{\infty}u_n$也收敛;

(2) 若级数$\sum\limits_{n=1}^{\infty}u_n$发散,则级数$\sum\limits_{n=1}^{\infty}v_n$也发散.

推论(比较判别法的极限形式) 对于正项级数$\sum\limits_{n=1}^{\infty}u_n$与$\sum\limits_{n=1}^{\infty}v_n(v_n\neq 0)$,若有$\lim\limits_{n\to\infty}\dfrac{u_n}{v_n}=l$,则:

(1) 当$0<l<+\infty$时,$\sum\limits_{n=1}^{\infty}u_n$与$\sum\limits_{n=1}^{\infty}v_n$同时敛散;

(2) 当$l=0$时,若$\sum\limits_{n=1}^{\infty}v_n$收敛,则$\sum\limits_{n=1}^{\infty}u_n$也收敛;

(3) 当$l=+\infty$时,若$\sum\limits_{n=1}^{\infty}v_n$发散,则$\sum\limits_{n=1}^{\infty}u_n$也发散.

重要结论:对于p-级数$\sum\limits_{n=1}^{\infty}\dfrac{1}{n^p}(p>0)$,当$p\leqslant 1$时发散,当$p>1$时收敛.

定理 5.3(比值判别法) 对于正项级数$\sum\limits_{n=1}^{\infty}u_n$,若有$\lim\limits_{n\to\infty}\dfrac{u_{n+1}}{u_n}=\rho$,则:

(1) 当$0\leqslant\rho<1$时,级数收敛;

(2) 当$\rho>1$或$\rho=+\infty$时,级数发散.

定理 5.4(根值判别法) 对于正项级数$\sum\limits_{n=1}^{\infty}u_n$,若有$\lim\limits_{n\to\infty}\sqrt[n]{u_n}=\rho$,则:

(1) 当$0\leqslant\rho<1$时,级数收敛;

(2) 当$\rho>1$或$\rho=+\infty$时,级数发散.

二、疑难解析

1. 正项级数的一般项具备什么特点时,首选比较判别法(比值判别法、根值判别法)判别其敛散性?

答 (1) 一般项 u_n 通过适当的放大或缩小,可化为形如$\frac{1}{n^p}$的形式,常用比较判别法;当一般项含有可等价代换的函数时,常用比较判别法的极限形式.

(2) 当一般项 u_n 含有 n^n,$n!$ 及 a^n 时,常用比值判别法(又称为达朗贝尔判别法).

(3) 一般项 u_n 含有或可化为形如 n 次方的形式,即含有$(f(n))^n$ 的形式,或含有 n^n 及 a^n 的形式时,常用根值判别法(又称为柯西判别法).

注意,比值判别法和根值判别法虽然形式上有所不同,但是结论是一致的. 实际上,当 $\lim\limits_{n\to\infty}\frac{u_{n+1}}{u_n}$ 存在时,可以证明的是$\lim\limits_{n\to\infty}\sqrt[n]{u_n}$ 也存在,并且它们的极限相等. 因此,在判别级数 $\sum\limits_{n=1}^{\infty}u_n$ 的敛散性时,能用比值判别法,就一定可以用根值判别法,但反之则不然.

此外,由比值判别法和根值判别法的结论可见,无论是比值判别法还是根值判别法,当 $\rho=1$ 时,正项级数$\sum\limits_{n=1}^{\infty}u_n$ 可能收敛,也可能发散. 例如 p- 级数$\sum\limits_{n=1}^{\infty}\frac{1}{n^p}$,对于任意 $p>0$,总有

$$\lim_{n\to\infty}\frac{u_{n+1}}{u_n}=\lim_{n\to\infty}\frac{\frac{1}{(n+1)^p}}{\frac{1}{n^p}}=1,\lim_{n\to\infty}\frac{1}{\sqrt[n]{n^p}}=1.$$

但当 $p>1$ 时,p-级数收敛;$p\leqslant1$ 时,p-级数发散. 因此,当 $\rho=1$ 时,不能用比值判别法和根植判别法判别级数的敛散性.

2. 设正项级数$\sum\limits_{n=1}^{\infty}u_n$ 收敛,能否推得$\sum\limits_{n=1}^{\infty}u_n^2$ 收敛?反之是否成立?

答 因为正项级数$\sum\limits_{n=1}^{\infty}u_n$ 收敛,所以它的部分和数列$\{s_n\}$有界,设正项级数$\sum\limits_{n=1}^{\infty}u_n^2$ 的部分和数列为$\{\sigma_n\}$,则 $\sigma_n=u_1^2+u_2^2+\cdots+u_n^2\leqslant(u_1+u_2+\cdots+u_n)^2=s_n^2$. 因此正项级数$\sum\limits_{n=1}^{\infty}u_n^2$ 的部分和数列$\{\sigma_n\}$也有界. 从而正项级数$\sum\limits_{n=1}^{\infty}u_n^2$ 收敛.

反之不一定成立,如级数$\sum\limits_{n=1}^{\infty}\frac{1}{n^2}$ 收敛,而级数$\sum\limits_{n=1}^{\infty}\frac{1}{n}$ 发散.

3. 设$\sum\limits_{n=1}^{\infty}u_n$ 为正项级数,且$\lim\limits_{n\to\infty}(nu_n)=\lambda$($\lambda$ 是非零常数),试判断级数$\sum\limits_{n=1}^{\infty}u_n$ 的敛散性.

答 因为$\lim\limits_{n\to\infty}(nu_n)=\lim\limits_{n\to\infty}\frac{u_n}{\frac{1}{n}}=\lambda\neq0$,由比较判别法的极限形式可知,级数$\sum\limits_{n=1}^{\infty}u_n$ 与 $\sum\limits_{n=1}^{\infty}\frac{1}{n}$ 具有相同的敛散性,因此级数$\sum\limits_{n=1}^{\infty}u_n$ 发散.

三、经典题型详解

题型 1 利用比较、比值及根值判别法判断正项级数的收敛性

例 5.3 判断下列正项级数的收敛性:

(1) $\sum_{n=1}^{\infty}\frac{\sqrt{n+3}-\sqrt{n}}{n}$；　(2) $\sum_{n=1}^{\infty}\ln\left(1+\frac{1}{n}\right)$；　(3) $\sum_{n=1}^{\infty}\left(1-\cos\frac{\pi}{n}\right)$；

(4) $\sum_{n=1}^{\infty}\frac{2\cdot 5\cdots(3n-1)}{1\cdot 5\cdots(4n-3)}$；　(5) $\sum_{n=1}^{\infty}2^n\sin\frac{\pi}{3^n}$；　(6) $\sum_{n=1}^{\infty}\frac{100^n}{n!}$；

(7) $\sum_{n=1}^{\infty}\frac{n^2}{\left(2+\frac{1}{n}\right)^n}$；　(8) $\sum_{n=1}^{\infty}n^n\sin^n\frac{2}{n}$；　(9) $\sum_{n=1}^{\infty}\frac{1}{1+\alpha^n}\quad(\alpha>0)$.

分析 根据级数一般项的特点，选择已有的一些判别法判别.(1)～(3)用比较判别法的极限形式；(4)～(6)用比值判别法；(7)和(8)用根值判别法；(9)根据 α 的取值范围判别.

解 (1) 易见，$\frac{\sqrt{n+3}-\sqrt{n}}{n}=\frac{3}{n(\sqrt{n+3}+\sqrt{n})}$，因为

$$\lim_{n\to\infty}\left(n^{\frac{3}{2}}\frac{\sqrt{n+3}-\sqrt{n}}{n}\right)=\lim_{n\to\infty}\left(n^{\frac{3}{2}}\frac{3}{n(\sqrt{n+3}+\sqrt{n})}\right)=\frac{3}{2},$$

由比较判别法的极限形式知，原级数收敛.

(2) 不难求得，$\lim_{n\to\infty}\frac{\ln\left(1+\frac{1}{n}\right)}{\frac{1}{n}}=\lim_{n\to\infty}\ln\left(1+\frac{1}{n}\right)^n=\ln e=1$. 由于调和级数 $\sum_{n=1}^{\infty}\frac{1}{n}$ 发散，根据比较判别法的极限形式，原级数发散.

(3) 易见，$u_n=1-\cos\frac{\pi}{n}$. 不难求得，$\lim_{n\to\infty}\frac{1-\cos\frac{\pi}{n}}{\frac{1}{n^2}}=\frac{\pi^2}{2}$，而级数 $\sum_{n=1}^{\infty}\frac{1}{n^2}$ 收敛，根据比较判别法的极限形式，原级数收敛.

(4) 易见，$u_n=\frac{2\cdot 5\cdot\cdots\cdot(3n-1)}{1\cdot 5\cdot\cdots\cdot(4n-3)}$. 由于

$$\lim_{n\to\infty}\frac{u_{n+1}}{u_n}=\lim_{n\to\infty}\left[\frac{2\cdot 5\cdot\cdots\cdot(3n-1)(3n+2)}{1\cdot 5\cdot\cdots\cdot(4n-3)(4n+1)}\cdot\frac{1\cdot 5\cdot\cdots\cdot(4n-3)}{2\cdot 5\cdot\cdots\cdot(3n-1)}\right]=\lim_{n\to\infty}\frac{3n+2}{4n+1}=\frac{3}{4}<1,$$

根据比值判别法，原级数收敛.

(5) 因为 $\lim_{n\to\infty}\frac{u_{n+1}}{u_n}=\lim_{n\to\infty}\frac{2^{n+1}\sin\frac{\pi}{3^{n+1}}}{2^n\sin\frac{\pi}{3^n}}=\lim_{n\to\infty}\frac{2\frac{\pi}{3^{n+1}}}{\frac{\pi}{3^n}}=\frac{2}{3}<1$，由比值判别法知，级数收敛.

(6) 因为 $\lim_{n\to\infty}\frac{u_{n+1}}{u_n}=\lim_{n\to\infty}\frac{\frac{100^{n+1}}{(n+1)!}}{\frac{100^n}{n!}}=\lim_{n\to\infty}\frac{100}{n+1}=0$，由比值判别法知，原级数收敛.

(7) 易见，$u_n=\frac{n^2}{\left(2+\frac{1}{n}\right)^n}$. 不难求得，$\lim_{n\to\infty}\sqrt[n]{u_n}=\lim_{n\to\infty}\left[\frac{\sqrt[n]{n^2}}{2+\frac{1}{n}}\right]=\frac{1}{2}<1$，根据根值判别法，原级数收敛.

(8) 易见，$u_n=n^n\sin^n\frac{2}{n}$. 不难求得，$\lim\limits_{n\to\infty}\sqrt[n]{u_n}=\lim\limits_{n\to\infty}\left(n\sin\frac{2}{n}\right)=2>1$，根据根值判别法，原级数发散.

(9) 当 $\alpha>1$ 时，由于$\frac{1}{1+\alpha^n}<\frac{1}{\alpha^n}$，等比级数$\sum\limits_{n=1}^{\infty}\frac{1}{\alpha^n}$收敛，故级数$\sum\limits_{n=1}^{\infty}\frac{1}{1+\alpha^n}$收敛；当 $0<\alpha<1$ 时，由于$\lim\limits_{n\to\infty}\frac{1}{1+\alpha^n}=1\neq 0$，根据级数收敛的必要条件，$\sum\limits_{n=1}^{\infty}\frac{1}{1+\alpha^n}$发散；当 $\alpha=1$ 时，由于$\lim\limits_{n\to\infty}\frac{1}{1+\alpha^n}=\frac{1}{2}\neq 0$，根据级数收敛的必要条件，$\sum\limits_{n=1}^{\infty}\frac{1}{1+\alpha^n}$发散.

题型 2 证明级数的收敛性

例 5.4 设 $a_n\leqslant c_n\leqslant b_n(n=1,2,\cdots)$，且级数$\sum\limits_{n=1}^{\infty}a_n$及$\sum\limits_{n=1}^{\infty}b_n$均收敛，证明：级数$\sum\limits_{n=1}^{\infty}c_n$也收敛.

分析 由于$\sum\limits_{n=1}^{\infty}a_n$，$\sum\limits_{n=1}^{\infty}b_n$和$\sum\limits_{n=1}^{\infty}c_n$没有说明是正项级数，因而不能直接应用本节结论将上述表达式进行变换，需要将现有级数进行转化为正项级数.

证 由 $a_n\leqslant c_n\leqslant b_n$ 可得

$$0\leqslant c_n-a_n\leqslant b_n-a_n(n=1,2,\cdots).$$

由于级数$\sum\limits_{n=1}^{\infty}a_n$与$\sum\limits_{n=1}^{\infty}b_n$都收敛，故正项级数$\sum\limits_{n=1}^{\infty}(b_n-a_n)$收敛. 由比较判别法知，正项级数$\sum\limits_{n=1}^{\infty}(c_n-a_n)$收敛. 进一步地，由于$\sum\limits_{n=1}^{\infty}a_n$与$\sum\limits_{n=1}^{\infty}(c_n-a_n)$收敛，所以$\sum\limits_{n=1}^{\infty}c_n=\sum\limits_{n=1}^{\infty}[a_n+(c_n-a_n)]$也收敛.

例 5.5 设 $a_n=\int_0^{\frac{\pi}{4}}\tan^n x\,\mathrm{d}x$，证明：级数$\sum\limits_{n=1}^{\infty}\frac{a_n}{n^\lambda}(\lambda>0)$收敛.

分析 利用定积分的估值定理将 a_n 放大，然后利用比较判别法证明.

证 由 $a_n=\int_0^{\frac{\pi}{4}}\tan^n x\,\mathrm{d}x<\int_0^{\frac{\pi}{4}}\tan^n x\sec^2 x\,\mathrm{d}x$

$$=\int_0^{\frac{\pi}{4}}\tan^n x\,\mathrm{d}(\tan x)=\frac{1}{n+1}\left(\tan^{n+1}x\Big|_0^{\frac{\pi}{4}}\right)=\frac{1}{n+1}<\frac{1}{n},$$

得 $0<\frac{a_n}{n^\lambda}<\frac{1}{n^{1+\lambda}}$. 因为 $1+\lambda>1$，所以$\sum\limits_{n=1}^{\infty}\frac{1}{n^{1+\lambda}}$收敛，由比较判别法知$\sum\limits_{n=1}^{\infty}\frac{a_n}{n^\lambda}$收敛.

四、课后习题选解(习题 5.2)

A 类题

1. 用比较法或比较法的极限形式，判别下列级数的敛散性：

(1) $1+\frac{1}{3}+\frac{1}{5}+\frac{1}{7}+\cdots$；

(2) $1+\frac{1+2}{1+2^2}+\frac{1+3}{1+3^2}+\cdots$；

(3) $\sum\limits_{n=1}^{\infty}\frac{n+1}{n^2+5n+2}$

(4) $\sum\limits_{n=1}^{\infty}\frac{2n+1}{(n+1)^2(n+2)^2}$；

(5) $\sum\limits_{n=1}^{\infty}\tan\frac{1}{n^2}$.

分析 参考经典题型详解中例5.3.

解 (1) 易见,该级数的一般项为 $u_n=\dfrac{1}{2n-1}$. 由于 $u_n>\dfrac{1}{2n}$,而级数 $\sum\limits_{n=1}^{\infty}\dfrac{1}{2n}=\dfrac{1}{2}\sum\limits_{n=1}^{\infty}\dfrac{1}{n}$ 发散. 根据比较判别法,原级数发散.

(2) 易见,该级数的一般项为 $u_n=\dfrac{1+n}{1+n^2}$. 不难求得,$\lim\limits_{n\to\infty}\dfrac{\frac{1+n}{1+n^2}}{\frac{1}{n}}=1$. 已知级数 $\sum\limits_{n=1}^{\infty}\dfrac{1}{n}$ 发散,根据比较判别法的极限形式,原级数发散.

(3) 不难求得,$\lim\limits_{n\to\infty}\dfrac{\frac{n+1}{n^2+5n+2}}{\frac{1}{n}}=1$. 已知级数 $\sum\limits_{n=1}^{\infty}\dfrac{1}{n}$ 发散,根据比较判别法的极限形式,原级数发散.

(4) 不难求得,$\lim\limits_{n\to\infty}\dfrac{\frac{2n+1}{(n+1)^2(n+2)^2}}{\frac{1}{n^3}}=2$. 由于级数 $\sum\limits_{n=1}^{\infty}\dfrac{1}{n^3}$ 是收敛的,根据比较判别法的极限形式,原级数收敛.

(5) 不难求得,$\lim\limits_{n\to\infty}\dfrac{\tan\frac{1}{n^2}}{\frac{1}{n^2}}=1$. 由于级数 $\sum\limits_{n=1}^{\infty}\dfrac{1}{n^2}$ 收敛,根据比较判别法的极限形式,原级数收敛.

2. 用比值法判别下列级数的敛散性:

(1) $\sum\limits_{n=1}^{\infty}\dfrac{n!}{20^n}$; (2) $\sum\limits_{n=1}^{\infty}\dfrac{n^2}{3^n}$; (3) $\sum\limits_{n=1}^{\infty}\dfrac{2^n n!}{n^n}$; (4) $\sum\limits_{n=1}^{\infty}3^n\tan\dfrac{\pi}{5^n}$.

分析 参考经典题型详解中例5.3.

解 (1) 易见,$u_n=\dfrac{n!}{20^n}$. 由于 $\lim\limits_{n\to\infty}\dfrac{u_{n+1}}{u_n}=\lim\limits_{n\to\infty}\left[\dfrac{(n+1)!}{20^{n+1}}\dfrac{20^n}{n!}\right]=\lim\limits_{n\to\infty}\dfrac{n+1}{20}=+\infty$,根据比值法判别,原级数发散.

(2) 易见,$u_n=\dfrac{n^2}{3^n}$. 由于 $\lim\limits_{n\to\infty}\dfrac{u_{n+1}}{u_n}=\lim\limits_{n\to\infty}\left[\dfrac{(n+1)^2}{3^{n+1}}\dfrac{3^n}{n^2}\right]=\lim\limits_{n\to\infty}\dfrac{(n+1)^2}{3n^2}=\dfrac{1}{3}<1$,根据比值法判别,原级数收敛.

(3) 易见,$u_n=\dfrac{2^n n!}{n^n}$. 由于

$$\lim_{n\to\infty}\frac{u_{n+1}}{u_n}=\lim_{n\to\infty}\left[\frac{2^{n+1}(n+1)!}{(n+1)^{n+1}}\frac{n^n}{2^n n!}\right]=2\lim_{n\to\infty}\left(\frac{n}{n+1}\right)^n=2\lim_{n\to\infty}\left[\left(1+\frac{1}{n}\right)^n\right]^{-1}=\frac{2}{e}<1,$$

根据比值法判别,原级数收敛.

(4) 易见,$u_n=3^n\tan\dfrac{\pi}{5^n}$. 由于 $\lim\limits_{n\to\infty}\dfrac{u_{n+1}}{u_n}=\lim\limits_{n\to\infty}\dfrac{3^{n+1}\tan\frac{\pi}{5^{n+1}}}{3^n\tan\frac{\pi}{5^n}}=\lim\limits_{n\to\infty}\dfrac{3\,\frac{\pi}{5^{n+1}}}{\frac{\pi}{5^n}}=\dfrac{3}{5}<1$,

根据比值法判别,原级数收敛.

3. 用根值法判别下列级数的敛散性:

(1) $\sum\limits_{n=1}^{\infty}\left(\dfrac{2n-1}{n+1}\right)^n$; (2) $\sum\limits_{n=1}^{\infty}\left(\dfrac{n}{5n-1}\right)^{2n-1}$; (3) $\sum\limits_{n=1}^{\infty}\left(1-\dfrac{1}{n}\right)^{n^2}$.

分析 参考经典题型详解中例5.3.

解 (1) 易见,$u_n=\left(\dfrac{2n-1}{n+1}\right)^n$. 由于 $\lim\limits_{n\to\infty}\sqrt[n]{u_n}=\lim\limits_{n\to\infty}\dfrac{2n-1}{n+1}=2>1$,根据根值法判别,原级数发散.

(2) 易见,$u_n=\left(\dfrac{n}{5n-1}\right)^{2n-1}$. 由于 $\lim\limits_{n\to\infty}\sqrt[n]{u_n}=\lim\limits_{n\to\infty}\left(\dfrac{n}{5n-1}\right)^{\frac{2n-1}{n}}=\left(\dfrac{1}{5}\right)^2=\dfrac{1}{25}<1$,根据根值法判别,原级

数收敛.

(3) 易见，$u_n=\left(1-\frac{1}{n}\right)^{n^2}$. 由于$\lim\limits_{n\to\infty}\sqrt[n]{u_n}=\lim\limits_{n\to\infty}\left(1-\frac{1}{n}\right)^n=\frac{1}{e}<1$，根据根值法判别，原级数收敛.

B类题

1. 用适当的方法，判别下列正项级数的敛散性：

(1) $\sum\limits_{n=2}^{\infty}\frac{1}{\ln n}$；　(2) $\sum\limits_{n=1}^{\infty}\frac{1}{na+b}(a>0,b>0)$；　(3) $\sum\limits_{n=1}^{\infty}\frac{n-\sqrt{n}}{2n-1}$；

(4) $\sum\limits_{n=1}^{\infty}\frac{\ln\left(1+\frac{1}{n}\right)}{\sqrt{n}}$；　(5) $\sum\limits_{n=1}^{\infty}n\left(\frac{3}{4}\right)^n$.

分析　参考经典题型详解中例5.3.

解　(1) 易见，$u_n=\frac{1}{\ln n}$. 不难求得，$\lim\limits_{n\to\infty}\frac{\frac{1}{\ln n}}{\frac{1}{n}}=\lim\limits_{n\to\infty}\frac{n}{\ln n}=+\infty$. 已知级数$\sum\limits_{n=1}^{\infty}\frac{1}{n}$发散，根据比较判别法的极限形式，原级数发散.

(2) 易见，$u_n=\frac{1}{na+b}$. 不难求得，$\lim\limits_{n\to\infty}\frac{\frac{1}{na+b}}{\frac{1}{n}}=\frac{1}{a}$. 已知级数$\sum\limits_{n=1}^{\infty}\frac{1}{n}$发散，根据比较判别法的极限形式，原级数发散.

(3) 易见，$u_n=\frac{n-\sqrt{n}}{2n-1}$. 由于$\lim\limits_{n\to\infty}u_n=\lim\limits_{n\to\infty}\frac{n-\sqrt{n}}{2n-1}=\frac{1}{2}\neq 0$，根据级数收敛的必要条件，原级数发散.

(4) 易见，$u_n=\frac{\ln\left(1+\frac{1}{n}\right)}{\sqrt{n}}$. 不难求得，$\lim\limits_{n\to\infty}\frac{\frac{\ln\left(1+\frac{1}{n}\right)}{\sqrt{n}}}{\frac{1}{n^{\frac{3}{2}}}}=\lim\limits_{n\to\infty}\ln\left(1+\frac{1}{n}\right)^n=1$，由于级数$\sum\limits_{n=1}^{\infty}\frac{1}{n^{\frac{3}{2}}}$是收敛的，根据比较判别法的极限形式，原级数收敛.

(5) 易见，$u_n=n\left(\frac{3}{4}\right)^n$. 不难求得，

$$\lim_{n\to\infty}\sqrt[n]{u_n}=\lim_{n\to\infty}\left(\sqrt[n]{n}\,\frac{3}{4}\right)=\frac{3}{4}<1,$$

根据根值判别法，原级数收敛.

2. 若正项级数$\sum\limits_{n=1}^{\infty}u_n$和$\sum\limits_{n=1}^{\infty}v_n$都收敛，证明级数$\sum\limits_{n=1}^{\infty}\sqrt{u_nv_n}$和$\sum\limits_{n=1}^{\infty}u_nv_n$也都收敛.

分析　根据算术平均值和几何平均值的关系，利用比较判别法证明.

证　因为正项级数$\sum\limits_{n=1}^{\infty}u_n$和$\sum\limits_{n=1}^{\infty}v_n$都收敛，则$\sum\limits_{n=1}^{\infty}u_n^2$，$\sum\limits_{n=1}^{\infty}v_n^2$及$\sum\limits_{n=1}^{\infty}(u_n+v_n)$都收敛. 由于

$$\sqrt{u_nv_n}\leqslant\frac{1}{2}(u_n+v_n),\quad u_nv_n\leqslant\frac{1}{2}(u_n^2+v_n^2),$$

故$\sum\limits_{n=1}^{\infty}\sqrt{u_nv_n}$和$\sum\limits_{n=1}^{\infty}u_nv_n$都收敛.

5.3 常数项级数(Ⅲ)——任意项级数的敛散性

一、知识要点

1. 交错级数及其敛散性

定义 5.4 如果在任意项级数$\sum\limits_{n=1}^{\infty}u_n$中，一般项$u_n$的正负号交替出现，这样的任意项级数就称为**交错级数**，一般形式记作$\sum\limits_{n=1}^{\infty}(-1)^{n-1}a_n$，其中$a_n\geqslant 0\ (n=1,2,\cdots)$.

例如，$\sum\limits_{n=1}^{\infty}(-1)^{n-1}\dfrac{1}{n}=1-\dfrac{1}{2}+\dfrac{1}{3}-\dfrac{1}{4}+\cdots$是典型的交错级数.

定理 5.5(莱布尼茨判别法) 若交错级数$\sum\limits_{n=1}^{\infty}(-1)^{n-1}a_n$满足：

(1) $a_n\geqslant a_{n+1}(n=1,2,\cdots)$；(2) $\lim\limits_{n\to\infty}a_n=0$，

则级数$\sum\limits_{n=1}^{\infty}(-1)^{n-1}a_n$收敛，且其和$s\leqslant a_1$.

2. 任意项级数及其敛散性

定理 5.6 如果$\sum\limits_{n=1}^{\infty}|u_n|$收敛，则$\sum\limits_{n=1}^{\infty}u_n$收敛.

注意，当$\sum\limits_{n=1}^{\infty}|u_n|$发散时，一般情况下不能判定级数$\sum\limits_{n=1}^{\infty}u_n$本身也发散. 例如级数$\sum\limits_{n=1}^{\infty}\left|(-1)^{n-1}\dfrac{1}{n}\right|=\sum\limits_{n=1}^{\infty}\dfrac{1}{n}$虽然发散，但$\sum\limits_{n=1}^{\infty}(-1)^{n-1}\dfrac{1}{n}$却是收敛的.

定义 5.5 如果级数$\sum\limits_{n=1}^{\infty}|u_n|$收敛，则称级数$\sum\limits_{n=1}^{\infty}u_n$**绝对收敛**；如果级数$\sum\limits_{n=1}^{\infty}u_n$收敛，但$\sum\limits_{n=1}^{\infty}|u_n|$发散，则称级数$\sum\limits_{n=1}^{\infty}u_n$**条件收敛**.

易见，前面讨论的交错级数$\sum\limits_{n=1}^{\infty}(-1)^{n-1}\dfrac{1}{n}$就是条件收敛的. 此外，定理 5.6 可以叙述为：绝对收敛的级数一定收敛.

在判断任意项级数$\sum\limits_{n=1}^{\infty}u_n$的敛散性时，通常转化为较简单的正项级数$\sum\limits_{n=1}^{\infty}|u_n|$来讨论，一般可按如下步骤进行：

(1) 确定极限$\lim\limits_{n\to\infty}u_n$是否为0，若$\lim\limits_{n\to\infty}u_n\neq 0$，则级数$\sum\limits_{n=1}^{\infty}u_n$发散；

(2) 若$\lim\limits_{n\to\infty}u_n=0$，判别$\sum\limits_{n=1}^{\infty}|u_n|$的敛散性(利用正项级数判别敛散性的方法判断)：

(ⅰ) 若级数$\sum\limits_{n=1}^{\infty}|u_n|$收敛，则级数$\sum\limits_{n=1}^{\infty}u_n$也收敛且为绝对收敛；

(ⅱ)若级数$\sum\limits_{n=1}^{\infty}|u_n|$发散,再判断$\sum\limits_{n=1}^{\infty}u_n$是否收敛.特别地,对于交错级数,可利用莱布尼茨判别法.

二、疑难解析

1. 如果交错级数$\sum\limits_{n=1}^{\infty}(-1)^{n-1}a_n$不满足莱布尼茨判别法的条件,该级数是否一定发散?

答 不一定.因为莱布尼茨判别法只是交错级数收敛的充分而非必要条件.当其中某个条件不满足时,不能说交错级数是发散的.例如,级数$\sum\limits_{n=2}^{\infty}\dfrac{(-1)^{n-1}}{\sqrt{n+(-1)^n}}$不满足莱布尼茨判别法中的条件(1),但它是收敛的.

对于莱布尼茨判别法,在验证a_n的单调性时,有时比较困难,常用以下三种方法验证:(ⅰ)看差值$a_{n+1}-a_n$是否小于0;(ⅱ)看比值$\dfrac{a_{n+1}}{a_n}$是否小于1;(ⅲ)将a_n中的n变成连续变量x得到函数$f(x)$,由$f'(x)$是否小于0判断.

2. 设级数$\sum\limits_{n=1}^{\infty}u_n$收敛,且$\lim\limits_{n\to\infty}\dfrac{v_n}{u_n}=1$,问级数$\sum\limits_{n=1}^{\infty}v_n$是否也收敛?

答 不一定.如果级数$\sum\limits_{n=1}^{\infty}u_n$与$\sum\limits_{n=1}^{\infty}v_n$都是正项级数时,级数$\sum\limits_{n=1}^{\infty}v_n$也收敛;当它们不是正项级数时,级数$\sum\limits_{n=1}^{\infty}v_n$的敛散性不确定.

3. 设级数$\sum\limits_{n=1}^{\infty}u_n$条件收敛,级数$\sum\limits_{n=1}^{\infty}\dfrac{u_n-|u_n|}{2}$是否收敛?

答 因为级数$\sum\limits_{n=1}^{\infty}u_n$条件收敛,所以级数$\sum\limits_{n=1}^{\infty}u_n$收敛,而级数$\sum\limits_{n=1}^{\infty}|u_n|$发散,所以级数$\sum\limits_{n=1}^{\infty}\dfrac{u_n-|u_n|}{2}$发散.

三、经典题型详解

题型1 判断交错级数的收敛性

例5.6 判断下列交错级数的收敛性:

(1) $\sum\limits_{n=1}^{\infty}(-1)^{n-1}\dfrac{\sqrt{n}}{n+1}$; (2) $\sum\limits_{n=1}^{\infty}\sin(\pi\sqrt{n^2+1})$; (3) $\sum\limits_{n=1}^{\infty}(-1)^n\dfrac{n^{n+1}}{(n+1)!}$.

分析 利用莱布尼茨判别法判断.

解 (1) 设$f(x)=\dfrac{\sqrt{x}}{x+1}(x\geqslant 1)$,则$f'(x)=\dfrac{1-x}{2\sqrt{x}(x+1)^2}<0$(当$x>1$时),于是$f(x)$在$x\geqslant 1$时单调递减,故$f(n)\geqslant f(n+1)$,即$a_n\geqslant a_{n+1}$.易见,$\lim\limits_{n\to\infty}a_n=\lim\limits_{n\to\infty}\dfrac{\sqrt{n}}{n+1}=0$.根据莱布尼茨判别法可知,原级数收敛.

(2) 由于

$$\sin(\pi\sqrt{n^2+1})=\sin[\pi(\sqrt{n^2+1}-n)-n\pi]=-\sin[n\pi-\pi(\sqrt{n^2+1}-n)]$$
$$=(-1)^n\sin\pi(\sqrt{n^2+1}-n)=(-1)^n\sin\frac{\pi}{\sqrt{n^2+1}+n}.$$

又因为 $\sin\frac{\pi}{\sqrt{(n+1)^2+1}+(n+1)}<\sin\frac{\pi}{\sqrt{n^2+1}+n}$，且 $\lim\limits_{n\to\infty}\sin\frac{\pi}{\sqrt{n^2+1}+n}=0$，因此由莱布尼茨判别法可知，原级数收敛.

(3) 令 $a_n=\frac{n^{n+1}}{(n+1)!}$. 不难求得

$$\lim_{n\to\infty}\frac{a_{n+1}}{a_n}=\lim_{n\to\infty}\left[\frac{(n+1)^{n+2}}{(n+2)!}\frac{(n+1)!}{n^{n+1}}\right]=\lim_{n\to\infty}\left[\left(\frac{n+1}{n}\right)^n\frac{(n+1)^2}{n(n+2)}\right]$$
$$=\lim_{n\to\infty}\left(1+\frac{1}{n}\right)^n=\mathrm{e}>1,$$

因此，当 n 充分大时，有 $a_{n+1}>a_n$，故 $\lim\limits_{n\to\infty}a_n\neq0$，所以原级数发散.

题型2 判断级数是绝对收敛还是条件收敛

例5.7 判断下列级数的收敛性，若收敛，是绝对收敛还是条件收敛：

(1) $\sum\limits_{n=1}^{\infty}(-1)^n\frac{\sin n\alpha}{\sqrt{n^3+1}}$；(2) $\sum\limits_{n=1}^{\infty}(-1)^n\frac{n!}{2^n}$；(3) $\sum\limits_{n=1}^{\infty}\frac{(-\alpha)^n}{n^s}\ (s>0,\alpha>0)$.

分析 对于交错级数，先对其一般项取绝对值，然后利用正项级数判别其是否绝对收敛；若不是绝对收敛，利用莱布尼茨判别法，判断其是否条件收敛. 当然也可以先判断级数条件收敛；然后判断是否绝对收敛.

解 (1) 易见，$\left|(-1)^n\frac{\sin n\alpha}{\sqrt{n^3+1}}\right|\leqslant\frac{1}{\sqrt{n^3+1}}<\frac{1}{\sqrt{n^3}}$. 由于 $\sum\limits_{n=1}^{\infty}\frac{1}{\sqrt{n^3}}$ 是收敛的 p- 级数，故级数 $\sum\limits_{n=1}^{\infty}(-1)^n\frac{\sin n\alpha}{\sqrt{n^3+1}}$ 绝对收敛，从而该级数收敛.

(2) 因为 $\lim\limits_{n\to\infty}\frac{\left|(-1)^{n+1}\frac{(n+1)!}{2^{n+1}}\right|}{\left|(-1)^n\frac{n!}{2^n}\right|}=\lim\limits_{n\to\infty}\frac{n+1}{2}=+\infty$，所以级数 $\sum\limits_{n=1}^{\infty}(-1)^n\frac{n!}{2^n}$ 发散.

(3) 令 $a_n=\frac{\alpha^n}{n^s}$. 因为 $\lim\limits_{n\to\infty}\frac{a_{n+1}}{a_n}=\lim\limits_{n\to\infty}\left[\alpha\left(\frac{n}{n+1}\right)^s\right]=\alpha$. 根据比值判别法，当 $0<\alpha<1$ 时，级数绝对收敛，所以级数收敛；当 $\alpha>1$ 时，通项不收敛于零，故发散.

当 $\alpha=1$ 时，级数 $\sum\limits_{n=1}^{\infty}(-1)^n\frac{1}{n^s}$ 是交错级数，由 p 级数的收敛性知，此时若 $s>1$，级数绝对收敛，若 $0<s\leqslant1$，级数条件收敛.

题型3 证明题

例5.8 设函数 $f(x)$ 在点 $x=0$ 处的某一领域内具有二阶连续导数，且 $\lim\limits_{x\to0}\frac{f(x)}{x}=0$，证明：级数 $\sum\limits_{n=1}^{\infty}f\left(\frac{1}{n}\right)$ 绝对收敛.

分析 综合利用函数极限的定义和性质、麦克劳林展开式验证.

证 不难验证

$$f(0)=\lim_{x\to 0}f(x)=\lim_{x\to 0}\left[\frac{f(x)}{x}x\right]=0, f'(0)=\lim_{x\to 0}\frac{f(x)-f(0)}{x-0}=\lim_{x\to 0}\frac{f(x)}{x}=0.$$

由函数 $f(x)$在点 $x=0$ 处的麦克劳林展开式,有

$$f(x)=f(0)+f'(0)x+\frac{1}{2!}f''(\theta x)x^2=\frac{1}{2}f''(\theta x)x^2(0<\theta<1).$$

再由 $f''(x)$ 的连续性知,它在点 $x=0$ 处某个邻域内的一个对称闭区间上有界,即必存在 $M>0$,使得 $|f''(x)|\leqslant M$,于是有 $|f(x)|\leqslant\frac{M}{2}x^2$. 令 $x=\frac{1}{n}$,则 n 充分大时,有 $\left|f\left(\frac{1}{n}\right)\right|\leqslant\frac{M}{2}\frac{1}{n^2}$. 因为级数 $\sum_{n=1}^{\infty}\frac{1}{n^2}$ 收敛,所以 $\sum_{n=1}^{\infty}f\left(\frac{1}{n}\right)$绝对收敛.

四、课后习题选解(习题 5.3)

A类题

1. 判别下列交错级数的敛散性:

(1) $\sum_{n=1}^{\infty}(-1)^n\frac{1}{2n+1}$; (2) $\sum_{n=2}^{\infty}(-1)^n\frac{1}{\ln n}$; (3) $\sum_{n=1}^{\infty}(-1)^n\frac{n}{2n+1}$.

分析 利用莱布尼茨判别法判断.

解 (1) 由于 $a_n=\frac{1}{2n+1}>\frac{1}{2(n+1)+1}=a_{n+1}$,而 $\lim_{n\to\infty}a_n=\lim_{n\to\infty}\frac{1}{2n+1}=0$. 由莱布尼茨判别法可知,级数 $\sum_{n=1}^{\infty}(-1)^n\frac{1}{2n+1}$ 收敛.

(2) 由于 $a_n=\frac{1}{\ln(n+1)}>\frac{1}{\ln(n+2)}=a_{n+1}$,且 $\lim_{n\to\infty}\frac{1}{\ln(n+1)}=0$,由莱布尼茨判别法可知,原级数收敛.

(3) 由于 $\lim_{n\to\infty}u_n=\lim_{n\to\infty}\left|(-1)^n\frac{n}{2n+1}\right|=\frac{1}{2}\neq 0$,从而级数 $\sum_{n=1}^{\infty}(-1)^n\frac{n}{2n+1}$ 发散.

2. 判别下列级数是否收敛,若收敛,是绝对收敛还是条件收敛?

(1) $\sum_{n=1}^{\infty}(-1)^n\frac{1}{\sqrt{n}}$; (2) $\sum_{n=1}^{\infty}(-1)^{n-1}\frac{n}{3^{n-1}}$; (3) $\sum_{n=1}^{\infty}(-1)^n\frac{n^2}{4^n}$;

(4) $\frac{1}{\pi^2}\sin\frac{\pi}{2}-\frac{1}{\pi^3}\sin\frac{\pi}{3}+\frac{1}{\pi^4}\sin\frac{\pi}{4}-\cdots$; (5) $\frac{1}{3}\times\frac{1}{2}-\frac{1}{3}\times\frac{1}{2^2}+\frac{1}{3}\times\frac{1}{2^3}-\cdots$.

分析 参考经典题型详解中例 5.7.

解 (1) 易见,$\sum_{n=1}^{\infty}\left|(-1)^n\frac{1}{\sqrt{n}}\right|=\sum_{n=1}^{\infty}\frac{1}{\sqrt{n}}$ 是发散的 p- 级数. 由于

$$a_n=\frac{1}{\sqrt{n}}>\frac{1}{\sqrt{n+1}}=a_{n+1}, 且 \lim_{n\to\infty}a_n=\lim_{n\to\infty}\frac{1}{\sqrt{n}}=0.$$

根据莱布尼茨判别法,级数 $\sum_{n=1}^{\infty}(-1)^n\frac{1}{\sqrt{n}}$ 收敛. 故该级数条件收敛.

(2) 不难求得

$$\lim_{n\to\infty}\frac{\left|(-1)^n\frac{(n+1)}{3^n}\right|}{\left|(-1)^{n-1}\frac{n}{3^{n-1}}\right|}=\frac{1}{3}\lim_{n\to\infty}\left(1+\frac{1}{n}\right)=\frac{1}{3}<1,$$

所以原级数绝对收敛,从而收敛.

(3) 不难求得

$$\lim_{n\to\infty}\frac{\left|(-1)^{n+1}\frac{(n+1)^2}{4^{n+1}}\right|}{\left|(-1)^n\frac{n^2}{4^n}\right|}=\frac{1}{4}\lim_{n\to\infty}\left(1+\frac{1}{n}\right)^2=\frac{1}{4}<1,$$

所以原级数绝对收敛,从而收敛.

(4) 先考察正项级数 $\sum\limits_{n=1}^{\infty}\frac{1}{\pi^{n+1}}\sin\frac{\pi}{n+1}$,因为 $\frac{1}{\pi^{n+1}}\sin\frac{\pi}{n+1}\leqslant\frac{1}{\pi^{n+1}}$,而级数 $\sum\limits_{n=1}^{\infty}\frac{1}{\pi^{n+1}}$ 为收敛的几何级数,所以该正项级数收敛.故原级数绝对收敛,从而收敛.

(5) 由于

$$\lim_{n\to\infty}\frac{\left|(-1)^{n+2}\frac{1}{3}\frac{1}{2^{n+1}}\right|}{\left|(-1)^{n+1}\frac{1}{3}\frac{1}{2^n}\right|}=\frac{1}{2}<1,$$

所以原级数绝对收敛,从而收敛.

B类题

1. 判别下列级数是否收敛,若收敛,是绝对收敛还是条件收敛?

(1) $\sum\limits_{n=1}^{\infty}(-1)^n\frac{1}{n-\ln n}$;　(2) $\sum\limits_{n=1}^{\infty}(-1)^{n-1}\frac{n}{n^2+1}$;　(3) $\sum\limits_{n=1}^{\infty}(-1)^n\frac{1}{2^n}\left(1+\frac{1}{n}\right)^{n^2}$.

分析 对于交错级数,先对其一般项取绝对值,然后利用正项级数判别其是否绝对收敛;若不是绝对收敛,利用莱布尼茨判别法,判断其是否条件收敛.当然也可以先判断级数条件收敛;然后判断是否绝对收敛.

解 (1) 考察正项级数 $\sum\limits_{n=1}^{\infty}\frac{1}{n-\ln n}$,由于 $\frac{1}{n-\ln n}\geqslant\frac{1}{n}$,而调和级数 $\sum\limits_{n=1}^{\infty}\frac{1}{n}$ 发散,所以级数 $\sum\limits_{n=1}^{\infty}\frac{1}{n-\ln n}$ 发散.另一方面,由于

$$a_{n+1}-a_n=\frac{1}{(n+1)-\ln(n+1)}-\frac{1}{n-\ln n}=\frac{\ln\left(1+\frac{1}{n}\right)-1}{(n-\ln n)[(n+1)-\ln(n+1)]}<0,$$

即 $a_n>a_{n+1}$,而 $\lim\limits_{n\to\infty}a_n=\lim\limits_{n\to\infty}\frac{1}{n-\ln n}=0$.故由莱布尼茨判别法可知,交错级数 $\sum\limits_{n=1}^{\infty}(-1)^n\frac{1}{n-\ln n}$ 收敛.故原级数为条件收敛.

(2) 易见,$|u_n|=\left|(-1)^{n-1}\frac{n}{n^2+1}\right|\geqslant\frac{n}{n^2+n^2}=\frac{1}{2n}$.由于 $\sum\limits_{n=1}^{\infty}\frac{1}{2n}$ 发散,故级数 $\sum\limits_{n=1}^{\infty}\frac{n}{n^2+1}$ 发散.另一方面,由于

$$\frac{a_{n+1}}{a_n}=\frac{n+1}{(n+1)^2+1}\frac{n^2+1}{n}=\frac{n^3+n^2+n+1}{n^3+2n^2+2n}\leqslant 1,$$

即 $a_{n+1}\leqslant a_n(n=1,2,\cdots)$,且 $\lim\limits_{n\to\infty}a_n=\lim\limits_{n\to\infty}\frac{n}{n^2+1}=0$.所以原级数收敛.于是级数 $\sum\limits_{n=1}^{\infty}(-1)^{n-1}\frac{n}{n^2+1}$ 条件收敛.

(3) 令 $a_n=\frac{1}{2^n}\left(1+\frac{1}{n}\right)^{n^2}$.不难求得,

$$\lim_{n\to\infty}\sqrt[n]{a_n}=\frac{1}{2}\lim_{n\to\infty}\left(1+\frac{1}{n}\right)^n=\frac{1}{2}\mathrm{e}>1.$$

根据根值判别法,原级数发散.

2. 设正项数列 $\{a_n\}$ 单调减少,且 $\sum\limits_{n=1}^{\infty}(-1)^n a_n$ 发散,试问级数 $\sum\limits_{n=1}^{\infty}\left(\frac{1}{a_n+1}\right)^n$ 是否收敛?并说明理由.

分析 利用数列极限的性质证明正项数列 $\{a_n\}$ 当 $n\to\infty$ 时的极限大于零;利用根值判别法判断级数的敛散性.

解 级数$\sum_{n=1}^{\infty}\left(\frac{1}{a_n+1}\right)^n$收敛.理由如下:

由于正项数列$\{a_n\}$单调减少有下界,故$\lim\limits_{n\to\infty}a_n$存在,记这个极限值为$a$,则$a\geqslant 0$.若$a=0$,则由莱布尼茨定理知$\sum_{n=1}^{\infty}(-1)^n a_n$收敛,与题设矛盾,故$a>0$.由根值判别法,因$\lim\limits_{n\to\infty}\sqrt[n]{u_n}=\lim\limits_{n\to\infty}\frac{1}{a_n+1}=\frac{1}{a+1}<1$,故原级数收敛.

5.4 函数项级数(Ⅰ)——幂级数

一、知识要点

1. 函数项级数的基本概念

定义 5.6 设$u_0(x),u_1(x),u_2(x),\cdots,u_n(x),\cdots$是定义在数集$I$上的一系列函数,称如下的表达式

$$\sum_{n=0}^{\infty}u_n(x)=u_0(x)+u_1(x)+u_2(x)+\cdots+u_n(x)+\cdots \tag{5.4}$$

为定义在数集I上的函数项级数.函数项级数(5.4)中前$n+1$项的和称为其**部分和函数**,记作$s_n(x)$,即

$$s_n(x)=\sum_{k=0}^{n}u_k(x)=u_0(x)+u_1(x)+u_2(x)+\cdots+u_n(x).$$

易见,在函数项级数(5.4)中,若令$x=x_0\in I$,则有

$$\sum_{n=0}^{\infty}u_n(x_0)=u_0(x_0)+u_1(x_0)+u_2(x_0)+\cdots+u_n(x_0)+\cdots. \tag{5.5}$$

定义 5.7 若常数项级数(5.5)收敛,则称点x_0为函数项级数(5.4)的一个**收敛点**.反之,若级数(5.5)发散,则称点x_0为函数项级数(5.4)的**发散点**.进一步地,所有收敛点组成的集合,称为函数项级数(5.4)的**收敛域**;所有发散点组成的集合,称为函数项级数(5.4)的**发散域**.

显然,对于收敛域内的每一点x_0,必有一个和$s(x_0)$与之对应,即

$$s(x_0)=\sum_{n=0}^{\infty}u_n(x_0)=u_0(x_0)+u_1(x_0)+\cdots+u_n(x_0)+\cdots.$$

当x_0在收敛域内变动时,由对应关系,就得到一个定义在收敛域上的函数$s(x)$,即

$$s(x)=\sum_{n=0}^{\infty}u_n(x)=u_0(x)+u_1(x)+u_2(x)+\cdots+u_n(x)+\cdots,$$

并称函数$s(x)$为定义在收敛域上的函数项级数$\sum_{n=0}^{\infty}u_n(x)$的**和函数**.因此,在收敛域内有

$$s(x)=\lim_{n\to\infty}s_n(x).$$

2. 幂级数及其敛散性

定义 5.8 具有如下形式的级数

$$\sum_{n=0}^{\infty}a_n(x-x_0)^n=a_0+a_1(x-x_0)+a_2(x-x_0)^2+\cdots+a_n(x-x_0)^n+\cdots \tag{5.6}$$

称为 $x-x_0$ 的**幂级数**，其中 $a_0,a_1,\cdots,a_n,\cdots$ 都是常数，称为幂级数的**系数**.

特别地，若 $x_0=0$，有

$$\sum_{n=0}^{\infty}a_nx^n=a_0+a_1x+\cdots+a_nx^n+\cdots \tag{5.7}$$

称之为 x 的幂级数.

定理 5.7(阿贝尔定理)

(1) 若幂级数 $\sum\limits_{n=0}^{\infty}a_nx^n$ 在点 $x=x_0(x_0\neq 0)$ 处收敛，则对于满足 $|x|<|x_0|$ 的一切 x，该级数均绝对收敛.

(2) 若幂级数 $\sum\limits_{n=0}^{\infty}a_nx^n$ 在点 $x=x_0$ 处发散，则对于满足 $|x|>|x_0|$ 的一切 x，该级数均发散.

推论 1 若 $\sum\limits_{n=0}^{\infty}a_nx^n$ 在 $(-\infty,+\infty)$ 内有非零的收敛点和发散点，则必存在 $R>0$，使得

(1) 当 $|x|<R$ 时，幂级数 $\sum\limits_{n=0}^{\infty}a_nx^n$ 收敛且绝对收敛；

(2) 当 $|x|>R$ 时，幂级数 $\sum\limits_{n=0}^{\infty}a_nx^n$ 发散.

正数 R 称为幂级数 $\sum\limits_{n=0}^{\infty}a_nx^n$ 的**收敛半径**. 由幂级数在 $x=\pm R$ 处的收敛性，可以确定它的收敛域必是 $(-R,R)$，$(-R,R]$，$[-R,R)$，$[-R,R]$ 这四类区间之一，并将其称为幂级数的**收敛域**. 特别地，当幂级数仅在 $x=0$ 处收敛时，规定其收敛半径为 $R=0$；当 $\sum\limits_{n=0}^{\infty}a_nx^n$ 在整个数轴上都收敛时，规定其收敛半径为 $R=+\infty$，此时的收敛域为 $(-\infty,+\infty)$.

特别地，对于幂级数 $\sum\limits_{n=0}^{\infty}a_nx^n$ 而言，在不考虑区间端点时，其收敛域一定是一个关于原点对称的区间或仅为点 $x=0(R=0)$，所以有些教材中将幂级数的收敛域称为收敛区间. 然而，对于一般的函数项级数，收敛域就不一定是收敛区间，如 $\sum\limits_{n=0}^{\infty}\dfrac{1}{n(x-2)^n}$.

定理 5.8 设 R 是幂级数 $\sum\limits_{n=0}^{\infty}a_nx^n$ 的收敛半径，并且 $\sum\limits_{n=0}^{\infty}a_nx^n$ 的系数满足 $\lim\limits_{n\to\infty}\left|\dfrac{a_{n+1}}{a_n}\right|=\rho$，则有

(1) 当 $0<\rho<+\infty$ 时，$R=\dfrac{1}{\rho}$；(2) 当 $\rho=0$ 时，$R=+\infty$；(3) 当 $\rho=+\infty$ 时，$R=0$.

定理 5.9 设 R 是幂级数 $\sum\limits_{n=0}^{\infty}a_nx^n$ 的收敛半径，若 $\sum\limits_{n=0}^{\infty}a_nx^n$ 的系数满足 $\lim\limits_{n\to\infty}\sqrt[n]{|a_n|}=\rho$，则有

(1) 当 $0<\rho<+\infty$ 时，$R=\dfrac{1}{\rho}$；(2) 当 $\rho=0$ 时，$R=+\infty$；(3) 当 $\rho=+\infty$ 时，$R=0$.

3. 幂级数的运算及幂级数的和函数

(1) 幂级数的运算

设幂级数 $\sum_{n=0}^{\infty} a_n x^n$ 与 $\sum_{n=0}^{\infty} b_n x^n$ 的收敛半径分别为 R_1 与 R_2，它们在收敛域上确定的和函数分别为 $s_1(x)$ 与 $s_2(x)$. 令 $R = \min\{R_1, R_2\}$，两个幂级数在它们的**公共收敛域($-\boldsymbol{R}$,$\boldsymbol{R}$)**内可进行如下运算：

(1) 加法运算

$$\sum_{n=0}^{\infty} a_n x^n \pm \sum_{n=0}^{\infty} b_n x^n = \sum_{n=0}^{\infty} (a_n \pm b_n) x^n = s_1(x) \pm s_2(x).$$

(2) 乘法运算

$$\sum_{n=0}^{\infty} a_n x^n \cdot \sum_{n=0}^{\infty} b_n x^n = \sum_{n=0}^{\infty} c_n x^n = s_1(x) \cdot s_2(x),$$

其中 $c_n = \sum_{k=0}^{n} a_k b_{n-k} = a_0 b_n + a_1 b_{n-1} + \cdots + a_k b_{n-k} + \cdots + a_n b_0, n \geqslant 0$.

(2) 幂级数的和函数

定理 5.10 幂级数的和函数在收敛域$(-R,R)$内连续. 如果幂级数在其收敛域的右(左)端点收敛，那么它的和函数也在其右(左)端点左(右)连续.

定理 5.11 和函数在收敛域$(-R,R)$内可导，并且有逐项求导公式

$$s'(x) = \Big(\sum_{n=0}^{\infty} a_n x^n\Big)' = \sum_{n=0}^{\infty} (a_n x^n)' = \sum_{n=0}^{\infty} a_n n x^{n-1}, \tag{5.8}$$

并且所得幂级数的收敛半径仍为 R，但在收敛域的端点处的收敛性可能改变.

定理 5.12 和函数在收敛域$(-R,R)$内可积，并且有逐项积分公式

$$\int_0^x s(t)\mathrm{d}t = \int_0^x \sum_{n=0}^{\infty} a_n t^n \mathrm{d}t = \sum_{n=0}^{\infty} \int_0^x a_n t^n \mathrm{d}t = \sum_{n=0}^{\infty} \frac{a_n}{n+1} x^{n+1}, \tag{5.9}$$

并且所得幂级数的收敛半径仍为 R，但在收敛域的端点处的收敛性可能改变.

注意到，定理 5.10～定理 5.12 虽然都在论述和函数的性质，但也提供了求幂级数和函数的方法. 其中，围绕等比级数的和函数，即

$$\sum_{n=0}^{\infty} x^n = 1 + x + x^2 + \cdots + x^n + \cdots = \frac{1}{1-x}, \ |x| < 1,$$

可以求出若干幂级数的和函数.

一般地，求幂级数 $\sum_{n=0}^{\infty} a_n x^n$ 的和函数 $s(x)$ 的基本步骤如下：

(1) 求幂级数的收敛半径和收敛域. 对于其他形式的幂级数，可以通过变量替换的方法，将其转换为标准形式.

(2) 根据所求幂级数的特点，利用逐项求导公式(5.8)或逐项积分公式(5.9)的方法将其转换为容易求和函数的幂级数形式，如转换为等比级数的形式.

(3) 按照(2)中采用的运算形式或(1)的变换形式(如果已经使用)，将求得的和函数求相应的逆运算或逆变换，进而得到原始幂级数的和函数.

二、疑难解析

1. 定理 5.7(阿贝尔定理)与收敛半径的关系是什么？

答 由阿贝尔定理可知，若 $x=x_0$ 是 $\sum\limits_{n=0}^{\infty}a_nx^n$ 的收敛点，则该幂级数在 $(-|x_0|,|x_0|)$ 内收敛；若 $x=x_0$ 是 $\sum\limits_{n=0}^{\infty}a_nx^n$ 的发散点，则该幂级数在 $(-\infty,-|x_0|)\cup(|x_0|,+\infty)$ 内发散. 因此，阿贝尔定理可以初步确定收敛域和发散域，并可以定性指出收敛半径必存在. 由定理5.8或定理5.9可以求出幂级数的收敛半径 R. 于是可以定论：若点 $x=a$ 是幂级数 $\sum\limits_{n=0}^{\infty}a_nx^n$ 的收敛点，则 $R\geqslant|a|$；若点 $x=b$ 是幂级数 $\sum\limits_{n=0}^{\infty}a_nx^n$ 的发散点，则 $R\leqslant|b|$.

2. 在用定理5.8求幂级数 $\sum\limits_{n=0}^{\infty}a_nx^n$ 的收敛半径时，需要注意哪些环节？

答 首先，该定理适用于幂级数的所有系数 $a_n\neq 0$ 的情况，且收敛半径为 $R=\lim\limits_{n\to\infty}\left|\dfrac{a_n}{a_{n+1}}\right|$. 其次，如果幂级数 $\sum\limits_{n=0}^{\infty}a_nx^n$ 有缺项，例如缺少奇次幂项或偶次幂项，不能直接应用定理5.8计算，但可利用正项级数的比值判别法或根植判别法求其收敛半径和收敛域.

3. 在求幂级数的和函数时，经常遇到幂级数逐项求导或逐项积分，试问：求导后或积分后的幂级的收敛半径和收敛域会变化吗？怎样变化？

解 由定理5.11和5.12可知，幂级数逐项求导或逐项积分所得级数的收敛半径不变，若还需要求其收敛域，则需要进一步判别幂级数在区间端点 $x=\pm R$ 处的敛散情况，例如，幂级数 $\sum\limits_{n=1}^{\infty}\dfrac{x^n}{n}$ 的收敛域是 $[-1,1)$，逐项求导后，$\sum\limits_{n=1}^{\infty}x^{n-1}$ 的收敛域是 $(-1,1)$.

4. 已知 $\sum\limits_{n=1}^{\infty}a_nx^n$ 在 $x=x_0$ 处条件收敛，问该级数的收敛半径是多少？

答 $\sum\limits_{n=1}^{\infty}a_nx^n$ 在 $x=x_0$ 处条件收敛，则 $\sum\limits_{n=1}^{\infty}a_nx_0^n$ 收敛，但 $\sum\limits_{n=1}^{\infty}|a_nx_0^n|$ 发散，根据收敛半径的定义，其收敛半径为 $R=|x_0|$.

三、经典题型详解

题型1 求幂级数的收敛半径和收敛域

例5.9 求下列幂级数的收敛域：

(1) $\sum\limits_{n=1}^{\infty}\dfrac{x^n}{n2^n}$；　(2) $\sum\limits_{n=2}^{\infty}\dfrac{2^n+(-1)^n}{n}x^n$；　(3) $\sum\limits_{n=0}^{\infty}(-1)^n\left(1+\dfrac{1}{n}\right)^{n^2}x^n$；

(4) $\sum\limits_{n=1}^{\infty}\dfrac{x^{3n}}{2^n}$；　(5) $\sum\limits_{n=1}^{\infty}\dfrac{x^{2n-1}}{2^n}$；　(6) $\sum\limits_{n=1}^{\infty}(-1)^n\dfrac{2^n}{\sqrt{n}}\left(x-\dfrac{1}{2}\right)^n$.

分析 根据幂级数的一般项的特点，选择定理5.8或定理5.9求出幂级数的收敛半径；然后根据情况判断幂级数在区间端点的收敛情况，最后确定幂级数的收敛域.

解 (1) 易见，$a_n=\dfrac{1}{n2^n}$. 因为 $\rho=\lim\limits_{n\to\infty}\left|\dfrac{a_{n+1}}{a_n}\right|=\lim\limits_{n\to\infty}\left(\dfrac{n}{n+1}\dfrac{1}{2}\right)=\dfrac{1}{2}$，由定理5.8知，该幂级数的收敛半径为 $R=2$. 下面确定级数在端点的收敛性.

显然，当 $x=-2$ 时，级数 $\sum\limits_{n=1}^{\infty}\dfrac{(-1)^n}{n}$ 收敛，当 $x=2$ 时，级数 $\sum\limits_{n=1}^{\infty}\dfrac{1}{n}$ 发散. 故该幂级数的

收敛域为$[-2,2)$.

(2) 易见,$a_n=\frac{2^n+(-1)^n}{n}$.因为$\rho=\lim\limits_{n\to\infty}\left|\frac{a_{n+1}}{a_n}\right|=\lim\limits_{n\to\infty}\left(\frac{n}{n+1}\frac{2^{n+1}+(-1)^{n+1}}{2^n+(-1)^n}\right)=2$,由定理 5.8 知,该幂级数的收敛半径为$R=\frac{1}{2}$.当$x=-\frac{1}{2}$和$x=\frac{1}{2}$时,幂级数分别退化为$\sum\limits_{n=2}^{\infty}(-1)^n\frac{2^n+(-1)^n}{n2^n}$和$\sum\limits_{n=2}^{\infty}\frac{2^n+(-1)^n}{n2^n}$.一方面,因为$\sum\limits_{n=2}^{\infty}(-1)^n\frac{1}{n}$和$\sum\limits_{n=2}^{\infty}\frac{1}{n2^n}$均收敛,所以$\sum\limits_{n=2}^{\infty}(-1)^n\frac{2^n+(-1)^n}{n2^n}$收敛;另一方面,因为$\lim\limits_{n\to\infty}\left(\frac{2^n+(-1)^n}{n2^n}\cdot n\right)=1$,由比较判别法的极限形式知,级数$\sum\limits_{n=2}^{\infty}\frac{2^n+(-1)^n}{n2^n}$发散.因此,原幂级数的收敛域为$\left[-\frac{1}{2},\frac{1}{2}\right)$.

(3) 易见,$a_n=(-1)^n\left(1+\frac{1}{n}\right)^{n^2}$.因为$\rho=\lim\limits_{n\to\infty}\sqrt[n]{|a_n|}=\lim\limits_{n\to\infty}\left(1+\frac{1}{n}\right)^n=\mathrm{e}$,由定理5.9知,该幂级数的收敛半径为$R=\frac{1}{\mathrm{e}}$.注意到,当$x=\pm\frac{1}{\mathrm{e}}$时,级数$\sum\limits_{n=0}^{\infty}(-1)^n\left(1+\frac{1}{n}\right)^{n^2}\frac{1}{\mathrm{e}^n}$的一般项的极限不为零,根据收敛级数的必要条件知,级数发散.因此,原幂级数的收敛域为$\left(-\frac{1}{\mathrm{e}},\frac{1}{\mathrm{e}}\right)$.

(4) 因为$\lim\limits_{n\to\infty}\left|\frac{u_{n+1}(x)}{u_n(x)}\right|=\frac{|x|^3}{2}$,根据比值判别法可知,当$\frac{|x|^3}{2}<1$,即$-\sqrt[3]{2}<x<\sqrt[3]{2}$时,级数收敛;当$\frac{|x|^3}{2}>1$时,级数发散.当$x=\sqrt[3]{2}$时,原级数为$\sum\limits_{n=1}^{\infty}\frac{(\sqrt[3]{2})^{3n}}{2^n}=\sum\limits_{n=1}^{\infty}1$发散;当$x=-\sqrt[3]{2}$时,原级数为$\sum\limits_{n=1}^{\infty}(-1)^n$也发散.故收敛域为$(-\sqrt[3]{2},\sqrt[3]{2})$.

(5) 易见,级数的一般项缺少偶数次幂,利用比值判别法,有

$$\lim_{n\to\infty}\left|\frac{u_{n+1}(x)}{u_n(x)}\right|=\lim_{n\to\infty}\frac{x^{2n+1}}{2^{n+1}}\frac{2^n}{x^{2n-1}}=\frac{1}{2}x^2.$$

当$\frac{1}{2}x^2<1$,即$|x|<\sqrt{2}$时,级数收敛;当$\frac{1}{2}x^2>1$,即$|x|>\sqrt{2}$时,级数发散.因此,该级数的收敛半径为$R=\sqrt{2}$.不难验证,当$x=\pm\sqrt{2}$时,对应的级数均发散.故所求的收敛域为$(-\sqrt{2},\sqrt{2})$.

(6) 令$t=x-\frac{1}{2}$,于是原级数化为$\sum\limits_{n=1}^{\infty}(-1)^n\frac{2^n}{\sqrt{n}}t^n$.因为

$$\rho=\lim_{n\to\infty}\left|\frac{a_{n+1}}{a_n}\right|=\lim_{n\to\infty}\left(\frac{2^{n+1}}{\sqrt{n+1}}\frac{\sqrt{n}}{2^n}\right)=2,$$

所以级数$\sum\limits_{n=1}^{\infty}(-1)^n\frac{2^n}{\sqrt{n}}t^n$的收敛半径$R=\frac{1}{2}$.注意到,当$t=-\frac{1}{2}$,即$x=0$时,级数$\sum\limits_{n=1}^{\infty}\frac{1}{\sqrt{n}}$发散;当$t=\frac{1}{2}$,即$x=1$时,级数$\sum\limits_{n=1}^{\infty}\frac{(-1)^n}{\sqrt{n}}$收敛.因此,所求级数的收敛域为$(0,1]$.

例 5.10 已知幂级数$\sum\limits_{n=1}^{\infty}a_nx^n$的收敛半径是$R$,问幂级数$\sum\limits_{n=1}^{\infty}a_nx^{2n}$的收敛半径是多少?

分析 先利用变量替换将$\sum\limits_{n=1}^{\infty}a_nx^{2n}$变换为标准形式，然后根据已知条件求解.

解 令$x^2=t$，则有$\sum\limits_{n=1}^{\infty}a_nx^{2n}=\sum\limits_{n=1}^{\infty}a_nt^n$. 根据已知条件，当$|t|<R$时级数收敛，当$|t|>R$时级数发散. 从而当$|x^2|<R$，即$|x|<\sqrt{R}$时，幂级数$\sum\limits_{n=1}^{\infty}a_nx^{2n}$收敛，当$|x|>\sqrt{R}$时发散. 因此$\sum\limits_{n=1}^{\infty}a_nx^{2n}$的收敛半径为$\sqrt{R}$.

题型2 求幂级数的和函数

例5.11 求下列幂级数的和函数：

(1) $\sum\limits_{n=1}^{\infty}nx^{2n}$；　　(2) $\sum\limits_{n=1}^{\infty}\dfrac{x^n}{n(n+1)}$.

分析 利用知识要点中介绍的四个步骤求和函数. 注意到，题(1)中的幂级数不包含奇次幂项，需要先将一般项进行配项处理，使级数变换为与等比级数相近的形式，再求收敛域及和函数；题(2)中的幂级数需要先将一般项进行配项处理，然后利用逐项求导的方法将其约化成等比级数$\sum\limits_{n=0}^{\infty}x^n$的形式进行求和.

解 (1) 容易求出级数$\sum\limits_{n=1}^{\infty}nx^{2n}$的收敛半径为$R=1$，收敛域为$(-1,1)$.

对原级数进行配项可得，$\sum\limits_{n=1}^{\infty}nx^{2n}=\dfrac{x}{2}\sum\limits_{n=1}^{\infty}2nx^{2n-1}$. 由于

$$\sum_{n=1}^{\infty}2nx^{2n-1}=\left(\sum_{n=1}^{\infty}x^{2n}\right)'=\left(\frac{1}{1-x^2}-1\right)'=\frac{2x}{(1-x^2)^2},$$

所以有

$$\sum_{n=1}^{\infty}nx^{2n}=\frac{x}{2}\sum_{n=1}^{\infty}2nx^{2n-1}=\frac{x}{2}\frac{2x}{(1-x^2)^2}=\frac{x^2}{(1-x^2)^2},x\in(-1,1).$$

(2) 容易求出级数$\sum\limits_{n=1}^{\infty}\dfrac{x^n}{n(n+1)}$的收敛半径为$R=1$，收敛域为$[-1,1]$.

设$S(x)=\sum\limits_{n=1}^{\infty}\dfrac{x^n}{n(n+1)}$，则当$x=0$时，$S(0)=0$；当$0<|x|<1$时，$xS(x)=\sum\limits_{n=1}^{\infty}\dfrac{x^{n+1}}{n(n+1)}$，对其两端求二阶导数，有

$$[xS(x)]'=\sum_{n=1}^{\infty}\left[\frac{x^{n+1}}{n(n+1)}\right]'=\sum_{n=1}^{\infty}\frac{x^n}{n};[xS(x)]''=\sum_{n=1}^{\infty}\left[\frac{x^{n+1}}{n(n+1)}\right]''$$

$$=\sum_{n=1}^{\infty}x^{n-1}=\frac{1}{1-x}.$$

易见，$[xS(x)]'\Big|_{x=0}=0$. 对$[xS(x)]''$从0到x积分可得

$$[xS(x)]'=\int_0^x\frac{1}{1-x}\mathrm{d}x=-\ln(1-x).$$

再重复上面的步骤可得

$$xS(x)=-\int_0^x \ln(1-x)\mathrm{d}x=x+(1-x)\ln(1-x).$$

进一步可得

$$S(x)=1+\left(\frac{1}{x}-1\right)\ln(1-x),x\in(-1,0)\cup(0,1).$$

由于幂级数在点 $x=\pm1$ 处收敛,所以其和函数分别在点 $x=\pm1$ 处左连续与右连续,于是

$$S(1)=\lim_{x\to1^-}S(x)=1+\lim_{x\to1^-}\left[\left(\frac{1}{x}-1\right)\ln(1-x)\right]=1.$$

因此

$$S(x)=\begin{cases}1+\dfrac{1-x}{x}\ln(1-x), & x\in[-1,0)\cup(0,1),\\ 0, & x=0,\\ 1, & x=1.\end{cases}$$

例 5.12 求下列常数项级数的和函数:

(1) $\sum\limits_{n=1}^{\infty}\dfrac{1}{(2n-1)2^n}$;　　(2) $\sum\limits_{n=1}^{\infty}\dfrac{n^2}{n!}$.

分析 注意到,题(1)中的级数是幂级数 $\sum\limits_{n=1}^{\infty}\dfrac{x^{2n}}{2n-1}$ 取 $x=\dfrac{1}{\sqrt{2}}$ 时的特殊情形.题(2)中级数先化简,再进行拆项处理,最后利用展开式 $\mathrm{e}^x=\sum\limits_{n=0}^{\infty}\dfrac{x^n}{n!}$.

解 (1) 易见,所求级数的和是幂级数 $\sum\limits_{n=1}^{\infty}\dfrac{x^{2n}}{2n-1}$ 当 $x=\dfrac{1}{\sqrt{2}}$ 时的和.

设 $s(x)=\sum\limits_{n=1}^{\infty}\dfrac{x^{2n-1}}{2n-1},x\in[-1,1)$,对其逐项求导,得

$$s'(x)=\sum_{n=1}^{\infty}x^{2n-2}=1+x^2+x^4+\cdots+x^{2n-2}+\cdots=\frac{1}{1-x^2},x\in(-1,1),$$

且有 $S(0)=0$.对上式两边积分,得 $\int_0^x s'(x)\mathrm{d}x=\int_0^x\dfrac{1}{1-x^2}\mathrm{d}x=\dfrac{1}{2}\ln\dfrac{1+x}{1-x}$,即

$$s(x)=\sum_{n=1}^{\infty}\frac{x^{2n-1}}{2n-1}=\frac{1}{2}\ln\frac{1+x}{1-x},x\in(-1,1).$$

故所求原级数的和为

$$\sum_{n=1}^{\infty}\frac{x^{2n}}{2n-1}=x\sum_{n=1}^{\infty}\frac{x^{2n-1}}{2n-1}=\frac{1}{2}x\ln\frac{1+x}{1-x},x\in(-1,1).$$

因此,当 $x=\dfrac{1}{\sqrt{2}}$ 时,$\sum\limits_{n=1}^{\infty}\dfrac{1}{(2n-1)2^n}=\dfrac{1}{2\sqrt{2}}\ln\dfrac{\sqrt{2}+1}{\sqrt{2}-1}=\dfrac{1}{\sqrt{2}}\ln(\sqrt{2}+1)$.

(2) 对原级数化简得

$$\sum_{n=1}^{\infty}\frac{n^2}{n!}=\sum_{n=1}^{\infty}\frac{n}{(n-1)!}=\sum_{n=0}^{\infty}\frac{n+1}{n!}=\sum_{n=0}^{\infty}\frac{n}{n!}+\sum_{n=0}^{\infty}\frac{1}{n!}=\sum_{n=1}^{\infty}\frac{1}{(n-1)!}+\sum_{n=0}^{\infty}\frac{1}{n!}$$

$$=2\sum_{n=0}^{\infty}\frac{1}{n!}.$$

根据 $e^x = \sum_{n=0}^{\infty} \frac{x^n}{n!}, x \in (-\infty, +\infty)$，令 $x=1$，则有 $e = \sum_{n=0}^{\infty} \frac{1}{n!}$. 因此，$\sum_{n=1}^{\infty} \frac{n^2}{n!} = 2e$.

四、课后习题选解（习题5.4）

A类题

1. 求下列幂级数的收敛半径和收敛域：

(1) $\sum_{n=1}^{\infty} \frac{(2x)^n}{n!}$；　(2) $\sum_{n=1}^{\infty} nx^n$；　(3) $\sum_{n=2}^{\infty} (-1)^n \frac{1}{\ln n} x^n$；

(4) $\sum_{n=0}^{\infty} (-1)^n \frac{1}{(2n+1)!} x^n$；　(5) $\sum_{n=0}^{\infty} \frac{1}{5^n} x^{2n+1}$；　(6) $\sum_{n=1}^{\infty} \frac{1}{n3^n} x^{2n}$；

(7) $\sum_{n=1}^{\infty} (x-1)^n$；　(8) $\sum_{n=1}^{\infty} \frac{1}{n4^n} (x-4)^n$.

分析 参考经典题型详解中例5.9.

解 (1) 易见，$a_n = \frac{2^n}{n!}$. 因为 $\rho = \lim_{n\to\infty} \left| \frac{a_{n+1}}{a_n} \right| = \lim_{n\to\infty} \frac{2}{n+1} = 0$，由定理5.8知，$R=+\infty$，故幂级数 $\sum_{n=1}^{\infty} \frac{(2x)^n}{n!}$ 的收敛域为 $(-\infty, +\infty)$.

(2) 易见，$a_n = n$. 因为 $\rho = \lim_{n\to\infty} \left| \frac{a_{n+1}}{a_n} \right| = 1$，由定理5.8知，$R=1$. 不难验证，当 $x=1$ 和 -1 时，幂级数分别退化为 $\sum_{n=1}^{\infty} n$ 和 $\sum_{n=1}^{\infty} (-1)^n n$，这两个级数都是发散的. 因此，幂级数 $\sum_{n=1}^{\infty} nx^n$ 的收敛域为 $(-1,1)$.

(3) 易见，$a_n = (-1)^n \frac{1}{\ln n}$. 不难求得

$$\rho = \lim_{n\to\infty} \left| \frac{a_{n+1}}{a_n} \right| = \lim_{n\to\infty} \left| \frac{(-1)^{n+1} \frac{1}{\ln(n+1)}}{(-1)^n \frac{1}{\ln n}} \right| = \lim_{n\to\infty} \frac{\ln n}{\ln(n+1)} = 1,$$

由定理5.8知，$R=1$. 当 $x=1$ 时，根据莱布尼茨定理，可以判定级数 $\sum_{n=2}^{\infty} (-1)^n \frac{1}{\ln n}$ 是收敛的；而当 $x=-1$ 时，利用比较判别法可以判定级数 $\sum_{n=2}^{\infty} \frac{1}{\ln n}$ 是发散的. 因此，幂级数 $\sum_{n=2}^{\infty} (-1)^n \frac{1}{\ln n} x^n$ 的收敛域为 $(-1,1]$.

(4) 易见，$a_n = (-1)^n \frac{1}{(2n+1)!}$. 不难求得

$$\rho = \lim_{n\to\infty} \left| \frac{a_{n+1}}{a_n} \right| = \lim_{n\to\infty} \left| \frac{(-1)^{n+1} \frac{1}{(2n+3)!}}{(-1)^n \frac{1}{(2n+1)!}} \right| = \lim_{n\to\infty} \frac{1}{(2n+3)(2n+2)} = 0,$$

由定理5.8知，$R=+\infty$. 因此，幂级数 $\sum_{n=0}^{\infty} (-1)^n \frac{1}{(2n+1)!} x^n$ 的收敛域为 $(-\infty, +\infty)$.

(5) 易见，幂级数 $\sum_{n=0}^{\infty} \frac{1}{5^n} x^{2n+1}$ 缺少偶次幂项，需要利用比值判别法求其收敛半径和收敛域. 令 $u_n(x) = \frac{1}{5^n} x^{2n+1}$，则有

$$\lim_{n\to\infty} \left| \frac{u_{n+1}(x)}{u_n(x)} \right| = \lim_{n\to\infty} \left| \frac{\frac{x^{2(n+1)+1}}{5^{n+1}}}{\frac{x^{2n+1}}{5^n}} \right| = \frac{1}{5} |x|^2.$$

根据比值判别法可知,当$\frac{1}{5}|x|^2<1$时,即$|x|<\sqrt{5}$时级数收敛;当$|x|>\sqrt{5}$时级数发散,所以级数的收敛半径为$R=\sqrt{5}$.不难验证,当$x=\pm\sqrt{5}$时,级数$\sum\limits_{n=0}^{\infty}(\pm\sqrt{5})$均发散.因此,幂级数$\sum\limits_{n=0}^{\infty}\frac{1}{5^n}x^{2n+1}$的收敛域为$(-\sqrt{5},\sqrt{5})$.

(6) 易见,幂级数$\sum\limits_{n=1}^{\infty}\frac{1}{n3^n}x^{2n}$缺少奇次幂项,需要利用比值判别法求其收敛半径和收敛域.令$u_n(x)=\frac{1}{n3^n}x^{2n}$,则有

$$\lim_{n\to\infty}\left|\frac{u_{n+1}(x)}{u_n(x)}\right|=\lim_{n\to\infty}\left|\frac{\frac{x^{2(n+1)}}{(n+1)3^{n+1}}}{\frac{x^{2n}}{n3^n}}\right|=\lim_{n\to\infty}\left[\frac{n}{n+1}\frac{3^n}{3^{n+1}}|x|^2\right]=\frac{1}{3}|x|^2.$$

根据比值判别法可知,当$\frac{1}{3}|x|^2<1$时,即$|x|<\sqrt{3}$时级数收敛;当$|x|>\sqrt{3}$时级数发散,所以级数的收敛半径为$R=\sqrt{3}$.不难验证,当$x=\pm\sqrt{3}$时,级数$\sum\limits_{n=1}^{\infty}\frac{1}{n}$发散.因此,幂级数$\sum\limits_{n=1}^{\infty}\frac{1}{n3^n}x^{2n}$的收敛域为$(-\sqrt{3},\sqrt{3})$.

(7) 易见,$a_n=1$.由于$\lim\limits_{n\to\infty}\left|\frac{a_{n+1}}{a_n}\right|=1$,所以该级数的收敛半径为$R=1$.由$|x-1|<1$可得$0<x<2$.不难验证,当$x=0$和2时,原级数分别退化为$\sum\limits_{n=1}^{\infty}(-1)^n$和$\sum\limits_{n=1}^{\infty}1^n$,它们都是发散的.因此,幂级数$\sum\limits_{n=1}^{\infty}(x-1)^n$的收敛域为(0,2).

(8) 令$t=x-4$,则原级数转化为$\sum\limits_{n=1}^{\infty}\frac{1}{n4^n}t^n$.易见,$a_n=\frac{1}{n4^n}$.不难求得

$$\lim_{n\to\infty}\left|\frac{a_{n+1}}{a_n}\right|=\lim_{n\to\infty}\left|\frac{\frac{1}{(n+1)4^{n+1}}}{\frac{1}{n4^n}}\right|=\lim_{n\to\infty}\left|\frac{n4^n}{(n+1)4^{n+1}}\right|=\frac{1}{4},$$

所以幂级数$\sum\limits_{n=1}^{\infty}\frac{1}{n4^n}t^n$的收敛半径$R=4$.当$t=4$时,级数$\sum\limits_{n=1}^{\infty}\frac{1}{n}$发散;当$t=-4$时,级数$\sum\limits_{n=1}^{\infty}(-1)^n\frac{1}{n}$收敛.故级数$\sum\limits_{n=1}^{\infty}\frac{1}{n4^n}t^n$的收敛域为[-4,4),进而幂级数$\sum\limits_{n=1}^{\infty}\frac{1}{n4^n}(x-4)^n$的收敛域为[0,8).

2. 求下列级数在收敛域上的和函数:

(1) $\sum\limits_{n=1}^{\infty}\frac{x^{2n-1}}{2n-1}$; (2) $\sum\limits_{n=1}^{\infty}n^2x^{n-1}$.

分析 参考经典题型详解中例5.10.注意到,(1)中的幂级数不包含偶次幂项,需要先作变量替换将其变换为与等比级数相近的形式,再求收敛域及和函数;(2)中的幂级数可先将一般项进行拆项处理,然后根据各项的特点,利用等比级数$\sum\limits_{n=0}^{\infty}x^n$进行求和.

解 (1) 不难求得该幂级数的收敛域为(-1,1).设$S(x)=\sum\limits_{n=1}^{\infty}\frac{x^{2n-1}}{2n-1}$,则

$$S'(x)=\sum_{n=1}^{\infty}x^{2n-2}=\sum_{n=0}^{\infty}x^{2n}=\frac{1}{1-x^2}.$$

于是有

$$\int_0^x S'(t)\mathrm{d}t=\int_0^x\frac{1}{1-t^2}\mathrm{d}t=\frac{1}{2}\ln\frac{1+x}{1-x},$$

即 $S(x)-S(0)=\frac{1}{2}\ln\frac{1+x}{1-x}$ $(|x|<1)$. 由于 $S(0)=0$，因此有

$$S(x)=\frac{1}{2}\ln\frac{1+x}{1-x},\ |x|<1.$$

(2) 不难求得该幂级数的收敛域为 $(-1,1)$. 设 $S(x)=\sum\limits_{n=1}^{\infty}n^2x^{n-1}$，则

$$\begin{aligned}S(x)&=\sum_{n=1}^{\infty}(n+1)nx^{n-1}-\sum_{n=1}^{\infty}nx^{n-1}=\Big(\sum_{n=1}^{\infty}x^{n+1}\Big)''-\Big(\sum_{n=1}^{\infty}x^{n}\Big)'=\Big(\frac{x^2}{1-x}\Big)''-\Big(\frac{x}{1-x}\Big)'\\&=\frac{1+x}{(1-x)^3},\ |x|<1.\end{aligned}$$

B 类题

1. 级数 $\sum\limits_{n=1}^{\infty}a_n(x-3)^n$ 在 $x=0$ 处发散，在 $x=5$ 处收敛，问该幂级数在 $x=2$ 处是否收敛？在 $x=7$ 处是否收敛？

分析　先利用变量替换将 $\sum\limits_{n=1}^{\infty}a_n(x-3)^n$ 变换为标准形式，然后根据已知条件求解.

解　令 $x-3=t$，则 $\sum\limits_{n=1}^{\infty}a_n(x-3)^n=\sum\limits_{n=1}^{\infty}a_nt^n$. 由已知条件可得，级数 $\sum\limits_{n=1}^{\infty}a_nt^n$ 在 $t=-3$ 处发散，而在 $t=2$ 处收敛. 根据阿贝尔引理，当 $|t|\geqslant 3$ 时，级数 $\sum\limits_{n=1}^{\infty}a_nt^n$ 发散，$|t|\leqslant 2$ 时收敛. 因此，级数 $\sum\limits_{n=1}^{\infty}a_nt^n$ 在 $t=-1$ 处收敛，而在 $t=4$ 处发散. 故原幂级数 $\sum\limits_{n=1}^{\infty}a_n(x-3)^n$ 在 $x=2$ 处收敛，在 $x=7$ 处发散.

2. 求下列级数的和：

(1) $\sum\limits_{n=0}^{\infty}\frac{n+1}{2^n}$；　　(2) $\sum\limits_{n=1}^{\infty}\frac{1}{n3^{n-1}}$.

分析　参考经典题型详解中例 5.11. 但是注意到，题(1)中 $\sum\limits_{n=0}^{\infty}\frac{n+1}{2^n}$ 可以拆成 $\sum\limits_{n=0}^{\infty}\frac{n}{2^n}+\sum\limits_{n=0}^{\infty}\frac{1}{2^n}$，其中第一部分是幂级数 $\sum\limits_{n=1}^{\infty}nx^n$ 取 $x=\frac{1}{2}$ 时的特殊情形. 题(2)中 $\sum\limits_{n=1}^{\infty}\frac{1}{n3^{n-1}}$ 可以写为 $3\sum\limits_{n=1}^{\infty}\frac{1}{n3^n}$，它是幂级数 $3\sum\limits_{n=1}^{\infty}\frac{x^n}{n}$ 取 $x=\frac{1}{3}$ 时的特殊情形.

解　(1) $\sum\limits_{n=0}^{\infty}\frac{n+1}{2^n}=\sum\limits_{n=0}^{\infty}\frac{n}{2^n}+\sum\limits_{n=0}^{\infty}\frac{1}{2^n}=\Big(\sum\limits_{n=0}^{\infty}\frac{n}{2^n}\Big)+\frac{1}{1-\frac{1}{2}}=\Big(\sum\limits_{n=0}^{\infty}\frac{n}{2^n}\Big)+2.$

设 $s(x)=\sum\limits_{n=0}^{\infty}nx^n$，则

$$\frac{s(x)}{x}=\sum_{n=0}^{\infty}nx^{n-1}=\sum_{n=0}^{\infty}(x^n)'=\Big(\sum_{n=0}^{\infty}x^n\Big)'=\Big(\frac{1}{1-x}\Big)'=\frac{1}{(1-x)^2},$$

$$s(x)=\frac{x}{(1-x)^2},\Big(\sum_{n=0}^{\infty}\frac{n}{2^n}\Big)=s\Big(\frac{1}{2}\Big)=\frac{\frac{1}{2}}{\Big(1-\frac{1}{2}\Big)^2}=2,$$

所以 $\sum\limits_{n=0}^{\infty}\frac{n+1}{2^n}=2+2=4.$

(2) 所求级数的和是幂级数 $\sum\limits_{n=1}^{\infty}\frac{x^n}{n}$ 当 $x=\frac{1}{3}$ 时 $3\sum\limits_{n=1}^{\infty}\frac{x^n}{n}$ 的和. 设 $s(x)=\sum\limits_{n=1}^{\infty}\frac{x^n}{n}$，$x\in[-1,1)$，逐项求

导,得 $s'(x)=\sum_{n=1}^{\infty}x^{n-1}=\frac{1}{1-x}$,$x\in(-1,1)$,两边积分,得

$$\int_0^x s'(x)\mathrm{d}x=\int_0^x\frac{1}{1-x}\mathrm{d}x=-\ln(1-x),\text{即 } s(x)-s(0)=-\ln(1-x).$$

又因 $s(0)=0$,所以 $s(x)=-\ln(1-x)$,故所求原级数的和为

$$3s\left(\frac{1}{3}\right)=-3\ln\left(1-\frac{1}{3}\right)=3\ln\frac{3}{2}.$$

5.5 函数项级数(Ⅱ)——泰勒级数

一、知识要点

1. 泰勒级数

定理 5.13 设函数 $f(x)$ 在点 x_0 的某邻域内具有任意阶导数,如果 $f(x)$ 在点 x_0 处的幂级数展开式为 $f(x)=\sum_{n=0}^{\infty}a_n(x-x_0)^n$,则其系数为 $a_n=\frac{f^{(n)}(x_0)}{n!}$,$(n=0,1,2,\cdots)$.

定义 5.9 设函数 $f(x)$ 在点 x_0 的某邻域内具有任意阶导数,称幂级数

$$\sum_{n=0}^{\infty}\frac{f^{(n)}(x_0)}{n!}(x-x_0)^n=f(x_0)+f'(x_0)(x-x_0)+\cdots+\frac{f^{(n)}(x_0)}{n!}(x-x_0)^n+\cdots \tag{5.10}$$

为函数 $f(x)$在点 x_0 处的**泰勒级数**. 特别地,当 $x_0=0$ 时,称幂级数

$$\sum_{n=0}^{\infty}\frac{f^{(n)}(0)}{n!}x^n=f(0)+f'(0)x+\cdots+\frac{f^{(n)}(0)}{n!}x^n+\cdots \tag{5.11}$$

为函数 $f(x)$的**麦克劳林级数**. 易见,$f(x)$的麦克劳林级数是 x 的幂级数.

定理 5.14 设 $f(x)$ 在点 x_0 的某邻域内具有任意阶导数,则在该邻域内 $f(x)$ 能展开成泰勒级数,即 $f(x)=\sum_{n=0}^{\infty}\frac{f^{(n)}(x_0)}{n!}(x-x_0)^n$ 的充分必要条件是:$\lim_{n\to\infty}R_n(x)=0$,其中 $R_n(x)$ 为拉格朗日型余项 $R_n(x)=\frac{f^{(n+1)}(\xi)}{(n+1)!}(x-x_0)^{n+1}$,$\xi$ 是 x_0 与 x 之间的某个值.

2. 函数展开成幂级数

几个常用的函数的幂级数展开式:

$$\mathrm{e}^x=\sum_{n=0}^{\infty}\frac{x^n}{n!}=1+x+\frac{1}{2!}x^2+\cdots+\frac{1}{n!}x^n+\cdots,x\in(-\infty,+\infty);$$

$$\sin x=\sum_{n=0}^{\infty}\frac{(-1)^n}{(2n+1)!}x^{2n+1}=x-\frac{1}{3!}x^3+\cdots+(-1)^n\frac{x^{2n+1}}{(2n+1)!}+\cdots,x\in(-\infty,+\infty);$$

$$\cos x=\sum_{n=0}^{\infty}\frac{(-1)^n}{(2n)!}x^{2n}=1-\frac{x^2}{2!}+\frac{x^4}{4!}-\cdots+(-1)^n\frac{x^{2n}}{(2n)!}+\cdots,x\in(-\infty,+\infty);$$

$$\ln(1+x)=\sum_{n=1}^{\infty}\frac{(-1)^{n-1}}{n}x^n=x-\frac{x^2}{2}+\frac{x^3}{3}-\frac{x^4}{4}+\cdots+(-1)^n\frac{x^{n+1}}{n+1}+\cdots,x\in(-1,1];$$

$$(1+x)^{\alpha}=1+\alpha x+\cdots+\frac{\alpha(\alpha-1)\cdots(\alpha-n+1)}{n!}x^n+\cdots,x\in(-1,1);$$

$$\arctan x=x-\frac{1}{3}x^3+\frac{1}{5}x^5-\cdots+(-1)^n\frac{x^{2n+1}}{2n+1}+\cdots,x\in[-1,1].$$

二、疑难解析

1. 在点 $x=0$ 的邻域内具有任意阶导数的函数都可以展开成 x 的幂级数吗？麦克劳林级数和麦克劳林公式有什么关系？

答 不是，根据定理5.14可知，必须满足 $\lim\limits_{n\to\infty}R_n(x)=0$，其中 $R_n(x)$ 为拉格朗日型余项

$$R_n(x)=\frac{f^{(n+1)}(\xi)}{(n+1)!}x^{n+1},\xi\text{是 0 与 }x\text{ 之间的某个值}.$$

$f(x)$ 的麦克劳林级数 $\sum\limits_{n=0}^{\infty}\frac{f^{(n)}(0)}{n!}x^n=f(0)+f'(0)x+\cdots+\frac{f^{(n)}(0)}{n!}x^n+\cdots$ 是麦克劳林公式中的项数 $n\to\infty$ 时的情形.

2. 将函数展成麦克劳林级数的基本方法和步骤是什么？如何确定其收敛域？

答 利用定理5.13和定理5.14将函数 $f(x)$ 展成麦克劳林级数的方法，称为**直接展开法**.然而，利用直接展开法将一个函数展开成麦克劳林级数并不容易，因此常常利用**间接展开法**，即利用一些已知函数的展开式和幂级数的性质，来求另一些函数的幂级数展开式.

将函数 $f(x)$ 展开成麦克劳林级数，亦即展开成 x 的幂级数形式，可按如下步骤进行：

(1) 求出 $f(x)$ 的各阶导数，即 $f'(x),f''(x),\cdots,f^{(n)}(x),\cdots$；

(2) 求出 $f(x)$ 的各阶导数在 $x=0$ 处的值，即 $f(0),f'(0),f''(0),\cdots,f^{(n)}(0),\cdots$；

(3) 写出幂级数(5.11)，即 $f(0)+f'(0)x+\cdots+\frac{f^{(n)}(0)}{n!}x^n+\cdots$，并求出其收敛半径 R；

(4) 当 $x\in(-R,R)$ 时，判断 $\lim\limits_{n\to\infty}R_n(x)=\lim\limits_{n\to\infty}\frac{f^{(n+1)}(\xi)}{(n+1)!}x^{n+1}$（$\xi$ 介于0与 x 之间）是否为0，如果 $\lim\limits_{n\to\infty}R_n(x)=0$，则 $f(x)$ 在 $(-R,R)$ 内的幂级数展开式为

$$f(x)=f(0)+f'(0)x+\cdots+\frac{f^{(n)}(0)}{n!}x^n+\cdots,x\in(-R,R).$$

在求函数的麦克劳林展开式的收敛域时，如果利用直接展开法，先求收敛半径，然后判断收敛域的端点处级数的敛散性，进而求出收敛域；如果利用间接展开法，则根据常用的函数的幂级数展开式的收敛域求.

三、经典题型详解

题型1 求函数的幂级数展开式

例5.13 求下列函数的幂级数展开式及收敛域：

(1) $\frac{1}{\sqrt{1-x^2}}$； (2) $\arcsin x$； (3) $\ln(x+\sqrt{1+x^2})$；

(4) $\arctan\frac{1+x}{1-x}$； (5) 2^x； (6) $\frac{\mathrm{d}}{\mathrm{d}x}\left(\frac{\mathrm{e}^x-1}{x}\right)$； (7) $\int_0^x \sin t^2\mathrm{d}t$.

分析 根据函数表达式的特点，选择直接展开法或间接展开法.(1)可将函数改写为

$(1-x^2)^{-\frac{1}{2}}$,然后将$(1+x)^\alpha$的展开式中的x代换为$-x^2$,并令$\alpha=-\frac{1}{2}$;(2)注意到,由于$(\arcsin x)'=\frac{1}{\sqrt{1-x^2}}$,然后对(1)的展开式进行逐项积分即可;(3)注意到,由于$[\ln(x+\sqrt{1+x^2})]'=\frac{1}{\sqrt{1+x^2}}$,可依照(1)的方法进行展开,然后对展开式逐项积分;(4)易见,$\left(\arctan\frac{1+x}{1-x}\right)'=\frac{1}{1+x^2}$,可依照(1)的方法进行展开,然后对展开式逐项积分,但要注意$x=0$时的函数值;(5)利用变换$2^x=e^{\ln 2^x}=e^{x\ln 2}$及$e^x$的展开式进行展开;(6)先求出$\frac{e^x-1}{x}$的展开式,然后逐项求导;(7)先将$\sin x$的展开式中的$x$代换为$t^2$,然后关于$t$从0到$x$进行逐项积分.

解 (1) 根据$(1+x)^\alpha$的幂级数展开式可得

$$\frac{1}{\sqrt{1-x^2}}=(1-x^2)^{-\frac{1}{2}}=1+\left(-\frac{1}{2}\right)(-x^2)+\frac{\left(-\frac{1}{2}\right)\left(-\frac{1}{2}-1\right)}{2!}(-x^2)^2+\frac{\left(-\frac{1}{2}\right)\left(-\frac{1}{2}-1\right)\left(-\frac{1}{2}-2\right)}{3!}(-x^2)^3+\cdots$$

$$=1+\frac{x^2}{2}+\frac{1\cdot 3}{2\cdot 4}x^4+\frac{1\cdot 3\cdot 5}{2\cdot 4\cdot 6}x^6+\cdots+\frac{1\cdot 3\cdot\cdots\cdot(2n-1)}{2\cdot 4\cdot\cdots\cdot(2n)}x^{2n}+\cdots,\quad -1<x<1.$$

(2) 根据(1)的结果,对其从0到x进行逐项积分可得,

$$\arcsin x=x+\frac{1}{2}\cdot\frac{1}{3}x^3+\frac{1\cdot 3}{2\cdot 4}\cdot\frac{1}{5}x^5+\cdots+\frac{1\cdot 3\cdot\cdots\cdot(2n-1)}{2\cdot 4\cdot\cdots\cdot(2n)}\cdot\frac{1}{2n+1}x^{2n+1}+\cdots,\quad -1\leqslant x\leqslant 1.$$

(3) 不难求得

$$\frac{1}{\sqrt{1+x^2}}=(1+x^2)^{-\frac{1}{2}}=1+\left(-\frac{1}{2}\right)x^2+\frac{\left(-\frac{1}{2}\right)\left(-\frac{1}{2}-1\right)}{2!}(x^2)^2+\frac{\left(-\frac{1}{2}\right)\left(-\frac{1}{2}-1\right)\left(-\frac{1}{2}-2\right)}{3!}(x^2)^3+\cdots$$

$$=1-\frac{x^2}{2}+\frac{1\cdot 3}{2\cdot 4}x^4-\frac{1\cdot 3\cdot 5}{2\cdot 4\cdot 6}x^6+\cdots+(-1)^n\frac{1\cdot 3\cdot\cdots\cdot(2n-1)}{2\cdot 4\cdot\cdots\cdot(2n)}x^{2n}+\cdots,\quad -1\leqslant x\leqslant 1.$$

对上式从0到x进行逐项积分可得

$$\ln(x+\sqrt{1+x^2})=x-\frac{1}{2}\cdot\frac{1}{3}x^3+\frac{1\cdot 3}{2\cdot 4}\cdot\frac{1}{5}x^5-\frac{1\cdot 3\cdot 5}{2\cdot 4\cdot 6}\cdot\frac{1}{7}x^7+\cdots+(-1)^n\frac{1\cdot 3\cdot\cdots\cdot(2n-1)}{2\cdot 4\cdot\cdots\cdot(2n)}\cdot\frac{1}{2n+1}x^{2n+1}+\cdots,\quad -1\leqslant x\leqslant 1.$$

(4) 不难求得

$\left(\arctan\frac{1+x}{1-x}\right)'=\frac{1}{1+x^2}=\sum\limits_{n=0}^{\infty}(-1)^n x^{2n},x\in(-1,1)$. 对其从0到$x$进行逐项积分可得

$$\arctan\frac{1+x}{1-x}-\arctan 1=\int_0^x\left[\sum_{n=0}^{\infty}(-1)^n t^{2n}\right]dt=\sum_{n=0}^{\infty}\frac{(-1)^n}{2n+1}x^{2n+1}.$$

于是

$$\arctan\frac{1+x}{1-x}=\frac{\pi}{4}+\sum_{n=0}^{\infty}\frac{(-1)^n}{2n+1}x^{2n+1},\ -1\leqslant x<1.$$

(5) 根据 e^x 的幂级数展开式，不难求得如下的展开式

$$\begin{aligned}2^x=e^{x\ln 2}&=1+x\ln 2+\frac{1}{2}(x\ln 2)^2+\cdots+\frac{1}{n!}(x\ln 2)^n+\cdots\\&=1+\ln 2\cdot x+\frac{\ln^2 2}{2}x^2+\cdots+\frac{\ln^n 2}{n!}x^n+\cdots,\ -\infty<x<+\infty.\end{aligned}$$

(6) 根据 e^x 的幂级数展开式，不难求得如下的展开式

$$\frac{e^x-1}{x}=\frac{1}{x}\left(x+\frac{x^2}{2!}+\cdots+\frac{x^n}{n!}+\cdots\right)=1+\frac{x}{2!}+\cdots+\frac{x^{n-1}}{n!}+\cdots=\sum_{n=0}^{\infty}\frac{x^n}{(n+1)!},$$

$$-\infty<x<+\infty,\text{且 }x\neq 0.$$

对其逐项求导可得

$$\frac{d}{dx}\left(\frac{e^x-1}{x}\right)=\sum_{n=1}^{\infty}\frac{nx^{n-1}}{(n+1)!},\ -\infty<x<+\infty,\text{且 }x\neq 0.$$

(7) 根据 $\sin x$ 的幂级数展开式，不难求得如下的展开式

$$\sin t^2=\sum_{n=0}^{\infty}(-1)^n\frac{1}{(2n+1)!}(t^2)^{2n+1}=t^2-\frac{1}{3!}t^6+\frac{1}{5!}t^{10}+\cdots,\ -\infty<t<+\infty.$$

$$\begin{aligned}\int_0^x\sin t^2\,dt&=\int_0^x\left[\sum_{n=0}^{\infty}(-1)^n\frac{1}{(2n+1)!}t^{4n+2}\right]dt=\sum_{n=0}^{\infty}\int_0^x(-1)^n\frac{1}{(2n+1)!}t^{4n+2}dt\\&=\sum_{n=0}^{\infty}(-1)^n\frac{1}{(4n+3)(2n+1)!}x^{4n+3},\ -\infty<x<+\infty.\end{aligned}$$

例 5.14 求下列函数在指定点处的幂级数展开式及收敛域：

(1) 将函数 $f(x)=\frac{1}{x^2}$ 展开成 $x-2$ 的幂级数；

(2) 将 $f(x)=\frac{x-1}{4-x}$ 展开成 $x-1$ 的幂级数，并求 $f^{(n)}(1)$.

分析 根据函数的特点，利用配项方法将待展开函数转换为一些已有的基本初等函数的展开式类型. (1)将函数 $\frac{1}{x}$ 可以转换为 $\frac{1}{x}=\frac{1}{2}\frac{1}{1+\frac{x-2}{2}}$，然后利用 $\frac{1}{1+x}$ 的幂级数展开式进行展开，最后进行逐项求导；(2)将函数 $\frac{1}{4-x}$ 转换为 $\frac{1}{3\left(1-\frac{x-1}{3}\right)}$，然后利用 $\frac{1}{1-x}$ 的幂级数展开式进行展开.

解 (1) 根据 $\frac{1}{1+x}$ 的幂级数展开式，不难求得

$$\frac{1}{x}=\frac{1}{(x-2)+2}=\frac{1}{2}\frac{1}{1+\frac{x-2}{2}}=\frac{1}{2}\left[1-\frac{x-2}{2}+\left(\frac{x-2}{2}\right)^2-\left(\frac{x-2}{2}\right)^3+\cdots\right]$$

$$=\frac{1}{2}\sum_{n=0}^{\infty}\frac{(-1)^n}{2^n}(x-2)^n,\ |x-2|<2.$$

对上式逐项求导,可得 $-\frac{1}{x^2}=\frac{1}{2}\sum_{n=1}^{\infty}(-1)^n\frac{n}{2^n}(x-2)^{n-1}$,所以有

$$f(x)=\frac{1}{x^2}=\sum_{n=1}^{\infty}(-1)^{n+1}\frac{n}{2^{n+1}}(x-2)^{n-1},0<x<4.$$

(2) 不难求得

$$\frac{1}{4-x}=\frac{1}{3-(x-1)}=\frac{1}{3\left(1-\frac{x-1}{3}\right)}$$

$$=\frac{1}{3}\left[1+\frac{x-1}{3}+\left(\frac{x-1}{3}\right)^2+\cdots+\left(\frac{x-1}{3}\right)^n+\cdots\right],\ |x-1|<3,$$

所以有

$$\frac{x-1}{4-x}=(x-1)\frac{1}{4-x}=\frac{x-1}{3}+\frac{(x-1)^2}{3^2}+\frac{(x-1)^3}{3^3}+\cdots+\frac{(x-1)^n}{3^n}+\cdots,$$

$$|x-1|<3.$$

在上面的展开式中,易见 $\frac{f^{(n)}(1)}{n!}=\frac{1}{3^n}$,故 $f^{(n)}(1)=\frac{n!}{3^n}$.

例 5.15 利用 $\ln(1-x)$ 的展开式求幂级数 $\sum_{n=1}^{\infty}\frac{x^n}{n4^n}$ 与 $\sum_{n=1}^{\infty}(-1)^{n+1}\frac{1}{n}$ 的和函数.

解 根据 $\ln(1+x)$ 的幂级数展开式可以求得,$\ln(1-x)=-\sum_{n=1}^{\infty}\frac{x^n}{n}$, $-1\leqslant x<1$.

在上式中将 x 换成 $\frac{x}{4}$,有

$$\sum_{n=0}^{\infty}\frac{x^n}{n4^n}=-\ln\left(1-\frac{x}{4}\right),-4\leqslant x<4.$$

在 $\ln(1-x)$ 的展开式中令 $x=-1$,得 $\ln 2=-\sum_{n=1}^{\infty}\frac{(-1)^n}{n}$,即 $\sum_{n=1}^{\infty}\frac{(-1)^{n+1}}{n}=\ln 2$.

题型 2 利用幂级数展开式求近似值

例 5.16 求下列各值的近似值(精确到 0.0001):

(1) $\sqrt[5]{30}$; (2) $\sin 9°$; (3) $\int_0^{0.8}x^{10}\sin x\mathrm{d}x$.

分析 找到所属函数的幂级数展开式,然后根据误差限求出需要展开的项数 n.

解 (1) 易见,$\sqrt[5]{30}=\sqrt[5]{32-2}=2\left(1-\frac{1}{16}\right)^{\frac{1}{5}}$. 根据 $(1+x)^{\alpha}$ 的幂级数展开式可得

$$\left(1-\frac{1}{16}\right)^{\frac{1}{5}}=1+\frac{1}{5}\left(-\frac{1}{16}\right)+\frac{\frac{1}{5}\left(\frac{1}{5}-1\right)}{2!}\left(-\frac{1}{16}\right)^2+\cdots+$$

$$=1-\frac{1}{5\cdot 16}-\frac{4}{2!\cdot 5^2\cdot 16^2}-\frac{4\cdot 9}{3!\cdot 5^3\cdot 16^3}-\cdots-\frac{4\cdot 9\cdot\cdots\cdot(5n-6)}{n!\cdot 5^n\cdot 16^n}-\cdots.$$

故

$$|R_n|<\frac{4\cdot 9\cdot \cdots \cdot(5n-6)}{n!5^n}\left(\frac{1}{16}\right)^n\left[1+\frac{1}{16}+\left(\frac{1}{16}\right)^2+\cdots\right]=\frac{4\cdot 9\cdot \cdots \cdot(5n-6)}{n!5^n}\left(\frac{1}{16}\right)^{n-1}\frac{1}{15}.$$

现在要求$|R_n|<\frac{1}{2}\times 10^{-4}$，则有$n\geqslant 4$. 取$n=4$，得

$$\sqrt[5]{30}\approx 2\left(1-\frac{1}{5\times 6}-\frac{4}{2!\times 5^2\times 16^2}-\frac{4\times 9}{3!\times 5^3\times 16^3}\right)\approx 1.9744.$$

(2) 易见，$9^\circ=\frac{\pi}{180}\times 9=\frac{\pi}{20}$. 根据$\sin x$的幂级数展开式可得，

$$\sin 9^\circ=\sin\frac{\pi}{20}=\frac{\pi}{20}-\frac{1}{3!}\left(\frac{\pi}{20}\right)^3+\frac{1}{5!}\left(\frac{\pi}{20}\right)^5-\cdots.$$

不难求得，当$n\geqslant 2$时，有$|R_n|\leqslant\frac{1}{5!}\left(\frac{\pi}{20}\right)^5<\frac{1}{20}(0.2)^5<\frac{1}{2}\times 10^{-4}$. 并且有

$$\sin 9^\circ\approx\frac{\pi}{20}-\frac{1}{3!}\left(\frac{\pi}{20}\right)^3\approx 0.157080-0.000640=0.15643.$$

(3) 根据$\sin x$的幂级数展开式可得，

$$\int_0^{0.8}x^{10}\sin x\,\mathrm{d}x=\int_0^{0.8}x^{10}\left(x-\frac{x^3}{3!}+\frac{x^5}{5!}-\cdots\right)\mathrm{d}x=\int_0^{0.8}\left(x^{11}-\frac{x^{13}}{3!}+\frac{x^{15}}{5!}-\cdots\right)\mathrm{d}x$$

$$=\frac{(0.8)^{12}}{12}-\frac{(0.8)^{14}}{3!\times 14}+\frac{(0.8)^{16}}{5!\times 16}-\cdots.$$

由于$\frac{(0.8)^{16}}{5!\times 16}<0.5\times 10^{-4}$，因此

$$\int_0^{0.8}x^{10}\sin x\,\mathrm{d}x\approx\frac{(0.8)^{12}}{12}-\frac{(0.8)^{14}}{3!\times 14}\approx 0.00573-0.00052\approx 0.0052.$$

四、课后习题选解(习题5.5)

1. 将下列函数展开成x的幂级数，并确定其收敛域：

(1) $\ln(3+x)$； (2) $\cos^2 x$； (3) $\frac{1}{x+5}$； (4) $\frac{3x}{x^2+5x+6}$.

分析 参考经典题型详解中例5.12.

解 (1) 根据$\ln(1+x)$的幂级数展开式可得

$$\ln(3+x)=\ln 3+\ln\left(1+\frac{x}{3}\right)=\ln 3+\frac{x}{3}-\frac{1}{2}\left(\frac{x}{3}\right)^2+\frac{1}{3}\left(\frac{x}{3}\right)^3-\cdots$$

$$=\ln 3+\sum_{n=1}^{\infty}(-1)^{n-1}\frac{1}{n}\left(\frac{x}{3}\right)^n,\ -3<x\leqslant 3.$$

(2) 利用倍角公式和$\cos x$的幂级数展开式可得

$$\cos^2 x=\frac{1+\cos 2x}{2}=\frac{1}{2}+\frac{1}{2}\sum_{n=0}^{\infty}(-1)^n\frac{(2x)^{2n}}{(2n)!},\ -\infty<x<+\infty.$$

(3) 根据$\frac{1}{1+x}$的幂级数展开式，不难求得

$$\frac{1}{x+5}=\frac{1}{5}\frac{1}{1+\frac{x}{5}}=\frac{1}{5}\sum_{n=0}^{\infty}(-1)^n\left(\frac{x}{5}\right)^n=\sum_{n=0}^{\infty}(-1)^n\frac{x^n}{5^{n+1}},\ -5<x<5.$$

(4) 将$\frac{3x}{x^2+5x+6}$先分项，然后根据$\frac{1}{1+x}$的幂级数展开式，不难求得

$$\frac{3x}{x^2+5x+6}=\frac{-6}{x+2}+\frac{9}{x+3}=3\frac{1}{1+\frac{x}{3}}-3\frac{1}{1+\frac{x}{2}}=3\sum_{n=0}^{\infty}(-1)^n\left(\frac{1}{3^n}-\frac{1}{2^n}\right)x^n,$$

$$-2<x<2.$$

2. 将函数$\frac{1}{x^2-5x+4}$展开成 $x-5$ 的幂级数.

分析 参考经典题型详解中例 5.13.

解 不难求得

$$\frac{1}{x^2-5x+4}=\frac{1}{3}\left(\frac{1}{x-4}-\frac{1}{x-1}\right)=\frac{1}{3}\left(\frac{1}{1+(x-5)}-\frac{1}{4+(x-5)}\right).$$

由于

$$\frac{1}{1+(x-5)}=\sum_{n=0}^{\infty}(-1)^n(x-5)^n,4<x<6;$$

$$\frac{1}{4+(x-5)}=\frac{1}{4}\frac{1}{1+\frac{x-5}{4}}=\frac{1}{4}\sum_{n=0}^{\infty}(-1)^n\left(\frac{x-5}{4}\right)^n,1<x<9,$$

所以有

$$\frac{1}{x^2-5x+4}=\frac{1}{3}\sum_{n=0}^{\infty}(-1)^n\left(1-\frac{1}{4^{n+1}}\right)(x-5)^n,4<x<6.$$

3. 将函数$\frac{1}{x^2+4x+3}$展开成 $x-1$ 的幂级数.

分析 参考经典题型详解中例 5.13.

解 不难求得

$$\frac{1}{x^2+4x+3}=\frac{1}{2(1+x)}-\frac{1}{2(3+x)}=\frac{1}{4\left(1+\frac{x-1}{2}\right)}-\frac{1}{8\left(1+\frac{x-1}{4}\right)}.$$

由于

$$\frac{1}{4}\frac{1}{1+\frac{x-1}{2}}=\frac{1}{4}\sum_{n=0}^{\infty}\frac{(-1)^n}{2^n}(x-1)^n,-1<x<3,$$

$$\frac{1}{8\left(1+\frac{x-1}{4}\right)}=\frac{1}{8}\sum_{n=0}^{\infty}\frac{(-1)^n}{4^n}(x-1)^n,-3<x<5,$$

所以有

$$\frac{1}{x^2+4x+3}=\sum_{n=0}^{\infty}(-1)^n\left(\frac{1}{2^{n+2}}-\frac{1}{2^{2n+3}}\right)(x-1)^n,-1<x<3.$$

4. 利用函数的幂级数展开式,求函数$\sqrt{e}$的近似值,精确到 0.001.

分析 先将$\sqrt{e}$进行幂级数展开,然后利用余项进行估算.

解 由于

$$\sqrt{e}=e^{\frac{1}{2}}=1+\frac{1}{2}+\frac{1}{2!}\left(\frac{1}{2}\right)^2+\cdots+\frac{1}{n!}\left(\frac{1}{2}\right)^n+\cdots,$$

取前 n 项作为$\sqrt{e}$的近似值,其误差为

$$R_n=\frac{1}{n!}\left(\frac{1}{2}\right)^n+\frac{1}{(n+1)!}\left(\frac{1}{2}\right)^{n+1}+\cdots<\frac{1}{n!}\left(\frac{1}{2}\right)^n\left[1+\frac{1}{2}+\left(\frac{1}{2}\right)^2+\cdots\right]=\frac{1}{n!}\left(\frac{1}{2}\right)^{n-1}.$$

取 $n=6$,则

$$R_6<\frac{1}{6!}\left(\frac{1}{2}\right)^5=\frac{1}{23040},$$

因此

$$\sqrt{e}\approx 1+\frac{1}{2}+\frac{1}{2!}\left(\frac{1}{2}\right)^2+\cdots+\frac{1}{5!}\left(\frac{1}{2}\right)^5=1+0.5000+0.1250+0.0208+0.0026+0.0003$$

$$\approx 1.649.$$

5.6 函数项级数(Ⅲ)——傅里叶级数

一、知识要点

1. 三角级数

函数列

$$1,\cos x,\sin x,\cos 2x,\sin 2x,\cdots,\cos nx,\sin nx,\cdots \tag{5.12}$$

称为**三角函数系**. 容易验证，三角函数系具有下面的性质：

(1) $\int_{-\pi}^{\pi}\cos nx\,dx=0,\int_{-\pi}^{\pi}\sin nx\,dx=0,n=1,2,\cdots;$ (5.13)

(2) $\int_{-\pi}^{\pi}\sin kx\cos nx\,dx=0,\int_{-\pi}^{\pi}\sin kx\sin nx\,dx=0,\int_{-\pi}^{\pi}\cos kx\cos nx\,dx=0,$

$n=1,2,\cdots,\ k=1,2,\cdots,k\neq n;$ (5.14)

(3) $\int_{-\pi}^{\pi}1\,dx=2\pi;\int_{-\pi}^{\pi}\sin^2 nx\,dx=\pi,\int_{-\pi}^{\pi}\cos^2 nx\,dx=\pi,n=1,2,\cdots.$ (5.15)

注意到，在上面的三角函数系中，任意不同的两个函数的乘积在$[-\pi,\pi]$上的积分等于零，相同的两个函数的乘积在$[-\pi,\pi]$上的积分不等于零，这种性质称为三角函数系的**正交性**.

定义 5.10 称具有如下形式的函数项级数

$$\frac{a_0}{2}+\sum_{n=1}^{\infty}(a_n\cos nx+b_n\sin nx) \tag{5.16}$$

为**三角级数**，其中 $a_0,a_n,b_n(n=1,2,\cdots)$都是常数.

2. 周期为 2π 的函数的傅里叶级数

定义 5.11 设函数 $f(x)$是以 2π 为周期的函数，且在区间$[-\pi,\pi]$上可积，则称

$$\begin{cases}a_n=\dfrac{1}{\pi}\displaystyle\int_{-\pi}^{\pi}f(x)\cos nx\,dx, & n=0,1,2,\cdots,\\ b_n=\dfrac{1}{\pi}\displaystyle\int_{-\pi}^{\pi}f(x)\sin nx\,dx, & n=1,2,\cdots.\end{cases} \tag{5.17}$$

式(5.17)为函数 $f(x)$的**傅里叶系数**. 以函数 $f(x)$的傅里叶系数为系数的三角级数

$$\frac{a_0}{2}+\sum_{n=1}^{\infty}(a_n\cos nx+b_n\sin nx)$$

称为函数 $f(x)$的**傅里叶级数**. 记为

$$f(x)\sim\frac{a_0}{2}+\sum_{n=1}^{\infty}(a_n\cos nx+b_n\sin nx). \tag{5.18}$$

定理 5.15(狄利克雷收敛定理) 设 $f(x)$是周期为 2π 的周期函数，如果 $f(x)$在闭区间$[-\pi,\pi]$上连续或只有有限个第一类间断点，并且至多只有有限个极值点，则 $f(x)$的傅里叶级数收敛，并且：

(1) 当 x 是 $f(x)$的连续点时,级数收敛于 $f(x)$;

(2) 当 x 是 $f(x)$的间断点时,级数收敛于$\frac{f(x-0)+f(x+0)}{2}$.

该定理说明,函数 $f(x)$在区间$[-\pi,\pi]$上,如果至多有有限个第一类间断点,并且不作无限次振动,那么 $f(x)$的傅里叶级数在连续点处收敛于该点的函数值,在间断点处收敛于该点处的函数的左极限与右极限的算术平均值.由此可见,函数展开成傅里叶级数的条件要比函数展开成幂级数的条件弱得多.

3. 正弦级数和余弦级数

设 $f(x)$是周期为 2π 的周期函数,则:

(1) 当函数 $f(x)$是奇函数时,$f(x)\cos nx$ 是奇函数,$f(x)\sin nx$ 是偶函数,故

$$\begin{cases} a_n = 0, & n = 0,1,2,\cdots, \\ b_n = \dfrac{2}{\pi}\displaystyle\int_0^{\pi} f(x)\sin nx\,\mathrm{d}x, & n = 1,2,\cdots. \end{cases}$$

可见,$f(x)$ 的傅里叶级数为$\sum\limits_{n=1}^{\infty} b_n \sin nx$,即奇函数的傅里叶级数是只含有正弦项的**正弦级数**.

(2) 当 $f(x)$是偶函数时,$f(x)\cos nx$ 是偶函数,$f(x)\sin nx$ 是奇函数,故

$$\begin{cases} a_n = \dfrac{2}{\pi}\displaystyle\int_0^{\pi} f(x)\cos nx\,\mathrm{d}x, & n = 0,1,2,\cdots, \\ b_n = 0, & n = 1,2,\cdots. \end{cases}$$

可见,$f(x)$ 的傅里叶级数为$\frac{a_0}{2}+\sum\limits_{n=1}^{\infty} a_n \cos nx$,即偶函数的傅里叶级数是只含有常数项和余弦项的**余弦级数**.

4. 周期为 $2l$ 的函数的傅里叶级数

定理 5.16 设 $f(x)$是周期为 $2l$ 的周期函数,它在区间$[-l,l]$内满足定理 5.15 的条件,则它的傅里叶级数展开式为

$$\frac{f(x+0)+f(x-0)}{2} = \frac{a_0}{2} + \sum_{n=1}^{\infty}\left(a_n \cos\frac{n\pi x}{l} + b_n \sin\frac{n\pi x}{l}\right),$$

其中系数 a_n,b_n 为

$$a_n = \frac{1}{l}\int_{-l}^{l} f(x)\cos\frac{n\pi x}{l}\mathrm{d}x, n = 0,1,2,\cdots; b_n = \frac{1}{l}\int_{-l}^{l} f(x)\sin\frac{n\pi x}{l}\mathrm{d}x, n = 1,2,\cdots.$$

进一步地,若函数 $f(x)$是奇函数,则它的傅里叶级数为

$$f(x) = \sum_{n=1}^{\infty} b_n \sin\frac{n\pi x}{l}, \tag{5.19}$$

其中 $b_n = \frac{2}{l}\int_0^l f(x)\sin\frac{n\pi x}{l}\mathrm{d}x,\ n = 1,2,\cdots$.

若函数 $f(x)$是偶函数,则它的傅里叶级数可以写为

$$f(x) = \frac{a_0}{2} + \sum_{n=1}^{\infty} a_n \cos\frac{n\pi x}{l}, \tag{5.20}$$

其中 $a_n = \frac{2}{l}\int_0^l f(x)\cos\frac{n\pi x}{l}\mathrm{d}x, n = 0,1,2,\cdots$.

注意 当 x 为函数 $f(x)$的间断点时,式(5.19)与(5.20)的左端均为$\frac{f(x+0)+f(x-0)}{2}$.

二、疑难解析

1. 为什么有限区间上的非周期函数也可展成傅里叶级数？

答 可先将非周期函数 $f(x)$ 延拓成周期函数 $F(x)$，而在该有限区间上 $F(x)=f(x)$，所以可利用 $F(x)$ 的傅里叶展开式，将 $f(x)$ 展成傅里叶级数.

2. 设函数 $f(x)$ 为能展成傅里叶级数 $\frac{a_0}{2}+\sum_{n=1}^{\infty}(a_n\cos nx+b_n\sin nx)$ 的周期函数，$S(x)$ 为展开后的傅里叶级数的和函数，那么等式 $S(x)=f(x)$ 成立吗？为什么？

答 不一定. 由定理 5.15 可知，当 x 是 $f(x)$ 的连续点时 $S(x)=f(x)$；当 x 是 $f(x)$ 的间断点时 $S(x)=\frac{f(x-0)+f(x+0)}{2}$.

3. 非奇函数(或非偶函数)可以展成正弦级数(或余弦级数)吗？为什么？

答 可以. 根据题目要求，若要将函数展开成正弦级数，需将该函数延拓成以 $2l$ 为周期的奇函数，即将函数进行奇延拓；若要展开成余弦级数，需将该函数延拓成以 $2l$ 为周期的偶函数，即将函数进行偶延拓.

三、课后习题选解(习题 5.6)

1. 将下列周期为 2π 的周期函数展开成傅里叶级数：

(1) $f(x)=\begin{cases}e^x, & -\pi\leqslant x<0,\\ 1, & 0\leqslant x<\pi;\end{cases}$　　(2) $f(x)=\begin{cases}x, & -\pi\leqslant x<0,\\ 0, & 0\leqslant x<\pi;\end{cases}$

(3) $f(x)=x,-\pi\leqslant x<\pi$;　　(4) $f(x)=x^2,-\pi\leqslant x<\pi$.

分析 利用傅里叶级数的公式进行展开.

解 (1) 所给函数满足收敛定理条件，它在 $x=k\pi(k=\pm1,\pm2,\cdots)$ 处不连续，其他点处连续，于是当 $x=k\pi(k=\pm1,\pm2,\cdots)$ 时，傅里叶级数收敛于 $\frac{e^{-\pi}+1}{2}$.

当 $x\neq k\pi$ 时，傅里叶级数收敛于 $f(x)$. 可以求得

$$a_0=\frac{1}{\pi}\left(\int_{-\pi}^{0}e^x\mathrm{d}x+\int_0^{\pi}1\mathrm{d}x\right)=\frac{1+\pi-e^{-\pi}}{\pi};$$

$$a_n=\frac{1}{\pi}\left[\int_{-\pi}^{0}e^x\cos nx\mathrm{d}x+\int_0^{\pi}\cos nx\mathrm{d}x\right]=\frac{1+(-1)^{n+1}e^{-\pi}}{\pi(1+n^2)},n=1,2,\cdots;$$

$$b_n=\frac{1}{\pi}\left[\int_{-\pi}^{0}e^x\sin nx\mathrm{d}x+\int_0^{\pi}\sin nx\mathrm{d}x\right]=\frac{1}{\pi}\left\{\frac{-n[1+(-1)^{n+1}e^{-\pi}]}{1+n^2}+\frac{1+(-1)^{n+1}}{n}\right\},$$
$$n=1,2,\cdots.$$

因此

$$f(x)=\frac{1+\pi-e^{-\pi}}{2\pi}+\frac{1}{\pi}\sum_{n=1}^{\infty}\left[\frac{1+(-1)^{n+1}e^{-\pi}}{1+n^2}\right]\cos nx+$$
$$\frac{1}{\pi}\sum_{n=1}^{\infty}\left[\frac{-n+(-1)^n ne^{-\pi}}{1+n^2}+\frac{1+(-1)^{n+1}}{n}\right]\sin nx,-\infty<x<+\infty,\quad x\neq k\pi.$$

(2) 先求 $f(x)$ 的傅里叶级数. 可以求得

$$a_0=\frac{1}{\pi}\int_{-\pi}^{\pi}f(x)\mathrm{d}x=\frac{1}{\pi}\int_{-\pi}^{0}x\mathrm{d}x=\frac{1}{\pi}\left.\frac{x^2}{2}\right|_{-\pi}^{0}=-\frac{\pi}{2};$$

$$a_n=\frac{1}{\pi}\int_{-\pi}^{\pi}f(x)\cos nx\,\mathrm{d}x=\frac{1}{\pi}\int_{-\pi}^{0}x\cos nx\,\mathrm{d}x=\frac{1}{\pi}\left[\frac{x\sin nx}{n}+\frac{\cos nx}{n^2}\right]\Bigg|_{-\pi}^{0}$$

$$=\frac{1}{n^2\pi}(1-\cos n\pi)=\frac{1}{n^2\pi}[1-(-1)^n],n=1,2,\cdots;$$

$$b_n=\frac{1}{\pi}\int_{-\pi}^{\pi}f(x)\sin nx\,\mathrm{d}x=\frac{1}{\pi}\int_{-\pi}^{0}x\sin nx\,\mathrm{d}x=\frac{1}{\pi}\left[-\frac{x\cos nx}{n}+\frac{\sin nx}{n^2}\right]\Bigg|_{-\pi}^{0}$$

$$=-\frac{(-1)^n}{n},n=1,2,\cdots.$$

所以函数 $f(x)$ 的傅里叶级数为

$$-\frac{\pi}{4}+\left(\frac{2}{\pi}\cos x+\sin x\right)-\frac{1}{2}\sin 2x+\left(\frac{2}{3^2\pi}\cos 3x+\frac{1}{3}\sin 3x\right)-$$

$$\frac{1}{4}\sin 4x+\left(\frac{2}{5^2\pi}\cos 5x+\frac{1}{5}\sin 5x\right)-\cdots,$$

并且在上述间断点处级数收敛于 $\frac{f(-\pi-0)+f(-\pi+0)}{2}=\frac{0+(-\pi)}{2}=-\frac{\pi}{2}$，在其他点收敛于 $f(x)$ 本身，即 $f(x)$ 的傅里叶级数的和函数

$$s(x)=\begin{cases}f(x), & x\neq(2k+1)\pi,\\ -\frac{\pi}{2}, & x=(2k+1)\pi,\end{cases}\quad k=0,\pm1,\pm2,\cdots.$$

故 $f(x)$ 的傅里叶展开式为

$$f(x)=-\frac{\pi}{4}+\left(\frac{2}{\pi}\cos x+\sin x\right)-\frac{1}{2}\sin 2x+\left(\frac{2}{3^2\pi}\cos 3x+\frac{1}{3}\sin 3x\right)-\frac{1}{4}\sin 4x+$$

$$\left(\frac{2}{5^2\pi}\cos 5x+\frac{1}{5}\sin 5x\right)-\cdots,-\infty<x<+\infty,x\neq0,\pm\pi,\pm3\pi,\cdots.$$

(3) 所给函数满足收敛定理条件，它在端点 $x=-\pi$ 和 $x=\pi$ 处不连续. 故傅里叶级数在区间 $(-\pi,\pi)$ 内收敛于和 $f(x)$，在端点收敛于 $\frac{f(-\pi+0)+f(-\pi-0)}{2}=\frac{(-\pi)+\pi}{2}=0$. 因 $f(x)$ 是奇函数，故其傅里叶系数如下：

$$a_n=0,\quad n=0,1,2,\cdots;$$

$$b_n=\frac{2}{\pi}\int_0^{\pi}f(x)\sin nx\,\mathrm{d}x=\frac{2}{\pi}\int_0^{\pi}x\sin nx\,\mathrm{d}x=\frac{2}{\pi}\left[-\frac{x\cos nx}{n}+\frac{\sin nx}{n^2}\right]_0^{\pi}$$

$$=-\frac{2}{n}\cos n\pi=\frac{2}{n}(-1)^{n-1},n=1,2,\cdots.$$

于是

$$f(x)=2\sum_{n=1}^{\infty}\frac{(-1)^{n-1}}{n}\sin nx,-\infty<x<+\infty.$$

(4) 所给函数满足收敛定理条件，它在区间 $[-\pi,\pi]$ 上处处连续. 故傅里叶级数在区间 $[-\pi,\pi]$ 上收敛于和 $f(x)$. 注意到 $f(x)=x^2$ 是偶函数，故其傅里叶系数

$$b_n=0,\quad n=1,2,\cdots;$$

$$a_0=\frac{2}{\pi}\int_0^{\pi}f(x)\,\mathrm{d}x=\frac{2}{\pi}\int_0^{\pi}x^2\,\mathrm{d}x=\frac{2}{3}\pi^2;$$

$$a_n=\frac{2}{\pi}\int_0^{\pi}f(x)\cos nx\,\mathrm{d}x=\frac{2}{\pi}\int_0^{\pi}x^2\cos nx\,\mathrm{d}x=\frac{2}{n\pi}\left(x^2\sin nx\Big|_0^{\pi}-\int_0^{\pi}2x\sin nx\,\mathrm{d}x\right)$$

$$=\frac{4}{n^2\pi}\int_0^{\pi}x\,\mathrm{d}(\cos nx)=\frac{4}{n^2\pi}\left[(x\cos nx)\Big|_0^{\pi}-\int_0^{\pi}\cos nx\,\mathrm{d}x\right]$$

$$=\frac{4}{n^2}\cos n\pi=\frac{4}{n^2}(-1)^n,n=1,2,\cdots.$$

于是得到所求函数的傅里叶级数

$$f(x)=\frac{\pi^2}{3}+\sum_{n=1}^{\infty}\frac{4}{n^2}(-1)^n\cos nx,-\infty<x<+\infty.$$

2. 按要求将下列函数展开成傅里叶级数：

(1) 将函数 $f(x)=x+1(0\leqslant x\leqslant\pi)$分别展开成正弦和余弦级数；

(2) 将函数 $f(x)=2x+3(0\leqslant x\leqslant\pi)$展开成余弦级数.

分析 根据题目要求，按照正弦或余弦级数的展开公式进行展开.

解 (1) 先求正弦级数.为此对 $f(x)$进行奇延拓，则有

$$\begin{aligned}b_n&=\frac{2}{\pi}\int_0^{\pi}f(x)\sin nx\,\mathrm{d}x=\frac{2}{\pi}\int_0^{\pi}(x+1)\sin nx\,\mathrm{d}x\\&=\frac{2}{\pi}\left[-\frac{(x+1)\cos nx}{n}+\frac{\sin nx}{n^2}\right]\Bigg|_0^{\pi}=\frac{2}{n\pi}[1-(\pi+1)\cos n\pi]\\&=\begin{cases}\dfrac{2}{\pi}\cdot\dfrac{\pi+2}{n}, & n=1,3,5,\cdots,\\-\dfrac{2}{n}, & n=2,4,6,\cdots.\end{cases}\end{aligned}$$

于是

$$x+1=\frac{2}{\pi}\left[(\pi+2)\sin x-\frac{\pi}{2}\sin 2x+\frac{1}{3}(\pi+2)\sin 3x-\cdots\right],0<x<\pi.$$

再求余弦级数.为此对 $f(x)$进行偶延拓，则

$$a_0=\frac{2}{\pi}\int_0^{\pi}(x+1)\mathrm{d}x=\pi+2;$$

$$\begin{aligned}a_n&=\frac{2}{\pi}\int_0^{\pi}(x+1)\cos nx\,\mathrm{d}x=\frac{2}{\pi}\left[\frac{(x+1)\sin nx}{n}+\frac{\cos nx}{n^2}\right]\Bigg|_0^{\pi}\\&=\frac{2}{n^2\pi}(\cos n\pi-1)=\begin{cases}0, & n=2,4,6,\cdots,\\-\dfrac{4}{n^2\pi}, & n=1,3,5,\cdots.\end{cases}\end{aligned}$$

故

$$x+1=\frac{\pi}{2}+1-\frac{4}{\pi}\left(\cos x+\frac{1}{3^2}\cos 3x+\frac{1}{5^2}\cos 5x+\cdots\right),0\leqslant x\leqslant\pi.$$

(2) 对函数 $f(x)$进行偶延拓，所得的偶函数 $F(x)$在$[-\pi,\pi]$上连续，且 $F(-\pi)=F(\pi)$，故对应的余弦级数在$[0,\pi]$上收敛于 $f(x)$. 可以求得

$$a_0=\frac{2}{\pi}\int_0^{\pi}(2x+3)\mathrm{d}x=2(\pi+3);$$

$$a_n=\frac{2}{\pi}\int_0^{\pi}(2x+3)\cos nx\,\mathrm{d}x=\frac{4}{n^2\pi}[(-1)^n-1]=\begin{cases}0, & n=2k,\\\dfrac{-8}{n^2\pi}, & n=2k-1,\end{cases}k=1,2,\cdots.$$

于是，函数 $f(x)$可以展开成如下的余弦级数

$$2x+3=\pi+3-\frac{8}{\pi}\sum_{k=1}^{\infty}\frac{1}{(2k-1)^2}\cos(2k-1)x,0\leqslant x\leqslant\pi.$$

3. 设函数 $f(x)$是周期为 2 的函数，它在区间$[-1,1]$上的表达式为 $f(x)=|x|$，求此函数的傅里叶级数.

分析 利用周期为 $2l$ 的傅里叶级数的展开公式计算.

解 易见，函数 $f(x)=|x|$在区间$[-1,1]$上为偶函数，并且它在区间$(-\infty,\infty)$上是连续函数. 可以求得

$$a_0=\frac{1}{1}\int_{-1}^{1}f(x)\mathrm{d}x=2\int_0^1 x\mathrm{d}x=1;$$

$$a_n=\frac{1}{1}\int_{-1}^{1}f(x)\cos\frac{n\pi x}{1}\mathrm{d}x=2\int_0^1 x\cos n\pi x\mathrm{d}x=\frac{2}{n\pi}x\sin n\pi x\Big|_0^1-\frac{2}{n\pi}\int_0^1\sin n\pi x\mathrm{d}x$$

$$=\frac{2}{n^2\pi^2}\cos n\pi x\Big|_0^1=\frac{2}{n^2\pi^2}(\cos n\pi-1)=\begin{cases}0, & n=2,4,6,\cdots,\\ \frac{-4}{n^2\pi^2}, & n=1,3,5,\cdots.\end{cases}$$

$$b_n=\frac{1}{1}\int_{-1}^{1}f(x)\sin\frac{n\pi x}{1}\mathrm{d}x=0.$$

由于函数 $f(x)$ 在实数集合上连续,所以函数 $f(x)$ 的傅里叶级数为

$$f(x)=\frac{1}{2}-\frac{4}{\pi^2}\left(\frac{\cos\pi x}{1^2}+\frac{\cos 3\pi x}{3^2}+\frac{\cos 5\pi x}{5^2}+\cdots\right),\quad -\infty<x<+\infty.$$

B类题

1. 已知 $f(x)$ 是以 2π 为周期的周期函数,它在 $-\pi\leqslant x<\pi$ 上的表达式为

$$f(x)=\begin{cases}0, & -\pi\leqslant x<0,\\ x, & 0\leqslant x<\pi.\end{cases}$$

设 $S(x)$ 是 $f(x)$ 的傅里叶级数的和函数,求 $S\left(\frac{\pi}{2}\right),S\left(-\frac{\pi}{2}\right),S(\pi),S\left(\frac{7\pi}{2}\right)$.

分析 根据各个点的位置,利用定理5.15(狄利克雷收敛定理)计算.

解 易见,$x=-\frac{\pi}{2},\frac{\pi}{2}$ 分别是区间 $(-\pi,0)$ 和 $(0,\pi)$ 内部的点,因此有

$$S\left(\frac{\pi}{2}\right)=\frac{\pi}{2},\quad S\left(-\frac{\pi}{2}\right)=0.$$

由于 $f(x)$ 是以 2π 为周期的周期函数,所以

$$S\left(\frac{7\pi}{2}\right)=S\left(4\pi-\frac{\pi}{2}\right)=S\left(-\frac{\pi}{2}\right)=0.$$

$x=\pi$ 是区间 $[0,\pi)$ 的右端点,且是间断点.根据狄利克雷收敛定理,有

$$S(\pi)=\frac{\pi+0}{2}=\frac{\pi}{2}.$$

2. 将下列函数展开成傅里叶级数:

(1) $f(x)=x^2-x,-2\leqslant x\leqslant 2$;　　(2) $f(x)=\begin{cases}x, & 0\leqslant x\leqslant 1,\\ 2-x, & 1<x\leqslant 2.\end{cases}$

解 (1) 所给函数在 $[-2,2]$ 上连续,并在 $(-2,2)$ 外作为拓广的周期函数时,它在点 $x=\pm 2,\pm 6,\cdots$ 处不连续,因此对应的傅里叶级数在 $(-2,2)$ 上收敛于 $f(x)$.

$$a_0=\frac{1}{2}\int_{-2}^{2}(x^2-x)\mathrm{d}x=\frac{8}{3};a_n=\frac{1}{2}\int_{-2}^{2}(x^2-x)\cos\frac{n\pi x}{2}\mathrm{d}x=\frac{16}{n^2\pi^2}(-1)^n;$$

$$b_n=\frac{1}{2}\int_{-2}^{2}(x^2-x)\sin\frac{n\pi x}{2}\mathrm{d}x=\frac{4}{n\pi}(-1)^n.$$

故

$$x^2-x=\frac{4}{3}+\sum_{n=1}^{\infty}(-1)^n\left(\frac{16}{n^2\pi^2}\cos\frac{n\pi x}{2}+\frac{4}{n\pi}\sin\frac{n\pi x}{2}\right),-2\leqslant x\leqslant 2.$$

(2) 偶延拓

$$a_0=\int_0^2 f(x)\mathrm{d}x=\int_0^1 x\mathrm{d}x+\int_1^2(2-x)\mathrm{d}x=\frac{1}{2}+\frac{1}{2}=1;$$

$$a_n=\int_0^2 f(x)\cos\frac{n\pi x}{2}\mathrm{d}x=\int_0^1 x\cos\frac{n\pi x}{2}\mathrm{d}x+\int_1^2(2-x)\cos\frac{n\pi x}{2}\mathrm{d}x$$

$$=\frac{2}{n^2\pi^2}[(-1)^n-1].$$

易见，当 $n=2k$ 时 $a_{2k}=0$；当 $n=2k+1$ 时，$a_{2k+1}=\dfrac{-4}{(2k+1)^2\pi^2}$. 于是

$$f(x)=\frac{1}{2}-\frac{4}{\pi^2}\sum_{k=0}^{\infty}\frac{\cos\frac{2k+1}{2}\pi x}{(2k+1)^2},0\leqslant x\leqslant 2.$$

奇延拓

$$b_n=\int_0^2 f(x)\sin\frac{n\pi x}{2}\mathrm{d}x=\int_0^1 x\sin\frac{n\pi x}{2}\mathrm{d}x+\int_1^2(2-x)\sin\frac{n\pi x}{2}\mathrm{d}x=\frac{8}{n^2\pi^2}(-1)^n.$$

于是

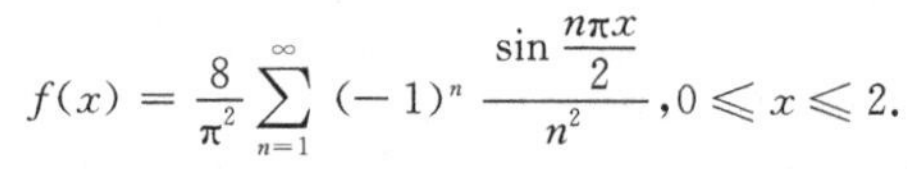

$$f(x)=\frac{8}{\pi^2}\sum_{n=1}^{\infty}(-1)^n\frac{\sin\frac{n\pi x}{2}}{n^2},0\leqslant x\leqslant 2.$$

复习题5解答

1. 是非题

(1) 若 $\sum\limits_{n=1}^{\infty}u_n$ 收敛，$\sum\limits_{n=1}^{\infty}v_n$ 发散，则 $\sum\limits_{n=1}^{\infty}(u_n+v_n)$ 必定发散.　　(　　)

(2) 若级数 $\sum\limits_{n=1}^{\infty}u_n$ 收敛，$S_n=u_1+u_2+\cdots+u_n$，则数列 $\{S_n\}$ 单调.　　(　　)

(3) 若级数 $\sum\limits_{n=1}^{\infty}u_n$ 收敛，且 $v_n=\dfrac{1}{u_n}$，则级数 $\sum\limits_{n=1}^{\infty}v_n$ 一定发散.　　(　　)

(4) 交错级数 $\sum\limits_{n=1}^{\infty}(-1)^n u_n(u_n\geqslant 0)$ 绝对收敛，则级数 $\sum\limits_{n=1}^{\infty}u_{2n-1}$ 不一定收敛.　　(　　)

(5) 若幂级数 $\sum\limits_{n=1}^{\infty}a_n(x-2)^n$ 在点 $x=-1$ 处收敛，则该级数在 $x=4$ 处也收敛.　　(　　)

解　(1) 对. 用反证法即可验证. 若 $\sum\limits_{n=1}^{\infty}(u_n+v_n)$ 收敛，则有 $\sum\limits_{n=1}^{\infty}v_n=\sum\limits_{n=1}^{\infty}(u_n+v_n)-\sum\limits_{n=1}^{\infty}u_n$ 收敛，与已知矛盾.

(2) 错. 这个结论对于正项级数一定成立，但对其他类型的级数不一定成立，例如收敛的交错级数，其部分和数列就不是单调的.

(3) 对. 根据收敛级数的必要条件知，$\lim\limits_{n\to\infty}u_n=0$，于是 $\lim\limits_{n\to\infty}v_n=\infty$，从而级数 $\sum\limits_{n=1}^{\infty}v_n$ 一定发散.

(4) 错. 根据收敛级数的性质即可验证.

(5) 对. 令 $t=x-2$. 当 $x=-1$ 时，$t=-3$；当 $x=4$ 时，$t=2$. 依题意，级数 $\sum\limits_{n=0}^{\infty}a_n t^n$ 对于满足 $|t|<3$ 的所有 t 都收敛. 于是，级数 $\sum\limits_{n=1}^{\infty}a_n(x-2)^n$ 在点 $x=4$ 处也收敛.

2. 填空题

(1) 级数 $\dfrac{1}{5}-\dfrac{1}{25}+\dfrac{1}{125}-\dfrac{1}{625}+\cdots$ 的一般项是________.

(2) 设 a 为常数，若级数 $\sum\limits_{n=1}^{\infty}(u_n-a)$ 收敛，则 $\lim\limits_{n\to\infty}u_n=$________.

(3) 级数 $\sum_{n=0}^{\infty} \frac{(\ln 3)^n}{2^n}$ 的和为________.

(4) 幂级数 $\sum_{n=1}^{\infty} \frac{1}{\sqrt{n}}(x-2)^n$ 的收敛域为________.

(5) 函数 $f(x)=\frac{1}{x}$ 展成 $(x-1)$ 的幂级数为________.

解 (1) $\frac{(-1)^{n-1}}{5^n}$. (2) 根据级数收敛的必要条件知, $\lim_{n\to\infty}(u_n-a)=0$, 即 $\lim_{n\to\infty}u_n=a$.

(3) 易见,该级数是首项为1,公比为 $\frac{\ln 3}{2}$ 的等比级数,根据等比级数的和的公式可得 $\frac{2}{2-\ln 3}$.

(4) 令 $t=x-2$. 不难求得级数 $\sum_{n=1}^{\infty}\frac{1}{\sqrt{n}}t^n$ 的收敛域为 $[-1,1)$. 由此可得,级数 $\sum_{n=1}^{\infty}\frac{1}{\sqrt{n}}(x-2)^n$ 的收敛域为 $[1,3)$.

(5) 依题意,令 $f(x)=\frac{1}{x}=\frac{1}{1+(x-1)}$. 根据函数 $\frac{1}{1+t}$ 的幂级数展开公式可得,函数 $f(x)=\frac{1}{x}$ 展成 $(x-1)$ 的幂级数为 $\sum_{n=0}^{\infty}(-1)^n(x-1)^n(0<x<2)$.

3. 选择题

(1) 下列级数中收敛的是(   ).

A. $\sum_{n=1}^{\infty} n\sin\frac{1}{n}$　　B. $\sum_{n=1}^{\infty}\frac{\cos n}{2^n}$　　C. $\sum_{n=1}^{\infty}(-1)^n\frac{3^n}{2^n}$　　D. $\sum_{n=1}^{\infty}\frac{1}{\sqrt[3]{n^2}}$

(2) 若幂级数 $\sum_{n=0}^{\infty}a_n(x-1)^n$ 在 $x=-1$ 收敛,则此级数在 $x=2$ 处(   ).

A. 可能收敛也可能发散　　B. 发散

C. 条件收敛　　D. 绝对收敛

(3) 已知 $\frac{1}{1+x}=1-x+x^2-x^3+\cdots$,则 $\frac{1}{1+x^4}$ 展开为 x 的幂级数为(   ).

A. $1+x^4+x^8+\cdots$　　B. $-1+x^4-x^8+\cdots$

C. $1-x^4+x^8-x^{12}+\cdots$　　D. $-1-x^4-x^8+\cdots$

(4) 幂级数 $\sum_{n=2}^{\infty}\frac{1}{n!}x^n$ 在收敛域 $(-\infty,+\infty)$ 内的和函数为(   ).

A. e^x　　B. e^x+1　　C. e^x-1　　D. e^x-x-1

(5) 对于级数 $\sum_{n=1}^{\infty}(-1)^{n-1}u_n$,其中 $u_n>0(n=1,2,\cdots)$ 则下列命题正确的是(   ).

A. 如果 $\sum_{n=1}^{\infty}(-1)^{n-1}u_n$ 收敛,则必为条件收敛

B. 如果 $\sum_{n=1}^{\infty}u_n$ 收敛,则 $\sum_{n=1}^{\infty}(-1)^{n-1}u_n$ 为绝对收敛

C. 如果 $\sum_{n=1}^{\infty}u_n$ 发散,则 $\sum_{n=1}^{\infty}(-1)^{n-1}u_n$ 必发散

D. 如果 $\sum_{n=1}^{\infty}(-1)^{n-1}u_n$ 收敛, $\sum_{n=1}^{\infty}u_n$ 必收敛

解 (1) 选B. 因为 $\lim_{n\to\infty}\left(n\sin\frac{1}{n}\right)=1$,根据级数收敛的必要条件知,所以 $\sum_{n=1}^{\infty}n\sin\frac{1}{n}$ 发散. 易见, $\left|\frac{\cos n}{2^n}\right|\leqslant\frac{1}{2^n}$,因为级数 $\sum_{n=1}^{\infty}\frac{1}{2^n}$ 收敛,根据比较判别法知, $\sum_{n=1}^{\infty}\frac{\cos n}{2^n}$ 收敛. 易见, $\sum_{n=1}^{\infty}(-1)^n\frac{3^n}{2^n}$ 虽然是交错级

数，但由于其一般项的极限不为零，所以该级数发散. 易见，当 $n>1$ 时，$\frac{1}{\sqrt[3]{n^2}}>\frac{1}{n}$. 由于调和级数 $\sum\limits_{n=1}^{\infty}\frac{1}{n}$ 发散，根据比较判别法知，$\sum\limits_{n=1}^{\infty}\frac{1}{\sqrt[3]{n^2}}$ 发散. 因此选 B.

(2) 选 D. 令 $t=x-1$. 当 $x=-1$ 时，$t=-2$；当 $x=2$ 时，$t=1$. 由已知可得，级数 $\sum\limits_{n=0}^{\infty}a_nt^n$ 对于满足 $|t|<2$ 的所有 t 都收敛. 于是，级数在 $x=2$ 处绝对收敛. 因此选 D.

(3) 选 C. 将 x^4 直接替换 $\frac{1}{1+x}$ 的展开式中的 x 即可得到答案.

(4) 选 D. 易见，$e^x=\sum\limits_{n=0}^{\infty}\frac{1}{n!}x^n$，但是幂级数 $\sum\limits_{n=2}^{\infty}\frac{1}{n!}x^n$ 是从 $n=2$ 开始的，因此选 D.

(5) 选 B. 根据定理 5.6 的结论即可判定.

4. 判断下列正项级数的敛散性：

(1) $\sum\limits_{n=1}^{\infty}\arctan\frac{1}{2n^2}$；　(2) $\sum\limits_{n=1}^{\infty}\left(\frac{n}{3n+1}\right)^n$；　(3) $\sum\limits_{n=1}^{\infty}\frac{n!}{100^n}$；

(4) $\sum\limits_{n=1}^{\infty}\sqrt{\frac{n+1}{2n}}$；　(5) $\sum\limits_{n=1}^{\infty}\frac{n+(-1)^n}{2^n}$；　(6) $\sum\limits_{n=1}^{\infty}\int_0^{\frac{1}{n}}\frac{\sqrt{x}}{1+x^4}dx$.

分析　根据级数一般项的特点，选择判别方法. (1)用比较判别法的极限形式；(2)用根值判别法；(3)用比值判别法；(4)用级数收敛的必要条件；(5)用根值判别法；(6)用比较判别法.

解　(1) 不难求得，$\lim\limits_{n\to\infty}\frac{\arctan\frac{1}{2n^2}}{\frac{1}{2n^2}}=\lim\limits_{n\to\infty}\frac{\frac{1}{2n^2}}{\frac{1}{2n^2}}=1$. 由于级数 $\sum\limits_{n=1}^{\infty}\frac{1}{2n^2}$ 收敛，根据比较判别法的极限形式，原级数收敛.

(2) 因为 $\lim\limits_{n\to\infty}\sqrt[n]{u_n}=\lim\limits_{n\to\infty}\sqrt[n]{\left(\frac{n}{3n+1}\right)^n}=\lim\limits_{n\to\infty}\frac{n}{3n+1}=\frac{1}{3}<1$，所以由根值判别法知，原级数收敛.

(3) 因为 $\lim\limits_{n\to\infty}\frac{u_{n+1}}{u_n}=\lim\limits_{n\to\infty}\left[\frac{(n+1)!}{100^{n+1}}\frac{100^n}{n!}\right]=\lim\limits_{n\to\infty}\frac{n+1}{100}=\infty$，所以由比值判别法知，原级数发散.

(4) 因为 $\lim\limits_{n\to\infty}u_n=\lim\limits_{n\to\infty}\sqrt{\frac{n+1}{2n}}=\frac{1}{\sqrt{2}}\neq0$，根据级数收敛的必要条件，原级数发散.

(5) 因为 $\frac{\sqrt[n]{n-1}}{2}\leqslant\sqrt[n]{u_n}\leqslant\frac{\sqrt[n]{n+1}}{2}$，根据夹逼准则，有 $\lim\limits_{n\to\infty}\frac{\sqrt[n]{n+1}}{2}=\lim\limits_{n\to\infty}\frac{\sqrt[n]{n-1}}{2}=\frac{1}{2}$. 故 $\lim\limits_{n\to\infty}\sqrt[n]{u_n}=\frac{1}{2}<1$，由根值判别法知，原级数收敛.

(6) 不难求得，$u_n=\int_0^{\frac{1}{n}}\frac{\sqrt{x}}{1+x^4}dx\leqslant\int_0^{\frac{1}{n}}\sqrt{x}dx=\frac{2}{3}x^{\frac{3}{2}}\Big|_0^{\frac{1}{n}}=\frac{2}{3}\frac{1}{n^{\frac{3}{2}}}$. 由于 $\sum\limits_{n=1}^{\infty}\frac{2}{3}\frac{1}{n^{\frac{3}{2}}}$ 收敛，根据比较判别法，原级数收敛.

5. 讨论下列级数的绝对收敛性与条件收敛性：

(1) $\sum\limits_{n=1}^{\infty}(-1)^n\frac{\cos\frac{e}{n+1}}{e^{n+1}}$；　(2) $\frac{1}{2}-\frac{2}{2^2+1}+\frac{3}{3^2+1}-\frac{4}{4^2+1}+\cdots$；

(3) $\sum\limits_{n=1}^{\infty}(-1)^n n\sin\frac{1}{n^3}$；　(4) $\sum\limits_{n=1}^{\infty}(-1)^{n-1}\frac{n+1}{n^2+n+1}$.

分析　先利用正项级数的判别法判断题中级数是否绝对收敛；若不是，利用莱布尼茨判别法判断级数是否收敛，若收敛，则是条件收敛；若不是条件收敛，则级数发散.

解　(1) 易见，$\left|(-1)^n\frac{\cos\frac{e}{n+1}}{e^{n+1}}\right|\leqslant\frac{1}{e^{n+1}}$. 由于级数 $\sum\limits_{n=1}^{\infty}\frac{1}{e^{n+1}}$ 收敛，所以级数 $\sum\limits_{n=1}^{\infty}\left|(-1)^n\frac{\cos\frac{e}{n+1}}{e^{n+1}}\right|$ 收

敛,故原级数绝对收敛.

(2) 令 $u_n=(-1)^{n-1}\dfrac{n}{n^2+1}$. 由于 $\lim\limits_{n\to\infty}\dfrac{|u_n|}{\dfrac{1}{n}}=\lim\limits_{n\to\infty}\left(\dfrac{n}{n^2+1}n\right)=1$,而级数 $\sum\limits_{n=1}^{\infty}\dfrac{1}{n}$ 发散,故 $\sum\limits_{n=1}^{\infty}|u_n|$ 发散,即原级数非绝对收敛. 显然,数列 $\left\{\dfrac{n}{n^2+1}\right\}$ 单调递减且收敛于零,由莱布尼茨判别法知,原级数条件收敛.

(3) 令 $u_n=(-1)^n n\sin\dfrac{1}{n^3}$. 不难求得,$\lim\limits_{n\to\infty}\dfrac{|u_n|}{\dfrac{1}{n^2}}=\lim\limits_{n\to\infty}\dfrac{\left|(-1)^n n\sin\dfrac{1}{n^3}\right|}{\dfrac{1}{n^2}}=\lim\limits_{n\to\infty}\dfrac{\left|n\sin\dfrac{1}{n^3}\right|}{n\dfrac{1}{n^3}}=1$.

由于级数 $\sum\limits_{n=1}^{\infty}\dfrac{1}{n^2}$ 收敛,所以原级数绝对收敛.

(4) 易见,$|u_n|=\dfrac{n+1}{n^2+n+1}>\dfrac{n+1}{(n+1)^2}=\dfrac{1}{n+1}$. 由于级数 $\sum\limits_{n=1}^{\infty}\dfrac{1}{n+1}$ 发散,故级数 $\sum\limits_{n=1}^{\infty}|u_n|$ 发散,即原级数非绝对收敛. 可以证明,数列 $\left\{\dfrac{n+1}{n^2+n+1}\right\}$ 单调递减且收敛于零,由莱布尼茨判别法知,原级数条件收敛.

6. 求下列幂级数的收敛半径和收敛域:

(1) $\sum\limits_{n=1}^{\infty}\dfrac{3^n}{\sqrt{n}}x^n$;　(2) $\sum\limits_{n=0}^{\infty}\dfrac{x^n}{2^n n^2}$;　(3) $\sum\limits_{n=1}^{\infty}\dfrac{1}{2^n n}(x-1)^n$;

(4) $\sum\limits_{n=1}^{\infty}\dfrac{1}{2^{n-1}}x^{2n+1}$;　(5) $\sum\limits_{n=1}^{\infty}(-1)^n\dfrac{1}{\sqrt{n^3}}x^n$;　(6) $\sum\limits_{n=1}^{\infty}\dfrac{(2x+1)^n}{n}$.

分析　利用公式计算幂级数的收敛半径,然后根据题目特点求收敛域.

解　(1) 不难求得,$\lim\limits_{n\to\infty}\left|\dfrac{a_{n+1}}{a_n}\right|=\lim\limits_{n\to\infty}\dfrac{3^{n+1}}{\sqrt{n+1}}\dfrac{\sqrt{n}}{3^n}=3\lim\limits_{n\to\infty}\sqrt{\dfrac{n}{n+1}}=3$,所以 $R=\dfrac{1}{3}$. 易见,当 $x=\dfrac{1}{3}$ 时,级数为 $\sum\limits_{n=1}^{\infty}\dfrac{1}{\sqrt{n}}$ 发散;当 $x=-\dfrac{1}{3}$ 时,级数为 $\sum\limits_{n=1}^{\infty}(-1)^n\dfrac{1}{\sqrt{n}}$ 收敛. 故原级数的收敛域为 $\left[-\dfrac{1}{3},\dfrac{1}{3}\right)$.

(2) 不难求得,$R=\lim\limits_{n\to\infty}\left|\dfrac{a_n}{a_{n+1}}\right|=\lim\limits_{n\to\infty}\dfrac{2^{n+1}(n+1)^2}{2^n n^2}=2$. 当 $x=\pm 2$ 时,级数 $\sum\limits_{n=0}^{\infty}\dfrac{1}{n^2}$ 和 $\sum\limits_{n=0}^{\infty}\dfrac{(-1)^n}{n^2}$ 均收敛. 故原级数的收敛域是 $[-2,2]$.

(3) 不难求得,$\lim\limits_{n\to\infty}\left|\dfrac{a_{n+1}}{a_n}\right|=\lim\limits_{n\to\infty}\dfrac{2^n n}{2^{n+1}(n+1)}=\dfrac{1}{2}$,所以 $R=2$. 故当 $|x-1|<2$,即 $-1<x<3$ 时,级数收敛;当 $x<-1$ 或 $x>3$ 时发散;当 $x=-1$ 时,级数为 $\sum\limits_{n=1}^{\infty}(-1)^n\dfrac{1}{n}$ 收敛;当 $x=3$ 时,级数为 $\sum\limits_{n=1}^{\infty}\dfrac{1}{n}$ 发散. 故原级数的收敛域为 $[-1,3)$.

(4) 不难求得,$\lim\limits_{n\to\infty}\left|\dfrac{u_{n+1}(x)}{u_n(x)}\right|=\lim\limits_{n\to\infty}\left|\dfrac{x^{2n+3}}{2^n}\dfrac{2^{n-1}}{x^{2n+1}}\right|=\dfrac{x^2}{2}$. 当 $\dfrac{x^2}{2}<1$,即 $-\sqrt{2}<x<\sqrt{2}$ 时,级数收敛;当 $\dfrac{x^2}{2}>1$,即 $x>\sqrt{2}$ 或 $x<-\sqrt{2}$ 时,级数发散. 故 $R=\sqrt{2}$. 显然,当 $x=\pm\sqrt{2}$ 时,级数 $\sum\limits_{n=0}^{\infty}\pm 2\sqrt{2}$ 发散. 因此,级数的收敛域为 $(-\sqrt{2},\sqrt{2})$.

(5) 因为 $\lim\limits_{n\to\infty}\left|\dfrac{a_{n+1}}{a_n}\right|=\lim\limits_{n\to\infty}\dfrac{\sqrt{n^3}}{\sqrt{(n+1)^3}}=1$,所以 $R=1$. 当 $x=1$ 或 $x=-1$ 时,原级数都收敛,故原级数的收敛域为 $[-1,1]$.

(6) 令 $t=x+\dfrac{1}{2}$,则原级数变为 $\sum\limits_{n=1}^{\infty}\dfrac{2^n t^n}{n}$. 因为 $\lim\limits_{n\to\infty}\left|\dfrac{a_{n+1}}{a_n}\right|=\lim\limits_{n\to\infty}\dfrac{2n}{n+1}=2$,所以 $R=\dfrac{1}{2}$. 当 $t=\dfrac{1}{2}$ 时,

级数$\sum\limits_{n=1}^{\infty}\frac{1}{n}$发散，当$t=-\frac{1}{2}$时，级数$\sum\limits_{n=1}^{\infty}(-1)^n\frac{1}{n}$收敛，该级数的收敛域为$\left[-\frac{1}{2},\frac{1}{2}\right)$，所以$-\frac{1}{2}\leqslant x+\frac{1}{2}<\frac{1}{2}$，故原级数的收敛域为$[-1,0)$.

7. 求下列级数的和函数：

(1) $\sum\limits_{n=1}^{\infty}(-1)^n\frac{x^n}{n}$；　　(2) $\sum\limits_{n=1}^{\infty}2nx^{2n-1}$.

分析　利用逐项积分或逐项求导计算.

解　(1) 容易求得，$R=\lim\limits_{n\to\infty}\left|\frac{a_n}{a_{n+1}}\right|=\lim\limits_{n\to\infty}\frac{n+1}{n}=1$. 由莱布尼茨判别法知，当$x=1$时，交错级数$\sum\limits_{n=0}^{\infty}\frac{(-1)^n}{n}$收敛；当$x=-1$时，级数$\sum\limits_{n=0}^{\infty}\frac{1}{n}$发散. 所以收敛域是$(-1,1]$.

设和函数为$s(x)$. 不难求得

$$s'(x)=\left(\sum_{n=1}^{\infty}(-1)^n\frac{x^n}{n}\right)'=\sum_{n=1}^{\infty}\left(\frac{(-x)^n}{n}\right)'=\sum_{n=1}^{\infty}-(-x)^{n-1}=-\sum_{n=0}^{\infty}(-x)^n$$

$$=-\frac{1}{1-(-x)}=-\frac{1}{1+x}.$$

于是

$$s(x)=\int_0^x\frac{-1}{1+t}\mathrm{d}t=-\ln(1+x),x\in(-1,1].$$

(2) 由于$\lim\limits_{n\to\infty}\left|\frac{u_{n+1}(x)}{u_n(x)}\right|=\lim\limits_{n\to\infty}\left|\frac{2(n+1)x^{2n+1}}{2nx^{2n-1}}\right|=x^2$，所以当$|x|<1$时，级数收敛；当$|x|>1$时，级数发散. 而当$x=1$时，级数$\sum\limits_{n=1}^{\infty}2n$发散；当$x=-1$时，级数$\sum\limits_{n=1}^{\infty}(-2n)$发散. 故级数的收敛域是$(-1,1)$.

设和函数为$s(x)$. 可以求得，$s(x)=\sum\limits_{n=1}^{\infty}2nx^{2n-1}=\sum\limits_{n=1}^{\infty}(x^{2n})'=\left(\sum\limits_{n=1}^{\infty}x^{2n}\right)'$. 由于

$$\sum_{n=1}^{\infty}x^{2n}=\left(\sum_{n=0}^{\infty}(x^2)^n\right)-1=\frac{1}{1-x^2}-1,$$

所以有

$$s(x)=\left(\sum_{n=1}^{\infty}x^{2n}\right)'=\left(\frac{1}{1-x^2}-1\right)'=\frac{2x}{(1-x^2)^2},x\in(-1,1).$$

8. 将下列函数展开成x的幂级数：

(1) $\sin\frac{x}{3}$；　　(2) $x^2\mathrm{e}^{-x}$；　　(3) $\frac{1}{x^2-3x+2}$.

分析　利用基本初等函数的幂级数展开公式进行展开.

解　(1) 已知$\sin x=\sum\limits_{n=0}^{\infty}(-1)^n\frac{x^{2n+1}}{(2n+1)!},x\in(-\infty,+\infty)$，所以

$$\sin\frac{x}{3}=\sum_{n=0}^{\infty}(-1)^n\frac{\left(\frac{x}{3}\right)^{2n+1}}{(2n+1)!}=\sum_{n=0}^{\infty}(-1)^n\frac{x^{2n+1}}{3^{2n+1}(2n+1)!},x\in(-\infty,+\infty).$$

(2) 由于$\mathrm{e}^x=\sum\limits_{n=0}^{\infty}\frac{x^n}{n!},x\in(-\infty,+\infty)$，则有$\mathrm{e}^{-x}=\sum\limits_{n=0}^{\infty}\frac{(-x)^n}{n!}$，于是

$$x^2\mathrm{e}^{-x}=\sum_{n=0}^{\infty}\frac{(-1)^nx^{n+2}}{n!},x\in(-\infty,+\infty).$$

(3) 不难求得

$$\frac{1}{x^2-3x+2}=\frac{1}{(x-1)(x-2)}=\frac{1}{x-2}-\frac{1}{x-1}=-\frac{1}{2}\cdot\frac{1}{1-\frac{x}{2}}+\frac{1}{1-x}.$$

由于$\frac{1}{1-x}=\sum_{n=0}^{\infty}x^n, x\in(-1,1)$，则有

$$\frac{1}{1-\frac{x}{2}}=\sum_{n=0}^{\infty}\left(\frac{x}{2}\right)^n=\sum_{n=0}^{\infty}\frac{x^n}{2^n}, x\in(-2,2).$$

因此

$$\frac{1}{x^2-3x+2}=-\frac{1}{2}\sum_{n=0}^{\infty}\frac{x^n}{2^n}+\sum_{n=0}^{\infty}x^n=\sum_{n=0}^{\infty}\left(1-\frac{1}{2^{n+1}}\right)x^n, x\in(-1,1).$$

9. 将下列函数在指定点处展开成幂级数，并求其收敛域：

(1) $\frac{1}{2-x}$，在 $x_0=1$ 处；　　(2) $\frac{1}{x^2+5x+6}$，在 $x_0=2$ 处.

解 (1) 不难求得

$$\frac{1}{2-x}=\frac{1}{1-(x-1)}=\sum_{n=0}^{\infty}(x-1)^n, x\in(0,2).$$

(2) 可以求得

$$\frac{1}{x^2+5x+6}=\frac{1}{(x+2)(x+3)}=\frac{1}{x+2}-\frac{1}{x+3}=\frac{1}{4+(x-2)}-\frac{1}{5+(x-2)}$$
$$=\frac{1}{4}\frac{1}{1+\frac{x-2}{4}}-\frac{1}{5}\frac{1}{1+\frac{x-2}{5}}.$$

由于

$$\frac{1}{1+\frac{x-2}{4}}=\frac{1}{1-\left(-\frac{x-2}{4}\right)}=\sum_{n=0}^{\infty}\left(-\frac{x-2}{4}\right)^n=\sum_{n=0}^{\infty}(-1)^n\frac{(x-2)^n}{4^n},$$

且$-1<-\frac{x-2}{4}<1$，即$-2<x<6$；

$$\frac{1}{1+\frac{x-2}{5}}=\frac{1}{1-\left(-\frac{x-2}{5}\right)}=\sum_{n=0}^{\infty}\left(-\frac{x-2}{5}\right)^n=\sum_{n=0}^{\infty}(-1)^n\frac{(x-2)^n}{5^n},$$

且$-1<-\frac{x-2}{5}<1$，即$-3<x<7$.

所以有

$$\frac{1}{x^2+5x+6}=\frac{1}{4}\sum_{n=0}^{\infty}(-1)^n\frac{(x-2)^n}{4^n}-\frac{1}{5}\sum_{n=0}^{\infty}(-1)^n\frac{(x-2)^n}{5^n}$$
$$=\sum_{n=0}^{\infty}(-1)^n\left(\frac{1}{4^{n+1}}-\frac{1}{5^{n+1}}\right)(x-2)^n,$$

收敛域是$(-2,6)$.

10. 已知 $\sum_{n=1}^{\infty}(-1)^{n-1}u_n=2, \sum_{n=1}^{\infty}u_{2n-1}=5$，求$\sum_{n=1}^{\infty}u_n$.

分析 根据级数的分项表示式计算.

解 由$\sum_{n=1}^{\infty}(-1)^{n-1}u_n=2$可得，$\lim_{n\to\infty}(u_1-u_2+u_3+\cdots+u_{2n-1}-u_{2n})=2$.

由于$\sum_{n=1}^{\infty}u_{2n-1}=5$，所以$\lim_{n\to\infty}(u_1+u_3+\cdots+u_{2n-1})=5$. 进一步地

$$\lim_{n\to\infty}(u_2+u_4+\cdots+u_{2n})=\lim_{n\to\infty}(u_1+u_3+\cdots+u_{2n-1})-2=3.$$

另一方面，所求级数的前$2n$项和

$$S_{2n}=u_1+u_2+\cdots+u_{2n}=(u_1+u_3+\cdots+u_{2n-1})+(u_2+u_4+\cdots+u_{2n}).$$

因此，$\lim\limits_{n\to\infty}S_{2n}=\lim\limits_{n\to\infty}[(u_1+u_3+\cdots+u_{2n-1})+(u_2+u_4+\cdots+u_{2n})]=5+3=8$. 于是$\sum\limits_{n=1}^{\infty}u_n=8$.

11. 将函数 $f(x)=x^2(0\leqslant x\leqslant\pi)$分别展开成正弦和余弦级数.

解 (1) 展成正弦级数. 将 $f(x)=x^2$ 奇延拓成 $F(x)$，如图 5.1 所示.

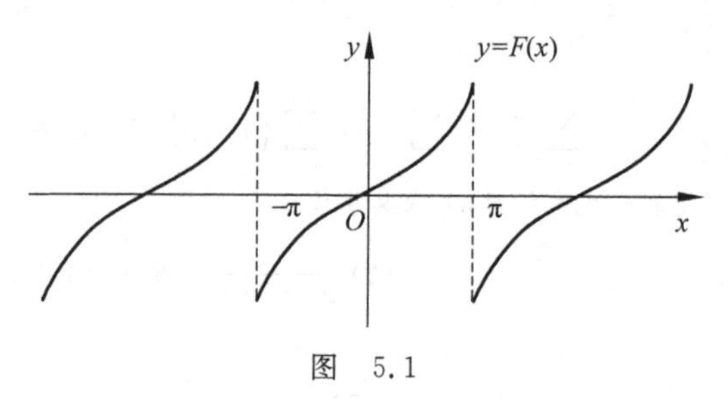

图 5.1

不难求得

$$\begin{aligned}b_n&=\frac{1}{\pi}\int_{-\pi}^{\pi}F(x)\sin nx\,dx=\frac{2}{\pi}\int_0^{\pi}F(x)\sin nx\,dx=\frac{2}{\pi}\int_0^{\pi}x^2\sin nx\,dx\\&=-\frac{2}{n\pi}\int_0^{\pi}x^2\,d(\cos nx)=-\frac{2}{n\pi}\left(x^2\cos nx\Big|_0^{\pi}-\int_0^{\pi}2\cos nx\,dx\right)\\&=-\frac{2\pi}{n}\cos n\pi+\frac{4}{n^2\pi}\left(x\sin nx\Big|_0^{\pi}-\int_0^{\pi}\sin nx\,dx\right)=-\frac{2\pi}{n}\cos n\pi+\frac{4}{n^3\pi}\cos nx\Big|_0^{\pi}\\&=-\frac{2\pi}{n}\cos n\pi+\frac{4}{n^3\pi}(\cos n\pi-1)=\begin{cases}\dfrac{2\pi}{n}-\dfrac{8}{n^3\pi}, & n=1,3,5,\cdots,\\-\dfrac{2\pi}{n}, & n=2,4,6,\cdots\end{cases}\end{aligned}$$

于是，$f(x)$的正弦级数为

$$\begin{aligned}f(x)&=\sum_{n=1}^{\infty}\left(\frac{2\pi}{2n-1}-\frac{8}{(2n-1)^3\pi}\right)\sin(2n-1)x+\sum_{n=1}^{\infty}\left(-\frac{2\pi}{2n}\right)\sin 2nx\\&=\sum_{n=1}^{\infty}\left(\frac{2\pi}{2n-1}-\frac{8}{(2n-1)^3\pi}\right)\sin(2n-1)x-\sum_{n=1}^{\infty}\frac{\pi}{n}\sin 2nx, x\in[0,\pi].\end{aligned}$$

(2) 展成余弦级数.

将 $f(x)=x^2$ 偶延拓成 $G(x)$，如图 5.2 所示.

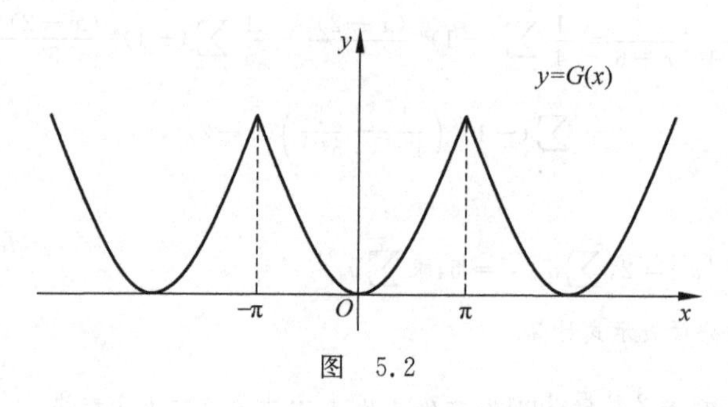

图 5.2

$$a_0=\frac{1}{\pi}\int_{-\pi}^{\pi}G(x)\,dx=\frac{2}{\pi}\int_0^{\pi}G(x)\,dx=\frac{2}{\pi}\int_0^{\pi}x^2\,dx=\frac{2}{3\pi}x^3\Big|_0^{\pi}=\frac{2\pi^2}{3},$$

$$a_n=\frac{1}{\pi}\int_{-\pi}^{\pi}G(x)\cos nx\,dx=\frac{2}{\pi}\int_0^{\pi}G(x)\cos nx\,dx=\frac{2}{\pi}\int_0^{\pi}x^2\cos nx\,dx=\frac{2}{n\pi}\int_0^{\pi}x^2\,d(\sin nx)$$

$$= \frac{2}{n\pi}\left(x^2\sin nx\Big|_0^{\pi} - \int_0^{\pi}2x\sin nx\,\mathrm{d}x\right) = \frac{4}{n^2\pi}\int_0^{\pi}x\,\mathrm{d}(\cos nx) = \frac{4}{n^2\pi}\left(x\cos nx\Big|_0^{\pi} - \int_0^{\pi}\cos nx\,\mathrm{d}x\right)$$

$$= \frac{4}{n^2\pi}\pi\cos n\pi - \frac{4}{n^3\pi}\sin nx\Big|_0^{\pi} = \frac{4}{n^2}\cos n\pi = \begin{cases} -\dfrac{4}{n^2}, & n = 1,3,5,\cdots, \\ \dfrac{4}{n^2}, & n = 2,4,6,\cdots. \end{cases}$$

于是，$f(x)$的余弦级数为

$$f(x) = \frac{\pi^2}{3} + \sum_{n=1}^{\infty} -\frac{4}{(2n-1)^2}\cos(2n-1)x + \sum_{n=1}^{\infty}\frac{4}{(2n)^2}\cos 2nx$$

$$= \frac{\pi^2}{3} - \sum_{n=1}^{\infty}\frac{4}{(2n-1)^2}\cos(2n-1)x + \sum_{n=1}^{\infty}\frac{1}{n^2}\cos 2nx, x \in [0,\pi].$$

12. 设正项级数 $\sum\limits_{n=1}^{\infty}u_n$ 和 $\sum\limits_{n=1}^{\infty}v_n$ 都收敛，证明：级数 $\sum\limits_{n=1}^{\infty}(u_n + v_n)^2$ 收敛.

证 因为正项级数 $\sum\limits_{n=1}^{\infty}u_n$ 收敛，所以 $\lim\limits_{n\to\infty}u_n = 0$. 由于 $\lim\limits_{n\to\infty}\dfrac{u_n^2}{u_n} = \lim\limits_{n\to\infty}u_n = 0$ 收敛，依比较判别法的极限形式知 $\sum\limits_{n=1}^{\infty}u_n^2$ 收敛. 同理可证正项级数 $\sum\limits_{n=1}^{\infty}v_n^2$ 也收敛. 因而 $\sum\limits_{n=1}^{\infty}2(u_n^2 + v_n^2)$ 收敛. 又因而 $(u_n + v_n)^2 = u_n^2 + v_n^2 + 2u_nv_n \leqslant 2u_n^2 + 2v_n^2$，所以由比较判别法知级数 $\sum\limits_{n=1}^{\infty}(u_n + v_n)^2$ 收敛.

自测题 5

1. 判断下列命题哪些是正确的，并说明理由：

(1) 若 $\sum\limits_{n=1}^{\infty}(u_{2n-1} + u_{2n})$ 收敛，则 $\sum\limits_{n=1}^{\infty}u_n$ 收敛； (2) 若 $\sum\limits_{n=1}^{\infty}u_n$ 收敛，则 $\sum\limits_{n=1}^{\infty}u_{n+1000}$ 收敛；

(3) 若 $\lim\limits_{n\to\infty}\dfrac{u_{n+1}}{u_n} > 1$，则 $\sum\limits_{n=1}^{\infty}u_n$ 发散；(4) 若 $\sum\limits_{n=1}^{\infty}(u_n + v_n)$ 收敛，则 $\sum\limits_{n=1}^{\infty}u_n$ 和 $\sum\limits_{n=1}^{\infty}v_n$ 都收敛.

2. 设 $u_n = (-1)^n\ln\left(1 + \dfrac{1}{\sqrt{n}}\right)$，判断级数 $\sum\limits_{n=1}^{\infty}u_n$ 与 $\sum\limits_{n=1}^{\infty}u_n^2$ 的敛散性.

3. 设 $\sum\limits_{n=1}^{\infty}u_n(u_n > 0)$ 是正项级数，若 $\lim\limits_{n\to\infty}\dfrac{\ln\dfrac{1}{u_n}}{\ln n} = p$，证明：

(1) 当 $p > 1$ 时，级数 $\sum\limits_{n=1}^{\infty}u_n$ 收敛； (2) 当 $p < 1$ 时，级数 $\sum\limits_{n=1}^{\infty}u_n$ 发散.

4. 已知级数 $\sum\limits_{n=1}^{\infty}(-1)^n\sqrt{n}\sin\dfrac{1}{n^{\alpha}}$ 绝对收敛，级数 $\sum\limits_{n=1}^{\infty}\dfrac{(-1)^n}{n^{2-\alpha}}$ 条件收敛，则 α 应满足什么条件？

5. 证明：若 $a_n \geqslant a_{n+1}$ 且 $a_n \geqslant c(c > 0)$，$n = 1,2,\cdots$，则级数 $\sum\limits_{n=1}^{\infty}(a_n - a_{n+1})$ 收敛.

6. 设幂级数 $\sum\limits_{n=1}^{\infty}a_nx^n$ 与 $\sum\limits_{n=1}^{\infty}b_nx^n$ 的收敛半径分别为$\dfrac{\sqrt{5}}{3}$ 与$\dfrac{1}{3}$，求幂级数 $\sum\limits_{n=1}^{\infty}\dfrac{a_n^2}{b_n^2}x^n$ 的收敛半径.

7. 若级数 $\sum\limits_{n=1}^{\infty}a_n$ 条件收敛，求：

(1) 级数 $\sum\limits_{n=1}^{\infty}a_n(x-1)^n$ 的收敛半径；

(2) 判断级数 $\sum\limits_{n=1}^{\infty}na_n(x-1)^n$ 在 $x = 3$ 以及 $x = \sqrt{3}$ 处的敛散性.

8. 求幂级数 $\sum_{n=0}^{\infty}(n+1)(n+3)x^n$ 的收敛域及和函数.

9. 已知 $u_n(x)$ 满足 $u'_n(x)=u_n(x)+x^{n-1}e^x$（$n$ 为正整数），且 $u_n(1)=\frac{e}{n}$，求函数项级数 $\sum_{n=1}^{\infty}u_n(x)$ 之和.

10. 设 $f(x)$ 是周期为 2π 的周期函数，它在 $[-\pi,\pi]$ 上的表达式为

$$f(x)=\begin{cases}-\frac{\pi}{2}, & -\pi<x<-\frac{\pi}{2},\\ x, & -\frac{\pi}{2}\leqslant x<\frac{\pi}{2},\\ \frac{\pi}{2}, & \frac{\pi}{2}\leqslant x\leqslant\pi,\end{cases}$$

将 $f(x)$ 展开成傅里叶级数.